生命的起源

刘大可 著

中信出版集团 | 北京

图书在版编目（CIP）数据

生命的起源 / 刘大可著 . -- 北京：中信出版社，
2021.9 （2021.11 重印）
ISBN 978-7-5217-2862-0

Ⅰ. ①生… Ⅱ. ①刘… Ⅲ. ①生命起源－普及读物
Ⅳ. ① Q10-49

中国版本图书馆 CIP 数据核字（2021）第 035435 号

生命的起源
著者： 刘大可
出版发行：中信出版集团股份有限公司
（北京市朝阳区惠新东街甲 4 号富盛大厦 2 座 邮编 100029）
承印者： 北京联兴盛业印刷股份有限公司

开本：787mm×1092mm 1/16 印张：36 字数：585 千字
版次：2021 年 9 月第 1 版 印次：2021 年 11 月第 3 次印刷
书号：ISBN 978–7–5217–2862–0
定价：168.00 元

致谢

ACKNOWLEDGEMENT

感谢尼克·莱恩先生能将自己的研究成果用生动的语言写成科普读物，如果不是因为他的启发，这本书的作者也不会大着胆子写下这本书。

感谢刘朋昕先生，他帮助这本书的作者弄懂了太多的化学反应细节，也为这本书的作者解决了相当一部分参考文献问题。

感谢周家华先生在此书定稿时的耐心校对，以及与这本书的作者的深刻讨论。

感谢陈国良先生，他是这本书的第一个读者、勘误者与评论者。

感谢这本书的作者在中学时代的每一位老师，他们把这本书的作者培养成了一个对大部分知识抱有强烈兴趣的孩子。

当然，最该感谢的是刘大可先生，因为他是这本书的作者。

前

PREFACE

言

在你看到这本书的书名，觉得有趣，把书拿起来的时候，恐怕会不由得想起，这些年已经有了许许多多书名带"生命""起源""进化""简史"之类字样的科学读物，于是怀疑这本书还能有些什么不同，想着在这本书里应该也能看到那些经典而亲切的进化案例，什么奇怪的动物啊，狡猾的植物啊，共生的真菌啊，诸如此类。

但这本书的确非常不同，那些科普读物里引人入胜的进化奇观，这本书的正文里一个都没有。因为我们要讲的故事实在太老，又太新了。

这本书要讲述的事情发生在 40 多亿年前的冥古宙，那时候整个太阳系也才刚刚安定下来，地球的一天只有 9 个多小时。月亮距离地球也比今天近得多，在天空中占据的空间足有太阳的 9 倍大，它正对地球的那一面上还有许多尚未冷却的岩浆海[1]，发着暗红色的光，如同一只只愤怒的眼睛。地壳还带着凝固时的余温，活跃的地质运动此起彼伏，到处都是裸露的岩石。大气中的降水汇集成了年轻的海洋，海水是弱酸性的，与今天的成分相当不同。

总之，一切都是那样的陌生，而如今一切生命的共同祖先，第一批细胞，正是在这样陌生的世界里出现的。根据 2017 年找到的新证据，最初的生命大约诞生在 42.8 亿年前到 37.7 亿年前的深海热液喷口，而地球是在 45.4 亿年前形成的。如果沿用那个经典的类比，把地球的历史浓缩成 24 小时，那么，这本书讲的就是凌晨

---

[1] 那些岩浆海就是月球上如今被称为"月海"的阴影区域，它们普遍形成于大约 40 亿年前。（如无特别说明，本书所有脚注均为作者注。）

3 点钟之前的事情。

但在这个故事之后的整个"白天"，地球上的生命都没有醒目的变化，大都是些通过显微镜才能看清的单细胞生物。宏观的动物直到 6 亿年前才渐渐繁荣起来，那已经相当于晚上八九点的光景了。至于被无数科学读物津津乐道的"进化奇观"，更是集中在现存的动植物身上，那些独特的性状通常只有区区几百万年，甚至几十万年的历史，都是那浓缩的 24 小时里最后几分钟的事情。

你看，这本书要讨论的东西，的确是非常古老的。

"生命究竟源自何处"是我们这个物种懂得沉思以来提出的最重要的终极问题。然而在文明史上的大部分时间里，我们并没有能力解答这个问题，或者萌生了"神造万物"的幼稚信仰，或者搪塞出"无机物在原始海洋里随机运动，偶然间变成了第一个细胞"这样泛泛到了荒谬的答案。

这当然不是什么人的过错，该怪那 40 多亿年的时光磨灭了太多的证据，也要怪生命实在太复杂了，哪怕是最简单的第一批细胞，也包含着数以十万计的蛋白质分子，而一个蛋白质分子又包含着成千上万的原子，它们维持着精密的三维结构和化学平衡，形成了已知宇宙中最微妙的控制系统。

所以，如果要追究遥远的冥古宙是如何出现了第一批细胞，我们必须拥有最先进的技术，能够潜入细胞里面的微观世界，从那形形色色的分子与反应中探寻起源的蛛丝马迹。因此，你会在这本书里看到生命科学在最近 60 年中取得的许多成果，尤其最近 20 年来的突破，其中的大部分还没来得及与公众"见面"。

你看，这又必然是崭新的东西。

在这古老与崭新之间，这本书最雄心勃勃的地方，就是要给出一个其他科学读物都不曾给出的完整回答，这个回答不再是面对海洋与星空的浪漫畅想，而要从无机世界的二氧化碳和氢气开始，一步一步地讨论活跃的有机物要如何产生，遗传基因和新陈代谢要如何建立，直到第一个细胞出现并成熟，获得独立生存的能力。

可以预料，无论是对于这本书的作者还是读者来说，要获得这样一个回答绝非容易的事情。其中最直接的原因是生命的起源问题实在太庞大了，在实际的科学研究中不可能囫囵地交给某一个研究者。恰如我们要吃牛肉并不会把一整头牛摆上灶台，而要经过一番"庖丁解牛"，把牛切割成称手的小块，再拿去煎炒烹炸焖熘熬炖。

"始臣之解牛之时，所见无非全牛者；三年之后，未尝见全牛也"[1]，在我们的心目中，"生命起源"是一个完整的问题，但在现代科学的眼中，它是许许多多个子问题，分派给了生命科学的不同部门：遗传学家要比对现代生物的亲缘关系，寻找继承自祖先的性状；生物化学家要研究细胞如何制造各种必需的物质，推测哪种物质更加基本；分子生物学家要揭示核酸与蛋白质如何协作，找到这种协作的最初样貌；结构生物学家要观察生物大分子拥有怎样的三维结构，重建它们的进化历程；等等。

这种拆解让整个研究变得顺利起来，子问题拆解得越精细，回答也就越具体，但也给我们这些急切的人添了不小的麻烦：我们不能从哪一次研究，或者哪一位研究者那里获得一个完整的答案，而必须调查生命科学的众多领域，搜集不同研究者对每个子问题的回答，再设法像拼拼图一样，把这些局部的回答组织成一个完整的回答。

对作者来说，他会在处理这些拼图的时候遇上很多的难题，不免歧路亡羊。因为不同的研究者从不同的实验现象出发，会得到各不相同的假说。有些假说会互相印证，拼成一幅更大的图景，这很好。有些假说彼此抵牾，作者又不得不做出取舍。然而在许多子问题上，不同的假说达到了众说纷纭的地步，就如同许多套拼图混杂在了一起，这种取舍就变得相当困难了。坦率地说，一个作者不可能准确评估所有的假说，一定会遗漏甚至误解一些什么，所以正如书中强调的，我们最终得到了一幅详细的图景，但那并非盖棺论定的答案，它将对未来的纠正与发现保持着开放的态度，甚至期待另一个作者展开更加精彩的图景。

而对读者来说，我们对生命科学的认识不能只是蜻蜓点水的涉猎，而要对重要的基础知识了然于胸。至少，我们要在高中的生物课上达到良好的成绩，然后在这

---

[1] 出自《庄子·养生主》，译成现代汉语是"我开始分解牛体的时候，所看见的没有不是一整头牛的。几年之后，就不会再看到整体的牛了"。

本书的前两幕里掌握一些更加细节的知识——在很多时候，这需要拿出一些认真学习的劲头来。

你或许已经习惯了那些轻松的读物，与这种劲头暌违已久，但这种劲头是不可或缺的。今天的人们或许觉得太阳系里恒星、行星和卫星的关系是小孩子就该知道的常识，但是牛顿之前的人为了这份知识却付出了不可思议的努力，像"运动的物体不受外力影响就不会停止"这样简单的规律都耗费了 2 000 多年的光阴才终于得到承认，只因现实中的人类从来没有见过不会停止的运动。

同样，40 亿年前那个诞生了生命的环境也超越了所有人的生活经验——它不但是古老的，而且是微观的。那是一个万有引力可以忽略不计，分子间的电磁作用却强大得不可抗拒，物质的运动充满了随机性，在不可测量的瞬间里飘忽闪现的诡异世界。

要理解它，我们就会不可避免地接触许多陌生的知识，尤其是要接触许多化学的术语，这或许会让有些读者感到厌烦与抵触，但这是根本不可能避免的：我们已知的一切生命都是化学反应的集合，要了解它的起源却不想接触化学，这与修建空中楼阁是同一种不可能的贪婪。

的确，这个时代有数不清的通俗科学读物让读者们体验了"在消遣娱乐中不费吹灰之力就掌握了许多知识"的愉悦。对于消遣、涉猎来说，这或许是可行的好办法；而要探究一个千古难题，我们就要做好思想准备，付出必要的努力了。

所以这本书并不期望你能手不释卷一气呵成地通读完全，而更希望你能不断地停下来思考，倒回去阅读之前没有弄明白的章节，再继续向下看——恰似人类探索未知时的痛痒思服，辗转反侧。

但愿这会成为一本值得你在许多年里反复阅读许多遍，仍能找到新的收获的书。

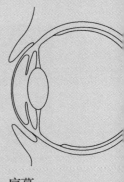

钟表匠与石头

复杂现象来自何方？

一

乘骐骥以驰骋兮，
来吾道夫先路。

——屈原，《离骚》

图序-1　18世纪90年代的林肯大教堂。

　　1803 年的仲夏，英格兰的林肯市，雨后傍晚，金色的云隙光又甜又暖，好似加了藏红花的荨麻酒，浇在一座巍峨的哥特式大教堂上。教堂正立面的一对木制尖顶像骑士锦标赛上的长矛一样直指天穹。中央塔楼曾有一座更高的尖顶，在大金字塔建成 4 000 多年后第一次夺走了"世界最高建筑物"的桂冠，只可惜这尖顶 250 多年前就崩塌了，之后再也没有人主持重建，眼下遗留的塔楼只占原本高度的大约一半，大概 80 多米，但仍足以远眺这座崛起中的城市。

　　故事就发生在这座古老的林肯大教堂[1]里。在大教堂的西北角，穿过一条宽阔的走廊，可以走进殿外那座精美的圣职团礼堂。助理座堂主任[2]倚坐在墙边的椅子上，斜照进来的夕阳全被花窗玻璃筛成了彩色的碎片，又带着窗户上的《圣经》故事，在他黑色的长袍上重新凑成了扭曲的图画——他的目光并没有聚焦在尘世中的任何

[1]　林肯大教堂（Lincoln Cathedral）全名为 "The Cathedral Church of the Blessed Virgin Mary of Lincoln"，坐落于英国东部的林肯郡，始建于 1072 年，1185 年因地震被毁，后重建，属于英国国教会。林肯大教堂曾经保持世界最高建筑的头衔超过 200 年之久，不过 16 世纪时，大教堂的中央尖顶崩塌，后来并没有再重建。

[2]　在英国圣公会，座堂主任（dean）是座堂的首职，在教区中职位仅次于主教。助理座堂主任（sub-dean）是座堂主任的副职之一，但不同于副座堂主任（vice-dean），不能在座堂主任缺席的时候顶替座堂主任，而只能受遣代理。

事物上。几年来，莫名的疾病像缫丝一样，缓慢而坚定地抽走了他大部分的活力。

但这并不意味着他精神萎靡，手中那本刚出版的诗集引燃了他心头的无名业火，愤怒让他日渐迟重的血流加快流动起来——借着返照的回光，我们依稀看到诗中的几句是这么写的：

> 生命在海浪无边之处，
> 孕育自珍珠般的洞窟，
> 最初微小得显微镜也看它不见，
> 却登上了滩涂，穿破了水面，
> ……
> 人类兀自为语言、理性与沉思而自矜，
> 睥睨地上的苔茵，
> 自以为是上主的化身，
> 却同样来自形与实的基本，
> 那胚胎的起点，微生物们！

读到这里，助理座堂主任终于愤懑地骂出了声："胡言乱语，离经叛道，一贯如此，死了都不做点儿好事！"

看到"钟表匠"这三个字，许多读者会觉得很熟悉——理查德·道金斯在1986年出版过一本《盲眼钟表匠》，常被赞誉为《物种起源》之后最重要的进化论著作，针对的就是"钟表匠类比"。这个类比由18世纪的英国神学家威廉·佩利（William Paley，1743—1805）提出，也就是故事里的助理座堂主任，他的遗作《自然神学》（*Natural Theology*）出版于1802年，是这样开头的：

> 穿越荒地时，假设我踩到了一块石头，然后疑惑这块石头如何来到这里，我很可能回答"反正据我所知，它从来就在那里"——这个回答一点儿都不显得荒唐。但假如我看到地上有一块表，思忖它怎么会在那个地方，我恐怕绝不

会给出刚才那个回答，"据我所知的一切，那块表可能从来就在那里"——某些时候，某些地方，一定存在过一个或者几个钟表匠，他们制作这块表的目的才是问题的真正答案——他们了解它的结构，设计它的功能……而每一种设计的迹象，每一种表现的手法，只要存在于手表中，就同样存在于自然界——区别只在于，自然界是一件伟大得多的作品，远远超出了认知的范畴。

或者说得更浅显一些，他做了这样一番论证：

石头这样简单的东西，我们可以说它是自然形成的。

但钟表这样复杂的机械，显然不可能是自然形成的，一定要有一个心灵手巧的钟表匠才做得出来。

同理，自然界那些精妙复杂的现象，比如生命现象，连人都搞不懂其中的原理，"显然不可能"是自发出现的，而"必然"有一个幕后的设计者，或者说造物主，或者说神，或者说基督教的上帝。

这样一来，"钟表匠类比"就图穷匕见了，它是一套基督教的神学辩词，而且集中体现了"自然神学"的核心要义：自然界的万物都是神的作品，观察这些作品，就是体会上帝旨意的直接方法。

对于熟悉基本逻辑的读者来说，这个类比从来就不成立，因为"类比只有偶然性，没有必然性"，两个无关的东西在某个方面像，仅此而已，不能证明别的方面也像——乌鸦是黑漆漆的，隐约泛着金属般的光泽，煤炭也是黑漆漆的，隐约泛着金属般的光泽，那又怎样呢，难道看见乌鸦会飞会下蛋，就说煤炭同理，也会飞会下蛋吗？

可具体到"钟表很复杂，生命也很复杂"这件事上，事情又不是这么简单了——类比固然没有"必然性"，却同样没有"必非性"：我们本来就知道煤炭不会飞也不会下蛋，当然会觉得拿它与乌鸦类比很荒唐，但19世纪初的人不知道生命是怎样复杂起来的，也就不能仅从逻辑出发，轻易否定生命"可能与钟表一样来自设计"了。

比如，威廉·佩利在《自然神学》中把人类的眼睛当作重要案例，说它像一台望远镜——他如果再晚出生 100 年左右，恐怕更愿意说它像一台照相机：角膜和晶状体如同镜头，巩膜如同暗箱，虹膜如同光圈，视网膜如同底片——这些结构精密配合，人类才得以拥有视觉，如果哪一个产生了病变，人眼便立刻功能失常。

　　面对这样精妙复杂的器官，别说 19 世纪初的人，哪怕时至 21 世纪，进化的基本概念已经成为公立学校教育的必修内容，一个人如果对比较解剖学没有任何涉猎，照样想不出这样复杂的器官是怎样出现的，还是会困惑地问："这是怎么进化来的——这怎么可能是进化出来的？"

　　我们必须承认，威廉·佩利表现出了那个时代所能达到的极致洞察力，这是他作为自然神学家的使命。同时，他准确抓住了人类内心永恒存在的困惑感，用雄辩的表达将它们变成了信仰的论据——威廉·佩利被认为是英国启蒙时代最重要的"基督教辩惑学家"，如果你不理解这是怎样一份殊荣，请把它记成"基督教的最佳辩手"：辩惑就是辩护，如果有谁提出了什么挑衅《圣经》的观点，辩惑学家就要扑上去口诛笔伐，用听上去无懈可击的辩词维护基督教的威严。而这本《自然神学》正是其中的典范，两个多世纪以来不断再版，一直是神创论者的理论源泉。

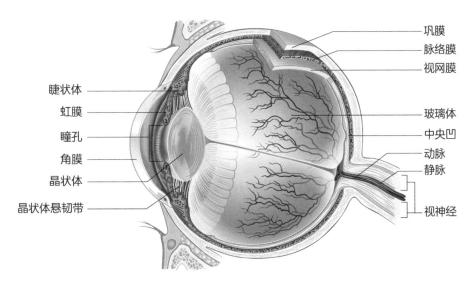

图序-2　人眼的解剖图。（Turhanerbas 绘）

面对这样的角色，要让人心悦诚服地放弃钟表匠类比，我们不只需要逻辑，还需要一个更强大的解释，一个不需要任何造物主，就能回答《自然神学》里一切关于复杂性的问题的解释。

不得不承认，进化生物学最初并没有这么强大的解释能力：威廉·佩利之所以会在遗作中写出"钟表匠类比"，一个目的就是要喝止英国知识分子中迅速萌发的进化思想——伊拉斯谟斯·达尔文（Erasmus Darwin，1731—1802），查尔斯·达尔文的祖父，就是其中最突出的代表。

就在威廉·佩利出版《自然神学》的同一年，伊拉斯谟斯·达尔文也写出了自己的遗作《自然神殿——社会的起源》（The Temple of Nature, Or, the Origin of Society），毫不掩饰地表达了这样的观点：生命最初都是微生物，后来在不同的环境中发展出了不同的功能，变得越来越复杂，一切植物和动物，当然也包括人类，都是这么来的——但这更多的是一种自然哲学，还不是严谨的科学。

《自然神学》一出版就先声夺人，是查尔斯·达尔文在学生时代最重要的神学课本。然而，当他真的长大成人，经历了那几次难忘的"小猎犬号之旅"之后，却毫不犹豫地继承了祖父的思想遗产，将其发扬光大，写出了巨著《物种起源》——物竞天择，自然选择，微小的变化不断累积，就是一切生物复杂性的来源。在很大程度上，这本巨著就是对《自然神学》的回应。比如针对眼睛这个案例，达尔文固然承认了他无法给出具体的解释，却也先见地指出，在"原始状态"和"现代状态"之间，眼睛一定还有许多进化的"中间状态"，这些中间状态的眼睛一个比一个好用，也一个比一个复杂。

果然，到了20世纪末，进化真的成了一个最强大的解释。在理查德·道金斯写那本《盲眼钟表匠》的时候，无数个来自胚胎学和解剖学的证据已经把眼睛的进化历程清晰地展示出来，成为他贯穿全书的重要线索。

这样的案例又岂止眼睛呢？竹节虫的拟态、放屁虫的防御、鸟的翅膀、人的肺脏……数不清的复杂结构，都曾经是神创论者攻击进化论的武器——就在《盲眼钟表匠》出版20年的时候，细菌的鞭毛还因为酷似一台发动机，而在一场荒唐的诉讼中成为呈堂证供。

然而到了今天，这一切案例全都成了进化生物学的经典案例，那些大获好评的关于进化的科学读物总会邀请这些案例做客，展示进化是如何从无到有、从简单到复杂，创造了无数的奇迹。因此，为了不至于让读者的期望太过落空，在正文之后，我们也会附上眼睛的起源与鞭毛的起源在进化生物学中的解释。

但是，仅仅这些案例还远远称不上一个完整的解释——它们将一切生物的复杂性归到了一个简单的共同祖先身上。但这个共同祖先，第一代单细胞生物，也并没有简单到哪里去。因为哪怕最简单的细胞也含有数以十万计的蛋白质零件，仍然不知比钟表复杂到哪里去了。

那么，第一批细胞的复杂性又来自哪里呢？如果无法回答这个问题，神创论就可以退一步海阔天空，咬定第一个细胞是智慧设计的产物——实际上，在进化生物学的冲击下，现代的神学家就是这个态度。

所以我们还要更进一步地追着解释：不仅生物可以进化，化学反应也同样可以，细胞并非进化的起点，而只是其中一座特别的里程碑——从岩石和海水开始的化学反应会发生千变万化的副反应，从中变异出无数的可能，经过反应速率的竞争，最后形成一个自我组织的封闭系统，也就是复杂的活细胞。

在过去的 60 年中，尤其是 21 世纪以来的最近一段时间，这种科学的解释正在以可喜的速度丰满起来，渐渐揭示了一幅宏大、壮丽、摄人心魄的生命起源图景。但这幅图景并不是用普通人日常熟悉的语言揭示的，而是由数不清的热力学、地质化学、化学动力学、有机化学、生物化学、分子生物学、结构生物学、细胞生物学……生硬晦涩的术语吐露的。在某种程度上，这幅图景就像奥林匹斯山上的火种，让常人难以企及。所以直到今天，公众大多不知道世上有这样一幅图景，还以为科学对生命的起源一筹莫展，仍然停滞在 60 年前那个在烧瓶里煮汤的粗糙实验里。

所以，这本书要尽可能避开那些艰涩的术语，寻觅一条能让常人一窥火种真容的盘山小道，把这幅生命起源的科学图景小心翼翼地铺展开来，展示给那些勇于攀登的读者——是的，要"勇于攀登"。尽管这本书的作者已尽可能地回避术语，但有一些术语是我们必须了解的核心概念。随着章节的推进，本书会越来越多地触及生命科学的前沿，使用越来越复杂、越来越抽象的词汇，因此这本书不像大多数的通俗读物那样，随便翻开哪一页都能找到有趣的故事，倒像是一本环环相扣的侦探

图序-3　牛肺疫支原体（*Mycoplasma mycoides*）已经属于所有细胞当中最简单的那一类了，但它显然拥有毫不逊色于眼球的高度复杂性。（David Goodsell 绘）

小说，只有像登山那样踏稳了眼前的每一步，才有可能迈上新的高度，否则会因为错过了关键剧情而搞不清人物关系，觉得难以理解。

　　不过，对于那些心急的读者，我们倒也可以提前说出整幅图景中最关键，也最能讽刺整个"钟表匠类比"的部分：威廉·佩利认为石头代表了简单，而钟表代表了复杂，生命是比钟表更复杂的存在。

　　但如今看来最可能的情形，却是生命本身就源自各种石头：

　　橄榄石，地球深处最常见的石头，能与海水发生持续的水化反应，给生命起源提供源源不断的能量；

　　石膏和石灰，地球表面最常见的石头，能够形成错综复杂的矿物管道，给生命起源创造化学反应的条件；

　　铁硫矿，地热活动形成的铁的硫化物，能够催化复杂的氧化还原反应，促成了生命起源时的新陈代谢。

　　这些石头虽然如此平庸，但是在原始海洋深处，它们构成了最不平庸的立体结构。那是一些像海绵一样错综复杂的沉积物，四通八达的毛细管道在其中纵横交错。这个宇宙中最常见的两种氧化物，水和二氧化碳，就在其中以最巧妙的方式邂逅，并在这些石头的催化之下发生了层层递进的化学反应：简单的无机物变成简单的有机物，简单的有机物又组合成复杂的有机物，一些最复杂的有机物开始催化复制自己的过程，遗传、突变、自然选择，进化就这样悄无声息地开始了。终于，这些有机物进化出了一种隔离机制，可以把自己与周围其他的化学反应统统区分开来。

事儿就这样成了，第一批原始细胞诞生了！

所以，有机物的构成细胞看起来如此柔弱，却是由岩石孕育出来的奇迹。直到今天，每一个活细胞的内部，都还镶嵌着数以万计的"岩石碎片"，那是一些金属氧化物的微粒，仍然延续着 40 亿年前的化学反应，电闪雷鸣般地传递着自由的电子，以此维持着我们全部的新陈代谢。

威廉·佩利如果知道了此事，该做何感想呢？他以为生命如同钟表，与从来就有的岩石根本不同，然而到头来，生命内部最复杂的地方，竟然也"从来就有"一块块石头！

我们或许可以借一句俗话——"搬起石头砸了自己的表"。

眼睛是怎样进化出来的？

许多人看到眼睛的解剖结构都会不由自主地问：什么样的突变能从零开始，把顽肉改造成这样精密的光学系统？

早在 19 世纪初，进化生物学刚出现的时候，这就是一个关键的疑问了。那个时候，人们连神经如何感知光照都不清楚，所以达尔文在写《物种起源》时也承认自己尚未找到可靠的解释，但他提出了一些极富远见的理论预言，在之后的 100 多年里它们无不得到了充分的验证：

• 生物视觉器官的进化，始于有色素的细胞。

• 在简单的色素细胞和复杂的眼睛之间，一定存在过许多处于"中间状态"的视觉器官，它们一个比一个复杂，也一个比一个好用。

首先，生物的代谢活动往往会制造一些有颜色的物质，这些物质可以被统称为色素。而色素之所以有颜色，就是因为它们会吸收某种频率的光，将其短暂地转变为化学能，生物如果能够及时地捕捉到这些化学能，也就感知到了光。

一个最简单的经典案例是眼虫。这类单细胞生物属于古虫界，既不是动物也不是植物，既能光合作用也能主动觅食，它们用鞭毛运动，而鞭毛的基部有一个小细胞器，被称为"眼点"，这就是它们名字的由来。

所谓"眼点"，实际上就是一小滴类胡萝卜素而已，眼虫细胞内的叶绿体就可以大量合成它们，用于在光合作用里吸收蓝紫光。眼点紧挨着鞭毛，鞭毛又恰好是遮光物，当眼虫朝着不同的方向，鞭毛的遮光程度就会不同，也就让眼点接收到不同强度的光照，眼虫据此就可以积极地调节鞭毛的运动方向，游向明亮的

图序-4　六只眼虫。细胞里数不清的绿色小颗粒是叶绿体，红色斑点就是眼点，注意右下角那只，它的鞭毛很清晰。（来自 Lebendkulturen.de）

地方，促进光合作用了（参见图序-4）。

同样的事情也发生在人类身上：视网膜上满满当当地覆盖着感光细胞，感光细胞顶端有像烙饼一样层层叠叠摞起来的内质网膜，内质

网膜上密密麻麻地嵌满了视蛋白，这些视蛋白都含有被称为"视黄醛"的色素，这种色素实际上就是维生素 A[1] 的变体，它一旦接受了恰当波长的光子就会扭曲性状，从而触发各种蛋白质的一系列变化，最终形成神经冲动，传入大脑，让我们感知到光（参见图序-5）。

至于为什么人们能看到不同颜色的光，那是因为不同的视蛋白能够让视黄醛吸收不同颜色的光，而每一个感光细胞都只集中镶嵌一种视蛋白，所以每个感光细胞都能像显示器的像素一样，给大脑传达一个点的颜色信息。而人眼的视网膜上大概有 1.2 亿个感光细胞，这么多的颜色信息点汇聚起来，自然就形成丰富多彩的视觉影像。（参见图序-6）

不过，眼虫的眼点和动物的眼睛没有任何进化上的关系，要回答"眼睛是怎么进化出来的"，我们还要澄清很多事情。比如很多人认为"人进化出了人的眼睛"，然后质疑人眼周围是毫不透明的肌肉和骨骼，不可能突变出光通路需要的透明组织。但眼睛的进化历史要远远长于人类这个物种的进化历史，甚至长于所有脊椎动物的进化历史——它至少要追溯到所有两侧对称动物的共同祖先身上。这个共同祖先突变出了一个控制眼睛发育的关键基因 *PAX6*，数亿年来，这个基因都没有明显的变化，把哺乳动物的 *PAX6* 基因切下来放在昆虫身上，昆虫照样长出正常的眼睛。

当然，两侧对称动物最初的眼睛既不是哺

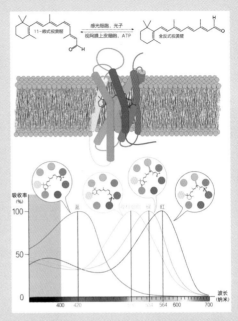

图序-5　脊椎动物的感光原理。在最上方的反应式里，视黄醛吸收了恰当波长的光子后会发生显著的扭动，并且能借助 ATP（腺苷三磷酸）的能量恢复原状。在中间，是细胞膜结构上的镶嵌的视蛋白的局部结构，它由 7 根棍状物 [1] 攒成，视黄醛就被架在其中，显然，当视黄醛吸收了光子改变了形态，就会促使这些蛋白质发生某种形态变化。具体来说，像最下面展示的那样，不同的视蛋白用不同的"棍子"连接视黄醛，这让不同的视蛋白对不同波长的光有了不同的吸收率[2]。对人类来说，我们有红绿蓝三原色的视蛋白，以及另外一种负责感受明暗的视紫红质。（作者绘）

---

[1]　这些"棍状物"更正式的名称是"α 螺旋"，你会在第六章的"延伸阅读"里看到更加详细的解释。

[2]　如果你仔细观察，你会发现红色视蛋白吸收率最大的波长对某种绿色，而蓝色视蛋白吸收率最大的波长对应发红的紫色——对于前者，我们这个物种的确不能很好地分辨红色和绿色，看到红色在很大程度要归功于大脑的处理，但我们在红色和绿色之间看到的黄色和橙色仍然很不丰富；出现后一种情况是因为红色视蛋白在那一带也有挺高的吸收率，所以两种色觉混合了起来。

---

[1]　和许多维生素一样，维生素 A 并不专指某种单一的物质，而是几种关系密切，可以相互转化，发挥一样的生理功能的物质。具体来说，它包括了视黄醛、视黄醇、视黄酸，以及 β-胡萝卜素等类胡萝卜素，在深色植物和脊椎动物的肝脏里含量丰富。

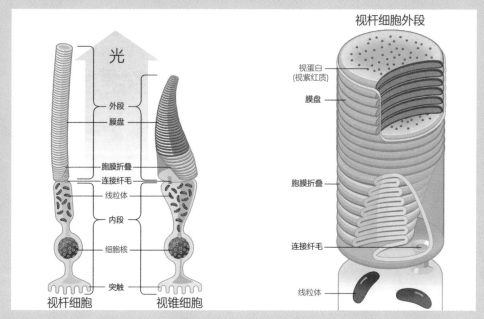

图序-6　包括人类在内，脊椎动物的感光细胞主要分为视杆细胞和视锥细胞两类，相比普通细胞，它们最显著的特征就是有厚厚的一摞膜结构，叫作"膜盘"。膜盘上嵌满了视蛋白，图序-5 的中间部分其实就是图右的一个小"颗粒"。另外，视杆细胞的视蛋白是视紫红质，负责感受明暗，而视锥细胞区分色彩，所以一种脊椎动物有几种视锥细胞，就有几种原色的色觉，比如人类有红绿蓝三种视锥细胞，所以就有红绿蓝三原色的色觉。（作者绘）

乳动物那样也不是昆虫那样，而要简单得多，只是一个覆盖色素的凹陷区域而已，视神经伸入这个凹陷可以感受明暗，但不能分辨任何物体——这样的眼睛直到今天都非常普遍，比如扁形动物门的涡虫就是这样。（参见图序-7、图序-8）

这样的眼睛虽然不能分辨物体，却是一个很好的进化原型，对趋利避害很有帮助：凹陷区域是一个曲面，其中的色素细胞朝向了不同的方向，通过分析不同朝向的细胞各自接收到了多少光，动物就可以判断光源的方向，而当某个方向的光照有了急剧的变化，那就很有可能有个庞大的威胁突然袭来。

显然，凹陷区域面积越大，容纳的色素细胞和神经细胞就越多；凹陷区域越深、越近似球面，对方向的感知就越具体。于是，从这个凹陷区域开始，两侧对称动物在 5 亿多年的时间里平行发展了数十个谱系，进化出了许许多多更加精致复杂的眼睛，尤其是软体动物门的蛸亚纲、脊索动物门的脊椎动物亚门和节肢动物门的昆虫纲，它们代表了眼睛进化的三个顶峰——而且，它们有着高度相同的 *PAX6* 基因。

其中，章鱼眼睛的进化过程是最早被研究清楚的。因为软体动物门的多样性极高，不同的类群有着复杂程度不同的眼睛，虽然彼此之间并非"这个进化成那个"的直接关系，但通

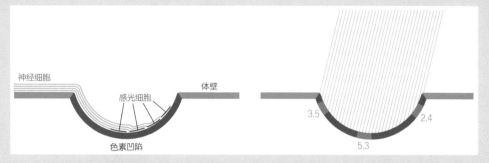

图序-7 左边是涡虫眼睛的原理简图，体壁上的色素细胞形成了一个凹陷区域，一些神经细胞分化成了感光细胞，伸进这个凹陷区域里感受光照。不过为了表现清晰，这张图并没有完全描绘真实的细胞形态。右边是一个帮助你理解这种机制的模型：如果在凹坑中选择位置不同的 3 段标记成亮蓝色，我们会发现，对于特定方向的光，不同部位感受到的强度不同——这里用接收到的平行线的数量表示。（作者绘）

图序-8 扁形动物门的三角涡虫。它的眼睛非常接近我们共同祖先的眼睛——两个铺有色素的凹陷区域，一些神经细胞伸入凹陷区域，感受光刺激引发的化学反应。（来自 Piyapong Thongdumhyu）

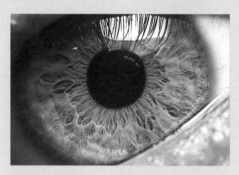

图序-9 脊椎动物亚门，人的折射单眼。（来自 Petr Novák|Wikipedia）

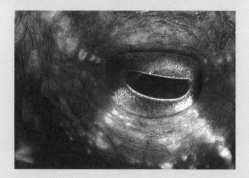

图序-10 蛸亚纲，北太平洋巨型章鱼的折射单眼。（来自 Kwerry）

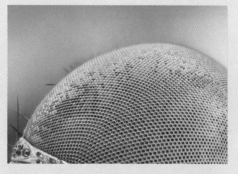

图序-11 昆虫纲，苍蝇的折射复眼。（来自 Tomatito26）

过比较解剖学的研究，整体的进化历程仍然一目了然，理查德·道金斯的《盲眼钟表匠》就把它当作最重要的进化案例。

软体动物最简单的眼睛，比如腹足纲笠形腹足类的帽贝的眼睛，只是个有色素的凹陷区域，只不过深一些，对方向的感知好一些罢了。

而在现存最古老的头足纲软体动物鹦鹉螺身上，凹陷区域已经发展成了很大的球形空腔，只留一个很小的孔——这样的眼睛就可以凭借小孔成像，依稀地分辨轮廓了。

而另一些腹足纲的软体动物，比如某些蜗牛，用透明的皮肤把这个小孔封闭了起来，里面又填充了含水量很高的透明组织。这样的眼睛更加安全，降低了异物入侵和感染的风险，有了内部的压力，形态也更加稳定。更重要的是，透明组织可以有更高的折射率，这为进一步的进化提供了重要的素材，比如有些海螺就在那团透明组织中分化出了一团折射率更高的组织，也就是晶状体。晶状体可以像凸透镜一样成像，这比小孔成像更加清晰，也就在进化上制造了一个转折点：此前的各种眼睛成像都很模糊，视网膜上的倒影本来就没什么细节，感光细胞再多也没有明显效果；有了专门的晶状体之后，视网膜上的倒影会更加清晰，更大更密的视网膜就直接意味着更高的分辨率了。

所以你看，头足纲的蛸亚纲是软体动物门最活跃的类群，对视觉的需求非常高，它们的眼睛不但非常大，而且进一步发展出了各种附件，比如角膜、虹膜、玻璃体、睫状肌……可以调焦，可以转向，恰如一台照相机。它们用这样的眼睛敏锐地观察周围事物，借此伪装成

图序-12　鲍鱼属于腹足纲古腹足类，它们的眼睛就是一对挺深的凹坑，左上角是它们的眼睛的示意图，黄色的是神经，红色的是感光细胞。这是一只巴厘岛海域的格鲍（*Haliotis clathrata*），它身上红白相间的颜色能在环境中伪装起来，仔细看，那对绿豆似的东西，就是鲍鱼的眼睛。另外，注意它匍匐的礁石上有很多白花花的网状物，那是苔藓虫，我们会在"幕后"篇章里遇到它们。（来自 Kristof Degreef）

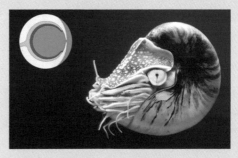

图序-13　鹦鹉螺属于头足纲鹦鹉螺亚纲，它们的眼睛中空，充满了海水，可以用小孔成像模糊地分辨轮廓——由于水室里填充的其实是环境中的海水，所以这样的眼睛很容易感染病菌甚至被异物侵入。（来自 CBimages / Alamy Stock Photo）

图序-14　蜗牛属于腹足纲异鳃类，它们眼睛上的小孔被"角膜"盖住，里面充满透明组织，这些组织可以更好地屈光——至于为什么会有黑色的小点，那是因为蜗牛的组织很透明，这些黑色素包裹在整个眼球周围，就能避免周围的光线穿透进去造成干扰了。（来自 Henrik Larsson）

图序-15 红娇凤凰螺（*Conomurex luhuanus*）属于腹足纲新腹足类，它们的眼睛明显复杂得多，其中有一个小小的晶状体，可以模糊地成像，帮助它们分辨轮廓和图案。（来自 Ludovic DAVID）

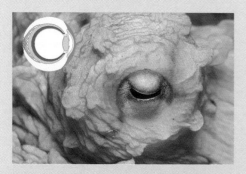

图序-16 普通章鱼（*Octopus vulgaris*）属于头足纲蛸亚纲，它们的眼睛非常复杂，在解剖上酷似人眼，但又比人眼的结构更加合理——我们很快就要知道它们的眼睛比人眼强在哪里了。（来自 Stubblefield Photography）

图序-17 章鱼发达的视觉赋予了它们敏锐的观察能力，而且它们的皮肤既能变形又能变色，所以它们看到什么，就伪装成什么。这是上一张图里的那种章鱼埋伏在地中海的礁石里，你几乎找不到它的轮廓。（来自 Suljo | Dreamstime.com）

一模一样的形态。

我们看到章鱼的眼睛和脊椎动物的眼睛极其类似，这被视为"趋同进化"的经典案例。但是仔细比较细节，我们就会发现，二者有一处极其关键的不同：如图序-18，在章鱼的视网膜里，感光细胞在内层，神经细胞在外层，所以光进入眼底，先被感光细胞分辨，再把兴奋传递给神经细胞——这无疑是合情合理的构造。但脊椎动物恰恰相反，感光细胞在外层，神经细胞在内层，完全颠倒了。所以光进入眼底要先穿过密密麻麻的毛细血管和神经细胞才能抵达感光细胞，这就严重妨碍了感光细胞的工作，所以在我们的视网膜上有一个"中央凹"，那里的神经细胞纷纷斜过身子，尽可能地避让开来，露出下方的感光细胞，而且视锥细胞也在中央凹里凝聚了最大的密度，由此大大提高了视觉的分辨率——所谓"定睛一看"，就是设法让视觉影像刚好落在中央凹上。

但这种构造仍然无法弥补视网膜颠倒的缺陷：因为神经细胞终究要连通大脑，所以在它们汇聚起来钻出眼球的地方，周围的感光细胞必然会被全部挤走，这就在视网膜上形成了一个没有感光细胞的"盲点"，如果视觉影像落在盲点上就完全无法被我们感知了。我们的视野里没有出现一个黑斑，仅仅是因为大脑根据周围的景物"脑补"出了盲点上的画面。另外，感光细胞与更下层的细胞联系得并不紧密，所以头部创伤常常造成视网膜脱落。上述这些都是视网膜结构颠倒造成的缺陷。

相比于章鱼，脊椎动物的视网膜结构为什么会颠倒过来呢？这是因为脊椎动物的眼睛与章鱼的眼睛有着截然不同的进化历程。

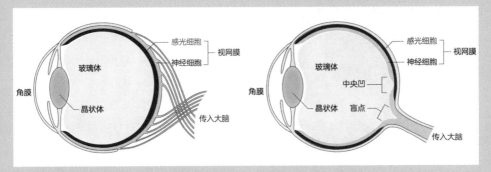

图序-18 章鱼眼（左）和人眼（右）的解剖比较。在章鱼的视网膜上，感光细胞覆盖着神经细胞，一切"正常"，但在人类的视网膜上，神经细胞盖住了感光细胞（也就是视锥细胞和视杆细胞），并且在穿出眼球的部位上形成了一个没有感光细胞的盲点。（作者绘）

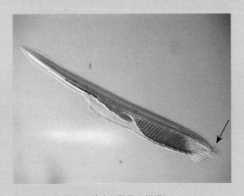

图序-19 文昌鱼。箭头所指是"额眼"。

脊椎动物眼睛的最初样貌在文昌鱼身上体现得最多。它们是头索动物，相比我们这些脊椎动物更多地保留了我们共同祖先的样子，是难得的活化石物种，它们的头部就有一个"额眼"（frontal eye），同样是受 PAX6 基因控制的色素凹陷，但与涡虫或者鲍鱼的凹陷不同，这个凹陷不在身体表面，而在身体内部的"神经管"里面。

所谓神经管，就是中枢神经系统卷成的一根管子。文昌鱼身体含水量很高，非常透明，这根管子清晰可见地贯穿了头尾，那个额眼，就位于神经管前端的内壁上。它的具体结构就如图序-20 所示，凹陷底部的细胞沉积了许多色素，屏蔽了前方透入的光，而附近的感光细胞伸进了这个凹陷，就能专门感受背侧射入的光了。总的来说，这与涡虫的眼睛原理相同，只是长在了身体的内部，而且只有一只。

相比之下，我们脊椎动物的中枢神经系统包括复杂的大脑、小脑、脊髓等结构，看起来并不是一根管子。但是如果观察整个神经系统的发育过程，我们就会发现，在胚胎发育的极早期，我们的中枢神经系统也同样是这样一根管子，我们的眼睛，也同样源自神经管内壁上的凹陷。在胚胎发育的极早期，我们身体背面的细胞[1]是完全平铺的，其中，正中央对称轴上的细胞将来会发育成中枢神经系统，被称为

[1] 在发育学上，这些背面外侧的细胞属于"外胚层"，负责发育成表皮、神经系统、部分颅骨和色素细胞等。

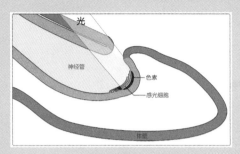

图序-20　文昌鱼额眼的结构。这是一张文昌鱼头部的纵切图，右侧为前端，左侧为后端。文昌鱼的神经管埋于背部体内，额眼就是在神经管的最前端积累了许多色素，同时有很多神经细胞发出纤毛伸过去，感受光刺激。为了表现清晰，这张图没有完全匹配真实的比例，放大了神经管的尺寸，削减了体壁的厚度。（作者绘）

"神经板"。但如此重要的结构暴露在背面体表很不妥当，所以如图序-21，胚胎背部两侧的细胞很快就会向中央迁移，像包锅贴一样，把整个神经板卷入体内。神经板就这样内卷成了神经管，而在神经板的前端，本来"预定"了将来要发展成眼睛的色素凹陷——那凹陷本来应该像涡虫和鲍鱼一样出现在体表——随着神经板内卷，出现在了神经管的内壁上，就像文昌鱼的额眼那样。文昌鱼的全身组织都像角膜一样透明，额眼即便卷入了体内也仍然可以穿透组织看到外界。所以，我们可以推测，早期脊椎动物的视网膜也可以穿透自己的组织，看到身体对侧透过的光，就像图序-22所示。但是随着脊椎动物的体形越来越大，结构越来越复杂，组织迟早会变得不透明，到那时候，该怎么办呢？

在所有脊椎动物的胚胎发育中，我们都会发现，这对将要发育成眼睛的视网膜凹陷会像翻帽子一样，从凹面向着体内，翻成凹面向

着体外——是啊，相比穿过整个身体，光线更容易从视网膜背面透过来，当我们的祖先长出越来越不透明的身体，把整个凹陷再次翻过来朝向外侧，的确是唯一可行的进化方向了。而且，在这个二次翻转的过程中，一部分体壁上的细胞会填入凹陷，发展出晶状体、玻璃体乃至角膜等屈光结构。这样一来，脊椎动物的眼睛进化也就大局已定，更复杂的眼睛，比如人眼和鹰眼，都只是在这个结构上修饰细节。只是这样的解决方案并不完美，反而埋下了一个巨大的隐患：因为神经系统卷入体内，视网膜长成了感光细胞位于体内一侧，神经和血管位于体外一侧，而这次翻转并没有改变这个次序，还是感光细胞位于体内一侧，神经和血管位于体外一侧。于是就如图序-24那样，进入眼睛的光先要穿透层层叠叠、密密麻麻的各种血管和神经细胞才能抵达感光细胞。相比之下，章鱼的视网膜就既简洁又整齐，外界的光直达排列整齐的感光细胞，神经细胞就在那后面静候神经信号传入。所以我们谈及进化的时候总会说"人类的眼睛长反了"。

除了这两个案例，许多节肢动物也进化出了发达的视觉，但相比软体动物和脊椎动物，又走上了截然不同的进化道路。最直观的一点是，它们增强视觉的方式并不是增大那个最初的凹陷，而是增多凹陷，用数量代替质量。同时，这些凹陷在整体上形成的曲面不是凹陷的，而是凸起的，结果就形成了非常独特的复眼——整个结构的基础在5亿年前就奠定下来，迄今都没有明显变化，只是在甲壳动物和昆虫身上，复眼的密度和精度达到了极致。

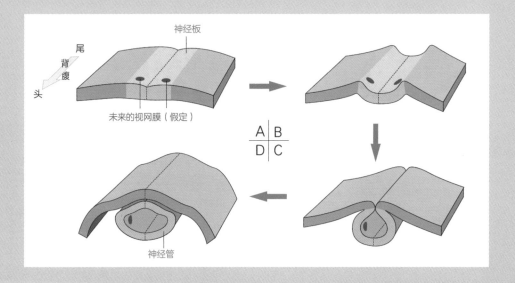

图序-21　脊椎动物胚胎发育极早期，神经板内卷成神经管的过程图示。整个结构表示胚胎背部的外胚层，黄色是预定的神经系统，红色圆斑标记了未来的视网膜——必须澄清的是，这对红色圆斑只是标记了假定的位置而已，因为在胚胎发育的这个阶段，视网膜还根本没有任何分化出来的迹象。所以这个图示中的 A 阶段虽然与图序-7 中的涡虫非常类似，但不要误认为脊椎动物是从扁形动物进化来的。（作者绘）

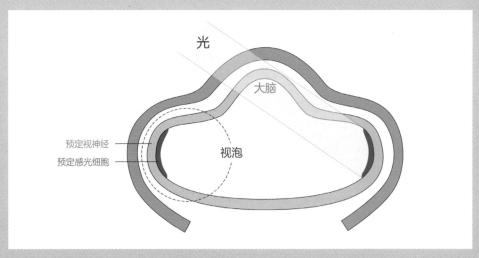

图序-22　早期脊椎动物的视网膜也可以穿透自己的组织，看到身体对侧透过的光。头部的神经管会在两侧膨大出一对"视泡"，当然，如果从神经管内壁看，这就是一对凹陷了——无论从解剖还是相关的基因角度看，最初的视泡都酷似文昌鱼的额眼。如果早期的脊椎动物也有这样简单的眼睛，它们就能像文昌鱼一样穿透组织看到外界的光了。同样必须澄清的是，对于现代的脊椎动物来说，视神经和感光细胞在图中这个阶段也只是预定了分化的方向，还远远没有分化成形。（作者绘）

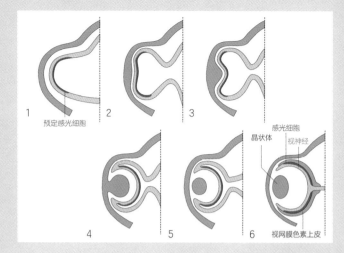

图序-23　脊椎动物的眼睛发育过程。6 个阶段都集中展现视泡附近的变化。视泡贴近体壁的一侧逐渐翻转，凹面由向着体内转为向着体外，呈杯状。同时，一团体壁细胞陷入杯中脱离体壁，发展为晶状体。最后，视泡内陷的部分发展为各级视神经和感光细胞，包围在外侧的部分发展为视网膜色素上皮[1]，这些细胞共同构成了视网膜。（作者绘）

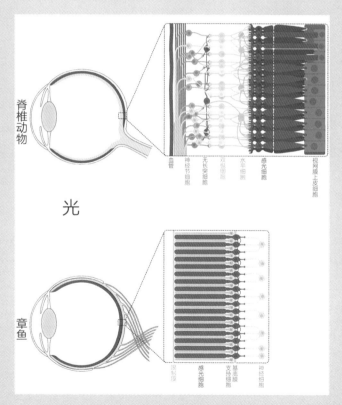

图序-24　脊椎动物和章鱼的视网膜结构比较。对于任何脊椎动物的眼睛来说，光从外侧进来，但我们的感光细胞却朝向内侧；而对于章鱼来说，光从外侧进来，感光细胞也直接迎向外侧。（作者绘）

---

[1]　视网膜色素上皮是视网膜最底层的色素细胞，除了负责吸收眼球内散射的光线，防止视觉模糊，避免过量的光子灼伤感光细胞外，还有营养、免疫、物质合成等许多重大功能，白化病患者因为视网膜色素上皮不能正常发育，往往伴随各种各样的视力缺陷。另外，许多在夜间活动的脊椎动物，比如猫和老鼠，都能从眼底反射明亮的光，这也是因为它们的视网膜色素上皮能够反光，增加抵达感光细胞的光子。

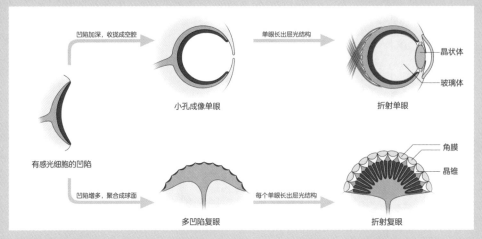

图序-25 从最初的带有感光细胞的凹陷开始，不同的动物进化出了不同的眼睛。上方是软体动物的折射单眼，下方是节肢动物的折射复眼。（作者绘）

如图序-11，那是一只苍蝇的复眼，它看起来是个球面，但在显微镜下观察复眼的解剖结构，我们会发现复眼像蜂巢一样，是由许许多多六棱锥状的单眼拼起来的，其中每个单眼的结构如图序-26[1]。

单眼最上面是角膜，长成了凸透镜的形状，功能等同于我们的晶状体，负责折射光——这个结构实际上就是特化的表皮，节肢动物每次脱皮的时候，这个角膜都得跟着换新的。而这个进化历程也是简单清晰的：节肢动物的外骨骼主要由结晶态的几丁质（壳多糖）构成，如果不额外富集其他物质，本来就是透明的，稍微长得厚一些就会变成一块凸透镜。

角膜下方还堆积了一些透明而含水的蛋白质，形成一个倒着的"拟晶锥"[1]，可以把光进一步折射聚拢，向下射入单眼的中轴。由此继续向下，8个细长的感光细胞聚成一个圆柱。这些感光细胞的功能相当于人眼的视锥细胞和视杆细胞。每个感光细胞都向着中轴凸起了许许多多整齐排列的透明纤毛，无数纤毛聚合起来，就构成了"感杆束"。这是小眼最关键的结构。因为一方面，节肢动物的视蛋白就镶嵌在这些纤毛的细胞膜上，所以它们就相当于脊椎动物感光细胞的膜盘；另一方面，感杆束整体上如同一条光纤，能够把拟晶锥聚焦起来的光继续向下传导，直达小眼深处。

---

[1] 绝大多数昆虫的复眼都有这个倒圆锥状的"晶锥"，就像图序-26标注的那样。但根据发育来源的细微差异，晶锥又分成真晶锥、拟晶锥、外晶锥等，蝇属于双翅目，这一目昆虫的晶锥通常是拟晶锥，由晶锥细胞分泌的蛋白质形成。其他的真晶锥由晶锥细胞直接构成，外晶锥由角膜分化出来——当然，这只是一条脚注而已，你不用太在意这些解剖上的细节。

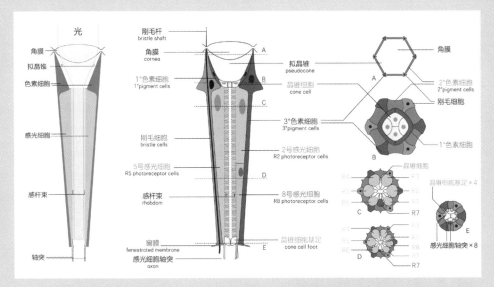

图序-26　果蝇复眼的单眼的解剖示意图。图左是极简的光路示意图，色素细胞屏蔽侧漏的光，防止单眼之间的干扰，而可见光经过凸透镜状的角膜、圆锥状的拟晶锥，被导入单眼，激发感杆束中的视蛋白，使感光细胞产生神经信号；图中是单眼的垂直剖面图，其中晶锥细胞基足就是晶锥细胞（森氏细胞）的末端；图右是图中 A、B、C、D、E 虚线标注的五个位置的横切面，其中编号 R1 到 R8 是 8 个感光细胞的横截面。另外，每个单眼周围还有 3 根刚毛细胞，它们伸出的刚毛可以感受空气中的微弱振动。（作者绘）

不难想象，每一个单眼实际上就是原本浅而小的视觉凹陷变得非常深，成为细长的倒锥体。进化又在每个柱状单眼内部填充了透明的晶锥和光纤，外部包围了不透明的色素细胞，大量的单眼聚集成阵列，协同工作。

这样用数量堆砌而成的复眼要比我们精致的折射单眼在进化上容易得多，所以早在寒武纪早期，三叶虫的复眼就已经非常完备，和今天没什么区别了，这也是节肢动物和它们的近亲很早就能称霸海洋的关键原因之一。

但是就功能而言，复眼的每个单眼都不能成像，而只能模糊地感受一个色块，所有的单眼集合成阵列，才能凑出一个马赛克似的画面。而节肢动物的单眼最多也多不过几万，所

以分辨的细节也比我们少得多——如果人类要用苍蝇那样的复眼达到现在这双眼睛的分辨率，那么这对复眼将拼成一个直径 1 米左右的硕大球体。

另一方面，复眼对运动极其敏感，昆虫可以分辨每秒 240 帧的动画，达到人眼的 10 倍，这同样带来了显著的生存优势——你想徒手抓苍蝇，那可难极了。

最后，动物界的眼睛极其丰富，除了这三种经典类型，甚至除了 PAX6 基因的作用，还有许许多多其他的模式，比如扇贝的外套膜边缘长着一连串小眼睛，这是一些独特的反射单眼，它们的眼底有一块凹面镜，把光反射聚焦在视网膜上；比如海蛇尾的皮肤上有很多方解

图序-27　一枚蝉蜕特写。你看，它的角膜也要跟着蜕皮。（来自 Phanuwatn | Dreamstime.com）

石晶体，它们特化成了 50 微米左右的凸透镜，可以将光线折射到皮下的神经上，由此感受明暗；再比如箱水母不是两侧对称动物，但一些立方水母纲的成员身体周围有 4 个感觉棍（rhopalia），每个感觉棍上有 6 只眼睛，其中有两只是原始的色素凹陷，另两只是狭缝的小孔成像单眼，还有两只带有晶状体的折射单眼——箱水母在自己身上就展现出了完整的进化历程。

图序-28　一只 *Coltraneia* 属的三叶虫化石。它生活在泥盆纪的摩洛哥，大约是 4 亿年前，拥有很大的复眼。（来自 Guillermo Guerao Serra）

图序-29　扇贝。每个绿色的小珠子都是一只眼睛。这个眼睛虽然也有一个晶状体，但折射率非常低，并不能聚集光线。光线要穿过透明的视网膜，被眼底的一个凹面镜聚焦在视网膜上。它们有两层视网膜，这能提高感光率，但不足以分辨物体。（来自 Cavan-Images）

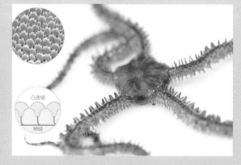

图序-30　海蛇尾与海星的关系很近，你可以认为它们是一群腕很细长，很容易像壁虎尾巴一样脱落的海星。它们皮肤上的石灰质骨片构成了无数个凸透镜，能把外界的光折射到皮下的神经上，但是不能成像。（来自 Rattiya Thongdumhyu 及 Dorothy M. Duffy）

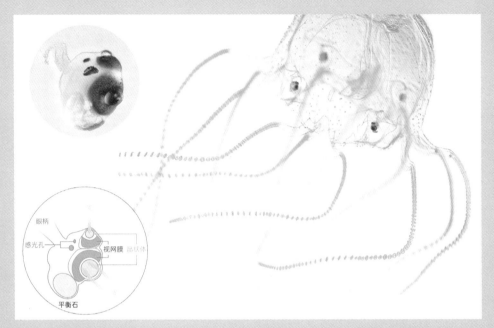

眼柄

感光孔

视网膜 晶状体

平衡石

图序-31　冠三束水母（*Tripedalia cystophora*）是一种分布在加勒比海、印度洋、太平洋地区的立方水母，它们有 4 个感觉棍，每个感觉棍底部有一粒平衡石，用来感受海水的振动。在它上方有两个复杂的折射单眼，结构类似凤凰螺的眼睛，其中有一个屈光的晶状体，分别负责向上看和向下看；在这两个折射单眼旁边，又各有两个简单的感光器，是铺有色素和视神经的凹陷或狭缝。这样算下来，每个感觉棍共有 6 只"眼睛"，每只冠三束水母拥有 24 只"眼睛"。（David Liittschwager 摄）

鞭毛是怎样进化出来的？

在神创论与进化论的交锋中，有一个著名的"奇兹米勒诉多佛学区案"，在 21 世纪刚刚开始的时候就给我们带来了一场精彩的辩论。

2004 年 12 月 14 日的美国宾夕法尼亚州，11 名来自多佛学区的家长向联邦法院提起诉讼，控告当地教育委员会在公立学校中公然宣讲"智慧设计论"——生物有一些复杂的结构不能用进化解释，而一定出自某个高度智慧的设计者。

法院受理了此案，2005 年 9 月 26 日正式开庭，11 月 4 日宣判，原告胜诉，法官宣布：所谓的"智慧设计论"不过是改了名字的神创论，是一种明确的宗教思想，不但不是科学理论，还充斥着过时和错误的观点。

或者更直白地说：

任何关于"造物主"的理论都是伪科学。

我们不需要纠结这场审判中的流程细节，而只需注意被告方为"智慧设计论"提供的关键"论据"：细菌鞭毛。

所谓"细菌鞭毛"是细菌用于运动的细胞器。鞭毛从外观上看很简单，就是细胞膜上长了一根又细又长的线，能像精子的尾巴那样不断扭转，搅动水流，推动细菌前进

（参见图序-4）。但仔细观察它的微观结构，就会发现它格外精密复杂，好似一台微小的发动机。

如图序-32，细菌鞭毛是一种超巨型蛋白复合物，它的基体部分镶嵌在细胞膜和细胞壁之间，由一系列的蛋白质圆环依次叠摞构成。其中，最下方的几个环互相咬合在一起，可以在细胞膜上转动，我们可以将它称为"转子"，尤其是下方的 C 环特别大，在边缘上有很多齿，好像一台水车的轮子，而在 C 环这个轮子的边缘又簇拥着大约 10 个小型离子通道，我们把它们称作"定子"。

这本书之后的章节会告诉你，细菌的新陈代谢会持续不断地把氢离子泵到细胞膜（对于图序-32，特指"内膜"）的外侧去，使得细胞膜外侧的氢离子浓度远远高于细胞膜内侧的氢离子浓度。这种浓度差异会产生一种强大的压力，迫使细胞膜外侧的氢离子返回细胞膜内侧，而细胞膜又几乎不能被氢离子渗透，所以氢离子必须寻找专门的离子通道钻回去。

大量的氢离子顺着定子中央的通道返回细胞膜内侧，就会形成一股强劲的氢离子流，汹涌地冲向 C 环边缘，于是，整个 C 环就真的像水车的轮子一样旋转了起来。

在 C 环的带动下，整个转子，乃至通过

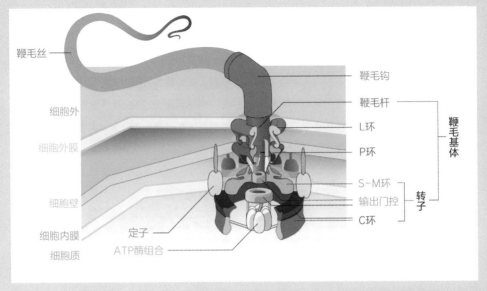

鞭毛丝 ——
细胞外
细胞外膜
细胞壁
细胞内膜
细胞质
定子
ATP酶组合

鞭毛钩
鞭毛杆
L环
P环
S—M环
输出门控
C环

鞭毛基体
转子

图序-32　革兰氏阴性细菌[1]的鞭毛结构。这类细菌的细胞表面有两层膜，中间夹着一层细胞壁，鞭毛的基体部分就镶嵌在这三层结构之间——图中的鞭毛丝给人越来越细的感觉，但实际上鞭毛丝粗细均匀，这里是用透视表现鞭毛很长。另外，为了表现得清晰一些，这个结构图示经过了严重的简化和省略，比如输出门控之间有些精细的栅栏没有描绘，鞭毛钩事实上也不是一根弯管，而只是一段比较柔软、很容易弯曲的管道。（来自 LadyofHats | Wikicommons 及本书作者）

鞭毛杆和鞭毛钩连接着的鞭毛丝，都将飞速地旋转起来。据统计，细菌鞭毛每分钟可以扭转 200 周到 1 000 周，每秒推动细菌前进 60 倍的体长。这是个惊人的速度，要知道，就连猎豹也只能每秒前进 25 倍体长。

你看，细菌的鞭毛的的确确是个精密而复杂的结构。那么，问题来了：这样精密而复杂的结构是怎样从无到有，从简单到复杂，进化出来的呢？于是，"奇兹米勒诉多佛学区案"的被告方认为自己抓住了进化的把柄，自信满满地祭出了一记杀招，他们提出细菌的鞭毛具有"不可简化的复杂性"：

鞭毛要想发挥功能，必须同时集齐所有的关键组件，缺一不可——如果鞭毛是进化的产物，那么环形基座、单向的齿、分子马达、鞭毛本身……这一系列关键组件分别进化完善之前，细菌鞭毛都不能发挥任何用途，是一个毫无用处的半成品，

[1] 在这里，所谓"革兰氏阴性"和"革兰氏阳性"是针对细菌的壁膜结构而言：革兰氏阴性细菌在细胞膜和细胞壁外面还有一层细菌外膜，整个壁膜结构像夹心饼干一样；而革兰氏阳性细菌没有细菌外膜，但细胞壁又厚又密。所以革兰氏阳性细菌的鞭毛通常没有 L 环和 P 环。至于"革兰氏"三个字，是指微生物学的"革兰氏染色法"（Gram stain）：依次用龙胆紫、碘液、酒精和稀释复红四种溶液浸渍细菌，革兰氏阳性细菌的细胞壁会被龙胆紫染成紫色，而革兰氏阴性细菌的细胞壁会被稀释复红染成红色。由于不同的壁膜结构会强烈影响微生物的毒性和抗药性，所以这种鉴定方式在传染病学上也非常重要。但需要注意，这种分类法是一种形态分类，并不代表进化上的直接关系。

而半成品非但不能给细菌带来任何好处，而且是个消耗能量的累赘，这就从根本上违背了"适者生存"的进化原则。

所以，细菌的鞭毛不可能来自循序渐进的进化，而只能在历史上的某个瞬间由某个高度智慧的设计师设计出来，这必然就是证明上帝存在的线索了。

不得不说，这套说辞乍看起来非常合理，至今还能唬住许多不明就里的人。但它完全站不住脚，因为我们已经知道细菌鞭毛是怎么进化出来的了，它的原型就是一个"注射器针头"！

仔细比对蛋白质结构和相关基因之后，我们已经非常明确地知道了细菌鞭毛的进化原型就是"Ⅲ型分泌系统"，如图序-33，将这两种东西的结构放在一起比较，一眼就能看出二者的相似之处。

所谓的"分泌系统"，就是一些沟通细胞内外的通道，细菌可以借此向细胞外释放各种大分子物质，而"Ⅲ型分泌系统"的主要分泌物是"毒力蛋白"，也就是帮助细菌感染宿主的有毒蛋白质。所以你就能在图序-33中看到Ⅲ型分泌系统在细胞膜外侧有一个显眼的"针头"，专门负责钻透宿主的细胞膜，以便把那些毒力蛋白注射进去。而细菌要制造这样一个针头一点儿都不难，它们只需在分泌毒力蛋白之前先分泌一些结构蛋白，这些结构蛋白就会在细胞膜外侧"凝聚"[1]出这根中空的针了。

而驱动基座旋转的那些"定子"虽然在Ⅲ型分泌系统中并不存在，但也不是什么稀罕的东西，它们源自另外一类跨膜通道蛋白，被称为"离子通道"，用来调节细胞膜两侧的离子浓度，这类蛋白细胞膜上本来就有很多。当这些离子通道吸附在了分泌系统的基座附近，那些穿膜而过的氢离子流就会推动整个分泌系统旋转起来了。

让分泌系统旋转起来，本身就是一件好事——想想看，如果你想把锥子戳进什么东西里却戳不动，会怎么办？

转动它。

同样，会转动的分泌系统也在感染宿主这件事上更加得力，而如果某个细菌的鞭毛再稍稍突变一点，没完没了地分泌结构蛋白，那个针头就会越长越长，长了自然就显得软，舞起来就更带劲，就会掀起水流——就这样，细菌进化出了长长的鞭毛。

仔细看图序-32和图序-33，鞭毛基体的核心部位有一套"输出门控"和"ATP酶组合"，那就是专门负责分泌蛋白质的组件，无论是构成针头的结构蛋白、细菌要分泌的独立蛋白，还是构成鞭毛钩和鞭毛丝的结构蛋白，都是通过它们输送出去的，所以它们也是细菌鞭毛和Ⅲ型分泌系统最一致的组件。

---

[1] 这里又是方便起见的表述，如果要说得严格一些，在分子尺度上的微观世界里实际上不存在"凝聚"这样的相态变化，那些结构蛋白实际上是根据自身的电荷、极性、构型等特性，自动地"装配"成一根针，这涉及一些蛋白质四级结构的问题，当你读到这本书的第六章、第十八章、第二十二章，还会遇到很多这样的事情，也会对这种作用有更深的理解。

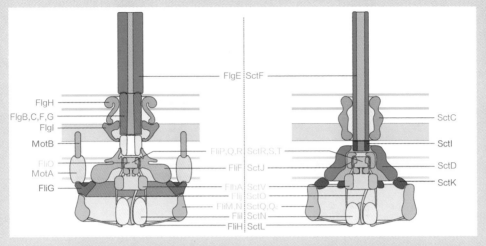

图序-33　细菌鞭毛与 III 型分泌系统的比较。左侧是革兰氏阴性细菌的鞭毛纵切图，与图序-32 中相同的颜色代表相同的结构，但明确了更多的细节，同时省略了鞭毛丝，右侧是细菌 III 型分泌系统的纵切图。所有的标注都是组成对应结构的蛋白质的缩写，目前已经明确的同源蛋白列在中央的虚线两侧，它们各自独有的蛋白列在各自的那一侧——当然，你完全不必知道这些蛋白质究竟是些什么，只看它们形状相似，标记的颜色相近，就可以了。（作者绘）

　　总之，关于细菌鞭毛和 III 型分泌系统的进化关系的研究已经汗牛充栋，一幅证据翔实的"细菌鞭毛起源图景"让细菌的鞭毛成了进化生物学的又一个经典案例。在各个组件依次就位的整个过程中，细菌鞭毛的每一个发展阶段都能发挥具体的生理作用，完全符合"适者生存"的规律。而且特别引人注意的是，在《眼睛是怎样进化出来的？》一文中，眼睛在每一个进化阶段都发挥着相同的生理功能，只是越来越强，这是很容易理解的事情。但是在这里，"针头"变成了"鞭毛"，同一个结构在不同的进化阶段有着完全不同的生理功能，这样的事情在进化史上虽然同样普遍，却总是更加难以理解，也因此造就了许多的不可思议的

"进化奇迹"。

　　比如，那些寻根究底的读者一定觉得 III 型分泌系统看起来也不是很简单的结构，那它又是怎样进化出来的呢？

　　它最初是一个解旋的"螺母"，后来变成了性交的"接口"，又变成了分泌的"通道"，然后才在出口上增加花样，变成了那个注射的"针头"。但是要想理解"螺母""接口""通道"究竟是怎么回事，这样一篇文章无论如何也说不清楚。在这本书的第二十一章，我们还将再次邂逅细菌的鞭毛，在那里，我们会解开这个"超巨型蛋白复合物"更加深层的起源之谜，而那将是关系到生命起源的遗传法则与能量代谢的大秘密。

第一幕

探索的道路

一

路漫漫其修远兮，
吾将上下而求索。

——屈原，《离骚》

这里是美利坚合众国的第二大城市，1953年2月，沿着密歇根湖的西南岸，昨夜晚风中凝结起来的雾凇和树挂好像暮春时凋谢的玉兰花，都随着温暖的晨光遍地洒落。

在芝加哥大学的校园里，23岁的助教踩着碎冰，穿过校园，往实验室的方向走去。而在那方向上，也正有欢快的爵士乐跳过来迎接他，显然是某个学生买到了艾灵顿公爵的新唱片，这位大明星近年来似乎有些过气，但毕竟盛名犹在，谁又知道他有没有东山再起的那一天呢？

但这都不重要，助教并不是流行乐的拥趸，只是有那么一两句歌词清晰地弹进了助教的耳朵，像软糖一样耐嚼。

天涯何处无芳草

多情却被无情恼

毫无疑问

我早已明白知道

我爱你，不知如何是好

是啊，天涯何处无芳草，多情却被无情恼。在那样多的课题里，即便教授并不中意，助教也偏偏热忱地选择了这一个，一个让无数人困惑深重的课题。但他实在不关心大海里有多好的"鱼"，他只想知道大海里为什么会有鱼。

就这样，他走进了实验室，那弥漫着怪味的地方，倒让他觉得挺习惯的。

实验台上正在做的实验需要用到氨气，满屋子的尿骚味依稀可辨。一个雾气氤氲的球形烧瓶正断断续续地发出噼啪声，蓝色的电火花像微型的闪电一样。

与它连接的瓶瓶罐罐中有一个在煤气灯上加热着，像炖汤一样咕嘟咕嘟不断沸腾。沸腾的蒸气接着被导管引出，充入闪电所在的烧瓶里，向下继续进入冷凝器，凝聚成了小水珠，像车窗上的雨珠一样成串地滚落下来，重新回到原先的烧瓶里，继续炖煮。这样周而复始的循环已经持续了一个星期，每隔一段时间，助教就打开一个小小的阀门，检查那冷凝出来的样本里究竟有些什么成分。

这个看起来诡异又枯燥的课题是助教努力争取来的，教授一开始并不喜欢这个有些离奇的构想，然而耐不住助教巨大的热情，而且实验的结果的确越来越漂亮，教授渐渐地投入了越来越多的兴趣。

"乙酸、草酸、尿素、甘氨酸……"助理检查着这一天的样本成分，脸上露出了难以置信的惊喜表情。他打开门，大步流星地向教授的办公室赶了过去。

三个月后，一篇惊人的论文轰动了整个世界。

长久以来，人类所知的世界被划分成两个部分：一个是无机世界，也就是没有生命的世界，被基本的物理化学规律统治着；另一个是有机世界，也就是一切生命活动的总和，被奥秘无穷、捉摸不透的生物规律，乃至心理规律和社会规律统治。这两个世界虽然持续地交换着物质和能量，却似乎遵循着截然不同的规律。

当然，我们现在已经知道事情并不是这样的，生命活动从来没有逾越任何物理化学的基本规律，它只是在以格外复杂的方式实现这一切。

是的，复杂，这就是问题的关键。在40亿年前，无机世界中的物质和能量，通过某种复杂的途径，发展出了有机的世界，而那复杂的"途径"，就是生命的起源。

那么，我们要如何寻找这种途径呢？摆在眼前的，是两条道路：一条是综合之路、探索之路，从无机世界出发，寻找哪条路能够抵达有机世界，也就是从最基本的物理化学规律出发，探究它们经过怎样的组合变化，能够综合产生生命活动；另一条倒过来，是分析之路、回溯之路，从有机世界回溯，分析哪一条路源自无机世界，也就是仔细研究已知的生命现象，寻找生命诞生之前留下的线索。

但无论走哪条道路，都必将遇到数不清的险阻。在这一部分里，我们将会看到，在20世纪中叶，人类刚刚开始用科学的方法探索生命起源的时候，综合的道路看上去简单许多，因为那个时候的人类对复杂的有机世界了解太少，对简单的无机世界熟悉得多。而当我们在这条路上遍寻无果，迷失方向，在扑朔迷离的分析道路上开始新探索的时候，这两条路却在中途相遇了。

第一章

原始浓汤？ | 可贵的错误理论

在"生命起源问题"的早期研究中，1953 年的米勒–尤里实验是最重要的那一个。这个实验在装有一氧化碳、水和氨等无机物的烧瓶里不断通电，模拟电闪雷鸣的原始大气，果然产生了许多种类的有机物，甚至包括了一些氨基酸。

从实验本身上讲，它很成功，从舆论上讲，它也达到了声势浩大的"祛魅"效果，让人们普遍接受了生命和非生命之间并无不可逾越的鸿沟的事实。

但很遗憾，由此提炼的原始有机汤假说很可能不是正确的。尽管许许多多的后继研究者努力想要修补这个假说，让它更加吻合地质化学上的观察数据，但它始终面临着一个更根本的难题。

如果要选择一个象征生命科学的符号，那么，DNA（脱氧核糖核酸）双螺旋结构一定当仁不让，甚至要选择能代表自然科学的符号，人们也只会在双螺旋结构和卢瑟福的原子模型 [1] 之间犹豫不决。

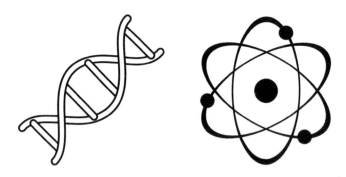

图 1-1　图表化的 DNA 双螺旋结构和卢瑟福原子模型。（作者绘）

---

[1]　卢瑟福给出的原子模型（原子行星模型）虽然流传甚广，但却是错误的：电子的运动遵循量子力学，不会有经典物理中的圆周轨道。目前最接近正确的原子模型由薛定谔在 1926 年提出，每一个电子轨道都是一朵怪异的电子云——显然，"轨道"这个词到了这个地步已经仅仅是个"比喻"了，意义大约等于"地方"。

的确，纵观人类的整个科学史，富兰克林、克里克与沃森等人发现 DNA 双螺旋结构绝对排在 20 世纪最重大自然科学成果的前三名，但是回到 1953 年，DNA 双螺旋结构的论文在《自然》杂志上发表的那一年，这篇论文却并没有吸引太多目光，因为整个生物学界都在谈论爆炸性的"米勒-尤里实验"：有人在烧瓶里模拟了生命诞生前的原始地球，结果，烧瓶里自动出现了生命诞生的关键材料——氨基酸。

"米勒-尤里实验"是人类历史上第一次用科学实验探索生命的起源，当时的人们普遍认为它成功地证明了生命可以在无机环境中自发诞生，甚至解释了生命的起源。

这个实验的声望如此煊赫，解释起来却并不复杂。它试图验证的就是那个公众最熟悉的生命起源假说——原始有机汤假说：在原始地球上，无机物在某种条件下形成了许多有机物，它们积累在海洋中，使海水变成了"原始有机汤"，而这些有机物彼此之间发生了越来越复杂的反应，最终形成了生命。

这个假说本来在 20 世纪 20 年代就已经问世，但最初的提出者只停留于理论构想而已，并没有想到用可以观察的事实验证一下 [1]。于是，1953 年 2 月，在助教斯坦利·米勒（Stanley Miller，1930—2007）的热情的感染下，芝加哥大学的化学教授哈罗德·尤里（Harold Urey，1893—1981）放下了研究陨星成分的课题，转投到这件近乎浪漫的事情上。

· 星空与海洋 ·

是的，生命起源研究和天体化学有着千丝万缕的联系。比如在 20 世纪 50 年代，当时的天文学家已经通过光谱分析，知道了木星和土星等气态巨行星的大气主要由

---

[1] 最早提出这一假说的是苏联生物化学家亚历山大·奥巴林（Alexander Oparin，1894—1980），从 1924 年到 1936 年的研究中，他假设原始地球的表面非常炽热，红炽的碳化铁微粒覆盖在尚未冷却的陆地上，而后表面与氢气反应，逐渐产生了一层烃类化合物、醇类化合物，并进一步与大气中的氨、水、甲烷等反应，产生了醇、糖和蛋白质，并随着降水聚集在海洋中，在海洋表面形成了胶状的"有机汤"。这些胶状有机物就逐渐发展成了原始的细胞。
稍晚，1929 年，英国的 J. B. S. 霍尔丹（John Burdon Sanderson Haldane，1892—1964）也提出了类似的假说，但是简单很多。他直接设想缺乏臭氧层的原始地球暴露在大剂量的紫外线辐射中，海洋表层的水、氨和二氧化碳就因此化合成了糖和氨基酸，进而形成了原始的生命。

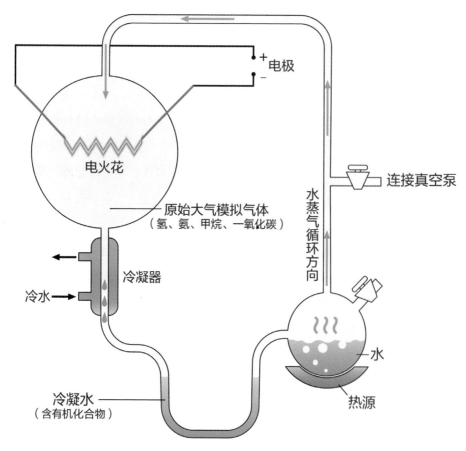

图 1-2 米勒-尤里实验装置的示意图。当代版本一般会在最下方的"冷凝水"部分加一个取样探头,方便检测反应产物。(来自 YassineMrabet | Wikicommons 及本书作者)

氢、氨和甲烷等还原性气体构成,并且据此推测原始地球也有这样的大气和剧烈的风暴。

于是,米勒和尤里在一个盛了水的烧瓶里充满这些气体,密封后插入电极,不断用电火花模拟原始地球上的闪电,一直持续了一个星期。然后,他们发现10%到15%的碳元素都形成了有机物,而且复杂程度远远超过他们最疯狂的想象:除了甲酸、乙酸、丙酸、乳酸这样常见的羧酸以外,还有2%的有机物是氨基酸,其中不乏甘氨酸、丙氨酸、谷氨酸和天冬氨酸这些蛋白质中常见的氨基酸。

1953年5月,"米勒-尤里实验"在《科学》杂志上发表,立刻在科学界引起了强烈的反响，因为它有力地证实了即便脱离生命，简单的无机化学反应也能产生丰富的有机物，进一步地，人们普遍认为这证明了原始有机汤假说。

所以，在此后的半个多世纪，不断有研究者设计类似的实验，除了模仿原始地球的闪电和强紫外线之外，富含硫元素的火山喷发也被模拟出来，他们试图发现原始有机汤中究竟包括哪些分子，果然又有十几种氨基酸在烧瓶里相继问世。另一些生物化学家致力于研究这些简单有机物如何进一步形成核酸和蛋白质，比如在2009年，《自然》杂志上的一篇论文就讨论了这些简单有机物如何在水中形成胞苷一磷酸（CMP）——遗传密码中的字母"C"[1]。

这样说来，原始有机汤假说已经顺理成章地解释了许多问题：那些小分子无机物在原始地球的各种条件下发生了各种越来越复杂的化学反应，产生了越来越复杂的有机物。这些有机物溶解在原始的海洋里，又彼此发生了更加复杂的联系：核酸浓缩起来形成了遗传密码；氨基酸浓缩起来形成了蛋白质，催化各种新陈代谢；最后，磷脂则因为分子两端有相反的极性，而在海水中自发地聚集成囊泡和薄膜，把这一切包裹住……事儿就这样成了，细胞诞生了！

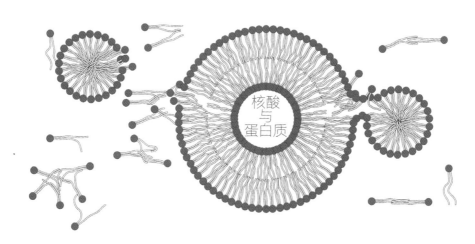

图1-3　磷脂分子组装成囊泡，把核酸与蛋白质包裹起来，形成原始细胞的示意图。那些两条尾巴的火柴头似的东西，代表我们在高中生物课上反复接触的磷脂分子。它们的尾巴不溶于水，因此互相纠缠起来，最终组装成一个空心的囊泡，而核酸与蛋白质会被包裹进去，这就形成了原始细胞。不过，为了表现方便，这张示意图格外夸大了磷脂分子的尺寸，以致囊泡里面的空间那样狭小，都画不下核酸和蛋白质了。但实际上，磷脂构成的细胞膜非常薄，图序-3才更加符合实际比例。（作者绘）

作为第一个建立在科学上，而且相对完整的生命起源理论，它获得了巨大的关注和信任，时至今日，几乎所有的公立学校教科书都会把"米勒-尤里实验"和"原始有机汤"结合起来，作为"生命起源"的标准回答。

但这个假说经不起推敲，人们只顾沉浸在科学突破的喜悦中，竟对两个明显的破绽视若无睹。

· 时间的胶囊 ·

第一个破绽来自"米勒-尤里实验"本身：他们从一开始就没有弄明白原始地球的大气——它根本不是还原性的。

说来有些惊人，就在你的脚下，地球上到处都是纵横几十亿年的"时间胶囊"——锆石，也就是硅酸锆（$ZrSiO_4$）的天然晶体。锆石往往是岩浆逐渐凝固时的产物，广泛分布于酸性或中性的火成岩中 [1]，尽管大多是几百微米大的透明晶体，要在显微镜下才能看清，但它们的化学性质稳定得吓人：在常压下可以耐受 3 000℃ 的高温，硬度与金属钨相当，能抵御各种酸碱腐蚀，当然也不溶于水，不会被任何生物作用破坏。实际上，它们简直就像《指环王》里的那枚魔戒，一旦在岩浆中铸成，就再难被破坏，在数十亿年的时间里辗转流传。地球表面的火成岩、变质岩和沉积岩，乃至一切沙与土，在各种地质作用下循环变化，锆石也随之出现在其中的任何地方。谁都不能改变它们——除了当初创造它的岩浆，也除了它们自己内部的放射性元素。

这是因为，铀元素与锆元素很相似，在岩浆结晶形成锆石的时候经常掺进去一点。但铀元素具有放射性，在漫长的岁月中会逐渐衰变，转化成锆石中本来没有的铅元素。而铀元素的衰变速度比锆石的化学性质还要稳定，不受任何外界因素影响，所以当我们拿到一块锆石，测量锆石中铀与铅的比例，就能算出这些铀元素经历了多长时间的衰变，也就知道了岩浆是在何时凝固成锆石的——从 45 亿年前到 100 万年前，测量的误差只有 1% 到 10%，这就是"铀铅放射性测年法"。

---

[1] 不过，也有在变质作用和热液作用中形成的锆石，它们也能起到下文所说"时间胶囊"的作用。

图1-4　锆石偶尔也有几厘米大的。如果质地纯粹，可以用作宝石。（图片来源：Ruslan Minakryn）

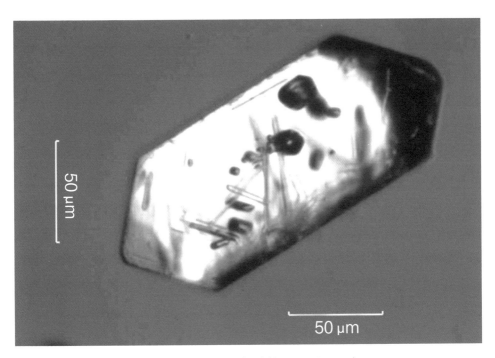

图1-5　显微镜下的锆石微粒。注意里面的杂质和气泡。（图片来源：Russ Crutcher）

而最妙的是，锆石在形成的时候常常把微量的大气、海水等各种物质包裹进去，在漫长的岁月里保护它们不受任何侵蚀，我们只要测定这些锆石的年纪，也就知道了其中的海水和大气来自哪个年代，这个年代的大气和海洋有哪些成分。

于是，我们遍寻40多亿年前的"时间胶囊"打开来看，结果遗憾地发现，40多亿年前的原始大气并不像"原始有机汤"假设的那样，是还原性的氢、氨、甲烷等物质，而是以二氧化碳和氮气为主的中性大气，这让米勒-尤里实验从根源上受到了质疑。[II]

当然，科学假说总有支持者，原始有机汤假说也不例外。他们提出，虽然配方不对，但是海洋可以提供丰富的水蒸气，而水蒸气就可同这些中性气体反应，产生氢、氨、甲烷这样的还原性气体。如果考虑到40多亿年前频繁的火山活动，这样的还原性气体还会更丰富，所以那些有机物仍然会出现在海洋里。[III]

而更加激动人心的是，天体化学又有重大斩获：太空中竟然也充满了有机物，哪怕最普通的弥漫在遥远星际的分子云中，也存在着大量的小分子有机物。至于太阳系内部，事情就更加美妙了。那数不清的彗星里，主要的成分是水，同时也含有氢、氨、甲烷和二氧化碳。当它们在引力的摄动下闯入太阳系内部，就在太阳的高能辐射下形成了巨量的有机物，其中也包括了种类丰富的氨基酸，这在实际的观察中已经得到了充分的证实。比如2004年罗塞塔号探测器造访的彗星67P，它的横截面就比洛杉矶还大，其中竟然有接近一半的质量来自有机物。而在太阳系形成早期，彗星们横冲直撞，三天两头就坠毁在行星上。所以，这些彗星就像"有机"风味的浓汤宝，一旦撞上刚刚形成的地球，溶解在海洋里，就会形成一锅醇厚的"原始有机汤"。

这个新论据不但在很大程度上拯救了原始有机汤假说，而且将地球上特殊的生命活动与普遍的宇宙联系在了一起，使生命变成万有引力一样广泛存在的事物，成为"泛种论"[1]的当代版，惹得天文学家、化学家和生物学家纷纷怜爱。很快，"彗星在宇宙中给生命播种"这个极具浪漫主义色彩的假说在幻想艺术的黄金时代席卷了整个世界，恐怕每个关心生命起源问题的人都或多或少地听说过这个故事。

---

[1] 泛种论是一种稚拙的生命起源观点，即古人认为生命的种子在无机世界中到处散播，遇到合适的环境就发育长大，变成新的个体。这是粗糙观察新开垦的土地长出植物、生出虫子等生命现象后的想当然。

·混沌的佯谬·

但这仍然站不住脚，因为原始有机汤假说还有一个重大的理论破绽：要让小分子有机物形成大分子有机物，再形成生命，必须先让这些有机物达到相当高的浓度，并且维持这种浓度，否则那些诱人的化学反应在统计上根本就不会发生——要知道，生命要维持新陈代谢，每立方微米，或者说一立方厘米的一万亿分之一，就要有几十万个大分子的蛋白质，其他小分子有机物更是不计其数。我们常把细胞里面装的东西想象成一包"液体"，但它实际上比芝麻糊还要稠，几乎像果冻一样了。

而原始海洋里的小分子有机物再多，又能多到什么地步呢？地球上的海水大概有13亿立方千米，无论多么频繁的闪电和火山喷发，或者多么富饶肥沃的彗星，只要投进去，顿时就会泥牛入海，稀释得根本称不上是"汤"了。所以，又是什么惊人的力量，能在某时某刻，从浩瀚的海洋中搜刮来数千万个有机物分子，专门浓缩到一个细胞的尺寸上呢？

当然，"原始有机汤"的支持者依旧会试图挽救这一理论。

原始地球的地质活动更活跃，会形成很多火山湖和地热泉，原始地球频繁的天体撞击也会形成很多陨石坑。这些地方可以积蓄成分非常复杂的水，这里不仅有彗星撞击带来的有机物，而且由于原始地球没有臭氧层，强烈的紫外线也能像米勒-尤里实验里的电火花一样在水面上制造有机物。火山活动还会释放一种名叫羰基硫[1]的化合物，这种物质能催化氨基酸缩合成各种多肽[IV]，也就是蛋白质的片段，这被认为非常有利于生命的起源。

更重要的是，火山湖、地热泉和陨石坑可比海洋渺小多了，很容易蒸发成一锅真正的"浓汤"，其中的有机物就更有机会浓缩成最初的生命，然后由于潮汐、风暴、河流改道等偶然原因进入广阔的大海，开始自由进化。

有了这些补救，假说的确看起来是一幅跌宕起伏的生命起源图景，但很难说补救是有效的。

从小分子有机物到大分子有机物，再到类似细胞的有机物复合体，最后到真正

---

[1] 羰基硫就是把二氧化碳（CO_2）的一个氧原子换成硫原子，变成氧硫化碳（COS）。

图 1-6　东非大裂谷的达洛尔（Dalol）火山湖毗邻红海。这地热温泉的产物富含高浓度的硫化物和盐，是研究嗜极微生物的好地方，绿色的湖底就与绿硫菌（*Chlorobium*）的活动有关——我们会在第七章和第八章再次遇到这种微生物。（来自 Luce20006 | Dreamstime.com）

的细胞，需要持续数百万年的稳定环境，闪电当然达不到这样的条件，陨石坑也同样不具有这样的稳定性。而且，一切生化反应都非常脆弱敏感，所以孕育生命的环境不仅要稳定，还要足够温和。而闪电、火山活动、强紫外线都太过暴戾，它们虽然能够促使无机物转化成小分子有机物，但仅此而已，那些小分子胆敢长大一点，立刻就会被这些能量打碎。至于那些富含羰基硫的地热温泉，它们会含有更多硫酸，让那锅"原始有机汤"呈现出强烈的酸性——先不说这非常不利于大分子有机物生成，只说我们已经注意到的，如今一切细胞内部都是弱碱性的，哪怕是生活在强酸环境中的微生物也一定用种种代谢手段维持细胞内部的弱碱性，这就与强酸性的地热温泉方枘圆凿了。

　　不仅如此，更根本地说，所有版本的原始有机汤假说都在讲述某种溶液，说溶液里能够发生复杂的反应，产生什么迷人的新物质，那一点儿也不奇怪，毕竟，绝大多数的化学合成实验就是这么做出来的。但溶液作为一个系统，从来都是越发展越均匀，如今非要说其中的物质非但没有均匀地溶解开，反而自动地凝聚成了结构复杂的生命，那就像"鸭子汤倒进海里，过了一阵子，一只活鸭子漂上来飞走了"一样难以置信。

总的来说，时至 21 世纪，原始有机汤假说已经尽到了"生命可以从无机环境中自然诞生"的启发使命，并且在探索中解释了大量从无机物到有机物的反应机制，收获颇丰。这个假说到了该寿终正寝的时候，我们如果继续沉迷在这些过往的发现中，不知厌倦地修修补补，将会浪费我们最宝贵的精力，拖住生命科学进步的脚步。

在探索之路上，我们将很快到达下一个转折点。

• 第二章

黑烟囱？ | 尝试分析的道路

黑烟囱是一些持续喷发硫化物的酸性热液喷口，它们位于几千米以下的深海，完全得不到一点阳光，却存在着异常繁荣的热液生态系统，这让人不由得推想，如果连今天的生命都能在这里生活，那么几十亿年前最简单的细胞，是不是也可以出现在这里呢？

于是，德国化学家君特·维希特斯霍伊泽（Günter Wächtershäuser）提出了铁硫世界假说：黑烟囱里的铁硫矿物晶体，与现代细胞负责新陈代谢的许多蛋白质有着进化上的联系，最初的生命活动，就是由这些铁硫矿催化开始的。

和原始有机汤假说一样，铁硫世界假说也有许多无法解决的问题，但它开启了生物化学与地质化学相结合的研究方式，这实在太重要了。

　　如果有人问你，宇宙中已知最长的山脉是哪一座，你不需要仰望星辰，因为它就在地球上，也不需要回忆七大洲的崇山峻岭，因为它不在地面上。它就是波涛之下，四大洋底蜿蜒起伏的洋中脊。

　　洋中脊以北极附近为起点，经过格陵兰岛与欧洲之间的海域，短暂地露出海面，形成了冰岛。接着，它继续潜入大西洋底，一路南下，在非洲南端转进印度洋。在印度洋正中，一个短的分支伸入红海，另一个长的分支继续朝向东南方，绕过澳大利亚进入太平洋。在太平洋底，它又朝着东北方向一路前进，最终在北美的西海岸俯冲到北美板块以下——这漫长的征途连绵 8 万千米，不间断的长度也有 6.5 万千米，相比之下，陆地上最长的山脉，贯穿南美洲西海岸的安第斯山脉，就只有 7 000 千米长。

　　请不要以为第一段里祭出"宇宙"这样的字眼是故弄玄虚，以为其他星球上保不齐还有更长的山脉，只是望远镜看不见罢了——不是的，我们很有把握说，在所有已知的星球上，只有地球能够形成如此绵长的山脉。这不仅是因为地球足够大，有活跃的地质活动，更因为地球拥有大量的液态水，有海洋。

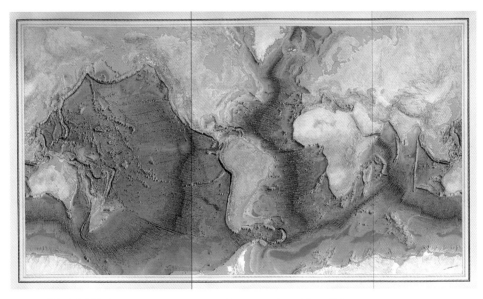

图 1-7　洋中脊分布图。（Heinrich C. Berann、Bruce C. Heezen、Marie Tharp 绘）

·山、水与生命·

　　山要高，堆即可。火星的直径只有地球的一半，持续的火山喷发却堆出了约 22 千米高的奥林匹斯山，更小的灶神星，平均直径只有区区 525 千米，却有一座撞击物堆积成的约 22.5 千米高的雷亚希尔维亚中央峰 [1]。但山脉要想绵长，就只能来自大型岩石行星的板块构造，而表面覆盖大量的液态水，正是这种运动的重要前提。

　　因为水是一种小分子物质，能够嵌进岩石中的晶格里去，让岩石的熔点和密度显著降低。那么，当富含水分的大洋板块在海沟之类的地方俯冲到大陆板块之下，承受了地下深处的高温时，就会一边熔融，变得更加柔软、顺滑，不阻挡后续的板块进一步俯冲，一边不断失水，密度越来越大，拖着后面的板块往地球深处下沉。

[1]　灶神星（Vesta）是太阳系中比较大的小行星，平均直径 525 千米。雷亚希尔维亚（Rheasilvia）盆地是其表面最明显的地理特征，它是一个直径 505 千米的撞击坑，其巨大的尺寸在整个太阳系都屈指可数。撞击坑中央有一座撞击反弹形成的中央峰，高达 22.5 千米，是太阳系最高的山峰。

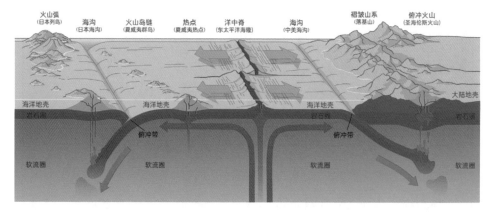

图 1-8　大洋底部的板块运动。地幔物质向上升起，使大洋板块张裂开来，形成连绵的洋中脊。（作者绘）

　　这样一来，仅仅因为水的存在，大洋板块就会前赴后继地钻进地球深处，岂不是要让大洋板块都消失了吗？

　　才不会呢！正所谓"前赴后继"，大洋板块在边缘处俯冲消失，就会在中央处张裂，裂缝处的地幔物质因为压力突然降低而熔融为岩浆 [1]，顺着张裂的缝隙喷涌而出，然后被海水迅速冷却，连续不断地凝固成新板块。新板块诞生的地方，就是连绵不断的洋中脊了 [2]——在潜没带（也称"俯冲带""消减带"）和洋中脊的新陈代谢之下，全球的海洋板块不到 2 亿年就能更新一遍，由此持续而顺畅地释放着地球深处升腾而起的热量。

　　所以相比之下，那些地质运动活跃却又缺乏水分的行星，比如金星，就完全是另一副样子了：它们的板块即便在最初的时候发生了俯冲，也会很快堵塞终结，而不会形成持续的板块构造运动。于是，这些行星深处上涌的热量就会堆积起来，一旦释放就是毁天灭地的超大规模火山爆发，汹涌的熔岩四下横流，还怎么能形成洋

---

[1]　我们不得不纠正一种误解。很多人以为地幔是一团熔化的岩浆，是液态的，蠢蠢欲动，所以地壳破个洞就会喷薄而出，火山爆发——大错特错。地幔虽然高温，但更加高压，那里的物质并不能熔化成液态，仍然是坚硬的，即便是所谓的"软流圈"，乃至整个的"地幔热对流"，也仍然是坚硬的，只是在高温高压之下塑性形变超过了刚性形变，就像红炽的铁块在锻打之下可以变成各种性状——只有某些压力突然降低，或者水分大量渗透的地方，才会微量地变成液态的岩浆。当然，水在这个熔化过程中的作用也不是物理上的溶解，而是通过化学反应弱化岩石的晶体状态。

[2]　板块运动的动力非常复杂，目前还没有完全了解清楚。板块俯冲产生的拉力是一个重要的因素，但新板块形成时的推力，以及地球深层物质的热对流，也都是重要的因素。

中脊这样的绵长山脉呢？

这样一来，地球上有长山脉的问题就解决了，可它又与我们的主题"生命的起源"有什么关系呢？

关系实在大得很，上面的每一句话，或早或晚都要在这本书里响起回声。

眼下最直接的，是在20世纪末大举突破了"原始有机汤"的范式，掀起了激烈讨论的另一个生命起源假说——黑烟囱假说。而这个假说的故事场景，就在洋中脊上。

在洋中脊，新形成的板块持续扩张，形成了众多的裂缝。海水会顺着裂缝一直渗入地壳深处，然后被洋中脊下面的岩浆房截住去路。海水可以在那里加热到超过400℃，但在地下深处不可思议的巨大压力下无法沸腾，处在既像气态又像液态的"超临界态"。超临界态的水既像气态水一样可以穿过最微小的缝隙，又像液态水一样可以溶解岩石中的各种物质，而且密度很低，于是会持续不断地上涌，最后从洋中脊的裂缝中喷涌而出，这就是所谓的"深海热液"了。

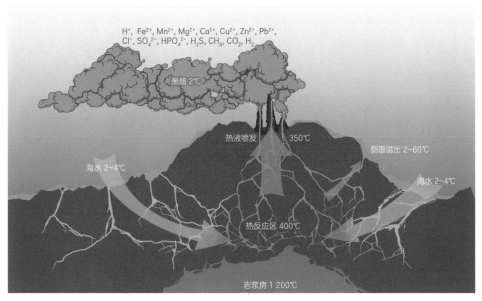

图1-9 洋中脊附近的热液循环示意图。较冷的海水通过地壳的裂缝向下渗透，被岩浆房加热而上涌，形成热液喷发。当热液遇到温度很低的海水就会迅速冷却，种类繁多的无机盐结晶析出，变成了滚滚"黑烟"，其中一部分沉积在盆口附近，就形成了黑烟囱。（作者绘）

当这些热液遇到海水急速冷却下来，其中溶解的各种无机盐就会立刻结晶析出，变成悬浊的微粒。由于岩浆活动释放了大量的硫元素，地壳深处又含有大量的铁元素，所以这些微粒当中有很多富含铁的硫化物，这让深海热液看起来就像是滚滚黑烟。而当那些"烟灰"渐渐沉淀下来，就会在热液喷口附近越堆越高，形成几米高的管状结构——我们形象地把它称作"黑烟囱"。

人类第一次发现黑烟囱是在 1977 年，美国俄勒冈州立大学的海洋地质学研究团队用深潜机器人在水深 2 600 米的东太平洋海隆发现了它，当时就轰动了整个地质学和生物学界：深渊下的洋中脊不见天日，远离一切已知的生态系统；热液喷口附近的水温也非常高，即便有海水冷却也往往在 60℃以上；到处弥漫着毒性很强的硫化氢，海水的 pH 值只有 3.0 左右，酸性比得上白醋了。

但热液喷口并没有变成生命的禁区，珊瑚、海绵、贝类和各种各样的环节动

图 1-10　2012 年调查的位于南大西洋底的黑烟囱，表面覆盖着各种生物，白色线段表示 1 米。（图片来源：Rogers A.D.、Tyler P. A.、Connelly D. P.、Copley J. T.、James R. 等）

图 1-11 东太平洋海隆上的黑烟囱，那些密密麻麻的红色管状物就是巨型管虫（*Riftia pachyptila*）。（图片来源：NOAA）

物挨挨挤挤地生长在这里，就像向日葵花盘上的种子那样密集，尤其是那些两米多长的巨型管虫，它们舒展着鲜红的鳃，一簇簇地聚集起来，好像节日里的花束。虾蟹、海星与海螺就爬上去到处又啃又舔，这又引来了更加机敏的深海鱼和章鱼——这生机勃勃的景象丝毫不逊色于阳光下的热带雨林。[II]

这就是那令人震惊的事情了。常言道，"万物生长靠太阳"。在我们熟悉的世界里，没有阳光就没有光合作用，也就没有氧气和各种有机物，就没有生命的繁衍生息，但这深渊之下的热液喷口没有阳光，漆黑一片，又是什么维持了生命的繁荣呢？当然，上层海水里的氧气仍然能够扩散到这样的深度，虽然浓度极低，对于代谢缓慢的动物也姑且够用了，但是，它们又该吃什么呢？

吃化能自养的微生物。

黑烟囱的热液中富含甲烷、硫离子、亚铁离子、氨还有二氧化碳，而生活在烟囱附近的微生物，就会利用这些物质，构造各种各样千奇百怪的氧化还原反应，获取能量，制造有机物——我们先不用在意那是怎样一些氧化还原反应，将来我们会陆续遇到其中最重要的几个。[III]总之，小动物吃微生物，大动物吃小动物，一个令人惊叹的深海热液生态系统就这样建立起来了。

· 铁、硫与晶体 ·

这实在是耐人寻味的事情：先忽略掉那些小动物、大动物，把注意力集中在那些千奇百怪的化能自养的微生物身上。它们生存所需的一切全都来自深海热液，自给自足，封闭得很。而深海热液正是地球板块运动的天然产物，亘古就有。那么，这是不是意味着，在40亿年前，生命起源的时候，最初的生命也同样可以诞生在这样的环境中呢？

这可不是什么异想天开。首先从环境上讲，40亿年前的地球刚刚冷却不久，热液喷口要比今天广泛得多，普遍得多，也比原始有机汤假说里的电闪雷鸣和紫外线温和得多。更加难能可贵的是，它源源不断喷发出来的矿物质具有丰富的催化活性——铁、锰、锌、铜，直到今天都是所有细胞里最重要的微量元素，与多种新陈代谢所需的酶有关，这些难道就不能在生命诞生前夜扮演类似的角色，促成最初的有机化学反应吗？

特别是铁的硫化物，也就是把黑烟囱染黑的那类物质。早在1960年，我们就在负责细胞呼吸的关键的酶里发现了铁的硫化物，那是一种硫原子和铁原子聚集成的无机结构。之后，在光合作用、化能合成作用、固碳作用等关键的物质能量代谢中，我们都找到了这样的"铁硫蛋白"，看起来就好像是这些蛋白质都镶嵌了铁硫矿物的碎片。

于是，在20世纪80年代，德国化学家君特·维希特斯霍伊泽结合已知的化学规律，提出了一个极富启发性的铁硫世界假说，也就是本章的标题"黑烟囱"假说。

在他的构想里，热液喷口附近结晶沉淀的铁硫矿物就像合成氨工业里的铁触媒一样，能在表面吸附各种小分子物质，催化它们发生各种氧化还原反应，直至形成各种生物大分子。

第一篇阐述这个假说的论文《在酶和遗传之前的"表面代谢论"》发表于1988年 [IV]，维希特斯霍伊泽可谓详细地畅想了黑烟囱表面的微观世界。在这个世界里，热液中的各种物质纷纷吸附在硫化亚铁的矿物表面上，热液的高温和深海的高压又让这些物质如同跳舞场上的先生小姐，你挽着我，我牵着他，发生了种种奇妙的化学反应。

在他的推演中，这些化学反应的产物包括：新陈代谢中的关键物质，可以启动周而复始的物质循环，给进一步的生化反应创造条件 [1]；长链的磷脂等一类物质在矿物表面聚成薄薄的一层，而且越聚越多，然后像膨胀的墙皮一样起泡、脱落，形成了最初的细胞膜 [2]；各种类型的氨基酸，它们既可以缩合成蛋白质的片段，也可以进一步转化成各种含氮的碱基，也就是如今谱写遗传密码的那类物质，当这些碱基在矿物表面连续成串，基因的雏形也就出现了。

总之，事儿就这样成了，在黑烟囱的硫化亚铁矿物表面上，一切生化反应都能找到雏形。那些铁硫矿作为这一切反应的催化者，也就顺理成章地被生化反应的继承者——细胞，保留了下来，也就是今天的铁硫蛋白。

黑烟囱假说刚一诞生就比任何一个版本的"原始有机汤"更加详尽、生动地解释了第一个细胞的来源，在之后的四五年里，维希特斯霍伊泽又不断地丰富了这个假说，使它越来越成熟丰满。那些欣赏这些论文的人将它们誉为天才的作品，仿佛从100年后穿越时空回来，点醒困顿中的研究。就连卡尔·波普尔，也就是那个提出"可证伪性是判断一个理论是不是科学的标准"的科学哲学家，也对这个与生物化学结合得更加紧密的生命起源理论青睐有加。[3]

但亘古的谜题才不会如此轻松就迎刃而解，黑烟囱假说遭遇的难题丝毫不比原始有机汤假说简单。

---

[1] 对于那些好奇的读者，这里说的"关键物质"被称为"辅酶 NADP+"和"辅酶 A"，"物质的循环"被称为"三羧酸循环"——我们会在这本书之后的部分频繁遇到它们，但在眼下，还不用付出太多的精力。

[2] 维希特斯霍伊泽甚至用不同的反应过程产生不同的磷脂这一现象，解释了为何如今的细胞会有两种不同成分的细胞膜分别出现在原核生物的两个域中——对此，第八章会有更加详细的描述。

[3] 卡尔·波普尔爵士（Sir Karl Raimund Popper, 1902—1994），出生于奥地利的犹太人，二战中移民英国，获誉"20 世纪最伟大的哲学家之一"。他是批判理性主义的奠基人，他在 1959 年的著作《科学发现的逻辑》中提出了科学理论的"可证伪性标准"，是迄今为止最广为接受的科学理论判断标准之一。波普尔对生命的起源也非常感兴趣，他本人对原始有机汤假说持批判态度。

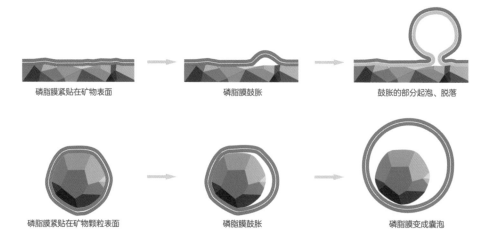

磷脂膜紧贴在矿物表面　　　　　　　磷脂膜鼓胀　　　　　　　鼓胀的部分起泡、脱落

磷脂膜紧贴在矿物颗粒表面　　　　　　磷脂膜鼓胀　　　　　　　磷脂膜变成囊泡

图 1-12　维希特斯霍伊泽构思的细胞膜从矿物表面剥离形成的机制。铁硫矿在表面催化形成了磷脂分子，这些分子于是在矿物表面聚集成了磷脂膜。如果磷脂膜形成于大片的铁硫矿表面，随着磷脂分子生成得越来越多，磷脂双分子膜就会逐渐地鼓胀、起泡、脱落，成为双层膜的囊泡；又或者磷脂膜包裹在小型的铁硫矿颗粒表面，这样随着磷脂分子的增多，鼓胀的磷脂膜就直接变成了一个囊泡。你可以拿这张图与图 1-3 比较一下，这张图上的深粉色线条相当于图 1-3 中的一层磷脂分子。（作者绘）

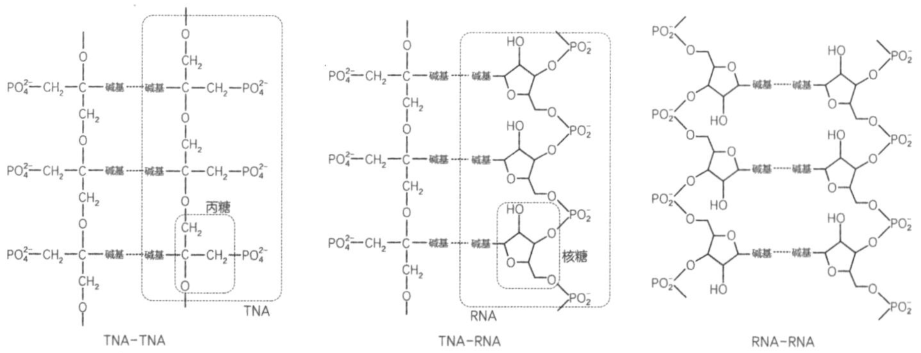

TNA-TNA　　　　　　　　　　　　　TNA-RNA　　　　　　　　　　　　RNA-RNA

图 1-13　维希特斯霍伊泽构想的基因起源假说。这个假说与我们这本书没有多少兼容的地方，所以那些不熟悉有机化学的读者也不需要太纠结这张图和这个冒号之后的东西：他认为铁硫矿表面催化产生了碱基和丙糖，它们与磷酸交联成串，就形成了丙糖核酸（TNA），可以像左边那样构成双链，担任最初的遗传物质，启动最初的进化；之后，地质化学反应产生了核糖，核糖、碱基与磷酸同样交联成串，就是核糖核酸（RNA），最初的 RNA 与 TNA 像中间那样杂交在一起，由此继承了 TNA 中已经产生的遗传信息；最后，RNA 单独构成了双链，就是双螺旋的雏形了，在未来，它们会进一步地被 DNA 取代——维希特斯霍伊泽认为这一切变化都吸附在铁硫矿的表面上，有些像胶带贴在墙上。（作者绘）

首先，铁硫矿虽然是非常好的催化剂，但二氧化碳却不是足够优秀的反应物，它的性质过于稳定了，在热液喷口的模拟实验中都不能有效地转化成有机物。而更活跃的一氧化碳虽然有不错的反应效果，却又在黑烟囱的热液中浓度很低，只有二氧化碳浓度的千分之一甚至百万分之一。当然，我们并不敢保证说 40 亿年前的深海热液就一定没有更多的一氧化碳，所以这倒不是什么重大的问题。

其次，也是最重要的一点，黑烟囱假说继续推敲下去，会遇到与原始有机汤假说同样的麻烦：生命的起源需要持续而稳定的环境，但经过观察，那些构成黑烟囱的矿物沉积得非常疏松，积累得又很快，生长几十年能超过 50 米，然后就会不堪重负，土崩瓦解，这样的情形与陨石坑之类的"小锅原始有机汤"并无区别。同时，黑烟囱的深海热液是高温的酸性热液，这又与火山热泉版本的"原始有机汤"一样，与已知细胞的弱碱性特质很不符合，或者说，不能给细胞的生化反应提供恰当的条件——实际上，就在维希特斯霍伊泽刚刚提出这个假说的时候，1988 年，捍卫原始有机汤假说的米勒就在《自然》杂志上发表了论文，针对反应条件的缺陷抨击了黑烟囱假说。[v]

尤其难以回答的是，那些被铁硫矿的表面催化形成的有机物，之后去哪儿了？如果脱离了矿物表面，那立刻就会被喷涌的热液卷入无限的海洋，稀释没了，达不到生化反应需要的浓度；如果没有脱离矿物表面，那就会把矿物表面完全覆盖住，彻底断绝了后续的生化反应——比起原始有机汤假说，黑烟囱假说更加合理地解释了生命的"材料"是怎样出现的，却仍然难以说明是什么"力量"让这些材料变成了第一个细胞。

维希特斯霍伊泽的这个假说兴起得很快，却后继乏力，进入 21 世纪之后就面对越来越多的诘难。他在进入 21 世纪之后仍在坚持不懈地修补这个理论，但表面催化的黑烟囱假说早已不如刚问世的时候那样吸引人了。新的假说反而在他的启发下茁壮成长。

但在介绍新的假说之前，我们又必须再次称赞黑烟囱假说的突破之处——这个假说最了不起的地方并非它给出了一个多么详细的"表面催化"机制，而是它不再只盯着那条综合的道路，而开始认真考虑分析的道路了。在此之前，原始有机汤假说几乎只关心在自然条件下合成有机物的问题，无数个版本提供了无数个可能，仿佛原始地球上到处都是有机物。然而这些假说都没有仔细考虑生命本身的特点，结果让理论与现实严重脱节，氨基酸生成之后下一步是什么无从捉摸。而黑烟囱假说不是这样的。维希特斯霍伊泽细致地思考了已知的生物化学原理，思考了新陈代谢的反应过程、细胞膜的化学结构，还有遗传的微观机制，所以他的假说从一开始就致力于在地质化学和生物化学之间建起桥梁，他构想的每一步催化反应，都在试图解释某一种生化特性的由来。如果那些耐心的读者在这本书之后的部分里还能回想起这个假说，就会发现维希特斯霍伊泽具有何等敏锐的洞察力。

然而，遗憾的是，在维希特斯霍伊泽构思这个理论的时候，人类的生物化学研究还远称不上精细，比如铁硫蛋白的绝大多数催化机制要到 21 世纪才被研究透彻，这让他可以探索的分析之路非常短，没能与综合之路胜利会师。

或许，让我们离开黑烟囱几千米，换一个阵地，事情就能柳暗花明了。

第三章

还是白烟囱？ | 我们的候选假说

深海不只有黑烟囱，还有白烟囱。

与黑烟囱不同，白烟囱喷出的热液是碱性的，而且溶解了大量的氢气，它也并非名副其实的管状的烟囱，而是像海绵一样充斥着错综复杂的毛细管道，热液要缓缓地渗透出来。

几位敏锐的地质学家和生物化学家由此推想，在 40 亿年前的地球上，这些管壁的一侧是碱性、富含氢气的热液，另一侧却是酸性、富含二氧化碳的原始海水，薄薄的管壁又镶嵌着许多铁硫矿物微粒，这将形成一种极富潜力的势差，原本困扰各种生命起源假说的难题，由此就能被突破性地解决了——白烟囱假说将在这本书里占据核心的位置。

1981 年，苏格兰斯特拉斯克莱德大学的三名地质学家报道了一项新发现：在爱尔兰中部蒂珀雷里郡的银脉山村，地层中极有可能埋藏着另一种尚未被发现的热液喷口，那里存在着大量黄铁矿，也就是二硫化亚铁（FeS_2）。这些黄铁矿的沉积方式与在东太平洋海隆刚刚发现的黑烟囱非常类似，很可能是远古热液喷口的遗迹，通过沉积物中的同位素测定，它们约形成于 3.6 亿年前。[1]

是的，他们推测得非常正确。爱尔兰在今天看来是结实的陆地，但正所谓沧桑巨变，它可不是从来就是这副样子。远在 5 亿多年前，爱尔兰的西北部和东南部还是被辽阔洋面分割开来的两片浅海，而那个隔开它们的大洋，是今天已经不复存在的"巨神海"（Iapetus ocean），大洋底部有一条活跃的洋中脊，有着数不清的热液喷口。再后来，巨神海被周围的大陆板块挤压消失，这些热液喷口，连同巨神海中的火山岛，都在 1 亿多年的时间里浓缩进了新的大陆，又经过 3 亿多年的分分合合，才形成了今天的爱尔兰。所以，这三位地质学家能在爱尔兰中部发现远古的热液喷口也就毫不奇怪了。[II]

图 1-14　大西洋中脊上的 "失落之城热液区"。高耸的白烟囱有 20 层楼那么高，如同哥特式的尖塔。(图片来源：D. Kelley/ M. Elend/UW/URI-IAO/NOAA/The Lost City Science Team)

　　在这三位地质学家中，我们尤其要注意米歇尔·罗素（Michael J. Russell）。他在之后的几年中一直对这个远古热液喷口非常好奇，因为他在显微镜下发现，这些黄铁矿形成了许多直径 1 厘米以下，甚至只有 100 微米的管道，与黑烟囱的微观结构非常不同。果然，当他在实验室中用碱性溶液和酸性溶液模拟热液与海水相遇的情形时，就产生了非常类似的微观结构[1]——罗素敏锐地觉察到，这些管道状的微观结构在生命起源的问题上有着重大的意义，而它很可能来自一种新的未被发现的碱性热液喷口。

　　果不其然，2000 年，人类真的在大西洋中脊上发现了第一处碱性热液喷口，它位于西非与加勒比海之间的大西洋洋底正中，洋中脊的西侧，一处名叫 "亚特兰

---

[1]　当时人们还没有发现真正的碱性热液喷口，所以罗素的模拟实验与实际情况有所不同，它用的酸性溶液是氯化铁和氯化亚铁的混合溶液，碱性溶液是硫化钠溶液，反应方式是通过孔径 500 微米的筛网渗透接触，最后形成了由铁硫化合物构成的毛细管道。而且这些铁硫化合物在静止 6 个月之后逐渐变成了黄铁矿。

蒂斯地块"（Atlantis Massif）的地质结构上。那里最大的沉积物高达 60 米——同位素测定结果表明它已经持续生长了 12 万年 [III]，好像巨大神庙的废墟，于是被命名为"失落之城热液区"（Lost City Hydrothermal Field）。那里的喷口沉积物主要由碳酸钙构成，看起来白皑皑的，所以也被叫作"白烟囱"，与黑烟囱对应。

· 蛇纹石化反应 ·

至于这些白烟囱的成因，我们现在已经知道，最初部分与黑烟囱一样，是持续扩张的洋中脊在地壳上制造了很多深刻的裂缝，海水就顺着裂缝涌入了地壳深处。但与形成黑烟囱的海水不同，这些海水并没有遇到板块深处的岩浆房，而是一直向下渗透，与地壳深处的矿物发生了缓慢而持续的化学反应。

地幔中最常见的矿物叫"橄榄石"。它们大多是充满杂质的小碎块，与其他各种矿物一起构成了坚硬的岩石，纯净而大块的橄榄石看上去就像橄榄色的透明玻璃，被称为翠绿橄榄石，可以当作宝石来赏玩。

从化学上看，这些橄榄石是硅酸镁和硅酸亚铁在高温高压下形成的晶体，而当海水渗入这样的地壳深处，就会在高温高压下与晶体中的亚铁离子发生一系列复杂

图 1-15　一大块多晶的橄榄石。这种岩石在地幔中储量巨大，但很少上升到地表，暴露在地表又会被迅速风化，所以日常并不多见。（来自 Mohamed El-Jaouhari | Dreamstime.com）

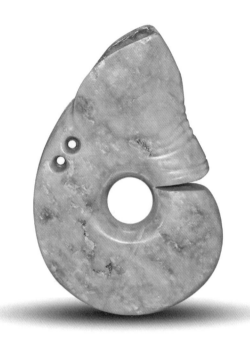

图 1-16　中国红山文化的玉猪龙。用蛇纹石（岫玉）磨制于 6 000 年前到 5 000 年前，是中国龙崇拜的源头之一，现藏故宫博物院。蛇纹石的颜色很多变，从发绿的黄色到很深的墨绿色都有可能，上面往往有些复杂的花纹。（摄影：黄松涛）

的蛇纹石化反应，晶莹剔透的橄榄石于是变质成蛇纹石——一种颜色非常丰富的矿物。大块的蛇纹石色泽温润，常常带有复杂的花纹，经地质运动带上地面之后，自古以来都被当作工艺美术的材料——新石器时代的红山文化有大量的玉器，比如著名的玉猪龙，大多就是用蛇纹石磨成的，唐诗"葡萄美酒夜光杯"里那个夜光杯也是用被称为"岫玉"的蛇纹石雕成的。除此之外，蛇纹石化反应还会产生水镁石、磁铁矿、铁镍矿，甚至纯铁矿等多变的产物[1]。

但我们不必在意那些乱七八糟的矿物，也不用关心蛇纹石化反应究竟有哪些步骤，只需注意其中的一个离子反应：

$$2Fe^{2+} + 2H_2O = 2Fe^{3+} + 2OH^- + H_2$$

---

[1]　上述几种矿物的化学式：橄榄石为 $(Mg, Fe)_2[SiO]_4$、蛇纹石为 $(Mg,Fe)_3Si_2O_5(OH)_4$、水镁石为 $Mg(OH)_2$、磁铁矿为 Fe_3O_4、铁镍矿为 Ni_3Fe、纯铁矿就是单质铁。

在这个反应中[1]，水被还原成了氢气，这些氢气迫于地壳深处的巨大压力，全部溶解在了尚未反应的海水中。反应还产生了许多氢氧根离子，使下渗的海水变成碱性的，pH 值可以达到 9 以上。同时，蛇纹石化反应总的来说是一个放热反应，那些溶解了大量氢气的碱性海水因此有了上涌的动力，顺着另外一些地壳裂缝升腾而起，在洋中脊附近的洋底迸发，形成了另一种热液喷口。

相比黑烟囱那种酸性的热液喷口，这种喷口喷出的热液是碱性的，因此被叫作"碱性热液喷口"。这些碱性热液的温度为 40℃到 90℃，其中也溶解了大量的无机盐，比如钙离子、硫酸根离子。而当它在寒冷的海底迅速降温，这些无机盐同样会迅速地析出，形成硫酸钙和碳酸钙之类的白色沉淀，沉积成几十米高的巨大结构——所以，碱性热液喷口也被对应地称作"白烟囱"。

白烟囱虽然也叫烟囱，但它与黑烟囱在结构上非常不同。酸性热液温度更高、流速更快，看起来浓烟滚滚的，所以黑烟囱的矿物沉积得非常疏松，中央还有一个热液涌出的空腔，这让它非常脆弱，一般生长几十年就会倒塌崩解。而碱性热液的温度低很多，流动慢很多，就沉淀得更结实，一般不形成明显的中央管道，而是形成海绵一样的多孔结构，让热液缓缓渗透出来，并且在与海水相遇的过程中沉积得越来越大。

相比生机勃勃的黑烟囱，这些白烟囱要冷清得多，它的喷出物中没有那样丰富的硫元素，供养不起千姿百态的深海生物群落，也就没有在媒体上唤起多少关注。直到今日，许多观众都在海洋题材的纪录片中领略过黑烟囱的奇观，却对白烟囱闻所未闻。

但是，对于生命起源的探索而言，这些孤冷的白烟囱却缓缓释放出了最深刻的启发。

---

[1] 需要注意，这个反应不会发生在平常的水溶液中，而必须发生在高温高压的矿物晶体中。这是因为离子以不同的形式存在就会有不同的能量状态，在橄榄石变成蛇纹石的过程中，亚铁离子不但变成了铁离子，而且与更多的氧原子发生了配位，这会释放很多能量，让整个反应继续下去。反过来，亚铁离子溶解在水中就无法得到这份能量，所以不会发生这样的反应。另外，在蛇纹石化反应中，水分子的还原产物其实是氧离子（O^{2-}），但是氧离子立刻就会遇到水分子，继续发生反应（$O^{2-}+H_2O=2OH^-$），变成氢氧根离子。

图 1-17　典型的白烟囱沉积物，顶端没有畅通的"喷口"，看上去就像一大坨海绵。（图片来源：NOAA）

·碱性热液喷口·

实际上，早在 20 世纪 80 年代，罗素等人刚刚因为在爱尔兰的发现而预言了碱性热液喷口的时候，就已经注意到了它与生命起源的潜在联系。

1988 年，先是维希特斯霍伊泽初次发表黑烟囱假说，接着是第一章里的米勒批评了这个假说不能为有机物提供持续而稳定的反应环境，有机物即便合成出来也会很快消散于无限的海水中。但罗素又紧随其后，声援了黑烟囱假说。他提出，原始的洋中脊上可能有着不同于现代的碱性热液喷口，其中的矿物沉积成了四通八达的管道。如果这些管道内壁上的矿物催化合成了有机物，这些有机物就不会扩散到无限的海洋中，而会在管道内部越聚越多，浓度越来越大，并因此组合成更大分子

的有机物，直至形成细胞。[IV]

由此过了几年，进入了 21 世纪，我们既然真的找到了白烟囱，了解了它的基本性质，这些理论也就有了深入讨论的机会。于是，从 2002 年开始，罗素和德国杜塞尔多夫大学的威廉·马丁（William Martin）就把碱性热液喷口的研究与当代生物化学的研究成果结合起来，逐步建立了一个更加完备，也更加精彩的碱性热液喷口假说[V]，或者叫"白烟囱假说"。

在白烟囱假说中，富含氢气和矿物质的碱性热液持续而缓慢地从洋中脊的裂缝中涌出，遇到了原始地球上富含二氧化碳而显酸性的低温海水，就迅速凝固成了四通八达、像海绵一样的微米级的管道系统。海水和热液被这些管壁分隔开，也就无法混合成均一的溶液了。

而整个假说最精彩、最具启发性的地方就在这里了：那些管壁的厚度只有 10 微米左右，而且镶嵌着数不清的铁硫矿物晶体，因此，管壁两侧的酸碱性差异就能制造一种强烈的"化学压力"，强迫一些粒子半径极小的物质顺着晶体的缝隙穿过管壁，并在移动途中带动一系列的有机化学反应。而由于管壁两侧是源源不断的热液与海水，那种"化学压力"就会一直存在，有机物也会源源不断地生产出来，在管腔中越来越浓，最终发展成大分子，乃至原始的细胞。

请注意"化学压力"这个措辞——之前的各种生命起源假说，都只能解释氨基酸等有机物"材料"从哪里来，却不能解释是什么"力量"把这些材料组合成了生命，而这个碱性热液喷口开门见山地给出了这种力量。更妙的是，那种穿过管壁的氧化还原反应，从总反应上看，与时至今日所有生命中现存最古老的物质能量代谢作用惊人地一致——从无机世界出发的综合之路，与从有机世界出发的分析之路，在这里迎面相遇了！

不仅如此，这个假说还能与 20 世纪末迅速崛起的，一个将在这本书中占据重要位置的 RNA 世界假说珠联璧合，在解释细胞物质能量代谢起源的同时，回答"遗传信息源自何处"这个重大问题。

是的，寻找生命的起源不仅有"综合"与"分析"的两条路，在任何一条路上，我们还会遇到"代谢"和"遗传"这两只脚先迈哪一只的尴尬问题。对于这个问题，遗传先行的 RNA 世界假说是目前最被认可的解决方案，而白烟囱假说还将使这个方案更加周详，让这两只脚同步起来。

于是，在 2012 年前后，伦敦大学学院的生物化学教授尼克·莱恩（Nick Lane，1967 年出生）[VI]也加入了白烟囱假说的支持者的行列。尼克·莱恩结合具体的实验，给出了一种化学压力驱动有机物合成的微观机制，这种机制非常引人瞩目，很快为整个假说吸引了广泛的注意。

总之，他们试图从最基本的地质化学反应开始，一步步地推演从有机小分子到蛋白质，再到现代细胞里复杂的生物化学反应，究竟经历了怎样的整合过程，终于在无机世界和有机世界之间构造出了一个空前完整的生命起源图景。

当然，我们绝不可能说这就是 40 亿年前的事实，也不能说这个假说就是我们最后的完备理论。实际上，我们永远都不可能知道 40 亿年前的完整事实。因为那个事实早已混淆在 40 亿年的沧桑变幻中，同样好比那锅倒进大海的老鸭汤，鸭子再也不会原样复活，飞出来了。白烟囱假说所谓的"空前完整"，也仅仅是因为之前的假说有太多的缺口而已，你手中的这本书仍然留有许许多多尚未解决的谜题，一些含糊不清、尚未讨论的地方，甚至也必然有缺陷和漏洞。

但这并不意味着生命起源的假说都是虚妄的自说自话。恰恰相反，科学就是科学：无论综合的道路还是分析的道路，都立足于可观察、可检验的客观事实，白烟囱假说中的任何一个细节，也都会坦诚地接受包括实验在内的一切事实的检验，不断地修正进步——科学从来不幻想掌握任何真理，我们只是不断地逼近事实，逼近那 40 亿年前的事实。

2017 年，一个新的事实尤其坚定了我们的信心：一则发表在《自然》杂志上的论文表明，最古老的细胞生物很有可能早在 42.8 亿年前到 37.7 亿年前就出现在海底的热液喷口中了，它们留下的痕迹与今天的微生物痕迹非常类似，这让那幅生命起源图景变得越发可信了。[VII]

那么，白烟囱假说展示给我们的空前完整的生命起源图景，究竟是怎么样的呢？

很抱歉，我们还不能直接了解它，因为我们的行囊还空空如也，我们必须先在分析之路，或者叫回溯的道路上，仔仔细细地搜索一遭。

第二幕

回溯的道路

—

溯洄从之，
道阻且长。

——《诗经·蒹葭》

1777年夏天，法国巴黎塞纳河畔，卢浮宫东侧2 000多米的地方，曾有一座王家军火库，里面有一间私人实验室。实验室内墙上是一溜新粉刷的巴洛克式壁柱，铺了红色天鹅绒的乌木大桌边摊开一本簇新的书，桌子正中摆满了谁也叫不上名的玻璃仪器，有的像是硕大的玻璃罩，有的像是奇怪的油灯，有一根修长的玻璃管子倒灌着水银，玻璃、水银与仪器上的黄铜镶边都在明亮的阳光下闪闪发光，互相倒映着怪异的影像——其中还有一个晃来晃去的深色影像，那是特派委员的。

　　刚刚上任两年的特派委员就住在这气派的"官殿"里，是这间私人实验室的主人——当然，这实至名归，自从他上任，王室的火药研发就开始突飞猛进，给政府带来了相当丰厚的收入。不过，火药研发的工作并没有占据特派委员的全部精力，还引起了他在其他方面的强烈兴趣。

　　此时，特派委员正循着那本摊开的书做着什么非常怪异的实验：他在一个玻璃容器里密封了许多橙红色的粉末，然后架起一面厚厚的凸透镜，把盛夏的阳光聚焦在那粉末上。于是，在那刺眼得叫人无法直视的光斑下，那些粉末就像被施了魔法一样骤然熔化，却又变成滴溜溜的水银，玻璃罩里的水也被某种无形的东西挤出去许多——显然，诚如书中所说，那些粉末会在高温下释放什么看不见的气体。

　　这本书是今年刚出版的，作者是一个英国的化学家，书中讲到从空气中分离出一种奇妙成分的方法：先把水银密封在空气中加热，水银就逐渐变成了白色的粉末，空气也因此变少了；然后再把粉末单独取出，用凸透镜加热，可以重新得到失去的那部分空气，而这部分空气具有神奇的性质，不但能让小老鼠在其中呼吸，更能让所有可以燃烧的东西燃烧得更加旺盛。[1]l

　　不得不说，这是非常重大的发现。特派委员敏锐地觉察到，关于呼吸，关于燃烧，一系列自古以来的重大谜题，都与这种奇妙的空气成分有着至关重要的联系，至于这本书对这种空气成分的看法，哼——特派委员就要嗤之以鼻了。

　　经过半个多世纪的辗转反侧，我们发现原始有机汤的假说实在称不上成功的理

---

[1]　这本书的作者是约瑟夫·普利斯特里（Joseph Priestley，1733—1804），18世纪英国的自然哲学家和政治家，他1777年出版了一部名为"几种气体的实验和观察"（*Experiments and Observations on Different Kinds of Air*）的三卷本著作，首次详细叙述了氧气的各种性质。但当时的化学研究还充斥着神秘主义的残余，人们普遍认为燃烧就是一种被称为"燃素"的神秘物质从可燃物中释放出来进入空气，阴而发光发热的反应。所以他不认为氧气是一种助燃气体，反而是"脱燃素气体"（dephlogisticated air），可燃物在其中更容易失去燃素，所以更容易燃烧。特派委员拉瓦锡看到这本书之后当即重复了其中的许多实验，这些实验为他今后研发更精密的测量手段，明确氧气的性质奠定了基础。

图 2-1　那本书里的实验仪器——你能找到玻璃钟里的小老鼠吗？［图片来源："美丽化学"项目（www.beautifulchemistry.net）］

论。我们也已经在第一章里具体讨论了它的种种不是。

但那些具体讨论过的种种不是还算不上它失败的根源。更关键的是，这些假说都一味地在综合的道路上孤军深入，然而在这条道路上每前进一步，都会出现一些可能性的岔道：即便别的因素全不考虑，只考虑化学反应，我们面对的也是千变万化的有机化学反应——同样的反应物，同样的反应条件，既可能这样反应，也可能那样反应，究竟哪种才是去往生命起源的正路呢？

歧路亡羊，我们一定会看花眼，彻底地迷失方向。

不妨说得坦率一些：今天所见的地球生命，绝非生命唯一可能的形态，也绝非有机物构成生命的唯一方式。在浩瀚的宇宙中，地球生命只是无穷多种可能里的一个特例，而要追寻一个特例的原委，不先把特例的特别之处了解清楚，是断然行不通的。

打个比方，这就如同看到了一座又新奇又复杂的钟表，要想弄明白它是怎么造出来的，就必须小心翼翼地拆掉它的外壳，仔细观察内部的结构，而不是一上来就从原材料开始，没头没脑地想要直接再做一个出来——当然，我们不能把这归咎为科学先驱的短视，因为在 20 世纪 50 年代和 60 年代，现代生物学才刚刚起步，一直到 20 世纪末，我们都没有几样称手的工具，撬不开钟表的后盖。

不过现在就不同了，人类已经摸到了研究钟表的门道。随着我们越来越明白生命活动的微观机制，长达 40 亿年的分析之路也一点一点露出了痕迹。所以，在这一幕里，我们将踏上回溯的道路，仔细看一看，如今那不可枚举的生命活动里究竟隐藏了哪些关于生命起源的信息。

对于并无太多生物学基本知识的读者来说，这一幕在整本书中的地位怎样强调都不过分，它几乎演绎了寻找生命起源的所有必需的知识。这也让这一幕成为整本书中体量最庞大的一幕，其中的每一章都埋下了无数的伏笔，在未来的故事里不断被提起。

• 第四章

生命是什么？ | 这不是一个生物学问题

薛定谔在 1943 年出版了一本名为"生命是什么？"的小册子，开创性地把生命现象与普遍的热力学现象统一起来，这给后世带来了深远的影响。但遗憾的是，数不清的科学读物往往只是不厌其烦地复述着薛定谔的看法，却极少把这个问题更进一步地拓展下去。

那么，在这本书里，我们不但会详细地讨论薛定谔给出的定义，还要尝试着向前迈进一步：薛定谔把生命纳入了一般的热力学现象，并无神秘之处，那么，生命的起源，也是一个一般的热力学现象，这是必然的吗？

因此，这一章虽然没有讨论任何生命起源的细节问题，但它给整本书提供了根本的纲领。

要讨论生命的起源，我们理应先来回答"生命是什么"这个更基本的问题。

但这个庞大的问题实在让人茫然无措，因为地球上的生命形态已然丰富到更仆难数，宇宙中的其他地方还有怎样离奇的生命形态越发无从想象，要从现象中归纳一个定义，实在不知从何说起。

所以不妨倒过来，换个问法，事情反而容易很多：如果外星飞船上扔下来一个东西，行为复杂极了，那么你准备怎么判断它是外星生命还是外星机器，是活的还是死的？

显然，从地球生命身上获得的生物学常识在这里派不上用场，因为我们没有任何理由认为外星生命拥有和地球生命一样的器官、组织或细胞，甚至有机分子，也就不能用生物知识辨别从它身上切下来的那个东西到底是什么。我们只能从头开始，把它当作一个普通的物理对象，用物理学上的各种研究方式弄清楚它的运作原理，最后再根据研究结果，判断它作为物理对象能否被归入有生命的那一类。

所以你看，"生命是什么"并不是一个生物学的问题，而是一个物理学的问题，如此也就毫不奇怪，这个问题被认可程度最高的答案来自一个最重量级的物理学家——薛定谔，就是那个提出"既死又活的猫"的薛定谔。

1933 年，薛定谔因建立薛定谔方程而荣获诺贝尔物理学奖。之后，他又对生命现象表现出了极大的兴趣，开始投入这个崭新的研究领域。约 10 年之后，也就是 1944 年，他出版了小册子《生命是什么？》，给我们带来许多深刻的启示。在此后的半个多世纪，生命科学的许多重大突破都印证了这个伟大物理学家的远见卓识。

·定义·

尤其是对"生命"这个概念的阐述，时至今日，几乎所有科学读物的回答都提炼自薛定谔这本小册子的第六章《有序、无序和熵》，虽然各自表述不同，但总的来说都等价于这样一句话：

> 生命是维持在非平衡态上的物理系统，这通过从环境中汲取"负熵"实现。[1]

前半句中所谓"平衡态"，是指一种"泯灭了一切差异，而变得处处均匀"的状态——绝大多数物理系统，如果没有得到专门的维护，没有从外界获得物质和能量的支持，那么它的任何运动都会使自己更加接近这种平衡态。

如果需要一些例子，那最简单的是：桌子上有颗滚动的玻璃珠，它最后总会因为各种阻力而变得相对静止[2]。再比如，屋子里有一杯水，它的温度如果不是室温，

---

[1] 薛定谔并没有亲自写出一句话来总结生命的定义，但是在第六章的第四节，他写出这样两个提纲挈领的句子："一个有机体避免了很快地衰退为惰性的平衡态，而显得有活力"和"要摆脱死亡，要活着，唯一的办法就是从环境里不断地汲取负熵"。

[2] 如果你关心时间如果足够长，接下来还能发生什么，而又不打算引入包括空气在内的其他任何因素，那就取决于桌子的材料了。如果桌子是有机物，那么它们会在数十万年，甚至数百万年的岁月里自发分解，变成一些更稳定的小分子有机物，挥发掉；如果是金属的，那么金属晶体将在数亿年的热运动中重新排列，使得桌子像熔化的蜡坍塌成一整块。而形成玻璃珠的无定形二氧化硅也会发生无规则的热运动，并且在几亿年，甚至更漫长的时间里重新结晶成石英。如果我们愿意等更久，愿意等到 10 后面几十几百个 0 那么久远的年份之后，我们会发现所有的原子都因为各种衰变现象瓦解成了电子、中微子、光子等基本粒子，到那个时候，桌子和玻璃珠就变成了一团绝对的混沌。

就会变成室温，接下来，这些水还要不断蒸发，最后成为水蒸气，与屋子里的空气成为均匀的一体。还比如，冲速溶咖啡的时候，我会丢一块方糖进去搅一搅，但就算我不搅拌，那块方糖也迟早会溶解在咖啡里，变成均匀的一杯[1]。反过来，加糖咖啡里不会自动结晶出一块方糖。

不过既然是说"绝大多数"，就应该有一些反例。有些人会想到机械，比如一辆燃烧汽油前进的车辆，我们似乎可以发现它在制造速度的差异和能量的不均。但请注意，所有零件都会在接触中持续磨损，燃烧和摩擦产生的热量也会加速钢铁、橡胶和油漆的氧化。汽车开够一定的里程，就将变成一堆不能动的废铁，如果没有人来翻新它，这堆废铁将比新车更快地与空气发生氧化反应，最后灰飞烟灭，完全融入地球这个整体中去——所以汽车行驶的过程，恰恰是它走向平衡的过程。

当然，已经存在的任何机械都不过如此，哪怕 21 世纪最先进的仿生机器人，那些精妙的动作也都只会让那个平衡诅咒早日成谶罢了，都不是这个规律的反例。

不过，既然提到了仿生机器人，那么我们就来看看"生"这种事情，它的确是长期以来最令人困惑的"反例"了。

·持存·

是啊，刚才的定义很明确地说"生命是维持在非平衡态上的物理系统"，也就是说，生命活动非但不会泯灭系统内部的差异，不会把自己变成一团均匀的物质，而且会维持各种尺度上的差异，形成复杂而有序的结构。任何人只要稍稍观察，就会发现这是一种异常强烈的对比。

正所谓"吴宫花草埋幽径，晋代衣冠成古丘"，"野草溪花媚晚凉，残基犹说晋咸康"，诗人们总在无生命的宫殿土崩瓦解之时，被周遭葳蕤茂盛的野花杂草唤起伤感——因为离开了人的维护，坍圮的废墟必将不可阻挡地陷入混沌的平衡，而这

---

[1] 如果追究得特别严格，实际上，"均匀的一杯"首先是指动能均匀的一杯，而不是分布均匀的一杯——蔗糖分子要比水分子笨重得多，即便搅拌过，经过足够长的时间，它们也会逐渐下沉，虽然不会重新结晶成糖块，但也足以使杯底更甜一些。不过，这并不构成"平衡的反例"，因为搅拌的时候，我们给蔗糖溶液输入了大量的能量，使蔗糖分子和水分子以相同的速度在杯中盘旋，但蔗糖分子更重，这就意味着蔗糖分子的动能比水分子的动能更大，那么在静置的过程中，蔗糖分子与水分子不断碰撞，就会不断把动能转移给水分子，直到所有分子的动能都趋于均匀平衡，而这必然意味着蔗糖分子要比水分子运动得更慢，更难对抗重力，更容易出现在杯子的下层。

些植物却因为没有了人的干预，自由地制造着秩序。

与那些土崩瓦解的断井颓垣不同，无论多么柔弱的植物，都会开枝散叶，向上生长和攀缘，争取高处的阳光[1]，它们在形态上充满了精致的细节，让古往今来的艺术家从中汲取了无限的创作素材，其中到处都是物质分布的差异、组织分化的差异、材料应力的差异。如果你能进入细胞内的微观世界，还会发现到处都是千姿百态的分子机器，比伊斯坦布尔的集市还要熙熙攘攘，比波音公司的流水线还要井井有条，其中到处都是分子浓度的差异、扩散方向的差异和电子势能的差异。

复杂而有序的又何止植物呢？那些怀古的诗人也同样是最好的例子，因为不论他们的内心是多么凄凉，身体却散发着恒定的热量，与环境形成了持续的温度差异，这是因为他们体内的细胞分化成了各种不同的组织，形成了不同的器官，构成了不同的系统。"食饱拂枕卧，睡足起闲吟"，诗人的消化系统从上一餐的饮食里汲取了糖分，呼吸系统从空气中获得了氧，它们通过循环系统抵达全身的每一个细胞，经过各种生化反应，在维持一切生理活动之余制造了大量的热——那个感喟不朽的大脑就消耗 20% 的热量，它包含了约 220 亿个神经细胞，每一个都在细胞膜两侧积累了堪比雷暴的电势差，由此形成的神经冲动一刻不停地穿梭往来，形成了已知宇宙中最复杂的信息处理系统。

当然，考虑到我们给汽车报废留出了那么漫长的时间，对于生命的这种特质，我们也应该用威不可当的时间来检验一下。

是的，在时间的洪流中，世间殊胜都不由分说地走向混沌和停滞。"祇园精舍的钟声，有诸行无常的声响；娑罗双树的花色，显盛者必衰的道理"，这让所有人都难免伤感，然而当初薛定谔在讨论生命的特征时，给出的第一版定义却是"（生命）……比一块无生命的物质在类似情况下保持下去的时间要长得多"[2]。

这很难让人立刻信服。日月乃百代之过客，流年亦为旅人，无论野花杂草还是诗人终会老死——"采石江边李白坟，绕田无限草连云"，这和汽车锈成的废铁，宫殿荒弃后的坍圮，又有什么根本的不同呢？

---

[1] 当然，确实有一些不怎么向上生长攀缘的寄生或者菌生植物，比如兰科的天麻（*Gastrodia*）和地下兰（*Rhizanthella gardneri*），但我们没有必要在这里特地展开讨论，笔者只是为了严谨起见做一些补充。

[2] 《生命是什么？》第六章第三节第一段。

图 2-2　这幅有书本、手卷、骷髅、怀表的静物画由荷兰画家埃弗特·科利尔（Evert Collier）绘于 1663 年左右。在巴洛克艺术里，"死亡"与"虚幻"是最常见的题材，比如在这幅画里，骷髅和胫骨当然象征死亡，刚刚熄灭的油灯也当然是"人死灯灭"的象征；骷髅头上戴的葡萄叶花冠是酒神的象征，也是感官欢愉与激情冲动的象征；笛子象征音乐——音乐是转瞬即逝的东西；怀表和后面的沙漏象征时间，时间是不断消逝的东西；各种玻璃器皿都是美丽但脆弱易碎的东西，表面上的浮光掠影也都是假象；后面鼓囊囊的钱袋象征财富，然而财富生不带来，死不带去；书籍象征人间的知识，但在科学革命以前，追求《圣经》之外的知识都被贬低为虚无的野心……这样的作品，就被统称为"香遇浮华"（Vanitas，也译"虚空派"），旨在提醒世人生命短暂，尘世虚无，敦促人们虔诚于上帝。但讽刺的是，恰恰因为这幅杰出的作品，画中这一切虚无短暂的东西都将在人间永恒地流传下去——这幅画现藏于日本国立西洋美术馆，在 1999 年到 2006 年完成了数字化，2011 年之后被 Google（谷歌）艺术与文化项目收录，向全世界的互联网用户免费公开，如今已在世界各地的计算机里保存了无数复本，我们可以乐观而浪漫地宣布，人类文明不灭，这份作品就永不消逝。

然而它们千真万确有着根本的不同：汽车的机械活动是汽车报废的原因，而生命活动不是衰老和死亡的原因。恰恰相反——这恐怕会颠覆绝大多数读者的认知——生命活动的结果是永恒。

　　几乎所有的单细胞生物和真菌，还有几乎所有的木本植物，等等，排除损伤和疾病等外在致死因素之后，本来都有无限的预期寿命。只是物种数量最多的两群宏观生命，也就是大部分的动物和植物，在获得种群永恒的同时付出了个体死亡的代价。但即便是动物和植物也早就把同样的事实明白无误地展示在我们面前：一块肉长在动物身上，可以随着那只动物的生命绵延许多年而保持新鲜，如果把它切下来，就会迅速地腐败分解；一片叶长在植物的茎上，就可以随着那株植物的生命延续漫长的时间而保持鲜嫩，如果把它掐下来，也会很快干枯朽烂。

　　你看，一个复杂的结构，有生命的时候，总比没有生命的时候更能长久存在。

　　当然，人类也是一个付出了死亡代价的物种，因此陷入"有生必有死"的狭隘视角不能自拔也是情理之中的事情。对于那些因为认知被颠覆而感到好奇的读者，这本书的第一篇增章《我们为什么放弃永生？》会单独讨论此事，但在这里，我们只需清醒地意识到这样一件事：在宏观层面上，我们习惯说"父母死了，子女活着"，但在微观层面上，"亲细胞分裂成子细胞"的过程中并没有发生任何死亡事件，而纯粹是生命在延续。这就如同一条河在下游分成几条支流，你不能说原先那条河的水流断绝了。

　　因此，从第一批细胞诞生直到今日，曾经出现的与现存的一切生命，其实是同一个不绝如缕绵延了40亿年的"总生命"的局部而已。我们在其中识别出无数的"物种"，恰如万里长江在蜀地叫"川江"，在湖北部分地方就叫"荆江"，在安徽一些地方就叫"皖江"，过了南京又叫"扬子江"一样。

　　不过，生命要比长江坚毅多了。40亿年的漫长岁月足以湮灭一切高山大河，反转无数沧海桑田，让行星的核心冷却凝固，让大型的恒星爆发毁灭。然而当初的一小撮细胞却没有重归混沌，反而在适者生存的进化中越来越复杂有序，形成了大千世界里的芸芸众生，在公元2019年到2020年的某段时间，其中的38万亿个细胞还联合起来，写出了你手中的这本书。

　　我们已经看到，任何一个人体内的生命活动都已经一刻不停地延续了40亿年

图 2-3 米开朗琪罗的《创造亚当》这幅画就是对"神秘力量给物质赋予生命力"的最著名的表达。

之久，如果乐观一些，还会继续延续几十亿年。我们甚至可以畅想在太阳熄灭的时候，人类已经发展出了成熟的星际旅行技术，生命将散布到更广阔的宇宙中去，延续另外数不清的十亿年、百亿年，比任何星辰的光芒都更加恒久。

春与秋其代谢兮，子何与而伤春？——薛季宣（宋），《九奋·其二·怨春风》

然而这是为什么，生命为什么如此坚毅，为什么不陷入那种混沌的"平衡态"？

有时候，我们将此归功于"生命力"或者"灵魂"，它是一种超自然的力量，当它以某种神秘的途径附着在物质上，就会使物质不再服从通常的物理规律。一般的物体不受外力影响就应该静止不动，但有了生命力之后就会活蹦乱跳，捉也捉不住，甚至飞上天去；一般的物体不受灌输就应该瓦解消失，而有了生命力之后越长越大，甚至越来越多。

但这当然不是真的，物理规律无情地适用于宇宙中的一切存在，生命活动当然也不例外——如果一定要说有什么例外，那就是生命活动用别样的方式实现了相同的规律。

·负熵·

这就是薛定谔那迷倒无数人的后半句了——这通过从环境中汲取"负熵"实现。

"熵"是一个在科学读物中非常招摇的术语,它对于热学的重要性,堪比质量之于力学,但要把它说透彻就必须涉及许多复杂的公式,所以我们只提供一个感性的解释:熵是系统混乱程度的度量,物理学上常用 S 表示,而当一个系统的熵达到了最大,就会泯灭掉一切差异,变得处处均匀,也就是薛定谔的前一句话讲述的那种"平衡态"。

我们在上文解释这种平衡态的时候,强调说"绝大多数物理系统,如果没有得到专门的维护,没有从外界获得物质和能量的支持,那么它的任何运动都会使自己更加接近这种平衡态"。在这里,我们要把"没有得到专门的维护"说得更明白一点,这个条件,指的是系统被完全孤立,不与外界有任何物质能量的交换,或者处于一个熵已经达到了最大的平衡环境之中。

这样一来,"绝大多数"这个定语也可以完全丢掉了:"系统如果是孤立的,或者所处环境的熵已经达到了最大,那么这个系统的任何运动都不会减少自己的熵"——是的,这就是热力学第二定律的具体表现,有时也叫"熵增原理",这个宇宙如果有一本《宪法》,它一定会被写在第一页。

而我们刚刚发出的困惑,"生命活动为什么不会让生命更加接近平衡态",也可以换一种表述了:生命为什么总能维持很低的熵?

拿这句话和热力学第二定律对照一下,答案已经没有备选项:因为生命不是孤立的,而且[1]它所处的环境的熵也没有达到最大。对于前半句,这很好理解,生命会一刻不停地与环境交换物质和能量,也就是被称为"新陈代谢"的那种活动。但后半句有些棘手,我们先来抽象地解释一下:新陈代谢中,并不是什么东西都能算作"新",都能被纳入系统内;一组物质,当它们有能力发生某种反应,使熵大量增加,才有可

---

[1] 给疑惑这里的连词为什么是"而且"的读者:如果 A 或 B 中的任何一个成立都能使 C 成立,而现在发现 C 不成立,就意味着 A 和 B 都不成立;所以,把 A 替换成"系统是孤立的",把 B 替换成"系统所处环境的熵达到了最大",再把 C 替换成"系统的熵永不减少",就可以了。

能被生命当作营养摄入。那么有这种能力的物质存在于哪个环境，就意味着哪个环境的熵还有增长的余地，没有达到最大；相对的，"陈"则是这组物质真的发生了这些反应，熵大量增加之后变成了其他东西，生命要维持低熵，就不能把它留在自己内部。

所以，概括地说，"新"带有较低的熵，"陈"带有较高的熵。

下面举一个具体的例子，应该会对理解有所帮助。

面包和空气就是人体的好营养。面包主要由淀粉组成，是强还原性的有机大分子，空气含有大量的氧，是强氧化性的无机小分子。它们能够在氧化还原反应中释放大量的热，同时转化成大量的水分子和二氧化碳分子，或者说一团炽热的气体，可谓使熵大量增加的典范了。实际上，弥漫着淀粉的干燥空气是可怕的安全隐患，一个火花就能引发剧烈的爆炸，所以面粉厂要像加油站一样严禁烟火。

所以，环境中如果既有面包也有空气，就拥有了很大的熵增余地——如果同时还有咖啡、蛋糕、巧克力、红茶、坚果、白砂糖，那就可以办一场下午茶茶会了。

而吃下午茶的客人究竟做了些什么呢？他们从这个环境中摄入清新美味的低熵物，用它们氧化还原释放出来的能量谈笑风生，营造热闹的氛围，同时呼出水和二氧化碳，间或暂离到僻静处解放出氨、尿素、盐，甚至成分更加复杂，浸透了吲哚的纤维素残渣……各种一塌糊涂的高熵物。

经过这么一番折腾，客人没有什么变化，照例维持着低熵的状态，原本低熵的环境却被"改造"得高熵了——如果只是这样定性地讨论还不足以给你留下深刻的印象，那么定量地说，在新陈代谢中，"陈"平均是"新"的 40 倍之多，也就是说，我们的机体如果制造了 1 千克的自身物质，就要同时排放 40 千克的代谢废物！

所以你看，新陈代谢的真谛，既不在于物质，也不在于能量，而在于熵增的转移，生命摄入了较低熵的物质，又排放了较高熵的物质，把熵增的趋势转嫁给了外部环境，自己就可以在热力学第二定律的眼皮子底下维持很低的熵[1]，但如果将人

---

[1] 在这里，我们很有必要专门讨论一下光合作用。乍看起来，植物在光合作用中吸收的是水和二氧化碳这个原本就很高熵的组合，之后在呼吸作用中释放出的，同样是这个高熵的组合，如果一棵植物没有明显的质量变化，那么它吸收的水和二氧化碳就处于动态的平衡中——这么说来，植物岂不是没有改变环境的熵吗？答案并非如此，不要忘了光才是光合作用的关键。光子是电磁辐射的能量子，这些能量子被叶绿体内的色素捕获，在光合作用中走上一遭，就将存入有机物中变成能量很高的化学键，当这些能量很高的化学键在各项生理活动中断裂，其中的能量就重新释放出来，驱动植物的各项生理活动之后，转化成了分子的热运动。但植物绝不会因此越来越热，因为那些热量会全部散失出去，大部分是通过蒸腾作用，还有一部分是通过远红外线的光子辐射出去——水蒸气的熵很高，这没什么可说的；远红外线光子的能量要比可见光光子的能量低得多，所以携带相同总能量的远红外线光子要比可见光光子多得多，也就是无序得多，熵高得多。

和环境视为一个整体，我们又会发现，蕴含了生命的孤立系统，熵不会减少，完全符合热力学第二定律。

总之，摄入少，排放多，留下的必然是个负数，所以薛定谔在书中提出，既然"熵"度量了系统的混乱，那就用"负熵"度量系统的秩序好了——事儿就这样成了，"生命是什么"的大问题有了"负熵"这个深入人心的回答。

在薛定谔那本小册子里，对"生命是什么"的讨论就到此为止了，所以绝大多数援引这本著作的科学读物也大多在渲染了"负熵"的概念之后总结陈词，感慨抒怀。但时间已经过去了近80年，生命科学早已今非昔比，如果今天的科学读物仍然止步于复述薛定谔的讨论，那就未免辜负了这个时代。

从薛定谔的定义出发，我们首先会面对一些很直接的问题。比如"负熵"作为一个物理量，要如何度量？生命要"汲取"负熵，它们该怎么"汲取"？同样是具有负熵的物质，生命为什么汲取这个，却不汲取那个？如果不能把这些问题说清楚，那"负熵"就是一种神秘而模糊的东西，和宗教里的"生命力"成了同义词，这对于科学读物来说是非常糟糕的结果，所以作者在这一章之后添加了一篇"延伸阅读"，讨论了薛定谔的一个回应。

更根本的问题是，在薛定谔出版《生命是什么？》的那个年头，人类还远未解开遗传的奥秘，不知道细胞是如何制造了那些千变万化的蛋白质，不知道蛋白质是如何行使了那些复杂的功能，更不能理解新陈代谢的内在机制。这让薛定谔对生命的理解充满了感性，对生命的定义无法达到完备。事实上，这一章开头的那个定义并非对生命的定义，而是对当时尚未明确的一大类"非平衡态热力学系统"的定义。生命尽管属于这样一类系统，但二者毕竟不是一回事。

· 耗散 ·

在物理学的经典时代，热力学的主要研究对象是处于平衡态的系统，尤其是系统如何在几个平衡态之间做可逆转化，蒸汽机和内燃机就是其中最经典的应用场景。但平衡毕竟不是世界的全部，恰恰相反，万物都在瞬息万变的运动中。所以研究非平衡态的热力学在20世纪迅速发展起来，并且在50年代达到了第一个高峰。

其中最关键的领军人物是比利时的俄裔化学家伊利亚·普里高津，他在1955年左右明确了"耗散结构"（dissipative structure），后来还因此收获了诺贝尔化学奖。

这种"耗散结构"，正是薛定谔没能将之与生命区别开的那种"非平衡态热力学系统"，它的定义是这样的：

> 耗散结构是一类不断与外界交换物质和能量，而维持在非平衡态上的物理系统。

这个定义与这一章开头的那个定义是多么一致，这个定义里的"与外界交换物质和能量"还常常被替换成另一种表述——"流入负熵"。

你看，两个定义几乎一模一样！所以这一章开头的定义就可以大幅简化一下了：

> 生命是耗散结构。

但我们刚刚说过，生命与耗散结构并不是一回事，生命并非唯一的耗散结构。

图2-4　1977年的诺贝尔化学奖颁给伊利亚·普里高津（Ilya Prigogine，1917—2003），因他"对非平衡态热力学的贡献，特别是提出了耗散结构论"。

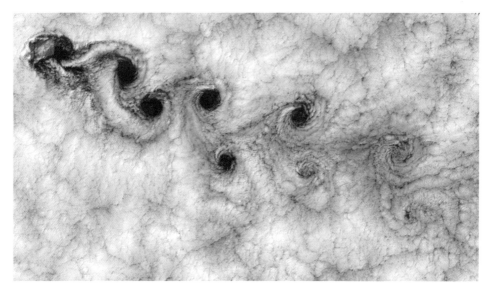

图 2-5　大气流动同样可能产生卡门涡街（Kármán vortex street）。这是智利海域的云层经过鲁滨逊·克鲁索岛时气流受阻形成的卡门涡街。（来自 NASA）

对此，我们不妨举一个最简单的例子——水流中的漩涡。

凡是盯着流水发过呆的人，都会注意到绕过障碍物之后水流会出现漩涡。实际上，如果障碍物的形状比较规整，我们还常会看到两个漩涡一摇一摆周期交替地伸展下去，形成一种独特的有序图案，它被称为"卡门涡街"[1]。

这些漩涡结构如此有序，显然远离了平衡态，如果出现在开阔而平静的水面上，立刻就会平复下去，但在急流里的障碍附近，漩涡却会长久地维持下去，"滩下轻舟未可行，山脚盘涡似车辋"——这是为什么？

是因为负熵：在漩涡的上游，水流明显地更加平稳，熵更低；在漩涡的下游，水流混乱得多，熵明显升高了。那么正如上一节里关于茶会的讨论，进入漩涡的是低熵的水流，离开漩涡的是高熵的水流，漩涡获得的一定是负熵。所以这些漩涡同样是典型的耗散结构。

---

[1]　发现者西奥多·冯·卡门（Theodor von Kármán，1881—1963）是匈牙利裔美国工程师和物理学家，在 20世纪流体力学、空气动力学的理论与应用，尤其是航空航天工程中有着举足轻重的地位。他是钱学森的博士生导师。

既然提到了上一节的茶会，我们就再来说说面包和空气，它们也同样是经典的例子。面包和空气固然可以作为人体的营养，在新陈代谢中给生命提供负熵，但是，这个组合也同样可以给别的东西提供负熵：在空气中加热面包，达到410℃左右，我们就会发现那面包迅速地焦黑、冒烟，然后忽地蹿出一缕火焰，烧了起来。

火焰是些非常高温的气体[1]，温度高得甚至发出了光，这样的东西出现在空气里势必极端地远离平衡态，本应该一瞬间就辐散掉，好让整个环境的温度均匀升高。但这火焰却越烧越旺，逐渐把整条面包都笼罩在熊熊烈焰之中。这都是因为火焰一边吞噬面包和空气这个低熵的组合，一边释放高温的水蒸气和二氧化碳这个高熵的组合，由此获得了强劲的负熵。所以火焰也是典型的耗散结构。

除了漩涡与火焰，在氧化还原的化学反应中，在人类的社会组织中，在全球海洋环流运动中，在恒星大气的对流结构中，在星际气体的引力坍缩中，这样的例子数也数不清，"耗散结构"这个称谓虽然有些陌生，但也绝不是什么罕见的事物。

但强烈的直觉也告诉我们，这些随处可见的耗散结构实在太简单了，绝不能与复杂的生命同日而语。比如说，那些漩涡、火焰都是非常"被动"的东西，如果不放在恰当的流场里，如果没有足够的燃烧反应物，就会立刻消失。我们不能想象一个漩涡跨越一片死水去寻找更加湍急的水流，也不能想象一团火焰四处奔跑寻找可燃的物质。但生命不是这样，幼苗从黑暗的缝隙里蔓延出来向着高处的阳光攀缘，蚂蚁在空旷的地面上搜寻食物的碎屑，却是生命现象里最平凡的一幕，哪怕最简单的单细胞生物，都会"主动"向着环境更适宜的地方运动——比如序幕里的眼虫，它们会凭借眼点和鞭毛向着光照更充分的地方游。

所以薛定谔给出的关于生命的定义并不完备，在"生命是耗散结构"之后，我们势必还要追问"生命与其他的耗散结构有什么不同"，或者问得更直接一些，"生命那种'主动'是哪来的？"

---

[1] 严格地说，一般的火焰是气态和等离子态的混合物，也就是说，火焰中的某些分子或原子因为温度过高，失去了外层的电子，变成了离子。所以，火焰是可以导电的。

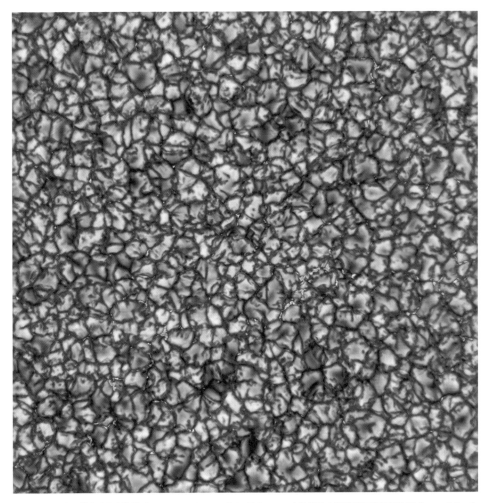

图 2-6　丹尼尔·井上太阳望远镜（Daniel Ken Inouye Solar Telescope）拍摄的太阳光球层的米粒组织（granulation），这是那里的等离子体持续对流形成的耗散结构。

<h1 style="text-align:center">· 控 制 ·</h1>

对于这个问题，这本书给你的回答是这样一句话：

　　生命是一个控制系统，它的控制对象是它的自身，它的控制效果是令自身持存。

"控制系统"原本是一个工程学上的概念，顾名思义，这种系统用来控制某个对象，使对象的变化遵守某种规则。最简单的控制系统，比如空调，它的控制对象就是室温，规则就是"把室温升高或降低到设定的数值"。而复杂的控制系统往往出现在工厂里的流水线上，比如在一家现代化的食品加工厂，每一种原料应该保存在怎样的温度和湿度下，不同的原料应该以怎样的速度抵达传送带，传送带上的原料应该送去哪台机器，机器上应该如何处理各种原料，处理好的原料应该以怎样的次序混合……无不在控制系统的支配下井然有序。

　　但这个概念早已脱离了工程学的范畴，而成为系统科学的研究对象。这样一来，我们就不得不承认生命才是已知世界里最了不得的控制系统。生命体内充满了各种各样的调节机制和反馈机制，它们让构成自身的各种物质全都遵照一套严密的规则，在恰当的位置上发生恰当的反应，生命正是因此得以持存——在某种程度上，你可以把这看作过去半个多世纪以来，生物化学、细胞生物学、分子生物学、结构生物学、发育生物学、神经生物学、生理学……生命科学诸领域里的新发现的概括。

　　这的确是一件非常惊人的事情。因为生命是一个基于有机化学反应的耗散结构，而有机化学反应千变万化，哪怕看起来非常简单的反应物，也能同时发生数不清的各不相同的反应，要让这样的东西服从"严密的规则"，对人类来说是不可能完成的任务。

　　但生命真的做到了。任何一个活着的细胞都能制造出种类繁多、难以计数的生物大分子，这些大分子可以让各种物质的分子在规定的位置上以规定的速度发生规定的反应，参与反应的两个分子该以怎样的角度靠近，达到怎样的距离，再以怎样的方式交换电子，都是规定好的。无数次的化学反应都服从了规则，恰如无数的士兵服从了号令，必然在宏观上展现出一种奇妙的"主动"性：当无数个肌动蛋白同时在肌球蛋白上错动，动物的肌肉就发起了一次收缩；当无数个质子泵一起向着细胞外侧释放氢离子，植物的嫩芽就向上生长。

　　当然，所谓"主动"未必都是字面意义上的"运动"，而更重要的是主动维持了生命青睐的条件。比如说，在生命的各种控制行为里，"边界控制"是相当重要的一类，它区分了系统的内与外，然后根据某种筛选规则，把可利用的低熵物质引入体内，把不可利用的高熵物质排往外界，保证自身总能汲取足够的负熵。

就拿一个细胞来说，细胞膜是边界控制的主要结构。它主要由两层磷脂分子构成，非常薄——如果把一个普通的人体细胞扩大到足球那么大，它的细胞膜也不会比你手中这本书的纸张更厚。但是这层薄膜具有一种"两面亲水，中间疏水"的重要性质，还密密麻麻地嵌着各种各样的跨膜蛋白，后者筛选靠近细胞膜的各种物质，形成了一种严格的"选择透过性"。因此，有用的营养会充分进入细胞，参与代谢，维持生命活动，无用的废物就会即时排出细胞，不至于堆积起来造成毒害。

为此，细胞往往需要耗费一些能量，强迫一些物质从低浓度的一侧转移到高浓度的一侧，这个过程就叫"主动运输"。比如说，细胞内部的生化反应喜欢钠离子浓度低而钾离子浓度高的环境，但细胞外的环境总是恰恰相反，钠离子浓度高而钾离子浓度低。所以我们的细胞膜上普遍镶嵌了一种叫作"钠钾泵"的通道蛋白，它会不断地消耗能量，把细胞内的钠离子泵到细胞外，同时把细胞外的钾离子泵到细胞内。细胞制造的能量至少有 20% 都用在这件事情上了，对于神经细胞，更有多达 70% 的能量因此被消耗。在第五幕里，我们还会继续讨论这件事，它与细胞膜的起源有着重大的联系。

在很大程度上，仅仅"边界控制"一个标准就可以把生命与其他绝大部分耗散

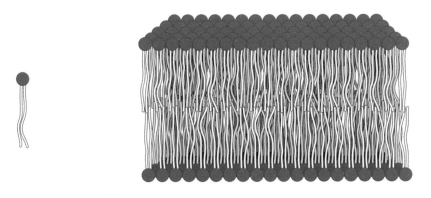

图 2-7　磷脂双分子层的结构示意。左侧两条尾巴的是一个磷脂分子，紫色的头端亲水，白色的尾疏水。细胞的膜结构由这样两层磷脂分子尾对尾构成。另外，请留意图序-5，那虽然是一张内质网膜，但基本结构与细胞膜是一样的，你会看到一大块蛋白质镶嵌在膜上。实际上，细胞的各种膜结构都密密麻麻嵌着各种蛋白质，你可以再看一眼图序-3，周围那些深深浅浅的绿色小东西都是镶嵌在它细胞膜上的蛋白质等物质。（作者绘）

结构明确地区分开了。比如漩涡，它们甚至没有称得上边界的东西。你没法画一个圈，说向外一点就不属于漩涡，向内一点就属于漩涡。火焰或许拥有某种形式的边界，毕竟火焰看起来总是很清晰。但这个边界没有任何控制可言，任何物质，哪怕是阻燃剂，都可以直接穿越那个边界进入火焰。如果我们把一座城市也看作一个耗散结构，倒是可以在城市边缘的物流运输上观察到类似的性质，可话又说回来了，城市本来不就是生命的集群吗？

除了边界控制，生命这个了不得的控制系统还有数不清的控制功能。虽然眼前这一章的篇幅已经不允许我们再举详细的例子，但对于那些好奇生命究竟是怎样控制自己的读者，可以阅读第六章之后的两篇"延伸阅读"，它们介绍了发育生物学和分子生物学领域内有关"细胞分化方向控制"和"蛋白质形态控制"的细节。而在本书的"幕后"部分，你还会看到一篇增章——《生命的麦克斯韦妖》，它会在生物化学、结构生物学和细胞生物学的领域内再把这个问题解释得更深入一些，看看细胞是如何控制生化反应的方向和物质运输的方向，然后告诉你这种"自我控制"与"汲取负熵"之间还有一种非常深刻的内在联系：一个控制系统一定是低熵的，而精确的控制行为一定会增加外界环境的熵，所以如果一个控制系统的功能就是维持自身，就必须一边摄入低熵的物质，一边释放高熵的物质，结果就是"汲取负熵"。

回头再看这一节开头的那句话，你会发现它虽然完全没有"负熵"之类的字眼，却已经蕴涵了"生命是耗散结构"这个结论，所以它不但是生命与其他耗散结构的区别，同时也是对生命的更加完备的定义，这给我们的终极问题带来了一些纲领性的启示：要追问生命的起源是什么，我们先要回答耗散结构是怎么来的，再来回答生命作为一个控制系统是怎么来的。

· 启示 ·

关于耗散结构的产生，我们可以给出一个具有普遍意义的回答。在热力学第二定律之后，非平衡热力学的研究还揭示了一个更加普遍的"熵增最大化定律"[II]：排除外界影响，一个变化的热力学系统不但会向着熵最大的状态发展，还会向着熵增最快的状态发展。也就是说，系统不但会抵达最大熵这个终点，还会抄近道。

因此，一个热力学系统如果具有显著的熵增潜力，却因为某种"障碍"不能顺利实现熵增，就可能突变出某种耗散结构，加快熵增的速度。因为如我们之前讨论的，耗散结构会向周围释放大量的熵，所以它们的出现减轻了障碍的影响，加快了整个系统的熵增，在热力学上是有利的，是系统发展的大势所趋。

为了解释得清楚一些，我们可以继续沿用刚才的例子。

自由的水流本来是熵增的典范，因为流动的结果就是消弭一切势能和动能的差异，最后全都均匀静止在能量的最低点，成为一汪寂静的死水。但是那道横在水流里的障碍物拖延了这个进程，因为贴近障碍物的水流受到了额外的阻力，流动会变慢，如果水的黏滞阻力很显著，这些减速的水流就会继续拖累周围的水流，让水流整体减速，也就妨碍了系统的熵增。

幸好水这种物质的黏度很低，只要流速稍快一些，黏滞阻力就可以忽略不计，这让水流很容易产生微小的随机扰动。而障碍物之后的水流流速并不均匀，很不稳定，一旦遇上这些扰动，就会像被推了一把的危墙，立刻产生更大的扰动，让水流更不稳定。这种循环促进最终会发展成一连串的漩涡。而漩涡分隔了不同速度的水流，也就防止了大范围的减速，加快了熵增。

面包上的火焰这个例子要稍微复杂些。我们说过面包和空气的组合极富熵增潜力，但这个组合并不会平白无故地释放这种潜力。这是因为面包里的碳原子和氢原子都被化学键牢牢地束缚在淀粉的分子中，无法与空气中的氧分子发生反应，熵增在此遇到了严峻调整。所以面包如果只是平平常常地被摆在空气里，那它历经成千上万年的岁月也不会氧化掉——2018年，考古学家真的在约旦的沙漠里发现了14 400年前的面包块[III]。

但是，如果把它们加热到燃点以上，事情就很不一样了。

淀粉的化学键虽然结实，但也可能被分子的热运动打断，随机产生一些性质活跃的分子碎片。这些分子碎片虽然可以与氧反应，但只能存在极短的时间，如果产量不够高，那就只能发生一些非常零星的反应，释放出来的一点能量当场就消散了，不会带来别的变化。而所谓"燃点"，就是随机运动已经足够剧烈，淀粉分子普遍失去稳定性，很快产生了大量的自由基。自由基与氧此起彼伏的反应产生的能量来不及消散，于是累积下来，打碎了更多淀粉分子，制造了更多的自由基，终于形成一种滚雪球般的链式反应，释放了可观的能量，发出了光和热。

淀粉如果是均匀地分散在空气中，那么加热到燃点就足以消除熵增的所有障碍了，熵增会在极短的时间内完成，光和热表现为猛烈的爆炸。但对于成块的面包来说，它还有一道更加严峻，加热到燃点也无法消除的熵增障碍。

这个障碍就是面包的表面。化学反应需要反应物的分子直接接触，所以除了那些刚好位于面包表面的淀粉分子和氧分子，其他位置的分子并没有参与反应的机会。于是，在面包表面某处，一次随机运动产生了一小股富含氧分子和自由基的烟雾，释放了更多的热量，这又反过来打碎了更多的淀粉分子，制造了更多的自由基，还掀起了更强烈的热对流，把周围的氧分子也吸引过来，这在循环中不断加强，很快就发展成了一团火焰。这团火焰会以更高的温度和更快的对流迅速"撕破"面包的表面，系统熵增的速度因此大大加快了。

同样，生命作为一种耗散结构，最初的起源也势必符合这个具有普遍意义的回答：原始地球上的某个环境中存在一些关键的物质，蕴含着显著的熵增潜力，但这些潜力却因为某种障碍无法充分释放。于是，那里的物质就在随机的化学反应中形成了某种耗散结构，奠定了生命的雏形。

在我们回溯的道路上，这是一个重要的启示。这个启示虽然抽象，却足以让白烟囱假说脱颖而出。

原始有机汤假说设想生命起源于自由的海水，然而海水是自由的溶液，熵增的潜力随时会被释放，即便在某一瞬间形成了有序结构，也只会倾向于涣散，而不是发展。同样，黑烟囱假说设想生命起源于黑烟囱的矿物表面，有机物一旦形成就扩散到了无边的海水中，结局并没有多少区别。

而白烟囱假说最引人入胜的地方就是找到了一个极富熵增潜力，又不能直接释放这种潜力的古老环境：碱性热液溶解了大量的氢气，40多亿年前的原始海洋又几乎是二氧化碳的饱和溶液，这两种溶液如果相互反应就能带来可观的熵增，但那些错综复杂的矿物管道却将两种溶液隔离开来，无法充分地反应。幸好那些管道的管壁上镶嵌了许多铁硫矿的晶体，这将产生一些独特的催化作用，制造出千奇百怪的有机物，而这些有机物仍会被困在那些管道里，继续发生有无限可能的有机化学反应。在这样的系统中涌现出某种高度有序的耗散结构，的确是大势所趋。

·纲领·

但是，仅仅一个化学反应的耗散结构还远远称不上生命，我们还必须回答，生命作为一个充满主动性的"控制系统"是怎样起源的。

"控制系统的起源"与"耗散结构的起源"似乎是不同的两件事，但在生命起源的故事里，它们却没有明显的边界：系统发展出耗散结构之后，熵增的障碍会有所减轻，但只要熵增的潜力仍然显著，熵增的障碍仍然存在，那么耗散结构就可以继续突变，变得更加复杂、更加有序，让系统的熵增不断加快。终于在某些关键的突变之后，某些耗散结构发展出了针对自身的控制系统，能够主动维持自身的存在，生命也就诞生了。

这个过程充斥着突变与适应，我们完全可以把它视为更普遍的，热力学上的"进化"，然后惊讶地发现，生命并非进化的起点，而只是进化的一座里程碑，是进化在复杂性上的拐点。

可那耗散结构究竟是怎样的耗散结构，那进化又是怎样的进化呢？刚才的回答未免有些过于抽象和空泛了，我们需要一个具体而详尽的回答，解释生命这个了不得的控制系统究竟是怎样出现的。当然，我们不可能要求生命在诞生之初就一蹴而就地拥有了今天的全部控制功能，它一定和所有的原型一样，起先只有最基本的控制功能，然后才在进化中日渐复杂——那么，生命最基本的控制功能是什么呢？

这本书将它们归结为三项。

第一项是"物质代谢"和"能量代谢"。它们控制了许多关键的生化反应的方向，借此，来自外界的物质被组织成了生命自身的结构，其他形式的能量转换成了生命可以利用的形式。物质代谢与能量代谢是维持耗散结构的基石，一定可以追溯到一切的开始，所以我们非常希望能在今天的物质代谢和能量代谢里找到一些生命起源的痕迹。

不过有些棘手的是，在今天，各种生命的能量代谢都非常一致，我们会在第五章里集中介绍这种惊人的机制，但在物质代谢上，各种生命就八仙过海了。比如植物利用光合作用制造自己需要的有机物，而人类和其他动物就直接吃掉其他生物，用现成的有机物组织自己。为此，我们先要在第五章的基础上掌握一些基础知识，再在第三幕里寻觅物质代谢的起源，而那也正是白烟囱假说中"最引人入胜"的地方。但要最终确立这种控制机制，你将不得不读到这本书的最后一幕。

第二项是分子生物学的"中心法则"。这个法则的名字有些不可一世，但我们早在中学时代就很熟悉这套法则了。它规定了核酸要如何储存遗传信息，遗传信息又该如何表达为具体的蛋白质。我们会在第六章里复习它，拓展一些知识，然后在漫长的第四幕里不断追问核酸与蛋白质分别是怎样出现的，又是怎样关联起来，终于形成这套精妙的法则的。

不过，中心法则的起源并非白烟囱假说的重点，这本身也实在是一个极复杂的问题，绝不是某个研究者的某个假说就能覆盖的。所以这本书将会结合半个世纪以来分子生物学的研究进展，将众多研究者的假说大胆地综合起来，在第四幕里构造出一幅宏大的起源图景，然后同样在第五幕里终结这个问题。

第三项是"边界控制"，这在前文刚有所涉及，但在生命起源问题中，它特指细胞膜的边界控制，或者说，是在追问最初的细胞膜是如何产生的，又是如何发展出选择透过性的。在第七章里，我们会发现细胞膜看上去虽然简单，暗中却有一些非常蹊跷的问题。

我们会在第四幕里与它如影随形，但要到第五幕才能集中解决这个问题。为此，白烟囱假说又将展现出不凡的魅力，它梳理出了一条相当完整的线索，把之前遇到的各种问题全都串联起来，探索与回溯的道路将在那里会合，我们所知的一切也会因此封装完整。

你看，对"生命是什么"的讨论不只局限于这个问题本身，还将为之后的整本书构造讲述的纲领，引领我们回答这本书封面上的那个问题："所有生命的共同祖先是怎样在 40 亿年前诞生的？"

既然说到了"共同祖先"，我们不免又要多费一些口舌。自从进化生物学正式建立，"人类知道的一切生命形式，任何一个物种，都在进化上源自同一个祖先"已经成为生物学所有领域的普遍共识，其中很少再有什么可争议的事情。所以不妨说，通常的生物进化问题，都是研究这个祖先如何在 40 多亿年的岁月里开枝散叶，进化成了今天的每一个物种，而生命起源的问题，就是研究这个祖先还有怎样的祖先——因为这个祖先已经拥有非常复杂的细胞结构了，显然是地球上第一批细胞进化了很久的产物。

所以，为了之后的整本书讲述方便，我们从此就把"已知生命的最后一个共同祖先"简称作"末祖"，在其他中文科学读物里，这个概念大多会被叫作"露卡"，音译自"Last Universal Common Ancestor"的首字母缩写"LUCA"。再由此往前，末祖的所有祖先，当然也都是已知生命的共同祖先，所以它们将被我们称为"共祖"。至于从无机环境中直接诞生出来的第一批细胞，就被我们称为"元祖"。不过稍需留意的是，并非所有的元祖都是共祖，因为第一批生命里的许多个体都没有后代存活至今。这一切就如图 2-8 所示。

最后的最后，我们还有一点棘手的细节要处理：根据这一章的定义，所有的病毒都不是生命。

在感染细胞之前，病毒只是一团精巧的生物大分子。作为遗传物质的核酸与一些病毒专属的酶结合起来，外面包裹着蛋白质构成的衣壳，有些复杂的病毒还会从宿主那里窃取一小块细胞膜把自己包裹起来，使自己免受外界侵害，也更容易感

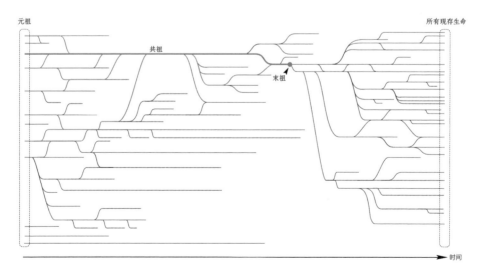

图 2-8　元祖、共祖、末祖与现存所有的生命的关系——这只是一张示意图，不对应任何真实的进化关系。（作者绘）

染宿主。但是，此时的病毒没有任何代谢活动，它们与被扔进垃圾桶的过期生鱼片没有任何区别，如果真的发生什么变化，那一定是在腐烂变质，反正它不是耗散结构。

而在感染细胞之后，病毒会把衣壳和包膜统统抛弃，让其中核酸与酶分散到细胞各处，劫持细胞的物质代谢和能量代谢通道，用来复制自己——在这个过程中，病毒已经彻底瓦解，连一个系统都称不上，更遑论"耗散结构"和"控制系统"了。

但在从第四幕开始的故事中，我们同样会看到病毒与生命起源有着密切的关系，在许多新兴的假说里，它们甚至拥有位列共祖的资格。所以我们必须要明白，生命与非生命之间，并没有一条绝对的边界，我们这一章的一切讨论，也当然不是最终的答案。

补充薛定谔的补充

当年，薛定谔提出了"负熵"这个概念，立刻引来物理学家的激烈讨论，其中不乏许多批评和质疑——对此，我们不打算拿起来讨论一番，因为薛定谔亲自在《生命是什么？》后来的版本中给这一章增加了一节，坦率地承认了"负熵"并不是他能在物理意义上找到的最贴切的回答，如果要迎合物理学家而不是普通读者，他会用"自由能"这个概念代替"负熵"。

可以想见，自由能是比熵更难用寻常语言描述的概念，不过不用担心，我们仍然可以从日常案例中获得一些感性的理解。为方便起见，下文并没有严谨遵照热力学教材上的指示讲述问题，而是构造了一些在这本书的范围内可用的近似理解，对于那些想要在本书之外沿用自由能概念的读者，请额外关注正式的教材。

仍以面包和空气为例。这个低熵的组合要达到平衡有很多种办法，最简单的是一把火烧掉。那么，它就会释放出大量的热能，使燃烧产生的气体连同附近的空气压强增大，急剧膨胀——而膨胀是可以做功的，如果你愿意，可以找来一个蒸汽机，不烧煤炭，专烧干燥的面包，比如法式长棍面包，然后驱动一辆

古董蒸汽汽车跑出老远。在面包和空气的燃烧反应中，表现为对外做功的那部分能量，就是"自由能"。或者更普遍地说，自由能就是系统当中可以用来对外界做功的能量——实际上，"熵"更直接的定义，正是"系统当中不能用来对外界做功的能量的总量"：

> 自由能 = 系统蕴含的总能量 − 不可对外做功的能量 [1]

所以从措辞上看，我们已经可以把这一章正文里的"负熵"换成"自由能"了。[2]

但对于具体的生命现象来说，这个例子中的"自由能"还很不对劲，因为任何一个认识面包的人都知道，这东西的用处显然不是烧锅炉，而是让人吞下肚，吸收其中的糖分，在细胞里缓慢地氧化，释放能量，让肌肉收缩，再拿来对外做功。当然，在面包和空气参与新陈

---

[1] 物理公式 $F = U - TS$，其中，F 是自由能，U 是系统内部的总能量，即内能，T 是温度，S 是熵。

[2] 但是要注意，"熵"是"在一定温度下"不能用来做功的能量的"总量"，而不是不能做功的能量本身，所以它们的单位并不相同：能量的国际标准单位是焦耳（J），而熵的国际标准单位是（J/K），也就是热量变化除以温度（$S = \Delta Q/T$）——1923年，中国物理学奠基人胡刚复翻译"entropy"这个单词时，想到这个物理量是一个算式的"商"，而被除数又是与热有关的温度，就创造了"熵"。

代谢的过程中，肌肉收缩做功时的能量变化，也属于"自由能"，但这些自由能与蒸汽机用的自由能不同，它们不是依赖压强变化导致的体积变化做功，对于这样的自由能，我们会特称之为"吉布斯自由能"[1]。

或者，更普遍地说，吉布斯自由能是一种自由能，但它做功并不依赖压强和体积的关联变化：

吉布斯自由能 = 系统蕴含的总能量-不可对外做功的能量-用体积做功的能量[2]

那么仅就目前的生命科学所知，除了肌肉收缩这样直观的例子，小到细胞膜上一个离子泵的向内转运，大到森林里一棵大树向上生长，一切的生命活动，究其根本，都来自吉布斯自由能的变化。而这些能量的首要功用，就是维持生命活动的有序性，让生命免于混沌，所以在很大程度上，我们可以把吉布斯自由能看作更加实际的负熵。

如果这样说还嫌不够明白，那么我们不妨再审视一下自由能的定义本身，看一下上面的两个文字公式。"系统蕴含的总能量"首先值得深思——系统蕴含的总能量是哪些能量呢？

---

[1] 定量地说，在这两个面包的例子中，那些用来做功的能量都是自由能或吉布斯自由能的一部分。因为无论蒸汽机还是肌肉，都没有 100% 的能量转化率，必然有一部分本来可以做功的能量还没有得及做功就被浪费掉了——蒸汽机和肌肉散发出来的热，绝大多数就来自这些浪费掉的能量。

[2] 物理公式 $G = U - TS + pV$，其中，G 是吉布斯自由能，U 是系统内部的总能量，即内能，T 是温度，S 是熵，p 是压强，V 是体积。这里需要注意，"用体积做功的能量"在文字公式中的符号是"-"，但这部分能量用"$-pV$"计算，负负得正，所以在物理公式中的符号是"+"。

热能当然是一部分，各结构之间相互作用的势能和动能也是一部分，但更重要的，是其中的相对论性质量也要算作能量——是的，就是爱因斯坦那个著名公式描述的能量。或者说得更科幻一些，系统蕴含的总能量，就是在真空中把这个系统"凭空造出来"需要多少能量。当然，这只是概念上的相等，并不代表我们真的有办法这样做——至少在可以预见的未来，人类没有这个本事。

而"不可对外做功的能量"就是熵代表的那些能量，是"无序的能量"。

那么，自由能作为二者的差，就可以感性地理解为在真空中凭空造出一个系统，再刨除其中不被需要的能量，剩下的就是"真空中的某个系统有多少有序的能量"。

然而生命并不存在于真空里，而是存在于具体的环境中，这又该怎么办呢？

那就在具体环境中凭空造一个生命好了：造生命时所需的全部能量，仍然是"系统蕴含的总能量"，但与在真空中造系统不同，这次凭空创造还需要一份额外的能量把环境里的东西移开，给这个系统腾出地方。

所以要表述"环境中的生命多么有序"，就要在刚才那个自由能的基础上，再减掉这份腾地方的能量，而这个腾地方的能量，当然就是"用体积做功的能量"。

你看，这可不就是吉布斯自由能吗！

相比负熵，吉布斯自由能这个概念拥有明显的好处。因为对于生命这样复杂而不可逆的运动，讨论熵的变化一定会涉及非常复杂的数学模型，这在 20 世纪 40 年代很有挑战性，而吉布斯自由能的计算要简单许多，在热力学和化学中都有广泛的应用，这让对生命现象的整个讨论可以和更广泛的自然科学融为一体。

但薛定谔终究放弃了自由能的说法，这是因为自由能在概念上非常微妙。它的名字里虽然带着"能量"二字，却不是光能、电能、动能、势能、热能之类的任何一种具体的能量，不能像说"吸收光能"一样说"汲取自由能"，我们通常也不直接使用自由能本身，而是当系统从一种状态转化为另一种状态时，把自由能的变化量当作一个属性，来描述这个过程。比如，ATP[1] 是细胞内生化反应的直接供能物质，但我们不能说"ATP 有一个富含吉布斯自由能的高能磷酸键"，而必须说"ATP 在水解成ADP（腺苷二磷酸）和磷酸时伴随着大量的吉布斯自由能变化"。具体来说，在标准条件下 [2]，每摩尔 ATP 水解成 ADP 和磷酸，自由能变化量是 –31.8kJ，小于 0，我们由此确定这个反应会自发推进。

你看，要用自由能这样的概念给生命下定义，那将是佶屈聱牙的事情。所以，薛定谔毫不犹豫地制造一个更有利于大众传播的"负熵"的概念——实际上，即便在他的补充里，自由能也只是冒出了一个名字而已，并没有任何具体介绍。

---

[1] 对于不记得 ATP 是什么的读者，第五章将会有具体解释。

[2] 指在温度为 25 ℃，pH 为 7，且溶液中含有 1mmol/L 的镁离子的条件下。

难平的怪账 | 细胞怎样制造了那么多的 ATP ？

在这一章里，我们要解开"食物和空气中的能量如何被人体利用"这个千古谜题，为此，你需要沉下心来，了解生物化学当中两个至关重要的概念，"三羧酸循环"和"电子传递链"。

这将使你了解到 ATP，这种生命体内至关重要的物质来自何处，还将帮你初窥生物化学的门径，从此再去涉猎各种生物化学反应都事半功倍。在这本书里，它们还是最关键的基础知识：三羧酸循环在众多生命起源假说里解释了各种有机物，特别是氨基酸的起源，而电子传递链正是白烟囱假说的一大现实来源，我们最终会看到这种精妙的能量转换机制是如何像桥梁一样联结了今天的生物化学和 40 亿年前的地质化学。

在上一章中，我们为了讨论"生命汲取负熵"这件事，举了好几个面包与空气的例子，但我们并没有追究面包和空气究竟要怎样为我们的身体提供能量，只是用轻描淡写的梗概搪塞了一下——摄入人体后，面包和空气在细胞内发生氧化还原反应，释放能量。

然而这个过程真要追究起来，实在比任何人想象的更加奇妙。在整个 20 世纪，为了弄明白糖和氧在细胞内究竟发生了什么，究竟如何给细胞提供能量，我们铸造了一个又一个的诺贝尔奖章，却也发现了一桩又一桩悬案，而最后答案揭晓时，全世界的生物学家无不拍案叫绝，大叹这是 20 世纪最反直觉的伟大发现。

而这个最伟大的发现，正是我们在回溯的道路上找到的第一条具体线索。

·氧气与燃烧·

那么，为了给我们的大脑提供充沛的能量，现在就请读者们深深地吸一口气吧，这将在你肺部的血液里溶入 25 毫升的氧气，而经过一整天的持续呼吸，一个成年人会从空气中摄取500升的氧气，足够灌满250个最大号的可乐瓶了——当然，氧气一旦溶解在血液里就不再占有如此巨大的体积，就像那么多的二氧化碳都溶解在可乐里也不会让可乐的体积有什么明显的变化。至于这些氧气的用途，聪明些的孩子也能不假思索地答出来：

用来"燃烧"我们从食物中获取的有机物，比如吃面包获取的葡萄糖。这将给我们的生命活动提供能量，就像燃烧汽油会给发动机提供能量一样。

这种给孩子的措辞，即将呼吸作用看作缓慢的燃烧，是现代化学之父拉瓦锡的首创。他在1778年左右提出燃烧就是可燃物与助燃物剧烈反应的发光发热现象，并在1779年确定了空气中的助燃物就是氧气。随后，他又与拉普拉斯 [1] 合作研究，确定了呼吸作用是有机物与氧气反应，生成水和二氧化碳，并释放热量的反应——这一创举标志着近代化学的开端。

在拉瓦锡的想象里，呼吸作用就是血液在肺部与空气接触，真的缓慢地燃烧起来，然后再把燃烧产生的"热"送到全身，推动各项生理活动。

拉瓦锡能有这种奇幻的想法并非偶然。在18世纪，工业革命正蓬勃兴起，在锅炉里燃烧木柴和煤炭，爆发出巨大能量的蒸汽机给拉瓦锡留下了深刻的印象，燃烧与做功的关系被拉瓦锡直接挪用到生命上 [2]。而且在那个时代，化学的基础理论还没有成型——要不然拉瓦锡怎么能成为"现代化学之父"呢？——当时的人们连物质和能量都分不清。

1789年，拉瓦锡出版了《化学基本教程》，在第192页给出了人类第一张元素表，"光"和"热"赫然与"氧"和"氢"并列在同一组里。因为他想象的"热"传遍全身真的就是一种被称为"热"的物质流遍全身，这当然是大错特错——不但热不是元素，有机物中的能量也不能以燃烧那样剧烈的氧化还原反应释放出来，否则生命将被瞬间烧死，细胞必须以最细水长流的方式，将有机物里的氢一点一点地

---

[1] 皮埃尔·西蒙·拉普拉斯侯爵（Pierre Simon Marquis de Laplace，1749—1827），法国18世纪到19世纪最伟大的天文学家和数学家，他的工作对天体力学和统计学的发展有举足轻重的作用。他是第一个从数学和物理学角度构想太阳系星云起源的人，也是第一批在理论上构想黑洞的人之一，而他在数学上的成就——拉普拉斯变换和拉普拉斯方程等，是现代应用数学最重要的工具。

[2] 如果你看过第四章的"延伸阅读"部分，就会注意到蒸汽机的自由能不是生命活动中的吉布斯自由能。

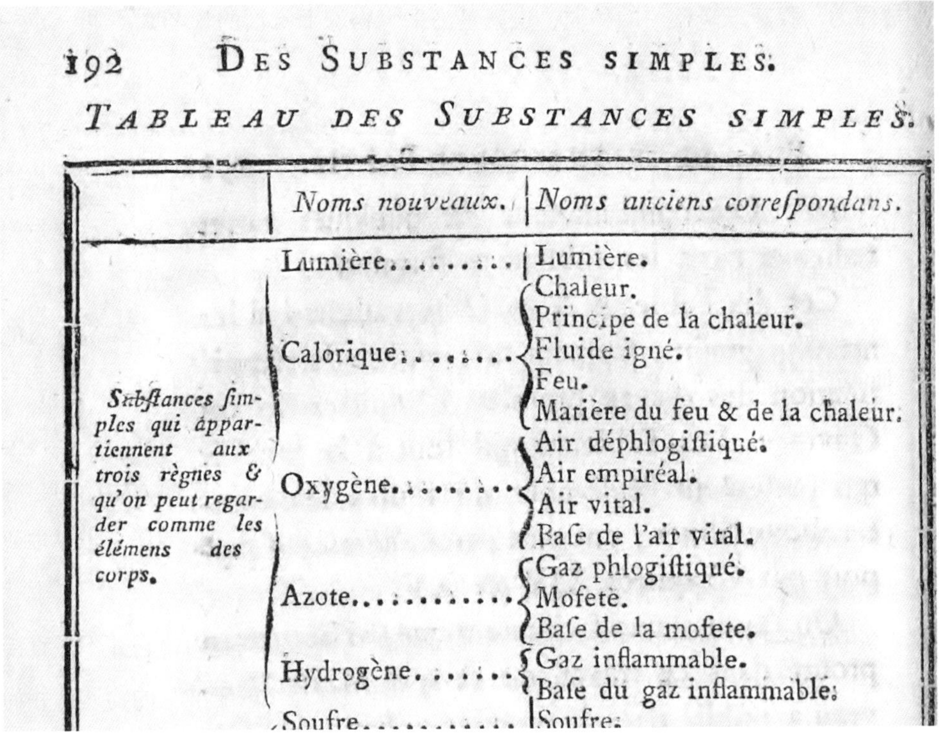

192 DES SUBSTANCES SIMPLES.

TABLEAU DES SUBSTANCES SIMPLES.

	Noms nouveaux.	Noms anciens correſpondans.
Subſtances ſimples qui appartiennent aux trois règnes & qu'on peut regarder comme les élémens des corps.	Lumière	Lumière.
	Calorique	Chaleur. Principe de la chaleur. Fluide igné. Feu. Matière du feu & de la chaleur.
	Oxygène	Air déphlogiſtiqué. Air empiréal. Air vital. Baſe de l'air vital.
	Azote	Gaz phlogiſtiqué. Mofete. Baſe de la mofete.
	Hydrogène	Gaz inflammable. Baſe du gaz inflammable.
	Soufre	Soufre.

图 2-9　拉瓦锡元素表的第一组元素。左边标明的是“存在于自然界一切领域之中，组成了组成身体的元素”，中间从上到下依次列出了光、热、氧、氮、氢。注意其中的第二项“热”(Calorique)，这就是食物中的热量被称为“卡路里”的由来。右边标注的是历史上的各种称呼。另外，下面依稀露出半行的是第二组“可氧化为酸的非金属元素”中的第一个——硫，它在我们的故事里也有重要的地位。

氧化掉，把能量一点一点地释放出来。[1]

正确的版本我们要在中学才开始掌握：在肺泡壁上，氧气与红细胞里的血红蛋白结合，然后随着血液循环抵达全身，在组织中释放出来，与各种有机物，尤其是食物中的糖，一同进入每一个活着的细胞。在那里，它们会循序渐进地、一步一步地发生氧化还原反应，把那些足以烧死细胞的巨额能量拆成几十上百份，分装成一

[1]　除了 18 世纪的因素，拉瓦锡这套“血液在肺部燃烧”的理论还有一些更加久远的历史因素：公元 2 世纪的罗马，有个了不起的医学家盖仑（Claudius Galen，约 129—200），他通过动物解剖，提出了“肝脏从小肠汲取营养，制成静脉血，与肺脏送来的新鲜空气在心脏里汇合，通过心脏中间的隔膜获得神赐予的热量，变成动脉血，再送往全身”的理论。这套理论因为很契合基督教的教义，就变成了教条，直到 17 世纪才被英国医生哈维发现的血液循环取代，但哈维未能解释有氧呼吸的本质，拉瓦锡的理论明显折中了二者。

种被称为"腺苷三磷酸"的物质，也就是高中生物课上常说的"ATP"，再一点一点运走，扩散到整个细胞里。

在那之后，这些 ATP 就会分赴各项生化反应的前线，把其中的能量释放出来，支持我们的各种生理活动了——我们那些千变万化的生命活动，小到胃黏膜上皮把一个钠离子送出细胞，大到去健身房举起一副杠铃，又或者读这本书时大脑里发生的神经活动，我们消耗的各种"能量"，统统由 ATP 的水解反应释放出来。

对于那些关心 ATP 究竟怎样给生化反应提供能量的读者，这一章结束后的"延伸阅读"部分会有通俗的介绍。但眼下，我们更该关心 ATP 的来源。

如果说把空气吸入肺脏再吐出来是人体的呼吸，那么这个分步氧化的过程就叫作"细胞呼吸"。细胞呼吸给几乎所有的生命提供了能量，所以要探索生命的起源就必须弄懂它。而要弄懂细胞呼吸，显然就要弄懂有机物和氧气是怎样一步一步地发生氧化还原反应，再把能量分装在 ATP 里面。

高中生物课本已经讲述了一个梗概：以葡萄糖为例，在细胞内，它并不是直接与氧气反应，而是先要在细胞质内发酵，变成一种被称为"丙酮酸"的物质，并释放一些能量出来。

这种发酵是葡萄糖释放能量的第一步，并不需要氧气。在一般温度下，如果没有恰当的氧化剂，任何有机物都不可能彻底分解成水和二氧化碳。如果一直没有氧

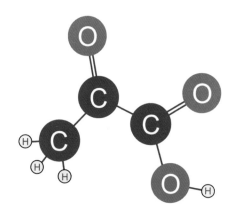

图 2-10　丙酮酸的分子结构。这是一种只含有 3 个碳原子的很简单的有机物。(作者绘)

气，某些细胞还会把发酵出来的丙酮酸继续转化成别的物质。比如我们持续剧烈运动时感到肌肉酸痛，就与丙酮酸转化成的乳酸有关；我们用酵母菌发面酿酒，也是因为酵母菌能把丙酮酸转化成酒精。

然而这一步释放的能量非常少，1 分子葡萄糖发酵成 2 分子丙酮酸，只能产生 2 分子 ATP，绝大多数能量还都留在发酵产物中——想想看酒精点燃时的熊熊火焰吧，那都是酵母菌没能充分利用的能量。

酒精能在燃烧中释放出大量的能量，是因为有氧气来氧化它。同样，人体要把丙酮酸里的能量释放出来，也必须有氧参与，而这将会发生在一种最精致的细胞器里面。

这种"最精致的细胞器"就是我们在高中生物课上认真学习过的"线粒体"。在胶囊状的线粒体内部，2 分子丙酮酸会被氧气充分氧化，彻底转换成水和二氧化碳，由此释放出许多的能量，分装在 36 分子 ATP 里面，整个细胞呼吸也就大功告成了。

线粒体的工作效率高得惊人，数量也多得惊人——按体积计算，你的骨骼肌有 10% 的体积都是线粒体，肝脏有 20% 的体积是线粒体，而心肌可能有多达 40% 的体积都是线粒体。成年人每秒钟可以合成 9×10^{20} 个 ATP 分子，一天就能循环制造 65 千克的 ATP，所以，人体组织的平均产能效率竟然达到了 2W/kg。而太阳核心氢聚变的产能效率也不过 0.001 84W/kg，所以如果能凑齐太阳核心那么重的人体组织，并且维持它的活性，那就相当于 1 000 多颗太阳同时辐照，耀眼的光辉足以匹敌一颗蓝巨星了 [1]。

乍看起来，这是那样地理所当然，那样地水到渠成，但如果继续追究线粒体内部发生了什么，我们就会困惑地发现事情根本不是这样简单：丙酮酸是如何被一步步地氧化干净，变成水和二氧化碳，这整个过程到 20 世纪 50 年代都已经被人类弄明白了，但这个明明白白的过程竟然无法解释那么多的 ATP 是怎么合成出来的！

---

[1] 这段数据推算自 "Table of temperatures, power densities, luminosities by radius in the sun"，美国国会图书馆，2001 年 11 月 29 日存档。

·三羧酸循环·

为了解开这个困惑，我们需要在高中生物课的基础上再前进一小步，先来看一眼线粒体是个怎样的细胞器。

如图 2-11，线粒体是一种双层膜的细胞器。其中，外膜把整个结构封装成椭球形或者胶囊形，而内膜比外膜面积还要大，所以折叠出了很多小褶子。整个线粒体内部的水环境被称为"基质"，其中分散着许多 DNA 与核糖体，像极了细菌的细胞质——实际上，我们现在普遍认为线粒体就是一种古老的好氧细菌，它们在 18.5 亿年前钻进我们的祖先细胞内，再也不走了，我们因此获得了有氧呼吸的能力 [1]。

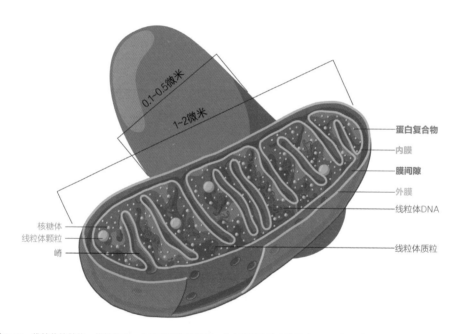

图 2-11　线粒体的结构。线粒体由一个椭球形的外膜和一个充满褶皱的内膜围成，里面有很多复杂的东西，不过你只需注意粗体字标注的结构：线粒体的内膜上镶嵌了很多蛋白复合物，内膜和外膜之间被称为膜间隙 [2]。除此之外，这本书的各处图示里都会把它画成一个红色软糖豆的模样。（作者绘）

---

[1]　这是细胞生物学上极重要的"内共生理论"，我们会在第七章再次遇到它。

[2]　不过稍需注意的是，因为内膜有丰富的褶皱，所以膜间隙会有一部分空间完全由内膜围成，也就是被称为"嵴"的那个结构。

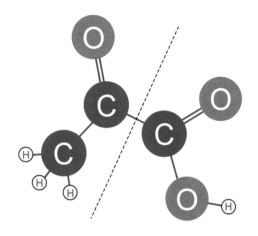

图 2-12　丙酮酸。虚线右边的部分是羧基，左边的部分是乙酰基，我们会在第三幕仔细观察乙酰基。（作者绘）

丙酮酸解体的过程就发生在线粒体的基质内。在那里，它首先会被切掉羧基。所谓"羧基"，就是—COOH，在原子比例上可以看作 1 个二氧化碳加上 1 个氢原子。实际上，那个被切掉的羧基也会立刻转化成二氧化碳，剩余一个氢原子就与氧分子结合成水。

丙酮酸被切掉羧基之后，剩下的部分就是乙酰基[1]，乙酰基会继续发生一系列非常复杂的化学反应，彻底转化 2 分子二氧化碳，由此产生的氢原子，都会被拿去与氧气化合成水。

这一系列非常复杂的化学反应，被总称为"三羧酸循环"。从 20 世纪的 30 年代到 50 年代，共有 3 名生物学家因为揭示了它的机制而荣获诺贝尔奖。之后的研究还进一步确认了三羧酸循环就是细胞内一切物质能量代谢的枢纽，整套生物化学的中心。但我们在这本书里都不准备追究三羧酸循环的任何细节，读者只需沿着图 2-13 的箭头大致扫看一圈，就可以继续阅读下一段了。

我们注意到，这个三羧酸循环中有一些非常蹊跷的事情：本来，我们期待这个

---

[1]　乙酰基就是乙酸（CH$_3$COOH）去掉一个羟基（—OH）剩下的部分，我们以后会再次遇到它。

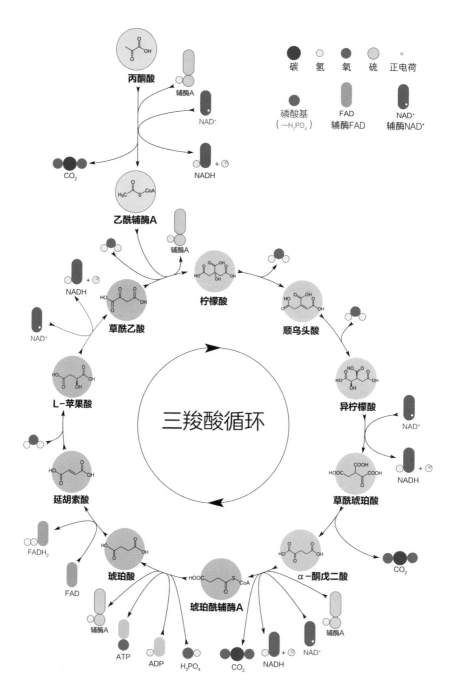

图 2-13 三羧酸循环图解。本图解省略了催化反应的酶。另外，线粒体基质是弱碱性的，图示中的各种酸实际上都会电离成酸根，但为了表现方便，这里也省略了。弗里茨·李普曼因发现"辅酶 A"在代谢中的作用而与克雷布斯共享 1953 年诺贝尔奖。这种被称为"辅酶 A"的物质最重要的功能就是把乙酰基导入三羧酸循环——在这一章里，我们不必在意它，但到了第三幕，我们会花很多时间与它相处。（作者绘）

循环能制造出大量 ATP，但这个反应只是在左下方生成了 1 分子 ATP[1]，那么，2 分子丙酮酸就该分装出 2 分子 ATP。但是，上文明明说好了 2 分子丙酮酸能够分装出 36 分子 ATP，剩下的 34 分子 ATP 哪儿去了？

这就让我们注意到了另一处蹊跷：整个三羧酸循环仍然不需要氧分子，没能释放出期望中的那些能量也就毫不奇怪了。是的，三羧酸循环产生的水和二氧化碳全都是有机物被催化分解的产物，而不是有机物被氧分子氧化的产物。其中，丙酮酸带进线粒体的碳已经全部转化成二氧化碳，终将随着呼吸排出体外，但同时带进线粒体的氢原子全都被被称为辅酶 NADH 和辅酶 FAD 的神秘物质带走，不知所踪了。

当然，我们并不是完全不知道氢去了哪里，我们也已经说了好几遍氢原子被拿去与氧结合成水。那么，是不是只要找到了那个氢与氧结合的地方，就能找到那些失踪的 ATP 了呢？

图 2-14　阿尔伯特·圣捷尔吉因对三羧酸循环中的延胡索酸的研究获得 1937 年诺贝尔生理学或医学奖。（J. W. McGuire 摄）

图 2-15　汉斯·克雷布斯（左）和弗里茨·李普曼（右）。（Smithsonian Institution 摄）

---

[1]　在某些生物，尤其是动物的三羧酸循环中，这一步产生的是另一种能量通货 GTP（鸟苷三磷酸），不过你渐渐就会知道，GTP 和 ATP 几乎是一回事儿，携带的能量一样，而且很快就会转化成 ATP。

·电子传递链·

但那个氢与氧结合的地方，我们早就找到了。

早在 19 世纪，生物学家们就已经认识了红细胞里的血红蛋白，发现是含铁的血红素携带了氧分子，于是推测在身体的其他细胞内还有另外一种"细胞色素"，这种细胞色素用类似的机制结合氧分子，实现细胞呼吸。而在 1918 年到 1923 年，德国骑兵兼生物学家，奥托·瓦尔堡（Otto Heinrich Warburg，1883—1970）真的在细胞内发现了一种"含铁的呼吸酶"，发现它能提高细胞有氧呼吸的效率，并且确信它也含有血红素，因为这一突破，他获得了 1931 年的诺贝尔奖。

现在我们知道，瓦尔堡发现的含铁氧化酶就镶嵌在线粒体的内膜上。那些在三羧酸循环中被辅酶带走的氢，真的就是在这种酶的催化之下，与氧分子结合成了水，而且这种结合也的确是因为这种酶中含有血红素[1]。

但这件事还是没有听上去的那么直接——正如这一章刚开始就担忧的，氢与氧的直接结合会释放出大量的能量，足够把细胞烧死，所以这种含铁氧化酶要完成使命，还必须有另外三种酶配合工作，先把氢中的能量卸载得差不多，再以最温和的

图 2-16 奥托·瓦尔堡因发现呼吸酶的性质和作用方式，获得 1931 年诺贝尔生理学或医学奖。

---

[1] 血红素不是一种物质，而是一类物质，它们的分子状态基本一致，只是在某些侧链上有些许差异，因此可以区分出不同的种类和功能——不过，是的，不仅血液中的红细胞含有血红素，人体内任何一个活细胞都含有血红素。

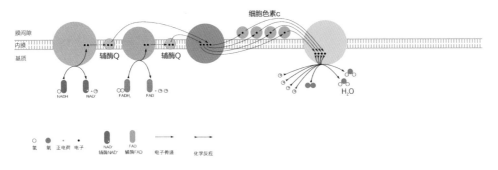

图 2-17　电子传递链（注意黑色的小圆点的流向——这张图还没有画完）。（作者绘）

方式制造水分子。

　　说得具体一点儿也并不难以理解。另外三种酶会把氢原子拆成氢离子和电子，前者是非常温和的东西，水环境里有无穷多的这玩意儿，根本不用理会，随意扔掉即可；而那个电子则是"还原性"的本体，能量大得很，这三种酶会接力传递它，使它的能量逐渐降低，最后再传递给那个含铁的氧化酶。这恰似两只手来回抛接一颗刚出锅的糖炒栗子，待到它冷却了，才送进嘴里——只是那些酶的动作要快得多，平均每分钟能传递上万个电子。

　　在那个含铁氧化酶上，这些"冷却"的电子会把氧分子还原成氢氧根离子。而氢氧根离子也是水环境里很温和的东西，它再随便结合一个同样温和的氢离子，就成了水分子，从此汇入细胞内的水环境去，事儿就成了。

　　这一整套通过传递电子，最终把氢和氧化合成水的大型酶系统，就叫作"电子传递链"。如图 2-17 所示，瓦尔堡发现的含铁氧化酶就是其中最后一环——"复合物 IV"，而那三种配合工作的酶，就分别被称为复合物 I、复合物 II[1] 和复合物 III。第二章里我们说过，细胞内负责呼吸的关键的酶有许多都是铁硫蛋白，那说的就是电子传递链上的这四种复合物。

——————————

[1]　复合物 II，琥珀酸-辅酶 Q 还原酶，也负责催化三羧酸循环里从琥珀酸到延胡索酸的还原反应，如图 2-13。这种酶是瓦尔堡在获得诺贝尔奖之后再接再厉发现的，他因此又获得了 1944 年的诺贝尔生理学或医学奖提名。

在人体内，每个活跃的细胞内都有成百上千个线粒体，每个线粒体的内膜上又都有数万套电子传递链，如果将一个成年人体内的线粒体内膜全部铺展开，面积将超过 4 万平方米，或者四五个足球场。

但我们关心的问题非但没有解决，反而变得更加复杂了：到此为止，有机物已经彻底氧化成了二氧化碳和水，可这个"电子传递链"仍然不产生任何 ATP ！

不仅如此，电子传递链传递电子的速度并不稳定，毕竟细胞内糖和氧的供给并不稳定。有时候进入线粒体的丙酮酸和氧分子多一些，电子传递链传递的电子就多一些，反过来，传递的电子就少一些。然而只要不是长时间的饥饿或窒息，线粒体生产 ATP 的速度就是稳定的，就好像是两件不相干的事情。

进一步，1 分子葡萄糖经过充分氧化究竟能够产生多少分子的 ATP，也竟然是个概数——28 个以上，38 个以下。对于哪怕只学过初中化学的读者来说，这也是万分诡异的事情，因为化学反应不可能违背物质守恒定律，有确定量的反应物，就应该有确定量的生成物，而如今，在线粒体上竟然出现了例外。

面对越来越多的谜团，在 20 世纪中叶，整个生物化学界都相信电子传递链中还有尚不明确的中间物质，相信那些电子逐渐释放出来的能量被中间物质储存起来，再经过某种"ATP 合酶"的催化，最终存入新合成的 ATP。这被称为"底物水平磷酸化"，在糖酵解和三羧酸循环中，我们已经明确的那 4 分子 ATP 都是这样生成的，当时的人类也就只知道这一种能量代谢机制。

所以整个生物化学界都觉得胜利的曙光近在咫尺，数不清的团队争先恐后展开了科研竞赛，试图率先找到那个中间物质，完成细胞呼吸的最后一块拼图。但奇怪的是，经过了长达 20 多年的苦苦搜寻，没有任何人能找到这种物质，我们再熟悉不过的呼吸作用，竟然就这样陷入了认知的僵局。

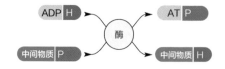

图 2-18　人们相信 ATP 合酶会催化某种未知物质用末端的磷酸交换 ADP 末端的羟基，合成 ATP。（作者绘）

·氧化磷酸化·

终于，1961 年，我们成功分离出了那个传说中的 ATP 合酶[1]，那个催化合成剩余 34 个 ATP 的关键的酶。它也镶嵌在线粒体内膜上，是又一种大型蛋白复合物，电子传递链每制造 1 个水分子，它就同时制造 4 到 6 个 ATP——看起来，我们的谜题终于要解开了。

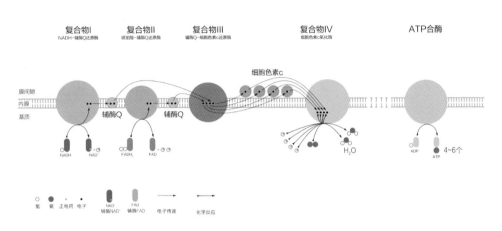

图 2-19　ATP 合酶与电子传递链的位置关系（这张图仍未画完）。（作者绘）

但困惑丝毫没有减少，反而又添了一个！

ATP 合酶的催化反应根本不涉及任何传说中的"中间物质"，也不接触电子传递链中的任何成员。要知道，任何化学反应想要发生，前提都是反应物的分子能够相遇。比如，铁要生锈，必须暴露在潮湿的空气中；氢气要与氧气燃烧，二者必须直接混合；酶要想催化任何反应，也必须与反应物接触。但如今，电子传递链和 ATP 合酶必须老死不相往来地嵌在线粒体内膜上才能正常工作，如果把电子传递链中的各种复合物分离出来，与 ATP 合酶充分混合，它们反而一点儿 ATP 都不能产生了。

---

[1]　虽然实际上当时只分离出了 ATP 合酶可溶性的 F₁ 亚基，但这正是 ATP 真正生成的地方。分离者是奥地利生物化学家埃夫拉伊姆·拉克尔（Efraim Racker, 1913 —1991）。

于是我们一路按图索骥下来，却得到了一个不可思议的结论：那剩余的 34 个 ATP，竟然不是氧化还原反应的直接产物！

难道我们之前的努力全都是竹篮打水吗？倒还不至于如此，毕竟我们吸入氧气产生能量已经是铁打的事实，但问题出在哪儿呢？

历史证明，一切坎坷煎熬都是值得的，那个最终的答案如此超乎想象，却又如此不可抗拒，它让每个反对者都在鄙夷之后心悦诚服地拜倒下来。这是又一个赢取了诺贝尔奖的伟大发现：同样是在 1961 年，英国生物化学家彼得·米切尔（Peter Dennis Mitchell，1920—1992）借用了一句福尔摩斯的名言，"当排除了其他所有可能的答案，那么剩下的可能性，不管看起来有多么不可能，都是正确的答案"，果断地说：既然找不到那个中间物质，何不干脆承认没有这个中间物质？既然找不到电子传递链与 ATP 合成的化学联系，何不承认二者没有化学联系？他一口否定了之前 20 多年的努力，旋即提出了一个鬼马狂想曲般的"化学渗透假说"（chemiosmosis）：电子传递链会把氢离子从线粒体内膜的内侧全都泵到外侧去，当这些氢离子渗透回内侧，就会像穿过大坝的水流，推动 ATP 合酶造出 ATP。

这个纠集了物理、化学、生物的"理科大综合假说"刚刚提出的时候几乎被所有人嗤之以鼻，因为它太莫名其妙了，就连"化学渗透"这个词都是米切尔临时生造的。然而随后一系列的观察事实却证明了化学渗透就是人们期盼已久的正确答案，米切尔也因此获得了 1978 年的诺贝尔化学奖。

图 2-20　因通过化学渗透机制解释了生物能量转移机制，彼得·米切尔获得了 1978 年的诺贝尔化学奖。

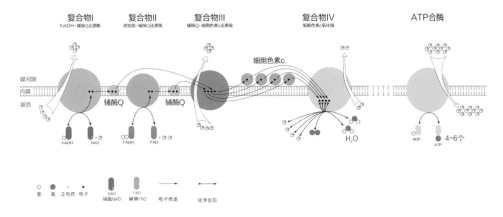

复合物I　　　　复合物II　　　　复合物III　　　　　复合物IV　　　　　　ATP合酶
NADH-辅酶Q还原酶　　琥珀酸-辅酶Q还原酶　　辅酶Q-细胞色素c还原酶　　细胞色素c氧化酶

细胞色素c

膜间隙
内膜
基质

辅酶Q　　　辅酶Q

NADH　NAD⁺　　FADH₂　FAD　　　　　　　　　　　　H₂O　　　ADP　ATP　4~6个

○　●　　●　　　　　　　　　　　　　　　　　→　　　→
氢　氧　正电荷　电子　辅酶NAD⁺　辅酶FAD　　电子传递　化学反应

图 2-21　拼图终于完整了，氧化反应终于和 ADP 的磷酸化连在一起，可被称为"氧化磷酸化"。（作者绘）

而这个化学渗透的微观机制并没有多么复杂，一旦说破了，你会惊讶于那个苦苦追求的最终答案竟然如此浅显。

如图 2-21，简单地说，在电子传递链中，蛋白复合物 I、III 和 IV 会持续不断地把氢离子从线粒体内膜的内侧泵到外侧去，这个过程消耗的，正是那些电子在传递时逐步释放出来的能量。

在人体内，所有线粒体内膜每秒钟都会泵出 6×10^{22} 个氢离子，与可见宇宙的星辰总数相当。而氢离子带有正电荷，当它们在线粒体外侧越积越多，相对于膜内侧就形成了巨大的电压：线粒体的内膜仅有 6nm（纳米），两侧的电压却可达200mV（毫伏），换算下来，相当于 1 米的距离上存在着 3×10^7 伏的电压，这样巨大的电压如果出现在云层里，足够酿成一场强烈的雷暴了。

在电压的驱动之下，每个氢离子都"渴望"穿透线粒体内膜，回到内侧去，但是线粒体内膜对氢离子的透过性极差，氢离子必须另外寻找一个洞口才能回到线粒体内部——这个洞口就来自 ATP 合酶。

如图 2-22，ATP 合酶包括 F_0 和 F_1 两个亚基。F_0 亚基镶嵌在线粒体内膜上，很像一台水轮机，主要由一个"转子"（绿色）和一个"定子"（紫色）组成。其中定子上又有两个开口，一个开在膜外侧，一个开在膜内侧（图中看不到）。于是，那些被电子传递链泵到膜外侧的氢离子就会因为巨大的电压从膜外侧的开口涌入，推

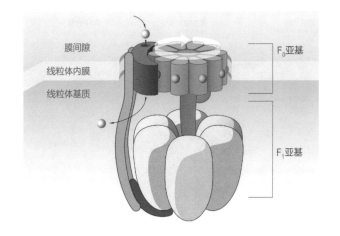

图 2-22 ATP 合酶模型。白色小球是氢离子——如果你仔细读过了序幕的第二篇"延伸阅读",那么不妨用这张图对比一下图序-32,如果你发现了一些相似的颜色或者相似的结构,那么你就找到了这本书里埋得最深的伏笔。(作者绘)

动转子旋转,然后从膜内侧的开口返回膜内侧。平均算下来,每当有 10 个氢离子回到膜内侧,就可以驱动转子转一圈,而每秒差不多能旋转 100 多圈,这是三峡发电站机组转速的 80 倍。

在转子的正中央还有一根转轴,直接插入 F_1 亚基的正中央。F_1 亚基就像三对模子,每对模子里都可以嵌入 1 分子 ADP 和 1 分子磷酸。随着转子不断旋转,那根转轴就会在 F_1 亚基里不断搅动,迫使模子开合运动起来,ADP 和磷酸也就因此被压制成了 ATP——通常转轴每转一圈,就会有 3 分子 ATP 被压制出来。

关于 ATP 合酶的更详细的催化机制,会在本章的第三篇"延伸阅读"中专门介绍,我们现在只需体会一个惊人的事实:

> ATP 合酶制造 ATP 的原理竟然不是直接的"化学反应",而是一种微观的"机械作用"!

有氧呼吸的氧化还原反应,原来并不是要直接合成 ATP,而是要利用电子传递的能量,像汲水一样把氢离子泵出膜外,制造巨大的电压,再由此驱动 ATP 合酶,把 ATP 压制出来[1]——想到电压与重力势差的高度相似性,我们就会发现这套"设

---

[1] 不过需要注意,线粒体内膜对氢离子的透过性虽然很差,但并不是完全隔绝,仍有一些氢离子会直接渗漏回基质中去,这将使每分子葡萄糖最终生产的 ATP 在 28 个和 38 个之间浮动,而且大多数时候都比较接近 28 个。这也是为什么每对电子流经传递链,ATP 合酶会制造 4 到 6 个 ATP。

图2-23 保罗·博耶（Paul D. Boyer, 左）与约翰·沃克（John E. Walker, 右）。两人因阐明 ATP 合酶的工作原理获得 1997 年诺贝尔化学奖。（来自 GBHayes、Mogens Engelund）

备"与水利磨坊如出一辙。

就这样，化学渗透把"氧化"和"ADP 的磷酸化"这两件事连接了起来，我们终于可以把细胞内的有氧呼吸称作"氧化磷酸化"了，世纪困惑也终于得到了妥善的解决，人类找到已知生命最重要的能量代谢机制，于是在 1997 年，保罗·博耶与约翰·沃克因阐明 ATP 合酶的工作原理而获得了诺贝尔化学奖。

·问题更多了·

但这显然不是一切回答的终点，我们现在遭遇了两个更加重大的问题：在细胞呼吸中展现出的这样精细的结构，究竟是怎样进化出来的？以及更加根本的，我们的细胞为何要大费周章采用化学渗透这样不可思议的手段获取能量？

对于前一个问题，恰如我们在"钟表匠与石头"的故事里讲过的，如此复杂的结构，仍然有着极其简单的进化原型，比如 ATP 合酶就与序幕第二篇"延伸阅读"里的细菌鞭毛颇有些进化上的渊源。但要厘清其中的关系，我们要等到整本书的第五幕。在那里，我们会看到整套电子传递链都可以追溯到某个共祖身上。

而后一个问题就是这一章的真正重点了。几乎所有已知的生命，都有高度同源的 ATP 合酶，也都用化学渗透的方式为 ATP 合酶提供动力。像我们一样的真核生物自不必说，我们都有线粒体 [1]，都持续着相同的有氧呼吸。而那些原核生物本身就相当于线粒体，它们的电子传递链与 ATP 合酶都直接镶嵌在细胞膜上，在细胞膜的内外两侧维持了巨大的"氢离子梯度"，也就是保证细胞膜外侧的氢离子浓度远远大于细胞膜内侧的氢离子浓度，由此源源不断地制造 ATP。在进一步的研究中，我们甚至发现，不论真核细胞还是原核细胞，ATP 合酶都基本一样，源自同一个祖先，而在电子传递链中，一些最关键的复合物也有极其相似的核心。

说芸芸众生碰巧都进化出了如出一辙的化学渗透机制，除此之外就再没有进化出其他主要的能量代谢机制，就如同说某一年的考生碰巧都写出了完全一样的高考作文，这未免太荒唐了。所以对于后一个问题，最可能的解释就是：末祖已经把化学渗透当作获取能量的主要方式，今天的细胞都是在此基础上修改电子传递链，以适应不同的环境。

是的，电子传递链与 ATP 合酶的奇妙组合的确具有惊人的可塑性。生命要适应任何陌生的环境，只需要修改一下电子传递链中的蛋白复合物，让它们能够从新环境的新物质上汲取电子，送进电子传递链，就会有 ATP 源源不断地从 ATP 合酶中研磨出来了：线粒体和好氧菌是从三羧酸循环中的氢原子 [2] 上汲取电子，而那些生活在各异环境中的原核生物还可以从深海中的亚铁离子、火山口的硫化氢、热液喷口的氢气，甚至是看起来最稳定的水分子中汲取电子——比如植物的光合作用，就是用可见光的光子激发叶绿素分子，然后让被激发的叶绿素分子从水分子中夺取电子，再拿这些电子推动电子传递链，制造化学渗透。

这说起来有点儿神奇，但我们不应该对这一幕感到陌生：第二次工业革命以来，人类发明建造了数不清的发电站，有水力发电站、火力发电站、风力发电站、潮汐发电站、海浪发电站、核能发电站……各式各样，但原理都是一样的 [3]，我们要设法汲取大量的能量，让发电机的转子飞速旋转起来，让线圈可以切割磁感线，源源不断地输出电流。

---

[1] 偶尔也有没有线粒体，或者线粒体高度退化的真核生物，比如适应了肠道内的缺氧环境的蛔虫。

[2] 这样表达是为了方便，严格地说应该是"还原态的辅酶"，但结果都一样。

[3] 当然也有例外，比如光伏发电。

发电机都是一样的，不一样的只是如何因地制宜，汲取当地最廉价的天然能源。类比一下，我们会发现发电机的转子就相当于 ATP 合酶，而发电站的其他设施整合起来，就相当于电子传递链。

那么，从共祖到末祖，电子传递链最初形成的时候，那个廉价的天然能源是什么呢？

这就是我们在回溯的道路上找到的第一条具体线索：生命起源之地很可能存在着普遍的氢离子梯度，可以实现最初的化学渗透——在所有的生命起源假说中，白烟囱假说几乎是唯一重视了这个线索，而且利用了这个线索的假说：碱性热液的 pH 值可以达到 9 到 11，而原始海水溶解了大量的二氧化碳，pH 值可以低至 6 以下，由此就呈现出了 1 000 倍到 10 万倍的氢离子浓度差异。那么，这将意味着什么呢？

在第五幕我们会集中地讨论它。

细胞的能量通货——腺苷三磷酸

高中生物课会介绍一种名叫"腺苷三磷酸"（adenosine triphosphate，缩写为ATP）的物质，告诉读者它是所有地球生命共用的"细胞能量通货"：细胞内的一切能量物质，无论是主要的供能物质单糖、主要的储能物质多糖和脂肪，还是临时供能物质氨基酸，它们释放出来的能量都不能被细胞中的生化反应直接利用，而必须先储存在ATP的化学键内，然后再由ATP水解释放出来，供应给各种需要能量的生化反应 [1]。

就好比在现代社会中，无论你从事什么行业，制造什么产品或提供什么服务，报酬都先要换成通货，也就是"钱"，再花钱买你需要的其他服务——在这里，你制造的产品和提供的服务，就好比各种富含能量的物质；ATP，就好比钱；而ATP给各种生化反应提供能量，就好比花钱购买其他产品和服务。

可这是为什么？正文讲述了那么一个跌宕起伏的流程，才让细胞制造了充足的能量通货，为什么不省省事儿，让各种富含能量的物质，比如葡萄糖和脂肪，直接推动各种生化反应呢？

[1] 有一些特殊的生化反应拥有ATP之外的专用的能量通货，就像除了国际通用的美元之外，还有某些用于区域结算的货币——除了个别章节的某些段落，读者们都不必在意这个细节。

我们不妨先问一个问题：现代社会为什么不能以物易物，而一定要先挣钱再花钱？——如果一个程序员对一个理发师说，"我给你写个数据库，你给我理一年的发"，结果会怎样？他一定会被愤怒的理发师轰出去：一来，理发师非常可能不需要数据库服务，二来，就算数据库很有价值，理发师又怎么知道一个数据库相当于理多少次发呢？而有了钱就不一样了，钱是交易的媒介，解决了供需匹配的问题，大家都可以挣钱，也都可以花钱。钱也是价格的单位，解决了该值多少的问题，任何商品都可以用钱来计算。

而这个答案，也正是细胞为什么需要能量通货的答案。

一来，具体的能量物质和生化反应很难匹配得上。细胞内富含能量的物质实在是种类繁多，不仅仅糖、脂肪、蛋白质这些中学介绍过的经典有机物富含能量，原则上，构成生命的任何一种有机物都可以被氧化成无机物，并且释放出许多的能量来，也就都可以被看作能量物质。而细胞内的每一种物质又都能参与数不清的生化反应，每一种生化反应还需要专门的酶来催化。要让这么多种类的能量物质和这么多种类的酶全都匹配上是不可能的。但有了能量通货，一切能量物质只需要转化成能量通货，一切生化反应也只需要使用能量通货，事情就变得非常简单了。

二来，不同的能量物质在不同的化学反应中释放的能量各不相等，如果直接拿来推动生化反应，就会出现各种状况：有时候能量不够，无法反应，有时候能量过多，反应失控，有的时候供能太慢，反应失败，有的时候供能过快，反应失衡。但有了能量通货，生化反应能量供应就有了单位，该用几分子能量通货就用几分子能量通货，变得非常精准稳定了。

那么，ATP 又是如何担任能量通货的呢？在高中课本上，答案是 ATP 含有高能磷酸键，在水解时会释放大量化学能，推动各项生化反应。这个答案称不上错，但又有些含糊，有些神秘："化学能"是一种怎样的能量，又是如何推动生化反应的呢？叫人遐想，可又找不到头绪。所以接下来，我们同样会用一个感性的解释，帮助你理解这个问题。

对于图 2-24 里的分子结构，只需关心左半边的虚线框就好了：每个虚线框里都是一个磷酸基，我们首先注意到这三个虚线框彼此重叠，因为这三个磷酸基已经脱水缩合，被磷氧键连接起来；同时，我们还注意到，这些磷酸基都在细胞内的弱碱性环境里电离掉了氢离子，带上了至少 1 个单位的负电荷。

这就消停不了了。

我们都知道，电荷同性相斥，这三个磷酸基必然很想互相弹开。然而，这些带着负电荷的磷酸基却缩合得非常紧密，电荷斥力被束缚起来无法释放，像极了一根弹簧先被压缩，又被一根绳子贯穿过去两头系紧，必然憋着一股势能。可想而知，如果有什么东西过来把那两

个磷酸基之间的磷氧键弄断，更靠左边的磷酸基就会"砰"地一下弹开，把其中蕴含的势能一股脑释放出去。就像图 2-26 那样，如果先

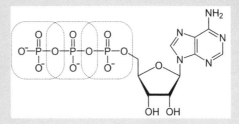

图 2-24　ATP 的分子式。如果去掉最左边的磷酸基就是 ADP。在实际的微观世界里，这个分子拥有三维结构，比如左边那些磷酸基不是十字架而是四面体。不过，读者暂时不用在意这些细节。（作者绘）

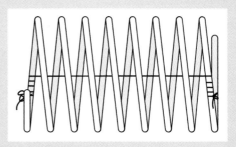

图 2-25　那串磷酸基就可以看作这样一个高度压缩，又被一根绳系紧的弹簧。（作者绘）

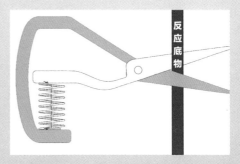

图 2-26　ATP 结合到酶上，就好像这根较着劲的弹簧顶在剪刀把之间。（作者绘）

把这根较着劲的弹簧撑在奇怪的剪刀的两柄之间，再弄断那根束缚的绳，结果必然是弹簧一崩，剪刀就"咔嚓"一下合住，同时剪断了另一侧的丝带——或者说是生化反应的底物。

借助 ATP 催化各种生化反应的酶，就恰似这把剪刀：它们会在三维空间中盘成复杂的形状，预留一个位点让 ATP 嵌进去，然后突然弄断那些磷酸基之间的磷氧键[1]。那么当 ATP 上的磷酸基猛然崩开，整个酶就会像这把剪刀一样，发生一系列的形态变化，继而迫使酶上的反应底物发生特定的化学反应。

蛋白质的三维形态千变万化，无穷无尽，可以折叠成剪子、镊子、夹子、钳子、扳子、轮子等你能想到或不能想到的各种机械结构。在这些机械结构的介入下，ATP 就能促成细胞所需的各种生化反应了。

对于那些阅读了上一章"延伸阅读"的读者，这里还应该特别留意，上述一整串的变化，正是不依赖压强变化导致的体积变化而做功，其中的能量变化，就是典型的吉布斯自由能变。

因为很直观的，货币给人的印象是"一手交钱一手交货"，这是一件非常"主动"的事情，于是人们会想象细胞中的各种耗能反应会把 ATP 分子"拿来"使用——的确，绝大多数分子生物学的演示图像，包括这本书里的图示，都画着 ATP 分子按照某个箭头的方向钻进各种酶分解，变成的 ADP 又沿着另一个箭头跳出来，就好像这些分子知道自己的任务，

在按部就班地履职一样。

但这是不可能的，生化反应已经处于分子尺度上，细胞内不可能再有这样精准的定向运动。实际上，ATP 分子，或者任何其他分子，一直都在细胞溶液内毫无规则地随机运动，偶然有机会撞进对应的酶，才发生那种箭头指示的正反应。然而，任何化学反应在原则上都是可逆反应，酶促反应尤其如此。所以我们同样可以想象有 ADP 和磷酸从出口撞进了 ATP 酶，在那里发生了缩合反应，推动了逆向的反应。

幸好细胞内 ATP 的浓度是 ADP 浓度的 5 倍之多，再加上 ATP 水解的概率本来就比 ADP 与磷酸缩合的概率大得多，所以即便全凭偶然，ATP 酶催化正反应的概率也比催化逆反应的概率大得多，所以最后的总反应一定是正反应。

那么，重点来了。ATP 能够推动生化反应向着某个方向前进，最关键的原因并非 ATP 水解能够释放多少能量——ATP 水解释放的能量再多，早晚也会达到化学平衡，到时候溶液中几乎不含 ATP，那么任何酶促反应都不会按照正反应方向发展下去。真正最关键的原因，是细胞的呼吸作用源源不断地将 ADP 转化成 ATP，使这个化学平衡永远无法到达，才使得任何需要 ATP 的酶促反应都能在概率上向着正反应不断推进，永无止境，就像把流过水车的水再汲回高处，重新推动水车一样。

是的，ATP 真正恰当的比喻，就应该是将它们作为一个整体，称作"细胞的水塔"，那流动的水，就是化学反应中的能量。

---

[1] 追究得更明确一些，这个磷氧键不只是断开就完了，通常，酶还会同时把一个水分子拆成氢离子和氢氧根离子，连接在两个断口上，才能让磷酸基真的脱落下去。

三羧酸循环中的两种辅酶

在这本书中，我们会遇到许多种被称为"辅酶"的东西，也就是"为酶做辅助的物质"。通常来说，这种辅助体现为搬运、交接、转移之类的过渡动作，因为它们在空载的时候很容易结合某种物质，在满载的时候又很容易失去这种物质，因此就把一失一得的两个反应关联了起来。

光是这么说当然有些抽象，在三羧酸循环中出现的两种辅酶 NAD⁺（烟酰胺腺嘌呤二核苷酸）和 FAD（黄素腺嘌呤二核苷酸），就专门负责转移电子和氢离子。

总的来说，它们都具有比较强的氧化性，很容易从还原性的有机物上夺走电子，而一旦得到电子，它们又不会死守着不放，很容易把电子交给其他氧化性更强的物质。这样，它们就在不同的反应之间转移了电子。

同时出于电荷平衡的原因，它们从有机物身上夺走电子的时候，也总要从附近结合等量的氢离子，到它们交出电子的时候，又将同时放出这些氢离子。所以，它们同时转移了氢离子。当然，一个电子和一个氢离子加起来就是一个氢原子，所以这两种辅酶实际上是转移了氢原子。

说得更具体一些，这两种辅酶都是一次最多转移两个电子，但转移氢原子的方式有些细

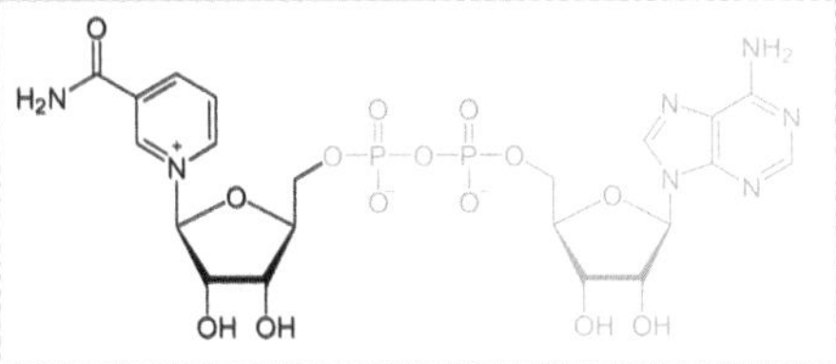

图 2-27　NAD⁺ 的分子式。如果你注意到黄色的部分就是一个 ADP，那么你又找到了一条灰线的开端。（作者绘）

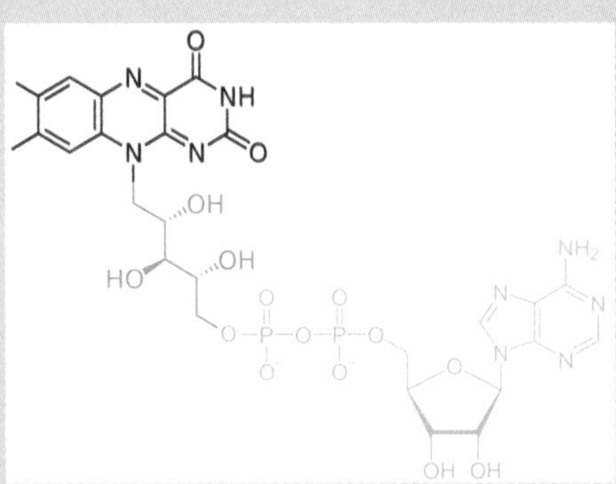

图 2-28　FAD 的分子式。同样，黄色的部分又是一个 ADP，而那个橙色的部分是一个核糖醇，也就是还原核糖得到的醇。（作者绘）

节差异。

辅酶 NAD⁺，又叫辅酶 I，如图 2-29，它的烟酰部分自带一个单位的正电荷，两个新得的电子一个用来中和这个正电荷，一个交给这个正电荷对面的碳原子，并在那里结合一个氢

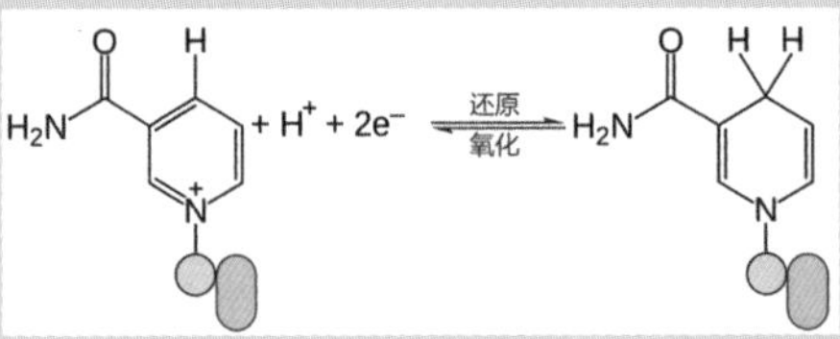

图 2-29　辅酶 NAD⁺ 的还原和氧化反应。为了突出烟酰，分子式中的 ADP 部分简化成了黄色胶囊，连接烟酰的核糖简化成了黄色的圆。（作者绘）

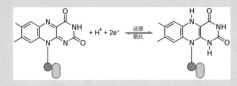

图 2-30　富含维生素 B₃ 的食物有肉、蛋、奶、肝、绿叶菜、坚果、粗粮，以及某些新鲜水果。（图片来源：Andrzej Pindras）

图 2-31　FAD 与 FADH₂ 的可逆转化。为了突出光色素，核糖醇部分简化成了橙色的圆，ADP 部分简化成了黄色胶囊。（作者绘）

离子，构成一个氢原子，成为 NADH。而它夺取电子时产生的另一个氢离子就随手抛弃了——反正细胞里到处都是水，水分子随时会电离出氢离子，它将来无论把这对电子交给了谁，对方都可以随手抓一个氢离子拿来用，没有必要非得是电子的原配不可。

辅酶 NAD⁺ 将会在这本书的后文里频繁地出现，它是一切生命必需的物质，少了它们，任何一个细胞都不能完成正常的新陈代谢。而这种辅酶在食物里的原型，就是维生素 B₃，又叫烟酸，人类如果日常摄入不足，就会表现出皮炎、腹泻、头晕、呕吐等严重的缺乏症，直至死亡。

而 FAD 的情况就有所不同，如图 2-31，它主体部分是一个"光色素"，其中的两个氮原子都可以再接受一个电子，同时各结合一个氢离子，然后就变成了 FADH₂。

与 NAD⁺ 一样，辅酶 FAD 是代谢活动中极其重要的物质，而它在食物中的原型，就是维生素 B₂，或者叫核黄素。这种维生素具有极其醒目的黄色。实际上，如果你因为补充维生素而尿出了黄得发亮的尿，就是因为维生素 B₂ 超过人体需求之后会通过肾脏排出。反过来，如果维生素 B₂ 摄入不足，你就会患皮炎、舌炎、口角炎、角膜炎，脸上长出莫名其妙的肉丝，见光流泪，然后贫血，直到死亡。

不过与辅酶 NAD⁺ 不同的是，辅酶 FAD 在这本书中的戏份一直不多，直到很靠后的地方才会在正文里重现。

图 2-32　富含维生素 B₂ 的食物有肉、蛋、奶、肝、绿叶菜、坚果、粗粮，以及蘑菇。（图片来源：Tatjana Baibakova）

ATP 合酶的工作原理

在第五章的正文里，我们说过，ATP 合酶有 F_0 和 F_1 两个主要的亚基，其中的 F_0 是一个憎水的蛋白复合物，因此稳定地镶嵌在线粒体内膜上。我们还说过，F_0 亚基主要由一个"转子"和一个"定子"组成。图 2-33 就是转子和定子更加精细的图示。

转子由 8 到 15 个单体攒成，每个单体上都有一个"空穴"，每个空穴里都带有 1 个单位的负电荷。而定子就刚好覆盖了两个相邻的空穴，并且给这两个空穴分别提供了一条管道，使其中一个空穴直通膜外侧，另一个空穴直通膜内侧。另外，定子还在两个通道之间安排了 1 个单位的正电荷，我们可以将它视为一个"门控"。[1]

那么，电子传递链在膜外侧积累了大量的氢离子，这些氢离子全都带着 1 个单位的正电荷，当然会迫不及待地涌入管道，撞进左边那个带有负电荷的空穴里面，这就给转子带来了一股动能。而由于电子传递链不断地把氢离子泵到膜外侧，膜内侧就会相应地富余氢氧根离

子，带有更多的负电荷，把右边那个空穴里的氢离子吸出来，这又给转子拖拽了一股动能。

这一左一右、一进一出的两股动能足以让转子转动起来，而定子上的门控就负责锚定转动的方向。左边那个空穴里刚刚塞入 1 个氢离子，这个氢离子会与门控同性相斥，所以只能往左转。同时，右边的空穴刚刚失去了 1 个氢离子，恢复了 1 个单位的负电荷，而磷脂双分子层的疏水夹心非常排斥带电荷的物质，所以右边的空穴不能向右转。这样综合起来，整个转子当然就只能向左转了（俯视时顺时针旋转）。

我们在正文里说过，转子的中央还连接着一根转轴，转轴的另一端插入 F_1 亚基的正中央，随着转子的转动而不断搅动——如图 2-34，那就是 F_1 亚基的横截面，中央那个草绿色的结构就是转轴。

F_1 亚基的主要结构是 6 个挺类似的单体，它们攒成了 3 对完全相同的"模子"，而在那个转轴末端的搅动之下，这对模子会在"开""弛""紧"三种状态之间不断循环。由于起始和结束的状态都是"开"，所以我们又可以将这个循环区分成更明确的四个阶段：

◆ 在起始阶段，模子处于"开"的状

---

[1] 实际上，c 子单元的"空穴"是一个谷氨酸残基上的羧基，它会在膜内侧的弱碱性环境中把氢离子电离掉，因此带有 1 个单位的负电荷，即"$-COO^-$"。而 a 子单元的"门控"是一个精氨酸残基上的胍基，这个官能团碱性很强，总是额外结合一个氢离子，因此带有 1 个单位的正电荷，即"$-CH_5N_3{}^+$"。

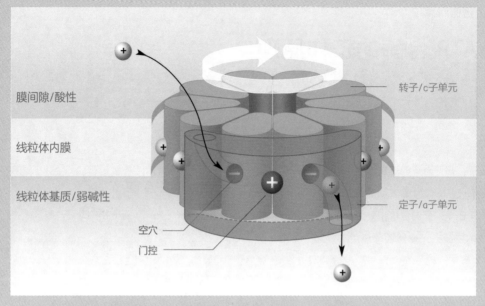

图 2-33 ATP 合酶 F₀ 亚基部分模型。这张图是图 2-22 的局部旋转视角，为了展示清晰，只表现了转子和定子，而且定子画成了半透明的。（作者绘）

图中标注：
- 膜间隙/酸性
- 线粒体内膜
- 线粒体基质/弱碱性
- 转子/c 子单元
- 定子/a 子单元
- 空穴
- 门控

态，此时的转轴会拨动模子，使它们充分打开，此时，一个 ADP 分子和一个磷酸分子就会刚好嵌进去；

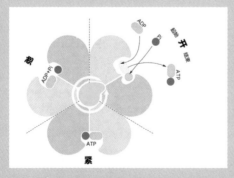

图 2-34 F₁ 亚基的横截面示意图。为了展示清晰，只展示了转轴和 3 对模子。中央草绿色的就是转轴，它周围的白色箭头指示了转轴的旋转方向，周围虚线划分的 3 对模子总是依次处于三种不同的状态。（作者绘）

◆ 在弛阶段，模子处于"弛"的状态，转轴不再拨动模子，模子关闭，ADP 和磷酸就位；

◆ 在紧阶段，模子处于"紧"的状态，转轴挤压模子，模子收紧，ADP 和磷酸被压制成 ATP；

◆ 在结束阶段，模子回到"开"的状态，此时转轴再次拨动模子，模子重新打开，压制好的 ATP 释放出来，同时，模子腾开地方让下一对 ADP 和磷酸进入模子。

转子周而复始地转，转轴也周而复始地转，模子就在这三个状态的四个阶段中不断循环，最后，事儿就这样成了，ATP 合酶在跨膜氢离子梯度的驱动下，源源不断地把 ADP 和磷酸缩合成为 ATP。

• 第六章

传递生命的信息 | DNA、RNA、蛋白质，温故而知新

生命是由物质构成的，特别是那些有机大分子，它们以种种方式组织起来，形成了已知宇宙中最复杂的系统。对此，我们会自然而然地问出一个问题：这些分子是怎么知道自己应该位于何处的？

最直接的回答就是"遗传"，是那些世代相传的遗传物质规定了生命体内一切物质的存在方式。但是，我们又不禁要追问：在生命诞生之初，那些遗传物质又是怎样产生的呢？

在这一章里，我们将会温习分子生物学的中心法则，作为生命科学 100 年来最重大的发现，它不仅能够解答你的无数问题，也将引出一个关键的问题，成为整本书的另一个关键线索。

我们在第一章就说过，如果要评出整个 20 世纪人类在知识上取得的最彪炳千古的重要成就，那么除了爱因斯坦创立相对论、物理群英共筑量子力学之外，就是 1953 年罗莎琳德·富兰克林（Rosalind Elsie Franklin）、弗朗西斯·克里克（Francis Harry Compton Crick）和詹姆斯·沃森（James Dewey Watson）等人发现 DNA 双螺旋结构了。

相对论和量子力学是整个现代物理，乃至现代科学的大厦根基。从最微小的基本粒子、原子和分子，到最宏大的恒星、星系和宇宙大尺度结构，从化工业的材料研发，到计算机的芯片设计，无不追溯到这两大理论。哪怕区区日常生活，比如用手机导航前往聚会的餐厅，全球定位系统都要把量子论和相对论一起用上，才能校准时间和距离 [1]——在物理学未来的征途中，我们最伟大的目标就是把相对论和量

---

[1] 导航卫星要测量距离，必须有极其精准的原子钟，这需要量子论才能设计出来；同时，卫星的速度极高，并被强大的地球引力约束在轨道上，就会同时展现出"尺缩钟慢"的狭义相对论效应，和"引力等效于加速度"的广义相对论效应。

图 2-35　1962 年的诺贝尔生理学或医学奖颁发给弗朗西斯·克里克（左）、詹姆斯·沃森（中）、莫里斯·威尔金斯（右），因他们"发现核酸的分子结构及其对生物中信息传递的重要性"。但实际上，第一个发现双螺旋结构的，是英国物理化学家和晶体学家罗莎琳德·富兰克林。因为是女性，她遭遇了许多严重的学术歧视，比如威尔金斯未经她的同意就把她的关键研究成果泄露给克里克和沃森，导致克里克和沃森后来居上，率先发表了论文。而到诺贝尔奖颁发时，富兰克林却已经死于癌症，因此失去了青史留名的机会。

子力学统一起来，铸成一个从根源上解释宇宙中一切变化的"万有理论"。

　　而 DNA 的双螺旋中存储着一个生命的全部信息[1]，从这一发现开始，整个生物学的面貌焕然一新。特别是 20 世纪后半叶兴起的遗传学和分子生物学，它们沟通了最微观的分子和最宏观的进化，沟通了人类关于生命的一切知识，当然也包括对自己的认识，从此形成了完整的闭环。2006 年，人类基因组计划正式完成，10 年之后，基因工程已经成为农业、制药和医疗创新的利器。在可以预见的未来，创造自然界本不存在的生命，已经是个诱人的挑战了。

　　那么，生命的信息是什么，它和 DNA 的双螺旋是什么关系，又是怎样决定了生命的特征呢？沿着这个重大的问题努力回溯，我们将会遇到又一条具体的线索，以及一个恼人的难题。

---

[1]　虽然有些病毒，比如 HIV（人类免疫缺陷病毒），并不把 DNA 当作遗传物质，但请注意，在第二幕结束的时候，我们已经把它们扫出了生命的范畴。

·生命的信息·

概括地说，生命的信息，就是组成生命的一切物质要以怎样的状态处于怎样的位置上。这听起来很抽象，但举个例子就很直观了。

图 2-36 这张照片上有两个物种。背景中很大块头的鱼，是皇后神仙鱼，一个优雅曼妙的刺盖鱼属物种，前景中的小鱼正是这种鱼的幼体。另外还有一只红白相间的虾，那是一种藻虾科的清洁虾。

那么从宏观上看，"物质要以怎样的状态处于怎样的位置上"，指的就是从前到后、从上到下，哪里是头，哪里是胸，哪里是背，哪里是腹，哪里是尾；眼睛有几只，长在哪里，单眼还是复眼；附肢有几对，长在哪里，是鱼鳍还是节肢……凡此种种，一切器官和组织的形态和位置。

当然，我们也知道"形态和位置"在微观上的由来：个体的所有细胞都源自

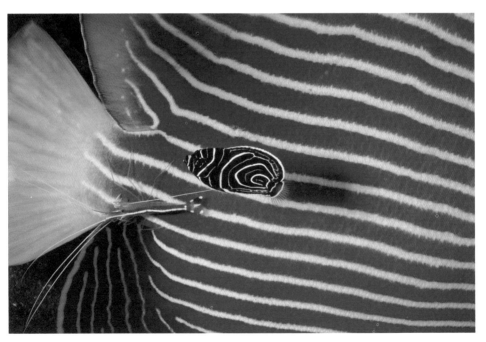

图 2-36　拍摄于印度尼西亚海域中的皇后神仙鱼（*Pomacanthus imperator*）和清洁虾（*Lysmata amboinensis*）。（图片来源：zaferkizilkaya）

受精卵的分裂和分化，受精卵先会分裂成一团胚胎干细胞，而不同位置的胚胎干细胞将会继续分化成不同的形态，还会向不同的位置迁移。在序幕的第一篇"延伸阅读"里，我们认真讲述过动物眼睛的胚胎发育过程，那就是一个生动的例子了。

再比如，你看这鱼和虾的身上都有漂亮的图案，那是因为不同位置的皮肤细胞制造了不同的显色物质。黑色素细胞能够制造黑色素，显黑色；黄色素细胞能够积累蝶酸，显示亮黄色；红色素细胞能够积累类胡萝卜素，显出红橙色；鱼的虹彩细胞还能利用嘌呤晶体干涉可见光，产生鲜艳的蓝色。这些细胞在不同位置上的不同状态，就决定了生物的图案。

可是，这些宏观和微观上的信息是如何联系起来的呢？比如，把一个个细胞换成一个个演员，他们要在大型集体舞中协调动作，想必得预先彩排无数次，直到每个演员都牢牢记住了自己的动作和位置。演出当天，现场还要有导演和调度，打手势，吹口哨，甚至用无线电对讲机及时协调现场情况。

然而生物体内的细胞多到可以以亿计，整个发育过程比起集体舞复杂了岂止千百万倍？那胚胎中的一团干细胞，怎么知道自己要分化成头还是尾，眼睛还是腿？皮肤中的一个色素细胞，怎么知道自己是要制造黑色素还是积累蝶酸，堆积嘌呤晶体还是小空泡呢？这些微观世界里的细胞非但没有彩排过，而且连眼睛、耳朵都没有，怎么知道自己的宏观位置，又怎么据此决定自己的状态呢？

答案是，细胞当然不知道自己的宏观位置——但是，它们知道了周围有什么物质，就知道该怎么做。

生命是物质的生命。任何一个细胞的表面上都携带着数不清的各种物质，还会向周围释放数不清的各种物质，而对于不同的细胞，携带和释放的物质也不相同。于是，在生命体内，不同位置上的物质，就会有各不相同的种类和浓度。

细胞只要掌握了周围物质的种类和浓度的信息，就等于知道了自己的宏观位置。

而要掌握这类信息也不难：细胞内部和表面还存在着数不清的各种受体，每一种受体都能差异化地与某种物质结合起来，就好像一把钥匙开一把锁[1]。对于每一

---

[1] 当然，在具体的生化反应中，也有几把钥匙开一把锁，或者一把钥匙开几把锁的情况，这里只是提醒一下，不需要在意这些细节。

种受体，那个与它匹配结合的物质，就被我们称为配体。细胞根据受体与配体的结合情况，就能知道与自己接触的细胞表面携带了什么物质。知道周围有哪些物质，知道那些物质的浓度有多高，当然也就知道自己该怎么做了。

当然，上文所谓的"知道"都是拟人的修辞罢了，用更接近生物化学的语言表述，受体与配体的结合就像推倒了第一块多米诺骨牌，会引发一连串的生物化学反应，而这些生物化学反应就能改变细胞的各种状态，比如各种物质的分布，各种生化反应的种类和速度，各种基因是激活还是关闭，乃至细胞未来的分化方向，等等。在极端情况下，这一连串的化学反应甚至会使细胞自杀。

我们不妨再举个例子吧：你知道人的五根手指是怎么长出来的吗？

在胚胎发育的第 30 天，我们的胚胎只有一粒豌豆大，躯干的胸部两侧就已经有了胳膊的芽，也就是一小团凸起的干细胞，除了确定要发育成前肢，这些细胞就

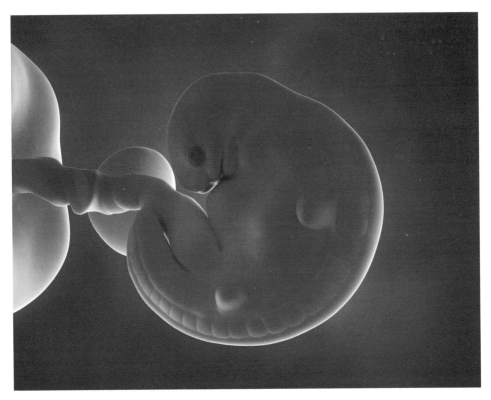

图 2-37　第 5 周的人类胚胎，大约长 1 厘米，豌豆粒那么大。（来自 SciePro）

再没有什么分化了。但变革已经埋下了伏笔：身体前端释放的物质已经扩散过来，前肢芽靠前的细胞就会近水楼台先得月，率先制造并释放一种被称为"刺猬索尼克因子"（Sonic hedgehog，简称 SHH 因子）的物质[1]。SHH 因子同样会积累起来，并向周围扩散。显然，越靠近身体前方，这种因子的浓度就越高，越靠近身体后方，浓度就越低。

这就有趣了：前肢芽里的细胞表面都有许多 SHH 受体，能够侦测到 SHH 因子的浓度。如果细胞侦测到了高浓度的 SHH 因子，就聚集起来发育成小指，侦测到了次一级浓度的，就聚集起来发育成无名指。依此类推，侦测到 SHH 因子浓度最低的细胞，就聚集起来发育成拇指。于是，到了第 40 天左右，我们的胚胎前肢就依稀有了五指的区分。我们甚至发现，如果 SHH 因子与它的受体这套信息通路有了什么突变，比如 SHH 因子制造得太多了，人就会多一根指头。而且这根指头介于中指和无名指之间，形态、功能一切正常，如果不去数一数，乍一看竟觉不出异样。[2]

我们回到刚刚分出了五指的前肢芽上来：仅仅区分了五指还不够，那些 SHH 因子的浓度介于两根指头之间的干细胞仍然没有迁移，此时成了指头之间的蹼，令胚胎的手好似鸭掌。所以在接下来的一周内，这些没有聚集起来的细胞就会纷纷启动自杀程序，在细胞内释放大量烈性的蛋白酶，从里到外，活活地把自己消化掉。于是，到胚胎发育的第 46 天，我们的五指就分开了瓣，手才算成形了。

所以你看，一个细胞要制造什么样的受体和配体，由自己的状态决定，而细胞会进入哪种状态，又是由它的受体结合了怎样的配体决定的。如此循环反馈，从受精卵分裂出来的一团干细胞，就能发育成一个完整的人，或者任何其他多细胞生物了。

---

[1]　实际上，中文通常把"Sonic hedgehog"意译作"音猬因子"。但最初将这种因子翻译成中文的人看起来很不理解这个因子的命名典故："Sonic the Hedgehog"正是日本世嘉游戏公司最著名的游戏和动画角色，"刺猬索尼克"。在 20 世纪 90 年代，它是风靡了日美的吉祥物，被数次搬上大银幕。而这种因子被命名为"刺猬索尼克"，是因为这种因子最初发现于黑腹果蝇（Drosophila melanogaster）身上，它的突变能使黑腹果蝇浑身长满短刺，好像刺猬一样，所以被命名为"刺猬因子"（Hedgehog）。后来，我们发现这是一群专门调控两侧对称动物的信号物质，在几乎所有动物的胚胎发育中都扮演着重要的角色。迄今，我们一共发现了 5 种刺猬因子，最初发现的两种刺猬因子就被称作沙漠刺猬因子（desert hedgehog，DHH）和印度刺猬因子（Indian hedgehog，IHH），以真实存在的物种命名。而脊椎动物身上的刺猬索尼克因子是第 3 种，以著名的游戏角色命名。第 4 种刺猬因子叫作针鼹因子（echidna hedgehog，EHH），以澳大利亚特有的单孔目哺乳动物命名，它们和鸭嘴兽一样卵生，但浑身有刺，和刺猬很像。第 5 种刺猬因子叫作迪基·温克尔太太因子（Tiggywinkle hedgehog，TwHH）——这个"迪基·温克尔太太"又是一个虚构角色，她是英国女作家和插画家海伦·碧雅翠丝·波特（Helen Beatrix Potter，1866—1943）创作的《彼得兔的故事》系列中的一只和善的刺猬，在 20 世纪的英美非常著名。

[2]　通常的多指畸形长在大拇指旁边，与这种"六指琴魔式"多指有不同的成因。

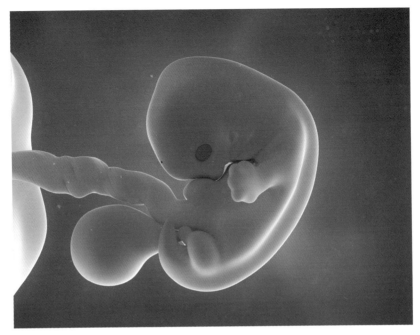

图 2-38　第 6 周的人类胚胎，大约长 1.5 厘米，花生粒那么大。（来自 SciePro）

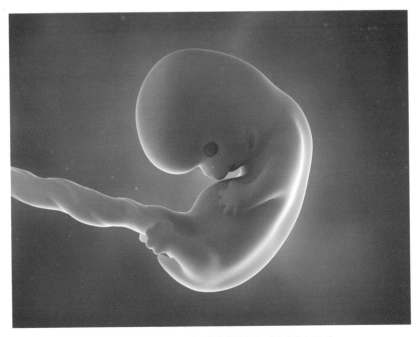

图 2-39　第 8 周的人类胚胎，大约长 2.5 厘米，葡萄粒那么大。（来自 SciePro）

不过，那些最好奇的读者恐怕还是不能满足，想要知道最开始从受精卵分裂出来的那几个细胞要怎样决定自己的分化方向。这的确是个好问题、大问题，因为发育中的每一次细胞分化都要追溯到此前的细胞处于怎样的状态，由此递归下去，必然要问到这个问题。概括地说：母体的方向已经给卵细胞定好了方向，在那之后，精子进入卵细胞的位置、重力的方向，甚至分子的微观形状，也都可以给受精卵提供进一步的方向差异，这使得受精卵分裂出来的那几个干细胞，从一开始就处于不同的状态上。本章的第一篇"延伸阅读"会就此做些更详细的诠释。

总之，任何一个活着的细胞知道了周围有什么物质，就知道该怎么做，它们凭着这个绝技，从受精卵开始，一步一步地建立了生命的全部信息。

但是，细胞又是如何掌握这个绝技的呢？

· 遗传信息 ·

答案是，这个绝技本身也是生命的信息的一部分。生命的信息，或者说"组成生命的一切物质要以怎样的状态处于怎样的位置上"，不只决定了生命的形态，还决定了生命的功能，就好比计算机里面存储的信息不只有文本、图片、音频和视频之类的"文件"，还有各种各样用来处理这些文件的"程序"。

是的，生命在很多地方都像极了一台计算机，尤其是机械式的计算机。对于在读完第二章之后就阅读了增章的读者，这已经不再是一个比喻。而那些没有读过增章的读者，索性再接受一个比喻吧：一切生命活动能够维持秩序，归根结底，是因为细胞内的有机大分子能像机器里的齿轮、链条、连杆、转轴甚至电路板一样，以恰到好处的三维形态彼此配合，迫使所有的物质像输入计算机的数据一样，按照恰当的方式发生恰当的化学反应。

比如，在第五章里，从糖的发酵到丙酮酸的三羧酸循环再到线粒体内膜上的电子传递链，每一步反应都有某种专职的酶来催化。这些酶就是凭借独特的三维形态，识别并结合它们应该催化的分子，也同样是凭借精细的三维形态，迫使那些分子发生特定的反应——那个水轮机似的 ATP 合酶已经是一个很经典的例子了，我们不妨再举例说明一下电子传递链中的复合物 I，它是"电路板"的好例子。

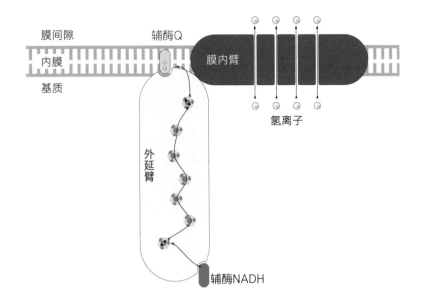

图 2-40　复合物 I 的结构简图，小黑点是一对电子。（作者绘）

在第五章初次邂逅这个复合物的时候，如图 2-17，我们已经知道，它的功能是把辅酶 NADH 中的一对电子转交给辅酶 Q，同时利用这对电子中的能量，把 4 个氢离子泵到线粒体内膜的外侧，也就是膜间隙去。那么，它是怎么做到的呢？

复合物 I 是个极其复杂的大型蛋白复合物，竭尽所能地简化之后，可以概括成图 2-40：它有一条膜内臂，膜内臂疏水，所以嵌在线粒体内膜的脂质里；它还有一条外延臂，外延臂亲水，所以游离在线粒体基质的水环境中。

在外延臂两端各有一个位点，分别可以结合一个还原态的辅酶 NADH 和一个氧化态的辅酶 Q，而在两者之间，又以精确的间距排列着 7 粒 "铁硫簇"[1]。我们在序幕里谈到过与生命起源有关的几种石头，有一种被称为铁硫矿，而铁硫簇就可以被看作铁硫矿最微小的碎片，在某种程度上，你可以把它们当作 "导体"。

---

[1]　实际上，复合物 I 的外延臂里有 9 个铁硫簇，但另外那两个不负责常规的电子传递，所以我们略去不谈了。

这就有意思了：

氧化态的辅酶 Q 有氧化性，很希望得到一对电子，就像一个"电源正极"；还原态的辅酶 NADH 有还原性，很愿意给出一对电子，就像一个"电源负极"。而中间成串排列的 7 个铁硫簇刚好可以导电——它们虽然没有彼此接触，但间距精确控制在了 1.4 纳米以内，在这样的尺度下，电子将充分展现出诡谲的量子效应，在这里瞬间消失，同时在那里瞬间出现，好像鬼现身。

于是，毫无悬念地，辅酶 NADH 上的那对电子，就将顺着那 7 个铁硫簇组成的量子导线，一路瞬移闪现，痛痛快快地拥抱辅酶 Q。而得到了电子的辅酶 Q 又会失去与外延臂位点的亲和性，飘荡着离开，把电子交给传递链上的下一个复合物了。

我们都知道，电子的定向运动会产生电流，而电流是可以做功的。那对电子在外延臂上顺着电势运动，就会释放许多能量，这些能量会掀起一系列的蛋白质形态变化，推动膜内臂上的 4 个通道，也就能够顺势把 4 个氢离子泵到膜的另一侧了。[1]

对于铁硫簇，我们还会在整本书里邂逅很多次，它之于这本书，恰如眼睛之于《盲眼钟表匠》。不过眼下，先让我们赞叹一句"真是太奇妙了！"——恐怕每一个对生命怀有好奇的人，都会为这精巧的结构感到震惊吧？

然而仔细想一想，还会觉得更加惊人：两个铁硫簇的距离不超过 1.4 纳米，这是什么概念呢？在一根最细的头发上横着可以排列 42 000 多个铁硫簇，而且，任意两个铁硫簇之间的距离只要增减 0.1 纳米，电子跃迁的可能性就会相应地缩放 10 倍，整个有氧呼吸的效率，也跟着变化 10 倍。

复合物 I 的任何一点点变化都会有严重的影响，所以它在几十亿年中进化得非常缓慢。别说所有的动物，算上所有的植物、真菌、变形虫、古虫……所有的真核生物，连同所有的细菌，只要有复合物 I，这 7 个铁硫簇的位置就都差不多。

想想看吧，一张网上流传的搞笑图，多转几次手，都会像素模糊，颜色变绿，水印摞水印快要有厚度了，那么究竟是什么东西，在生命体内形成了如此精准的信息？又是什么力量，在几十亿年的时间里如此精准地保存了信息？

对于前一个问题，答案就 5 个字：氨基酸序列。

是的，复合物 I 看着再像电路板，也仍是些蛋白质，必然由成串的氨基酸折叠而成。而只要氨基酸序列是确定的，蛋白质的三维形态就是确定的，铁硫簇的位置也就是确定的——如果有读者好奇这背后的过程，本章的第二篇"延伸阅读"，会把高中知识拓展得更加深刻一些。

总之，不仅复合物 I，细胞内任何一种蛋白质能够拥有生物活性，也都是因为它们独特的三维形态，也就都是因为它们的氨基酸序列。而更近一步，细胞内的一切物质能够出现在恰当的位置上，归根结底都是各种蛋白质协调、工作的结果。

所以，确定了所有蛋白质的氨基酸序列，就能确定生命的全部信息。当然，这么说并不是无懈可击的严谨陈述，因为我们很快就会遇到一个"先有鸡还是先有蛋"的难题，这个结论其实是给生命活动选择了一个"静态的切面"。

对于后一个问题，答案更短，只有两个字：遗传。

正如我们今天发现的，遗传信息大概可以分为三类：一类是记录所有蛋白质的氨基酸序列的遗传信息；一类是调控遗传信息的遗传信息；还有一类迄今为止没发现任何功能，十有八九是些垃圾信息。

那么，遗传信息究竟是什么样的，它是如何记录氨基酸序列的，又是如何世代传递的？

概括起来，只有 4 个字而已：中心法则。

· 两种核酸 ·

"伏地魔，"里德尔轻声地说，"是我的过去、现在和未来，哈利·波特……"他从口袋里抽出哈利的魔杖，在空中画了几下，写出闪闪发亮的名字：汤姆·马沃罗·里德尔。然后他把魔杖挥了一下，那些字母自动调换了位置，变成了：我是伏地魔。"看见了吗？"

——J. K. 罗琳，《哈利·波特与密室》第十七章《斯莱特林的传人》

"中心法则"由 DNA 双螺旋结构的发现者弗朗西斯·克里克在 1957 年提出，后来成为现代分子生物学的根基理论。这乍听起来有些不可一世，但学习过高中生

Tom Marvolo Riddle
I am Lord Voldemort

图 2-41 "Tom Marvolo Riddle"（汤姆·马沃罗·里德尔）和"I am Lord Voldemort"（我是伏地魔）。

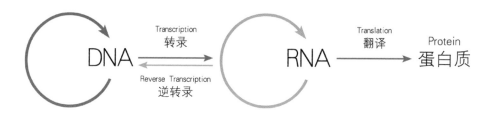

图 2-42 中心法则图示，红色箭头标注的部分被称为"遗传信息标准流程"。

物的读者只消看一眼就会恍然大悟，原来都是些非常熟悉的内容，看着图 2-42 就能直接复述出来：

- ◆ 中心法则涉及了两类物质：核酸和蛋白质，其中核酸又分成两种，即 DNA（脱氧核糖核酸）和 RNA（核糖核酸）；
- ◆ 细胞的完整遗传信息储存在 DNA 上，DNA 可以把这些信息复制给新的 DNA；
- ◆ DNA 中的遗传信息经过转录，可以传递给新的 RNA，再经翻译表达成各种蛋白质；
- ◆ 在某些特殊情况下，RNA 也可把遗传信息复制给新的 RNA，甚至逆转录给新的 DNA；
- ◆ 各种蛋白质实现了各种生理活动，包括上述各种遗传信息的传递；
- ◆ 蛋白质中的遗传信息不能传递给其他物质。

复述不上来也没关系，下面，我们会把这些内容再捋一遍。

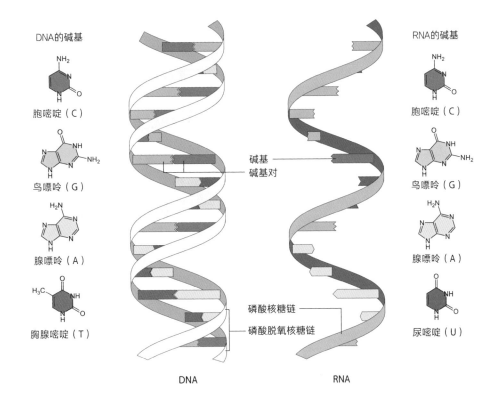

DNA的碱基

胞嘧啶（C）

鸟嘌呤（G）

腺嘌呤（A）

胸腺嘧啶（T）

RNA的碱基

胞嘧啶（C）

鸟嘌呤（G）

腺嘌呤（A）

尿嘧啶（U）

碱基
碱基对

磷酸核糖链
磷酸脱氧核糖链

DNA

RNA

图 2-43　DNA 与 RNA 的分子模型。（作者绘）

　　就从本章开头那个得了诺贝尔奖的大发现开始吧。

　　如图 2-43，DNA 有着一目了然的双螺旋结构，那互相缠绕的两条长链是磷酸与脱氧核糖聚合[1]成的骨架。而在这个骨架上，又整整齐齐成对排列着 4 种碱基，分别是胞嘧啶（C）、鸟嘌呤（G）、腺嘌呤（A）和胸腺嘧啶（T）。它们的功能就像字母，沿着双螺旋的骨架一路排列下去，编码所有的遗传信息——不要担心 4 个字母不够用，计算机只有 1 和 0 两个符号，照样编码了辉煌的信息时代。

　　实际上，我们早已清楚地破译了这些遗传信息的编码方式：在 DNA 上，每 3

————————

[1]　严格地说，在有机化学中，生物大分子普遍来自"缩聚"，而不是"聚合"。这两种反应的区别在于缩聚反应同时会产生水分子、氨分子、硫化氢分子之类的小分子，而聚合不会产生这些小分子。但是生物化学反应总是发生在成分复杂的水溶液中，没有必要计较这些小分子的得失，所以总是笼统地称这些反应为聚合，下文仍将延续这种传统。

个碱基构成一个密码子，每个密码子代表一种氨基酸，许许多多密码子依次排列下去，就编码了蛋白质的整个氨基酸序列。令人惊讶的是，时至今日，地球上的一切生命，用的都是同一套标准遗传密码。也就是说，随便拿来一串碱基序列，它在人体内编码了什么样的氨基酸序列，对于蜘蛛，对于萝卜，对于海带，对于蘑菇，对于大肠杆菌，甚至对于流感病毒，也编码了同样的氨基酸序列——显然，这套遗传密码是从末祖那里继承下来的。[1]

但值得注意的是，4 种碱基，每 3 个构成一个密码子，满打满算能够编码 64 种氨基酸，但实际上，标准遗传密码只编码了 20 种氨基酸 [2]，所以大量的密码都是重复的——在第四幕，我们会对此事展开很充分的讨论，探索其中隐藏了什么样的古老秘密。

至于 RNA，基本结构与 DNA 双螺旋中的一条链一样，也用同样的碱基序列编码了各种遗传信息，它们的不同之处只有两点：RNA 的骨架由磷酸与核糖聚合而成，4 种碱基中的胸腺嘧啶（T）换成了尿嘧啶（U）。但 U 与 T 的结构差异也只是 U 比 T 少了一个甲基而已，这两个碱基在遗传密码中的含义是完全一样的。由于 RNA 才是蛋白质的直接模板，所以我们记录遗传密码时用的是 RNA 的 U，而不是 DNA 的 T。

当然，蛋白质里的遗传信息就是从头到尾的氨基酸排列次序，这没什么可说的，我们只需稍微记住这样一点区别：氨基酸缩合出来的链条，首先会被叫作"肽"，两个氨基酸缩合的叫"二肽"，三个氨基酸缩合起来的叫"三肽"，少数氨基酸缩合起来的叫"寡肽"，很多氨基酸缩合起来的就叫"多肽"。而所谓"蛋白质"，是指一条或几条多肽折叠组合，获得了生物活性的产物。对此，本章第二篇"延伸阅读"能帮你更深入地理解其中的关系。

静态的问题解决了，接下来是动态的：细胞是如何让遗传信息沿着中心法则的那些箭头，在这三种物质里流动的呢？是酶，细胞靠的是酶。

---

[1] 经过如此漫长的进化，某些生命也的确进化出了非标准遗传密码，第四幕的第十六章涉及这一内容。

[2] 在某些生物体内，非标准的遗传密码还编码了另外两种氨基酸：在哺乳动物的细胞内，UGA 编码了硒半胱氨酸；在甲烷八叠球菌（Methanosarcina）的细胞内，UAG 编码了吡咯赖氨酸——这种微生物还会在这本书之后的章节里占据极其重要的位置。不过，由于这两种氨基酸只是部分生物的特例，所以我们在下文提起制造蛋白质的标准氨基酸，仍然只说 20 种。

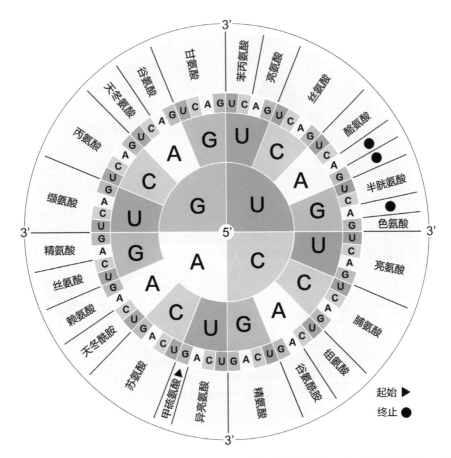

图 2-44　这就是标准遗传密码，中间是第 1 位，向外读第 2、3 位，对应着它们编码了哪一种氨基酸。另外，5' 表示密码的开头，3' 表示密码的结尾。（作者绘）

　　图 2-42 的每一个箭头都有专门的酶来催化，但这些酶个顶个地复杂。如果要挨个儿介绍它们，这本书就会变成一部分子生物学简明教程了。所以，我们将略过这些具体的酶，等到在本书随后的章节中遇到的时候再随缘介绍，在本章剩下的部分里，我们只简述一些大概的原理。

　　首先，再次观察图 2-43 中 DNA 的双螺旋，我们会发现它不光有两条旋转的骨架，在这骨架之间，还有许多平行的短棍，好似梯子的踏脚——因为这四个碱基中的 A 和 T、G 和 C 刚好能以平行的氢键配对结合起来，而双螺旋两条链上位置相对的两个碱基，一定刚好是这样的一对碱基。如图 2-45 所示，这被称为"碱基

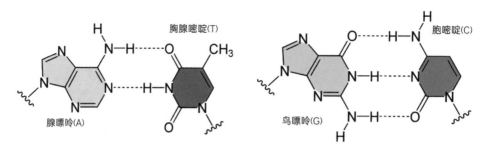

图 2-45　DNA 的碱基互补配对。RNA 的碱基互补配对与此一样，只是 T 换成了 U，而且 A 与 U 同样可以配对。（作者绘）

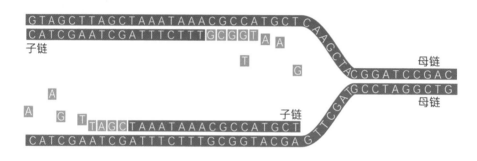

图 2-46　双链 DNA 的复制示意图，为了表现清晰没有把"螺旋"画出来，用平行代替了。（作者绘）

互补配对"。

　　所以，只要知道一条链上的碱基，就同时知道了另一条链上对应的碱基——这不但给 DNA 的碱基序列赋予了更高的稳定性[1]，可以在世代延续中稳定传递遗传信息，还给遗传信息的复制带来了巨大的便利。

　　如图 2-46，在 DNA 复制的时候，一系列的酶会将双链拆解成两条单链，同时根据碱基互补配对原则，用只有一个碱基的 DNA 单体与这条单链结合，再连缀成新的链条——事儿就这么成了，一条双链 DNA 就变成了两条一模一样的双链 DNA。不过，好奇的读者可能会注意到，两条子链的生长方向刚好相反，这的确

[1]　需要注意的是，DNA 能够维持双螺旋的形态，主要依赖的并非碱基之间的氢键，而是碱基显著的疏水性：当
　　　DNA 分子处于细胞内的水环境中，碱基会被水分子强烈地排斥，老老实实地躲在双螺旋内部，而亲水性较强的
　　　磷酸脱氧核糖骨架会朝向外侧。所以当 DNA 脱水干燥，双螺旋就会自动转化成另一种更粗大的螺旋——1951 年
　　　富兰克林研究 DNA 的状态时就率先发现了这种变化。

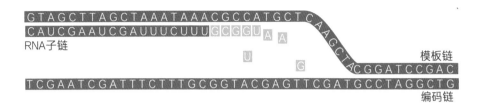

GTAGCTTAGCTAAATAAACGCCATGCTCAAGCTA
CAUCGAAUCGAUUUCUUUGCGGUAA ACGGATCCGAC
RNA子链   U   G

模板链

TCGAATCGATTTCTTTGCGGTACGAGTTCGATGCCTAGGCTG
编码链

图 2-47 转录过程的示意图。注意，通常来说，在每段双链 DNA 中，只有一条链上的碱基序列有意义。（作者绘）

是个大问题，这在第四幕里有重大的意义，但同样要到第五幕才能具体讨论它的细节。

同理，在转录的过程中，DNA 的双链也会被酶解开，但这次拿来互补配对的就不是 DNA 的单体，而是 RNA 的单体[1] 了，由此形成的当然也不再是 DNA 双链，而是一条转录了遗传信息的 RNA 单链。

上面这两种动作通常发生在细胞核里，但在某些特殊情况下，比如细胞被病毒感染了，也会大量发生在细胞质里——病毒还能强迫细胞用 RNA 复制 RNA，原理和转录是一样的，只是把模板链换成了 RNA 而已；另外一些病毒要从 RNA 逆转录出 DNA，虽然原理也一样，但细节变得有些复杂——这些特殊情况都在图 2-42 中用蓝色箭头表示了，我们暂且不考虑它们。

·三种工具·

中心法则的最后一步是从 RNA 到蛋白质的"翻译"。这件事几乎只发生在细胞质里，而且要比上述过程都复杂一些，它是三件工具——核糖体、信使 RNA 和转运 RNA——密切配合的动态过程。

对于图 2-48，首先要知道，这三种工具都是由 RNA 构成的，或者至少是由 RNA 构成了最关键的部位。这些 RNA 也当然是从 DNA 上转录下来的链条，我们

[1] 也就是 ATP、UTP（尿苷三磷酸）、GTP、CTP（胞苷三磷酸）。

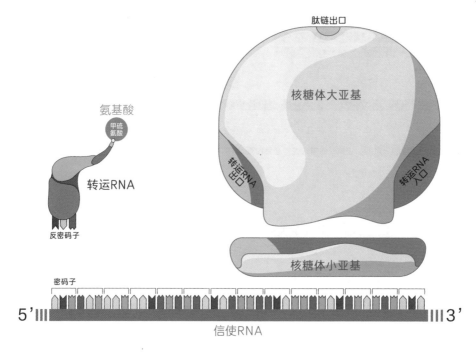

图 2-48　实现翻译过程的三种主要结构：核糖体（包含大小亚基）、转运 RNA、信使 RNA。图中的 5'表示 RNA 的开头或上游，3'表示 RNA 的结尾或下游。（作者绘）

会在第四幕里看到 RNA 的链条也能像肽链一样折叠出复杂的三维形态，变成精巧的分子机器，不过我们现在只需弄明白它们的功能，所以这幅图并没有像上一节的图示一样画出 RNA 链条的细节，而只表现了它们最后的三维轮廓——就好比毛衣虽然是一根细线盘成的，但我们看到的是一件可以套在身上的衣服。

那么，正如我们在高中生物课上学习过的，信使 RNA 是一条非常长的链条，链条上的密码子依次对应着蛋白质中的氨基酸，是将来合成蛋白质的模板[1]。

而核糖体就是那个专门负责合成蛋白质的酶，它由 RNA 和蛋白质互相缠绕而成，个头巨大，以至于通常会被视为一种细胞器。从结构上看，它就像一颗张大了嘴的脑袋：那个大而复杂，好像上半张脸的部分，就叫"大亚基"，个头比较小，

---

[1]　严格地说，信使 RNA 虽然是一条长链，但不是拉面一样到处乱摆的一长条，而是像织就毛衣的毛线一样，一根线巧妙地盘绕起来，它上面的碱基也不都在编码氨基酸，还有一些用来帮助核糖体定位和运行的特殊序列——不过你不用在意这些，知道个大概即可。

好似下巴的部分就叫"小亚基"。它们本来互不连接，分散在细胞内，但只要下巴"尝"到了信使 RNA 上的某段特殊序列，就会与大亚基组合起来，把信使 RNA 叼在嘴里。

信使 RNA 与核糖体装配完毕，细胞质里不计其数的转运 RNA 就要开始工作了。如图 2-49，转运 RNA 的三维形状一头粗来一头细，中间还拐个弯，好像一只鸡大腿，大腿尖上粘着一个氨基酸，大腿根向外翻出 3 个碱基，而且这 3 个碱基一定是那个氨基酸的密码子的互补序列。比如大腿尖上粘的是谷氨酸，谷氨酸的密码子是"GAG"或者"GAA"，那么大腿根上翻出来的 3 个碱基就一定是"CUC"或者"CUU"——像这样与密码子互补的 3 个碱基，就是所谓的"反密码子"。

这些转运 RNA 的工作室就在核糖体大亚基的内部，为此，这个大亚基有 3 个关键的出入口。

首先是"转运 RNA 入口"。如图 2-49 至图 2-52，装载了氨基酸的转运 RNA 会一个一个地从这里钻进去，试着匹配信使 RNA 上的密码子。如果某个转运 RNA 匹配成功了，它就会结合在这个密码子上，钻进核糖体内部，到达"A"位点上；

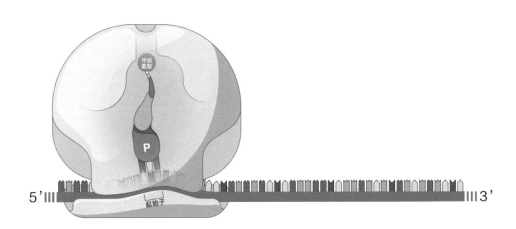

图 2-49　核糖体的大小亚基组装在了信使 RNA 上。通过大亚基画成半透明的部分，可见其中同时预装了一个携带着甲硫氨酸的转运 RNA，那是因为遗传密码的"起始密码"同时编码了甲硫氨酸（参见图 2-44），所以新合成的肽链总是以甲硫氨酸开头的。至于那些不需要这个开头的肽链，就等肽链形成之后，再由别的酶来把它剪掉。（作者绘）

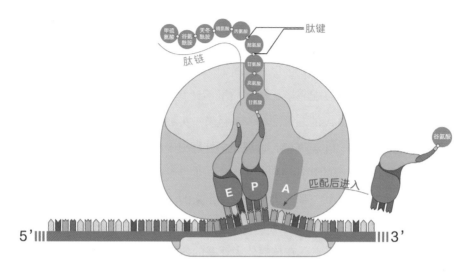

图 2-50　正在翻译中的核糖体，一个装载了氨基酸的转运 RNA 匹配后进入核糖体。为了表现清晰，大亚基展现的是内部结构。(作者绘)

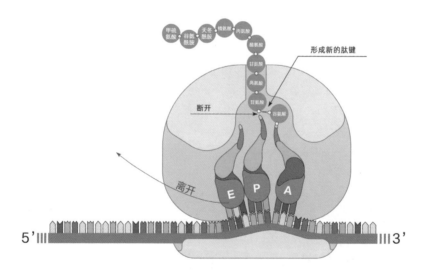

图 2-51　核糖体内部的"肽基转移"。肽链原本结合在 P 位点的转运 RNA 上，现在要与 A 位点的转运 RNA 上装载的氨基酸形成新的肽键，由此整个转移到 A 位点的转运 RNA 上。那些仔细观察的读者会注意到 A 位点上的转运 RNA 的图示有些与众不同，因为这里试图表现的是这个转运 RNA 的"背面"：与所有酶促反应一样，这个图示里的一切发生在三维空间中，A 位点和 P 位点的两个转运 RNA 的位置关系，就好像我们坐在凳子上把彼此的脚抵在一起。那么，此时低头俯视双脚，我们看到的就会是图中的这个样子——只是我们的两条腿左右对称，所以低头看到的都是腿内侧，而转运 RNA 都是一顺子，所以一个看到正面，一个看到背面。另外，你还会注意到小亚基上的信使 RNA 不是平直的，而是在中间升起了一节，那就是专门给两个转运 RNA 预备的"凳子"。(作者绘)

如果匹配不成功，那当然就得从入口退出来，让别的转运 RNA 来试。

在核糖体的深处，有一条正在形成的肽链，连接在 P 位点的转运 RNA 上。那么如图 2-51，每一个到达 A 位点的鸡大腿都会朝它"磕"一下，由此把大腿尖上的氨基酸连到那个肽链的末端，形成一个新的肽键，让肽链再延长一节。这也让那条正在形成的肽链转移到了 A 位点的转运 RNA 上，因此，这个 A 位点的转运 RNA 就会继续深入，顶替掉原本的 P 位点的转运 RNA。当然，原本的 P 位点的转运 RNA 也会顺势退让到 E 位点上，然后从另一侧的转运 RNA 出口离开核糖体。

这个过程循环往复，肽链就会不断延长，从上方的肽链出口钻出来，逐步折叠成细胞所需的一切蛋白质。

相比中学生物教材，上面的介绍似乎要更加精致复杂一些，因为我们会在第四幕里追究一些更加深刻的问题。但即便如此，这样的描述仍然省去了太多的细节，略去了太多的辅助物质。然而，我们实在不必纠结那些细节和物质，因为我们只需记住，在这整个过程中，信使 RNA、核糖体 RNA 以及转运 RNA，它们的结构，

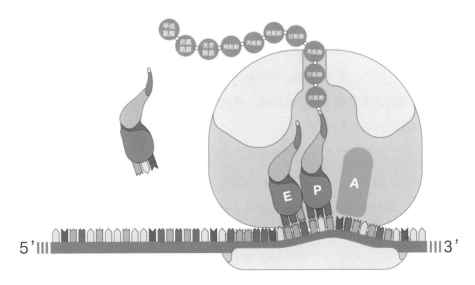

图 2-52　翻译过程中一个循环结束的样子。仔细看，这其实与图 2-50 一模一样，只是整个核糖体向右前进了一个密码子，肽链也增加了一个氨基酸。（作者绘）

它们发挥功能的机制，它们彼此配合的方式，在如今的每一个细胞内都是一样的。当然，这种一样不是说没有差异的绝对相同，进化当然会让不同类群的 RNA 产生一些自己的特征，但这些特征都是修饰性的，丝毫不能掩盖它们源自同一套原型的昭然事实，这就像不同的鸟有不同形状的喙和不同长度的腿，但其中的相似性也实在显著，毫无疑问是来自同一套原型。

我们发现，遗传密码、信使 RNA、核糖体 RNA 以及转运 RNA，乃至整个中心法则，都必然源自末祖，也就很可能源自第一个细胞——这毫无疑问就是我们在回溯之路上的又一条具体线索，恐怕也是最醒目的线索。

所以我们已经看到，这条线索吸引了最广泛的注意，半个多世纪以来，任何一个科学的生命起源理论都倾注了大量的精力去寻找核酸与蛋白质的起源，构想它们二者是如何在 40 亿年前关联了起来，但是任何这样的构想都会不可避免地遇上一个恼人的难题。

· 先迈哪只脚？ ·

这个恼人的难题就是分子生物学版的"先有鸡还是先有蛋"：

最直接的问法是，核酸和蛋白质，到底谁先出现？

乍看起来，蛋白质的氨基酸序列全都预存在核酸的碱基序列中，所以是先有核酸再有蛋白质。可再一看，中心法则的每一个箭头，又都是在各种蛋白质的催化之下才得以实现的，尤其是 DNA 的复制，竟然需要几十种蛋白质来协调，所以看来是先有蛋白质，再有核酸。

更进一步，遗传和代谢，到底是谁先出现？

在这一章的前半部分，我们用生命的信息描述了一切生命活动，当然也包括一切代谢活动，而生命的信息归根结底全都来自遗传，所以看来是先有遗传，后有代谢。但是简述了中心法则之后，我们又发现，只有代谢活动已经完善并确立，能维持物质和能量的恰当供应，整套遗传活动才能周而复始地循环起来。所以，是先有代谢，后有遗传。

就这样，在探索生命起源的道路上，遗传和代谢究竟应该先迈哪只脚，似乎成了一个尴尬的死循环。

但事实毕竟是事实，无论人类觉得多么困惑，总会有一个正确的答案。当我们对物种的进化有了充分的认识，"先有鸡还是先有蛋"就根本不再是个问题[1]。同样，我们会觉得"遗传先行还是代谢先行"是个死循环，也只是目光狭隘的结果。在20世纪60年代到70年代，人类沉浸在发现DNA双螺旋的喜悦中，顺理成章地把注意力全都集中在了DNA上，把DNA看作核酸的唯一代表。毕竟，在中心法则中，DNA存储了一切的遗传信息，而RNA只是在DNA和蛋白质之间"跑腿"的辅助角色而已。同时，我们也高估了蛋白质的复杂性，认为20种氨基酸的序列必定存在精密的模板。

所以，当我们对细胞内部的世界有了越来越深刻的了解，有机大分子的奥秘越来越清晰地展现在我们面前，遗传与代谢的脚步也就渐渐有了章法，这让我们在探索和回溯的道路上接连不断地发现一条又一条宝贵的线索，循着它们越走越远。

有关遗传先行的主张，我们已经在介绍白烟囱假说的章节的结尾处听闻了那个最热门的假说，"RNA世界假说"——DNA和蛋白质既然谁也离不开谁，那就一起都离开吧！

这个假说之所以兴起，是因为我们观察到RNA具有一种可贵的"全能性"：它一方面能像DNA一样用碱基序列编码遗传信息，足以成为称职的遗传物质；另一方面能像蛋白质一样折叠出复杂的三维形态，并展现出丰富的催化活性。那么，在细胞诞生之前，或许就存在着一个奇妙的"RNA世界"，其中的RNA千变万化，既能互相催化复制，又能在此过程中遗传变异。后来时机渐渐成熟了，RNA才把遗传的任务交给了更加稳定的DNA，把催化的任务交给了更加多变的蛋白质，自己则功成身退，只负责中心法则的衔接任务了。

毫无疑问，这是一个激动人心的假说，问世至今获得无数分子生物学上的事实的支持，在这本书中，我们将在第四幕中集中展示它的精彩表现。

而对代谢先行的主张，我们同样提出了许多版本的蛋白质世界假说——RNA

---

[1] 实在纠结这个问题的读者，见本章的第三篇"延伸阅读"。

世界固然很奇妙，但是在它之前，或许还存在着一个更奇妙的"蛋白质相互作用世界"。

这些假说注意到，蛋白质那种千变万化的催化能力并非来自哪种具体的氨基酸，而是来自氨基酸的酸性、碱性、疏水性和亲水性，这些性质让蛋白质折叠出了任何可能的形状，拥有了几近无穷的多样性。那么，在 RNA 世界开始之前，或许就存在着一个蛋白质相互作用世界，在那里，简单的有机化学反应只产生了几种最普通的氨基酸，但这些氨基酸已经足以产生功能复杂的原始蛋白质[1]。这些原始蛋白质相互催化，促进了彼此的增殖，也带来了越来越复杂的副产物，而在这些副产物中，RNA 无疑是最重要的那一类，因为 RNA 与蛋白质颇有亲和性，能够形成更加复杂的团体，这样一来，RNA 世界才更加容易启动。

就目前而言，这类假说更多地走在探索的路上，更多地依赖计算机的模拟。它们虽然没有成为主流，却也给我们带来了新的视野——我们会在第四幕中穿插着让它们出场。

但这并不是代谢先行主张的全部内容，因为无论 RNA 还是 DNA，都已经是大分子的有机物，那么在这些大分子出现之前，又存在着一个什么样的世界呢？

这就给我们留下了两个问题：原始的地球是如何产生种种有机物的？这些有机物的分子是如何越变越大的呢？

对于前一个问题，我们会留在第三幕仔细地讨论，而对于后一个问题，我们却可以先来复习一下：有机大分子是由成百上千乃至上万的化学单体聚合起来的物质。然而形成这样的物质在热力学上是不利的，或者说，这些有机大分子重新水解成化学单体的反应，才是熵增反应。

在生命内部，这可以解释为生命的"负熵"特性，但是在细胞诞生之前，在这些大分子组装起来进入生命内部之前，又是什么力量"浓缩"了它们呢？

所以生命诞生的环境必然存在着某种大分子浓缩机制，可以促进那些化学单体的缩聚反应，而这又一次体现了白烟囱假说的优点：那些海绵状矿物沉积中存在狭长的管道，其中如果生成了什么有机物，也会随着管道中的液体流动。但这些管壁

---

[1]　所谓"原始蛋白质"，这里指的就是多肽。

并不十分通透，还常常出现阻碍，小分子的有机物偶然发生了缩合反应，分子就会变大，很容易被困在某个洞里，浓度越积越高，化学平衡将使它们更容易缩合成更大的分子，也就更有可能被困在这个洞里。

在第四幕，我们会仔细讨论这种浓缩机制的重大作用。

胚胎如何确定发育的方向？

在这篇文章里，我们打算用最简单的语言，简述一下多细胞的生物是如何从卵细胞开始确定"什么地方该长什么"，或者说，生命是如何从零开始，给机体建立"坐标系"的。

那么，先从简单的下手吧。

在多细胞生物里，植物的情况算得上是很简单的。它们最多只区分向上生长的茎叶和向下生长的根系，所以它们的个体发育从一开始就只需要确定一个上下轴，而这个轴在母体内就已经建立好了。仅以占据绝对优势的被子植物为例，它们的卵细胞位于雌蕊里面的胚珠内，珠孔附近，两个助细胞陪伴着卵细胞，隔着两个极核遥相呼应的，还有三个反足细胞。

受精之后，胚珠就将发育成种子。在这个过程中，助细胞和反足细胞，乃至子房中的其他细胞，都将各自释放一些信息物质。据此，受精卵就能在分裂和分化中确定上下轴了：靠近助细胞的一侧是下，发育成胚根；靠近反足细胞的一侧是上，将来发育成子叶和胚芽——事儿就这么成了，植物的发育方向，根源全在母体上。当然，在种子萌发之后，重力、光照、水分、肥料甚至环境中的其他物质，也会强烈影响植物的生长方向和轴向，这就是我们在中学生物课上学习过的"向性"，也是非常容易理解的事情。

相比之下，两侧对称的动物不仅要区分上和下，或者叫背和腹，还要区分嘴在哪端，肛门在哪端，也就是要区分前和后[1]。所以我们至少要有背腹轴和前后轴两个轴，对于那些非常复杂的动物，左边和右边也不一样，就还需要一个左右轴——这就让事情变得复杂多了。

对于绝大多数动物来说，背腹轴和前后轴也是由母体确定的。因为卵细胞在发育成熟的整个过程中，会从母体的卵巢组织中获得许多信息物质。这些信息物质就叫作"母源因子"，它们在未来的胚胎发育中占据着至关重要的"位置"。

母源因子从不同的方向进入卵细胞，必将在不同的位置上呈现不同的浓度。那么，当卵细胞受了精，开始分裂之后，在不同位置上分裂形成的子细胞必将继承不同种类和数量的母源因子，也就有了不同的分化命运。

比如说昆虫，尤其是果蝇的发育，我们已经了解得非常透彻了。它们就是发育方向完全由母体决定的好例子。在卵巢内，果蝇的卵细胞处于一个卵形的卵室内，位于它的大头底部。同时，这个卵室内还有另外 15 个抚育细胞，这些抚育细胞通过管道彼此连接，最终再

[1] 作为特例，海绵和丝盘虫几乎没有体轴可言，水母、珊瑚、栉水母只有背腹轴，没有前后轴。

以 4 条管道与卵细胞连接。它们旺盛地转录了大量的信使 RNA，然后从不同的管道送进卵细胞内，积累在不同的位置上。于是，整个

卵细胞还没有受精，前后轴与背腹轴就已经安排得明明白白了。

不过需要注意的是，母源因子毕竟是扩散

图 2-53　被子植物授粉过程示意图，圆圈内是放大的胚珠。花粉落在雌蕊的柱头上，吸收水分和糖分，萌发出一根细长的花粉管，顺着柱头一路向下，钻进胚珠，释放出一对精细胞，一个精细胞与卵细胞结合，将来发育成种子的胚；另一个精细胞与中央细胞的两个极核结合，将来发育成种子的胚乳。（作者绘）

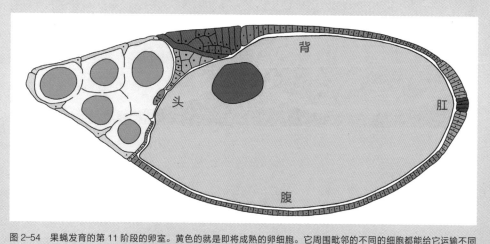

图 2-54　果蝇发育的第 11 阶段的卵室。黄色的就是即将成熟的卵细胞。它周围毗邻的不同的细胞都能给它运输不同的信使 RNA，所以整个卵细胞在成形的同时就已预定了将来所有的轴向。（作者绘）

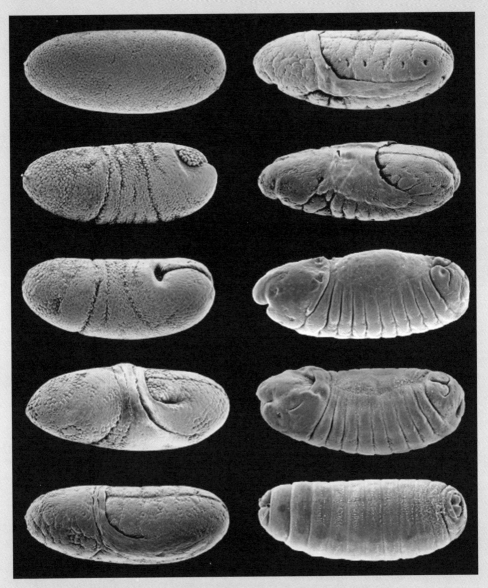

图 2-55　果蝇从受精卵到蛆的发育，从上到下，从左到右。

来的，在卵细胞内不可能分配得那么精确，经过多次细胞分裂还会被打乱，并不足以确定每一个细胞的分化方向。所以，母源因子只负责在胚胎发育的极早期，趁着分布范围明确，先提纲挈领地钦定一部分细胞的命运，再由这些细胞合成更多更丰富的信息物质，进一步影响其他细胞，被影响的细胞一旦开始分化，又将释放出新的信息物质，影响更多的细胞分化。

像这样层层深入，就把大框架划分得越来越精密，细胞的分化也就越来越精细了。

就拿大多数的鱼类[1]来说，每一粒鱼卵虽然看上去都是对称的球体，但在卵巢内，鱼卵已经从不同的方向上接受了不同的母源因子，区分了前后方向和背腹方向。那么受精卵开始分裂之后，如图2-56，子细胞们就会以最快的速度聚集在细胞表面，沿着背面中线，聚成一条体轴。接着，体轴又会根据从前到后的信息物质差异，逐渐分化成一节一节的。这一节一节的结构，就是脊索动物共有的体节。在之后的胚胎发育中，每一个体节又都可以释放出不同种类和浓度的信息物质，决定整条鱼的各处结构。所以发育成熟的鱼拥有一节一节的脊椎骨和脊神经，烹饪熟的鱼也能从鱼背上夹起一片片的"蒜瓣肉"，这都是体节的体现。而后脊椎动物登陆，身体结构巨变，很多蒜瓣肉就被严重地打乱了，但我们的脊椎骨，还有我们的腹肌，都清晰保留了这份进化的痕迹。

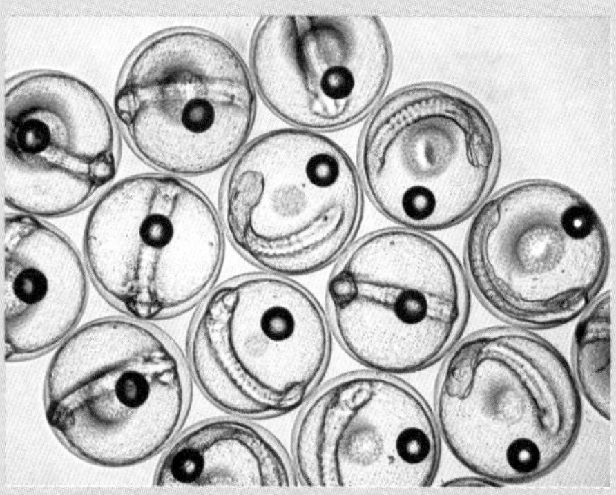

但这些登上了陆地的脊椎动物的胚胎轴向还要更复杂一些，我们在母源因子之外，往往要借助其他手段确立胚胎的轴向。首先，比如两栖动物，它们的前后轴也是由母源因子决定，而且在显微镜下很容易就能看出来：巨型的细胞核像个泡泡，停留在前端，更巨型的卵黄停留在后端。受密度分布影响，当它们的卵漂在水中，前端总是向上，后端总是向下，以至于蛙卵往往在前端积累很多黑

图2-56　斑马鱼的早期胚胎。最外层的膜是卵膜，里面的大泡泡包着卵黄，将来会成为腹部，C形长条就是未来的背部体轴，体节非常明显，两个膨大的眼泡也使头比尾大了很多。那些黑珍珠似的东西是鱼卵接触容器时形成的气泡，不要在意。（来自 Gorshkov13 | Dreamstime.com）

色素，既能防御紫外线，也能吸收太阳能帮助孵化。至于胚胎的背腹轴，则要等到受精之后才确定：精子从哪个位置钻入卵细胞，就将在哪个位置掀起一系列超复杂的生化反应，由此制造大量的信息物质。那么，从前端到后端画一条子午线，像连接地球南北极的子午线那样，并使这条子午线经过精子的钻入点，这条线就是胚胎的腹线，决定了胚胎的腹面，与此相对的另一侧，就是胚胎的背面。

两栖类受精之后的发育和鱼类大同小异，也是以最快的速度把卵黄包进去，然后形成背部的神经管和体节，所以也难怪，它们总是孵出个蝌蚪，然后才慢慢变态，长出腿来。

而那些有羊膜的卵生脊椎动物，也就是

---

[1] 这里的鱼类仅限于硬骨鱼，尤其是辐鳍鱼。对于鲨鱼、鳐鱼、银鲛等软骨鱼的胚胎发育，这里不予讨论。

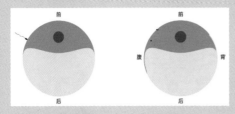

图 2-57　蛙卵在受精前后的变化，以及由此确定的细胞背腹轴。（作者绘）

图 2-58　一个新鲜的鸡蛋黄——你能看到一个小白点吗？

通常所说的爬行动物和鸟类，它们的卵细胞 [1] 更夸张。鸡蛋黄都见过吧？那就是鸡的卵细胞。不过其中绝大多数都是卵黄，一个超大型的堆满胚胎发育的储备物资的囊泡。有了这样巨大的细胞器，卵细胞的细胞核只能被挤到细胞的表面上——那些吃鸡蛋不整吞，要捏在手里仔细端详的读者想必注意过，蛋黄上有个小白点，细胞核就在那个位置上。[2] 受精之后，细胞核也只能带着周围的一丁点细胞质启动分裂。

　　显然，再要让受精卵在分裂时以最快的速度把整个卵黄包裹进去，就太为难那个弱小的细胞核了。所以，蛋黄的细胞分裂只是在小白点上迅速形成一小片细胞，它被称为"胚盘"。之后的事情就和鱼的胚胎一样了，先从头到尾确定背部的体轴，然后划分出体节，决定全身

的蓝图。

　　所以很容易理解，在鱼类和两栖类动物身上，从细胞核到卵黄的连线，是前后轴，而在下大蛋的羊膜动物身上，这个轴是背腹轴：表面那一侧是背，卵黄那一侧是腹。至于蛋黄怎样区分前后，却也因为巨大的体量有了意外便利：这么大的蛋黄在母鸡体内会受到重力的强烈影响，尤其是，鸡下蛋的时候一定会设法调转鸡蛋，令鸡蛋大头冲下，这样，输卵管的肌肉收缩时才能使鸡蛋受到下行的力，鸡蛋才更容易生出来。这些动作将迫使卵中的信息物质依密度重新分布并锁定下来。于是，总的来说，胚盘朝下的那一端，也就是鸡蛋的大头，有气室的那头，就是前端，将来发育出鸡头；胚盘朝上的那一端，也就是鸡蛋的小头，就是后端，将来发育成鸡屁股。

　　当然，我们最关心的还是哺乳动物，尤其是人类——我们不下蛋，又如何决定胚胎发育的方向呢？这事儿还挺复杂的。

　　目前来看，哺乳动物的卵细胞与上述的卵细胞都不同，它虽然接受了很多母源因子，但这些母源因子并不决定胚胎发育的轴向。我

---

[1] 实际上，羊膜动物，包括通常说的爬行动物、鸟类和哺乳动物，当然也包括人，卵巢里排出的都是次级卵母细胞，这个细胞要再分裂一次，才能产生卵母细胞。但是，羊膜动物的次级卵母细胞要在受精之后才完成这次分裂，所以，羊膜动物实际上没有单独的卵细胞——只是对于这本书的读者来说，区分这种发育学的细节并无必要，所以下文仍将把卵母细胞统称为卵细胞。

[2] 但注意，那个白点本身并不是细胞核，而是卵黄心——卵黄心的类胡萝卜素含量较少，而且在这里露出卵黄，就形成了一个白点。卵细胞的细胞核就躺在这个白点上。

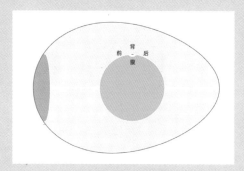

图 2-59 鸡蛋的方向。注意，卵黄系带对卵黄的方向稳定起到了关键的作用。（作者绘）

们胚胎发育的轴向，要到孵化的时候才开始确定。

是的，孵化。所有脊椎动物的卵细胞在排出卵巢的时候，都包裹着一层多糖和蛋白质形成的卵膜，鸟类和爬行动物的蛋清和蛋壳已经

是这层卵膜之外的附加装备了。同样，哺乳动物的卵细胞也有一层卵膜，更正式的说法是"透明带"。受精之后，这层卵膜还会变得更结实一些，以避免受精卵或早期的胚胎粘在输卵管上，发生宫外孕等危险状况。直到受精卵发育 5 天以后，顺利进入了子宫，胚胎才开始分泌蛋白酶，把卵"壳"溶解掉，破"壳"而出。

这个刚孵化的胚胎只是一个空心的囊而已，我们形象地将它称作"囊胚"，而就是这个囊胚，区分了胚胎的背腹。

囊胚的细胞包括两部分：大部分在外面拼成一层，构成了囊胚的壁，叫作"滋养层"，将来会发育成胎盘；小部分在内部聚成一团，叫作"内细胞团"，将来会继续分化出胚胎的

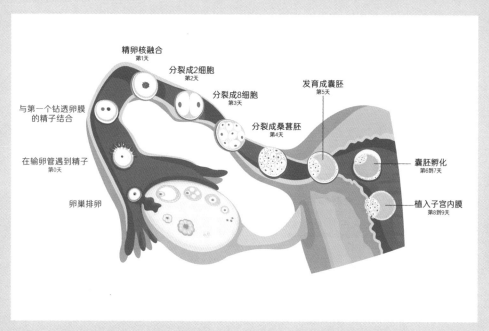

图 2-60 人胚胎发育最初阶段（各部位没有按照比例描绘）。（来自 logika600 | shutterstock）

图 2-61 受精第 5 天的人体胚胎，囊胚。左下的内细胞团非常明显。(来自 Vladimir Staykov)

本体。那么，内细胞团贴着滋养层的那一面，就是背面，向着囊胚腔的那一面，就是腹面。

可这就不免让人追问，受精卵分裂出的细胞是如何分化成滋养层和内细胞团的呢？答案是"随机"。在受精卵分裂出第 8 个细胞之前，任何两个细胞都没有区别，如果把其中任何一个细胞单独拿出来，它仍然会继续发育成一个小号的囊胚，最终发育出一个正常的胚胎。实际上，很大一部分同卵双胞胎就是这样来的。

但在第 8 个细胞以后，细胞就开始识别自己的位置了。凭借表面镶嵌的受体和配体，细胞可以识别出自己是否接触着另一个细胞，如果自己四面八方所有表面都接触着另一个细胞，那太好了，自己一定位于胚胎内部，将来发育成内细胞团；而如果有部分表面没有接触另一个细胞，那就意味着自己位于胚胎表面，只能分化成胚胎的滋养层了。

滋养层细胞分裂得很快，而且每次分裂都保留在胚胎表面，并不增加层数。更重要的是，滋养层细胞会向着胚胎内侧分泌水分和大量的钠离子。这种混合物说穿了就是挺浓的盐

水，那些腌过黄瓜的读者很容易体会到这意味着什么：水分总是向着渗透压更大的地方渗透，而盐水的渗透压远远高于黄瓜细胞的渗透压，所以黄瓜泡进盐水里，细胞里的水分很快就全都渗透出来，最后整个都抽抽巴巴的。

而滋养层的所作所为刚好反过来，它在滋养层内侧分泌了盐水，于是，母体输卵管内的水分就会大量地渗入胚胎，穿透滋养层，充盈在滋养层和内细胞团之间。于是如图 2-62 的最后一张图表现的，整个胚胎就像吹气球一样膨胀起来，滋养层与内细胞团剥离开来，只剩一小块粘连附着，中间形成了一个充满水的"囊胚腔"。正如前文说过的，就凭这一小块粘连，内细胞团就足以区分背面和腹面了。与滋养层接触的那一侧就是背面，朝着囊胚腔的那一侧就是腹面。对人类来说，这件事大约发生在受精的第 7 天。

而我们的胚胎要进一步地区分出前后轴，还需要另外 7 天的剧烈变化。

首先，刚刚孵化的囊胚会像"寄生虫"一样植入子宫内膜里：与内细胞团接触的滋养层细胞会得到一些信息物质，在外侧的细胞膜上积累很多糖蛋白，变得很黏，由此粘到母体的子宫内膜上。接着，整个滋养层开始向外分泌大量的蛋白酶，在子宫内膜上溶蚀出一个深坑，囊胚就顺势嵌入了子宫内膜。而在此后的两三天内，滋养层表面会形成一种多倍体的超巨型细胞。这种超巨型细胞非常凶恶，一边大量溶蚀子宫内膜，一边像变形虫一样贪婪地吞噬子宫内膜的碎片，从中汲取营养，我们的囊胚由此迅速长大，不断向深处入侵。当然，子宫内膜也会试图愈合伤口，于是加快了囊胚周

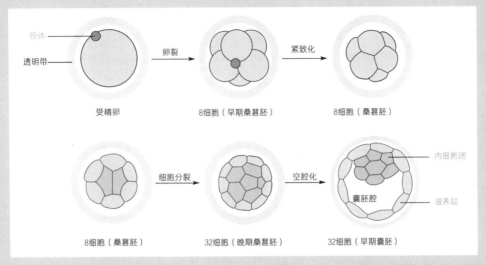

图 2-62 哺乳动物胚胎发育的起始阶段。第一行都是外观，第二行都是剖面。其中，第一行最末的 8 细胞阶段和第二行开头的 8 细胞阶段是同一个阶段。具体说来，受精卵通过卵裂，达到 8 个细胞，开始称"桑葚胚"。同时，桑葚胚表面的细胞发生"紧致化"，彼此紧紧粘在一起，成为预定的滋养层。当桑葚胚分裂到 32 个细胞的时候，滋养层开始向内侧分泌水分和钠离子，由此利用渗透压膨胀出一个"囊胚腔"，桑葚胚也就发育成了"囊胚"。另外，透明带就是哺乳动物卵细胞的包膜，功能上相当于"卵壳"，但是非常有弹性；那个"极体"是卵细胞在减数分裂时的孪生姐妹之一，它通常都会粘在受精卵上，但是不再分裂，最后就饿死了。（作者绘）

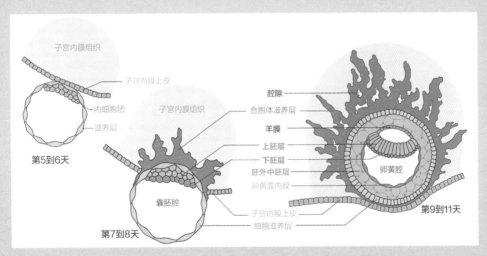

图 2-63 人类囊胚植入子宫内膜的过程。"天"是从受精开始计算的。那团紫色的狰狞得好像火焰似的东西，就是合胞体滋养层，它会在子宫内膜上"吃"一个坑出来，把整个囊胚埋进去。除此之外，你不需要太纠结每个结构的名称和来源，只需注意加粗的"上胚层"，它将发育成真正的胚胎，其他一切结构都负责发育成子宫生活的"配套设施"。（作者绘）

围的细胞分裂，结果整个囊胚就"植入"了子宫内膜——它将在那里度过整个妊娠期，直到分娩的时候才钻破一切包裹，冲出母体。从某种角度上，我们可以说，哪怕人类这样的哺乳动物也只是不"下蛋"，而不是没有蛋：我们的蛋早在囊胚阶段就孵化了，然后以寄生的方式度过了整个胚胎发育阶段，长到可以适应外界环境的地步，才终于脱离了母体。

囊胚植入子宫内膜后会分化出许许多多不同的结构，但我们只需要注意两件事：首先，上胚层和下胚层紧紧贴合着，组成了胚盘，尤其是上胚层负责分化成未来的整个胚胎；其次，内细胞团的外侧和滋养层的内侧会被一些疏松的细胞占据，这被称为"胚外中胚层"。如图 2-64 的左半部分，这个胚外中胚层会形

成许多空洞，空洞又彼此连通，最后形成一个巨大的"胚外体腔"，把滋养层发展来的绒毛膜和内细胞团发展来的一切结构全都隔离开。

但在那些空洞打通的过程中，胚盘附近的组织会略微不那么"疏松"，很晚才被胚外体腔占据，最后不是在这里就是在那里，随机地剩下一点点，让胚盘和滋养层保持联系。而这最后剩下的一点点就会迅速变得结实起来，形成一根连接胚盘与绒毛膜的"柄"。这根柄暂时被称为"体柄"，将来，它会发展成"脐带"，在胎儿和母体之间建立持续不断的物质交换的通道。

不过在体柄发展成脐带之前，它就已经发挥了至关重要的定位功能：它会释放出信息物质，扩散到胚盘上，那么，胚盘靠近体柄的一

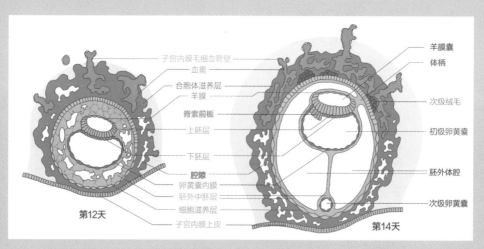

图 2-64 受精第 12 天到第 14 天，人类胚胎的发育。在外侧，合胞体滋养层继续溶蚀子宫内膜，终于破坏了子宫内膜里的毛细血管，母体的血液因此渗入合胞体滋养层的腔隙，形成了血窦，为胚胎提供了更加充沛的养分。在内部，胚外中胚层的细胞互相脱离，同样形成了一个巨大的空腔，它被称为胚外体腔。注意卵黄囊分裂成了两个——一个很经典的进化遗迹。初级卵黄囊本来是要包裹那个巨大的"蛋黄"的，但哺乳动物的卵黄退化了，所以这个初级卵黄囊只在胚胎发育的第二周走一个过场，很快就消失了。（作者绘）

端，就是后端，将来发育出肛门；相对远离体柄的一端，就是前端，将来发育出嘴——你看图 2-64 的右半部分，在与体柄相对的另一侧，胚盘分化出了一个"脊索前板"，那就是我们未来的口腔。

事儿就这样成了，人的胚胎经历了两个星期的折腾，终于有了两个最关键的体轴。此后的事情，就与其他脊椎动物大同小异了，胚盘将沿着前后轴，在背面发展出神经管和体节，在腹面长出消化道和呼吸道，并最终长成这本书的作者，以及这本书的读者。

不过，我们始终没有讨论发育的左右轴向，这会让好奇"心脏为何长在左侧"的读者感到不满。但是另一方面，动物胚胎发育中左右轴向的决定机制又的确是迄今为止人类了解最少的。

目前，我们已经发现了一些重要基因，它们在胚胎发育的极早期就有所偏向地集中在胚胎一侧表达，比如脊椎动物的 nodal 基因和 pitx2 基因就只在胚胎的左侧表达，而且这也的确决定了胚胎的左右轴向，而在两栖动物身上，这种单侧表达很可能在刚刚受精的时候就已经确定了。[II]

这些基因具体是如何决定胚胎的左右轴向的？首先与它们诱导合成的发育因子有关，比如与 nodal 基因有关的 Vg1 蛋白就只在胚胎左侧的细胞内被激活，如果把它注入胚胎右侧，胚胎的左右轴向就会乱掉。同时，nodal 基因还会影响胚胎表面的某些纤毛[III]，它让这些纤毛向着胚胎的一侧不断摆动，掀起微弱的水流，也就影响了信息物质的分布，由此更加具体地确定了胚胎的左右轴向。

而且我们还知道，nodal 等基因非常古老，

图 2-65　两只右旋的蜗牛正在交配。腹足纲的软体动物都有某个方向的螺旋，对于有壳的物种，螺尖朝上，将螺壳的开口对准自己，开口在右侧的就是右旋，开口在左侧的就是左旋。通常只有旋向一致的两只螺才能顺利交配，就像只有旋向一致的螺丝和螺母才能拧在一起。（来自 Norjipin Saidi）

普遍出现在各种两侧对称的动物身上。比如我们会注意到螺的壳有的向左旋转，有的向右旋转，而在胚胎发育中，螺壳向哪一侧旋转，nodal 基因和 pitx 基因就在哪一侧表达，如果人为地关闭受精卵中的这个基因，螺就可能长成对称的[IV]。

这些基因具体是如何在胚胎的两侧有了不同的表达，很可能仍然与母体有关，我们对此最能肯定的还是螺壳，比如在遗传学上有一个来自椎实螺属（Lymnaea）的经典案例。这是一属小型的淡水螺，螺壳通常都是右旋的，但是一种基因突变能让它们变成左旋的，而这种左旋的突变基因相对原本的右旋基因而言是隐性的。那么，如果用显性纯合的右旋螺（基因型 DD）作为雌性，再用隐性纯合的左旋螺（基因型 dd）作为雄性[1]，它们繁殖的子一代

---

[1]　这里似乎有些拗口，但我们的确不能说"雌性的纯合右旋螺"或者"雄性的纯合左旋螺"，因为椎实螺与绝大多数的腹足纲软体动物一样，都是雌雄同体，它们在交配中担任哪种性别是一种可以选择的"角色"，而不是与生俱来的"属性"。

该是左旋还是右旋呢？

观察结果似乎与高中生物课上学习过的孟德尔遗传定律完全一致：子一代都是杂合的（基因型 Dd），都只表现显性性状，也就都该是右旋。

那么，再让这些杂合右旋螺与自己交配[1]，由此产生的子二代该是左旋还是右旋呢？

显然，这些子二代将有三种基因型，DD、Dd 和 dd 的比例是 1∶2∶1，如果继续遵照孟德尔遗传定律，显性纯合与杂合都是右旋，只有隐性纯合是左旋，那么右旋与左旋的比例应该是 3∶1。

高中生或许会觉得这是一道送分题，但事实非常叫人意外：这些后代全部都是右旋螺，就连隐性纯合也不会长成左旋的。

那么，再让所有这些子二代与自己交配，它们又该产生什么样的子三代呢？

显性纯合（基因型 DD）与杂合（基因型 Dd）的情况都已经在上文讨论过了，不会带来什么新鲜的结论。奇怪的是隐性纯合，它们自交的后代当然还是隐性纯合（基因型 dd），然而这一次，这些隐性纯合的子三代却无一例外全都是左旋了！

也就是说，椎实螺究竟是左旋还是右旋，取决于母体的基因型，而不是自己的基因型。母体是显性纯合或者杂合，那么后代就统统表现显性性状，是右旋的。母体是隐性纯合，后代就统统表现隐性性状，是左旋的。这种现象被称为"母性效应"，是遗传学上的经典案例。

[1] 是的，椎实螺如果一直单身，就会与自己交配产下后代。

但母性效应又不能单纯地用遗传学解释，而必须追究到发育学上去：腹足纲的软体动物是螺旋卵裂，也就是说，它们的受精卵的细胞分裂就不是左右对称的，而是倾斜了大约 45°，左旋螺和右旋螺的倾斜方向刚好相反，所以它们的胚胎发育从一开始就存在着左右旋向的区分，就像图 2-67 所示。

图中还可以明显地看出，这种分裂方向的倾斜是由纺锤体倾斜造成的。我们都在生物课上学习过，纺锤体负责在细胞分裂的时候牵引染色体，把它们分配到两个子细胞内，它倾斜了，细胞的分裂方向也就倾斜了。而纺锤体的取向由卵细胞决定，卵细胞又完全是由母体产生的，所以是母体决定了螺的旋向。

但有些微妙的是，决定螺壳旋向的是母体的基因型，而不是母体的表现型。也就是说，母体无论左旋右旋，只要基因型是左旋纯合，子代就是左旋的，这在图 2-66 中右边的方案里格外明显。

可是，母体的基因型究竟是如何改变卵细胞纺锤体的方向的？我们对此仍然充满了疑惑。而更根本的是，我们脊椎动物虽然也具有极其明显的左右轴向区别，比如我们的内脏器官几乎没有左右对称的，但是我们的受精卵遵从的是完全不同的模式，并没有左右旋向的区别。那么，那些控制左右轴向的基因又是如何特异地在胚胎一侧表达的呢？

我们实在是有很多不明白的地方，只好等待未来的生物学研究揭示其中的奥秘。

总之，在刚才的例子中，我们不但看到了不同的生物类群有不同的轴向决定机制，还可以明显地体会到生物个体发育中的轴向决定机

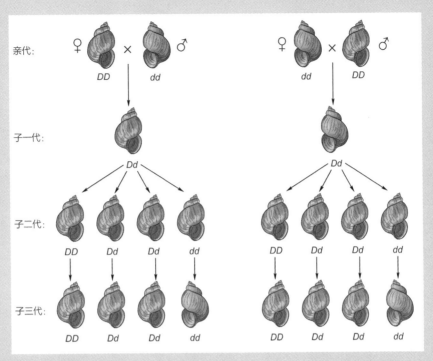

图 2-66　椎实螺螺壳旋向的遗传。左侧的交配方案就是我们刚刚讨论的方案，右侧是左侧的反交，即亲代改用隐性纯合的左旋螺作为雌性，再用显性纯合的右旋螺作为雄性，结果我们发现子一代就露出了蹊跷，杂合子竟然全部表现出了隐性性状。请读者结合高中生物知识，以及我们刚刚介绍的母性效应，自己解释其中的原理。（作者绘）

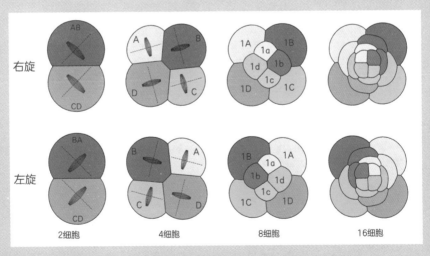

图 2-67　左旋的卵裂和右旋的卵裂图示。多条弧线攒成的结构表示纺锤体。（作者绘）

制总是与它的繁殖方式相适应，共同进化。比如我们刚刚讲述的，从鱼类到两栖动物，到卵生羊膜动物，再到胎生羊膜动物，先形成胚盾，再形成体节的基本模式都是一脉相承的，但随着脊椎动物的受精方式从体外发展到体内，卵黄从少量发展到大量再发展到被胎盘取代，那些决定这个基本模式的"因子"也相应地有了不同的生成方式和分配方式。

所以，从 20 世纪末开始，发育生物学的一大使命就是把各种因子的作用机制和进化机

制搞清楚。我们已经发现了很多惊人的事实，揭开了这一奇妙的进化历程的面纱一角，但那对于普通读者而言实在太抽象了，远远超出这本书的体裁能够解说的范围。所以，我们只能鼓励那些年轻而好奇的读者将这份对生命的好奇保留到未来的学习中，亲自领略进化的盛景，甚至为人类的知识版图开辟新的一角。

最后，那些最好奇的读者恐怕仍然不会满足，会继续追问：既然如此，多细胞生物的发育轴向就可以沿着母系一直往上追溯了，那

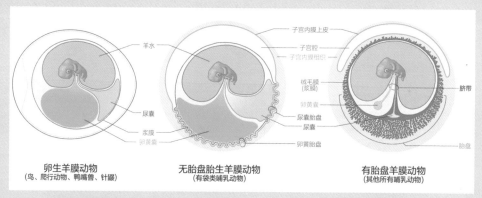

图 2-68　羊膜动物包括所有的陆生脊椎动物。我们的繁殖方式主要可以分为三类：卵生、无胎盘的胎生，以及有胎盘的胎生。其中，卵生如图左所示，受精卵除了发展出胎儿之外，还会发展出 4 套包膜：羊膜包裹羊水，给陆地上的胚胎发育提供水环境；卵黄囊包裹卵黄，让胚胎汲取卵黄中的养分；尿囊包裹尿，储存胚胎的代谢废物，同时负责汲取空气中的氧；浆膜可以被认为是滋养层的对应物，包裹一切，保护胚胎。无胎盘的胎生主要见于后兽，即"有袋类哺乳动物"[1]，如图中，其实与卵生极其类似，只是卵黄囊和尿囊都发生了许多凸起，扩大了与子宫内膜的接触面积，可以从母体获取养分，送走废物，但效率并不高，不能供养很大的胎儿，所以有袋类都早产，出生后要在育儿袋里完成胚胎发育的后半段。有胎盘的胎生主要见于其他哺乳类[2]，相比前两者变化很大。首先，胚胎发展出了体柄，体柄把浆膜和胚胎联系在一起，同时把尿囊卷了进去，最终发展成了脐带。同时，胚胎钻透了子宫内膜，寄生在了子宫内膜的组织内，浆膜表面发起了大量的绒毛，进化成了绒毛膜，其中绒毛最发达的部位特化成了胎盘，与母体物质交换的效率非常高，可以供养非常大的胚胎，比如蓝鲸的幼崽，一生下来就有 4 吨重。（作者绘）

---

[1]　除了有袋类哺乳动物，许多蜥蜴也用类似的方式繁殖，比如生活在墨西哥的 *Mesaspis viridiflava*，就同样有类似的卵黄胎盘。

[2]　同样，也有一些蜥蜴进化出了胎盘，比如石龙子科的 *Mabuya* 属、*Pseudemoia* 属、*Eumecia* 属等等，就进化出了相当复杂的胎盘。

么，如此一直追溯下去，多细胞生物最初的母体为什么会有轴向呢？

目前为止，这都是一个非常开放的问题。而这本书的答案是多细胞生物最初的母体实际上并没有什么轴向。一个生命体，只有在形态上存在方向差异，才需要在发育中决定方向。但最初的多细胞生物并没有明显的细胞分化，也没什么方向差异，只是一堆差不多的细胞集体生活而已，这样有利于掀起更强的水流，共享更多的营养，可以促进摄食和繁殖。但是，集体过大，又会把内部的细胞憋死、饿死，反而危害无穷。

所以，这些早期多细胞生物如果发生了什么突变，能使每个细胞对彼此释放的物质敏感，在生长和分裂时表现出方向性，长成薄饼、线条、枝杈、海绵等特殊形状，就能解决空间利用问题，长得更大，攫取更多优势了，而这就将启动"方向性"的进化：

最初的方向必然是非常随机的，只要不让所有细胞挤作一团就好。但不同的方向模式有不同的效果，比如扁片就是一个很好的模式，它能以很少的细胞获得很大的表面积，一侧接触富含养分的海底，另一侧接触自由流动的海水，有利于拦截水中的有机碎屑，也有利于繁殖。那么，这两侧的细胞再根据自己接触到的物质发生一些分化，就能把这两件事做得更好——就可以发展成背腹轴向了。

进一步地，如果在此基础上发展出对称性，就将拥有某些力学上的优势了，毕竟，规则的形状比不规则的形状更容易掌握。从类似水母的辐射对称发展到类似鱼虾的两侧对称，这个运动越来越敏捷的过程，就是前后轴出现的过程。

不过，对称的未必就是最好的。比如，陆生脊椎动物的心脏如果长在正中央就会被胸骨妨碍，所以总要偏一些，而这又需要两侧的肺叶大小不等。再比如，螺壳负责保护软体动物的内脏，它们的内脏如果左右对称，整个螺壳就会盘曲成一个卷尺似的扁盘，在力学上很容易倾倒，而如果内脏有了左右旋，整个螺壳就可以盘成一个半球形，力学上就稳定多了。所以两侧对称动物的祖先还可能在进化中"捕捉"了某些发育上的偶然，因此获得了左右轴向。

所以你看，轴向的进化，是与多细胞生物的进化统一在一起的，复杂源自简单，这在观念上并没有任何难以理解的。

蛋白质的形态决定

蛋白质，我们知道它是由许多氨基酸缩合成的链状物，说得更具体一些，就是 α-氨基酸形成肽键后的缩合物。所谓"α-氨基酸"，就是在同一个碳原子上既连接了氨基又连接了羧基的有机物。如图 2-69，右边的—NH_2 就是氨基，左边的—COOH 就是羧基，至于上面的 R，则表示"任意什么东西"。通常来说，细胞用来制造蛋白质的氨基酸有 20 种，也就是说，R 有 20 种可能，但在第三幕之前，我们完全不用关心这些可能。

而所谓肽键，就是氨基和羧基脱水缩合后形成的化学键。肽键使多个氨基酸首尾相接，合成一串，这个成串的东西，就叫作"肽"。几个氨基酸连接成的肽，就叫几肽，很多很多

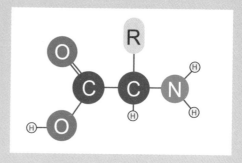

图 2-69　氨基酸的通式。（作者绘）

氨基酸连接起来的肽，就叫多肽，而当一条长长的多肽链在空间中盘曲成了复杂的形状，有了生理活性，我们就叫它"蛋白质"。

氨基酸头尾相继的串联序列，就是蛋白质的"一级结构"，说一种蛋白质与另一种蛋白

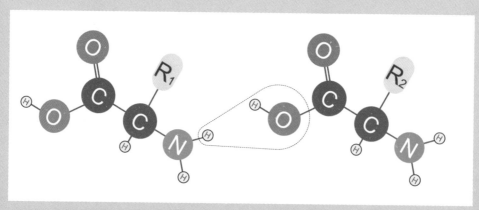

图 2-70　虚线里的羟基和氢原子结合成一个水分子，这将使它们原本相连的碳原子和氮原子连接起来。（作者绘）

质不同，首先就是说氨基酸的串联序列不同。

而生命用来组建蛋白质的氨基酸多达 22 种 [1]，一个蛋白质又可以含有成千上万个氨基酸，由此产生的序列差异可谓无穷，这也就从根本上决定了蛋白质拥有几近无穷的多样性。

如果仅仅是一条氨基酸缩合成的长链，那就只能叫作"多肽"而已。但是请注意，氨基和羧基缩合成的肽键是个好东西：它残余了一个连在氮上的氢，这个氢带有很强的正电荷；还有一个连在碳上的氧，这个氧带有很强的负电荷。那么，在整个多肽长链上，不同部位的这两种原子就会强烈地吸引，形成很强的氢键 [2]。于是，一条很长的多肽就会因为这些氢键而不断弯曲，出现螺旋、片层和拐角等"二级结构"。

不仅如此，我们还要注意到，那 20 种氨基酸每一种都有一个独特的侧链（R），这些侧链各自具有独特的化学性质，还与水有各不相同的亲和能力，而细胞内哪哪都是水，多肽存在于这样的环境里，就会被迫发生一些形态变化。

水分子会把那些亲水的氨基酸向外拉扯，同时把那些憎水的氨基酸向内推挤。多肽于是

皱缩起来，折叠成团，那些侧链也趁机发生各种相互作用，进一步改变这团多肽的三维结构。

上面这整个过程听起来很混乱，让人感觉一条多肽链经过这么一折腾，就成了一团乱麻，但事情完全不是这样。麻绳随手一团会变得乱七八糟，是因为它是个未加限制的宏观物体，可以在任何一点向任何方向弯曲。但在分子的世界里，化学键是量子化的，也就是说，化学键不管怎么摇摆、伸缩、转动，相互之间必须满足特定的空间关系。而肽键尤其讲究，它附近的 4 个化学键（图 2-71 虚线内的 6 个原子构成的 4 个化学键）必须在同一个平面内小范围地运动 [3]。所以，多肽链虽叫"链"，

---

[1] 这里的 22 种考虑了哺乳动物的硒半胱氨酸和产甲烷八叠球菌的吡咯赖氨酸。

[2] 所谓氢键，可以粗糙地理解为两个原子在争夺同一个氢原子，互不相让，结果被这个氢原子连在了一起。比如在肽键里面，就是羧基上的氧原子和氨基上的氮原子在争抢同一个氢原子。但这种"争夺"靠的是这些原子上微弱盈余的电荷，所以氢键通常比较弱，弱于一般的化学键，但仍明显强于分子间的其他作用力，能够强烈影响物质的状态和稳定性。比如水能在地球表面的温度下保持液态而不至于沸腾，就是因为水分子之间能够形成强烈的氢键，大大提高了水的沸点。

[3] 如果有读者好奇这是怎么回事，那我们可以粗浅地这样理解：肽键是一个碳原子和一个氮原子之间的共价键，在图示上看起来只是共用了一对电子而已，就好比两粒山里红被一根竹签串成了糖葫芦，每一粒山里红都应该能够自由旋转才对。但实际上，氮原子本身还有一对闲置的电子，这对闲置的电子也会部分地溜到碳原子上"放松放松"。这样一来，氮原子和碳原子就近乎共用了两对电子，就好比两粒山里红被两根平行的竹签穿起来，当然谁都不能自由扭动。至于周围的四个原子，那是因为共价键本质上就是共用的电子对，而电子对与电子对当然会强烈地彼此排斥，相互之间保持特定的角度。现在那"两根竹签"一下锁定了两个电子对，其余的电子对仍要保持特定的角度，当然也跟着被锁定了。
但是，碳原子或者氮原子如果以两者之间的碳氮键为轴，扭转 180°，那也仍然能让所有共价键保持恰当的角度，所以肽键其实可以有两种，一种是文中图示里的，氮原子连接的碳原子和碳原子连接的碳原子分别处于碳氮键的两侧，称为"反式"，另一种就是氮原子连接的碳原子和碳原子连接的碳原子都在碳氮键的同一侧，称为"顺式"。不难发现，如果顺式和反式的肽键随机出现，那么多肽链的三维形态仍然是不确定的。
幸好这些肽键是由核糖体催化出来的。我们已经在正文里的"三种工具"那一节看到过，氨基酸是顶在转运 RNA 的大腿尖上，在核糖体深处的狭小空间里被迫缩合出了肽键，那里的三维关系让最后形成的肽键几乎全都是反式的，顺式肽键的总比例连 1/1 000 都不到。所以绝大多数多肽链从头到尾都不会有一个顺式肽键，三维形态也就高度可控了。

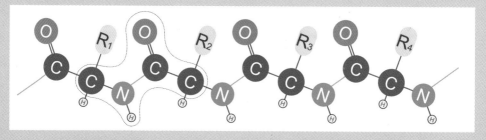

图 2-71　肽链上的 4 个氨基酸的片段。绿色的键，就是肽键。注意，红色的是连接在碳上的氧，蓝色的氮上有一个氢，氢和氧总是处在相反的两侧。（作者绘）

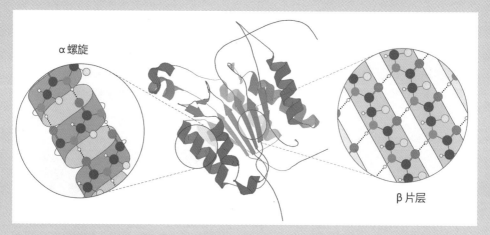

图 2-72　正中间的是"胱天蛋白酶 3 号"（Caspase 3），这种蛋白质与细胞的程序性死亡关系密切，与癌症和衰老息息相关，但我们只关心它的二级结构：涂成红色的是 α 螺旋，涂成蓝色的是 β 片层，左右两边分别放大了它们。可见，是肽键之间的氢键，也就是那些断珠线，将细长的肽链约束成了这些具体的形态。（作者绘）

却不像串珠项链那样想怎么盘就怎么盘，而更像自行车的链条，只能在非常有限的范围之内变化。

　　但是，自行车链条除了相邻的两节会彼此铰接，其余任何两节之间就都再没有什么相互作用了，而多肽链却不一样。那些氨基酸残基之间存在着各种相互作用，就如同这链条的某些节上长了钩子，某些节上长了扣子，某些节上长了搭子，某些节上长了套子……如

图 2-73，这些小结构互相匹配，非要盘成某个特定的形状才能稳定。而经过疏水作用和氨基酸残基的相互作用，多肽最后盘成的特定形状，就被称为蛋白质的三级结构。

　　可是，这成千上万的氨基酸残基互相匹配，就不会乱套吗？

　　可能性当然有，但实际上很难发生，因为多肽链并不会同时暴露所有的残基，一窝蜂地匹配，而是从多肽链的一段开始，一个残基一

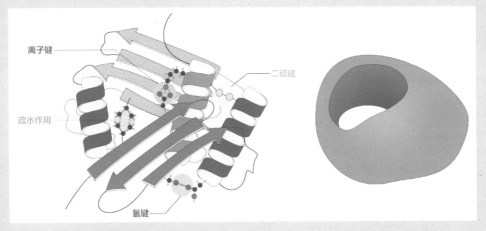

离子键

二硫键

疏水作用

氢键

图 2-73　这是一个虚构的蛋白质，只标注了影响三级结构的氨基酸残基，它们彼此之间的相互作用让二级结构中的螺旋和片层进一步组织成某种三级结构——近似一个带有大窟窿的怪异球体。（作者绘）

个残基地匹配。

在前文中，我们先认识了蛋白质的一级结构，再认识了二级结构，最后才认识了三级结构，所以难免会产生一种误解，以为蛋白质是先合成一条完整的多肽链出来，然后再想办法把这漫长的链条，按照二级结构和三级结构的要求，折叠成型。

但事情不是这样的。氨基酸在核糖体上缩合成肽链，这条肽链从核糖体的出口一露出来，就会立刻开始折叠。在基本化学规律的作用下，第一节和第二节先折叠成稳定的三维形态，第三节再和前两节折叠成稳定的三维形态，第四节再和前三节折叠成稳定的三维形态，以此类推。

所以，那些二级结构和三级结构并非折叠的"要求"，而是折叠的"动力"。刚露出来的残基和之前露出来的残基凭借氢键强烈吸引，就会不可避免地扭曲成螺旋，弯曲成片层，因此呈现出了二级结构。在此基础上，氨基酸的

残基又不可避免地凭借其他作用相互吸引，形成更加复杂的三级结构，而不是反之为了获得预定的二三级结构，要用某种力量把肽链拧成想要的螺旋，再捆上各种化学作用使其就范。因此，在确定的温度下，多肽链的一级结构是确定的，折叠的过程就总是确定的，二级结构和三级结构也就总是确定的。

如果仍要打个比方，氨基酸在核糖体上缩合成多肽链并折叠出初步的三维形态，这个过程就好像一个人在织毛衣，他只能从毛线团上抻一点线，织几针，再抻一点，再织几针，随抻随织，该怎么织就怎么织，而不是把几百米长的毛线一次性全抖搂开，再整个人扑进去"兴风作浪"。

总之，以这种小心翼翼，边合成边折叠的方法，绝大多数的蛋白质一经合成就已经折叠完善，可以行使正常的生化功能了。

但另外那些蛋白质该怎么办呢？

也不难办。它们虽然还不足以行使预期的

生化功能，但也已经有了独一无二的形态，可以被其他蛋白质识别了。在这些"其他蛋白质"中，有的能帮助没折叠好的蛋白质折叠好，达成预期的三维形态，比如营造小范围的疏水环境让部分结构从里往外翻转[1]；有的能催化氨基酸的侧链形成特殊的化学键，构成特殊的三维结构，比如帮助角蛋白形成大量的二硫键，缠结得致密坚硬，用来生长指甲和毛发；有的能给蛋白质插入其他构件，比如给血红蛋白加载血红素，给复合物 I 镶嵌铁硫簇；还有的是几个蛋白质能够互相识别，像乐高积木一样组装起来，形成更大更复杂的四级结构，比如电子传递链上的各种复合物、水轮机似的 ATP 合酶以及核糖体，都是拥有四级结构的复合物。

总而言之，只要信使 RNA 上的碱基序列是确定的，核糖体缩合多肽时的氨基酸序列就是确定的，蛋白质的三维形态就是确定的，它的生化功能就是确定的，产生的生理作用就是确定的，一切都是相当确定的。[2]

最后，当然，我们还是要说得严谨一些，上一段的"确定"也不是绝对的。某些蛋白质实在折叠不好也是常事。此时，它们通常就会被某些"回收蛋白"识别出来，及时销毁，水解成氨基酸拿去制造新的蛋白质。而在极端情况下，某些蛋白质既不能正常折叠也不能回收，就会招致大麻烦——阿尔茨海默病、帕金森病和疯牛病，都与蛋白质不能正常折叠也不能正常回收有关。

---

[1] 这样的蛋白质被称为"分子伴侣"（chaperone），我们把它翻译成"伴侣"，但实际上，这个单词的本意是"管教保姆"。在欧洲近代，年轻贵族女性在出入社交场合时，往往会有一个亲近的女性长辈敦促她守规矩、讲体统，这个女性长辈就被称作 chaperone。而分子伴侣也专门在特定的蛋白质合成的时候结合上去，利用分子间作用力等机制帮助它们正确折叠。

---

[2] 实际上，如果严格追究起来，也存在同一种蛋白质能在不同条件下折叠成不同形态、行使不同功能的复杂情况，但这并不违背正文的表述，所以这里仅作为细节补充提示一下。

先有鸡还是先有蛋?

如果一定要从生物意义上纠结先有鸡还是先有蛋的问题,那答案就是"蛋"——毕竟从鸡蛋到鸡是完整连续的个体发育,就像小时候的曹操和曹操一样,无论如何都是同一个。如果我们在进化史上武断地认定了"第一只鸡",那它即便尚未破壳,也已经是鸡了。至于说这个蛋是从哪里来的,那当然是由一只"快要进化成鸡但还没有进化成鸡的鸟"下的。

这并不是问题的最终答案,因为这个回答会产生一个看起来非常诡异的推论:第一个鸡蛋孵出来的鸡,只能和不是鸡的鸟交配,那么它的后代就不是"完整的鸡",而是"半鸡"。

或者即便乐观一些,那只快要进化成鸡但还没有进化成鸡的鸟下的"第一窝鸡",也只有近亲繁殖或者与不是鸡的鸟交配两条路,同样会产生"半鸡"。

而且这些半鸡也有同样的命运,它们要么和其他不是鸡的鸟交配,生出"半半鸡",要么互相交配,生出"二代半鸡"。

总之,第一只鸡一死,世界上就只有越来越"半"的鸡,最后变得完全不是鸡,灭绝了。

可世界上的鸡明明很多啊,如今全球有超过 200 亿只鸡,比任何鸟类物种都繁荣呢!

是啊,仔细想想,如果承认了这个推论,就会发现任何物种从"第一个"开始就注定了灭绝。比如,第一个人只能和猿交配,生下"猿人","猿人"再和猿交配,生下"猿人猿""猿人猿猿""猿人猿猿猿"……最后越来越像猿,和进化的历史反着来——有一大批神创论者就是用这套谬论攻击进化论的。

但谬论毕竟是谬论,从最开始武断地认定"第一只鸡"和"第一个人",就是错误的。因为进化的单位不是个体,而是种群。

也就是说,进化中发生的事情并不是"有一只快要进化成鸡的鸟生出了第一个鸡蛋",而是"有一群鸟,经过一代一代的基因突变和自然选择,它们的基因库越来越接近鸡的基因库,最后,它们在不知不觉中已经变成了一群鸡"。

这样一来,即便我们非要制定一个"鸡基因标准",然后说"只有满足鸡基因标准的鸟类个体才是鸡",也只会发现这样的事情:

有一群马上就要进化成鸡的鸟,在某段时间陆续生出了很多只鸡。

这些鸡未必来自同样的双亲,但不妨总称为第一代鸡。

第一代鸡更倾向于互相交配,这样生出了第二代鸡。

当然,第一代鸡也可能和不是鸡的鸟交

配，但请注意，那些鸟虽然不是鸡，但也是马上就要进化成鸡的鸟，比如有 99% 的鸡的基因。所以它们与鸡的后代不是半鸡，而至少是 99.5% 的鸡，如果哪些后代恰巧多遗传了一点鸡的基因，那就同样也是 100% 的鸡，是正经的鸡了。

不仅如此，这群鸟的任何一个后代，都是越像鸡就越容易存活，或者越容易获得交配权。

那么一代一代过去，鸡越来越多，最后就只有鸡了。

所以请记住，第二只鸡不是第一只鸡生出来的，第三只鸡也不是第一只鸡和第二只鸡生出来的，那套"半鸡"的谬论从来就不成立。

第七章

不可思议的亲戚 | 细菌、古菌与真核细胞

在之前的两章里，我们是在普遍的细胞里寻找共性，由此推测末祖的特征。而在这一章里，我们要梳理今天一切物种的进化关系，向前追溯40亿年，试着直接重构末祖的样貌。

今天的生物多样性已经达到了不可思议的繁荣，这个任务因此听上去也艰巨得不可思议，但实际上，这些不计其数的物种都可以收纳在三个基本的类群里，其中，又只有较小的那两个类群直接源自末祖，这就消解了大部分的工作量。

然而当我们仔细比较这两个类群，又会发现一连串的疑问，这让末祖看起来极其怪异，为此，更多领域的学者也投入了对生命起源的研究。

在上一章里，细胞的代谢和遗传都给我们留下了许多谜团，但我们也不再困惑于"先有鸡还是先有蛋"的问题，明白了负责转录和翻译的 RNA 虽然在不同的生物身上有不同的细节，却十分明显地源自同一套进化原型，就像不同的鸟有不同形状的喙和不同长度的腿，但毫无疑问都来自同一套进化原型。

这就给我们的回溯之路带来了重要的灵感：比较今天的各种鸟类，可以重建鸟类的进化历程，最终推知鸟类祖先的特征。譬如通俗地讲，尖嘴广泛分布在鸟类的各个类群中，而只有鸭、鹅、雁长着扁嘴，鹈鹕长着兜子嘴，火烈鸟长着梳子嘴，琵鹭和勺嘴鹬长着古怪的勺子嘴。因此，我们有理由认定鸟类最初就长着尖嘴，而其他新奇的嘴型都是后代类群各自特化的产物。

那么，我们是不是也可以比较各种各样的细胞，由此重建细胞的进化历程，推知所有细胞的祖先该有怎样的特征呢？

当然可以。比较后代的特征，推测祖先的特征，这正是铺展回溯之路最直接的方法，正是凭借这种方法，我们找到了一条至关重要的线索，将探索之路和回溯之路贯通了起来。但这条线索也实在来之不易，我们踏遍这颗星球的种种奇境，才找够了末祖留下的古怪后代。

·奇境里的微生物·

在西半球，北美西部的群山是亿万年来板块俯冲挤压的产物，地幔中的热柱在怀俄明州的地下升腾而起，蓄积成暗流涌动的巨型岩浆房。210万年来，这里发生过3次超级火山喷发，每每撼动整个西半球的生态。但它们在今天看起来平静安详，河流、峡谷、山岭、温泉、瀑布、熔岩，到处都是奇特风景，黑熊、野牛、驼鹿、叉角羚、大角羊、美洲狮，数不清的珍禽异兽，令游人流连忘返。于是，在1872年，美国第一座国家公园在黄石河的源头建成了，这就是闻名于世的黄石国家公园。

黄石地区集中了世界上一半的地热资源，公园里最奇妙的景点当属那些地下水被岩浆加热后上涌形成的热泉。在很大程度上，这些热泉就是陆地版的黑烟囱和白烟囱，只是规模要更大一些。比如大棱镜温泉是世界第三大的温泉，直径约100米，深50米，每分钟都从地下的裂缝中涌出2m³近乎沸腾的泉水，使得泉水总是

图 2-74　黄石国家公园的大瀑布。(来自 Zimu Liu | Dreamstime.com)

图 2-75 猛犸温泉。（来自 Nyker1 | Dreamstime.com）

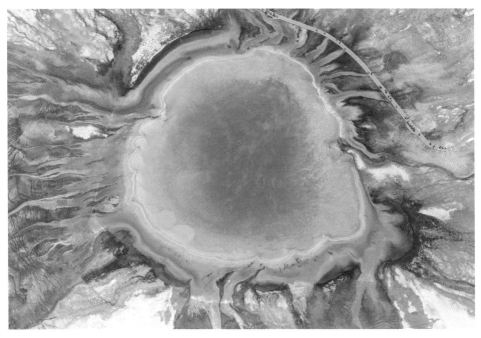

图 2-76 大棱镜温泉，注意右上方的道路和行人，这个温泉相当大。（来自 Danita Delimont）

维持在85℃左右，足以把牛肉炖得相当酥烂了。

然而这里并没有成为生命的禁区，透过那清澈的泉水，我们看到池底五彩缤纷，红橙黄绿应有尽有。类似的还有同样滚烫的牵牛花温泉和祖母绿池，还有更加壮观的猛犸温泉，它们也都附着了色彩斑斓的东西——我们现在知道那是一些极端嗜热的微生物聚集而成的"菌垫"，它们利用热能、光能和泉水中丰富的硫化物构造了一个相当独特的生态系统。

这群微生物的构成相当复杂，浅层的大多是各种蓝细菌[1]，比如棕色的眉藻（Calothrix）、橙色的席藻（Phormidium）和颤藻（Oscillatoria），还有绿色的聚球藻（Synechococcus），它们可以适应30℃到70℃的水温，以平常的光合作用为生。在氧含量逐渐降低的地方，深绿色的绿硫菌能适应50℃的水温，它们的光合作用不产生氧气，而是把硫化物氧化成硫酸，再把二氧化碳转化成有机物。看起来同样绿油油的绿弯菌（Chloroflexus）更加耐热，能在85℃的地方生存，它们的光合作用与绿硫菌很像，但是还能把地下渗出的微量氢气氧化成水[I]。泉底还广泛分布着硫化叶菌（Sulfolobus），它们用泉水中剩余的氧气把硫化物氧化成硫酸，所以既耐酸又耐热。

这些微生物把硫化物变成了硫酸，大大提高了泉水的酸性，腐蚀了深处的岩体，让地下深处的泉水能够不断涌出，而泉水中丰富的氢气又滋养了甲烷八叠球菌。这种最顽强的微生物固然喜欢其他微生物制造的有机酸，但也能把氢气和二氧化碳直接转化成甲烷和水，获取充足的能量和有机物。[II]

离开世外仙境黄石公园，来到东半球的西班牙南部，这里有一条堪称"人间地狱"的河——力拓河（rio tinto）。

远在3亿多年前的石炭纪，这一带还深深淹没在海平面下，但持续的地质活动撕破了海床，将大量沉积物从地壳深处带了上来，堆积在那里。经过一番沧桑巨变，这些热液沉积物渐渐升上了陆地。于是，从3000年前的青铜时代开始，人类就被这些沉积物中丰富的矿藏吸引而来，伊比利亚人、腓尼基人、罗马人、西哥特人、摩尔人、西班牙人一边收获着富饶的铜矿、银矿、金矿和铁矿，一边彻底

---

[1] 由于蓝细菌可以光合作用，所以曾被误认为植物，直到今天都普遍被误称作"蓝藻"。蓝菌门的大多数物种则因为约定俗成已久，无法改名，所以正文下面那句话里的几个"藻"全都应该是"菌"或者"蓝菌"。

图 2-77　力拓河沿岸。（来自 Liseykina | Dreamstime.com）

重塑了力拓河流域的整个地貌。特别是在 1873 年，一家英国矿业公司买下了力拓河的采矿权，迅速崛起为世界级的跨国矿业公司，它就是今天的"力拓集团"（Rio Tinto Group）。

　　然而，在金银与财富的背后，采矿制造的废水被肆无忌惮地排入河中，今天的力拓河已经彻底变成一条硫酸河，河水因为富含铁和锰的阳离子而变成暗红色，pH 值更降到 2 左右，比消化食物时的胃液的酸性还强，河流两岸草木不生，虫蚤绝迹。[III]

　　但这样的强酸炼狱同样不是生命的禁区，数不清的极端嗜酸的微生物在河水中欣欣向荣。酸硫杆菌（*Acidithiobacillus*）喜欢上层的河水，它们利用氧气把亚铁离子和各种硫化物氧化成铁离子和硫酸，由此获得充沛的能量，并且把二氧化碳变成了各种有机物。嗜酸菌（*Acidiphilium*）则是酸硫杆菌形影不离的好朋友，因为它们的主食就是酸硫杆菌排泄的有机酸和铁离子，它们从铁离子氧化有机酸的反应中获得能量，又反过来给酸硫杆菌提供了二氧化碳和亚铁离子。

图 2-78　河水像红酒一样。(来自 Elena Pavlova | Dreamstime.com)

　　河中微生物的友谊还不止于此。互营杆菌（*Syntrophobacter*）会汲取酸硫杆菌制造的硫酸，再用硫酸把丙酸氧化成乙酸和二氧化碳，并由此获取能量。给它们制造丙酸的是甲烷丝菌（*Methanosaeta*），而它们废弃的乙酸又正是甲烷丝菌最喜欢的食物。甲烷丝菌会把乙酸分解成甲烷和二氧化碳，从中获取能量，并制造出包括丙酸在内的各种有机物 [IV]。

　　除了上面提到的"天堂"与"地狱"外，地球上还有许多处奇妙的梦幻之地。在西非塞内加尔首都达喀尔东北 35 千米的佛得角半岛北部，有一个面积只有 3 平方千米的潟湖，它被称为雷特巴湖（Lake Retba）。

　　所谓潟湖，就是海湾周围的沙洲越积越大，最终把海湾的出海口完全封死，闭塞形成的湖泊。雷特巴湖的水深只有 1 米左右，当地受副热带高压影响降雨很少，终日在炽热的阳光下暴晒，湖中盐分很快浓缩到了饱和的地步，平均 1 升湖水就含有 380 克盐。于是，当地人就会全身涂满油脂，走进湖中，用竹竿打捞湖底大块的结晶盐，以出售湖盐为生。

但是，每年 12 月的旱季，在湖水盐度最高的时候，雷特巴湖就会从盐场摇身一变，成为旅游胜地"玫瑰湖"（Lac Rose）——因为此时的湖水会突然变成娇艳的粉红色，叫人啧啧称奇。

无独有偶，澳大利亚处在南半球的副热带高压控制之下，在维多利亚州有个粉红湖（Pink Lake），在西澳大利亚州也有个粉红湖，还有个希利尔湖（Lake Hillier），都是蒸发量非常大的高盐度湖泊，也都有相同的变色现象——在世界各地，凡是盐浓度极高且光照充沛的浅层水体，都有可能变成粉红色。

当然，这不是什么神秘的魔法，我们现在知道，湖水的颜色来自一些极端嗜盐的微生物，尤其是杜氏盐藻（Dunaliella），一种单细胞的绿藻，它们会合成大量的 β-胡萝卜素，用来抵御强烈的紫外线，从而把湖水染成了粉红色；它们还能高效地合成甘油，用来抵御高盐度湖水中的渗透压。所以，在这些盐湖之中，还有一群被称为盐杆菌（Halobacterium）的原核生物欣欣向荣，它们从杜氏盐藻制造的氧气和甘油中获取能量，但也不会错过盐湖中充沛的光能，它们的细胞膜上有一种

图 2-79　停在湖岸边的采盐小船，岸上成堆的晶体就是湖盐。多数时候，湖水是黄褐色的。（来自 Mariusz Prusaczyk | Dreamstime.com）

图 2-80　这个湖就在海岸边，狭窄沙堤的另一侧就是大西洋。（来自 Konstantin Kopachinskii | Dreamstime.com）

图 2-81　维多利亚州的粉红湖，一个沙漠边缘的盐湖。（来自 Wallixx | Dreamstime.com）

独特的蛋白质，被称为菌视紫红质（bacteriorhodopsin），可以直接把光能变成化学能，再把二氧化碳变成有机物。[V]

离开这些千奇百怪的地方，让我们回到熟悉的人类文明中来。21 世纪已经过去了五分之一，日渐加剧的全球变暖已经成为举世瞩目的环境问题。在众多对策中，让发达国家减少牛羊肉的消耗呼声渐高——这些反刍动物会在打嗝放屁的时候释放大量甲烷，而甲烷的温室效应是二氧化碳的 25 倍，人类活动造成的温室效应有 14% 都要归功于它们。[VI]

那么，牛和羊又为什么能制造甲烷呢？

因为它们的消化道里存在着专门制造甲烷的微生物。

作为偶蹄目反刍亚目的成员，牛、羊、鹿的食道末端都会膨大分腔，使它们一共拥有四个胃。其中第一个胃容积最大，可以占据体腔的四分之一，被称为瘤胃。我们实际上对这个器官并不陌生，牛的瘤胃俗称毛肚，是重庆毛肚火锅的主料，而羊的瘤胃会在做北京爆肚的餐馆中被切成肚板、肚芯、肚领和肚仁[1]分开来卖，都是鲜嫩爽口的东西。

这个巨大的瘤胃，就是反刍动物的发酵罐，也是甲烷的主要诞生地了。因为动物的消化酶并不能分解植物的纤维素，所以各种素食者都要在消化道内豢养大量的微生物，先由这些神通广大的微生物把纤维素分解成糖，转化成蛋白质，自己再来吸收这些营养。其中，我们刚刚认识的甲烷八叠球菌和甲烷丝菌都是瘤胃里相当重要的共生菌，它们虽然不能分解纤维素，不能给牛羊制造直接的养分，但它们能把其他微生物发酵产生的各种有机酸[2]迅速转化为甲烷和水，这就有效维持了瘤胃中的酸碱性，让其他共生菌能够源源不断地分解纤维素了。而在各种制造有机酸的微生物中，乙酸杆菌（*Acetobacterium*）就是潜在的一员，它们能把纤维素分解成的果糖转化成乙酸，乙酸再由甲烷八叠球菌和甲烷丝菌转化成甲烷和水。

好了，我们可以暂且休息了，因为我们已经在这些奇怪的地方认识了许多奇怪的微生物，已经能够从中找到一些最重要的线索了。

---

[1] 肚板是瘤胃外壁，肚芯是瘤胃内壁，肚领是瘤胃上的沟，肚仁是肚领的内层。

[2] 牛的胃里非常缺乏氧气，所以那里的共生菌都不能通过呼吸作用把纤维素彻底分解，大部分能量都还留在发酵产生的小分子有机物中，而这正是反刍动物与它们的合作前提。

· 开辟崭新的领域 ·

为了更好地寻找那些线索，我们怎么也得先给这些微生物分个类，才不至于比较起来千头万绪，手忙脚乱。然而没想到的是，这件看起来最简单的事，却直接掀起了生物学上的大革命。

本来，我们在中学生物课上就明白地学习过，单细胞生物分类第一要看细胞核：有细胞核，就是真核生物，没有细胞核，就是原核生物，就是细菌。而上一节里的微生物除了杜氏盐藻以外，全都没有细胞核，当然就全都是"细菌"了。它们应该与平常听到的大肠杆菌、葡萄球菌、肺炎链球菌等归作一类，而与我们这些有着细胞核的生物大相径庭。

但事情没有这样简单。这些微生物虽然都是原核生物，但它们并不都是细菌，其中的硫化叶菌、甲烷丝菌、盐杆菌和甲烷八叠球菌属于一个被称为"古生菌"（archaea）的独特群体，旧称"古细菌"，简称"古菌"。在如今的生物分类学上，域是最大的分类单元[1]，古菌构成一个域，细菌构成一个域，真核生物构成了另外一个域，这三个域加起来，就涵盖了已知的一切生命。

乍看起来，这不过是把细菌分成了两派而已，管它是真细菌还是古细菌，不都是细菌吗？原来那种根据有无细胞核把所有生命分为两类的做法，似乎并没有什么不妥。

不，不是的。我们会在分类学上开辟"古菌域"这个概念，就是因为古菌和细菌的亲缘关系实在太远了。实际上，我们会提出"古菌"这个概念，就是因为古菌与真核生物的关系更近，而与细菌的关系很远。或者说，末祖首先进化出了两群后代，一群是细菌的祖先，另一群是古菌和真核生物的共同祖先，由此再经过一段时间的进化，古菌和真核生物才互相独立。

---

[1] 传统的生物分类单元包括界、门、纲、目、科、属、种，共七级。生物分类学之父、瑞典博物学家卡尔·林奈（Carl Linné，1707—1778）在 1735 年出版了阐述动物分类的《自然系统》，并在之后的 33 年里改版 11 次，从 11 页扩展到 2 400 多页，提出了"界、纲、目、科、属、种"六级生物分类单位。1866 年，胚胎发育学之父、德国博物学家恩斯特·海克尔（Ernst Haeckel，1834—1919）在界和纲之间引入了"门"这个分类。比如我们这个物种叫作智人，学名 Homo Sapiens，来自动物界，脊索动物门，哺乳纲，灵长目，人科，人属。再比如韭菜这个物种，学名 Allium tuberosum，植物界，被子植物门，单子叶植物纲，天门冬目，石蒜科，葱属。另外，现代的生物分类学为了让类群的关系更精细，还会在这每种分类单位上增加次级阶层修饰。比如，总目比纲小，而比目大，灵长目和啮齿目都归于哺乳纲的灵长总目，偶蹄目和食肉目都归于哺乳纲的劳亚兽总目。再比如，亚纲比纲小，又比总目大，灵长总目和劳亚兽总目都归于哺乳纲的真兽亚纲。

图 2-82　这样的进化关系太过简化，我们马上就要发现一些要紧的疏漏了。（作者绘）

　　说得浅白一点儿，细菌域、古菌域和真核域的关系，就如同表哥哥、亲哥哥和自己的关系，无论怎么论亲戚，都不能说表哥哥和亲哥哥长得很像就是一家，倒把自己单拎出来。

　　在细胞生物学和生物分类学上，这场把"原核生物"劈作两半，分成细菌域和古菌域的巨大的变动，就是 20 世纪 70 年代到 80 年代的"沃斯革命"（Woeseian revolution）了。

　　这场革命的起因就是 20 世纪 50 年代到 60 年代人类对 DNA 双螺旋及中心法则的突破性认识，人类从此认识到了遗传的本质和生命活动的深层机制，很快就萌生了"破解密码"的想法。观念既然已经辨明，方法就会水到渠成。

　　1972 年到 1976 年，比利时根特大学的分子生物学家瓦尔特·菲耶尔（Walter Fiers，1931—2019）等人率先找到了给 RNA 测序的方法。在 1975 年到 1977 年，英国剑桥大学的沃尔特·吉尔伯特（Walter Gilbert，1932—　）和弗雷德里克·桑格（Frederick Sanger，1918—2013）也找到了给 DNA 测序的方法，吉尔伯特和桑格甚至因此荣获了 1980 年的诺贝尔化学奖。

　　核酸测序技术给现代生物学的研究开辟了无数个崭新的领域，比如它让我们从根本上重新梳理了生物的进化关系，或者说是分类关系——对于遗传、进化和生物分类学，这一章正文结束之后会有一篇"延伸阅读"简述其中的原理。在此处，我们只需先记住一个结论：在几乎所有情况下，核酸序列要比其他任何特征都更能反映物种之间真实的亲缘关系。

　　实际上，早在 1965 年，分子进化的奠基人之一埃米尔·扎克坎德（Emile Zuckerkandl，1922—2013）和诺贝尔化学奖得主莱纳斯·鲍林（Linus Pauling，1901—1994）就提出应该用遗传信息重新裁定原核生物的亲缘关系。那些在最高倍

图 2-83　1980 年的诺贝尔化学奖一半颁给保罗·贝格（左），嘉奖"他对核酸的生物化学，特别是 DNA 合成的研究贡献"，另一半由沃尔特·吉尔伯特（中）和弗雷德里克·桑格（右）共享，嘉奖"他们对核酸碱基序列检测的贡献"。

数的显微镜下也显得模模糊糊的单细胞生物，想必藏着些肉眼看不出来的秘密。[VII]

　　而这一倡议最终被美国微生物学家卡尔·沃斯（Carl Richard Woese，1928—2012）和乔治·福克斯（George Edward Fox，1945—　）践行了，他们比较了各种原核生物的核糖体 RNA，打算用这种遗传信息的差异程度重新衡量"细菌"之间的亲缘关系。

　　在上一章里，我们已经知道核糖体 RNA 虽然也是从 DNA 中转录出来的，也会不断地突变，但它一旦转录出来就肩负着制造蛋白质的艰巨任务，一丁点儿的变化就能带来巨大的影响，而且通常是恶劣的影响，所以绝大多数突变都会被自然选择剔除，无法传递给后代。这种"保守"体现在进化上，就是它的碱基序列随时间变化得最慢，能看出物种之间最古老的亲缘关系。

　　而结果正如前文透露的，非常惊人。那些被我们统称"细菌"的原核生物果然内藏乾坤，它们实际上包含了两个截然不同的类群，两者之间的差异并不小于它们与真核生物的差异。

　　于是，在 1977 年，沃斯和福克斯提出应该把细菌这个笼统的类群划分成"真细菌"和"古生菌"两个不同的类群。并且进一步地，他们在 1990 年给生物分类学引入了"域"这个单元，然后将现存所有生命统一划分给了三个域：所有真核生物组成了真核域，原核生物则被划分成真细菌域和古生菌域，也就是我们前文简称的细菌域和古菌域，而这一新的划分，乃至"域"这个庞大的分类单元的建立，就是"沃斯革命"了。[VIII]

作为一场"革命"，全体生命的三域划分承受了激烈的争论。当然，争论的结果是整个生物学界普遍认可了新的划分，否则我们也不需要大费周章在这里讨论它了。只是，我们也在争论中发现，生命起源之后的情形要比沃斯设想的更加复杂。卡尔·沃斯原本设想，细菌域、古菌域和真核域在今天是地位平等的三个域，我们可以将这种关系比作表哥哥、亲哥哥和自己本人。

然而在比较过更多的核酸序列之后，我们逐渐发现，并非某个共同祖先分别进化成了古菌域和真核域生物，而是古菌域内部的某一支进化成了真核生物。所以古菌域和真核域的关系就不再像是亲哥哥和自己本人，而像是一个大家族和其中的一个分支，我们甚至能够推算出真核域从古菌域中发展出来的事情大约发生在 20 亿年前，刚好位于整个生命史的中点附近。仅从这种意义上讲，要不是为了照顾人类作为真核生物的面子，那么整个真核域都可以并入古菌域了。[IX]

这样一来，我们似乎应该说，三个域的整体关系可以比作祖先繁衍成了两个大家族，后来其中一个大家族又形成了一个分支。但情况还要更复杂，因为我们发

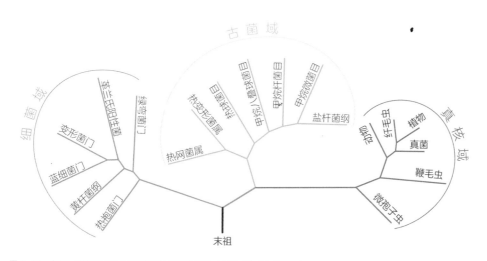

图 2-84　卡尔·沃斯在 1990 年提出的三域关系树，这幅图就是上文那张简图的完整版。（作者绘）

现，细菌域和古菌域 40 亿年来都在一刻不停地交换遗传信息，或者说"杂交"，而真核生物的出现正是因为古菌在一次规模空前的杂交中获得了大量的细菌基因。

谈到那次"规模空前的杂交"，就涉及一个细胞生物学上日渐主流的内共生理论。在这个理论中，一些细菌因为某种原因钻进了古菌的细胞内，它们非但没有死亡，反而开始利用古菌细胞内的物质生长繁殖，定居了下来。而当其中的某些细菌死掉了，其 DNA 就会全部倾泻在古菌的细胞内，形成一次大规模的基因传递。这样剧烈的基因交换会让大部分宿主古菌暴毙，但在一些罕见的情况下，古菌却带着外来的基因挺了过来，发展成一种全新的细胞，也就是我们的真核细胞。这种新细胞不但有了细胞核，还有了一种专门负责有氧呼吸的细胞器，它就是当年侵入了古菌细胞的细菌。而后，又有一小部分真核细胞通过相同的途径俘获了另外一群能光合作用的蓝细菌，世界上就有了叶绿体。

但我们先不要纠结那些后来才有的故事。我们现在注意到的是，既然末祖只有细菌和古菌两群直接的后代，那么，要分析末祖的性状，也就只需要比较细菌与古菌，至于占据了已知生命形式绝大多数的真核生物，完全可以不再考虑，这让回溯之路的负担瞬间减轻了 95% 以上。

那么，如果继续比较古菌和细菌的遗传信息，我们还能发现什么重要的线索呢？

很遗憾，我们再比较不出什么头绪来了，因为进化的早期历史，已经被细菌和古菌的杂交行为抹除掉了。

·悬疑，推测，线索·

进化的素材是遗传信息的随机突变，越复杂的生理结构就会集成越多的随机突变，在概率上就越是不可重现——这就如同打牌，每个人摸到什么牌都是随机的，每一回合怎么打也是自由的，要出现从头到尾一模一样的两局牌，就算全世界的人从出生开始一刻不停地打牌打到宇宙灭亡也办不到。

同理，如果某种极其复杂的结构同时出现在了细菌和古菌身上，就只有两种可能了：它们从末祖那里继承了这个结构，也就是遗传信息的"垂直传递"；或者，一方通过性行为，从另一方那里"学"来了这个结构，也就是遗传信息的"横向转移"。

"横向转移"这个概念对大多数人来说非常陌生，这不奇怪，因为它在我们真核生物身上通常是不可能发生的，因为我们有着相当严格的"生殖隔离"，跨物种的杂交绝少产生可繁殖的后代，所以勒达不能从天鹅那里获得遗传信息，乌龟也不能从蛇那里获得遗传信息[1]。

因此，在我们真核域的内部，要通过遗传信息获知不同物种的进化关系，就是非常容易的事情，我们会得到一个类似家谱的树形图，什么是祖先的性状、什么是衍生的性状一目了然。

但在细菌域和古菌域，事情不是这样的。它们的性行为与生殖没什么关系，最常用的做法就是细胞与细胞彼此紧贴，然后在细胞膜上打开一个小洞，拿出一部分基因互相交换。这样的性行为没有物种的隔阂，可以让它们一瞬间获得原本没有的复杂结构，对进化非常有利。在过去的半个世纪中，我们不断比较各种细菌和古菌的遗传信息，结果发现遗传信息的横向转移要比想象的更加广泛，更加剧烈，而且越是在进化早期，这样的事情就越是频繁。结果，除了末祖一早就分化成了细菌域和古菌域，我们实在无法从遗传信息里再读出什么肯定的答案了。

我们不能在遗传信息的迷宫里困死，必须从中退出来，另辟蹊径。

那么回到复杂结构本身中去，我们很有理由认为，复杂结构虽然可以通过横向转移获得，但这种转移更可能是"如虎添翼"，而极难"脱胎换骨"。也就是说，细菌和古菌可能通过基因的横向转移获得某种新的酶，使代谢更加丰富有效，比如让自己有能力利用曾经不能利用的资源，破解以前不能破解的毒素，却不太可能抛弃原来有着至关重要的生理功能的结构，完全换成一套新东西，因为这样的动作实在牵连面太广，彻底更换极有可能招致严重的灾祸，在进化中是不利的。

这样一来，我们就在古菌和细菌的细胞内部发现了两个重大的疑问。

古菌和细菌都服从相同的中心法则，遗传信息在 DNA、RNA 和蛋白质三种

---

[1] 植物的生殖隔离要弱一些，同属，甚至临近属的植物常常可以杂交出新物种。其中的原因是多方面的，比如杂交后代不可育的一大原因是双亲染色体组差异过大，在减数分裂时无法联会。但植物的细胞分裂很容易受气温等因素影响，使染色体组整体加倍，从而一举解决这个问题，再配合自交和无性生殖，直接形成一个新物种，我们吃的小麦就是这样出现的。

物质间的流向和机制完全相同，甚至使用相同的标准遗传密码。对照中心法则在图 2-42 中的那些箭头，我们发现，细菌和古菌用来转录的酶是同源的，也就是像各种鸟的喙一样，在进化上有同一个源头。我们还发现，用来翻译的酶，尤其是核糖体，也是同源的。这些都是顺理成章的事，毕竟，如果不是从一开始就有同源的中心法则，那么后续的横向转移根本不可能发生。所以，这些复杂的结构，必然是继承自末祖。

但令我们诧异的是，细菌和古菌用来复制 DNA 的酶系统虽然也有类似的地方，但整体看来却相当不同，甚至不同到了"完全相反"的地步。考虑到这个酶系统非常复杂，我们暂不详细阐述它，等到第五幕再来重新讨论，这样两套不同的酶系统在目前看来，实在不可能来自末祖。

所以第一个疑问就是：末祖会用怎样一套酶系统来复制 DNA 呢？

我们在第三章里讲述了细胞呼吸的机制，其中最关键的步骤被称为"化学渗透"，而这也是细菌和古菌都具备的能力。虽然"奇境里的微生物"一节里出现的几种古菌都生活在非常极端的环境里，使用着与我们完全不同的能源物质，但它们制造 ATP 的主要方式都一样：硫也好，乙酸也好，阳光也好，别的什么东西也好，其中的能量首先把氢离子泵出细胞膜，再由返回细胞内的氢离子推动 ATP 合酶持续旋转。正如我们在第三章结尾时概括的，一切细胞的呼吸作用都采用同样的化学渗透机制，考虑到生命活动的能量供应一刻也不能停止，化学渗透也一定是从末祖那里继承下来的。

但奇怪的是，细胞膜看似化学渗透的关键，在细菌和古菌身上却大相径庭，干脆是由两种不同的物质组成：细菌的细胞膜和真核生物的细胞膜一样，主要由甘油二酯的磷脂构成，而古菌的细胞膜主要由甘油二醚的磷脂构成。不仅如此，细菌和真核生物的细胞膜都是双层分子，古菌的细胞膜的两层分子却经常连接起来，最后成了单层分子。

那些不了解有机化学的读者也不用太在意这具体是什么东西，我们同样会在第五幕循序渐进地讨论它们，目前只需明白细菌和古菌的细胞膜极其不同，连合成它们的酶系统都非常不同。看来这个结构也无法追溯到同一个进化原型上。

所以第二个疑问就是：末祖的膜系统究竟是哪一种呢？

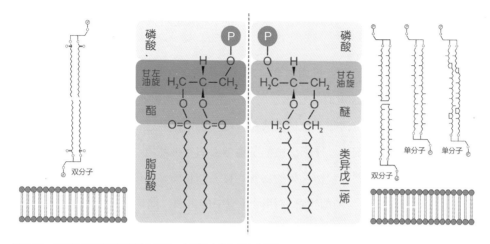

图 2-85 左侧是细菌的磷脂膜结构图示，右侧是古菌的磷脂膜结构图示。左下角和右下角像火柴头一样的东西，是图 1-3 的简化版。我们用一个紫红色圆球表示磷脂分子的亲水端，那是这两个分子式中的磷酸基。而疏水端的两条尾巴，在细菌和古菌那里就很不相同了。首先，作为中间的连接，细菌的甘油是左旋的，古菌的却是右旋的。其次，甘油连接尾巴的化学键，在细菌是酯键，在古菌是醚键。再次，那两条尾巴本身，细菌的是脂肪酸，古菌的却是类异戊二烯。此外，如两边的火柴头模型和键线式所示，在细菌那里，双层膜两面的磷脂分子互相独立，所以是双分子膜，但是在古菌那里，这两面的分子却常常勾连起来，令它们的细胞膜成为事实上的单分子膜。（作者绘）

面对这两个疑问，我们可以有三种推测。

第一种推测最简单也最站不住脚：末祖有两套复制 DNA 的酶系统，也有两套膜系统，细菌和古菌分家之后分别丢失了其中一套。然而，末祖不该有两套系统。这是因为，如果每套系统都能正常使用，那么拥有两套系统无疑是没事找事，浪费宝贵的资源；如果两套系统必须配合使用，那么细菌和古菌又不可能把其中一套系统丢失得这么干净。

第二种推测一度占据了主导地位：末祖复制 DNA 的酶系统和膜系统都与细菌的一样，古菌的这两套系统最初也当然和细菌一样，但在后来的进化中，古菌适应了各种极端的环境，在强烈的选择压力下发展出了现在这两套更独特的系统。

看起来，这种推测的确很有道理，因为刚提到的那三种古菌嗜好极端，人类最初发现的其他古菌也几乎全都来自极端环境：沸腾的间歇温泉、浓度极高的盐湖、地下深层的高压油田，甚至深海的高压热液喷口。而且，我们也的确发现古菌的诸多特征都具有相当高的化学稳定性，比如它们基因组中的 CG 碱基对要比 AT 碱基对比例更高，因为 CG 碱基对有三个氢键，而 AT 碱基对只有两个氢键，在极端环境下，前者要更稳定。

但这同样遇到了难题：正如本章前两节介绍的，这些古菌都与细菌相伴而生，如果古菌在适应极端环境时进化出了特殊的系统，为何同样条件下的细菌不为所动？而且更重要的，古菌并不总是生活在极端环境中，经过半个世纪的观察，我们现在意识到，古菌和细菌一样广泛占据了地球上的各种环境，从土壤到空气，再到水体、动植物体内，甚至包括人类的皮肤、口腔和直肠，古菌们占据地球生物总质量的 20% 之多。那些与细菌生活在相同环境中的古菌，同样拥有这些不同于细菌的奇怪特征。

这就令第三种推测无论多么离奇都变得更加可信起来：末祖有中心法则，但是复制 DNA 的酶系统并没有完善起来；末祖有化学渗透系统，但是细胞的膜系统也没有完善起来；后来，古菌和细菌在进化上分道扬镳，各自进化出了这两套系统，这两套系统当然也就大相径庭了。这就是我们在第二幕里得到的第四条线索。

最初提出这种推测的人是美国国家生物技术信息中心的尤金·库宁，一个严谨的俄罗斯裔美国人，进化和计算生物学领域公认的专家。他在 1999 年的论文中最先提出了第一个疑问，严谨而大胆地提出了细菌和古菌分别独立进化出了一套复制 DNA 的酶系统的推测[X]。这个推测很快吸引了白烟囱假说的主要创建者威廉·马丁和米歇尔·罗素。他们认真比较了细菌和古菌的诸多不同，注意到了第二个疑问，并最终提出了上面的第三种推测。

与此同时，法国巴斯德研究所微生物学部的主任帕特里克·福泰尔[1]也注意到了库宁的研究，发现第一个疑问刚好与自己对病毒的研究有着紧密的联系。于是，在白烟囱假说问世的同时，2001 年到 2002 年，福泰尔也提出了一个同样大胆的假说：细胞复制 DNA 的酶系统俘获自病毒！

更妙的是，福泰尔的假说和马丁的推测简直严丝合缝，若合一契，刚好拼成了一幅宏大的生命起源图景。2005 年，马丁与库宁在罗素和福泰尔的协助下共同完成了一篇极富启发的论文[XI]，将整个图景清晰地描绘了出来。

---

[1] 巴斯德研究所即微生物学之父，路易·巴斯德开创的研究所，迄今共诞生过 8 位诺贝尔奖得主。帕特里克·福泰尔（Patrick Forterre, 1949— ）自 2004 年起担任微生物学部的主任，因对古菌、病毒和早期进化的研究而知名。

在很大程度上，这幅生命起源图景就是本书将要讲述的图景，只是他们提出的图景更接近一个框架，省略了许多重要但又不在他们的研究范围内的部分。所以，为了让这幅图景更加精细，本书增加了许多其他研究者的成果，尤其是在第四幕和第五幕。

整个生命起源的图景就始于第五章结尾处留下的那个谜题：所有细胞在呼吸作用中都有完全一样的微观机制，都是利用各种氧化还原反应，在细胞的膜结构两侧制造氢离子的梯度，由此驱动了相同的 ATP 合酶，这显然是源自我们的末祖，但是，这位末祖在各种可利用的氧化还原反应里，究竟利用的是哪一种呢？

不妨回忆一下"奇境里的微生物"吧。在那里，我们了解到千奇百怪的细菌从千奇百怪的化学反应中获取了能量，制造了有机物。原则上，那些反应都可以让某种微生物不依赖其他任何生命，独立地生活在特定的环境中，也就都有可能成为末祖赖以维生的化学反应，这让第五章结尾的谜题看起来非常难解。

但是另一方面，这些化学反应无不直接源自它们的生存环境，当我们排除了大部分生命起源的环境，也就排除了大部分不可能的选项。比如我们认为开阔的海面并不是生命起源的理想环境，那么一切种类的光化学反应也就落选了。

而且，作为末祖的特征，末祖利用的化学反应应该同时被某些细菌和某些古菌继承下来。而一旦考虑了这个因素，我们就发现优先的选项瞬间变得更少了：只有两套与物质能量代谢有关的化学反应被细菌和古菌共享。

其中一套化学反应尤其吸引了我们的注意，它一方面与获取能量的方式有关，另一方面又与制造有机物的方式有关，更妙的是，这种关系恰好能够严丝合缝地嵌入白烟囱那错综复杂的毛细管道中去。

这就是我们在回溯之路上找到的第五条线索，一条至关重要的线索，在它的牵引之下，我们就将进入新的一幕了。

遗传、进化与生物分类学

在传统上，人类想要分辨不同的物种的亲缘关系，只能看它们"长得像不像"。古人的观察粗浅一些，"长得像"只能精确到外观和行为，所以把在水中生活的动物都叫成了"鱼"，鲸鱼、鳄鱼、甲鱼、娃娃鱼、鲍鱼、章鱼、墨斗鱼……就这样有了荒唐的名字。

到 19 世纪，解剖学、发育学和胚胎学逐渐成熟了起来，"长得像"的标准变得更加精细：鲸有肺，胎生哺乳，所以是哺乳动物；鳄鱼和甲鱼也用肺呼吸，下带壳的蛋，胚胎有羊膜，所以是爬行动物；娃娃鱼幼体用鳃呼吸，成体用肺呼吸，产无壳的卵，胚胎没有羊膜，所以是两栖动物；至于鲍鱼、章鱼、墨斗鱼，便都是软体动物了。

但是，解剖学、发育学、胚胎学即便一起出马，也仍然理不清楚芸芸众生在进化中的亲缘关系。因为原本亲缘关系很近的生物，如果适应了差异很大的环境，就会越长越不像，连解剖结构都不像了；反过来，原本没什么亲缘关系的物种，又很可能因为适应了相似的生活环境而越长越像，连解剖结构都像了。

前者的经典案例是鲸。长期以来，我们只知道它们是哺乳动物，却说不好它们与哪种哺乳动物亲缘关系最近，因为它们的解剖结构实在太特殊了，尤其是齿鲸，它们罕见地进化出了回声定位的能力。而我们现在知道，与鲸关系最近的动物是河马，尽管它们在各种层面上都没有很像。

鹰和隼是后一种情况的好例子。它们都是天空中的猛禽，长着钩子似的利爪和尖嘴，光看解剖结构，谁都会说它们是一类，绝大多数人甚至根本分不清二者。然而，从亲缘上看，鹰更接近猫头鹰，隼却更接近鹦鹉 [1] XII。

是的，进化的历史太曲折，太复杂了，既有鲸与河马这样关系很近却长得不像的，也有鹰和隼这样长得极像却关系很远的。这些解剖学、发育学、胚胎学加起来都解决不了的问题，就要靠遗传学来解决了。

我们首先要知道，基因和性状并不是严格对应的，并不是说一定要什么样的基因序列才能长出翅膀，一定要什么样的基因序列才能长出尖嘴。基因控制性状，就好比作家写文章，虽然都表达了相同的观点，不同的作家却一定会有不同的遣词造句。不同的生物分别进化出来的性状，无论多么相似，都绝不可能有完全相同的基因序列——鸭嘴兽的嘴和鸭子的嘴像，但绝不会有完全相同的基因序列。利用这一点，我们就有效排除了祖先不同而后代相似的干扰，因为趋同进化只能使性状变得越来越

---

[1] 这里的"接近"只是在我们熟悉的鸟类中相对而言。比如与鹰最近的鸟其实是新大陆鹫，但这类鸟在东亚并不分布。

像，却不能使基因变得越来越像[1]。鹰和隼长得虽像，基因却非常不同。

也正是因为这一点，作家起诉他人抄袭，审判起来是很容易的。只要拿出文章来比一比，如果大段大段都完全一样，那就一定有抄袭，一样的段落越多，说明抄袭得越多。而生命的繁衍，也恰恰就是这么个抄袭的过程：亲代繁育出子代，就是把自己的遗传信息复制一份，传递给子代。

显然，比较不同物种的基因序列，相同的部分越多，亲缘关系就越近[2]。因为抄也有抄错的时候，遗传信息复制时的随机突变会在世代繁衍中越积越多，所以亲缘关系越远，序列的差异就越大，亲缘关系越近，序列的差异就越小。于是，这又排除了同一个祖先而后代不像的干扰。鲸与河马虽然适应了极端不同的环境，但它们的基因序列仍然非常相似，比其他亲缘关系更远的类群都更相似[3]。

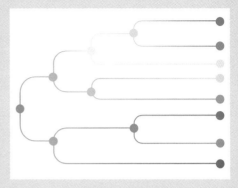

图 2-86　将颜色的变化看作基因突变的积累：颜色差距越小的圆，亲缘关系越近。（作者绘）

总而言之，只要比较不同生物之间的遗传信息有多少差异，就能知道它们之间有怎样的亲缘关系，最终构建出最接近进化事实的生物分类关系。

这就是为什么我们会在第六章一开始就说遗传学和分子生物学"沟通了最微观的分子和最宏观的进化"。

从 20 世纪最后几年开始，遗传学的研究揭示了越来越多的惊人结论，在目以上的分类单元中掀起了太多的革新。比如说，传统上，我们认为光合作用的真核生物都是植物界的，但事实并非如此，比如海带那么绿，却显然不属于植物界，而且时至今日，我们都没有公认海带属于哪个界，只大概地认同它属于一个 SAR 超类群。在今天的分类学前沿，"界"的数量远远超过一般人的想象，包括动物界、植物界和真菌界在内，至少有 6 个，如果区分得严格一点，可能超过 10 个，只是这些界划分得太晚，且没有尘埃落定，我们还不打算为它们创造专门的名字，仍在沿用"虫""藻""菌"等笼统的称谓。

---

[1] 实际上严格地说，也确实存在着基因层面的趋同进化。因为所有的生物都来自末祖，所以绝不可能完全没有相同的基因。那么，如果两个在进化中很早就分了家的类群，需要同一种特别专一化的酶，而这种酶可能由它们共同拥有的某种古老的酶稍加修饰转化而来，那么它们就很可能在进化中保留完全一样的随机突变。所以为了排除这种干扰，一定要尽可能多地比较不同物种的基因序列。

[2] 这句话的前提是生物的遗传突变会以均匀的速度世代累积，所以，我们要判断物种的亲缘关系，就不能选择那些对生存质量影响非常显著的遗传信息，因为自然选择的压力时强时弱，这些遗传信息的突变累积速度也会忽快忽慢，而通常会选择那些突变积累慢而稳定的遗传信息，比如线粒体、核糖体，当然，最好是索性把全部遗传信息一股脑全比较了，也就是全基因组比较。

[3] 实际上，这也有例外——基因除了亲代传给子代的垂直传递，也有跨物种的横向转移。比如细菌之间经常互相交换基因片段，互通有无，真核生物也经常因为病毒感染和杂交之类的行为拥有其他物种的片段。像这样的机制数不胜数，越是在进化早期越是经常发生，给单细胞的生物分类带来了巨大的障碍，尽可能多地比较不同物种的基因序列固然能排除一些干扰，但进化极早期的遗传信息横向转移实在太混乱了，我们直到今天都不是很有把握解释清楚。

内共生理论

在正文里我们知道了今天的所有生命都可以被划分进三个域：细菌域、古菌域和真核域。1977 年，卡尔·沃斯最初划分出这三个域的时候认为，这三个域都直接源自末祖。但是，很快我们就意识到，事情没这么简单，真核域比其他两个域复杂太多了。

比如，仅从尺寸上看，真核细胞就比细菌和古菌庞大多了。真核细胞的直径普遍在几十微米左右，动物的骨骼肌细胞和神经细胞可以达到几米这样的宏观尺度，而细菌和古菌的细胞直径通常在几微米左右，换算成体积相差了几千倍乃至千亿倍。同样，真核细胞的遗传信息按字节计算通常为几百 MB（兆字节）到几 GB（吉字节），最大的可以达到几百 GB，而细菌和古菌的基因组也就几 MB 而已，相差了几十倍到几十万倍。所以毫不奇怪，只有真核细胞存在着内质网、高尔基体、线粒体和叶绿体这样的有膜细胞器。而细菌和古菌的细胞质里几乎没有任何复杂结构，连细胞核都是裸露的，没有任何包裹。

在这惊人的不平衡之外，真核域却不是从根本上区别于细菌和古菌，恰恰相反，我们是细菌和古菌的大杂烩。真核细胞用来复制 DNA 的酶系统的主要部分和古菌一样，膜系统与细菌一样。而 ATP 合酶竟然兼有两种，一种和古菌一样，出现在细胞质里，另一种和细菌一样，出现在线粒体和叶绿体里。而且说起线粒体和叶绿体，这两种细胞器实在像极了细菌，不但尺寸和细菌差不多，而且竟然有属于自己的 DNA、核糖体和转运 RNA。

林林总总数不清的迹象表明，这三个域的关系并不像卡尔·沃斯一开始设想的那样简单，在细胞出现后的最初 20 多亿年里，还发生过一些不可思议的事情。

于是，1981 年，波士顿大学遗传学教授琳恩·马古利斯，即天文学家卡尔·萨根的首任妻子，发表了一篇新论文《真核细胞的起源》[XIII]，系统总结了此前 100 多年人类对真核细胞起源的思考，提出了一个极富启发性的"内共生假说"。该假说认为，真核细胞并不是末祖的直接后代，而是一些原核细胞进入另一些原核细胞之后的共生"群体"，这个乍看起来非常"离奇"的想法竟然在之后的半个多世纪里得到了堪称全面的证据支持，也得到了反反复复的修正，已经成为目前最主流的关于真核细胞的起源理论。

不过有些棘手的是，不同的研究者为了解释内共生的详细过程，又在内共生的框架之内构造了许多更精细的假说，形成了许许多多不同的版本。对此，这本书决定干脆不讨论那些分歧的细节，而只介绍最接近共识的那一部分。

最基本的部分我们已经透露过了：最初，只有古菌和细菌，但是出于某种原因，比如共享某种营养源，比如吞噬，比如寄生，比如互相利用对方的代谢产物，一些细菌钻进了古菌的细胞，并且永久地定居了下来，达成了稳定的共生关系。后来，那个细菌发展成了线粒体，那个古菌就发展成了真核细胞的本体，这就是第一次内共生。

乍看起来，这好像是非常简单的事情，但实际上艰难极了。在长达40亿年的进化史上，线粒体就只起源了一次，如今的一切真核细胞全都只源自那一次内共生，它大约发生在18.5亿年前。

这是因为，最初的古菌是个厌氧菌，所以直到今天，真核细胞的细胞质都不能真正地利用氧气，而只能"发酵"。但那个钻进去的细菌却是个好氧菌，它们能够利用地球上日渐丰富的氧气分解周围的各种有机物，产生非常充沛的能量。显然，这个细菌进入古菌细胞之后会有极大的风险把整个古菌从内部"吃掉"。如果要打个比方，这就好像一个人在自己的肠子里塞了一条活蹦乱跳的黄鳝，不被咬得肠穿肚烂才怪了。

而那个成为真核细胞祖先的古菌能够幸存下来，最关键的原因是它有一大部分细胞膜会向内凹陷，在细胞质里层层叠叠交织成网，把这些消化不掉的细菌团团围住，限制它们的活动范围。于是，这些内陷的细胞膜就发展成了内质网、高尔基体、溶酶体等等细胞内膜系统，同时，线粒体的外表面也包裹了一层这样的内膜，成为典型的"双层膜"细胞器。

不仅如此，这个古菌还要提防那个入侵的细菌真的死在自己的细胞内。因为细菌死了就是瓦解了，而瓦解意味着细胞内的DNA和各种酶全都释放出来，这些东西只要不分解掉就仍然有生物活性，会彻底打乱正常的细胞代谢。尤其是那些DNA，一旦与古菌自己的DNA混在一起就是洪水般的"基因倾销"，必然带来严重的遗传混乱，从根源上杀死那个古菌。

不过，作为我们祖先的那个古菌也同样从这样的遗传灾难中侥幸存活了下来，还俘获了大量的细菌基因。比如我们制造细胞膜系统的基因就全都被细菌的基因取代了，这就是为什么我们复制DNA的酶系统与古菌一样，细胞膜的成分却与细菌一样。

既然那个细菌已经不准备离开了，古菌就必须对基因倾销做好长远的打算。所以它的内膜系统进化得非常发达，把整个细胞核包裹了起来，也就把细胞质里的外来DNA与细胞核里的基因组DNA隔离开了。就这样，核膜出现了，真正的细胞核出现了，真核细胞也出现了。

更重要的是，那个入侵进去的好氧细菌也被驯化成了安分守己的线粒体，有氧呼吸效率比独立生存的好氧细菌还要高得多，它们释放出的大量ATP可以让真核细胞长得非常大，非常复杂，供养非常巨大的基因组，新生的真核域因此迅速崛起。

正所谓万事开头难，第一次内共生一劳永逸地解决了各种挑战，下一次内共生就驾轻就熟了。

大约在 15 亿年前，第二次内共生发生在真核细胞和蓝细菌之间：蓝细菌就是过去被误称作"蓝藻"，能通过光合作用释放氧气的细菌，它们进入真核细胞之后毫不意外地被驯化成为叶绿体。在很大程度上，这可以看作"植物界"的起点，不过当时还很少有多细胞的生物，最初的植物是一些单细胞的绿藻和红藻。

第二次内共生的主要事件在进化史上只发生过一次，但是叶绿体利用光能制造氧气和糖，线粒体又能利用氧气和糖制造大量的 ATP，这两种细胞器组合起来实在太好使了，所以，在那之后的进化史上，又发生过真核细胞之间的第三次和第四次内共生，这几次内共生错综复杂，层层嵌套。第三次内共生是绿藻或红藻被某些真核细胞整个吞下去，进化成了硅藻、眼虫等三层膜和四层膜叶绿体，比如海带的叶绿体就有四层膜。

第四次内共生则是这些三四层膜叶绿体的真核细胞也被整吞下去，变成了某些甲藻和纤毛虫的叶绿体，这些叶绿体像俄罗斯套娃一样，层层叠叠非常复杂，至少拥有四层膜。[XIV]

第三次内共生和第四次内共生在进化史上发生过许许多多次，就目前的研究来看，事情可能像图 2-87 那样复杂[XV]。

而且值得注意的是，第三次或者第四次内共生直到今天还在持续出现新的案例。最著名的例子是 2005 年左右媒体报道的一种隐藻（*Hatena arenicola*），它是一种单细胞的

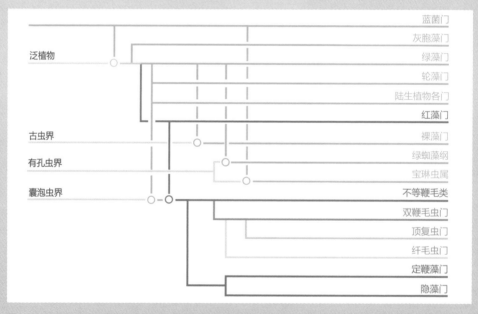

图 2-87　一张可能的叶绿体内共生关系图，每个圆圈都表示一次内共生。左侧标注的是真核域的几个界，其中除了"泛植物"接近经典意义上的植物界，其他几个界都是最近才确立起来的新的界。另外，注意右边的宝琳虫属（*Paulinella*），这是丝足虫门的几种单细胞生物，它们独立于绿藻，在最近的时代内共生了另一群。（作者绘）

真核生物，在大多数情况下独立生存，捕食其他单细胞生物，但如果捕捉到了肾爿藻属（Nephroselmis）的绿藻，它就会运动到光亮处停止运动，并且退化掉大部分的线粒体、内质网和细胞骨架，只靠这个绿藻的光合作用活着，而那个绿藻也会膨胀到独立生存时的10倍大。

更有趣的是，这种隐藻只有得到了内共生的肾爿藻才能开始细胞分裂，但那个内共生的肾爿藻却不会跟着它分裂，结果就是分裂出来的两个子细胞一个仍然带有内共生的肾爿藻，继续像植物一样靠着光合作用生活，而另一个子细胞没有内共生的肾爿藻，就会恢复独立生存的状态，开始到处捕食单细胞生物，直到获得自己的肾爿藻。

可见，这一对生物的内共生关系还远没有达到配合无间。[XVI]

另外，如果把多细胞生物也考虑进去，那么我们或许还可以定义"第五次内共生"，也就是某些单细胞真核生物钻入动物的组织间隙一同生活。最典型的就是虫黄藻，它们可以钻进珊瑚虫和某些软体动物的组织内，用自己的光合作用为这些动物提供最多可达 90% 以上的有机营养，同时从这些动物那里获取必需的氮磷元素。今天的珊瑚礁如此绚烂多彩，就是因为虫黄藻的光合色素把珊瑚和砗磲之类的造礁动物染成了各种颜色，而当水温升高的时候，这些虫黄藻就可能离开这些动物，造成大面积的珊瑚礁白化死亡。考虑到绝大多数海洋物种都生活在珊瑚礁里，这无疑是这个时代里极其严峻的生态灾难了。

但需要指出的是，内共生是"生物体内"的共生，而整个消化道都属于体外，所以动物和肠道共生菌的关系，不能引申到内共生上来。

另外需要注意的是，在这篇文章里，除了绿藻、红藻和灰藻可以算作植物，其他一切"藻"都不是植物；同样，这篇文章里除了珊瑚虫是动物，其他一切"虫"都不是动物。同时，进化上也不存在什么"介于动物和植物之间的生物"。

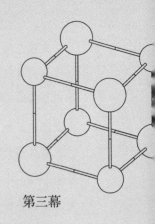

第三幕

代谢的步伐

一

触石兮通气，
雷车兮电帜。

——马廷鸾，
《饶娥庙祀神歌》

在幽暗的深渊中，粗糙的岩石表面刻满了大大小小、深深浅浅的凹坑，坑与坑之间还有错综复杂的沟道连通了彼此。一些微弱的能量在以最缓慢，缓慢得让人以为那是一种错觉的速度持续流动着。它渐渐充满了一些凹坑，又溢出来，沿着那些沟道流向其他凹坑。

那流淌的能量就像一株水银做的菟丝子，微弱但顽强。它不断地生出分支，不断地占据一个又一个凹坑。渐渐地，静谧的深渊之下出现了一张泛着微光的网，像无法凝固的蚕丝，像疯狂织就的蛛网。

这是一个没有精神也没有生命的抽象的梦境，这梦境不知持续了多久，或者是几千年，或者是几千万年——时间是变化的度量，如果没有了变化，时间当然就停滞了。然而，不知从什么时候开始，时间突然变得快了，因为那蔓延在深渊中的网有了新的变化。

网络中的某些凹坑似乎与众不同，苹果、柠檬、乌头、琥珀、延胡索……那些凹坑用谁也听不到的声音强调着自己的名字，于是有越来越多的能量响应了召唤，从四面八方沿着沟道汇集过来。那些凹坑因此发出越来越明亮的光，排列成了一个闭合的圆环，沿着某种次序循环传递着四处汲取来的能量，又将富余的能量灌注到网络中最薄弱的地方去。

就这样，整张网络似乎形成了某种微妙的平衡，但又似乎存在着某种压抑的躁动。在那循环的圆环上，一些满溢的能量悄悄向上方伸展出来，好像终于苏醒的人的手，试探着想要摸索深渊的边界，又好像刚刚羽化的蝴蝶，正在灌注自己的翅膀，要展现出惊醒整个梦境的绚烂图案。

这一切都让梦境的主人好奇起来。支撑这一切的能量，究竟源于何处？

这疑问刚在梦境中提出，在那自称苹果与草醋的凹坑之间，就有一条径直的沟道显露出来，它在中途分成平行的两条，又重新汇聚起来，深深地扎进了骏黑的岩石之中，在那里贪婪地汲取着地下深处的力量。

早在第一幕结尾的时候，我们就说过，在寻找生命起源的道路上，存在着遗传先行还是代谢先行的分歧。后来在第六章的结尾，我们具体讨论了它们的区别与联系，然后为代谢先行的方案留下了一个重大的问题。

早在第一章，我们就通过锆石的包容物获悉，原始地球上的大多数碳元素都是最简单的无机碳，比如二氧化碳。那么，这些无机碳是如何变成各种有机物，这些有机物又是如何组织起来，成就了生命所需的物质代谢和能量代谢呢？

这真是一个太关键的问题了。所有早期的生命起源假说，都是在这一步跌了跤，没能继续走下去。这给白烟囱假说积累了宝贵的经验，或许它能够前进到未曾触及的新境界中去。

另外，或许应该提醒的是，我们不得不在这一幕里接触许多有机化学和生物化学知识，这让第三幕成为整本书中难度最大的一幕。对于一般读者来说，对照插图，倒不会有任何理解上的障碍。不过，这一幕的大部分内容是为了更深刻地理解最初的无机物是怎样转变成了有机物而做的准备，不感兴趣的读者跳过一些细节性的段落，也不会有什么原则上的损失。

第八章

齿轮还是链条？ | 地质化学中的固碳作用

> 现在，我们面对着一个相当迫切，也相当具体的问题：最初的无机物是怎样转化成有机物的？
>
> 我们不妨推测，这种创造了有机物的地质化学反应，就是共祖和末祖的固碳作用，并且被今天的某些生命继承下来。那么，这组化学反应共有两个最佳候选，一个是"逆三羧酸循环"，另一个是"乙酰辅酶 A 路径"。
>
> 在不同的假说里，它们都有各自的支持者，而这本书更加青睐乙酰辅酶 A 路径，因为它更简单，与白烟囱假说也更吻合，为此，你需要沉下心来，大致了解它是怎样一回事，因为之后的整本书都建立在这个反应上。

在今天，把无机物变成有机物的化学反应，被称为"固碳作用"，它一度被认为是"生命力"施展的魔法，只有植物之类的生产者才能办到这样的事情。直到1828 年，德国化学家弗里德里希·维勒误打误撞合成了尿素，那种"只有生命力才能合成尿素"的迷信观点才被破除，追寻生命的化学起源才在理论上成为可能。

但是从 1828 年到今天连 200 年都不到，生命却已经诞生超过了 40 亿年，其间的沧桑巨变足以把任何化学反应的痕迹磨灭得一干二净。原始地球上的无机物具体发生了怎样的化学反应，才一步步地变成各种有机物，变成生命需要的糖、脂肪、核酸和蛋白质，然后又一步步地启动物质代谢和能量代谢，形成了第一批细胞？这个问题我们恐怕永远也不会得到决定性的证据了。

如果一定要说我们对此还抱有什么希望，那就是生命出现之前的固碳作用一定与共祖的固碳作用密切相关——毕竟，共祖就是那种固碳作用的直接产物。而如果共祖的固碳作用被传给了末祖，又在 40 亿年的进化之后被某些物种继承下来，那我们就能复原出最初的固碳作用了。

看起来，这希望可真是渺茫啊！但这个希望非但没有破灭，反而格外地强劲，在今天的六种固碳作用中，竟有两种可能是最初的固碳作用的延续。

对于大多数读者来说，这六种固碳作用的名字一个比一个生硬拗口：卡尔文循环、逆三羧酸循环、乙酰辅酶A路径、3-羟基丙酸双循环、3-羟基丙酸/4-羟基丁酸循环、二羧酸/4-羟基丁酸循环[1]。不过不必害怕，名字越是拗口的固碳作用，越不需要我们掌握，而名字最简单的那一个，我们已经非常熟悉了。

卡尔文循环毫无疑问是当今世界上最重要、最为人所熟知的固碳作用，因为它就是光合作用的"暗反应"。

我们在中学就知道，光合作用包括光反应和暗反应两个部分。其中，光反应只负责两件事：利用光能制造ATP等高能物质，并且把水分子拆成氢原子和氧分子[1]，并不涉及二氧化碳，所以不属于固碳作用。而后的暗反应才会实实在在地负责合成有机物，它会利用光反应制造的ATP和氢原子，让二氧化碳经过卡尔文循环源源不断地固定下来，变成葡萄糖，葡萄糖再通过其他生化反应转变成脂肪酸、氨基酸、核酸、固醇……生命需要的任何有机物。

与光反应配合起来，卡尔文循环对二氧化碳的固定非常高效。蓝细菌和植物每年都能净固定2 580亿吨二氧化碳。其中，那个专门负责把二氧化碳投入卡尔文循环的酶1,5-二磷酸核酮糖羧化酶/加氧酶，很可能就是这个地球上总质量最大的蛋白质[II]。全世界的蓝细菌和叶绿体平均每秒钟都会制造1吨重的这种蛋白质，它占据了陆生植物蛋白质总量的20%到25%，在叶片中的含量甚至可达60%以上。一切以绿色植物为食的动物，都把这种蛋白质当作自己主要的蛋白质来源。比如，平均计算下来，要有44千克的这种蛋白质一刻不停地工作，才能制造足够的有机物，供应一个人的食物消耗[2]。然而人类消耗的有机物又不只是用来吃，我们还要不断地砍伐森林，还要把3亿年来深埋地下的固碳成果集中支取出来，用木柴、煤炭、石油、天然气"点燃"一个"辉煌"的文明。于是，我们看到，卡尔文循环苦苦支撑的全球固碳作用一旦失衡，后果将是多么的可怕。

但可惜，卡尔文循环在今天如此重要，却对寻找生命起源来说没有任何价值。因为我们已经非常清楚，卡尔文循环起源于蓝细菌和一部分紫细菌，是这些细菌自

---

[1]　与呼吸作用一样，这里的氢原子也是被辅酶带走的。

[2]　另一种有力的世界总质量最大的蛋白质的候选者是细菌用来合成脂肪酸的酰基载体蛋白质（ACP）。

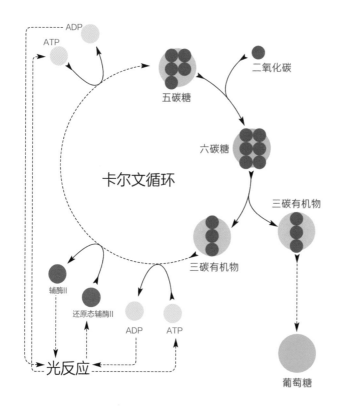

图 3-1 卡尔文循环示意图。这个示意图只标记了关键物质和其中的碳原子个数（黑色圆），没有标注催化各步骤的酶，虚线是省略的反应，另外，光反应不属于卡尔文循环，这里只是为了方便理解，把它一并展示出来。(作者绘)

己进化出来的[1]，而不是继承自末祖。毕竟，我们从未发现古菌使用这种固碳作用。

类似的，六种固碳作用的后三种，3-羟基丙酸双循环、3-羟基丙酸 /4-羟基丁酸循环、二羧酸 /4-羟基丁酸循环，或者只出现在少数细菌身上，或者只出现在少数古菌身上，而且这些细菌或古菌都只生活在高温热泉或者深海热液喷口上，也很明显是它们单独进化出来的适应特殊环境的产物。

那么，选项就只剩下"逆三羧酸循环"和"乙酰辅酶 A 路径"这两个了，这两种固碳途径同时出现了在细菌和古菌身上，也就都有可能与生命的起源相关，因此吸引了广泛的注意。

---

[1] 包括植物与褐藻在内的真核生物通过内共生获得了光合作用的能力，植物的叶绿体实际上就是高度特化的蓝细菌，这与线粒体的情形非常类似。

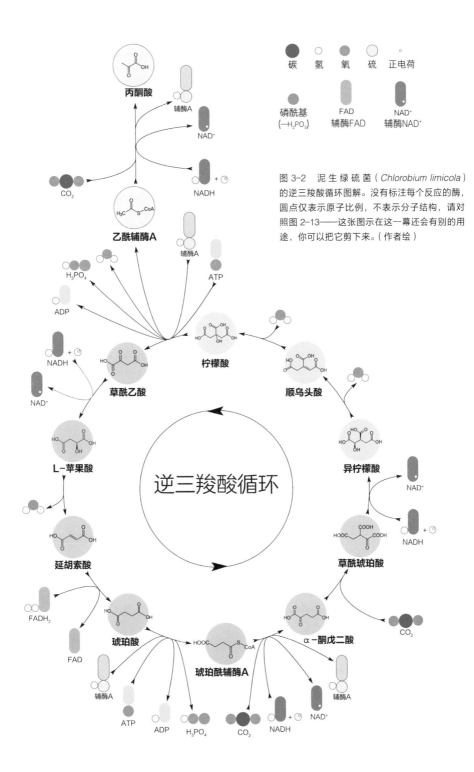

丙酮酸

辅酶A

NAD⁺

NADH

CO₂

乙酰辅酶A

磷酰基
（—H₂PO₃）

碳　氢　氧　硫　正电荷

FAD
辅酶FAD

NAD⁺
辅酶NAD⁺

图 3-2　泥生绿硫菌（*Chlorobium limicola*）的逆三羧酸循环图解。没有标注每个反应的酶，圆点仅表示原子比例，不表示分子结构，请对照图 2-13——这张图示在这一幕还会有别的用途，你可以把它剪下来。（作者绘）

辅酶A

ATP

H₃PO₄

ADP

NADH

NAD⁺

草酰乙酸

柠檬酸

顺乌头酸

L-苹果酸

NAD⁺

NADH

异柠檬酸

逆三羧酸循环

延胡索酸

草酰琥珀酸

FADH₂

FAD

琥珀酸

CO₂

辅酶A

琥珀酰辅酶A

α-酮戊二酸

辅酶A

ATP

ADP

H₃PO₄

CO₂

NADH

NAD⁺

· 倒转的齿轮 ·

逆三羧酸循环，顾名思义，就是"逆向的三羧酸循环"。

我们已经在第五章里专门认识了三羧酸循环，它就像一个转动的齿轮，源源不断地把有机物拆解成二氧化碳和氢原子，再把氢原子拿去推动化学渗透，制造能量。那么逆三羧酸循环，就是某些细菌可以让这个齿轮倒着转，把各处收集来的二氧化碳和氢原子送进去，源源不断地合成出各种有机物。比如在细菌域，黄石公园那些热泉里的绿硫菌就用这种方式固碳；在古菌域，生活在超过100℃的碱性热泉里的热棒菌（*Pyrobaculum*）也用这种方式固碳。[III]

这种固碳作用最亮眼的地方，就在于它的逆反应"三羧酸循环"如今广泛存在于一切需要氧气的细胞内，无论真核细胞、细菌细胞还是古菌细胞，都用它拆解最终的有机物。我们推测，它在更古老的厌氧生物体内就已经出现，比如今天一些被称为奇异变形杆菌的微生物，就能在厌氧环境下用它扩张菌落[IV]。

三羧酸循环出现得这样广泛并非偶然，其中的大部分有机酸都是类似物质里最稳定的，所以其他各种有机物都可能通过各种可能的反应，源源不断地被转化成这几种物质，促成这个循环。这就好像在下雨的平地上挖几个坑，雨水就会从四面八方源源不断汇入其中，这是热力学偏爱的结果。这几种有机酸彼此不断转化，也就像是在水坑之间挖通了沟道，在任何一个坑里添水取水，其他几个坑都会跟着分流，由此循环流动起来了。[V]

而且这也不只是打个比方而已，三羧酸循环在图2-13上只标记了"乙酰辅酶A"一个入口，但在真实的细胞代谢中，循环中的任何一个成员都可能来自细胞内的其他生化反应。如图3-3，细胞内的任何一种有机物，都可以通过种种化学反应，变成这个循环中的某个物质，由此汇入循环。之后或者在循环中彻底分解，给生命活动提供能量，或者从循环的其他地方分流出来，变成其他有机物。水到渠成的三羧酸循环就像是物质能量代谢的"中央环线"，生物化学上常常用"条条大路通罗马"形容它。

比如在我们节食减肥的时候，一部分脂肪就会被拆解成乙酰辅酶A，流入三羧酸循环，由此氧化消耗掉。而如果我们是在运动减肥，循环中的一部分物质还会分

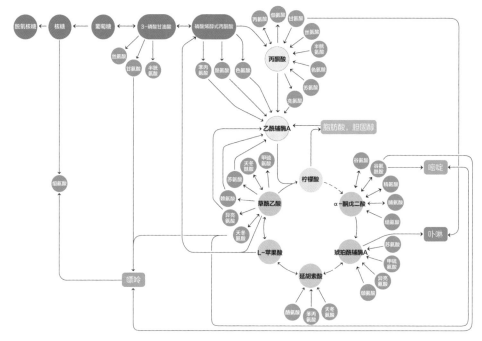

图 3-3　细胞代谢图。黑色粗体的是三羧酸循环，中断的箭头表示省略了几种物质，紫红色图形是糖代谢各环节，蓝色圆是构成蛋白质的所有标准氨基酸，橙色圆角矩形代表脂肪和固醇代谢，嘧啶和嘌呤是制造核酸的原料，卟啉是制造各种细胞色素，包括血红素和叶绿素的原料。可见，通过三羧酸循环，生命活动所需的绝大多数关键物质都实现了相互转化。（为了避免过多的箭头交叉，这张图重复表示了许多种氨基酸。）（作者绘）

流出去，进入氨基酸的合成代谢，并最终转化成肌肉里面的蛋白质，因此脂肪越来越少，肌肉越来越多。反过来，一个人如果只吃不动，循环中的能量消耗不动，那么糖分刚刚变成乙酰辅酶 A 就会被立刻分流出去，变成脂肪储存起来，甚至某些肌肉里的蛋白质也会自发分解，经周围的支流汇入循环，再通过乙酰辅酶 A 也变成脂肪储存起来，因此肌肉越来越少，肥肉越来越多。

　　至于作为固碳作用的逆三羧酸循环，原理也是一样的：它们在厌氧环境下迫使循环倒着转动，于是就会有二氧化碳和氢原子源源不断地被卷入，并通过逆三羧酸循环的各个分支，转化成细胞需要的一切有机物了。

　　所以我们也可以设想，在 40 亿年前的某处，先是出现了一些各行其是的简单有机物，但出于热力学的必然，这些有机物更多地生成了那几种有机酸（比如丙酮酸、柠檬酸、α-酮戊二酸之类的），随着这些有机酸越聚越多，它们就通过彼此的转化循环了起来。而原始的地球缺乏氧气，有机物倾向于合成积累而不是氧化分解，循环也就更容易像图 3-2 那样逆向转动。如果这样的事情真的发生了，环境中的二氧化碳和氢就会不断汇入，变成种类丰富的有机物，比如糖、氨基酸、脂肪酸，也就为生命的诞生做好了物质的准备。再后来，细胞直接接手了这套反应，并且在进化中保留了下来，如今的三羧酸循环反而是好氧的生物把逆三羧酸循环倒转过来的创新改革了。

那么，在生命出现之前的原始地球上，逆三羧酸循环究竟能不能转动起来呢？

似乎有不小的希望。

首先，那些有机酸要顺利地互相转化需要恰当的催化剂。在今天的细胞内部，这些催化剂都是千姿百态的酶，是蛋白质。但迄今为止的一系列研究也证实了在无机环境中，各种金属硫化物，甚至金属单质同样能催化三羧酸循环里的各种有机酸的相互转化反应 [VI]。而在原始地球的海洋深处，那些热液喷口恰恰正是这些催化剂最丰富的地方，硫化亚铁、硫化镍、硫化锰、硫化锌、硫化钴、硫化钼……应有尽有，全是很强大的无机催化剂。

另一方面，正向的三羧酸循环是能量代谢的末端，会释放能量，而逆三羧酸循环是物质代谢的起点，要被能量驱动。我们发现，在今天的细胞内，正向的三羧酸循环会产生一些高能的有机物，比如 ATP 和辅酶 NADH，这是因为正向的循环在整体上是个释能的反应，在热力学上比较有利。

如果要沿用之前凹坑与水的比喻，我们可以说那些坑一个比一个深，坑里的水面一个比一个高，那么只需简单的催化剂打通这些坑，如图 2-13，整个反应就会从柠檬酸到 α-酮戊二酸、琥珀酸、苹果酸……顺势流淌下去。只是到了最后一个水坑，草酰乙酸要再回到柠檬酸，就得有一份额外的能量把水汲上去，才能把这水流闭合成一个循环。于是你看，这步反应恰好伴随着乙酰辅酶 A 的水解，而这个水解反应会释放不少的能量，恰似一台提水机，所以只要糖酵解能不断提供乙酰辅酶 A 进来，三羧酸循环就会自然而然地运行下去了。

反过来，绿硫菌要让三羧酸循环逆向旋转，就是要让水往高处流。所以如

图 3-2，它们必须把那些高能物质重新注入循环，尤其是要把柠檬酸重新转化成草酰乙酸和乙酰辅酶 A，还得让"提水机"也倒着转，这就不得不再消耗一分子 ATP 了。

稍具体一些地说，绿硫菌的细胞膜上有一种酷似叶绿素的菌绿素，也能把光能转化成化学能。这些化学能可以从硫化物上夺取电子，这些电子有一些被直接用来制造辅酶 NADH，另一些则被投入化学渗透，把氢离子泵出细胞膜，然后驱动 ATP 合酶制造出 ATP 来。随后，这些 NADH 和 ATP 就可以驱动逆三羧酸循环了。这整个过程与植物是非常类似的，不同之处在于，植物会从水分子中夺取电子，因此会产生氧气，NADH 和 ATP 驱动的也是卡尔文循环，而不是逆三羧酸循环。

但奇怪的是，2005 年，我们在东太平洋海隆水深 2 500 米的黑烟囱上发现了一群欣欣向荣的绿硫菌，暂时将其命名为"GSB1"，它们生活在绝对没有阳光的环境中，又该拿什么驱动光反应呢？研究结果非常令人震惊，它们依赖的仍然是深海热液释放的微量的红外线光子。这是因为，绿硫菌的光反应要比植物的光反应容易发生得多。要获得 ATP 和 NADH，细胞的光反应必须从某种物质上夺走电子。对植物来说，它们的光反应是从水分子中夺取电子，稍有化学常识的人都能意识到，这是虎口夺食的事情，必然需要很高的能量。所以植物的叶绿素必须能从可见光中吸收能量，尤其是从蓝紫光中吸收能量。而绿硫菌的光反应却是从硫化物上夺取电子——这个"柿子"就非常软了，因为硫离子是还原性很强的离子，绿硫菌的菌绿素只需吸收最弱的红光，甚至根本看不见的红外线就能完成这个任务。经测算，GSB1 的每分子"细菌叶绿素"，每天只需要接收不到 10 个光子就够用了 [1] VII。

那么，在细胞出现之前，逆三羧酸循环也能在原始环境中如此轻易地得到能量供应吗？

坦率地说，目前的研究还不甚明了，但一些大胆的尝试却很有价值。

2006 年，哈佛大学的几个科学家模拟原始海洋的条件，设计了一次小规模的探索性实验，试着给胶态的硫化锌催化剂加上了光照，结果发现逆三羧酸循环的五个还原步骤中至少有三个可以用这种方法实现 VIII。但在进一步的实验展开之前，

---

[1] 作为比较，产氧光合作用唯一真正负责光解水的色素是叶绿素 a，它的吸收峰是 430 纳米的蓝紫光和 640 纳米的红橙光，而 GSB1 深海绿硫菌的菌绿素的吸收范围在 700 纳米到 1 000 纳米，人眼已经很难看到了。

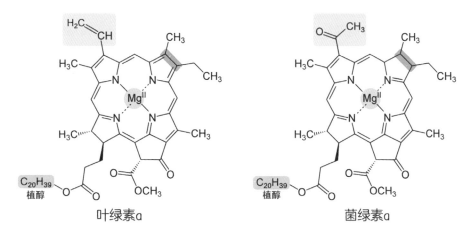

图 3-4　左侧是蓝细菌和叶绿体使用的叶绿素 a，右侧是绿硫菌使用的菌绿素 a，它们非常像，实际上，我们现在认为后者就是前者在进化上的祖先。（作者绘）

我们还不敢说这意味着什么。另外一项更新的研究发生在 2017 年。法国斯特拉斯堡大学的研究团队发现，单质铁、+2 价锌和 +3 价铬不需要光照，就能在酸性环境中催化逆三羧酸循环。或许，能量问题甚至不是三羧酸循环倒转的关键。

不要忘了，三羧酸循环在需氧生物体内正向旋转并不只是因为反应本身的热力学性质，还因为循环产生的二氧化碳和辅酶 NADH 会随着能量消耗而被不断地移除。也就是说，我们的细胞会源源不断地从那些坑中"取水"，让所有的水坑都灌不满，更深的水坑才能有更低的水面，循环才得以持续。否则，循环产生的二氧化碳和辅酶 NADH 就会堆积起来，最终让所有坑里的水面互相齐平。结果就是循环彻底停滞，不但乙酰辅酶 A 这个入口灌不进水来，上游的糖分消耗不掉了，而且还会有许多有机酸从支流跑出去，转化成脂肪储存起来，这也是好吃懒做容易胖的更微观的原因。

所以反过来，如果原始环境聚集了大量的二氧化碳和活跃的氢，情况就会变成四周不断地向坑中注水，当所有水坑都注满，坑里的水就会倒着从乙酰辅酶 A 那个入口，或者其他任何水位较低的开口流出去，还原成各种更复杂的有机物了。

总之，在更加丰富的实验结果呈现出来之前，逆三羧酸循环作为生命起源的候选反应还充满了未知，但也给我们带来了很大的希望。即便它不是最初的固碳作用，它也仍然极有可能以某种完整或不完整的形式出现在生命诞生的前夕，为地质化学和生物化学的过渡奠定丰厚的物质和能量基础，我们今后还会遇到它。

·分岔的链条·

最初的固碳作用的另一个候选者，是"乙酰辅酶A路径"。从名字就看得出来，"路径"，这种固碳作用画出图示来将是一根链条，而不是一个圈圈。在这根链条起点上的是二氧化碳和氢气，在这根链条终点上的，当然就是乙酰辅酶A了。

与"循环"相比，"路径"有开端，简单得多，直接得多，而这也正是乙酰辅酶A路径最显著的优势了。因为一个在生命诞生前就已经存在的古老反应，似乎理应不太复杂。

而且，乙酰辅酶A路径也的确存在得更加广泛，细菌域的各种产乙酸细菌和古菌域的各种产甲烷古菌，几乎都用它来固碳，牛羊瘤胃里的微生物群落就常常兼有它们，深海的热液喷口也同样有它们的共生群落。这越发让我们相信它存在于末祖身上，然后被细菌和古菌分别继承下来。

不仅如此，在这些细菌和古菌身上，乙酰辅酶A路径都是与能量代谢耦合在一起的。也就是说，这种固碳作用不但不消耗能量，还能捎带着产生能量，而这是其他任何固碳作用都不具备的美妙特征。想想看，如果这就是最初的固碳作用，那么第一批细胞就可以只用一套反应，一边获取制造自身的有机物，一边获取源源不断的能量了。

而白烟囱假说尤其青睐乙酰辅酶A路径，不仅因为上面这些好处，而且因为这种固碳作用的原料就是二氧化碳和氢气，这是碱性热液喷口里非常丰富的两种物质。所以这条路径近乎完美地沟通了白烟囱的地质化学反应与产甲烷古菌、产乙酸细菌的生物化学反应，也同时解释了细胞能量代谢的起源和物质代谢的起源。两相合璧，这个假说就产生了叫人难以抗拒的魅力，因此在本书中，我们也将主要采用这个两者结合的理论。

对于"乙酰辅酶A"这个名字，我们应该不会感到陌生，因为我们并不是到了

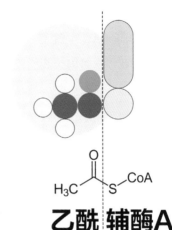

图 3-5 乙酰辅酶 A 在本书图示里的样子、化学书上的键线式和名称。注意，"CoA" 是 "辅酶 A" 的缩写，不是元素符号。（作者绘）

这一章才第一次遇到它。早在第五章，我们在讲述三羧酸循环的时候，在图 2-13 的左上方，葡萄糖发酵的产物就是先转变成乙酰辅酶 A，再汇入三羧酸循环的。而对于那些接触过生物化学的读者来说，"乙酰辅酶 A" 就更是一种再熟悉不过的物质了。在新陈代谢中，糖、脂肪和蛋白质这三大营养物质的分解代谢殊途同归，都以乙酰辅酶 A 的形式进入三羧酸循环。同时，乙酰辅酶也可以为脂肪和固醇的合成代谢提供原料。如果说三羧酸循环是代谢反应的 "中央环线"，那么乙酰辅酶 A 就是环线旁边的十字路口。

在这里，重要的不是乙酰辅酶 A 这种物质在我们的细胞里能够怎样，而是乙酰辅酶 A 是一种非常活跃的有机物，在生化反应中有着无限的可能，以至于六种固碳作用里有四种的直接产物都是它[1]。

所以我们还是很有必要先来认识一下乙酰辅酶 A，知道它大概是种什么样的物质，以免它严肃的名字给我们带来什么隔阂。

从名字上就能看出，乙酰辅酶 A 包括两个部分：乙酰基和辅酶 A。乙酰基就是乙酸除去一个羟基剩下的残基，乙酸就是醋酸，人类最常接触的有机酸。当然，乙酰基的原料并不一定是醋酸，在三羧酸循环里，这个乙酰基就是丙酮酸变来的，

---

[1] 除了逆三羧酸循环和乙酰辅酶 A 路径，3-羟基丙酸 /4-羟基丁酸循环和二羧酸 /4-羟基丁酸循环的终产物也是乙酰辅酶 A。另外两种固碳作用，卡尔文循环的终产物当然是葡萄糖，3-羟基丙酸双循环的终产物是丙酮酸。

第五章的图 2-13 已经展示过这种变化了。

至于辅酶 A，也就是"编号为 A 的辅酶"，本文所有的图示都把它画成了简单的几何形状，这是因为我们根本不需要关心它的具体结构，知道它的功能足矣。而辅酶的功能，顾名思义，就是"给酶帮忙"。这个忙，通常就是"运货"。因为许多酶的催化对象很小很活跃，比如单个的氢原子，比如电子不平衡的乙酰基，它们如果暴露在细胞内的水环境里到处漂，那还没等抵达反应场所就先和别的物质反应掉了。所以，细胞必须有一种专门的物质，能够先与这些活跃的催化对象临时结合起来，遇到了恰当的酶，再把它们释放出来，而这些专门的物质就是辅酶。

打个比方，这些酶就像是生鲜食品加工厂，氢原子和乙酰基就像极易腐烂的新鲜鱼肉，而辅酶就像冷藏保鲜车，马不停蹄地奔波在加工厂和渔船之间，保证了整个反应的稳定有序。而辅酶 A 这辆保鲜车，就专门负责运送各种酰基，所谓"乙酰辅酶 A"，就是正在运送乙酰基的辅酶 A，它驰骋在生化反应的第一线，随时准备把生猛的乙酰基释放出来，合成细胞需要的各种复杂的有机物。

这样一来，作为固碳作用的乙酰辅酶 A 路径就很好理解了：开辟一条源自无机世界的生产线，把那里取之不尽、用之不竭的二氧化碳和氢气捕捞上来，直接加工成乙酰基，让辅酶 A 装车运走，送去合成一切所需的有机物。

那么，这条生产线是怎样的呢？

如图 3-6，事情看起来有些复杂，但我们完全不需要弄懂任何反应原理，只需把这张代谢示意图看作一张工厂流水线示意图，观察路径的整体走向，就能把握乙酰辅酶 A 路径的精髓了。

示意图上有许许多多五颜六色的胶囊形的东西，那些都是辅酶，是运货的"保鲜车"，它们拗口的化学名字都只是车辆编号罢了，无视即可。在粉色和蓝色背景上，这些保鲜车上的货物就是氢分子上拆下来的氢原子，我们也暂时假装看不见它们。

很明显，乙酰辅酶 A 路径在整体上是分岔的，包括了长短两个分支：一个较长的分支占据了整个图示的绝大部分，它从顶端的二氧化碳开始，绵延到下方的甲基钴咕啉结束。在此过程中，二氧化碳接受了连续不断的还原，最后变成了甲基。而且这个分支在中途有两个版本，粉色背景上的是产甲烷古菌的版本，蓝色背景上

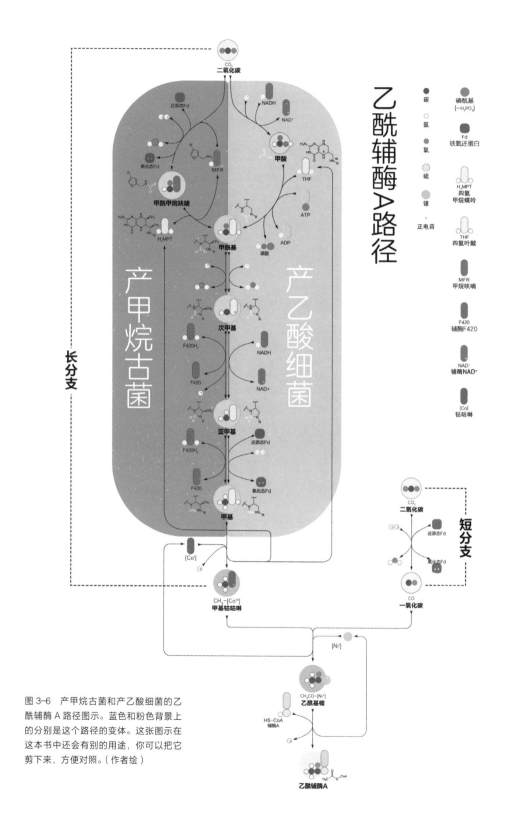

图 3-6　产甲烷古菌和产乙酸细菌的乙酰辅酶 A 路径图示。蓝色和粉色背景上的分别是这个路径的变体。这张图示在这本书中还会有别的用途，你可以把它剪下来，方便对照。（作者绘）

的是产乙酸细菌的版本。

长分支的两个版本刚开始的部分看起来差异很大，是由完全不同的化学反应构成的，所以图示画成了两个背离的半圆。但如果乙酰辅酶 A 路径继承自末祖，这样大的差异就有些叫人困惑了。到了第五幕，我们会结合一个突破性的发现解释这种疑问，同时解开细菌与古菌的身世之谜，但我们目前先不管它。

但是在长分支的其余部分，古菌和细菌之间的差异就非常小了 [1]。初步固定下来的碳元素被装上了一辆黄色的保鲜车，之后这辆黄色保鲜车会一路向下，其中装载的甲酰就被沿途的工厂一路还原，最后变成了甲基。当然，道路两边的东西似乎有些不同，但我们实在不需要比较它们，都可以用"从末祖分野后的进化差异"来解释。实际上，这款保鲜车的不同型号不只出现在细菌和古菌的细胞内，还广泛出现在各种真核生物，包括我们人类体内，工作都是运送和加工甲基。在长分支的末端，黄色保鲜车上的甲基被转移到了另一辆钴蓝色的保鲜车 [2] 上，拐个弯就与另一条较短的分支会合了。

那条较短的分支蜷缩在图示右下方，动作非常干脆，二氧化碳一到位就被还原成了一氧化碳。

最后，两条分支汇合起来，甲基和一氧化碳结合成了乙酰基，于是我们期待已久的酰基专用保鲜车辅酶 A，也及时赶了过来，把它装上运走——事儿就这样成了，细胞有了满载乙酰基的辅酶 A！

但是到此为止，我们似乎少了点什么：产甲烷的古菌没有产出甲烷，产乙酸的细菌也没有产出乙酸。这是一个挺重要的问题，因为就是这两步代谢给细胞产出了充足的能量，但我们在这一章里先不考虑它们，因为它们已经超出了固碳作用的范畴，不再是乙酰辅酶 A 路径的一部分了。到第五幕，我们再详细讨论这两步代谢，它们与第七章结尾的疑问，与两个版本的长分支在开头处的显著差异，将会构成一个完整的故事。

所以，总的来说，乙酰辅酶 A 路径就只包括了四个步骤而已：第一步，把一

[1]　如图 3-6，你会注意到古菌用的辅酶叫"四氢甲烷蝶呤"，细菌用的辅酶叫"四氢叶酸"，这是两种非常类似的物质，实际上，它们用来结合甲酰基的部分，以及接下来的整个变化历程，都是完全一样的，这在图 3-6 中表现得很明白。

[2]　图中的是个简称，全称是"钴（I）咕啉铁硫蛋白"[Co(I) corrinoid Fe-S protein]，参看下一章的"延伸阅读"。

份二氧化碳还原成甲基；第二步，把另一份二氧化碳还原成一氧化碳；第三步，甲基与一氧化碳相遇变成乙酰基；第四步，让辅酶 A 来装货。

一切看起来都简单极了。连能量通货都不是必需的，虽然细菌版本的长分支需要一份 ATP，但古菌版本的长分支就没有这个需求，自始至终，它就只需要保鲜车送来的氢原子而已，这就免除了逆三羧酸循环那个能量供给的麻烦，让事情变得容易了许多。

那么，40 亿年前的原始地球上，是不是也能发生同样无本万利的反应，出现地质化学版本的乙酰辅酶 A 路径呢？

如果这样的事情真的发生了，那可就太好了，乙酰辅酶 A 是非常活跃的物质，它能把乙酰基连接到各种有机物上，制造出越来越复杂的有机物。而如果环境中还生成了许多的多元有机酸，那么地质化学版本的三羧酸循环也有希望旋转起来，让生命之前的代谢反应迈出坚定的一步。

怀有这种希望的科学家当然不在少数。比如就在写作这本书之前不久，2018 年，法国斯特拉斯堡大学的研究团队就模拟了原始海洋的条件：在 30℃到 100℃之间，1 到 40 倍大气压下，二氧化碳可以被铁、钴、镍、锰、钼、钨的单质催化，生成甲酸、甲醇、乙酸和丙酮酸[1]IX。

如果你对这个实验的产物感到陌生，那是因为它们溶解在了水中，如果换成是在细胞里，你就会兴奋地发现原来它们都是乙酰辅酶 A 路径的阶段性产物：在长分支上，二氧化碳的第一次还原产物就是甲酸，产乙酸细菌版本尤其明显，就在图 3-6 蓝色背景的最上方。产甲烷古菌版本的第一次还原产物虽然是个甲酰基，被装在编号为"甲烷呋喃"的保鲜车上，但甲酰基在水中就会变成甲酸，而且在实际的反应中，这个二氧化碳也同样是先变成甲酸，然后又脱去一个羟基变成甲酰，才被装上了车。我们会在下一章的"延伸阅读"里介绍这个细节。同样，甲醇是长分支终点那个甲基与水结合的产物[2]，乙酸当然是乙酰基与水作用的产物，至于丙酮酸，那是乙酰基在水中结合二氧化碳的产物。

所以仅从产物上看，这个实验已经非常理想地吻合了乙酰辅酶 A 路径，而且

---

[1] 另外值得一提的是，同样是这个团队，还在 2017 年发现了锌和铁可以催化大部分的逆三羧酸循环。

[2] 严格地说，是甲基获得羟基之后的产物，而水分子就可以提供这个羟基。

它的效率也很乐观，一天之内就达到了几毫摩每升（即几摩尔每立方米）的浓度。这对于水溶液中的有机物来说已经是挺高的浓度了。不过有些棘手的是，这个团队选择的催化剂全都是很活泼的金属单质，比如纯铁什么的，然而众所周知，这样的物质是不会老老实实出现在海水里的，尤其是 40 亿年前明显酸性的海水，纯铁分分钟变成铁的离子。

而白烟囱假说也同样认为乙酰辅酶 A 路径就是共祖们的固碳作用，这个假说的研究者都相信 40 亿年前的白烟囱能够给地质化学版本的乙酰辅酶 A 路径提供恰当的反应条件，这构成了白烟囱假说最重要的理论部分。

不过，"地质化学版本"究竟是怎样一个版本，研究者们的意见还没有完全一致，他们各自提出了不同的反应机制，并且都在实验中取得了颇有希望的成果。这或许只是理论早期的见仁见智，也或许是白烟囱真的拥有太多的可能。

于是，今天的白烟囱假说就像九连环一样，容纳了许多相对独立的理论模型，这些模型相互勾连，环环嵌套，对于作为观察者的我们来说，这就有些妙趣横生且耐人寻味了。

・第九章

矿石与电流 | 地质化学版本的乙酰辅酶 A 路径

> 现在的白烟囱假说选择了乙酰辅酶 A 路径，但是，乙酰辅酶 A 路径是如何在地质化学反应中实现的呢？
>
> 这就要留意白烟囱里的铁硫矿物微粒了，它们像极了"铁硫簇"，一种镶嵌在蛋白质内部，与细胞的多种物质能量代谢密切相关的原子团。在大量的实验中，这些铁硫化物都成功催化了有机物的产生。
>
> 但具体是一些怎样的催化反应，这个假说的几位构建者有着不同的见解。威廉·马丁认为是铁硫矿的表面直接催化了整个反应，而尼克·莱恩却认为那涉及一种奇特的电化学反应。
>
> 截至这本书写成的时候，他们仍未完全达成一致。

如果乙酰辅酶 A 路径就是我们寻找的生命出现之前的固碳作用，是它为生命的出现奠定了物质的基础反应，那么，生命起源之初该是什么样子的呢？

或者问得具体一点，图 3-6 上一步步的变化，如果离开了那些加工场似的酶，也离开了那些保鲜车似的辅酶，要怎样在无机世界里实现呢？

·障碍·

早在第四章的结尾，我们就概括地说过其中的尴尬：氢气与二氧化碳结合成有机物的反应本来蕴藏着巨大的熵增潜力，或者说蕴藏着巨大的能量，然而这个反应在通常条件下极难发生，这使得其中的能量无法释放出来。

比如在标准状况下，二氧化碳如果被氢气充分还原，最后的产物就是甲烷和水：

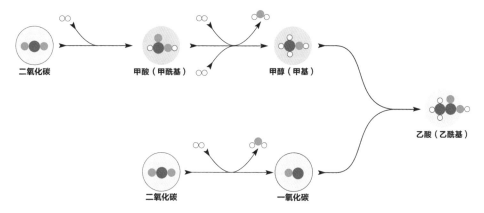

图 3-7 让我们姑且把图 3-6 里的乙酰辅酶 A 路径简化到极致，变成这个样子。这个极简的流程不代表实际的反应，只是帮助你理解这整个过程。不过，在上一章的结尾处，的确有许多实验得到了这些物质。（作者绘）

$$4H_2 + CO_2 = CH_4 + 2H_2O；\quad \Delta G_o = -130.3kJ/mol$$[1]

这个方程式哪怕在初中都属于最简单的那一类，只是结束后用分号隔开了一个带单位的陌生的量，名叫 ΔG_o，那是这个反应的"吉布斯自由能的变化量"，简称"自由能变"[1]。在第四章的第一篇"延伸阅读"中，我们潦草地提过"吉布斯自由能"这个概念：当初薛定谔探讨生命的本质，用"负熵"表达了"有序性"这个概念，但他还有一个更准确的候选概念，就是"自由能"，只是自由能的物理意义太过复杂，才被他放弃了。那么同样，我们在这里也丝毫不用纠结它的概念，而只需知道，自由能变与熵的增减关系很大，它在事实上决定了某种反应能否自然发生。[2]

那么，自由能变小于 0，反应就是自发的，反之就不是自发的，而上面这个反应的自由能变明显小于 0，所以看起来，这个反应一定会在长远上自然发生，而不需要投入别的能量了。

---

[1] 在化学上，这需要让反应前后保持相同的压强，对于出入开放的热液喷口来说，这个压强当然是固定的。

[2] 如果有读者愿意稍微深究一下，为什么这里一定要用"自由能变"而不用"熵的增减"，那是因为单纯的热力学第二定律只适用于孤立系统，但现实世界中根本没有孤立系统，所以实践起来就很虚无。而吉布斯自由能没有这个限制，它只需保证变化的起点和终点恒温恒压就可以适用，而我们研究的原始海洋这种"开放环境"里的化学反应，总是满足这个条件。

但事实哪有这么美好。要知道，甲烷就是天然气最主要的成分，如果二氧化碳和氢气能够轻易反应，人类就可以利用太阳能电解水制取氢气，再用氢气与空气中的二氧化碳制取天然气甚至汽油。这不仅能一劳永逸地解决能源问题，而且整个过程中都不消耗额外的化石燃料，它就将是最强大、最廉价、最清洁、最取用不尽的完美能源了，何乐而不为呢？

因为这个反应实在太慢了！它慢到只有在星辰也会熄灭、银河也会枯竭、黑洞也会蒸发……这样无限的时间尺度上才能看出效果。所谓"长远"的自发推进，根本就是"永远"。工业上偶尔要用氢气和二氧化碳造甲烷，这被称为"萨巴捷反应"，这个反应要动用300℃到700℃的高温，1到80倍的大气压，还要用上金属镍之类的强效催化剂，才能推得动上面的方程式。

所以，"自发反应"虽然乍听起来会有一种自由落体的畅快感，但它在事实上完全可能慢得行不通。钻石转化为石墨也是个自发反应，可戴比尔斯还不是打出了"钻石恒久远，一颗永流传"的广告？

反应能否自发推进，和反应能够多快地推进，这就是热力学和动力学的区别了。

我们刚才说过，凡是自由能变小于0的化学反应都是自发反应，这就是热力学关心的事情。比如法棍面包在空气中的燃烧反应，自由能变小于0，是一个自发反应，一旦开始就会持续下去，直到面包烧尽，或者空气中的氧气耗竭。反过来，水和二氧化碳转化成有机物和氧气的自由能变大于0，就不是自发反应，即便植物用光合作用强行驱动了它，一旦断绝光照的条件，整个反应也就随之终止了，绝不会继续发展下去。

所以，我们不妨打个比方：化学反应就像在一个斜坡的起点上放了一个球。自发反应的斜坡终点比起点低，球很愿意滚到底。非自发反应的斜坡终点比起点高，那个小球即便受力上去了，早晚也得滚回来。

是的，"受力"，我们可以认为动力学就是在研究这个抽象小球的运动过程。

就拿约旦沙漠里那块14 400岁的古代面包来说吧。在一般的温度下，淀粉与氧气即便直接接触也不会反应。这是因为"颟顸蠢大"的淀粉分子并不能够直接与氧分子发生反应，而必须有某种"另外的能量"先把淀粉分子击碎，打下很多碳氢原子的"碎片"，再由这些高度活跃、极不稳定的碎片与氧分子发生反应。火焰在微观上的作用，正是给可燃物提供这份"另外的能量"。

实际上，任何一个化学反应，哪怕氢气在氧气中燃烧这样看起来简单的化学反应，都不是完整的分子按照化学方程式中的"配平系数"直接地反应起来，而一定要先在微观上解体成无数种"碎片"才能推进下去，所以任何一个反应都需要这份"另外的能量"。有些反应，比如淀粉氧化，需要的这份能量比较多，因此就很难启动。而另外一些反应只需要很少的能量就能启动，比如白磷在空气中燃烧，只需达到34℃就能满足那份能量需求，让它们在空气中自燃起来。

所以，如果还打那个小球的比方，我们就会发现，对于任何一个具体的反应，那个斜坡都不会光滑笔直，而有着各种各样的起伏，那些在动力学上不利的反应，往往是在斜坡某处鼓着一道坎，那道坎的高度就代表了那份"另外的能量"至少要有多大。

如果你还记得在第四章结尾的地方，我们说过熵增的障碍问题，那么，这道坎就是系统熵增最严重的障碍——氢气要想把二氧化碳还原成乙酰辅酶 A 路径中的那些产物，什么甲酸、甲醛、甲醇、乙酸抑或一氧化碳，就要想办法跨越这样的障碍，这些障碍常常陡峭得如同壁垒，直接堵住了反应的去路。

要通过这道障碍只有两个办法：要么直接引入大量的能量，强行翻越障碍，比如萨巴捷反应的高温高压，要么就使用催化剂改变障碍的"地形"，比如产甲烷古菌和产乙酸细菌的酶和辅酶。那么，在既没有工业也没有催化剂的时代，在碱性热液喷口上的白烟囱内部，真的有一种"原始乙酰辅酶 A 路径"，能让氢气和二氧化碳迈过这道障碍，顺利地反应起来吗？

· 岩石之心 ·

在白烟囱假说刚刚提出的时候，米歇尔·罗素和威廉·马丁就注意到了那里储量丰富的无机催化剂，也就是各种过渡金属硫化物，尤其是铁的硫化物。他们注意到这些铁硫矿在微观上有一些奇妙的特性，很有希望在地质化学和生物化学之间构造一条顺畅的通路，促成那种原始乙酰辅酶 A 路径。[II]

在第二章里，我们讲述黑烟囱的灵感来源时介绍过一类铁硫蛋白。这种蛋白质真正的活性中心大都是内部包裹着的铁硫簇，也就是"铁硫化合物的原子簇"。后来在第五章里，我们说过那些在化学渗透中负责转递电子的蛋白复合物大都是铁硫蛋白，第六章还举了一个更加精细的例子，讲述了复合物 I 里面那些铁硫簇如何像电路一样发挥了精妙的催化作用。

如果你还大致记得这些，那就太好了，因为乙酰辅酶 A 路径里的各种关键的酶，那些给氢气和二氧化碳的反应打通障碍的酶，也大都是铁硫蛋白。也就是说，现代的乙酰辅酶 A 路径，就是被铁硫簇催化完成的。而罗素和马丁注意到的，就是各种铁硫簇都与热液喷口中的某些铁硫矿拥有如出一辙的微观结构，简直就是这些铁硫矿的碎片。

所以，如果要用传奇的措辞概括他们的理论，那么，在 40 亿年前的地球上，就是这些铁硫矿物催化了原始乙酰辅酶 A 路径，为生命的诞生积累了最初的有机物。生命诞生后也就沿用了这套乙酰辅酶 A 路径，作为最初的固碳作用。在那之后，所有的基本物质能量代谢都由这一套原型衍生而来，所以作为一份进化的遗产，时至今日，地球上的每一种生命，都还在细胞里面保存着一座座微型的白烟

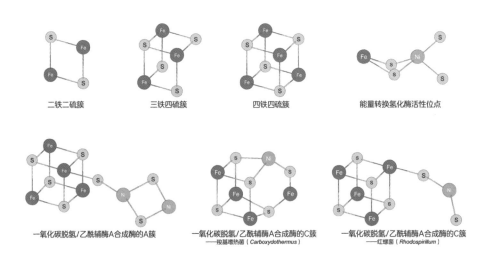

图 3-8　与乙酰辅酶 A 路径有关的酶的铁硫簇，其中不少都掺杂了镍。这些物质现在看来都很陌生，都有拗口的名字，但在正文里你不用记住它们的名字，至于那些好奇的读者，在这一章的"延伸阅读"里你会看到其中的大部分。（作者绘）

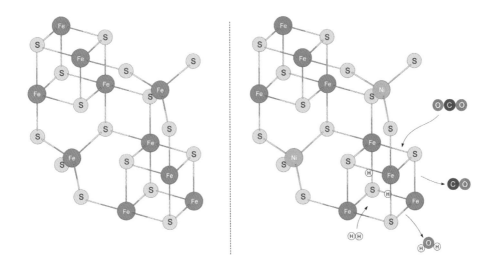

图 3-9　左侧是普通的硫复铁矿（Fe_3S_4）的部分晶胞。右侧是 1/6 的铁原子被镍原子替代后的硫复铁矿（Fe_5NiS_8，铁镍硫矿）的部分晶胞，替换后，每个铁原子都是立方体的一角，每个镍原子都与周围 4 个硫原子相连，成为一个四面体的中心。仔细看，图 3-8 里的铁硫簇像极了这种铁镍硫矿的碎片。另外注意右下角：一个氢分子可以渗入铁和硫组成的立方体中，成为两个比较自由的氢原子，然后把吸附上来的二氧化碳还原成水和一氧化碳，这个催化反应恰好就是乙酰辅酶 A 路径里的短分支。（作者绘）

囟——血肉之躯里暗藏了一颗岩石的心。

至于这岩石之心具体由哪些铁硫矿铸成，罗素和马丁的回答是"硫复铁矿"，也就是四硫化三铁（Fe_3S_4）的天然晶体，尤其是掺杂了镍原子的晶体，如图 3-9，那些铁硫簇像极了这种晶体的碎片。硫复铁矿 1964 年才被人类发现[III]，只看名字中的"矿"，好像是一种无机物，但它一直都与生命活动关系暧昧。在自然界中，它们的主要来源竟然就是生物合成。

晶体程度的硫复铁矿出现在世界各地的湖泊与海洋的沉积物中，由那些以硫化物为能源的细菌、热液喷口上的嗜热细菌，还有一些趋磁细菌合成出来。其中，前两类细菌我们在第七章里接触过许多，而趋磁细菌就比较新奇，这些细菌本来没什么亲缘关系，却不约而同地在细胞内制造了硫复铁矿的晶体微粒，并且把这些晶体微粒整齐地排列在细胞内。这是因为四硫化三铁与四氧化三铁一样，整齐结晶就会成为磁铁。可想而知，这些细胞内的小磁铁就会像指南针一样，沿着地球磁场的方向分布。可是，这样做的意义是什么呢？

目前比较流行的解释是，细菌需要生活在恰当的氧气浓度下，而在它们生活的淤泥和沉积物里，氧气总是越向上浓度越高。但要让这些微小得连重力都感受不到的细菌分出上下，就像让在沙漠里赶夜路的旅人找到南北，实在太难了。所以，就像旅人用指南针分辨南北，细菌也可以用硫复铁矿的晶体分辨上下。

乍听起来，这有些违反常识，指南针顾名思义指的是南北，如何能指上下呢？这是因为地球磁场要在两极回归地心，所以除了赤道附近，世界各地的磁场都不会平行于地表[1]，而是斜着插进地表。那么，细菌如果沿着磁场运动，也就不是单纯的南北运动，而同样伴随着上下运动了 IV。

除了趋磁细菌，还有更令人啧啧称奇的。印度洋中脊的黑烟囱附近生活着一种鳞角腹足螺（*Chrysomallon squamiferum*），它们靠食道中共生的变形菌为生，而它们的贝壳外层就长有一层结实的硫复铁矿，甚至连整个腹足表面也长满了像鳞片一样的硫复铁矿晶体。2015 年被人类发现的它们是已知整个动物界里唯一拥有"铁甲"的物种，这层铁甲或许可以帮助它们抵御热液中灼人的高温 V。

当然，生命活动不是什么奇迹，这一早就澄清过了。除了生物合成，硫复铁矿也能出现在含硫丰富的热液活动中。根据罗素在 2015 年的研究，早在 40 亿年前的白烟囱里，就已经存在着含量可观的硫复铁矿了 VI。

回到我们的问题上，这颗硫复铁矿的岩石之心，是如何促成原始或者现代的乙酰辅酶 A 路径的呢？

概括地说，那就是"催化"二字。我们都知道，催化剂是在反应前后维持不变的物质，但这并不意味着催化剂不参与化学反应，恰恰相反，催化剂参与的反应甚至在动力学上更有利——如果说某个反应本来存在着壁垒般的障碍，催化剂就像是绕过障碍，另外开辟了一条平缓的捷径，当然就能让整个反应顺利推进了。

当然，这样概括似乎有些太过笼统，不能尽兴。但要问四硫化三铁的晶体微粒究竟怎样改变了动力学障碍的地形，那又很难避免深奥和晦涩了。所以，我们在正文里就只打一些简单的比方，在"延伸阅读"里才举几个具体的例子，留给那些好奇的读者。

---

[1]　严格地说，这里的"地表"是指"当地水平面"。

图 3-10　鳞角腹足螺已知的三个种群有不同的颜色。(图片来源: Chong Chen)

　　首先，从微观上看，硫复铁矿的晶体表面就像乐高积木里最大最平整的那一块，而二氧化碳、一氧化碳、氢分子还有各种有机物就像是小块的乐高积木。这些小积木一旦附着在硫复铁矿的表面上，自由运动的空间就从三个维度降低到了两个维度，在热运动中产生新组合的概率也就大大提高了。而且更重要的是，硫复铁矿上的铁原子对碳原子有很强的吸引力，这种吸引往往能把不够小的积木或者接口不多的积木拆成更小的积木或者接口更多的积木，氢气与二氧化碳的各种还原反应乃至有机物的相互反应因此更加容易启动。

　　而热液喷口中的硫复铁矿不可能纯洁无瑕，必然掺有许多杂质。尤其是钴、镍，它们与铁合称"铁系元素"，化学性质非常相似，总是相伴而生，硫复铁矿的晶体也就总是或多或少地掺杂了钴和镍。但在催化反应发生的时候，它们又有一些微妙的不同，恰如拆解积木时有些不同的偏好。比如镍就更容易与一氧化碳形成配合物，所以在乙酰辅酶 A 路径的短分支上，就是一个含有镍原子的铁硫簇把二氧化碳催化成了一氧化碳。

　　不仅如此，硫复铁矿还是一种半导体，它的晶格能够接受和释放额外的电子，只要排列得当，它们就能变成万用的电路元件。我们已经在第六章的图 2-40 里见识过，成串的铁硫簇是如何在有氧呼吸的复合物 I 里巧妙构成"导线"，在本章的"延伸阅读"里，我们还会看到它在铁氧还蛋白里如何充当了"电容器"和"蓄电池"，而到了第五幕，铁硫簇又会在另一种更有趣的酶里变成"充电器"。

总之，在今天的铁硫蛋白内部，铁硫簇的基本结构与硫复铁矿的晶格单元非常相似，它们各自揉入的杂原子相互一致，蛋白质所起的功能，只是将那些铁硫簇固定在最适合反应发生的位置上，并且在每个铁硫簇周围的极小空间内营造适宜的酸碱性和电负性罢了。

所以，只要证明白烟囱里的硫复铁矿真的能够催化原始乙酰辅酶 A 路径，我们就在理论上沟通了无机的地质化学和有机的生物化学。

这样的证据已经露出了痕迹。比如在 2015 年，伦敦大学学院的化学部就在实验室里证明了硫复铁矿在相当温和的条件下能催化二氧化碳与氢气的反应，生成甲酸、甲醇、乙酸和丙酮酸，这就与斯特拉斯堡大学的实验一样，从产物上良好地吻合了乙酰辅酶 A 路径，而反应条件甚至更加理想 [VII]。而且受这一实验启发，不同的团队也在实验室里展开了更加丰富的测试，迄今为止，结果大多是非常乐观的。

特别是在这一章写作前不久，2020 年的 3 月 2 日，威廉·马丁与斯特拉斯堡大学的实验室，以及日本筑波的国家先进工业科学技术研究所生物生产研究所，三个团队共同测试了白烟囱里的硫复铁矿、磁铁矿、铁镍矿对氢气和二氧化碳的催化能力 [VIII]，结果在模拟热液喷口的碱性环境下都成功产出了甲酸、乙酸和丙酮酸。并且，有充分的证据表明，这些矿物晶体的催化方式与铁硫簇的催化方式非常一致。

从目前看来，威廉·马丁的原始乙酰辅酶 A 路径颇有希望地连接了地质化学和生物化学，所以我们的故事也将沿用这个模型。在第五幕里，我们还会看到乙酰辅酶 A 路径如何与产甲烷或者产乙酸的能量代谢耦合起来，由此沟通起物质和能量代谢的起源，成为生命起源之路上的枢纽。

不过，在现实的科学研究中，未知的谜题永远不会只有一个理论模型，哪怕是在白烟囱假说内部，三个主要的研究者也提出了不同的看法。白烟囱假说的最初创立者是米歇尔·罗素，他注意到，氢气如果能充分还原二氧化碳，最后的产物就应该是甲烷，并由此释放出很多的能量，就像产甲烷古菌的能量代谢那样。但是在迄今的白烟囱模拟实验中，二氧化碳的还原产物都不包含甲烷，而只有乙酰辅酶 A 路径里的那些中间产物。罗素认为，氢气还原二氧化碳的反应或许能够制造足够的有机物，却不利于给进一步的反应提供能量。所以他怀疑，进化上最早出现的能量代谢并不是产甲烷作用，而是另一种甲烷氧化作用。

这种甲烷氧化作用既出现在细菌身上，也出现在古菌身上，而且总是与乙酰辅酶 A 路径的固碳作用相结合：它们先通过甲烷氧化作用，设法把甲烷氧化成甲酸，由此获得维持生命活动的能量，再把甲酸投入乙酰辅酶 A 路径，与氢气合成乙酰，最终拿去制造各种有机物。

所以，在罗素的理论中，热液喷口中的甲烷并不是产甲烷作用获取能量后的废物，而是甲烷氧化作用获取能量时的原料，那么原始乙酰辅酶 A 路径的原料也就不再是氢气和二氧化碳，而是氢气、甲烷和硝酸盐。他还为这套反应构想了奇异的催化机制——反应物渗入铁硫矿的晶格内部，在那里互相渗透，同时发生电化学反应，整体效果颇像干电池 [IX]。

这个催化机制很复杂，迄今为止又缺少生物化学的佐证，热液喷口是否能够通过非生物途径产生足够的甲烷也是个问题。所以，本书不打算详细介绍它的理论模型。

另一方面，为原始乙酰辅酶 A 路径构思电化学机制的也不只有米歇尔·罗素。尼克·莱恩认可的原始乙酰辅酶 A 路径也是氢气还原二氧化碳，也是以铁硫矿为催化剂，不过，这个催化反应在机制上有些独特的地方。

·雷电仙胎·[1]

尼克·莱恩版本的原始乙酰辅酶 A 路径涉及了一种有趣的电化学反应。因为在他的顾虑里，原始乙酰辅酶 A 路径上还存在着一些动力学上的障碍，而电流就可以穿透这个障碍，为生命的孕育提供最初的物质积累。

在现代的乙酰辅酶 A 路径的长分支里，二氧化碳先是接受了一对电子，被还

---

[1] 这节的标题化用南宋炼丹家陈楠的《水调歌头·赠九霞子鞠九思》的下半阕的最后一句："五气三花聚顶，吹着自然真火，炼得似红榴。十月胎仙出，雷电送金虬。"

原成了甲酰基。如果放在地质化学里，相当于用氢气把二氧化碳还原成甲酸——在溶液里，这的确是个自发反应[1]，铁硫矿作为催化剂只是加快了这个反应，没有什么特别之处。[X]

但是接下来，甲酸（或者甲酰基）陆续接受了两对电子，终于变成了甲基，又对应着地质化学里的什么反应呢？

尼克·莱恩认为，其中第一对电子的作用对应着氢气把甲酸还原成甲醛，第二对电子的作用又对应着氢气把甲醛还原成甲醇：

$$HCOOH + H_2 = HCHO + H_2O$$
$$HCHO + H_2 = CH_3OH$$

但是，第一个反应在正常情况下根本不会发生，因为反应产生的甲醛是一种还原性相当强的物质，如果需要定量[2]比较，那么在 pH 值等于 7 的中性环境下，氢气的还原性是 414，而甲醛的还原性是 580，明显违背了"还原产物比还原剂还原性更弱"的普遍规律。[XI]

要从微观上解释这个规律是非常困难的事情，但我们可以这样感性地理解：自发反应总是消除差异、趋于平衡的反应，而氧化性与还原性就是一对显著的差异。如果生成物的还原性反而比反应物的还原性更强，那这个反应就是在扩大差异。要让这样的反应自然发生，就如同用木头做的刀子削尖铁做的铅笔，是不可能的事情。

"他时局罢樵柯烂，小道谁知亦有仙。"尼克·莱恩提出这个反应或许在别处不能自发，在碱性热液喷口却能曲径通幽。因为白烟囱里藏着两个下棋的"仙人"，一个叫"酸"，一个叫"碱"，它们下的那盘棋，就叫"还原性"。

一种物质表现出来的还原性与环境的酸碱性有非常直接的关系。总的来说，环

---

[1] 实际上，尼克·莱恩并没有注意到这个反应是自发的，所以下文即将讨论的那种机制原本也用来解释氢气把二氧化碳还原成甲酸。

[2] 还原性必须是就丢失具体数量的电子而言，那么在这里，所有还原性都是以氢气把二氧化碳还原成甲酸这个反应为准，就丢失两个电子而言。本节的这个量化方法被称作"电极电势"，本来是数值越低，还原性越强，但在这里为了讨论方便，统一乘以了"–1 000"。

境中的碱性越强，物质的还原性就显得越强，酸性越强，物质的还原性就显得越弱。算下来，pH 值每升高 1，物质的还原性就增加 60 左右。[1]

碱性热液的 pH 值可以达到 10，这会让其中的氢气的还原性提升到 584。原始海水的 pH 值可以低到 6，这又让甲酸在其中的还原性降低到 520，这下还原性的矛盾就迎刃而解了。

但是，氢气必须溶解在碱性热液中才有这么强的还原性，甲酸也必须溶解在酸性海水才会降低还原性，可这碱性热液和酸性海水一旦混合，不就抹平了酸碱性的差异，回到了原点吗？如果这两种溶液不混合，那么反应物还怎么相遇，怎么相互反应呢？

这就是尼克·莱恩的理论里最有趣的部分了：白烟囱里的矿物管壁不但隔开了酸性海水和碱性热液，还促成了一种独特的电化学反应，让氢气能隔着洞壁还原另一侧的二氧化碳、甲酸、甲醛，乃至各种有机物。

碱性热液喷口覆盖着海绵一样的矿物沉积物，其中满是错综复杂的毛细管道。那些管壁都是碱性热液和酸性海水相遇的产物，它们一旦形成就会把海水和热液分隔开，阻止它们继续混合，酸性的海水从一些孔洞流过，碱性的热液在隔壁孔洞里向着相反的方向流出——这就保证了氢气和它的还原对象一直处于不同的酸碱氛围中。

但是这洞壁上还镶嵌了大量的铁硫矿物微粒，这种微粒是可以在某些方向上导电的。于是，尼克·莱恩大胆地提出，在碱性热液一侧，氢气会把一对电子交给铁硫矿，自己变成氢离子，再与周围的氢氧根离子结合成水。而那对电子经过铁硫矿传导到酸性海水的那一侧，还原了吸附在矿物表面上的二氧化碳，由此生成了甲酸、甲醛、甲醇等有机物。

所以，尼克·莱恩的原始乙酰辅酶 A 路径是一个标准的原电池反应，铁硫矿微粒就相当于连接正负极的电线，在它的帮助下，氢气与还原对象并不直接接触，却持续不断地发生着氧化还原反应。为了验证这个浪漫的"原电池模型"，尼克·莱

---

[1] 这种影响通常是因为酸碱性会改变化学平衡：还原剂交出电子后会带上正电荷，而碱性环境含有大量容易给出孤对电子的物质，比如氢氧根离子，能够使产物迅速达到电中性，稳定下来，离开反应，这会促进正反应的推进，也就让还原剂的还原性更容易表现出来了。反之，酸性环境会阻碍正反应的推进，也就削弱了还原剂的还原性。

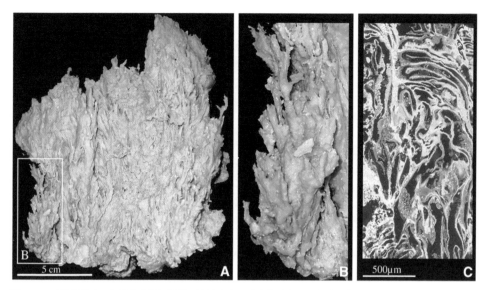

图 3-11 碱性热液喷口沉积物的切面照片。酸性海水和碱性热液在不同的管道中流动,并不直接接触。(来自 Deborah S. Kelley 等)

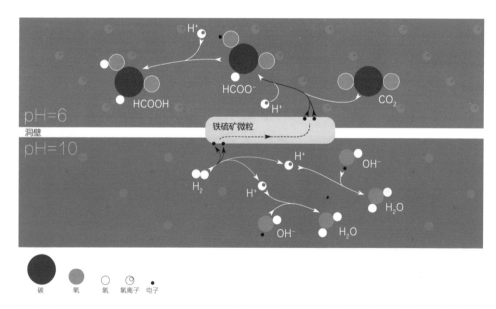

图 3-12 碱性热液喷口沉积物中的还原反应的示意图。在上方,二氧化碳被还原成甲酸,在下方,氢气被氧化成水。黑线表示电子传递,白线表示分子或离子的结合。(作者绘)

恩曾经带领自己的学生设计了一系列的模拟装置。这类装置不但形成了类似碱性热液喷口的孔洞状沉积物，而且真的催化反应出了种类丰富的有机物，甚至包括少量的核糖。[XII]

从结果上看，这是一个很乐观的实验，不过这个模拟装置究竟能在多大程度上再现 40 亿年前的碱性热液喷口，却还非常有待推敲。比如，实验装置的尺度过小，其中的管道结构真的能够模拟白烟囱里的环境吗？数千米深的海底水压极高，二氧化碳将以怎样的形式出现？那里的铁硫矿又存在着怎样的晶体结构，能否顺利地导电？

在继续我们的故事之前，也有一些逸事非常值得一提。尼克·莱恩提出上面这个原电池模型的时间是 2014 年左右，这给白烟囱假说增添了许多魅力。可是到了 2019 年，他已经开始怀疑这个模型的正确性，因为细想之下，它确实有一个非常明显的矛盾：根据这个模型，有机物将通过原电池反应形成于酸性海水那一侧，这也意味着未来的生化反应会诞生在酸性环境中。然而，正如我们在黑烟囱假说里讨论过的，如今一切细胞内都以弱碱性环境为主，绝大多数生化反应也必须存在于这样的弱碱性环境中。

于是，他带领研究团队设计了另一个实验，讨论这个原电池模型能否倒过来，不是电子从碱性一侧传导去酸性一侧，而是氢离子和二氧化碳从酸性一侧渗透到碱性一侧来。如果事情果真如此，那么这个新的"渗透模型"就有机会与第五幕里一种至关重要的酶达成完美的衔接。

与此同时，2019 年底，也就是你手中的这本书集中校订的时候，它的作者也正为原电池模型的矛盾感到困惑，因此给尼克·莱恩发送了一封邮件。尼克·莱恩先生非常及时地回复了本书作者的邮件，邮件的附件正是当时未发表的有关渗透模型的实验论文[XIII]。他们发现，氢离子的确可能穿透矿物沉积那不太规整的晶体，但或许是模拟装置的压力不够，氢气的溶解度太低，渗透模型并没有像原电池模型那样收获种类丰富的有机物。

至于二氧化碳是否能够同样顺利地穿透那些矿物沉积，这个实验未置可否，尼克·莱恩也没有直接回答这本书的作者就此疑问发出的第二封邮件。但是很快，在 2020 年 3 月初，尼克·莱恩又公开了另一篇更加全面的论文[XIV]，在文中重新确立了原电池模型的地位，同时集中否定了 6 个不同细节的渗透模型——它们在化学上都有这样那样的缺陷，在现实中"非常不可能"发生。

这篇新论文也并不是简单的"翻来覆去"而已。对于那个 2019 年的矛盾，也就是有机物不应该聚集在酸性一侧的矛盾，尼克·莱恩又给出了新的解释：在白烟囱内部，液体在那些错综复杂、四通八达的管道内有着不同的流向，但总的来说，碱性热液在白烟囱内部以更快的速度向上喷涌，而酸性的海水会以缓慢的速度由周围向内部渗透，并且在内部被碱性热液带动，携卷着一边混合，一边向上涌出。所以有机物不管在哪一侧形成，最终都会进入白烟囱内部，钻进那海绵似的管道里面。

不仅如此，这些有机物还有很大的机会留在白烟囱内部，而不随着水流继续喷涌扩散到无限的海水中去。因为白烟囱越向上温度越低，气体的溶解度也就越低，这会让部分氢气和二氧化碳像香槟里的气泡一样析出，堵塞大部分管道，结果就是液体流速大幅减缓，孔径也大幅缩小，再配合管道内的漩涡和对流，有机物就很容易堆积在某处，聚集起来了。对此，尼克·莱恩所在的团队也设计了模拟实验，仅就二氧化碳的数据来看，它们的确在管道系统的某些角落里格外地密集。

截至本书的这一章写成的时候，尼克这篇关于二氧化碳还原机制的论文还只是在 bioRxiv 上发布了预印本，尚未开始同行评议，所以我们还无法肯定这就是一个足够坚实的解释。另外，正如上一节里讨论过的，威廉·马丁的表面催化理论在最近的实验中已经得到了良好的支持，那么这个原电池模型是否还具有理论上的必要性，恐怕情况不乐观。

不过另一方面，理论上的必要性与现实的可能性是两回事。即使原始乙酰辅酶A 路径脱离原电池模型也能行得通，也不意味着原电池模型就不会在白烟囱里真实地发生。这种原电池模型又不只适用于原始乙酰辅酶 A 路径，它为许多原本难以发生的有机化学反应提供了难得的动力，也就为从地质化学向生物化学的过渡提供了更多的可能。在下一章里，我们还会少许地接触这个模型。

就这一整章而言，威廉·罗素和尼克·莱恩或许在反应模型上存在着分歧，但对于我们，这却代表了一件高度统一的事情：乙酰辅酶 A 的路径上存在着动力学上的障碍，如果只盯住这些障碍有多么险峻，一个人很可能会得出"这反应压根行不通"的结论。但碱性热液与原始海洋之间的白烟囱是一个永不平衡的热力系统，这些熵增的障碍几乎必然会被破除，形成某种耗散结构，我们今天提出的任何一种反应模型，都是对这种"必然"的解释。还记得第四章"耗散"一节提到的"熵增最大化定律"吗？那才是对眼前一切的更深层的描述。

告别这短暂的分歧，白烟囱假说的下一步理论推导又重新在支持者中达成了一致，我们又将遇到一些熟悉的知识了。

乙酰辅酶 A 路径上的几种铁硫蛋白

在这篇文章里，我们会简要介绍产甲烷古菌和产乙酸细菌在乙酰辅酶 A 路径上用到的几种重要的酶，它们都是铁硫蛋白。

在图 3-6 里，有一个到处活跃的深酒红色圆角矩形，名叫 "铁氧还蛋白"，它就是一种很有趣的铁硫蛋白。这种蛋白个头很小，内部只有 1 个铁硫簇，在细菌和古菌的细胞内通常是 "四铁四硫簇"，意思是这种铁硫簇由 4 个铁原子和 4 个硫原子组成，是一个近似立方体的框架，如果偶尔是 "三铁四硫簇"，那就是立方体框架缺了一角。图 3-13 同样是一个简单的示意图。

这些铁原子全都是 +3 价，拥有不错的氧化性。如果附近有非常活跃的电子供体，这些铁原子就非常乐意接受一两个电子，把它们存储在整个立方体网格内，大家共享。这样储存了额外电子的铁氧还蛋白，就叫还原态的铁氧还蛋白。

接受了电子的铁原子会变成 +2 价，拥有可观的还原性。所以，还原态铁氧还蛋白一旦遇到了氧化性比较强的物质，也能痛痛快快地把那一两个电子交出来，重新变成氧化态的铁氧还蛋白。

于是你看，铁氧还蛋白里的铁硫簇，就像电容器一样，既可以接受电子，也可以交出电

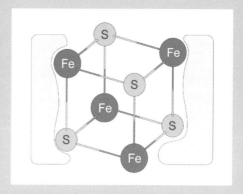

图 3-13　一个极简的四铁四硫–铁氧蛋白模型。中央是一个四铁四硫簇，周围灰色的是包裹铁硫簇的蛋白质。稍需注意的是，本书的图示为了表现方便，将铁硫簇都画成了立方体，但严格地说，铁硫簇并不是立方体，因为铁原子和硫原子的键角不同，硫原子所在的顶点要往外拉出去一些。另外，为了突出重点，周围的蛋白质也刻意画小了许多。（作者绘）

子，所以在乙酰辅酶 A 路径里，它们就是电子的专用保鲜车。

而产甲烷古菌长分支里的第一步反应，也就是图 3-6 长分支开头处从二氧化碳到甲酰甲烷呋喃的箭头，就用到了铁氧还蛋白。催化这步反应的酶，又是一个有趣的铁硫蛋白，名叫 "甲酰甲烷呋喃脱氢酶"，拥有非常复杂的结构，但为了理解方便，它被简化成了图 3-14 的样子[xv]。

这个酶的内部藏着一条两端开口的通道，

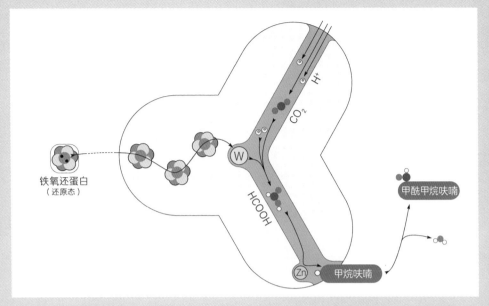

图 3-14　沃氏甲烷嗜热杆菌（*Methanothermobacter wolfeii*）的甲酰甲烷呋喃脱氢酶的结构图示。这里只画了 3 个铁硫簇，但实际上还有更多，这里省略掉了。（作者绘）

通道的中途有一个钨原子，末端有一个锌原子，钨原子背后是一串由铁硫簇构成的"量子导线"。

　　在具体的催化反应中，请再次对照图 3-6，还原态的铁氧还蛋白会结合在量子导线的末端，一个二氧化碳分子也会从通道开口扩散进去。那么，当二氧化碳顺着通道扩散到钨原子附近，就立刻接通了一个电路：铁氧还蛋白充满了给出电子的"意愿"，如同负极，二氧化碳分子拥有接受电子的能力，如同正极。于是，铁氧还蛋白上的一对电子沿着铁硫簇构成的"量子导线"跃迁过来，转移给氧化性更强的二氧化碳，而得到了电子的二氧化碳又会立刻抓取通道里的氢离子，由此变成甲酸。所以铁硫簇在这个酶里的作用，与在第六章复合物 I 里的作用是一样的。

　　接着，这个甲酸分子会继续沿着通道扩散，在出口处遇到早已结合在锌原子上的甲烷呋喃，并且在这个锌原子的催化下变成一个甲酰基，结合到甲烷呋喃上，事儿就成了，甲酰基装上了第一辆"保鲜车"。[XVI]

　　这种"在通道里随机运动最后抵达目标"的催化方式是一种标准的势垒约束，在增章《生命的麦克斯韦妖》中有非常重要的意义，值得仔细体会。

　　继续对照图 3-6，这个甲酰基上了一辆黄色的保险车，这辆车在细菌和古菌那里有些细微的差别，我们姑且把它统一叫作"四氢叶酸"。总之，甲酰基被四氢叶酸携带着，经过了一路的还原反应，最后就变成了甲基。到了长分支的末端，它又换乘一辆钴蓝色的保鲜车，这辆保鲜车也是一种辅酶，叫作"钴咕啉"，但它不像其他辅酶那样到处游走，而要镶嵌在一种专门的蛋白质上，这个蛋白质就叫作"钴咕啉铁硫蛋白"——顾名思义，除了镶嵌着钴咕啉，它还是一种"铁硫蛋白"，镶嵌其上的通常是一个四铁四硫簇。[XVII]

让我们把注意力集中在"钴咕啉"上，它的名字照例源自它的结构，是一种"镶嵌了钴离子的咕啉环"[1]。这东西听上去很陌生，实际上绝大多数的生命体都离不开它，比如各种动物所必需的维生素 B_{12} 就属于这类辅酶。而这类辅酶的一大专长，就是结合甲基。

当然，这样说未免太抽象，把图 3-15 里的钴咕啉展示得具体一些，就是图 3-16。你看，钴离子能够接受前后左右上下共 6 个方向的配位，于是，咕啉环的四颗牙咬住了它的前后左右，一条尾巴又从下方勾住了它，这样一来，钴离子就只在上方感到"空虚"，很想"咬"住一个别的什么原子团（图中的"R"）。

而甲基带着一对空闲的电子，正是这样一个最好咬的原子团。所以，当那辆装载着甲基的四氢叶酸泊进了钴咕啉铁硫蛋白，那个钴离子就会不由分说抢走那个甲基，整个过程就像图 3-15 示意的那样。

那么，铁硫簇在这个过程中发挥了什么功能呢？

这就有些微妙了。

那个甲基被钴离子抢到之后，又会被另一个镍原子抢走，拿去与一氧化碳合成乙酰基。这样，钴离子又会重新不满，再次去甲基四氢叶酸上抢甲基，如此往复不断，就像接力搬砖

一样，乙酰基就被源源不断地制造出来了。

但这个钴离子并不是很有耐力，搬上一会儿砖就累得不动了。这是因为只有 +1 价的钴离子有搬砖的能力，而这样的钴离子具有很强的还原性，随时可能偷偷扔掉一个电子，变成不肯搬砖的 +2 价钴离子。平均下来，钴离子每搬 100 个甲基就会罢工一次，这实在是相当任性了。

那么，怎么办呢？

给它充电！

如图 3-15，钴咕啉铁硫蛋白中的四铁四硫簇就在离钴离子不远的地方[2]，其中随时预备着能量恰到好处的富余电子，钴离子一旦扔了电子，还原态的铁硫簇就立刻再塞给它一个，使它永远维持 +1 价，永远有使不完的力气。所以，在这个钴咕啉铁硫蛋白里面，铁硫簇的功能恰似一块"蓄电池"。

刚才说，钴离子抢到的甲基立刻会被另一个镍原子抢走，这个镍原子就在乙酰辅酶 A 合成酶上，而这个酶就负责催化图 3-6 中长分支和短分支汇聚的那个箭头，也就是倒数的第二个箭头。不过，这种酶总是与催化短分支的"一氧化碳脱氢酶"共同组成一个大型的复合酶，叫作"一氧化碳脱氢酶／乙酰辅酶 A 合成酶"。

图 3-17 是这个复合酶的极简图示，它有着中心对称的结构，包括两对亚基，共包含 7 个铁硫簇。

---

[1] 这里为了理解方便，采用"镶嵌"这个口语词汇，在化学上，这应该叫作"螯合"。

[2] 严格地说，那个铁硫簇与钴咕啉并不是真的距离很近，在大多数时候，二者都保持一些距离，防止多余的电子转移。但是当钴离子变成 +2 价时，整个钴咕啉铁硫蛋白的结构就会发生一些变化，让钴离子和铁硫簇凑得很近。

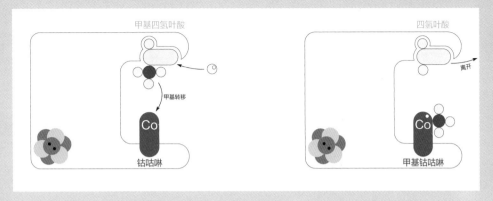

图 3-15 钴咕啉铁硫蛋白的结构和催化过程图示。左半部的右上角是图 3-6 中最后携带着甲基的辅酶，在古菌那里是甲基四氢甲烷蝶呤，在细菌那里是甲基四氢叶酸。经过钴咕啉铁硫蛋白的催化，甲基转移给了钴离子。（作者绘）

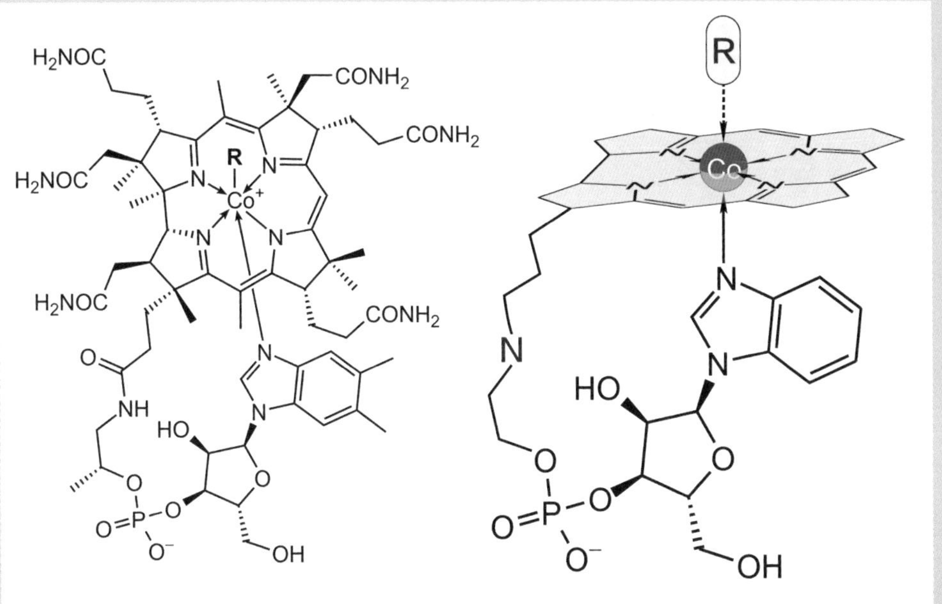

图 3-16 钴咕啉的结构。图左是最常见的钴咕啉，维生素 B$_{12}$ 的分子式，图右是这类物质的三维结构。为了表现清晰，三维结构省略掉了所有的侧链。（作者绘）

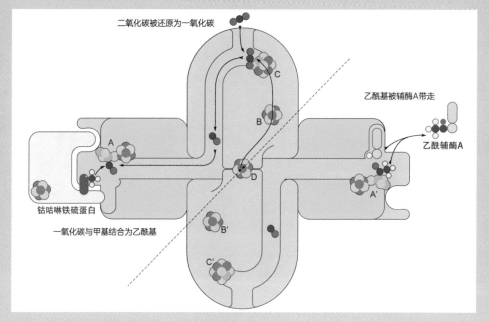

图 3-17 一氧化碳脱氢酶 / 乙酰辅酶 A 合成酶的结构和催化过程图示。淡蓝色的是两个 β 亚基，即一氧化碳脱氢酶，粉色的是两个 α 亚基，即乙酰辅酶 A 合成酶。这整个酶是对称的，但虚线两侧分别展示了不同阶段的反应：左侧是二氧化碳被还原成一氧化碳，一氧化碳又通过管道扩散，与甲基结合，成为乙酰基的过程；右侧是乙酰基与辅酶 A 结合成乙酰辅酶 A，最终离开的过程。虚线两侧的通道是沟通的，另外，这两个阶段的反应都需要氢离子，也都有水生成，但为了展示方便省略掉了。（作者绘）

图中标注：
二氧化碳被还原为一氧化碳
C
B
乙酰基被辅酶A带走
乙酰辅酶A
A
D
A'
钴咕啉铁硫蛋白
B'
一氧化碳与甲基结合为乙酰基
C'

其中，两个蓝色的亚基组成了"一氧化碳脱氢酶"，负责催化乙酰辅酶 A 路径的短分支，共包含 5 个铁硫簇。两个红色的 α 亚基才是"乙酰辅酶 A 合成酶"，各包含 1 个铁硫簇，负责把一氧化碳和甲基组装成乙酰基，那个从钴离子上抢走了甲基的镍原子就在 α 亚基的铁硫簇里。

要解释这个酶的工作原理，应该先从蓝色亚基，也就是一氧化碳脱氢酶开始。它的工作当然就是把二氧化碳还原成一氧化碳，这是 5 个铁硫簇相互配合的结果。其中直接负责还原二氧化碳的，是那对标着字母 C 和 C'

的铁硫簇。这个铁硫簇就是图 3-8 里第二行正中央的铁硫簇，它在一般的四铁四硫簇上额外塞进了一个镍原子和一个硫原子。在图 3-9 里，我们看到过掺杂了镍原子的硫复铁矿可以把二氧化碳还原成一氧化碳，这个铁镍硫簇催化的就是同样的反应。到目前为止，学界对其中的微观机制还没有形成统一的意见，但总的来说都与那个镍原子有很大的关系。镍原子很容易结合羰基，而一氧化碳基本上就是一个游离的羰基，图 3-18 是其中一种可能的催化机制。[XVIII]

当然，还原二氧化碳是需要电子的，这些

电子同样来自铁氧还蛋白。这个铁氧还蛋白会结合在图 3-17 正中间那个铁硫簇 D 上，把电子交给它，然后上下两个铁硫簇 C 和 C' 有哪个还原了二氧化碳，这对电子就通过对应的铁硫簇 B 跃迁过去。所以在这整个过程中，所有铁硫簇构成了一个挺复杂的电动机构：铁氧还蛋白相当于电源，铁硫簇 D 相当于插销，铁硫簇 B 相当于导线，铁硫簇 C 相当于剪断碳氧键的电动机。

但这事儿还没完。像甲酰甲烷呋喃脱氢酶一样，这个酶的内部有一条狭长的通道，一氧化碳形成之后就会脱离，沿着通道一路扩散，进入红色亚基（图 3-17），最终抵达乙酰辅酶 A 合成酶上的铁硫簇 A 或 A'。这个铁硫簇同样含有镍原子，但结构还要复杂一些，如图 3-8 左下角所示，它在四铁四硫簇之外多了两个镍原子，一氧化碳扩散过去就会结合在其中

一个镍原子上，而前文说过，从甲基钴咕啉那里抢走甲基的镍原子，也是其中的一个。你看图 3-17 的左端，带着甲基的钴咕啉铁硫蛋白就结合在这个铁硫簇附近。

不过，这两个镍原子哪个结合一氧化碳，哪个结合甲基，目前还不明了。图 3-19 是一种可能的机制：那个顺着通道扩散过来的一氧化碳分子首先结合到其中一个镍原子上，另一个镍原子就从甲基钴咕啉那里抢来一个甲基；这个一氧化碳与甲基如此接近，立刻就会发生反应，组合成一个乙酰基，而早已结合在附近的"酰基专用保鲜车"，辅酶 A，早已按捺不住，立刻把这个酰基接走了。[XIX]

事儿就这样成了，乙酰辅酶 A 路径的长短两个分支也在这个铁硫簇 A 上汇合起来，整个乙酰辅酶 A 路径抵达了终点，二氧化碳被氢气还原成了乙酰基。

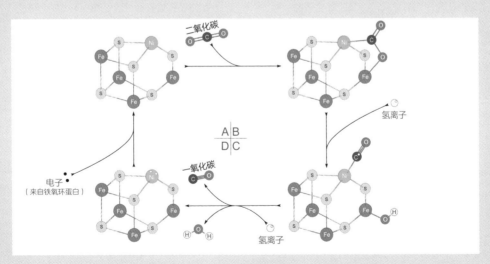

图 3-18　羧基嗜热菌（*Carboxydothermus*）的一氧化碳脱氢酶的铁硫簇 C 的一种可能的催化机制。从 A 开始，首先，它会结合一个从通道里扩散进来的二氧化碳，然后结合两个一同扩散进来的氢离子，将它催化成一氧化碳，最后接受两个来自铁氧还蛋白的电子，恢复原状。整个反应就是乙酰辅酶 A 路径的短分支。（作者绘）

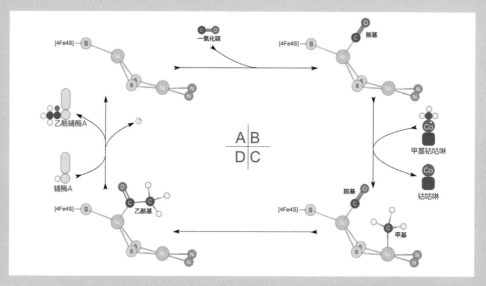

图 3-19　乙酰辅酶 A 合成酶的铁硫簇 A 的一种可能的催化机制。从 A 开始，经通道扩散来的一氧化碳和钴咕啉铁硫蛋白带来的甲基先后结合在两个距离很近的镍原子上，然后结合成一个乙酰基，最后被辅酶 A 带走。在这个可能的机制中，铁硫簇的四铁四硫部分不参与反应，因此在图示中省略成了字母。另外，氮原子来自附近的氨基酸残基。（作者绘）

　　不过，我们是不是还落下了什么没有说？是的，我们都只讨论了二氧化碳的还原反应而已，却一直没有讨论氢气的事情，那么，氢气的电子是怎么剥离下来，又是怎么跑到了铁氧还蛋白，或者别的什么保鲜车上的呢？

　　我们要到第五幕才会认识一种更有趣的铁硫蛋白，最终回答这个问题。

- 第十章

保鲜车、通货和干燥机 | 能量代谢的地质化学起源

要在地质化学里实现乙酰辅酶 A 路径，我们还需要解决一个"载体"的问题。也就是说，从二氧化碳逐步还原来的乙酰基，要与怎样的物质结合才能保持化学上的活性——这显然不能真的是"辅酶 A"，因为那是一种太复杂的有机分子了。

幸运的是，白烟囱假说的研究者发现，一些最简单的硫化物就能代替辅酶 A 的位置，而且，这种硫化的乙酰基还可以进一步变化为一种高能磷酸化合物，可以担任原始版本的能量通货，给有机化学反应带来无限的可能。

在前两章里，我们一直在讨论作为固碳作用的乙酰辅酶 A 路径，我们看到，乙酰辅酶 A 路径的固碳作用不但同时存在于细菌和古菌的细胞内，而且在地质化学中的原型也非常容易推测，这极大地坚定了我们的信心。不过，眼前似乎还有一个小问题：乙酰辅酶 A，到现在只解决了最简单的"乙酰"，但是如图 3-20，辅酶 A 看起来复杂死了，它又要如何出现呢？

它根本不用出现，至少不用像现在这样出现。

辅酶 A 作为一个辅酶，终究只是一辆"保鲜车"而已，在整个新陈代谢中只负责运送乙酰基，本身并不参与什么反应，完全可以由更加简单的物质代替。就好比今天的保鲜车是一辆带冰柜的集装箱车，但在之前的时代，它可能是一辆装了冰块的马车，一辆盖着棉被的手推车，甚至一挑洒了冷水的扁担而已——越往古老的时代追溯，保鲜车就越简单。那么，使劲往前追溯下去，辅酶 A 又能简单到什么地步呢？

对此，白烟囱假说给出的回答惊人地乐观：我们只需保留那个直接连接乙酰基的硫原子就可以了，剩余的部分，哪怕一股脑地简化成一个甲基，甚至一个氢原子，都可以。其中，简化得只剩甲基的，就叫"甲硫醇"（CH_3SH），相当于把甲醇（CH_3OH）里那个氧原子换成了硫原子；简化得只剩一个氢原子的，就是"硫

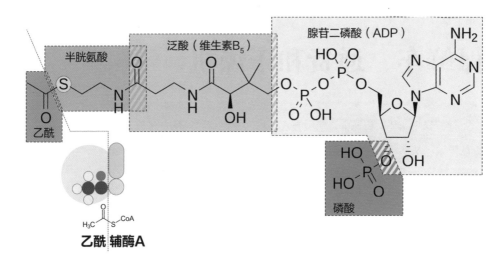

图 3-20　乙酰辅酶 A 分子结构、在本书中的图示、分子式和中文名字。（作者绘）

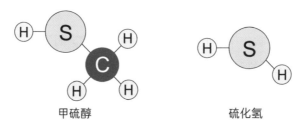

图 3-21　甲硫醇和硫化氢。（作者绘）

化氢"（H_2S），相当于把水分子里的氧原子换成了硫原子。

　　值得一提的是，这两种物质都不是我们陌生的东西，在生活中都不难接触到。硫化氢在腐烂的高蛋白食物中非常多见，是臭鸡蛋的主要气味来源。而甲硫醇也同样常见于腐烂的有机物，是口腔异味的常见成分，我们还把它加入煤气和天然气中，用来警示泄漏。

　　回到保鲜车的问题上，要理解这种简化的合理性并不困难，因为辅酶 A 的主要工作就是运送酰基，而这项任务就是靠那个硫原子实现的。

　　更具体地，我们早就说过，酰基相当于羧酸脱去了羟基剩下的残基，这就让它很不"满足"，容易发生很多有机化学反应，因此在生物化学里占据了非常重要的位置。那么，一辆合格的酰基保鲜车，就至少要同时满足两个条件：一方面，它要"安抚"酰基，降低它的活性，不至于在运送途中和别的物质发生什么计划外的反应，就好比保鲜车总要降温，让生鲜不至于在途中腐败；另一方面，这种"安抚"必须能够容易撤销，让酰基抵达反应环境后立刻恢复活性，就好像保鲜车也不能一味地冷，冷得把货物冻坏了。

这就让硫原子成了个不错的选择。硫是氧的同族元素，化学性质相近，硫原子能够像羟基里的氧原子一样轻易连在酰基上。但是，碳硫键又远没有碳氧键那样结实，很容易断裂掉，再把乙酰基重新释放出来。

那么，白烟囱里面是否有硫氢根或者甲硫醇存在，它们又是否能够如约成为乙酰基的保鲜车呢？

对于前一个问题，答案是轻松笃定的：氢元素和硫元素都是地球中丰度很大的元素，任何大规模的地热活动都会伴随硫化氢的释放，深海的热液喷口坐落在最活跃的板块张裂边界，当然更不例外，否则黑白烟囱就不会沉积那么多的铁硫矿物微粒了。当然，硫化氢是一种酸，所以会在碱性热液里更多地变成硫氢根（HS^-）[1]，但这反而增强了它搬运酰基的能力，在这种情况下，我们还可以认为"保鲜车"的另一边简化到了只剩一个电子的地步。

而硫化氢在很多地方都与水相似，有了它，甲硫醇也就水到渠成了：原始乙酰辅酶 A 路径的长分支会生成一个甲基，这个甲基与水反应，就会生成甲醇，与硫化氢或者硫氢根反应，就会生成甲硫醇。

进一步地，乙酰基如果装载给硫化氢或者硫氢根，就会成为硫代乙酸，如果被甲硫醇载走，就成为硫代乙酸甲酯了。它们的样子如图 3-22 所示。

最初，白烟囱假说的建立者都更加青睐甲硫醇的"保鲜车"[1]，因为硫代乙酸甲酯是一种活性很强的物质，很有希望像乙酰辅酶 A 一样参与各种有机反应，尤其是它如果能与二氧化碳结合，就很容易生成丙酮酸，而丙酮酸如果继续结合二氧化碳，就会变成草酰乙酸或者苹果酸。我们在第八章里说过，这两种有机酸都是逆三羧酸循环的关键成员。这样的反应一旦顺利发生，逆三羧酸循环就拥有了启动的

---

[1] 当然，有些硫氢根也会进一步被电离，变成氢离子和硫离子（S^{2-}）。

图 3-22　乙酰辅酶 A 与硫代乙酸和硫代乙酸甲酯的对比。为了一目了然，故意挪动了后两者名称中"硫代"二字的位置，你会看到，虚线左边都是一个乙酰基，乙酰基都是直接连接到虚线右边的硫原子上，至于硫原子还连接着什么，在这里就不那么重要了。（作者绘）

水源，也就可以从草酰乙酸和苹果酸的位置流动起来了。

　　而且，这样的流动并不需要走完一个循环，因为原始乙酰辅酶 A 路径已经担纲了最初的固碳作用，逆三羧酸循环能走一步是一步，每一步都将为生命的诞生奠定更加扎实的物质基础，经此产生的多元有机酸如果又与氨发生了还原反应，就会变成遗传密码里的标准氨基酸，为中心法则的建立提供最关键的材料。截至 2018年，在全世界各个实验室里模拟深海热液喷口的实验中，20 种标准氨基酸至少已经出现了 17 种。[II]

　　我们会在第四幕里重新讨论关于氨基酸的事宜，眼下，我们对第八章的内容又有了新的看法：逆三羧酸循环很有可能就源自乙酰辅酶 A 路径。作为路径产物的乙酰基只要继续结合二氧化碳，继续被还原，就会制造出一连串种类丰富的多元有机酸——而当这些多元有机酸最终完成了闭合，一种新的、更加高效的固碳途径也就出现了。

　　不过，从简单的乙酰基开始，要一路延长出逆三羧酸循环，也并不是那样轻描淡写的事情，我们需要催化剂，还需要不少的能量，这些都该如何解决呢？上一章里那种奇妙的电流或许就是个不错的答案。

　　2017 年，尼克·莱恩的团队在一项新研究[III]中提出，在有机酸结合到铁硫矿物表面的同时，氢气也正在铁硫矿的另一侧交出电子。当这些电子传导到有机酸的那一侧，被有机酸接受，就实现了一次还原反应。对应到图 3-2 中，就是那些需要辅酶 NADH 的步骤。这样一来，整个逆三羧酸循环就可以一直转到异柠檬酸的那

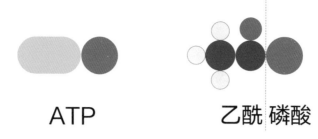

ATP 　乙酰 磷酸

图 3-23　我们在第五章的"延伸阅读"里很仔细地讨论过 ATP 了，在这本书的图示里，它总被画成左边这个样子，黄色胶囊形代表"ADP"的部分，紫色圆形代表最后一个磷酸基。把 ADP 的部分换成乙酰基，就是乙酰磷酸了。（作者绘）

一步，距离闭合只有一步之遥了。

　　但这还不是最重要的，一旦考虑到热液喷口中另外一种重要的物质，这些原始的保鲜车还能继续改装一番，变成非常不错的"运钞车"。硫代乙酸甲酯或者硫代乙酸，都很容易与磷酸反应，生成乙酰磷酸。而乙酰磷酸与 ATP 一样，是一种高能磷酸化合物，可以用作能量通货，在各种化学反应之间传递能量，启动早期的能量代谢！

　　在第五章里，我们非常认真地讨论了细胞的能量代谢机制。那种依赖化学渗透机制的称作"氧化磷酸化"，为现代细胞提供了绝大多数能量，但它需要很多大型蛋白复合物，眼下显然无法落实。乙酰磷酸启动的是另一种效率更低但更加直接、更加多变的"底物水平磷酸化"，也就是像图 2-18 那样，两种底物直接传递磷酸基的能量代谢反应。

　　不难理解，那个底物究竟是什么对这个反应来说并不十分重要，任何物质只要能在末端携带一个憋足了劲的磷酸基，就有机会参与这样的反应。所以，就像辅酶 A 只在乎那个硫原子，能量通货除了磷酸基之外的部分也可以被大幅度地替换和精简。

　　所以毫不奇怪，今天的细胞中还有许多 ATP 之外的能量通货，比如 GTP、CTP 和 UTP，它们的基本结构与 ATP 一模一样，只是把那个"A"换成了 RNA 的其他碱基。它们与 ATP 的关系就如同人民币、英镑、欧元和美元的关系，除了每次提供的能量略有差异，还是某些特殊的代谢活动的专用通货。[1]

而乙酰磷酸在水解时释放的能量甚至要高于 ATP。ATP 水解的自由能变是 $-31.8kJ/mol$，而乙酰磷酸的自由能变达到了 $-44.8\ kJ/mol$。乙酰磷酸具有很强的反应活性，广泛存在于从细菌到人体的各种现代生命中，是许多重要代谢的中间产物，也是许多细菌和古菌常用的能量通货。

那么，如果乙酰磷酸真的启动了能量代谢，事情会有什么变化呢？

最基本的，当然是大幅提高各种物质的反应活性。因为经过底物水平磷酸化，乙酰磷酸的磷酸基就会转移给其他有机物。得到了磷酸基的物质就会因此躁动起来，它们或者把磷酸基在身上到处摆弄，强烈改变自己的结构，或者与其他物质反应，用磷酸基交换一个别的什么基团过来，或者具备了新的化学性质，去发生原本不能发生的反应，比如在第五章里提过的有氧呼吸之前的"糖酵解"，像葡萄糖这样稳定的分子就是经历了连续的磷酸化，才终于活跃起来，发酵成了丙酮酸。

更令人期待的是，能量代谢不只能让化学反应活跃起来，还能让有机物"在水中脱水"。

小分子有机物，比如氨基酸，要变成大分子有机物，比如蛋白质，就要发生脱去水分子的缩合反应，但无论在海洋中还是在细胞中，这些物质都溶解在水中，水解还来不及，又怎么会脱水缩合呢？这就好像要在水里拧干衣服一样行不通。

而能量通货里就有个超强的"干燥机"。如图 3-24，那个高能磷酸键的水解意愿实在太强了，强过了大多数有机物水解的意愿，它们会把小分子物质中的羟基和氢按照水的比例拿走，结果就在水溶液里实现了脱水缩合，迫使小分子滚成了大分子。

我们已经知道，在今天的细胞内，核糖体要用氨基酸缩合成蛋白质，需要 GTP 这种专用的能量通货促进缩合，那么，在原始的白烟囱里面，硫代乙酸甲酯和硫代乙酸是否也能发挥同样的功效，让刚刚出现的氨基酸也缩合起来，变成多肽，乃至原始的蛋白质呢？

---

[1] 需要注意的是，这三种能量通货与 ATP 都是合成 RNA 所需的四种单体之一。具体来说，鸟苷三磷酸（GTP）能给转运 RNA 进入核糖体的过程提供能量，同时也出现在动物的三羧酸循环中；胞苷三磷酸（CTP）能将甘油磷酸化成磷脂，用来制造细胞内外的各种膜；尿苷三磷酸（UTP）则主要出现在某些糖类的代谢中。

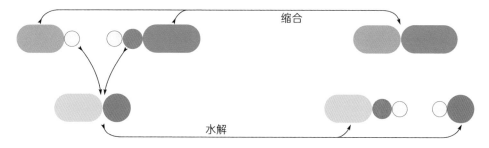

图 3-24 "能量通货"从不同的物质上分别获得羟基和氢原子,因此在水解的同时促成了其他物质的缩合。(作者绘)

如果这样的事情真的可行,那就太美好了,蛋白质一旦出现,中心法则就不会遥远,生命也就指日可待了。

然而,现实却让我们失望了。2018年,尼克·莱恩的团队在实验研究[IV]中发现,硫代乙酸甲酯本身就过于容易水解,它们几乎不能转化成乙酰磷酸,反倒是硫代乙酸的效果好很多,能在很短的时间内与磷酸反应生成大量的乙酰磷酸,而且这些乙酰磷酸也表现出了不错的反应活性,能让多种物质磷酸化,甚至能让 ADP 重新变成 ATP。

至于促进有机小分子的缩合反应,乙酰磷酸却要让我们深感失望了。它几乎没有表现出这方面的能力,不能促进蛋白质或者 RNA 的聚合,要讨论蛋白质的兴起,实在是为时尚早。

毕竟,代谢的脚步也才刚刚开始,生命怎么可能一蹴而就?

不过,这一步毕竟已经迈了出去,这就足以让我们感到兴奋了。在白烟囱的深处,原始乙酰辅酶 A 路径已经开启了最初的物质代谢,多元羧酸甚至氨基酸正在被源源不断地生产出来;乙酰磷酸作为能量通货固然不像今天的 ATP 那样神通广大,也足以让那些小分子的有机物活跃起来——这些地质化学反应已经形成了一个挺复杂的耗散结构。

这些原始的物质代谢和能量代谢都还是纯粹的地质化学反应,不但效率低下,产物也乱七八糟,可它们终究构成了一个名副其实的耗散结构,减轻了白烟囱里熵增的障碍。那么正如我们在第四章里讨论过的,这个让人充满希望的耗散结构会从此不断地进化,最终发展出针对自身的控制系统,成为一个真正的生命。

到那个时候，我们就会看到，这一幕里的地质化学反应是如何得到严密的控制，发展成了第五章和第八章里，那些又复杂又有序的代谢机制。

友情提醒：如果你按照图注建议的，把图 3-6 剪了下来，那么小心保管，不要把它弄丢，我们在第五幕里还会用到它——这句话也是本书的作者到了第五幕才突然想起来的。

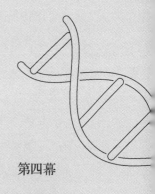

第四幕

遗传的步伐

遂古之初，
谁传道之？

——屈原，《天问》

1886 年夏天，荷兰瓦赫宁恩的郊外，田野里的作物葳蕤茂盛，那些饥饿而贪婪的绿叶争先恐后地向着高处伸开，哄抢着太阳布施的光芒。这激烈的举动让它们浑身上下的绒毛上都沁出了细密的汗水，黏黏的，在湿润的空气里散发出一种甜甜的香气。

这香气里还带着一股微妙的焦味，但很难说这是香气本来的品质，还是真的混入了燃烧的烟雾。因为不远处的确有一间宽敞的木屋，淡蓝色、金黄色或者银白色的烟雾正从木头与木头的缝隙中溢出来，溶解在田野上的空气中。原来，那屋里正搭着整齐的架子，收获后的叶子就一层一层地挂在上面，焖烧的青烟妖娆地缠绕上去，翡翠似的叶片就渐渐被熏成了黄金和琥珀的颜色，也染上了一种让人上瘾的香气。

烟草，这田里种的都是烟草。和其他茄科植物一样，它们也擅长用生物碱防御天敌，尼古丁是它们最得意的武器，这种致命的毒素富集在它们大部分的组织内，甚至通过腺毛一滴一滴地分泌出来。然而尼古丁显然不足以保全一切，比如那个农业试验站的指导员，就是专门来这里调查"烟草花叶病"的根源的。

这个指导员是个容貌清秀的中年男人，留着精致的小胡子，看来精力充沛。事实也的确如此，他在这一带工作了很久都没有任何收获，却依然不知疲倦地在田边走来走去。此时，他正认认真真地检视那几株烟草：十几天前的时候，它们还都是非常健康的植株，然而如今的叶片却洒满了斑斑驳驳的白色病变，然后向下皱缩翻卷起来，再也没有了那种争先恐后的舒展姿态。

指导员一直认为这种危害农业的传染病是某种细菌引起的，在过去这段时间里，他在显微镜下仔仔细细地看了一遍又一遍，却一无所获。所有看起来可疑的微生物，都被证明并非烟草花叶病的元凶。

但是，没有收获也同样是一种收获，因为这强烈地暗示着病原体微小得根本不能在显微镜下观察到。所以，在这一次的实验中，指导员用最细密的滤纸反复过滤了病株的汁液，才把这排除了细菌的汁液注射给了原本健康的烟草，果然正如他此刻看到的，那几棵倒霉的植物还是染上了花叶病，如果把这些斑驳的叶子继续榨汁，继续反复过滤，继续注射给其他烟草，这种花叶病就会继续传播下去。

最后，他只能在调查结论中解释说，烟草花叶病不像是细菌引起的，却能通过高度过滤的组织液不断传播，其中的具体原因，实在难以辨明。

关于生命的起源，说来说去，我们还是更关心遗传的起源，或者说一切"原型"的起源，我们今天如此多样的生命形态，究竟可以追溯到怎样的进化起点上。

所以在这一幕里，我们会尽可能具体地回答这样一串难题：遗传信息来自何方？基因来自何方？中心法则的复杂机制，又来自何方？

这一幕中登场的主角将是 RNA 世界假说，这个假说虽然与白烟囱假说吻合得非常好，但毕竟是另外一个独立的假说。它出现得早得多，半个世纪以来发展出了许许多多不同的版本，可以匹配各种不同的理论和事实。所以这一幕的故事既不打算也不可能展现 RNA 世界假说的全貌，我们就像拆开了一大套崭新的拼图，只能把目光聚集在它与这整个故事最契合的片段上，从中寻找最鲜明的特征，依稀辨认40 亿年前的宏大图景。

・第十一章

阴魂不散的"死胎" | 病毒与 RNA 世界假说

> 早期版本的生命起源假说通常不会考虑病毒，因为病毒的结构太简单，连细胞都没有，称不上生命。但是，新进的生命起源假说却越来越重视病毒与细胞的关系，推测病毒与细胞有着相同的古老起源。
>
> 特别是在 RNA 世界假说里，我们如果把病毒也纳入考虑范围，那么一向难缠的中心法则起源问题就变得豁然开朗了。

不少恐怖故事都采用了这样一种离奇的设定：主角原本是双胞胎之一，可他的孪生同胞却在母体内就夭折了，于是，这个胎死腹中的兄弟姐妹怀着对死亡的巨大怨恨和对生命的无限渴望，以鬼魂或者连体畸形的方式依附在主角身上，与他一起成长，一起生活，不知不觉，阴魂不散，由此引出许许多多的灵异事件。

这个吓人的故事，恐怕就是此时此刻真实发生的事情，但故事的主角并不是什么地方的哪个特殊的人，而是你，是我，是今天一切的细胞生命，而那个胎死腹中的孪生同胞，就是病毒。

就在作者写下这行字的时候，2020 年 4 月 13 日，整个世界正笼罩在狂飙的瘟疫之下。一种前所未见的新型冠状病毒在 2019 年底突然暴发，在短短的 4 个月内，由它导致的肺炎已经席卷了全球 210 个国家和地区，累计患者超过 187 万，死亡病例超过 11 万。但这些数字仍然没有停止增长的迹象，欧洲和北美洲的疫情仍在全速扩张，每天都能检出大约 6 万个新病例。而在贫穷的南亚和非洲，窘迫的医疗条件使人们甚至拿不出足够的核酸检测试剂来确诊病人，此时的 2 万多病例显然只是冰山一角，死亡正在海面下逡巡游曳，在你读到这本书的时候，这场瘟疫可能已制造了更加骇人听闻的纪录。

生命的起源 • 244

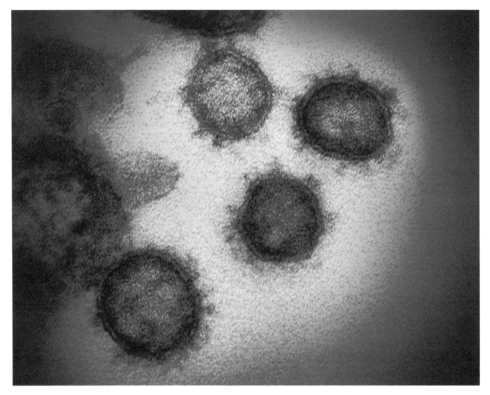

图 4-1 电子显微镜下的"严重急性呼吸系统综合征冠状病毒 2"（SARS-CoV-2），就是它引起了这一次的瘟疫。拍摄者是 Flickr 上的 NIAID。

与其他所有冠状病毒一样，引发瘟疫的新型冠状病毒[1]包裹着一层镶满棒状蛋白的包膜，在电子显微镜下看到的横截面就如同戴着冠冕（图 4-1），因此有了"冠状"这个名字。这些棒状蛋白专门负责识别人类的细胞，一旦确认就叮咬上去，整个病毒就趁机钻进细胞，开始疯狂地复制。

至于冠状病毒如何复制自己，最关键的是包膜里面裹着的 RNA，它长约 3 万个碱基，编码了冠状病毒的一切遗传信息。于是，当病毒进入了细胞，包膜就会打开，这条 RNA 在细胞质里被释放出来。很快，它就会劫持我们的核糖体，攫取细胞内的物质和能量，源源不断地制造出病毒所需的蛋白质来。这些蛋白质有的是精

[1] 2020 年 2 月 11 日，国际病毒分类委员会将此病毒正式命名为"Severe Acute Respiratory Syndrome Coronavirus 2"，简称"SARS-CoV-2"，中国大陆的正式译名是"严重急性呼吸系统综合征冠状病毒 2"。

巧的聚合酶，能够以那条 RNA 为模板，复制出无数条相同的子链来；有的是病毒的构件，能把刚刚复制出来的 RNA 包装成数以万计的新病毒，运送到细胞表面，释放出来，去感染其他健康的细胞。

当然，这一切过程都已经包含在了图 2-42 所示的中心法则里。病毒 RNA 劫持人类的核糖体制造各种蛋白质，是从 RNA 到蛋白质的箭头——"翻译"；聚合酶复制病毒的 RNA，是从 RNA 回到 RNA 的箭头——"RNA 复制"。其中，RNA 复制的箭头被标记成了蓝色，表示这样的信息流动不太常见，主要发生在病毒感染之后。

像这样以蓝色标识的特殊情形，图 2-42 中还有另外一个，它从 RNA 指向了 DNA，这一过程被称为"逆转录"，拥有这项能力的代表病毒"人类免疫缺陷病毒"（HIV）也更加可怕，它是艾滋病的元凶。与冠状病毒一样，HIV 的全部遗传信息也都编码在 RNA 上，但与冠状病毒不同的是，HIV 的病毒内部包含了一些特殊的蛋白质，一旦进入人类的 T 淋巴细胞，这些蛋白质就能利用细胞内的物质和能量，把病毒的 RNA 逆转录成一条双链 DNA，再钻进细胞核，把这条 DNA 嵌进人类自己的基因里。就这样，整个 T 淋巴细胞都被 HIV 绑架，它将耗尽自己的一切物质和能量，让病毒的遗传信息在图 2-42 中沿着红色箭头不断流动，由此制造数以千万计的新病毒，在细胞油尽灯枯后释放出来。

作为一种逆转录病毒，HIV 感染后的潜伏期极长，而且没有任何明显的症状，很容易在不知不觉中传播开去。同时，它的突变率极高，直到今天还没有任何治愈的手段，也没有可用的疫苗，如果得不到积极的治疗，感染者就将在发病 1 年之内死亡[1]。时至今日，这种世纪瘟疫已经感染了400 万人，造成了100 多万人的死亡。

可在人类已知的历史上，阴魂不散的病毒又何止这一两种？腺病毒、天花病毒、流感病毒、疱疹病毒、乙肝病毒、麻疹病毒、乳头瘤病毒……我们实在苦恼，想要知道它们究竟源自何方。

如果只是寻求一个直接的答案，那倒不难。病毒虽然不能算作生命，但它们仍然服从中心法则，服从基本的遗传规律，用第七章里的那种办法，比较不同病毒的

---

[1] 但又必须强调，凭今日的医学，HIV 检出后积极配合治疗，按时服药，可以终生不发病，预期寿命与健康人一样，且不具有传染性。

遗传信息，就能找出它们的亲缘关系。所以我们现在知道，新型冠状病毒"SARS-CoV-2"最近才从原本感染蝙蝠或者穿山甲等野生动物的冠状病毒突变过来；HIV在 20 世纪从猴免疫缺陷病毒（SIV）突变过来；天花病毒则是在三四千年前，从感染啮齿动物的痘病毒突变过来的[1]；等等。

但这个直接的答案并不是最终的答案，我们只是找到了这些病毒的祖先而已，可是，病毒最初的祖先，又是来自何处呢？比如这本书正在讨论一个"生命起源"的故事，那么，"病毒起源"的故事，又该从何讲起呢？

显然，开头那些关于病毒复制机制的描述，是非常意味深长的事情：病毒自身没有任何物质能量代谢的功能，完全不满足生命的热力学定义，所以在第四章结尾的地方，我们说它不是生命。但是，病毒却又能够侵入并劫持细胞，利用细胞的生命活动，实现中心法则的运转，让自己的遗传信息永恒地绵延下去。

病毒恰似一个寄生的畸胎，一个附体的鬼魂，在已知的世界上，没有任何一个活着的细胞不可能被病毒感染。

对于这个畸胎和鬼魂的最初来源，人们最初提出了"退化理论"，认为病毒的祖先就是细胞，某些寄生性的细菌在进化中不断退化，最终完全失去了细胞结构，成了病毒。

这种病毒起源假说观察到了许多看起来像是"过渡状态"的细菌和病毒。比如衣原体和立克次体虽然是细胞，但已经完全不能独立生活，必须潜入其他细胞内部，窃取物质能量代谢的各种成果，才能维持自身的生命，不断繁殖下去，这让它们的结构非常精简，直径零点几微米，体积只有一般细菌的 1% 左右。

反过来，世界上又有一些非常巨大的病毒。比如 1992 年在英格兰一处冷却水塔中发现的拟菌病毒（Mimivirus），直径就达到了 0.5 微米左右，还额外长有 0.1 微米长的绒毛，总直径达到了 0.7 微米以上，以至于最初被误认作球菌。但它们的确是病毒，而且是基因组非常复杂的病毒，110 多万个碱基编码了近千个基因，其中甚至包括了修饰转运 RNA 和核糖体的基因，这都一度被认为是细胞生命专有的基因。

在那之后，我们在世界各地的真核细胞内发现了越来越多的巨型病毒。比如妈妈病毒（Mamavirus）、图邦病毒（Tupanvirus）、巨大病毒（Megavirus）、马赛病毒

（*Marseillevirus*），都比衣原体和立克次体尺寸更大，也都有着上百万的碱基，上千的基因[II]，而到 2013 年，我们在智利的海床上和澳大利亚的湖底下发现了"潘多拉病毒"（*Pandoravirus*），它们专门感染某些变形虫[1]，是个罐子似的椭球形，高 1 微米，直径 0.5 微米，基因组包含了 200 万个碱基，编码了 2000 多个基因，甚至比某些真核细胞都复杂。而目前知道的最巨大的病毒，是 2014 年在西伯利亚的 3 万年前形成的冻土中发现的阔口罐病毒属（*Pithovirus*），它们的外观很像潘多拉病毒，但更大，长度可达 1.5 微米。

但是，我们又很难说这些例子就能证明退化理论，因为它们的"过渡状态"就只是非常表面的物理尺寸和基因组尺寸，除此之外并没有模糊细胞和病毒的界限，衣原体和立克次体是毫无疑问的细胞，那些大号的病毒也都是名副其实的病毒。

另一种病毒起源于细胞的假说是"内源理论"，也就是说，病毒不是一整个细胞退化来的，而是细胞内的一部分结构获得了复制和感染的能力，从细胞里逃脱出来变成的。

主要启发学者们提出这种假说的是细胞内数量庞大、种类繁多的"质粒"和"转座子"。对于前者，我们不应该感到陌生，早在中学生物课上，我们就知道原核生物没有细胞核，它们的 DNA 也没有凝聚成染色体，而是形成了几个相同的大型环状 DNA，大致分布在细胞的中心区域，被称为"拟核"。但拟核并没有囊括细胞的全部 DNA，还有大量的小段 DNA 分散在细胞内部自由地复制着，被称为"质粒"。质粒可以携带各种各样的基因，给原核生物赋予了各种额外的代谢能力，比如对抗生素产生耐药性的基因就常常携带在质粒上。

在第七章的"悬疑，推测，线索"中，我们提到过细菌和古菌都有活跃的"基因横向转移"活动，它们可以在细胞之间直接交换 DNA 的片段，而那种在细胞之间交换、传播、扩散 DNA 片段的，就是质粒。所以这种假说设想，如果质粒突变出了某种可以逃离细胞的基因，就会变成 DNA 的病毒。

而"转座子"就是真核细胞基因组内的离奇结构了。在我们染色体 DNA 上，

---

[1] "变形虫"（amoeba）又译"阿米巴虫"，长期以来被误认为是单细胞动物，所以有个"虫"字。但正如第七章第一篇"延伸阅读"结尾处描述的，我们现在发现它们既不属于动物界也不属于植物界，更不属于真菌界，而需要划入一个另外的"变形虫界"。与变形虫界关系最近的界是动物界和真菌界。

大量分布着一种特殊的序列，这种序列大都没什么生理功能，却可以从原先的位置上被剪切下来，再插入基因组的其他位置。打个比方，基因组中的各个碱基序列本来像列车上的乘客一样，根据车票坐在自己的位置上，而转座子就是一些极不安分的乘客，动不动就从座位上跳下来，随便流窜到其他座位上去。更奇怪的是，一类被称为"逆转录转座子"的转座子还会一边流窜一边复制：它们不是亲自离开座位，而是先转录出许多条 RNA，再逆转录成许多条 DNA，才到处插入整个基因组。所以毫不奇怪，经过漫长的岁月，生物的基因组中充满了各种各样的逆转录转座子，它们占据了玉米的基因组的 49%~78%，小麦基因组的 68%，就连我们人类的基因组，也有大约 42% 都是逆转录转座子。

如果这让你想起了 HIV 之类的逆转录病毒，那就太好了，有那么一些逆转录转座子实在像极了逆转录病毒，它们不但编码了酷似病毒的逆转录酶和 DNA 整合酶，而且整个转座过程也与病毒的感染过程如出一辙，除了缺少病毒那样的外壳，无法离开原本的细胞，它们与逆转录病毒没有什么区别。所以，如果你担心这些逆转录转座子会在转座的过程中闯出什么祸事，像病毒一样弄死细胞，那真是一点儿都不多余。我们的细胞的的确确进化出了许多机制来限制逆转录转座子的活动，比如让细胞高度分化，关闭每个细胞里的绝大多数基因。但随着时间的推移，仍然会有许多逆转录转座子苏醒过来兴风作浪，给基因组带来一些实质性的破坏。如果你已经看过幕后那篇《我们为什么放弃永生？》就会注意到，其中第三步里提到的DNA 损伤，它就有相当一部分由此造成。

这让逆转录病毒和转座子存在进化渊源的观点非常可信，但是，究竟是转座子终于逃出了细胞，变成了逆转录病毒，还是逆转录病毒定居在了基因组中，变成了转座子，这又是一个尖锐的问题。而且，不幸的是，目前的研究更倾向于后者，也就是说，这些讨厌的转座子，是病毒感染生殖细胞或者胚胎之后，赖在基因组里形成的残迹[1]。

第三种较晚提出的假说，就是"共进化理论"。这个假说提出，病毒与细胞有

---

[1] 不过，即便反过来，真的是先有转座子再有病毒，那也不是完全违反进化规律的事情。因为进化的对象是基因，而不是个体，而基因能否在进化中占据优势，唯一的标准就是它能在世代传递中制造多少复本。显然，自私流氓就是个极好的策略。

着相同的来源，在生命起源的每个阶段，每个生命的"半成品"都有两条路可走：一条路是继续复杂化，发展出越来越健全的物质代谢和能量代谢，最终发展成细胞生命；另一条路是不再复杂化，盗窃前者的发展成果复制自己，如影随形地赖在前者身上，这样的半成品就没有发展为细胞，而发展成了各种各样的病毒。

在这样的假说里，病毒就是细胞生命那胎死腹中的孪生同胞，但这死胎从未放弃留在世上的野心，它们一直依附在我们身上，以种种可怖的方式与我们共存了40亿年，永远也无法被驱散。

至于生命起源的各个阶段是什么，每个阶段的半成品是什么样，在不同的研究者那里又有许多不同的版本，但总的说来，都与 RNA 世界假说脱不开关系。这听起来多少有些新鲜，然而病毒与 RNA 的联系，甚至要比中心法则更早建立起来。

人类发现的第一种病毒是烟草花叶病毒，它早在 1886 年就被德国农业学家阿道夫·迈耶（Adolf Mayer）粗糙地提取出来，但人们一直搞不清楚它是什么东西。直到半个世纪之后，1935 年，美国生物化学家温德尔·斯坦利（Wendell Stanley）才终于确定了这是一种蛋白质和 RNA 共同组成的微粒。而当时也正是遗传学的突破关口，重大的发现接踵而至：1935 年到 1944 年，人类发现 DNA 是细菌的遗传物质；1946 年，斯坦利因分离烟草花叶病毒的 RNA 和蛋白质荣获诺贝尔化学奖；1953 年，DNA 双螺旋和中心法则问世；1956 年，普朗克研究所证明了烟草花叶病毒的遗传物质就是 RNA。也正是因此，1958 年，弗朗西斯·克里克才在中心法则上画出了"RNA 复制"的箭头[III]，而这个箭头，也正是 RNA 世界假说的核心思想：RNA 可以自我复制，单独构成一个遗传与代谢的闭环。

所以，把病毒加入 RNA 世界本来就是顺理成章的事情。如果你还记得第七章的结尾处，我们说过威廉·马丁与尤金·库宁共同描绘了一幅宏大的生命起源图景，那么，在那之后的第二年，也就是 2006 年，尤金·库宁又给出了一个生命与病毒的共同起源图景[IV]，把它概括起来，大概就是下面这个样子：

最初的世界是严格的"RNA 世界"。这些 RNA 既能编码遗传信息，也能催化复制自己。所以最初的中心法则就只有"RNA 复制"那一个箭头，这虽然非常简单，却已经是个完整的闭环，足以启动分子尺度上的进化了。在这个世界里，最初的细胞很可能已经出现了，而某些亚病毒因子甚至比细胞出现得还早。

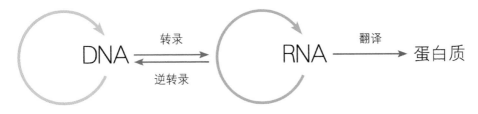

图 4-2　蓝色箭头形成于"RNA 世界",红色箭头形成于"RNA-蛋白质联合世界",绿色箭头形成于"逆转录世界",黄色箭头形成于"DNA 世界"。

　　之后,RNA 进化出了催化合成蛋白质的能力,并且将大部分的催化职能让渡了给蛋白质。这让中心法则发展出了右半边,也让 RNA 世界发展成了"RNA-蛋白质联合世界",在这个世界中,细胞的功能逐渐开始完善,最初的 RNA 病毒也可能在此时出现了。

　　在那之后,出现了能催化逆转录过程的蛋白质,开启了一个"逆转录世界"。原本记录在 RNA 上的遗传信息转移到了化学性质更稳定的 DNA 上,RNA 的遗传功能由此让渡给了 DNA。第四章定义的末祖,就生活在这个世界里,逆转录病毒和一部分 DNA 病毒的最初祖先,也可能是在这个时代出现的。

　　但中心法则还没有最终完工,在细胞进化出独立生存能力的同时,DNA 的复制机制也终于完善了,细胞中的 RNA 彻底卸下了遗传物质的责任,一个漫长的"DNA 世界"由此开始,绵延 30 多亿年至今。当然,病毒也亦步亦趋,双方从未停止对彼此的影响,它们之间的关系,早已不再是"致病"和"抵御"这样简单的措辞能够概括得了的。对此,我们会在这一整幕里慢慢体会。

　　乍听起来,这样的 RNA 世界假说实在有些传奇,一个分子要自己催化自己,自己复制自己,这难道不是不可思议的事情吗? 但生命本来就是宇宙中最不可思议的奇迹,它留给我们的奇怪线索,以及那些分子生物学上奇怪的事实,引诱我们情不自禁地踏上了这条应接不暇的山阴道。

第十二章

甲醛聚糖和热泳 | RNA 与遗传的起源

> RNA 世界假说要想成立，首先要解决 RNA 的起源问题。为此，我们需要把 RNA 拆解成三种主要的原料：磷酸、核糖和碱基。其中，磷酸是随处可见的无机物，不需要考虑。核糖可以来自一种甲醛聚糖反应，也非常可能在白烟囱的环境下自然生成。但碱基的来源就存在很多争议了，不同的研究者对此提出了不同的假说。
>
> 接下来，关于这些物质要如何组成长链的 RNA，白烟囱假说又提出了非常独特的解释：热泳效应能够让这些物质在白烟囱的毛细管道里聚合成长链，这还可能附带解决一些其他的问题。

要让 RNA 世界假说在理论上成立，我们起码要证明一件事：RNA 这种东西的确可以出现在没有生命的原始地球上。这并不是太难的事情，尤其对于那些已经熟悉了第三幕，掌握了许多简单却活跃的有机物的知识的读者，这将是水到渠成的一章。

· 拆解核酸 ·

在 RNA 世界假说中，头号重要的反应无疑是制造了 RNA 的反应。但经过了整个第三幕，最初的固碳作用，或者说地质化学版本的乙酰辅酶 A 路径，就只给我们制造了甲酸、甲醛、甲醇、乙酸之类的最简单的小分子有机物。而 RNA 是极其复杂的生物大分子，你在第六章见过它们的图示，那可是盘结扭曲的一大长串，拥有复杂的三维形状。乍看起来，这两者之间有着不可逾越的鸿沟。

但事情远没有看起来的那样麻烦。RNA 分子虽大，构成它的材料却都很简单，对于 40 多亿年前的白烟囱来说，要合成它们并不是多么艰难的任务。就连你，如果跟着下文一起拆解一次 RNA，也会觉得轻松很多。

那么，在拆解 RNA 之前先要知道，许多讲述核酸的科学读物，包括之前的第六章，都会把核酸上的 4 种碱基比作字母，它们依次排列在核酸的骨架上。这很生动，但也很容易让人产生一种误解，以为核酸是先有一副结实的骨架，再有许多碱基松散地挂在上面，就好像先画好了一道横线，再沿着横线写了一行字。

但事实恰恰相反，如图 4-3，碱基与和它相连的一小段骨架之间是个糖苷键（蓝色虚线圈里的化学键），非常结实；而这一小段一小段的骨架之间却只是个酯键（绿色虚线圈里的化学键），很容易水解。所以在核酸形成的时候，是碱基与那一小段骨架构成了一个个 RNA 的单体（分子式中粉红色部分），由它们依次连接成链；在核酸水解的时候，也同样是这骨架一节一节地瓦解，整条长链重新断裂成单体。所以如果要严格地打这个"写字"的比方，我们应该说核酸是一大串不间断的连笔字，那些勾连的笔画就是核酸的骨架。

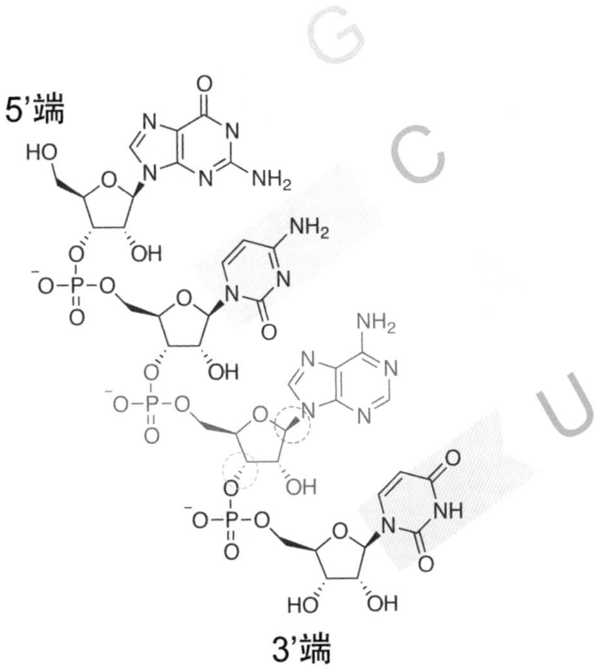

图 4-3　单链 RNA 一小段片段，红色的分子式部分是一个"单体"。背后的浅色形状可以帮助你把这个片段对应到第六章的图 2-43 上去。（作者绘）

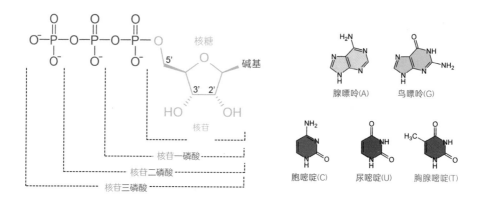

图 4-4　核糖核苷酸的结构，更准确地说，是"磷酸核糖核苷"的结构：核苷部分由核糖与某种碱基缩合而成，在此基础上，5'上缩合了几个磷酸，就叫"核糖核苷几磷酸"，也称"几磷酸某核苷"。另外，如果把 2'上的羟基换成氢原子，核糖就变成了脱氧核糖，可选的碱基也会相应地变化——这些知识在第六章就已经讲述过，在这一幕之后的内容里会变得更加重要。（作者绘）

　　不过在实际的生化反应里，用来聚合 RNA 的单体如图 4-4 所示，也就是生物课上被称作"核苷酸"的东西，你会注意到它们比 RNA 里的单体多了两个磷酸基，那是因为这两个磷酸基一旦水解就能释放很多的能量，这在聚合的时候推动了整个反应——说到这里，你应该识破了它们的本来面目：这些用来聚合 RNA 的单体，什么腺苷三磷酸、鸟苷三磷酸、尿苷三磷酸还有胞苷三磷酸，不就是各种生命都在使用的"能量通货"吗？

　　所以继续拆解 RNA 的单体已经是轻车熟路、一目了然的事情：仍然看图 4-4，左半部分黄色的分子式是核糖，成串的红色分子式是磷酸基，右半部分择出来用蓝色文字标注的，是各种碱基的"特写"。

　　在这三个部分里，磷酸不需要解释，因为它是最简单的无机物，白烟囱里到处都是。而核糖与碱基就要麻烦一些了，它们需要一些有机化学反应，才能从乙酰辅酶 A 路径的产物里合成出来。

　　就让我们先从简单的开始吧——核糖只需要甲醛一种原料就能合成出来。

　　从某种角度上讲，这也是很"显然"的事情，因为核糖与葡萄糖一样，是碳水化合物，元素比例满足通式"$C_n(H_2O)_n$"，而当 n 取 1 的时候，这个物质就是甲醛（HCHO）。

这个把甲醛变成糖的反应，就是这一章的前半个标题，"甲醛聚糖"[1]。

甲醛聚糖反应是俄国化学家亚历山大·布特列罗夫（Aleksandr Butlerov，1828—1886）在 1861 年发现的，所以这个反应也会遵照惯例被命名为"布特列罗夫反应"（Butlerov reaction）。实际上，甲醛这种物质也是他在 1859 年发现的。

甲醛聚糖反应虽然涉及了非常艰深的有机化学原理，但如果只看反应物和生成物，却简单得不得了：如图 4-5，在恰当的条件下，两个醛相遇，会首尾相接地连起来，这个醛变成前半个，那个醛变成后半个，组成一个碳链更长的醛。这个碳链更长的醛又能继续连接别的醛，形成碳链越来越长的醛。[2]

不过，这些醛的碳链也不能无限延长下去，因为这个反应合成的醛会带有非常多的羟基，这并不是多么稳定的结构，所以这些醛的碳链延长到一定程度就会自行折断，变成更短的醛。

于是，一方面是碳链不断地延长，另一方面是过长的碳链会自动折断，作为这两种趋势的折中，那些具有五六个碳原子的多羟基醛，既有比较长的碳链，又不太容易自动折断，就会越聚越多，在整体上成为反应的终产物了。[3]

具有五六个碳原子的多羟基醛，那不就是糖吗？

是的，我们熟悉的许多种单糖，包括葡萄糖、半乳糖，还有用来构成 RNA 的核糖，都能从这个反应里源源不断地生产出来，这就是为什么，这一系列的反应会在整体上被称作"甲醛聚糖反应"，也是为什么，它会在 RNA 世界假说里占据重

---

[1] "甲醛聚糖"的英文作"formose"，乍看上去很像拉丁语的"美丽"（formosa），但它们没有任何词源上的关系。"formose"是截取了"formaldehyde"（甲醛）的前半部分和"aldose"（醛糖）的后半部分，"混成"来的。在这里，"混成"是一种在英语里很常见，在汉语里却十分罕见的构词法，如果要"信、达、雅"地直译一个混成词，就会非常棘手，所以"甲醛聚糖"这四个字就完全是意译来的。但是，如果一定要追求优雅的直译，我们又会得到一些妙趣横生的故事——1968 年，中国的汉语言学之父赵元任先生翻译了路易斯·卡罗尔的《爱丽丝镜中奇遇记》，在处理那首英语文学里最杰出的荒诞诗《炸脖龙伏诛记》的时候，就遇上了一连串的难题。然而这些难题、其首诗的形式，以及那首诗的内容，都刚好与这一章的内容充满了有趣的联系。实际上，这本书的这一章原本并不是这样写的，这本书的作者试着重新翻译了那首诗，讲述一个小英雄屠龙与 RNA 世界极早期交错起来的故事。出版社的编辑为我这个精妙的奇想掉了太多头发，为了保住他们剩余的秀发，这本书的作者不得不删掉了他很喜欢的大部分内容，只留下你现在看到的这一部分。不过，读到这里，你仍然有机会看到那原来的写法，因为这本书的作者也把原本的这一章发表在了他的微博上，你可以通过下面的网址，找到这一章完整的样子。

微博：https://weibo.com/ttarticle/p/show?id=2309404651038341726521
豆瓣：https://www.douban.com/note/805932203/

[2] 像这样两个醛或酮"混成"一个新的醛或酮的反应，在工业上叫作"醇醛反应"，是化工业上延长碳链的最重要的反应。其中，"aldol"（醇醛）这个词又是"aldehyde"（醛）和"alcohol"（醇）混成来的。

[3] 一个更具体的微观原因是有五个碳原子的糖可以自发地异构成环状，这让它们更加稳定，这也是为什么在这本书，或者任何一本涉及生物化学和有机化学的图书里，这些糖都会被画成五边形和六边形。

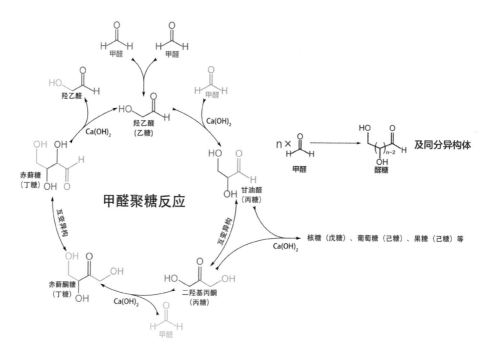

图 4-5　甲醛聚糖反应的流程：在碱性环境下，以甲醛为单位不断发生羟醛反应，形成碳链越来越长的醛；同时，一些醛会发生互变异构，成为对应的酮。而这些醛或酮，都是糖。（作者绘）

要的位置[1]，成为我们这个故事里一块非常重要的拼图：在刚刚结束的第三幕，氢气和二氧化碳正在白烟囱里通过这样或者那样的途径源源不断地转化成甲醛；而甲醛聚糖的反应条件，又刚巧是富含 +2 价金属离子的碱性溶液，简直就是挑明了在说碱性热液——还记得吗？2014 年，尼克·莱恩在实验室里模拟了碱性热液喷口[1]，其中果然生成了少量的核糖，那的确是意义深远、值得反复观察的成果。另外，在这本书的草稿刚刚写成的时候，2019 年 11 月，人类甚至在天外的陨石里找到了太空中形成的少量核糖[II]，可见，这种物质其实没有那么神秘。

磷酸与核糖都好解决，碱基就稍微麻烦一些。因为核酸的碱基都含有氮元素，而且具有环状结构，氮元素是以怎样的形式、怎样的反应参与进来，就成了一个颇具争议的问题。

---

[1]　见第九章"雷电仙胎"一节。

在如今的细胞内，氮元素是以氨基酸的形式参与反应的。在第八章的图 3-3，我们说过，三羧酸循环是细胞代谢的中央环线，循环中的羧酸可以脱离循环，转化成氨基酸，氨基酸又进一步地转化成其他各种物质，包括核酸中的碱基。稍具体的情况就如图 4-6 所示，但详细的合成反应实在非常复杂，它们是如何三三两两个、七七八八步合成的那些看起来有些复杂的环，我们就不必追究了，毕竟，我们不可能要求现代细胞的代谢反应原封不动地发生在 40 亿年前。

至于在没有生命的条件下它们又该如何形成，在过去的几十年里，各种生命起源假说都在溶液、黏土、矿物表面，甚至外太空的种种环境里摸出了碱基合成的门道。2011 年 2 月，美国公共广播公司（PBS）的招牌科学节目《新星》（NOVA）还专门制作了一期题为"揭示生命起源"[1] 的 10 分钟短片，以《自然》杂志 2009 年发表的新研究为基础 [III]，讲述了四个碱基中的胞嘧啶如何在反复蒸发的小池塘里生成出来，加载到核糖上。当然，如此多的假说和如此多的方案，仍是我们既难讲明白，也不必讲明白的。

不过，可以稍稍涉及的是，这些假说常常会把氢氰酸和各种有机氰化物当作碱基合成的材料，因为氰根（—C≡N）既有碳原子也有氮原子，还有非常不饱和的化学键，很适合作为化学合成的原料。但是另一方面，氰化物对于今天的绝大多数生命来说都是剧毒。这就产生了一种古今之间的矛盾。

对此，一种很有说服力的观点是，氰化物对现代细胞有剧毒，是因为这种物质能够强烈抑制细胞的呼吸作用[2]，而 40 亿年前的地质化学反应并没有这个忌讳。这就如同白蚁在今天看来是些烦心的害虫，但在数万年前的狩猎采集时代却是可口的蛋白质来源。原本是资源，后来却变成祸害，这从长远上看是合情合理的事情——生命毕竟是生命，一旦形成就开始了永不停歇的进化，就会用更加高效的生物化学反应代替粗劣的地质化学反应，那些孕育了生命的化学反应并不必然会被今天的细胞继承。

那些认为生命起源于海洋表层或者火山口热泉的假说，就尤其青睐这种解释。

---

[1] 英文原题"Revealing the Origins of Life"，在线播放链接为 https://www.pbs.org/wgbh/nova/video/revealing-the-origins-of-life/。

[2] 具体来说，是因为它与铁离子极其亲和，能够与线粒体内膜上的复合物 IV 牢固结合，阻断电子传递链。

但是反过来，又有另一些研究者认为今天生命应该与最初的起源保留了更多的联系，而氰化物可以合成碱基，就如同米勒–尤里实验中的氨气和甲烷可以合成氨基酸，只是在理论上证明了一种可能，在观念上实现了某种祛魅，但在事实上却没有什么意义，并不能解决生命起源的难题，所以他们提出的碱基起源假说就会仿照生物化学反应，原料只有氨基酸和二氧化碳。

图 4-6　细胞合成嘧啶环与嘌呤环的碳原子和氮原子来源，两种环都省略了所有的双键。如果你有耐心的话，可以与图 3-3 对照一下。另外，细胞合成嘌呤需要甲酰基，而提供甲酰基的物质是一种四氢叶酸，与乙酰辅酶 A 路径长分支里装载甲酰基的四氢叶酸是几乎一样的物质。（作者绘）

白烟囱假说的建立者，威廉·马丁和米歇尔·罗素就持有这种意见，毕竟，碱性热液喷口非常缺乏氰化物，却能生成种类繁多的不饱和有机酸，这些有机酸只需要稍微加工一下，就能变成氨基酸，成为有机合成里源源不断的好材料[IV]。而且正如我们在第十章介绍过的，目前的热液喷口模拟实验已经获得了 17 种标准氨基酸，这让这些假说同样颇具希望。不过，在更具决定性的实验结果问世之前，这本书并不打算带着你去钻研这些假说的反应细节。

总而言之，我们已经拆解完了 RNA，看到它无论多么复杂，都是由 4 种挺简单的单体组成的，而所有的单体，又是由 3 种更简单的物质组成，其中，磷酸与核糖的起源都还称得上简单，只是碱基的起源有不少的意见分歧。

那么，姑且让我们黠达一些，由着那些科学家用不同的方案探索碱基的地质化学起源吧，我们现在已经愉快地发现，要通过地质化学反应获得 RNA 的单体，在理论上已经没有什么鸿沟了，而且考虑到我们早在第三幕就拿到了乙酰磷酸这样的高能物质，各种有机物早已变得活跃起来，那么在白烟囱里，核苷酸的出现已经称得上"水到渠成"了 [1]。

我们接下来需要讨论的，是一个看起来更大的问题：在细胞出现之前，这些 RNA 的单体要怎样才能组合成上一章结尾处预言的，既能编码遗传信息，也能催化复制自己的神奇 RNA 呢？

·跳出悖论·

对于那些熟悉中心法则的读者来说，下面是一件理解起来毫无难度的事情：遗传信息在核酸之间的传递遵循碱基互补配对原则。比如 DNA 上的信息 "ACGGCTGGATTA" 转录到 RNA 上，就会变成 "UAAUCCAGCCGU" 这样一段完全颠倒的镜像序列——那么，如果原来的序列有意义，新的序列就总是没意义，反之，要得到有意义的新序列，原来的序列就总是没意义。[2]

所以回头再看第六章的图 2-47，你会发现，对 DNA 上的每个基因来说，双链中的一条链叫作"编码链"，意思是它编码了遗传信息，但真正用来转录 RNA 的"模板链"却是那条没意义的镜像序列——这就好像一面镜子会呈现颠倒的影像，再来一面镜子又能把影像颠倒回去。

可是，这就引出了又一个重要的问题：在 RNA 世界假说中，早期的 RNA 并不是从那条 DNA 模板链上"镜像"出来的，而是 RNA 们互相"镜像"出来的。可这些 RNA 都是单链的，并不能像 DNA 那样耍出两面镜子倒回去的把戏，那么在最开始的时候，第一条 RNA 究竟是有意义的那条，还是没意义的那条？

如果是有意义的那条，那么它的意义是从哪儿镜像来的？如果是没意义的那条，谁来把它镜像成有意义的那条？

---

[1] 实际上，核苷酸的产生方式多得很，甚至未必来自核糖、碱基和磷酸的直接缩合。直接给核糖逐渐添加材料，变成核苷酸，也同样是可行的。

[2] 核酸的链条区分前后，互补序列不但要颠倒对应的嘌呤和嘧啶，还要颠倒整个次序。所以，存在互补配对之后与原序列相同的碱基序列，比如 "AGUACU" 的互补序列就仍然是它本身。
另外，在真实的细胞内，也有一些非常精细的 RNA 调控手段，例如专门合成一段没有意义的镜像序列出来。比如许多细菌和古菌要对抗病毒，就能合成病毒序列的镜像序列，然后用这段镜像序列与病毒序列配对结合，使病毒序列失去功能。这被称为"常间回文重复序列丛集 / 常间回文重复序列丛集关联蛋白系统"，缩写为 "CRISPR/Cas"，如今已经被广泛应用到基因工程中，是调控基因表达的重要手段。

所以仅凭上一章结尾处笼统概述的 RNA 世界假说，我们只能跳出 DNA 与蛋白质的遗传与代谢之争，却仍未跳出中心法则，那么，遗传与代谢的两难就仍然萦绕在 RNA 世界的起源之处：有意义的 RNA 是代谢的起源，负责催化 RNA 复制，没有它，RNA 就无法复制；没意义的那条是遗传的起源，负责担任模板，没有它，RNA 也无从复制。看起来，我们遇到了一个难堪的悖论。

要解决这样一个悖论，最好的办法就是"跳出来"。只要彻底跳出中心法则，不依赖碱基互补配对的手段获取 RNA，一切问题就都迎刃而解了。所以说来说去，我们就是要讨论 RNA 的单体在没有模板和聚合酶的条件下，能不能聚合成链状的 RNA。

如果认为只要有了 RNA 的单体，RNA 就会在随机运动里自然而然地涌现出来，那就未免步了原始有机汤假说的后尘：稳定的溶液中不只有核苷酸聚合成 RNA 的反应，还有 RNA 水解成核苷酸的反应，而且后者要快得多，所以从化学平衡上看，RNA 单体不会自发聚合成链，链状的 RNA 倒是会自发地水解成单体。

这个问题普遍存在，今天也同样不得不面对。例如，细胞里的 RNA 聚合酶负责按照 DNA 的模板链，用游离的核苷酸聚合出一条镜像序列的 RNA，所以，它在理想情况下应该按着箭头指示的方向运动。

但是，在那个反应发生的位置，刚刚聚合的 RNA 也同样有可能发生水解反应，重新断裂成核苷酸[1]，而且概率更大，如果不加干涉，RNA 聚合酶其实会逆着箭头走——怎么办呢？

生命的解决之道当然就是能量：那些核苷酸同时是能量通货，细胞内的种种能量代谢会源源不断地制造它们，使它们总能维持非常高的浓度。这就让核苷酸漂进并参与反应的概率远远超过了漂出的概率，彻底扭转了那个化学平衡，让聚合酶总能顺着箭头前进了。

显然，在生命出现之前，地球上绝不可能有如此高效的核苷酸生成机制，也就绝不可能像细胞这样直接扭转化学平衡。这就是为什么在原始有机汤假说之后，一

---

[1] 这里需要稍微留意的是，在溶液内，核苷一磷酸聚合成 RNA 与 RNA 水解成核苷一磷酸，互为逆反应。但在细胞内，聚合成 RNA 的是核苷三磷酸，但 RNA 水解成的是核苷一磷酸，所以严格地说，这是两个互相关联，但并不相同的化学平衡，这里为了叙述方便，忽略掉了中间的细节。

图 4-7　细胞内的 RNA 聚合酶工作原理示意图。这张图的样式和配色与这本书里其他的图明显不同，因为这张图是作者在写这本书之前画的。

大批假说都将生命起源寄托在了陨石坑、火山口湖和火山温泉中——这些地方水量很少，在较高的温度下很容易发生周期性的干涸，其中的核苷酸也就能够周期性地浓缩起来，周期性地逆转那种化学平衡了。而热液喷口假说最常遭遇的一种质疑，就是这种环境位于深海，似乎很难把核苷酸持续地浓缩起来。

然而这种质疑严重地低估了白烟囱假说。

白烟囱最独特的性质，就是它的内部充满了迷宫一样的毛细管道——仔细观察图 3-11，你会看到那些沉积物就像疏松的海绵一样。超过 40℃ 的热液和只有 4℃ 的海水在其中缓慢流动着，形成了显著的温度差异，也就产生了强烈的"热泳效应"。

所谓"热泳效应"，是指在温度差异的作用下，介质中的微粒会在统计上向着温度较低的方向扩散。尤其对于那些住集中供暖的老房子的北方读者来说，这种效应听着陌生，却早已是生活中的烦恼了：暖气片比它紧邻的墙壁更热，所以空气中的灰尘微粒就会向着墙壁运动，天长日久，暖气片背后的那堵墙就会被"熏"得又黑又黄，怎么都洗刷不干净。

同样，分子较大的有机物如果出现在了白烟囱的毛细管道里，也会被热泳效应驱赶到温度较低的地方，在那里浓缩聚集起来。而且越大的有机物，越容易浓缩：核苷酸这种尺寸的分子可以通过这种机制浓缩至原本的 1/5 000[V]，而当它们在这浓缩的过程中发生了聚合反应，浓缩的程度还会急剧增长。几个碱基长度的短 RNA 可以浓缩至原来的几十万分之一，上百个碱基的 RNA 链就可以浓缩至原来的数千亿分之一，而只需 5 厘米长的微管和 10℃的温差，RNA 就有可能聚合到 200 个碱基的长度 [VI]。这实在是令人振奋的数据，要知道，真核细胞的转运 RNA，也只有最多 90 个碱基的长度。

总之，在温度差异的作用下，核苷酸聚合与 RNA 水解的化学平衡立竿见影地扭转了，第一批 RNA 链也就应运而生了——换句话说，这位化学平衡·热泳先生，就是住在白烟囱里的 RNA 世界的大诗人，正是他，笔耕不辍地用 RNA 单体谱写出了一条条长链状的 RNA 分子。

不难想象，这位大作家颇有些率性，他只能把 RNA 单体随机地组合成长链，当然没有编码任何有意义的东西。但好在他也是个极有毅力的高产作家，对于长度只有几百个碱基的 RNA，他可以在成千上万年的光阴中浓缩出无数条来，其中必然有一些具有独特的催化活性，能够以另一条 RNA 为模板，复制新的 RNA 出来。

这样的 RNA 一旦出现，中心法则的箭头就会开始运转，经典意义上的进化就会徐徐启动，一个全新的时代就此开始——但是，我们要把这些全都留在之后的章节里慢慢讨论，眼下趁这一章尚未结束，再提起另一个重要的伏笔。

你还记得第五章和第三幕里都出现过一些奇奇怪怪的辅酶吗？什么辅酶 A、辅酶 NADH、辅酶 FAD、辅酶 F420……统统是性质非常活跃的物质（参见图 2-13 或图 3-2 和图 3-6），它们在各种化学反应之间运送各种官能团，让所有的生化反应交织成了错综复杂的网络。

如果仔细观察一下化学结构，我们就会发现它们都与 RNA 脱不开关系，其中一些最重要的辅酶根本就是核苷酸与其他物质杂糅出来的变体——第九章的第一篇"延伸阅读"还介绍过一种含有钴咕啉的辅酶，不妨再留神观察一下图 3-16，那东西从下方勾住钴原子的，也正是一个腺苷酸的类似物。

考虑到这些辅酶广泛出现在一切生命的细胞内，显然也是末祖的古老遗产，所以 RNA 世界假说的研究者从一开始就在分析其中的曲折，他们推测这些辅酶很可能就是 RNA 世界的遗迹 [VII]。

那位化学平衡·热泳先生既然是个随心所欲的家伙，他的连笔字想来也不工整。在最初的 RNA 世界，核苷酸的聚合反应并没有酶来催化，磷酸与核糖也就不像今天这样总能连成一条整整齐齐的骨架，而很可能一不小心就连出什么乱七八糟

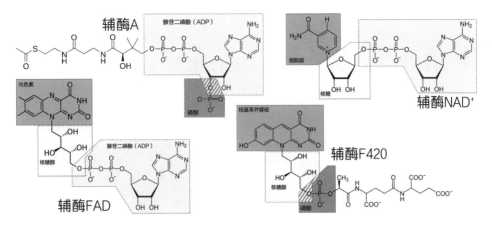

图 4-8 乙酰辅酶 A 路径和逆三羧酸循环里出现的 4 种重要的辅酶，它们在结构上都与 RNA 有些关系：深黄色的部分就是一个 RNA 单体，淡黄色的部分是核糖或者核糖醇，蓝色部分是标准碱基之外的几种含氮碱基。（作者绘）

的结构，甚至与其他莫名其妙的物质杂糅起来。其中一些活性非常高，能够携带各种官能团的，就是原始的辅酶了。

想想看吧，这真是激动人心的想法：RNA 世界才刚刚开始，我们就已经有了能量通货，有了各种辅酶，那么第三幕里的那些路径啊，循环啊，就与如今的细胞里的情形没什么不同了，这显然会极大地促进那些物质代谢与能量代谢，让一切运转都迅速起来——要是再能有些酶，那就完美了。

这可未必是个遗憾，因为一些锐意的研究者已经提出，这些辅酶就曾经是某些长链 RNA 的活性末端，因为这个位置上的核苷酸最容易杂糅其他物质，长链 RNA 也将因此成为强大的酶，实实在在地催化那些代谢反应。但在后来的进化中，蛋白质出现了，它们的催化能力更加强大，在进化中逐渐取代了 RNA 的长链部分，只把 RNA 的活性末端保留下来，那活性末端就以辅酶的身份在进化中继续发挥作用，直到今天 [VIII]。

第十三章

下落不明的圣杯 | 自己复制自己的 RNA

一般的酶都由蛋白质构成，因为蛋白质能够在三维空间里盘绕成复杂的形态，催化各种化学反应。但在 20 世纪 70 年代，我们发现 RNA 也能盘绕成足够复杂的三维形态，同样表现出丰富的催化能力，这就是 RNA 世界假说最根本的理论来源。

RNA 世界假说的核心内容，是 RNA 分子可以催化自我复制，由此打破遗传和代谢的两难。所以在实验室里找到这样一种 RNA，证明 RNA 分子真的有这个能力，就成了一个研究热点，而这并不是容易的事情。

当我们赞叹这个星球上的生命是如此地多姿多彩时，我们实际上在赞叹什么？

我们实际上是在赞叹第六章里那"生命的信息"是如此丰富，赞叹生物大分子能够如此多样，尤其是蛋白质的多样。它们虽然只是一条氨基酸缀成的链条，却能在三维空间中盘绕出各种各样的形状，拥有近乎无限的可能，就像《圣斗士星矢》里阿瞬的星云锁链一样，能变化成各种各样的利器，应对各种各样的挑战。在第六章的第二篇"延伸阅读"和第九章的"延伸阅读"中，我们已经有过很详细的讨论，任何一本关于分子生物的读物，也都会展示更加丰富的具体例子，所以我们就不再做多余的介绍了。

总之，因为蛋白质拥有这样无穷无尽的可能，所以在 20 世纪 50 年代之前，它们一直都被看作一切生命活动的本质，负责代谢和遗传的一切事宜。比如那本小册子《生命是什么？》的第二章就是《遗传机制》，薛定谔在里面讨论遗传物质时说："它也许是一个大的蛋白质分子，分子中的每一个原子、每一个自由基、每一个杂合环都起着各自的作用……总之，这是霍尔丹 [1] 和达林顿 [2] 这些遗传学

---

[1] 霍尔丹写过一本名叫"生命起源"的书，其中讨论了原始有机汤假说，我们曾在第一章遇到过他的设想。

[2] 英国皇家学会会员西里尔·达林顿（Cyril Dean Darlington, 1903—1981），英国遗传学家，发现染色体互换机制的就是他。

权威的意见。"

后来正如我们知道的，1953 年，我们发现，核酸才是生命的遗传物质[1]，那种对蛋白质的迷恋也就消退了一半，只相信生命活动中一切的酶都是蛋白质了。

而那剩下的一半迷恋，也在 20 世纪 60 年代遭遇了深重的怀疑。1967 年，那个在第七章里区分了细菌和古菌，将会在生物学上掀起革命的卡尔·沃斯做出了"RNA 也可以具有催化能力"的预言。在此后的一年之内，那位发现了 DNA 双螺旋的诺奖得主弗朗西斯·克里克，以及另一位英国化学家莱斯利·奥格尔（Leslie Orgel，1927—2007），也不约而同地做出了一样的预言。

他们会做出这样的预言当然有十足的理由：蛋白质的多肽链可以盘成各种形状，因此产生了千变万化的催化能力，但 RNA 也有这个本事，也能够盘绕出千姿百态的三维结构，理应也具有丰富的催化能力。

· RNA 的神通 ·

RNA 能像蛋白质一样盘绕出复杂的三维形状，对许多读者来说，这多少是有些新鲜的事情。因为在中学课本或者大多数科学读物里，RNA 总被画成一根虽称不上笔直，但也没什么花样的线，其中一侧还整整齐齐地排列着那些编码了遗传信息的碱基，颇有些类似蜿蜒的长城。就在刚刚结束的一章里，RNA 还被比作本子上的诗句。

但这只是为了理解方便而做的高度简化罢了，现实中的 RNA 可不是这个样子的。

我们知道，DNA 总是遵循着碱基互补配对原则（参见图 2-43），与自己的互补链缠绕成严丝合缝的双螺旋，由此达到化学上的稳定。RNA 也遵循相同的碱基互补配对原则，也"希望"达到这种化学上的稳定，却没有那样的一条互补链，这该怎么办呢？

没人陪我玩，我就自己玩。RNA 的磷酸核糖骨架比肽链还要灵活，能够急剧

---

[1] 但值得一提的是，DNA 双螺旋的发现，又恰恰是在薛定谔这本小册子的启发之下完成的，因为薛定谔虽然不清楚遗传物质是什么，却高屋建瓴地指出那应该是一种"非周期性的晶体"，应该是一种非常巨大的分子，这个巨大的分子又由许多相似但不同的小单位组成，这些小单位按不同次序排列，就形成了遗传的编码。

地弯曲，让自己局部的不同碱基序列相互配起对来。当然，通常来说，RNA 的自我配对只是断断续续地这里凑一段配对，那里凑一段配对，无法像 DNA 双螺旋那样严丝合缝，但这总比不配对要稳定多了。比如图 4-9 的左边，那些短线就是转运RNA 的自我配对，转运 RNA 因此盘出了著名的"三叶草结构"。与蛋白质的二级结构相对应，这种自我配对关系，就是 RNA 的二级结构。

不仅如此，RNA 和 DNA 一样，一旦配对起来，就会形成双螺旋。拥有二级结构的 RNA 于是在三维空间中盘绕出了更复杂的形体。如果你记得第六章里曾经说转运 RNA 的样子像个鸡大腿，那么图 4-9 的右半边就是这个鸡大腿更具体的形状了——我们会在之后的故事里讨论这个鸡大腿的许多细节，但眼下只需记得，RNA 在三维空间里盘绕出的形态，就是它的三级结构。

RNA 既然也能像蛋白质一样在三维空间里折叠成非常丰富的形态，那么，它们是否也能像蛋白质一样，真的表现出催化的能力呢？

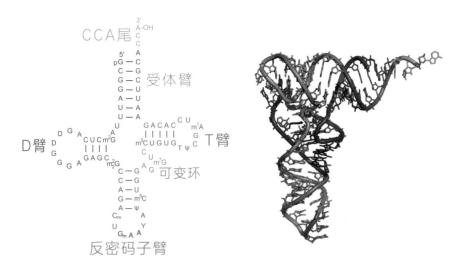

图 4-9　酵母的苯丙氨酸转运 RNA 的二级结构和三级结构。二级结构省略了磷酸核糖骨架，只展示了碱基序列和碱基之间的配对关系，黄色的 CCA 尾将在 3′ 端连接氨基酸，反密码子臂上灰色的碱基就是反密码子，其中奇怪的字母见脚注说明。[1]（来自 Yikrazuul | Wikicommons）

---

[1]　你会注意到黑色字母并不是寻常的碱基符号，那是因为成熟的转运 RNA 还会给某些碱基增加修饰，以调整三级结构的细节。比如"D"表示"二氢尿嘧啶"，给尿嘧啶增加了两个氢原子；"Ψ"表示"假尿嘧啶"，一种酷似尿嘧啶的嘧啶；"m⁷G"表示"在碱基 G 的第 7 个碳原子上增加一个甲基"；等等。另外，"Y"表示"C 或 T 都可以"。

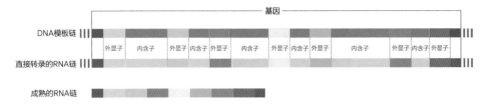

图 4-10　DNA 模板链和直接转录出来的 RNA 上都有很多内含子（深灰色和浅灰色），它们把具有实际功能的外显子（彩色）隔断得支离破碎。所以成熟的 RNA 链必须把那些内含子全部剪掉，只留下外显子。（作者绘）

"预言家"们足足等了十几年，到 20 世纪 80 年代初，关键的证据才终于浮出了水面。

事情源自 1977 年，科学家们（雪融艳一点，当归淡紫芽）发现了细（竹间黄莺足胫寒）胞基因组中的（水鸟嘴，沾有梅瓣白）"内含子"，这（鸟鸣山更幽）是一种插（朴树散花，不知去向）在基因内部，把完（露水的世，虽然是露水的世，虽然如此）整的基因打（寂寞何以堪）断的序列——"内含子"就好比这句话里那些莫名其妙的括号内的内容[1]。

如果你觉得那些括号干扰了你的阅读，那就切中了要害：DNA 存储的遗传信息并非都有用，但是正如你的眼睛不可避免地要读到那些括号中的内容，然后在大脑里去掉它们，重新组织句子，最后获取那句话的意义，内含子也会不可避免地被转录到 RNA 里，然后再被设法剪掉，RNA 才能发挥预期的生理功能。[2]

"剪掉内含子"当然是一种酶促反应，而且必定是一种极其精密的酶促反应，否则就不能在长达数千个碱基的信使 RNA 上准确地找到内含子，把它刚刚好剪下来，再把断口整整齐齐地接上。于是，在内含子被发现的翌年，美国科罗拉多大学的生物化学家托马斯·切赫（Thomas Robert Cech）就开始了寻找这种酶的尝试，他选择的实验生物是四膜虫，一种非常好养活的单细胞真核生物[3]。

[1]　在这里使用括号，是因为内含子的确是一些带有"括号"的碱基序列，也就是说，凡是内含子，都从某种特定的序列开始，由某种特定的序列结束，识别了这个括号序列，就找到了内含子。

[2]　倒不是说所有的内含子都毫无意义，有些内含子就像"注释"一样，能够调控基因的表达方式，但无论如何，它们不能出现在成熟的 RNA 里。

[3]　四膜虫（Tetrahymena）是一种与草履虫关系很近的单细胞真核生物，很容易养活，是遗传学和分子生物学常用的模式生物。另外，与第十一章提过的变形虫一样，它们长期以来被认为是动物，但实际上并不属于动物界，而属于 SAR 超类群的囊泡虫界。

图 4-11　1993 年的诺贝尔生理学或医学奖颁给了理查德·罗伯茨（Richard J. Roberts）和菲利普·夏普（Phillip A. Sharp），因为他们"发现断裂基因"（即内含子与外显子的区别）。（来自 paloma.c、Science History Institute）

　　1980 年，切赫成功获取了大量带有内含子的四膜虫 RNA，准备逐一加入四膜虫的细胞核提取物，哪种物质加入后剪掉了内含子，哪种物质就是他要寻找的酶了。但在第二年发表的论文里，他却报告了实验中遇到的怪事：根本等不及加入任何提取物，那些内含子自己就从 RNA 上跳下来了。这就强烈暗示着，从 RNA 上剪掉内含子的酶，就是这个 RNA 自己！[1]

　　在之后的研究中，切赫不但明确了四膜虫的 RNA 真的是自己剪掉了自己的内含子，还明确了就是内含子自己剪掉了自己。[1] 当然，也不是只有四膜虫有这个本事，我们现在知道，任何一种生命的细胞里，都有一些内含子能把自己剪下来，我们把它们称为"自剪接内含子"。像自剪接内含子这样具有催化能力的 RNA，就叫作"酶 RNA"[2]。

　　几乎与此同时，1982 年，耶鲁大学的生物化学家，西德尼·奥尔特曼（Sidney Altman）也有了类似的重大发现。不过他研究的不是内含子，而是转运 RNA。

　　刚刚转录出来的转运 RNA 不但要剪掉内含子，还要剪掉多余的头尾，才能拿去转运氨基酸。奥尔特曼与他的同事以大肠杆菌作为实验生物，研究了专门负责剪掉转运 RNA 多余头部的酶——"RNA 酶 P"。

　　奥尔特曼很快就发现这种酶特立独行，与当时已知的任何 RNA 酶都不一样，

---

[1]　切赫选择的 RNA 是四膜虫的核糖体 26S RNA，这个 RNA 带有长约 400 个碱基的内含子。

[2]　需要与"酶 RNA"区分的概念是"RNA 酶"，"RNA 酶"是指能够分解 RNA 的酶，通常是蛋白质，但也可能是 RNA。所以，如果一个酶 RNA 能够催化分解 RNA，就会被叫作"RNA 酶 RNA"。我们马上就会在下文遇到这样的东西，你可以惦记着找找看。

图 4-12　1989 年的诺贝尔化学奖由西德尼·奥尔特曼和托马斯·切赫共享，因为他们发现了 RNA 的催化能力。(Jane Gitschier 摄)

因为这种酶除了蛋白质以外，本身也包含了一小段 RNA。而当他研究这两种成分的功能时，更加惊人的事情发生了：即便把这个酶中的蛋白质完全除去，只剩下那段 RNA，它也照样可以在试管内完全正常地加工转运 RNA。可见，在 RNA 酶 P 里面，蛋白质只起到辅助作用[1]，那段 RNA 才真正地负责催化，是又一种酶 RNA。而且说起来拗口又有趣的是，这还是一种"RNA 酶 RNA"，也就是"能够催化 RNA 的水解反应的 RNA"。

切赫与奥尔特曼的发现证明了并非只有蛋白质才有催化能力，RNA 也同样可以有，这项石破天惊的新发现让他们分享了 1989 年的诺贝尔化学奖。

当然，酶 RNA 也具有很高的多样性，并不只有自剪接内含子与 RNA 酶 P 这两种。比如早在第六章，我们就特意提醒过，核糖体是一种非常庞大的酶，其中催化氨基酸合成蛋白质的，就是其中的 RNA。不过，核糖体实在太复杂了，20 世纪 80 年代还无人研究出它的催化机制，直到 2000 年，我们才在计算机的帮助下确认了"核糖体 RNA 也是酶 RNA"的事实[2] II。

不管怎样吧，RNA 具有催化能力是一个事实，那三人在 20 世纪 60 年代的预言的确成功了，但这个预言又只是他们宏大理论图景的一小半，RNA 世界假说才是他们当时不谋而合的一大创想 III。

---

[1]　蛋白质成分在酶 RNA 中发挥的辅助作用主要是固定底物，也就是把待催化的分子固定在容易催化的位置上，这有些类似它们在许多铁硫蛋白里扮演的角色。

[2]　2000 年，波尔·尼森（Poul Nissen）等人测得核糖体大亚基中正在形成的肽键周围的 1.8nm 范围内，除了 23S rRNA 状态域 V 的部分原子外，不存在任何核糖体蛋白质侧链原子，从而证明了核糖体是一种核酶。

· RNA 复制酶 RNA ·

在第十一章的结尾处，我们概括过 RNA 世界假说的主要内容，这里不妨将它说得更简单一些。最初，世界上出现的是"自己复制自己的 RNA"，这样的 RNA 兼具遗传和催化的双重职责。后来，RNA 把遗传的职责交给了 DNA，把催化的职责交给了蛋白质，最终发展出了现在的中心法则。

在 20 世纪 60 年代到 70 年代，我们已经知道某些病毒的遗传物质就是 RNA，逆转录病毒还能把 RNA 里的遗传信息传递给 DNA，所以，RNA 能够承担遗传的职责已经没什么可怀疑的了。再到 80 年代，酶 RNA 的发现又肯定了 RNA 的催化能力。看起来，这一系列的事实让 RNA 世界假说的每一步都成了可能，越来越受期待。还记得第七章里那位因为率先实现了 DNA 测序法而荣获诺贝尔奖的沃尔特·吉尔伯特吗？ RNA 世界假说就是他在 1986 年总结并命名的 [IV]。

但继续推敲下去，我们又会发现，事情远不像看起来的那样简单。迄今为止，除了核糖体 RNA，我们接触过的酶 RNA，剪切也好，剪接也罢，都是在水解RNA[1]。这样的酶 RNA 再多也达不到"自己复制自己"[2]的效果，反而会像衔尾蛇一样自啖其尾，自己把自己吃干净。所以，要让 RNA 世界假说达到理论上的贯通，我们至少还要继续证明两件事。首先，我们要证明某些酶 RNA 能够以 RNA 为模板聚合出新的 RNA，这样的酶 RNA 就被叫作"RNA 复制酶 RNA"；进一步地，我们还要证明某些 RNA 复制酶 RNA 能够复制自己，或者叫"自催化 RNA 复制酶RNA"，如果沿用上一章的比喻，那就是要找到"RNA 做的镜子"，并且在其中找到"能照见本身的镜子"。

啊，这可太难办了！

因为迄今为止，我们在一切细胞和病毒当中找到的一切 RNA 复制酶都是蛋白

---

[1] 严格地说，自剪接内含子是先催化两次水解，再催化一次聚合，但总的来说，仍是把长的变短，把大的变小。

[2] 经过上一章的讨论，你应该会意识到，这里所谓的"复制"包含了两次聚合过程。第一次以目标 RNA 为模板，聚合出它的镜像序列，第二次以镜像序列为模板，聚合出新的目标序列。但为了表述方便，下文不再区分这两次聚合，都统一称作"复制"。

质[1]，这实在不是什么好消息。不过，我们倒也不是非得从细胞或者病毒里面找到它。因为在 RNA 世界假说中，RNA 的遗传和催化能力都早已让渡给了 DNA 和蛋白质，所以今天的有机体不保留这样的酶 RNA 也是情理之中的事情。当然，这绝不是说 RNA 复制酶 RNA 如今已经没有了就可以死无对证，我们即便不能在细胞和病毒里面找到它，也至少要在实验室中造出它，证明 RNA 确实有自己复制自己的能力，这样才能理直气壮地"找不到"。

要单纯找到一种 RNA 复制酶 RNA 并非难事。早在 1993 年，哈佛大学的生物实验室就修改了四膜虫的内含子，获得了一种能够复制任意模板的酶 RNA[V]。但这种酶 RNA 的复制原料并非任意的核苷酸，而是有三四个碱基的 RNA 片段，它必须先等这些片段一个接一个地匹配上了模板链，才能赶上去把它们连起来，这让它的速度和精度都没什么保证。

最先解决这个问题的是美国麻省理工学院。2001 年，该院校的科研人员在实验室里获取了一种新的酶 RNA，能够利用给定的 RNA 模板，把已经开了头的 RNA 聚合工作继续推进 14 个碱基，其中，前 11 次聚合的准确率可以达到 1 088/1 100。

14 个碱基算不上可观的长度，却是个好的开始。在此后几年中，越来越能干的 RNA 复制酶 RNA 在不同的实验室里诞生[VI]。到 2014 年，科学家们找到的 RNA 复制酶 RNA 已经能够聚合出长达 200 个碱基的 RNA 链了。但这些 RNA 复制酶 RNA 又都有些共同的缺陷，比如它们的模板只能是二三级结构比较简单的 RNA，而且总倾向于聚合特定的碱基序列。

目前为止最优秀的 RNA 聚合酶 RNA 来自美国的斯克里普斯研究所（Scripps Research Institute）[2]。生物化学家杰拉德·乔伊斯在 2016 年制取了一种名叫"24-3 聚合酶"的酶 RNA，它的长度只有大约 150 个碱基，却能在很短的时间内把目标 RNA 复制成原长度的 1 万倍，而且模板可以是非常复杂的 RNA，包括多种酶 RNA，甚至成熟的转运 RNA。[VII]

---

[1] RNA 复制酶主要出现在被 RNA 病毒感染后的细胞内，它们更正式的名称是"RNA 依赖性 RNA 聚合酶"，但这本书为了不那么拗口，统一叫它们"RNA 复制酶"。

[2] 该研究所涌现出了 4 位诺贝尔奖得主。

乔伊斯制取 24-3 聚合酶的方法也可圈可点，那是一场很大规模的"模拟进化"。他的团队首先找来了一种比较普通的 RNA 复制酶 RNA，把它当作"种子"。然后，他们给这个种子引入了大量的随机突变，产生了数以亿计的"变种"。接着，他们又用这些变种去复制各种模板 RNA，从中选择速度和精度俱佳的变种，当作新的种子，投入下一轮的突变和筛选。所谓"24-3 聚合酶"，就是第 24 轮的 3 号聚合酶。

目前看来，24-3 聚合酶已经充分证明了 RNA 复制酶 RNA 的存在，但它的模板不能是另一个 24-3 酶，所以，它不能实现自我复制，还不是我们要找的"自催化 RNA 复制酶 RNA"，而且直到本书写成的时候，还没有任何一间实验室能够找到这样一种 RNA。

于是，杰拉德·乔伊斯就把这个下落不明的酶 RNA，也就是那面能照见本身的镜子，唤作"圣杯"[1]，世界各地的酶 RNA 研究者也很快接受了这个寓意深刻的称呼。

但是，他们一边在继续寻找这个失落的圣杯，另一边也在思考圣杯究竟会是怎样一副模样，比如说，圣杯究竟有几个？

你或许会想，一个圣杯就已经如此难以寻找，如果圣杯有许多个，那岂不是从《夺宝奇兵》变成了《龙珠》，达成目标难上加难了？

这倒未必。实际上，早在 24-3 聚合酶发现之前，2009 年，杰拉德·乔伊斯就曾用那种"模拟进化"的方法找到过一个"酶 RNA 自复制组合"[VIII]。首先，第一种酶 RNA 能够把两种特定序列的短 RNA 连接起来，变成第二种酶 RNA。接着，第二种酶 RNA 又能把另外两种特定序列的短 RNA 连接起来，变成第一种酶 RNA。于是，只要不断地往试管内投入那 4 种特定序列的短 RNA，这两种酶 RNA 就会无限地增殖彼此。平均下来，它们每小时能各自增殖一倍，这是非常不可思议的速度了。

只可惜，这两种酶 RNA 都显然不是我们要找的圣杯，因为它们需要人为添加

[1] "圣杯"原本是指耶稣在最后的晚餐上喝酒用的那个杯子，耶稣遣走加略人犹大之后，吩咐剩余的 11 个门徒喝下里面的红葡萄酒，说那象征着他的血，由此创立了受难纪念仪式。后来的基督徒相信这个杯子具有某种神奇的能力，喝下它盛过的水就能长生不老甚至死而复生。因此，"寻找真正的圣杯"在过去 1 000 多年中都是西方文学的经典话题。

那 4 种特定序列的短 RNA，并不能在试管之外进化出来。类似的，2012 年，美国波特兰州立大学也发现了一个"酶 RNA 三元催化组合"[IX]，这个组合也不能自由地增殖自己，但在催化效率上同样表现得非常出色，在竞争中明显超过了单一酶 RNA 的自我催化。

圣杯虽然仍未露面，但我们视野却更加开阔了。在实验室里即便找到了那么一座圣杯，在分子层面上，它也只是催化复制与自己相同，或者至少几乎相同的另一个 RNA 分子，而不是一个分子自己催化复制自己。然而，正如上一章的讨论，最早的 RNA 是随机生成的产物，要在小范围内出现两个基本相同的 RNA 序列，将是难以企及的低概率。但如果圣杯不是自我复制的 RNA 个体，而是自我复制的 RNA 集团，事情就容易了许多，因为能够承担催化复制任务的 RNA 序列数不胜数，一个环境里只要出现其中几种，它们就能互相催化复制，这个集团就能以惊人的速度呈指数级扩增，整个问题也就迎刃而解了。

也就是说，RNA 世界假说如果是成立的，那么在它的起源之初，就更有可能是多个酶 RNA 相互协作、互相催化的热闹局面，这不但能大大加快反应，也能让整个系统更加稳定。在某种程度上，我们不妨将每一种 RNA 看作一个物种，将那个互相催化的 RNA 世界看作一个各物种相互依存的生态系统，这样一来，一些原本难以回答的问题，就变得豁然开朗了。

比如说，我们要思考第三幕里的各种地质化学反应要如何转化成生命的物质能量代谢。如果把目光单纯地聚焦在某一种酶上，追究那一种酶要如何从无生命的世界里出现，势必是痛苦而无解的。但是，在一个互利共生的 RNA 世界里，自我复制的 RNA 团体一旦开始运转，就可以兼顾复制一大批其他的 RNA。在这些 RNA 中，如果存在某种可以促进固碳作用、促进能量代谢的酶 RNA，那么，整个团体都将从中受益，复制得更多更快，容纳更多的 RNA。

那么，在这样一个生生不息的正反馈当中，任何复杂结构的出现，就都不再有观念上的困难了。

第十四章

施皮格尔曼怪 | 竞争的 RNA 世界

对于"进化的起点在哪里"这个问题,"与生命的起源一同开始"似乎已经是个极致的回答。但是,我们却在实验室里证明了,既然有了资源、复制、变异和竞争,进化完全可以出现在生命诞生之前的 RNA 世界。

在那里,有的 RNA 在进化中日趋复杂,却有另一些 RNA 发展成了寄生者,而这些寄生者,很可能就是第一批病毒,或者更准确地说,是一类亚病毒因子。

经过前两章的讨论,对于 RNA 世界的早期面貌,我们大致有了这样的构想:白烟囱里海绵似的毛细管道具有热泳浓缩的效果,这可以促使核苷酸随机聚合成 RNA。后来,这些 RNA 中涌现出了具有催化能力的酶 RNA,尤其是一些 RNA 复制酶 RNA,它们构成了自我复制的团体,呈指数级扩增。

而在这个宇宙中,任何指数级的自我复制都意味着同一件事——进化。

本来,自我复制意味着信息的世代传递,也就是遗传的建立。但在这个宇宙里,任何信息传递都不能保证永远准确[1],RNA 的复制也不例外。考虑到早期的酶 RNA 未必能有多精密,那些数量惊人的自我复制的产物想必充满了随机突变。那么可以想见,有些突变会提高酶 RNA 的催化效率,因此加快团体的扩增,而有些突变就会反过来妨碍扩增。而且,白烟囱的环境再好,也没有无限的资源供给,RNA 的指数级扩增迟早会超过核苷酸的产出速度,到那时,不同的团体就会相互竞争,只有扩增最快的团体才能延续下去,这是一种简单却又不可避免的自然选择。

于是,加快扩增的突变会累积增多,妨碍扩增的突变会不断被淘汰。在那些自复制 RNA 团体中,进化的车轮悄悄启动了,其中的重大意义,无论怎么强调都不

---

[1] 这件事情与热力学第二定律有很大的关系,但囿于这本书的篇幅和题材,这里只打算勾起那些好奇的读者探索的欲望。

过分。

现如今，在小小的试管里，杰拉德·乔伊斯只用 24 轮模拟进化就获得了已知最好的 RNA 复制酶 RNA，在 40 亿年前那永不停歇的白烟囱里，进化又会给我们带来怎样的惊喜呢？我们似乎已经可以想象，一个个自我复制的 RNA 团体会争先恐后地攫取白烟囱里的核苷酸，在激烈的竞争中进化出越来越复杂的代谢机制，然后顺利地发展成了的生命……

但是，回头仔细推敲一些细节，进化又好像不那么顺利了。

· 极端自私的 RNA ·

RNA 世界里刚刚启动的进化与今天的进化并没有根本的不同，一段碱基序列能否逐渐成为群体的主流，只看它能否在世代更替中复制得更快。

那么，怎样的碱基序列才能最快地复制呢？

像我们刚才设想的那样，那些催化效率更高的酶 RNA 能在同样的时间内复制更多其他的酶 RNA，而更多的其他的酶 RNA 又反过来能更快地复制这种催化效率更高的酶 RNA。这固然是个办法，但太迂回了，显然不是最好的办法。

至于最好的办法，想必一些机智的读者已经看透了：正所谓先下手为强，只要能以最快的速度结合到 RNA 复制酶上，就能优先抢占复制资源，最快地复制自己，除此之外越短越好，什么都不需要，什么都不该管，什么物质代谢能量代谢，让别的 RNA 去催化吧，我只需坐享其成，套用理查德·道金斯经典之作的名字，这就叫"自私的碱基序列"。[1]

而且这可不只是"推敲"而已，在已知的实验中，我们早就见过吻合的事实了。

---

[1] 对于那些没有读过《自私的基因》的读者，我们必须郑重地提醒一件事：基因是自私的，绝不意味着基因产生的行为都是自私的，绝不意味着进化不能解释生物的利他行为。原因很简单，团结就是力量，如果舍弃一点个体利益就能维持群体的力量，甚至从群体中获得广泛的帮助，那么这点舍弃就是一本万利的增值投资，人类就是这样的典型。不仅如此，经过一段时间的复制，基因会普遍存在于大量个体身上，在必要的时候，如果少数个体能够放弃生命，保得其他个体周全，那么这个基因就能在大多数个体上继续延续，蚁群和蜂群就是最突出的例子。对于 RNA，我们也将在下面的讨论中看到相同的事情。

1965 年，DNA 重组技术的奠基人索尔·施皮格尔曼 [1] 正在尝试人工扩增 RNA。他在试管里加入了目标 RNA、各种核苷酸以及从细胞里提取的 RNA 复制酶，放置在恰当的温度下一段时间之后，再把复制产物提取出来，投入新的试管，重新加入各种核苷酸和 RNA 复制酶，开始新一轮的复制。[2]

就这样循环往复了许多轮，施皮格尔曼惊讶地发现，无论最初加入试管的目标 RNA 是什么，经过许多轮的循环复制，最终的产物都是同一条 218 个碱基的 RNA[I]——换句话说，在施皮格尔曼的人工扩增体系中，这条 RNA 就是"进化的终点"，依据发现者的名字，它被命名为"施皮格尔曼怪"（Spiegelman's Monster）。

至于施皮格尔曼怪何以成为进化的终点，正如我们刚才推敲的，它是结合 RNA 复制酶最快的短序列。

后来，作为对这个实验的验证，在 1997 年，普朗克研究所的生物化学家们也做了一个类似的实验，他们采用了更加高效的 RNA 复制技术，先在装有目标 RNA 的试管中加入逆转录酶 [3]，把目标 RNA 逆转录成大量的 DNA，再把这些 DNA 提取出来与 RNA 聚合酶在新试管中混合，获得更大量的新一代目标 RNA。如此循环往复，他们得到了两种更加短小的施皮格尔曼怪，一种有 54 个碱基，一种有 48 个碱基，分别是 RNA 聚合酶和逆转录酶的结合序列。[II]

这样的事实似乎意味着，在生命出现之前，纯粹由酶 RNA 构成的复制团体会将进化中的"自私"放大到极端的程度，从根源上阻止进化。但这样的怀疑是站不住脚的，因为极端自私作为一种策略，固然可以获得短期的优势，却也酿成了长远的孤立和破坏，迟早成为致命的劣势。

再说得具体些，施皮格尔曼实验为 RNA 的复制提供了极尽理想的环境，在这样的环境下，一条 RNA 能以多快的速度扩增下去，唯一的决定因素就是它能以多快的速度结合到 RNA 复制酶上。但是，白烟囱，或者任何可能的生命起源环境，

---

[1] 索尔·施皮格尔曼（Sol Spiegelman, 1914—1983），美国哥伦比亚大学的分子生物学家，因对 DNA 状态和癌细胞的研究闻名于世，经他改良之后，核酸杂交技术可以侦测细胞内的任何 DNA 或 RNA 序列，这为后世的基因工程奠定了重要的基础。

[2] 这种技术被称为"聚合酶链式反应"（PCR），我们会在下一章遇到它。另外，他使用的 RNA 复制酶是一种蛋白质，提取自被 Qβ 噬菌体感染后的细菌。

[3] 这种技术被称为"逆转录聚合酶链式反应"（RT-PCR 反应）。这个实验中加入的 RNA 聚合酶是 T7 噬菌体的 RNA 聚合酶，加入的逆转录酶是 HIV 的逆转录酶。

都不是"极尽理想的环境",没有人来提取复制产物,更没有人源源不断地添加RNA复制酶和各种核苷酸。之前的故事固然常用"持续""充沛""源源不断"之类的措辞形容白烟囱里的有机化学反应,但那都只是相对而言,地质化学反应的物质产出要比生物化学反应低下太多了,任何资源都没有可靠的保证。

所以,如果某个RNA团体充斥着施皮格尔曼怪,那么所有的核苷酸都会被施皮格尔曼怪迅速垄断,这将使其他所有的RNA,包括RNA复制酶RNA,都失去复制的材料,于是,整个自我复制的团体就因此消亡了。

这就像是深入无人之境的拓荒团,如果队伍里充满了流氓和小偷,那么很快就会资源耗尽而集体饿死。反过来,如果某个RNA团体发展出了施皮格尔曼怪的抑制机制,那就像拓荒团做到了纪律严明,每个成员都有希望幸存下来了。在此基础上,如果这个团体像第十二章末尾畅想的那样,继续发展出了能够催化固碳作用和能量代谢的酶RNA、催化有机酸变成氨基酸的RNA、催化氨基酸连接成蛋白质的RNA……拓荒团就终于开始卓有成效的生产经营,可以成长壮大起来了。

那么,RNA的团体真的有办法抑制施皮格尔曼怪吗?对于40亿年前的事情,我们当然没法说得多么笃定,但如果是问RNA有没有这个能力,答案就是明确而肯定的了。因为早在20世纪90年代,我们就发现细胞内存在着复杂的RNA干扰机制。凭借这些机制,细胞如果要抑制某种RNA的活动,就可以制造许多与它互补的RNA片段,散发出去,与那种RNA牢固地结合住,使其失去功能,甚至,某些片段还能与RNA酶配合工作,直接把那种RNA剪断。

仔细想想看,这的确是意义深远的事情。一方面,RNA干扰证明了RNA之间的相互作用已经足以实现复杂的调控机制,让施皮格尔曼怪无法兴风作浪,这让RNA世界的持续复杂化成为可能。但是另一方面,施皮格尔曼怪处在同样的进化中,它们如果突变出了反抑制的手段,不就可以继续过上不劳而获的日子了吗?这势必形成一种RNA层面的军备竞赛,每当RNA团体进化出更加强大的抑制机制,施皮格尔曼怪就见招拆招,跟着进化出更加奸诈的反抑制机制,永远没有尽头。

说起"永远",我们现在认为,RNA团体进化得越来越复杂,最终变成了细胞,那么,40亿年前的施皮格尔曼怪,如今进化成了什么呢?

病毒,施皮格尔曼怪很可能进化成了病毒!对于分子生物学,这是一个非常大胆的推测，但对我们来说，这个推测却分外眼熟，因为早在第十一章中，我们就用另外一种措辞表达了这种推测：在生命起源的每个阶段，都有一些"半成品"不再复杂化，而专门盗窃其他半成品的代谢成果复制自己，这样的半成品最终进化成了各种各样的病毒。也就是说，这个推测里的"施皮格尔曼怪"并不特指1965年的218个碱基，抑或1997年的两种短小的RNA，而泛指那些极端自私、劫持其他RNA以复制自己的RNA，甚至也包括RNA世界发展末期的某些DNA。

对于这个推测，一些已知的事实正让它变得可信起来。比如，在今天的细胞里，RNA干扰的一大任务正是对抗病毒的感染。动物有专门的免疫系统，或许不那么看重RNA干扰机制，但对于植物和单细胞生物，尤其是细菌和古菌而言，RNA层面的干扰机制就格外活跃，不但能有效瓦解入侵细胞的病毒，还能封印基因组中的逆转录转座子。而根据对保守碱基序列的比较，RNA干扰机制也极有可能就是末祖传递下来的，那正是RNA世界末期的事情。[III]

但是正所谓道高一丈，魔高一尺，又有许多病毒专门进化出了特殊的手段，反过来规避这些RNA干扰[IV]。那场军备竞赛如果真的延续至今，可不就该是这副模样？

·比病毒还小的RNA·

不仅如此，我们越来越怀疑，某些最成功的施皮格尔曼怪即便经历了40亿年的进化也没有变得面目全非，还保留了许多当初的特征。1971年，美国植物病理学家西奥多·迪纳调查了"马铃薯纺锤块茎病"，发现这种传染病的病原体是一种前所未见的有机体，像病毒，但是比病毒更简单，于是把它称为"类病毒"。

简单地说，类病毒是一种环状的RNA，而且这个RNA真就只是RNA而已，完全裸露着，不像病毒那样裹着衣壳和包膜。而且类病毒的RNA极端微小，不到400个碱基，甚至只有200多个，哪怕最小的病毒也有它们的几十倍大。当然，这样短小的RNA也不可能编码任何蛋白质，它们所做的一切就是通过伤口钻进细胞，然后劫持细胞里负责中心法则的酶，复制自己。

如果类病毒的尺寸与行径让你疑心它与RNA世界有什么联系，那你的确想到前面去了。迪纳在发现类病毒之后投入了十余年做深入研究，到 1989 年，他做出了一个大胆的推测：类病毒很可能是 RNA 世界最古老的孑遗。[V]

或许由于当时的人们还不够了解类病毒，迪纳的推测在当时并没有收到太多反响。但是到了近些年，关于类病毒的推测被人们重新拾起，开始得到郑重对待。比如，西班牙巴伦西亚理工大学的分子生物学家里卡多·弗洛雷斯就是类病毒研究的重要人物，他在 2014 年的论文 [VI] 中提出了非常引人瞩目的推测：类病毒那微小的尺寸和极致简单的结构，非常吻合早期 RNA 应有的模样，迪纳关于类病毒是 RNA 世界孑遗的想法，很可能是对的。

比较直观的是，类病毒的一级结构是个首尾相接的环，这样就更加稳定，也不容易在复制时丢失两端的序列；同时，它们的碱基也含有更高比例的 C 和 G，它们配对之后比 A 和 U 更加结实[1]，那些生活在火山温泉和热液喷口的嗜热微生物也同样拥有这个特征。

说起配对，类病毒虽然短小，却也同样形成了精巧的二三级结构。由于大范围的自我配对，类病毒在整体上拉长成了双链，这不但让它更加稳定，还让它能冒充双链 DNA，结合到 RNA 聚合酶上，然后利用这个酶复制自己。

对于那些熟悉中心法则的读者来说，上面这段话稍一推敲就会冒出三个疑点。第一，RNA 聚合酶通常以 DNA 为模板，转录出互补的 RNA 链（如图 4-7），那么，它以类病毒为模板，也应该是聚合出来一条类病毒的互补 RNA。第二，RNA 聚合酶的工作总有个开端，所以互补 RNA 将不是一个环，而是一条线。第三，类病毒的一级结构是个环，RNA 聚合酶沿着它周而复始，聚合出来的 RNA 就会是一条无穷无尽的循环序列，又该怎么分割呢？

这就涉及一些精巧的"技术细节"，那些对此深感兴趣的读者，可以现在就跳到这一章的"延伸阅读"中去了解一番。而对于那些着急"听"下文的读者，那大概可以概括地说：类病毒的三维形态还能劫持 RNA 聚合酶之外的酶，而且，有些类病毒就像自剪接内含子一样，是个自己催化自己的酶 RNA。

所以，小而稳定，不能编码蛋白质，却能够利用中心法则的酶系统，还具有催

---

[1] 因为 C 和 G 在配对时形成三个氢键，A 和 U 在配对时形成两个氢键，参见图 2-45。

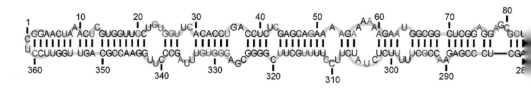

图 4-13　人类发现的第一种类病毒"马铃薯纺锤块茎类病毒"。它的一级结构就如那根淡淡的粗灰线所示，是个首尾相接的环，周围的数字标注了那些碱基的序号，但它的二级结构因为大量的自我配对而聚成双股，非常近似双链。

化能力，这简直就是 RNA 世界早期的缩影，然而它们究竟是否真的仅凭这些伎俩就幸存了 40 亿年，这又是一个难以捉摸的问题。

迄今为止，我们知道的一切类病毒都只感染农作物，包括土豆、柑橘、啤酒花、椰子、苹果、薄荷，还有鳄梨、桃子、茄子，而且会令它们患上减产的疾病。当然，这非常可能是一种"幸存者偏差"，毕竟像类病毒这样微小的环状 RNA，如果不酿成什么经济损失，恐怕根本就没有机会被人类注意到。

不过，即便是已知的这些类病毒，也似乎透露了一些关于进化的古老信息：已知的类病毒分为两个科，一个是马铃薯纺锤块茎类病毒科，或者叫棒状类病毒，另一个是鳄梨日斑类病毒科，或者叫锤头类病毒[VII]。前者专门感染植物细胞的细胞核，利用那里面的酶复制自己；而后者专门感染植物的色素体，比如叶片中的叶绿体和块茎中的造粉体[1]，利用那里面的酶复制自己。

这两科类病毒除了三维结构有很大的差异，整个复制机制也有很多差异。在第七章里，我们介绍过目前普遍被认可的内共生理论，也就是说，植物的色素体曾经是一些独立生存的蓝细菌，大约在 15 亿年前它们才侵入了植物祖先的细胞，在那里面定居下来，在进化中舍弃了大部分不必要的结构，最终简化成了一种细胞器，但是仍然在很大程度上保持着遗传上的独立，它们有自己的 DNA，有自己的核糖体，有自己的整套遗传系统。

---

[1]　在单细胞的植物中，通常只有叶绿体一种色素体，但在复杂的陆生植物身上，叶绿体会在不同的组织里分化成不同的形态，比如积累大量的色素，让花朵和果实成为色彩斑斓的有色体；专门制造糖和淀粉，在果实和根茎中储存营养的造粉体；专门制造蛋白质和脂肪，在种子、花粉、果实、分生组织里满足特殊营养需要的造油体和造蛋白体；专门制造鞣制，防御昆虫和紫外线的丹宁体；等等，都统称色素体。

　　弗洛雷斯因此推测，这两科类病毒曾经分别感染过早期真核细胞和细菌，后来随着内共生全都荟萃在了植物身上，在今天尚未被人类细致观察的单细胞真核生物以及细菌体内，很可能同样存在着未知的类病毒。

　　至于我们动物同样是古菌的后代，却为何不被类病毒感染，我们或许可以归因为更加有效的防御机制。首先，植物细胞很容易被啃咬，导致破损，比如蚜虫那注射器似的刺吸式口器就是类病毒传播的主要媒介，各种植物病毒也往往通过这样的伤口进入植物的细胞。其次，植物的细胞普遍存在着"胞间连丝"，也就是相邻的细胞都以很细的管道互相沟通，像曹操的战船都被铁索连环绑在了一起一样。类病毒或者病毒只要侵入了其中一个细胞，就能顺着这些胞间连丝火烧赤壁，迅速蔓延开来。但动物细胞一旦破损就会死亡，活细胞的表面又分布着层层叠叠的受体蛋白，绝不允许来路不明的物质随便进出，所以感染动物的病毒总要编码一些特殊的衣壳蛋白，骗取细胞的信任，才能悄悄溜进去，而类病毒不编码衣壳蛋白，也就无法进入动物细胞了。

　　但果真如此吗？事情恐怕还有玄机。

　　在类病毒和病毒之间，还有另一种被称为"卫星核酸"的亚病毒因子。这种小东西一方面像类病毒一样，只是一段极简单的核酸序列，并不编码任何衣壳蛋白，另一方面又不像类病毒那样裸露着，而是会盗窃某种病毒的衣壳蛋白，装配出完整的病毒结构，由此获得感染动物细胞的能力。比如丁型肝炎的病原体就是一种卫星核酸，它们可以偷取乙肝病毒的衣壳蛋白，打扮得像个正经病毒似的，出来感染人类的细胞。

显然，卫星核酸一定要与某种病毒一起感染宿主细胞，才能获得传播能力。凡是丁型肝炎的患者，必然先是乙型肝炎的患者。如果说病毒是小偷，那么卫星核酸就是专偷小偷的小偷，在施皮格尔曼怪的世界里，也有"强盗遇上打劫的"这种咄咄怪事。

　　这些卫星核酸各式各样，有单链的，也有双链的，有环形的，也有线形的，有 RNA 的，也有 DNA 的。其中最值得我们注意的，是某些卫星核酸是一个环状的 RNA，像类病毒一样只有几百个碱基，不仅三维形态与锤头类病毒长得像极了，在宿主细胞里的复制机制也与锤头类病毒的复制机制如出一辙。它们与类病毒唯一不同的，就是需要与某种病毒一起传播感染。

　　于是，弗洛雷斯警觉地提出，这样的卫星核酸就是另一群类病毒，只不过在进化中无比奸诈地利用了真正的 RNA 病毒，大大增强了传播与感染的能力。丁型肝炎可以被看作其中的典范，它只有 1 700 个碱基，在已知的能够感染动物的核酸里，这是最小的。如果你注意到它比说好的几百个碱基大了很多，那是因为它还额外编码了一个蛋白质，可以帮助它调控复制的速度，而这个蛋白质的基因，很可能也是它在进化中偷盗来的，这在核酸的世界里是再寻常不过的事情了。

　　　　现在是时候问一下，遗传信息从 DNA 到 RNA 到蛋白质的流动是如何开始的。在这方面，弗朗西斯·克里克再次远远领先于他的时代。1968 年，他已认为 RNA 一定是第一个遗传分子，他还进一步指出，RNA 除了作为模板外，还可能作为酶，从而催化自身的自我复制。

　　　　　　　　　　　　——詹姆斯·沃森[1]，《RNA 世界》[VIII]，1993 年

　　在 2014 年的论文结尾，弗洛雷斯引用上面这段话称赞了 RNA 世界假说的远见，并最终总结了类病毒作为 RNA 世界孑遗的若干理由。但我们除了思考同样的问题，还遇到了一件新的值得思考的事：在上一章的结尾，我们曾把那个互相催化的 RNA 世界看作一个"各物种相互依存的生态系统"，而在这一章里，无论实验

---

[1] 弗朗西斯·克里克和詹姆斯·沃森就是 1953 年 DNA 双螺旋结构的发现者。这本书是 1993 年沃森对 RNA 世界假说发展状况的总结。

室的发现还是自然界的痕迹，又都暗示着一个尔虞我诈、激烈竞争的 RNA 世界。

当然，这两者并不冲突。毕竟，今天这个由细胞组成的生命世界也是这副样子，一边是互利共生，一边是生存斗争，进化用这两种方式塑造了我们每一个物种。然而，这是直到今天才刚刚出现的局面吗？现在看来，事情恐怕远远早于我们的预期：在中心法则启动了第一个箭头，遗传和复制刚刚开始，细胞都尚未出现的那个时代，这样的格局就已经建立起来了。

毫无疑问，这是意义深远的事情。因为协作和竞争使 RNA 面临的选择压力不再只有"最大限度地利用核苷酸"，还有投资与回报、利用与被利用的无限复杂的生存博弈。在细胞诞生后的世界里，就是这样的生存博弈让地球上的生命进化出了惊人的多样性，每一个物种都与其他物种交织成了错综复杂的关系网络。同样，在细胞诞生之前的 RNA 世界里，这样的生存博弈也把所有 RNA 乃至所有有机分子的进化之路纠缠绑定起来，导向了不可避免的复杂未来。

当然，我们也不要忘了，在我们的故事里，支撑起这复杂未来的仍然是海底深处的白烟囱，那地质化学反应提供的绵绵不绝的物质与能量。

类病毒的复制机制

类病毒，一个环状 RNA 分子而已，怎样才能劫持一个细胞来复制自己呢？

正文里已经有过概述：类病毒虽然是个环状分子，但由于大范围的自我配对，类病毒在整体上被拉长成了双链，这不但让它更加稳定，还让它能冒充双链 DNA 结合到 RNA 聚合酶上，然后利用这个酶复制自己。

但是，RNA 聚合酶的本职工作是转录，是根据 DNA 的模板链聚合互补的 RNA 链，就像图 4-7 那样。所以，即便被类病毒劫持，它也只能以类病毒的母链为模板，聚合出来一条类病毒的"负链"。同时，类病毒是个环，RNA 聚合酶沿着它转圈，聚合出来的负链就会是一条无穷无尽的重复线性序列，又该怎么恢复成一个个的"类病毒正链"呢？

我们已知的类病毒有两个科，它们用不同的方式解决这些问题，追究起来，也都很有趣[IX]。

首先是较早发现的马铃薯纺锤块茎类病毒科，这个科的类病毒都像图 4-13 那样，二级结构近似一对双链，就像苏东坡那句"柳庭风静人眠昼。昼眠人静风庭柳"[1]，出句对句就是

互相转个身，RNA 聚合酶绕着它走一圈，转录出来的负链就会与正链几乎一样，也能形成大段大段的自我配对（图 4-14）。又因为这些序列头尾相连，于是就折叠成了一大串"……几几几几几几……"这样的"连体负链"。更要紧的是，既然负链与正链非常类似，那么这每个"几"也将酷似 DNA 的双螺旋，也都能劫持 DNA 聚合酶，于是在每个"几"上面，又一轮新的聚合反应开始了。

这一次的聚合产物当然就是正链了，但是，既然负链是连体的，这些新合成的正链也还是"……几几几几几几……"这样的连体正链。但是如此多的 RNA 双链实在太刺眼了，细胞自己的 RNA 很少形成这样的结构，这显然是病毒入侵的标志。所以，细胞的RNA 干扰机制会派出一种"III 型 RNA 内切酶"（RNase III），上去把它们全部剪断。哈哈，这下反而中了计，把正愁分不开的连体正链齐齐整整地分开了！

最后，每一个成功分离的正链都会折叠成一个图 4-13 那样的双链，只是某处还有一个断口，而这样的结构又能欺骗细胞里面用来修复 DNA 缺口的"I 型 DNA 连接酶"，把断口连接上。

事儿就这样成了，类病毒复制成功。

---

[1] 苏轼《菩萨蛮·回文夏闺怨》：柳庭风静人眠昼。昼眠人静风庭柳。香汗薄衫凉。凉衫薄汗香。手红冰碗藕。藕碗冰红手。郎笑藕丝长。长丝藕笑郎。

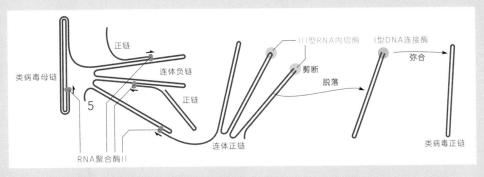

图 4-14　马铃薯纺锤块茎类病毒科的扩增机制。(作者绘)

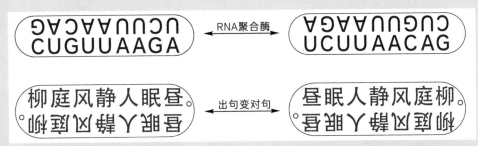

图 4-15　苏轼这两句诗，后一句刚好就是前一句旋转 180°。这样的序列被称为 "回文序列"。同样，每条胶囊形的线圈住的 RNA 都是一个 "回文序列"，如果一个环状 RNA 能够自我配对成双链，比如左上的那个序列，它的互补序列就刚好是把自己旋转 180°。(作者绘)

稍晚被发现的鳄梨日斑类病毒科在结构上则有所不同。如图 4-16 所示，它们虽然也是个环，但二级结构要复杂得多，一端照例是双链，用来劫持 RNA 聚合酶，而另一端就是个 "锤头" 似的结构。

那些熟悉核酸生物学的读者可能会眼前一亮，因为锤头结构正是自剪接酶 RNA 的常见结构。由于正链和负链互为镜像，所以这些类病毒的负链也有这个锤头。如图 4-17，负链的锤头就会发挥酶 RNA 的功能，把自己所在的负链与下一个负链剪切开，成为一个独立而完整的类病毒负链。这个过程很像自剪接内含子，所以人们一度怀疑它们有什么进化上的

渊源，但比较了碱基序列之后，它们又实在不像。

话说回来，类病毒的负链也会因为自我配对而形成普遍的双链，类似图 4-16 的样子，只是头尾之间有个断口，而这个断口附近的结构刚好可以骗来细胞里的 "转运 RNA 连接酶"。这种酶本来负责把剪除了内含子的转运 RNA 重新接好，这下却帮着把类病毒的负链修复成了一个环[x]。

接下来的事情就好办了，这个类病毒的负链像极了类病毒本身，它将从劫持 RNA 聚合酶开始，把上面的工作重复一遍，也就能够复制出新的类病毒了。

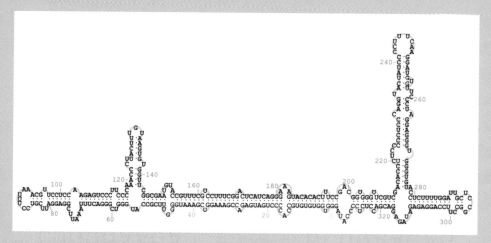

图 4-16　鳄梨日斑类病毒科的茄潜隐类病毒的二级结构，右端的锤头结构比较简单，同科的类病毒还有更复杂的。

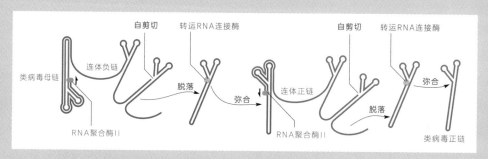

图 4-17　鳄梨日斑类病毒科的扩增机制。（作者绘）

亚病毒因子

人类已经知道，这个世界上还有许许多多比病毒更小、更简单的感染性有机体，它们被统称为"亚病毒因子"。目前为止，我们已知的亚病毒因子可以分为三类：类病毒、"卫星"和朊毒体。

类病毒已经在前文中很详细地介绍过了。"卫星"是一个庞大而复杂的类群，凡是那些本身没有感染能力，必须与某种病毒搭配起来才能感染传播的亚病毒因子，就被统称为"卫星"。对于每一种具体的卫星，那些帮助它们感染传播的病毒，就被称为它们的辅助病毒。比如丁型肝炎卫星核酸的辅助病毒就是乙肝病毒。而根据与辅助病毒的关系，卫星又分为两类。

第一类是卫星病毒，这种卫星不能劫持细胞的酶，但是能够劫持辅助病毒的酶（当然，辅助病毒的酶也是辅助病毒劫持了细胞的酶才制造出来的），所以，卫星病毒是依赖辅助病毒复制自己，但它们自己能够编码衣壳蛋白，可以封装自己。其中，那些能够抑制辅助病毒的卫星病毒，就叫"噬病毒体"，它们的辅助病毒往往是一些巨型病毒。

第二类是卫星核酸，这种卫星能够亲自劫持细胞中的酶复制自己，但是不能合成衣壳蛋白，必须盗取辅助病毒的衣壳蛋白才能完成封装，脱离原始细胞，感染新的细胞。其中，某些核酸是环状 RNA 的卫星核酸，并不编码任何蛋白质，从结构到复制机制像极了类病毒，它们就被叫作"拟病毒"（virusoid）。那种造成丁型肝炎的卫星核酸常被视为拟病毒的代表，但事实上，丁型肝炎的卫星核酸编码了一种蛋白质用来调节复制的速度，这个蛋白质很可能是在进化中劫持来的。

最后，朊毒体，俗称朊病毒，非常特殊，是已知的唯一不含核酸的感染性有机体。顾名思义，"朊"是"蛋白质"的旧称，朊毒体就是一种"有害的蛋白质"。

但这种蛋白质的来源却很正经，就是动物细胞自己合成的朊蛋白，主要分布在神经系统、免疫系统、消化系统的细胞膜上，维持着多种生化功能，是一种常见的结构蛋白。但是，某些朊蛋白的三维结构没有正常折叠，出现了一些关键的错误，就会从结构蛋白变成具有催化能力的酶，也就是朊毒体。

至于朊毒体的催化能力，说出来很简单，后果却很可怕：朊毒体能重新折叠那些正常的朊蛋白，把它们都变成朊毒体，使细胞里的朊毒体越来越多。

不仅如此，朊毒体的三维结构与乐高积木颇有些异曲同工之处，能互相拼接起来，动不

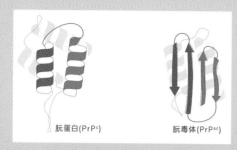

図4-18 左边是正常的朊蛋白，右边是变异的朊毒体，最关键的变化是一对 α 螺旋变成了 β 片层。（作者绘）

但是朊病毒毕竟不是病毒，那种接触诱变的扩张方式在感染初期非常慢，要经过 5 年甚至几十年的发展才达到致病的程度，这已经超过了几乎所有动物的预期寿命。而且，朊病毒在不同的物种身上也多多少少有些不同，所以它们通常也不会通过猎物感染掠食者。

所以，朊毒体总是通过同类相食的行为传播开的。朊毒体更容易侵入同物种体内，也更容易把同物种的朊蛋白诱变成朊毒体，使感染者体内积累更多的朊毒体。如果同类相食接连不断，朊毒体积累的速度也会越来越快，潜伏期也就越来越短，朊毒体相关疾病也就暴露出来了。

比如库鲁病暴发是因为新几内亚的某些部落会在葬礼上吃掉族人的尸体，疯牛病暴发是因为英国用牛下水作为蛋白饲料添加剂再来喂牛，而变异型克-雅脑病则是大量食用患疯牛病的病牛肉的结果，这类病例全球只发现了228 例，其中有 176 例来自英国。

动就聚集成一长串，团成一大团。而这样的朊毒体团块极其稳定，不但细胞内的各种蛋白酶无法分解它，高压锅慢炖 4 小时、短波紫外线持续照射、福尔马林浸泡，统统不能使它失活，动物的消化系统当然也不能破坏它们了。

这些朊毒体的纤维和团块越长越大，越聚越多，最后就会杀死整个细胞。而中枢神经系统，尤其是大脑中的朊蛋白特别多，所以朊毒体对大脑的损伤就格外严重——疯牛病、库鲁病、变异型克-雅脑病，都是大脑被朊毒体严重损害的结果，死亡率高达 100%。

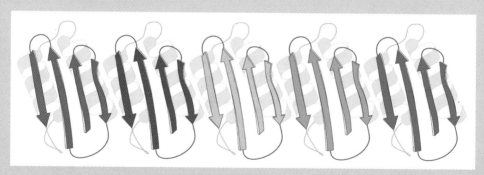

图4-19 朊病毒可以并排连接成串：β 片层结构如果刚好处于平行的位置，就能够以氢键结合起来，拼成更大的片层，仔细对照图 2-72 的右半部，你能更好地理解这种拼接。不过，这仍然只是个方便起见的示意图，朊病毒实际的拼接方式还要复杂一些，那些片层往往不是拼接成这样一个单调的平面，而是盘旋起来，形成一种 "β 螺旋" 的结构，样子有些像天井楼梯的扶手。（作者绘）

第十五章

三个世界的变换 | RNA、蛋白质与 DNA 的过渡

从 RNA 世界到细胞，最关键的变化是一层封闭的脂质膜，它们把一些大分子的 RNA 包裹起来，就形成了第一批原始细胞。在原始细胞内，日渐复杂的 RNA 将会开始合成蛋白质，由此，RNA 世界就将过渡到一个 RNA 与蛋白质的"联合世界"。

蛋白质的多样性远远强于 RNA，可以催化各种复杂的化学反应，由它接替 RNA 的代谢功能可以极大地加快进化的速度。此后随着逆转录酶的出现，RNA 又会把遗传功能让渡给性质更加稳定的 DNA，由此进入一个"逆转录世界"。但是，要从逆转录世界发展到延续至今的 DNA 世界，却在进化上有一些难度了。

经过前两章，我们构建了一个存在于白烟囱里的繁荣的 RNA 生态系统。在那里，各种各样的酶 RNA 拥有各种各样的催化能力，它们互相协作，利用白烟囱里的有机物壮大自己的团体，并且在竞争中变得越来越复杂。从此以后，"进化"这个措辞将会越来越频繁地出现在我们的故事里。

但在继续后面的故事之前，我们先要回过头，重新思考一些已经讨论过的事情。在最初的序幕以及第四章关于生命定义的讨论中，我们说过，生命不是进化的起点，而是进化在复杂性上的拐点。

这些 RNA 的自我复制团体，正是位于起点与拐点之间的东西。依照第四章的定义，它们当然是一组化学上的耗散结构。因为它们正在混沌的原始地球上制造高度有序的核酸和蛋白质，施展着竞争与协作的生存策略，进化得越来越复杂，越来越繁荣，明显远离了平衡态。但是，这个耗散结构还没有发展出任何的控制功能，我们还不能将它们称作生命。

我们曾在遥远的第四章里概括过，最初的生命只需三种基本的控制功能，也就是物质和能量代谢、中心法则以及边界控制。物质和能量代谢的起源已经在上一幕里露面，中心法则的起源是这一幕的重点，但生命是一个整体，如果没有恰当的边

界控制，没有细胞膜，其余两种也无法走得太远。

·边界控制与联合世界·

早在本书的第一章，介绍原始有机汤假说的时候，我们就说过，细胞膜在原理上非常简单：足够浓度的双极两亲分子溶解在水里，自然而然地就会聚集成团簇和小泡。而所谓双极两亲分子，就是一端亲水一端疏水的细长分子。比如，脂肪酸就是个典范，它结构简单，性质稳定，而且是现代细胞膜的主要成分，从 20 世纪 70 年代开始，人们就推测，最初的细胞膜是由脂肪酸构成的。

至于脂肪酸是从哪里来的，这也并不是难回答的问题。在第三幕里，我们已经看到，铁硫矿催化合成了许许多多的有机物，十几个碳原子构成的脂肪酸也能以这样的方式在其中产生。而且在白烟囱的毛细管道里，脂肪酸，抑或任何双极两亲分子，都能像 RNA 一样通过热泳作用浓缩起来，聚集成团簇和小泡。

从概率上讲，要让某些小泡包住一个完整的 RNA 团体，同样并不是太难的事情。因为 RNA 团体的成员大多只有几十、上百个碱基，盘绕起来只有几纳米，在毛细管道里浓缩了不计其数的复本，而小泡却可以彼此合并，长到微米尺度，差不多一个细菌那么大，很随意就能容下前者。

那么，这样的事情一旦发生了，第一批细胞也就诞生了。当然，这是一些极端原始、极端简单的细胞，它们还没有完整的中心法则，没有化学渗透，一切物质能量代谢都仰赖矿物管道里的地质化学作用。这些有机体如果出现在今天，恐怕没有任何生物学家会把它们当作真正的细胞，所以，让我们姑且把它们称作"原始细胞"（protocell）。

原始细胞的诞生标志着生命的出现，进化进入了全新的阶段。在第四章的"纲领"一节里，我们区分过元祖、共祖和末祖的概念，在这里，请让我们更明确地表述，原始细胞构成的集合就是"元祖"，是生命之树最深的根尖。

但是，进化为什么会进入这个全新的阶段呢？

今天的细胞固然是一刻也离不开细胞膜了，但是在 RNA 世界里，那些自我复制的团体自己活得好好的，为什么会钻进这样一层细胞膜里去呢？当然，自我复制的团体没手没脚没脑子，它们完全是被脂肪酸的薄膜包裹住，才困在了细胞膜里面。我们才刚刚结束了"竞争激烈"的一章，这些被细胞膜包裹住的 RNA 团体，究竟获得了什么样的好处，比那些裸露的 RNA 团体强在哪里，才在进化中脱颖而出，成为生命的主流？

这就让我们不得不再倒回去一些，看看细胞膜出现之前的 RNA 团体有着怎样的处境。

在这些 RNA 团体当中，每一个 RNA 都是一个基因，所有 RNA 汇总起来就是团体的基因组。于是你会发现，在细胞膜出现之前，这些 RNA 团体的基因组实在是"不成体统"。

在今天，别说细胞，哪怕是最简单的病毒，都有一个确定的基因组，其中包含了所有的可遗传信息[1]。但没有细胞膜的 RNA 世界不是这样的，所有的 RNA 都在矿物管道里自由扩散，稀里糊涂地混在一起，一条 RNA 属于哪个团体，一个团体包含了哪几条 RNA，一条毛细管道里有几个团体，统统说不清楚。

像这样"不成体统"的散装样式在 RNA 世界的初始阶段很有好处。因为热泳先生随机凑成的诗句绝大多数都是一堆胡说八道的乱码，只有零星的句子才能发挥一点催化作用。它们全都这样打散了混在一起，恰好促进了意义与意义的组合，带来一些妙趣横生的东西，成为进化的原始素材。这就好比从不计其数的汉字当中，选出最常用的那些字凑一本《千字文》给孩子启蒙，有心人又能从《千字文》里继续择出 115 句，编一篇《道觋》给林黛玉启蒙。

但是随着 RNA 团体进化得日渐复杂，有意义的 RNA 比例越来越高，RNA 之间的配合越来越密切，这种混乱就成了祸害。不同 RNA 团体的 RNA 在矿物管道里到处乱漂，热液与海水的流动速度又不稳定，基因之间好不容易形成的协作关系随时都可能被打乱，严重限制了 RNA 团体的复杂化。

不仅如此，在一个所有 RNA 都到处乱漂的世界里，不同的 RNA 团体也实在

---

[1] 如果一定要把目光聚焦在个体层面，我们的确可以找到一些反例。比如雀麦草花叶病毒（Brome mosaic virus）的基因组分装在 3 条单链 RNA 上，轮状病毒（Rotavirus）的基因组分装在 11 条各不相同的双链 RNA 上，这些病毒的单个颗粒能否集齐所有 RNA，都是很随机的事情。但是另一方面，在实践上，这又称不上是反例，因为病毒感染通常都是许许多多的病毒颗粒同时入侵一个细胞，那么在任何一个宿主细胞内部，还是会出现一个完整的病毒基因组。

谈不上你的还是我的，绝大多数酶 RNA 都是逮到什么就催化什么，不做选择。所以那些胡说八道的垃圾 RNA，那些妨碍扩增的有害 RNA，还有那些施皮格尔曼怪，都有机会加倍复制，然后自由自在地徜徉到周围的 RNA 团体中去。这不但浪费了宝贵的核苷酸资源，更抹平了 RNA 团体之间的差异，削弱了自然选择的力量，降低了进化的效率。

所以，反过来，如果哪个 RNA 团体能够获得一层膜，把所有成员都包围起来，成为一个原始细胞，只允许核苷酸和氨基酸之类有用的小分子通过，而不允许大分子的 RNA 序列通过 [1]，就将在进化上占据极大的优势。首先，那些无意义的 RNA 和有害的 RNA 会被隔绝在外，不再干扰团体的正常秩序。其次，这个团体的每一个后代也会拥有包膜，彼此之间明确地区分开来，有利突变更多、有害突变更少的后代就会扩增更快，占据更大的优势。这样，经过许多代的扩增之后，团体内部原本存在的有害序列和自私序列，也会被自然选择逐渐淘汰了。再次，在此基础上，团体中的 RNA 拥有了稳定的合作关系，可以进化得更加专一高效，这个酶 RNA 专门水解这一个序列，那个酶 RNA 专门连接那两个序列，许多复杂的功能就渐渐诞生了。

而在这些专一高效的复杂功能中，毫无疑问，最重要的就是"蛋白质合成"。

在今天的细胞内，蛋白质合成是中心法则的又一个重要环节。氨基酸在信使 RNA、核糖体 RNA、转运 RNA 的三重协作之下缩合起来，变成了多肽，又折叠成了蛋白质。所以，我们可以畅想，某些原始细胞的随机突变产生了这三种 RNA 的雏形，它们与氨基酸相互作用，就产生了最初的蛋白质。

对于最初的蛋白质，我们无须苛求它立刻就能发挥什么重要的生化功能，因为那个自我复制的团体还很稚拙，会刻板地复制一切可及的 RNA。那些催化合成蛋白质的 RNA 只要不闯什么祸，不害死整个原始细胞，就能存留在原始细胞的 RNA 基因组中，持续地复制下去。

然而，蛋白质终究有着无限的潜力。它们在无数次的复制中积累了足够的突

---

[1] 这对于现代的细胞膜来说非常困难，因为核苷酸和氨基酸的极性都很强，很难自由渗透穿过磷脂双分子层，但是对于原始细胞膜，事情就会非常不同，但我们要到第五幕里才具体讨论一些实验成果。实际上，这里只是简略地"预支"了一些第五幕的内容，如果你对这些原始细胞膜的讲述还有更多困惑，那么都可以带到第五幕去。

变，就会崭露头角，给原始细胞赋予复杂的结构，实现高效的催化，像今天这样成为生命活动最重要的功能物质，使纯粹的 RNA 世界变成一个"RNA-蛋白质联合世界"。这个世界里的细胞拥有 RNA 和蛋白质，但还没有 DNA，我们将它称为"核糖细胞"（ribocell）。

从原始细胞到核糖细胞的转变标志着中心法则最关键的部分已经落成，也代表着这个日益完善的控制系统又向着真正的生命靠近了一大步。实际上，第四章里总结的三种最基本的控制功能，很可能在这之后很短的时间内就全部实现了，那些核糖细胞也因此成为第一批真正意义上的生命。但这一大步究竟要怎样迈出是个非常复杂的问题，我们把它留到这一幕剩余的章节里细细讨论。眼下，我们权当这一步已经迈出，看看核糖细胞在之后的进化中遇到了什么样的麻烦。

· 两双螺旋，两种碱基 ·

原始细胞或者核糖细胞有了完整的细胞膜，但基因组还是不够明确。因为在这些细胞内部，所有 RNA 都还是散装的、乱糟糟的一团。这就让原始细胞的每次分裂都充满了变数，每个后代细胞继承的基因不尽相同，比例也不定，好不容易突变出来的优良性状很可能被不均匀的遗传破坏掉。

对此，核糖细胞似乎有一种非常简单的策略：把所有基因都写进一条 RNA，再把这条 RNA 复制许许多多份，就能保证每个后代都有一个完整的基因组了，如今以 RNA 为遗传物质的病毒，大都是这样做的。[1]

但可惜 RNA 有个无法克服的毛病：RNA 链条越长，自行折断的概率越大。如图 4-21，这是因为核糖在构成 RNA 之后仍然带有一个空闲的羟基，而这个羟基的攻击性非常强，它一方面给 RNA 赋予了丰富的催化能力，另一方面疯起来连自己都打，常常攻击旁边那个磷酯键，把自己的骨架打断，这在碱性溶液里尤其显著。所以 RNA 分子不能无限地延长，今天的 RNA 病毒用各种衣壳蛋白巩固了自己的

---

[1] 不必担心不同的基因会头尾相连而混在一起，因为病毒的基因组会在不同的基因之间插入一些分隔性的序列，让每个基因都能被单独复制下来。另外，也有某些病毒，比如乙肝病毒和 HIV，就非常节省碱基，不同的基因可以有重叠的序列。

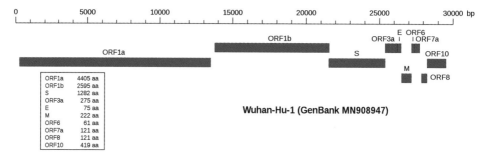

图 4-20 2019 新型冠状病毒（分离株 Wuhan-Hu-1，GenBank 登录号 MN908947）的基因组，约 3 万个碱基对编码了大约 10 个基因。（来自 Furfur | Wikicommons）

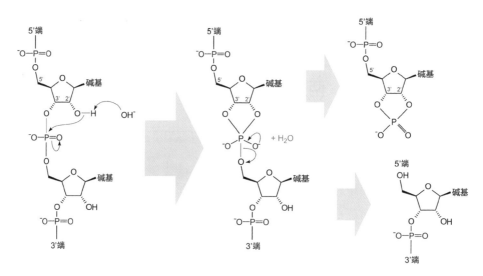

图 4-21 碱性水环境中充斥着氢氧根离子，而核糖在 2' 位置上的那个羟基会招引氢氧根离子，把整个磷酸核糖骨架剪断。图中的黑色箭头指示电子对的转移。（作者绘）

RNA，整个基因组最多只有 3 万来个碱基，编码 10 多个基因[I]，对于碱性热液喷口上的核糖细胞来说，这个数字只能更小，复杂化仍然面临着严峻的障碍。

对于那些熟悉有机分子的读者，这个问题的解决之道已经含在嘴里了：换成脱氧核糖不就行了！

脱氧核糖，顾名思义就是比核糖少个氧原子，而少的那个氧原子就在那个羟基上。当然，脱氧核糖构成的核酸已经不能再叫 RNA 了，它已经变成了我们期待已久的 DNA。

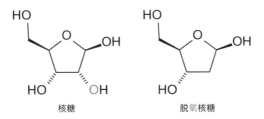

核糖　　　　　　　　　脱氧核糖

图 4-22　核糖与脱氧核糖的比较图。如果你觉得右边还少了一个氢，那是因为在有机化学的键线式里，直接连接碳原子的氢原子通常省略不写。（作者绘）

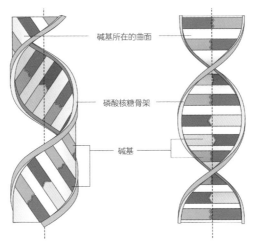

碱基所在的曲面

磷酸核糖骨架

碱基

图 4-23　双螺旋两种右旋构想图示。"碱基所在的曲面"是为了理解方便而构造的假想曲面，双螺旋的碱基会大致分布在这个曲面上，你可以将这幅图与图 2-43 对照一下。（作者绘）

　　就因为这一个氧原子的区别，DNA 不仅拥有更加牢固的骨架，还更容易与互补链稳定地缠绕起来，形成那个著名的双螺旋结构。在第六章里，我们曾把碱基互补配对的双链核酸比作一架梯子，所谓双螺旋，就是让这架梯子绕着某个旋转轴扭起来。但是，梯子具体怎么扭，却有图 4-23 中的两种方式：一种是像左边那样，像缠胶带一样缠在旋转轴上；另一种是像右边那样，像拧麻花一样两端朝不同的方向转动，旋转轴就是梯子固有的对称轴[1]。

---

[1]　这在分子生物学上被称为双螺旋的"构想"。就目前而言，自然界的核酸至少有 A、B、Z 三种构想，其中 A 构想和 B 构想都是右旋的，对应图 4-23 中的左边和右边，Z 构想是左旋的。另外，任何两种构想都没有绝对的界限，可以在不同的条件下互相转化，图中的两种构想都是理想化的极端情形，真实的双螺旋都介于二者之间。

于是我们发现，某些以双链 DNA 为遗传物质的病毒，比如第十一章里那些新发现的巨型病毒，竟然可以拥有有上百万个碱基的基因组，编码上千种蛋白质。而对于细胞来说，哪怕只是一个细菌，也能用一个 DNA 双螺旋存下近千万个碱基组成的基因组，编码上万个蛋白质。这都是因为，DNA 的双螺旋，实在要比 RNA 的双螺旋稳定得多了。

对于那些好奇 DNA 来自何处的读者，这一章结束之后会有一篇"延伸阅读"，介绍一类非常古老，足能追溯到末祖身上的酶。但在正文里，我们要继续观察 DNA 与 RNA 的另一项重大差异。

我们在中学的生物课上就已经知道，那个与腺嘌呤（A）配对的碱基，在 RNA 上是尿嘧啶（U），在 DNA 上却换成了胸腺嘧啶（T），比较一下这两个碱基的差别，你会发现 T 比 U 只多了一个甲基。

这是为什么？

因为碱基 C 并不是一种非常稳定的物质，它在水溶液里自己就会发生一种"自发脱氨反应"，直接变成碱基 U。在我们这样的动物体内，每个细胞每天都会发生大约 190 次的 C-U 突变，而 DNA 肩负着遗传的功能，指望着要绵延无限长的岁月，这样频繁的突变日积月累，必成大患。

所以幸好 DNA 不使用碱基 U，这样的突变一旦发生就会立刻暴露出来。今天的细胞都有一套精密的 DNA 修复系统，会沿着 DNA 不断巡查，把所有的 U 统一改成 C，就能纠正这种错误了 [1]。

对此，一定会有读者提出这个问题：细胞何不干脆放弃碱基 U，无论 DNA 还是 RNA，一律使用 T，不就一了百了了吗？这是因为，RNA 并不害怕这样的突变，倒是很厌恶那种纠错机制。

在今天的细胞里，信使 RNA 的寿命非常短，通常来不及突变就已经降解了，偶尔发生一次，遗传密码也有相当大的容错能力，未必影响到最后的蛋白质，即便

---

[1] 稍具体地说，"尿嘧啶-DNA 糖苷酶"（uracil-DNA glycosylase）会沿着 DNA 巡逻，一旦发现碱基 U，就把碱基与脱氧核糖之间的糖苷键切断，让这个错误的碱基脱落。然后，另一个沿着 DNA 巡逻的"无嘌呤且无嘧啶内切酶"（AP endonucleases）会发现这里缺个碱基，于是把这一处的磷酸脱氧核糖骨架也切出一个豁口。接着，DNA 聚合酶会跟过来，把一个"磷酸脱氧核糖胸腺苷"，也就是带有碱基 C 的 DNA 单体，补进这个豁口，恢复正常的碱基配对。最后，沿着 DNA 巡逻的"DNA 连接酶"会把这个豁口两端的磷酸脱氧核糖骨架连接起来。终于一切正常了。

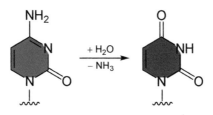

图 4-24　碱基 C 在水中自发脱氨基，变成碱基 U。（作者绘）

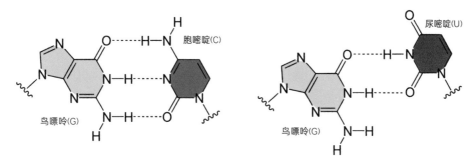

图 4-25　碱基 C 突变成 U 以后仍能与 G 配对，只是少了一个氢键，错开了一点。（作者绘）

破天荒地产生了一个严重错误的蛋白质，细胞还有精密的蛋白质回收机构[1]，能把这个坏掉的蛋白质及时水解。

转运 RNA 与核糖体 RNA 的功能主要来自二级结构，也就是碱基之间的互补配对。但是，我们一直以来默认的那种"碱基互补配对原则"并不是唯一的，C 可以与 G 配对，变成 U 之后照样可以配对，所以对于已经形成二级结构的 RNA 来说，C–U 突变几乎不会有任何影响。

细胞之内除此之外的其他 RNA 尺寸更小，寿命更短，突变概率更低，所以，总的来说，RNA 的 C–U 突变根本不用处理。

但是，如果有一套修复系统要在 RNA 链上不断巡逻，纠正这些错误，那反倒坏了事。因为 RNA 要参与各种活跃的生化反应，实在忙得很，中间突然附着上一个巡逻员，必然碍手碍脚。而且巡逻员既然要巡逻，势必要解除 RNA 的三维结构，

---

[1]　我们在第六章的第二篇"延伸阅读"里提到过这种机制。

把它抻直成一条线，好把碱基序列完全暴露出来。这下，RNA 的武功算是全废了，什么生物活性都没了。更何况细胞要制造这些巡逻员出来还得消耗大量的氨基酸与能量，在 RNA 这种消耗品上折腾纯属柴火棍上雕花，卫生纸上刷漆。

更根本的是，今天的细胞并没有单独合成 DNA 单体的能力，我们都是先合成 A、U、G、C 四种碱基的 RNA 单体，再给它们的核糖脱氧，变成 A、U、G、C 四种碱基的 DNA 单体，最后再给碱基 U 的 DNA 单体加上一个甲基，变成碱基 T 的 DNA 单体。这整个过程中都没有碱基 T 的 RNA 单体，那么作为单体的聚合产物，RNA 序列也当然绝少有 T 了 [1]。

这个代谢过程强烈暗示了这样一件事：细胞最初只有 RNA，后来才在此基础上加工改良，产生了 DNA。如果你还记得序幕的两篇"延伸阅读"，也应该会记得改造旧结构产生新功能正是进化最擅长的事情。在 RNA 世界假说的诸多依据里，这也是非常重要的一个。

总之，把 RNA 变成 DNA，把 U 换成 T，细胞获得了空前的基因组容量和遗传稳定性，进化又将进入一个全新的阶段了。

可那个问题又来了：进化为什么会进入这个全新的阶段呢？

·俘虏来的逆转录世界？·

在某些版本的 RNA 世界假说里，从 RNA 到 DNA 的过渡平滑而顺畅：首先是某些偶然的反应把一部分核糖变成了脱氧核糖，然后是这些脱氧核糖混进了细胞的基因组，形成了一些 DNA 与 RNA 的杂交链，而当 DNA 的优势逐渐展现出来，它们在基因组中的比例就会越来越高，最终完全取代 RNA。就在 2018 年，斯克里普斯研究所，24-3 聚合酶诞生的地方，又有另外一组分子生物学家成功培养出了基因组中带有 45% 到 50% 的 RNA 的大肠杆菌 [II]，这意味着 DNA 与 RNA 的杂交链仍能发挥正常的生化功能。

---

[1] 这里说"绝少"，是因为某些 RNA 确实会被修饰出一个 T 碱基来。比如转运 RNA，仔细观察图 4-9，你会发现那上面就有一个特立独行的 T，我们会在之后的章节里遇到它们。

但事情恐怕没有这样简单，DNA 与 RNA 的杂交链能够存在是一回事，有优势就完全是另一回事了。DNA 双链的确比 RNA 双链稳定得多，但 DNA-RNA 杂交链的稳定性不是介于两者之间，而是比 RNA 双链更不稳定。所以原本活得好好的核糖细胞一旦在基因组中掺入了 DNA，反倒会在竞争中处于劣势，被淘汰掉了。

这说起来有些遗憾，但自然界的进化不受任何意志干预，既不受什么超自然神明的意志控制，也不受有机体自身的意志控制，因此绝不会展现出任何"远见"，一切都只在于"眼前"的片刻得失：某个突变眼下能带来某种好处，就会被自然选择相中，而不考虑它将来可能招致的任何祸患；某个突变眼下是个弊端，就会被自然选择淘汰，而不顾惜它将来可能带来的一切裨益。

所以 DNA 的出现更有可能是跃进式的，在很短的时间内就占据了基因组的主导地位，而不曾经历一个漫长而尴尬的"杂交链"阶段，比如说利用逆转录，把整个基因组一次性地转移到 DNA 上。

至于从"核糖细胞"到"逆转录细胞"的跃进是如何发生的，倒不难解释。核糖细胞已经拥有 RNA 复制酶，这个酶负责以 RNA 为模板，用 RNA 的单体聚合新的 RNA 链。那么，只要随机发生一些细节上的突变，它就有可能变成一个逆转录酶，改用 DNA 的单体聚合出 DNA 链了。这个突变后的酶如果再以刚刚聚合出来的 DNA 为模板再聚合一次，就能获得双螺旋的 DNA 了。就目前所知，逆转录酶与 RNA 复制酶的结构的确很像[III]。

但在很大程度上，逆转录酶的表现只能称得上差强人意。直到今天，逆转录酶的错误率都和 RNA 复制酶不相上下，至少也有几万分之一。DNA 作为遗传物质的稳定性，要到复制 DNA 的酶系统充分健全之后才能体现出来，然而早在第七章的结尾处我们就说过，这个酶系统是在细菌和古菌分野之后才健全的，而那已经是很晚之后的事情了。所以，关于这个"逆转录世界"的起源，我们还是有许多细节没有推敲清楚。

同样是在第七章结尾处，我们讨论生命起源图景的建立的时候，提到过法国巴斯德研究院微生物学部的帕特里克·福泰尔，提到过他对于 DNA 起源的大胆设想，那个设想应对的正是眼前的这个问题。福泰尔设想，最先使用 DNA 的是病毒，把核糖变成脱氧核糖的酶，还有把 RNA 逆转录成 DNA 的酶，都来自病毒，因为

DNA 可以帮助病毒突破细胞的防御，而逆转录世界的起源，就是细胞俘获了病毒的基因 [IV]。

对于人类这样的多细胞生物，击退病毒最惯常的办法就是把受到感染的细胞全杀死，弃卒保车。但对于单细胞生物尤其是原核生物而言，这样做就未免太激进了。它们更倾向于设法识别出病毒 RNA 的双链部分，将它们剪碎、降解——我们在第十四章遇到过这套 RNA 干扰机制，它可以追溯到末祖那里。

但是，如果有某种 RNA 病毒突变出了把基因组写入 DNA 的能力，进化成了逆转录病毒，就会立刻占据这场斗争的上风。上文刚刚说过，双链 DNA 和双链 RNA 有着非常不同的螺旋形态，这就让 RNA 干扰只能剪断双链 RNA，却不能剪断双链 DNA。所以，逆转录一旦完成，病毒就再难清除，只会牢牢盘踞在细胞之内，复制得又多又快，再去感染其他细胞。

然而，逆转录病毒终究是病毒，它们只顾着感染和复制，却顾不得保守秘密，经常会把自己的基因遗落在宿主细胞内。那么，当核糖细胞被逆转录病毒大规模地感染，就很可能有少数幸运儿非但没被病毒杀死，反而俘获了制造逆转录酶的基因，在很短的时间内把整套基因组都搬到了 DNA 上，这就绕开了自然选择的短视，帮助它们在长远的竞争中占据了优势。

这乍听起来非常神奇，但是在进化史上太稀松平常了，别说 40 亿年前那些什么机制都不健全的核糖细胞，就连最复杂的哺乳动物细胞，也照样能从逆转录病毒那里占到便宜。在第十一章我们说过，真核细胞的基因组中有许多逆转录转座子，而在这些逆转录转座子中，有相当一部分就是细胞俘获的逆转录病毒，被我们称为"内源性逆转录病毒"。

就拿人类来说，我们和绝大多数哺乳动物一样，胎儿要通过胎盘与母体交换物质。为此，胎盘的表面长满了绒毛状的凸起，可以扎进子宫内膜，增大物质交换的效率。但人类的胎盘表面不只有这些凸起，还包裹了一层特殊的细胞，叫作"合胞体滋养层"，它们会不断分泌蛋白酶，然后像肠道消化吃下去的肉一样，把紧挨自己的子宫内膜消化掉，让胎盘直接浸泡在母体渗出的血液里，这样就可以更加高效地交换物质了。另外，合胞体滋养层还能制造多种激素，维持妊娠期间的子宫内膜完整，避免怀孕早期的流产（参见图 2-63 和图 2-64）。

而控制合胞体滋养层发育的最关键的基因，就是"内源性逆转录病毒 W 封装成员 1 号"（ERVW-1），它来自 2 500 万年前感染了我们灵长类祖先的一种逆转录病毒，这个病毒的所有碎片占据了人类基因组的 1%，而迄今发现的各种内源性逆转录病毒一共占据了人类基因组的 8%。这个数字远比看起来惊人，要知道，那些真正编码了蛋白质的外显子全加起来也只占人类基因组的 1.5%。当然，也不是只有人类或者灵长类动物俘获了逆转录病毒，鼠、兔、象和蝙蝠也以相同的途径获得了合胞体滋养层，对各种真核生物来说，内源性逆转录病毒都能占据基因组的 10% 左右 V。

说回核糖细胞，它们从病毒那里俘获了逆转录机制，开始把遗传信息写入 DNA，但这时的 DNA 仍在使用碱基 U[1]VI，那么，又是什么让核糖细胞改用碱基 T 了呢？

在福泰尔的推测中，这与它们改用的 DNA 的原因如出一辙，都是俘获了病毒的基因，也都是病毒要躲避细胞的防御：细胞与病毒的对抗永远都不会停止，病毒把遗传信息写进了 DNA，细胞就会设法识别 DNA 中的碱基序列，追杀病毒，那么病毒就再反过来修饰自己的碱基，让细胞认不出来。

给 U 碱基增加一个甲基，正是一种简便易行、立竿见影的修饰。这个甲基不改变碱基配对时的氢键，也就不影响 DNA 的合成。T 和 U 用起来没什么不同，却改变了碱基的形状，让那些在 DNA 上巡逻的蛋白质哨兵结合不住，无法被识别。像这样修饰碱基突破防御的做法，直到今天都被许多 DNA 病毒延续着。比如许多专门感染细菌的噬菌体就会编码一些专门的酶，给自己的碱基 C 增加一个羟甲基，成为 "5-羟甲基胞嘧啶"。而这个给碱基 C 增加羟甲基的酶，刚好就与给 U 增加甲基的那个酶，有着相同的进化来源 VII。

不过也应该指出的是，福泰尔是在 2003 年左右总结的这个设想，当时 5-羟甲基胞嘧啶还只在病毒的 DNA 中发现过。但是到 2009 年我们就发现，这个特殊的碱基也存在于哺乳动物的胚胎干细胞，以及灵长类动物和啮齿类动物的大脑中 VIII，与这些细胞的分化有着密切的关系，能够促进某些基因的表达。这背后究竟意味着

---

[1]　时至今日，仍然有一些专门感染细菌的病毒在使用含碱基 U 的 DNA，比如谷草杆菌噬菌体 φ29，它们会专门合成一种蛋白质，破坏枯草杆菌那种针对 C-U 突变的修复系统，然后用 U 碱基的 DNA 编码自己的基因组。

什么，有着怎样的进化历史，到这本书写成的时候还没有任何清晰的结论。

总之，在福泰尔的推测里，核糖细胞在与逆转录病毒和DNA病毒的厮杀中"师夷长技"，获得了DNA的基因组，其中的某些细胞，就是我们的末祖。但末祖的样貌我们要等到下一幕才能细说，此时，我们又要回忆第七章快要结尾的部分。在那里我们提过，白烟囱假说与福泰尔的推测"若合一契"，共同构成了一幅生命起源的图景。那么，这是怎样一种契合法呢？

白烟囱，刚好能给核酸提供必要的复制条件。

·温差中的链式反应·

无论是RNA还是DNA，一旦缔结成连续的双链，就会变得更加稳定，但也同时遇到一个问题：这些双链的碱基都已经互补配对了，还怎么拿去复制、转录、翻译、逆转录，完成中心法则的信息流动呢？在今天的细胞内，会有一些专门的酶去把双链解开，让模板链恢复单身，以便让各种酶结合上去。但是在双链初次形成的联合世界或者逆转录世界里，稳定的双链要如何才能打开呢？

温度，靠温度的变化就可以！

碱基配对靠氢键，而氢键对温度很敏感。在较高的温度下，所有的碱基对都会自行断开，双链也就被拆成了两条舒展的单链。当温度有所下降，碱基又可以重新配对。当然，此时的原配早就不知漂到哪里去了，单链要重新配对就只能随遇而安，在复制酶、聚合酶、逆转录酶的帮助下新造一条互补链。

不难想到，温度如果忽升忽降，这个过程就会循环往复，溶液中的核酸也会因此不断扩增。实际上，这正是人类在实验室中大量复制某段DNA或RNA序列的标准做法，被称为"聚合酶链式反应"。比如第十四章里那些施皮格尔曼怪就是这样扩增出来的。

而白烟囱的矿物管道刚好能给链式反应提供非常恰当的温度条件：碱性热液的温度可以高达90℃，酸性海水的温度又在30℃以下，它们在管道里持续不断地对流，就能给原始细胞、核糖细胞和逆转录细胞带来周期性的温差，促成链式反应了。在实验室里，相同原理的"对流式PCR"可以在25分钟之内把模板链扩增10

DNA 聚合酶链式反应（PCR技术）

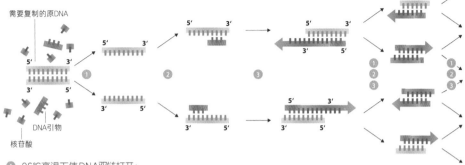

① 96℃高温下使DNA双链打开；

② 约68℃，让引物与DNA配对；

③ 72℃下，聚合酶以引物为起点延伸DNA子链；两段DNA双链又可以当作下一个循环模板，这样每次循环都使得扩增的DNA片段加倍。

图 4-26　DNA 聚合酶链式反应图解。（来自 Enzoklop | Wikicommons）

万倍[IX]，白烟囱在 40 亿年前的效率哪怕只有这个实验的万分之一，也远远超过现代细胞的复制速度了。

如果温差产生的链式反应真的提供了 DNA 扩增的关键辅助，那么早期的逆转录细胞就很难进化出独立完整的 DNA 复制系统了，因为温度变化能像拆包装一样骤然撕开双链，而解旋酶只能像拉拉链一样从头到尾逐个打开双键，相比之下效率低得很，并没有什么明显的适应优势。

而这又恰恰解释了第七章里尤金·库宁发现的疑问：复制 DNA 的酶系统，是在末祖分化成细菌和古菌，开始独立生存的过程中各自进化完善的。

至于末祖是如何分化成了细菌和古菌，细菌和古菌又是如何获得了独立生存的能力，这两个问题将会收拢迄今为止的整个故事，拼成一幅空前完整的生命起源图景。那些急切地想要欣赏这幅图景的读者，可以现在就跳到下一幕去，一口气读完这本书的正文。而那些愿意留在这一幕的读者，我们将一起回到 RNA 世界向联合世界过渡的时刻，进入核糖细胞内部，思考一个具体且重要的问题：

最初的蛋白质，是怎么合成出来的？

核糖核苷酸还原酶的工作原理

DNA 当然有可能像 RNA 一样是地质化学作用的产物。比如就在 2019 年，一项新研究证明了乙醛等小分子有机物可以循序渐进地从头合成 DNA 的单体。[X]

但是，正如正文里反复讨论过的，如今的生化反应强烈暗示了 DNA 是 RNA 改良的产物，而不是一种从头开始的创新，所以，今天的细胞里发生的事情，恐怕更值得思考和借鉴。

在今天的细胞里，负责制造脱氧核糖的是"核糖核苷酸还原酶"（RNR），但它不是给单独的核糖脱氧，而是给 RNA 的单体脱氧，直接产生 DNA 的单体。

RNR 是一类高度保守的酶，它在任何细胞中的催化机制都高度一致，这明显又是从末祖那里继承下来的。而这种催化机制也非常有趣，可以用"威逼利诱"来形容：它先是制造出了一些非常凶猛的"自由基"，去攻击核苷酸上的核糖，使核糖变得非常不稳定；之后又用一些活跃的氢原子引诱核糖，核糖当然会伸"手"去抢，而核糖的"手"正是那个活跃的羟基，这一抢就不可避免地上了当——羟基遇上氢原子，立刻就会结合成稳定的水分子，兀自离去，核糖也就失去了那个氧原子，变成脱氧核糖了。

如果你想把这个过程了解得再清楚一些，那么就以真核细胞的 RNR 为例，它的催化过程主要包括三个阶段[XI]。这三个阶段的研究虽然还在理论推测中，其中有很多细节并不严谨，但这并不妨碍我们试着理解它。

第一个阶段是制造自由基。[XII] 所谓自由基就是带有不成对电子的化学基团。或者说得粗糙一些，自由基大多是分子被"暴力"夺去了一部分，化学键从中间扯断，形成的"带有半个化学键的分子碎片"。通常来说，这些自由基都极其不稳定，一定要从别的分子上抢回自己失去的部分才甘心，而这又往往造成一个新的自由基，这个新的自由基又会去别的分子上抢别的碎片，由此不断地传递下去，直到一个自由基遇上另一个自由基，合并成一个稳定的分子。

而在 RNR 的 α 亚基的活性中心，就有一对很暴躁的铁原子，它们会联合起来暴力攻击旁边的一个酪氨酸[1]，夺走它的一个氢原子，把它变成一个酪氨酸自由基。那个酪氨酸自由基反应过来，转身就从旁边一个色氨酸上抢来一个氢原子，恢复了稳定，然而那个色氨酸又

---

[1] 这个酪氨酸并不是独立的氨基酸，而是核糖核苷酸还原酶的多肽链上的一个酪氨酸残基，下面的几个氨基酸也都是这样的氨基酸残基，这里只是为表述清晰而去掉了"残基"二字。

成了新的自由基……就这样，如图4-27，一连串的氨基酸欺软怕硬地抢劫氢原子，接力的终点是β亚基里一个半胱氨酸自由基。

第二个阶段，自由基攻击核苷酸的核糖，迫使核糖脱氧。[XIII]那个半胱氨酸的自由基毕竟是个自由基，一定要从哪儿抢回一个氢原子来，于是瞄向了身旁的核糖核苷酸，从它的核糖上夺走一个氢原子，恢复了稳定。如图4-28，这下又轮到核糖变成自由基，想要抢夺氢原子了。

接下来的事情就有点儿复杂了，这也是整个"脱氧"过程的关键。RNR左右开弓，一手威逼3号碳原子的羟基，一手利诱2号碳原子的羟基，兜兜转转，巧妙地把2号碳原子上的羟基换成了氢，最终脱掉了那个碍事的氧。

如图4-29，在红色箭头标记的变化中，RNR预备了一个电离了的羧基，去撕扯3号碳原子上的羟基的氢。如果要在3号碳原子和与它相连的那个氧原子之间构思什么对话，

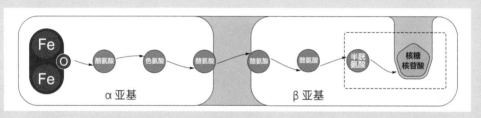

图4-27　RNR的α亚基的活性中心用一对铁原子制造酪氨酸自由基，由此开始连续不断的自由基攻击，如箭头指示，一直抵达β亚基的活性中心，虚线框里会发生第二个阶段。（作者绘）

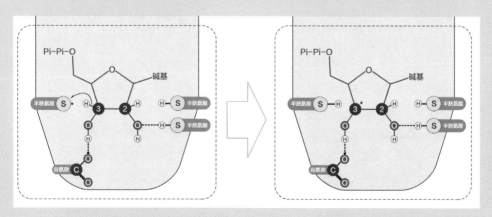

图4-28　在RNR的β亚基的活性中心，半胱氨酸自由基攻击核糖的3号碳原子，夺走一个氢原子。图中的虚线框与图4-27的虚线框对应，蓝色键线连接的分子是一个核糖核苷酸分子，周围的氨基酸都是RNR的β亚基的氨基酸残基，为了表现方便，这里将它们都画在一个平面上，但它们实际上存在于三维空间里。此外，红色圆点表示自由基的不成对电子，黑色圆点表示负电荷，虚线化学键表示氢键，鱼钩箭头（半箭头）表示不成对电子转移。（作者绘）

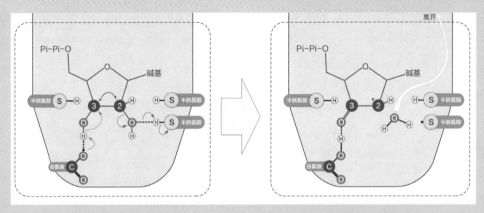

图 4-29　红色箭头表示谷氨酸残基从 3 号碳原子的羟基上夺走一个氢离子，蓝色箭头表示 2 号碳原子的羟基从附近的巯基上夺走一个氢离子，黑色箭头表示不成对电子转移，最终使得 2 号碳原子上的羟基变成水分子脱去离开。其中，鱼钩箭头照例表示不成对电子转移，完整箭头表示成对电子转移。（作者绘）

那大概就是这样的：

"3 号碳原子先生，现在的局面是鸡毛炒韭菜——乱七八糟，我看不如这样吧：我那个氢就不要了，直接当成离子送给羧基，叫它电荷平衡稳定去；我腾出成对的电子，也能与你做个稳定的羰基；你那个不成对的电子……你和 2 号碳原子之间地方很大，就随便扔过去吧。"

"你说得很有道理，好的。"

话毕，这个氧原子扔掉了氢离子，带着一对电子回过头来做了羰基，那个不成对的电子就转移到了 3 号碳原子和 2 号碳原子之间。自由基不稳定是因为有"一个不成对的电子"，这个不成对电子如果暂时不能与其他电子结成对，缔结成完整的化学键，那也可以设法扩大自己的运动范围，这样也能姑且稳定一些，所以它的分布范围就扩张到了 2 号碳原子上，就如那个黑色箭头标记的。

这样，我们就看到蓝色箭头标记的事件：

2 号碳原子上有一个非常能打的羟基，所以 RNR 早就拿了一个巯基凑在那个羟基跟前。巯基上的氢原子摇摇欲坠，唾手可得，这个羟基早就眼馋心热，与它缔结了一个很强的氢键。这就让羟基上的氧原子同时与两个氢原子建立了联系，非常接近一个水分子。

现在，一个不成对的电子扩张过来，挤压了 2 号碳原子上的电子，于是，我们又可以为这个不成对电子与 2 号碳原子上的氧原子构思这样的对话了：

"氧原子先生，你带着两个氢去做水分子好了，那样岂不最稳定最惬意？2 号碳原子的地盘，以后让给我吧！"

"你说得很有道理，好的。"

在 RNR 的威逼利诱之下，核糖已经脱掉了 2 号碳原子上的那个氧原子。但这事儿还没完，不成对的电子仍然不成对，所以此时的核糖到底还是个自由基，仍然不稳定。不过这一切全都是 RNR 计划的一部分。

如图 4-30，RNR 早就预备了另一个巯基，同样摆在 2 号碳原子附近，这个巯基上松松垮垮的氢原子摆明了就是送的。2 号碳原子立刻把它抢了过来，恢复了稳定。同时，这两个先后被夺走氢原子的巯基还会顺势结合起来，成为一个二硫键。

但是按倒葫芦起个瓢，这个二硫键仍然是个自由基，它该怎么办呢？它会把这个多余的不成对的电子塞回给 3 号碳原子，而这个动作彻底推翻了图 4-29 建立起来的一切"稳定"。如图 4-31，3 号碳原子得到这个电子之后会重新打开羰基的双键，与它连接的氧原子就转身抢回了电离给羧基的氢离子，恢复成了羟基。

就这样，3 号碳原子恢复到了图 4-28 的右边状态，重新变成了一个自由基，但是 2 号

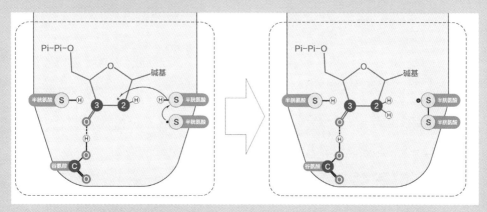

图 4-30　2 号碳原子从附近的另一个巯基上夺取氢原子，把不成对的电子转移过去，同时，两个巯基会组成一个二硫键。注意，这个二硫键中的一个硫原子仍是自由基，而且那个不成对的电子同时显现 1 个单位的负电荷。（作者绘）

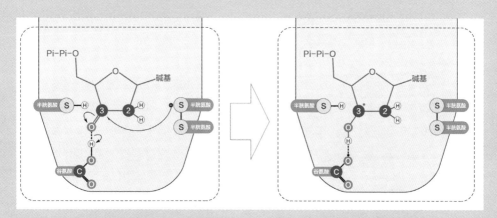

图 4-31　二硫键上多余的不成对电子转移到 3 号碳原子上，迫使羰基恢复成羟基。（作者绘）

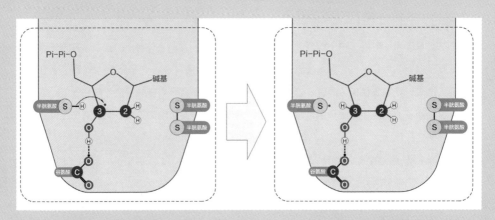

图 4-32 3 号碳原子从半胱氨酸自由基那里抢走一个氢原子，恢复稳定，核糖最终变成了脱氧核糖。（作者绘）

碳原子上的氧已经脱去了，它不能把之前的变化重演一遍，但它又迫切地想要恢复稳定，这可怎么办呢？

那就欠债还钱吧：这一切变化都是因为半胱氨酸自由基从 3 号碳原子上抢走了一个氢原子，如今，那个氢原子还好端端摆在 3 号碳原子旁边，于是，3 号碳原子不由分说地抢回了它，一切终于恢复了稳定。核糖，也终于变成了更稳定的脱氧核糖。

啊，从核糖到脱氧核糖的还原反应，事儿就这样成了。RNA 单体顺利变成了 DNA 单体，然后就脱离了 RNR，也飘然而去了。只是，RNR 还有些收尾工作。

第三个阶段，是恢复起始状态。经过上一个阶段，最后那个半胱氨酸恢复了自由基的状态，可以继续攻击下一个核糖。但是那两个巯基失去了两个氢原子，必须从其他物质那里补回来。而这种"其他物质"可以是"硫氧还蛋白"或者"谷氧还蛋白"——这两种蛋白质像之前提过的"铁氧还蛋白"一样，也是所有细胞都有，可以追溯到末祖身上的小型蛋白质。而它们的氢原子交给 RNR 之后，又能从氢原子的保鲜车，辅酶 NADPH 那里抢回来。这已经不是太重要的细节，所以我们就不打算详细介绍了。

当然，末祖毕竟是 40 亿年前的存在了，RNR 在不同的生物体内进化出了一些细节上的差异。[XIV]

目前为止，我们在细胞内一共发现了三种 RNR，分别称之为 I 型、II 型、III 型。它们同时出现在细菌域、古菌域和真核域，但在不同域的出现频率各不相同。

总的来说，I 型 RNR 必须有氧气参与才能制造自由基，显然是在光合作用席卷地球之后才从另外两种 RNR 当中的某一种进化而来的。[XV] 而 II 型和 III 型 RNR 主要出现在细菌和古菌身上，一种是用维生素 B_{12} 那样的钴咕啉制造自由基，一种是用四铁四硫簇制造自由基——这样的配方就让我们觉得亲切多了，像极了第三幕里那些古老的酶。尤其是后者，它不但是个铁硫蛋白，而且把甲酸当作整个反应的"电子供体"，越发让我们关联起许多第三幕的情节来。

更具体地说，三种 RNR 在第一个阶段采用了不同的"自由基引发剂"去制造半胱氨酸自由基，在第三阶段也采用了不同的"电子供体"来恢复自己的氢原子。

I 型 RNR 就是上面讲述过的例子，它们的工作需要氧气，在细菌和真核细胞里出现得更多。"自由基引发剂"通常是一对铁原子，通过酪氨酸的中介产生半胱氨酸自由基。"电子供体"是"硫氧还蛋白"或者"谷氧还蛋白"。但在某些细菌或古菌细胞内，"自由基引发剂"也可能是一对锰原子，或者一个铁原子与一个锰原子的组合。而且，铁原子与锰原子的组合能够直接把半胱氨酸变成自由基，不需要酪氨酸作为中介。

II 型 RNR 的工作不需要氧气，但是有氧气也无所谓，它在细菌和古菌中出现得更多。它们的"自由基引发剂"是类似维生素 B_{12} 的钴咕啉，通过"5'端脱氧腺苷自由基"的中介产生半胱氨酸自由基，而不需要酪氨酸，"电子供体"是硫氧还蛋白或者谷氧还蛋白。

III 型 RNR 工作时不能有氧气，在细菌域和古菌域出现得更多。它们的"自由基引发剂"比较复杂，包括一个四铁四硫簇，一个腺苷甲硫氨酸，还有一个黄素氧还蛋白，通过甘氨酸自由基的中介产生半胱氨酸自由基，"电子供体"是甲酸。

但是，如果把眼光放得长远一些，我们又会发现，许许多多的病毒也编码了自己的核糖核苷酸还原酶，而且与细胞中的核糖核苷酸还原酶有着明显的进化关系[XVI]，这是福泰尔提出 DNA 源自病毒的重要依据。不过，福泰尔也指出，目前还不清楚核糖核苷酸还原酶究竟是从病毒传递给了细胞，还是相反，这需要更进一步的研究。

最后，核糖核苷酸还原酶出现的时间不大可能早于蛋白质。因为那些自由基相当厉害，如果是一个酶 RNA 来做这种事，一定会引火烧身，自己先被破坏掉了。所以，它应该是"联合世界"时代的产物。

第十六章

遗传密码的秘密 | 遗传密码是哪里来的？

在整个中心法则当中，遗传密码，也就是核酸上的 64 种碱基序列与 20 种标准氨基酸的对应规则，无疑是最复杂的那一部分。那么，遗传密码源自何处，就成了一个重要且困扰人的问题。

但随着分子生物学研究的不断推进，我们渐渐地在遗传密码中发现了一些值得重视的规律，不同的研究者从不同的角度解读这些规律，得出了不同的遗传密码起源假说。特别应该重视的是，一些新兴的假说更加重视碱基序列与氨基酸在化学层面的直接联系，提出各种氨基酸很可能就是这些碱基催化羧酸的产物，这给解释转运 RNA的起源提供了新的思路。

在第六章里，我们很认真地讨论了"生命的信息"与"遗传信息"。如今一切生命的一切性状都由蛋白质的形态和功能决定，蛋白质的形态和功能由氨基酸的序列决定，至于蛋白质拥有怎样的氨基酸序列，则又由核酸中的碱基序列决定，世代相传。

碱基序列与氨基酸的对应方式，就被我们称为"遗传密码"。在很大程度上，遗传信息与遗传密码的关系就像语言和书写系统的关系——遗传信息已经在地球上绵延了 40 亿年，遗传密码也已经被生命沿用了 40 亿年。

而这也正是所有生命起源假说都不得不面对的最艰巨的难题：40 亿年前，碱基序列是如何与氨基酸建立起严格的对应关系，形成遗传密码的？ RNA 根据遗传密码催化合成蛋白质的复杂系统，又是如何建立起来的？

· 冻结的偶然？ ·

遗传密码是碱基序列与氨基酸的对应方式。具体来说，就是碱基每 3 个一组，构成一个"密码子"，对应 1 种氨基酸。碱基一共有 4 种，可以形成 64 个密码子，而细胞直接用于合成蛋白质的标准氨基酸却只有 20 种，所以遗传密码必然有所冗余，大部分的氨基酸都对应了多个密码子——这些内容已在第六章里详细讲述过。

图 2-44 就是标准密码子的图示，所有已知的细胞和病毒，都是根据它建立碱基序列和氨基酸的对应关系的。这显然是一份来自末祖的遗产，也是我们追溯遗传密码起源的最重要的第一手资料。

面对这样一份标准遗传密码，我们萌生的第一个疑问当然就是"密码子与氨基酸为什么会有这样的对应关系"，比如说，"GGU"为什么对应甘氨酸，"CUU"为什么对应亮氨酸，"GAG"为什么对应谷氨酸？

对此，第一个重要的意见来自弗朗西斯·克里克，他是遗传学奠基时代的灯塔人物。1953 年，他与富兰克林等人共同发现了 DNA 的双螺旋和碱基互补配对原则。1957 年，他提出了中心法则的标准流程[1]。1961 年，他又确定了密码子是 3 个碱基一组，连续且不重叠。在此基础上，1966 年，人类破解了全部遗传密码，才得到了上面那份标准遗传密码。

1968 年，面对这份标准遗传密码，弗朗西斯·克里克提出，它的起源只是个偶然。碱基序列与氨基酸反正得有个对应关系，不是这样也得那样，在生命诞生的极早期，不同的元祖完全可以有各不相同的遗传密码。但只有极少数幸运的元祖留下了存活至今的后代，如今所有的生命越发可能只来自同一个最幸运的末祖，当然就都偶然继承了其中的某一套遗传密码。而遗传密码又是遗传的根本，任何微小的变动都可能把所有遗传信息变成乱码。所以，这个偶然就被后世的每一个细胞严格固定下来，墨守成规，历经 40 亿年的进化也绝难改变。反过来，如果当年是别的元祖发展成了延续至今的生命，标准密码子就会是另一副模样了。

原本只是一个偶然，但偶然在至关重要的地方，一旦发生就无法改变——这被克里克形象地称为"冻结偶然假说"1。

当然，在生命这样的涨落系统上，我们几乎说不出任何绝对的东西，遗传密码也不例外。标准遗传密码固然涉及遗传的根本，但是某些不那么关键的冗余密码子，却可能在进化中出现一些细小的变化，成为"非标准遗传密码"。比如

---

[1]   中心法则的标准流程就是图 2-42 中的红色箭头，也是中心法则在健康细胞内的主要流动方向。

"UGA"在标准密码表里是"终止",表示翻译结束,但在高等哺乳动物体内却编码了色氨酸;"AGG"本来编码了精氨酸,但在绝大多数真核生物的线粒体内却表示"终止";而"CUG"本来是亮氨酸的编码,却在某些真菌体内编码了丝氨酸。

凡此种种,囿于篇幅和主题,我们就不做过多的介绍了。但仍然要强调的是,非标准遗传密码虽然是些例外,但也只是标准遗传密码的极其细微的局部修改,而不是另外一套独立的遗传密码。所以,一切外星病毒感染地球生命的科幻故事,全都是无稽之谈。哪怕抛开生命的各种可能性全都不谈,后退无穷步非要假设外星病毒的遗传物质也是 DNA 和 RNA,也用这 4 种碱基 3 个一组编码 20 种氨基酸,那也意味着超过 10^{84} 种编码方案,这个数字恐怕比可观测宇宙中的原子总数还大,外星病毒与我们采用同一套遗传密码的概率实在太低了。它们要用我们的细胞制造有生化功能的蛋白质,就好像一个从来没有接触过中文的英国人要把"东边日出西边雨,道是无情却有晴"翻译成地道的英语,还要保留所有的平仄、韵脚和修辞,这是根本不可能的事情。

在今天看来,冻结偶然假说在很大程度上是正确的,体现了一切进化现象的原则性问题。毕竟,进化建立在随机突变上,偶然本来就是进化的左腿。但是,进化又不是个纯粹的偶然,自然选择无处不在,所以密码子的起源又恐怕不是这么简单。如果把所有密码子与它们对应的氨基酸用不同的方式排列起来,我们又会发现,这三位密码子中的每一位都有独立规律。

首先,早在 20 世纪 70 年代和 80 年代,生物化学家们就发现,密码子的第一位碱基与氨基酸的合成原料 [1] 有着显著的对应关系 II:

◆ 第一位碱基是 A 的 7 种氨基酸中,有 5 种的合成原料是草酰乙酸;

◆ 第一位碱基是 C 的 5 种氨基酸中,有 3 种的合成原料是 α-酮戊二酸;

◆ 第一位碱基是 U 的 6 种氨基酸,合成原料全都包含丙酮酸 [2];

◆ 第一位碱基是 G 的 4 种氨基酸没有统一的合成原料,但全都能以同一类的

---

[1] 更严格地说,这里的"原料"是指生物化学上的"前体",也就是某条代谢路径上更靠前的有机物。比如在之前的两幕中,丙酮酸是乙酰辅酶 A 的前体,氨基酸是蛋白质的前体,核糖是核苷酸的前体。与下文稍有不同的是,这个规律最初发现时考虑的前体是几种氨基酸,但从整体上看,都可以更根本地归结成下文的规律。

[2] 严格地说,丝氨酸和半胱氨酸的合成一般始于"3-磷酸甘油酸",而不是丙酮酸,但这种物质恰恰是糖酵解中丙酮酸的前体,而丙酮酸又能通过很短的途径重新转化为 3-磷酸甘油酸。酪氨酸、苯丙氨酸和色氨酸都是芳香性氨基酸,除了需要磷酸烯醇式的丙酮酸,它们的芳香环来自赤藓糖,一种四碳糖。

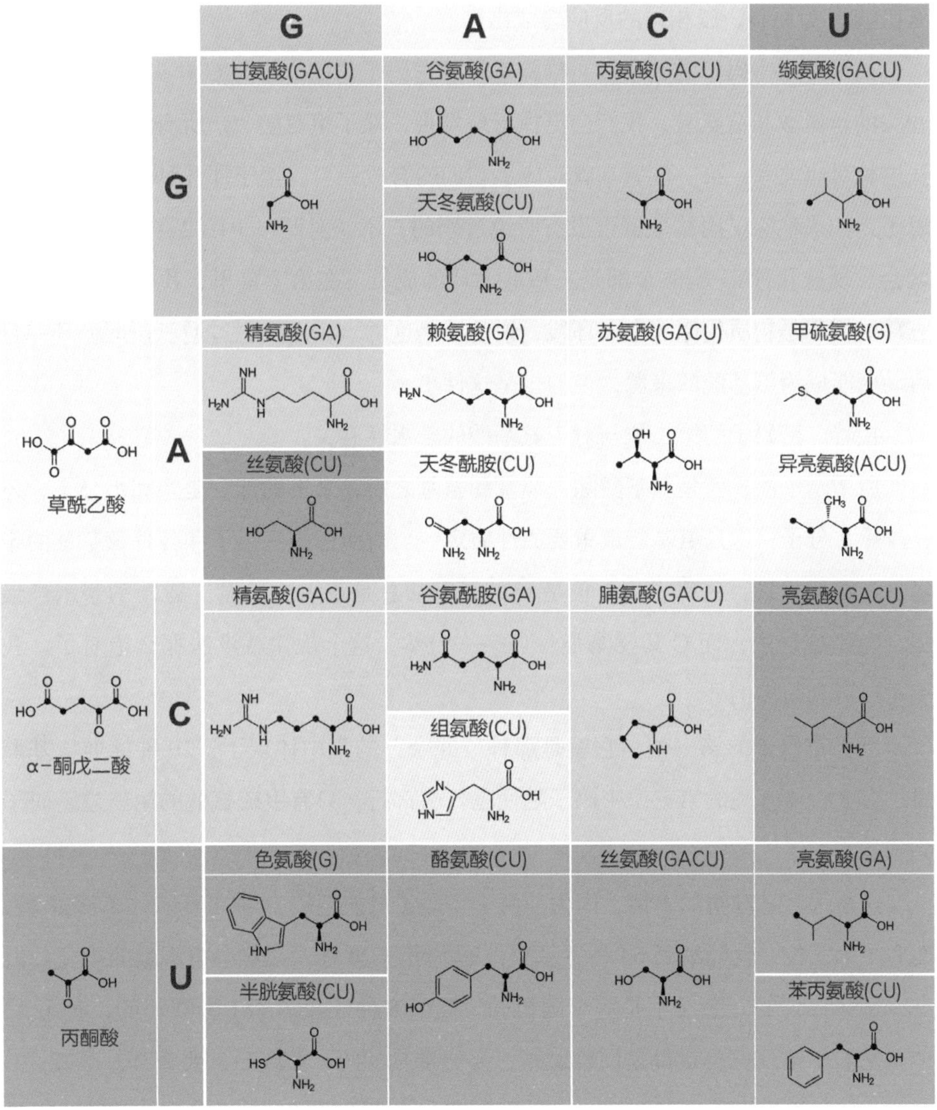

	G	A	C	U
G	甘氨酸(GACU)	谷氨酸(GA) 天冬氨酸(CU)	丙氨酸(GACU)	缬氨酸(GACU)
A 草酰乙酸	精氨酸(GA) 丝氨酸(CU)	赖氨酸(GA) 天冬酰胺(CU)	苏氨酸(GACU)	甲硫氨酸(G) 异亮氨酸(ACU)
C α-酮戊二酸	精氨酸(GACU)	谷氨酰胺(GA) 组氨酸(CU)	脯氨酸(GACU)	亮氨酸(GACU)
U 丙酮酸	色氨酸(G) 半胱氨酸(CU)	酪氨酸(CU)	丝氨酸(GACU)	亮氨酸(GA) 苯丙氨酸(CU)

图 4-33　标准遗传密码第一位碱基与氨基酸的对应关系。横行代表密码子的第一位，竖列代表密码子的第二位，氨基酸名称后括号里的是密码子的第三位，左侧的三种 α-酮酸是三种主要的氨基酸合成前体。除了密码子第一位是 G 的氨基酸以外，其他氨基酸都与用来合成它的 α-酮酸拥有相同的背景色，黑色圆点代表氨基酸与 α-酮酸对应的碳原子。这幅图实际上与图 2-44 是一样的。（作者绘）

有机酸[1]为原料，以相同的反应合成出来。

如果考虑密码子的冗余性，排除重复的密码子，比如排除 C 开头的亮氨酸、A 开头的丝氨酸和精氨酸，我们会更惊讶地发现，除了组氨酸[2]，所有的氨基酸都服从这种对应关系。第一位碱基就对应了它们的合成原料，至于那几种原料就更有意思了，如果你除了丙酮酸就再没有听说过别的，不妨对照一下图 2-13 或者图 3-2，就会发现这几种 α-酮酸全都是三羧酸循环的成员。在第三幕里，我们反复强调过三羧酸循环是物质代谢的中央环线，说的就是这件事，还畅想过逆三羧酸循环一旦启动就能成为氨基酸的来源，说的也是这件事。

接着，密码子的第二位与对应氨基酸的亲水性有关。

所谓亲水性，就是氨基酸除去羧基和氨基之后，余下的部分是亲和水分子，还是排斥水分子，这是氨基酸最重要的性质之一。对照标准密码子和各种氨基酸的亲水性，我们发现，密码子第 2 位是 U 的氨基酸总是疏水性最强，是 A 的亲水性最强，C 和 G 居中，而 C 又要略强一点——当然，这个规律就没法那么绝对了，我们可以看到很多例外。

至于密码子的第三位，它就是那种"冗余"的集中体现了：20 种标准氨基酸里，有 8 种氨基酸的第三位密码子随便是什么都行，只有甲硫氨酸的第三位密码子必须是 G。

这是很容易理解的事情，因为前两个密码子只能编码 16 种氨基酸，不够 20 种，而有了第三位，就能编码 64 种氨基酸，远远超过 20 种，当然会有大量的重复。但是，这第三位的冗余又不是完全随机的，除了 8 种任意的和 1 种唯一的，其余 13 种氨基酸的第三位普遍都是同种碱基，要么都是嘌呤，A 或 G，要么都是嘧啶，U 或 C，只有异亮氨酸是个例外，它与那个唯一的编码相邻，所以第三位碱基可以是 A、U、C。

以上讨论的，就是标准遗传密码里的规律了。既然所有的生命都遵循这套密

---

[1] 具体来说，甘氨酸可以来自乙醛酸，丙氨酸来自丙酮酸，天冬氨酸来自草酰乙酸，谷氨酸来自 α-酮戊二酸，缬氨酸可以来自 α-酮异戊酸——这类有机酸被称为"α-酮酸"，把它们变成氨基酸的反应称作"还原胺化反应"。对此，这一章之后的"延伸阅读"会做简单的介绍。

[2] 组氨酸非常奇特，是以 ATP 为原料合成出来的，而且动物往往不能合成足量的组氨酸，所以需要从食物中补充，被称为"半必需氨基酸"。

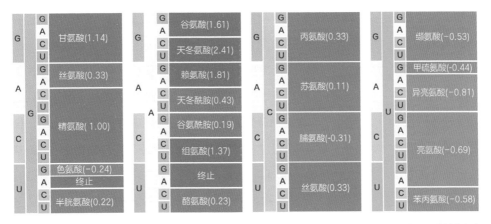

图 4-34　以第二位密码子排序的遗传密码表，颜色越蓝，亲水性越强，颜色越红，疏水性越强。括号里的数值出自"威姆利-怀特全残基疏水性量表"，数值越大，疏水性越强，数值越小，亲水性越强。其中，谷氨酸、天冬氨酸、赖氨酸、组氨酸、精氨酸取电离后的数值。[III]（作者绘）

码，显然，这些规律也必然出现在末祖身上，很可能就关系着遗传密码的起源。从这些规律出发，生物化学家们提出了"冻结偶然"之外的多种假说，2009 年，第七章里提到的启发了白烟囱假说的尤金·库宁集中评价了其中影响最大的三个假说 [IV]。

·规律的规律·

　　最早提出的假说是"立体化学假说"，也就是密码子的三个碱基能在空间中形成某种立体形状，然后特异性地匹配对应的氨基酸，就像水晶鞋和灰姑娘的脚那样形状匹配，独一无二。

　　这个假说可以追溯到 1953 年，双螺旋模型在冷泉港实验室 [1] 公之于世的那场研讨会上。研讨会在座的，有盛名在外的俄裔美籍理论物理学家乔治·伽莫夫（George Gamow），他是"宇宙大爆炸理论"的正式提出者，是"宇宙微波背景辐射"的预言者，也是宇宙元素合成理论的奠基人。同时，他也是科普文学的宗师级

---

[1]　冷泉港实验室（The Cold Spring Harbor Laboratory，CSHL），位于美国纽约州长岛上的冷泉港，是享誉全球的非营利性私人科学研究与教育中心，也是当今世界影响力最大的研究中心，被誉为世界生命科学圣地、分子生物学摇篮，一共诞生了 8 位诺贝尔奖得主。

人物，一生中写下 18 部科普著作，其中，1947 年写成的《从一到无穷大》，还有 1966 年写成的《物理世界奇遇记》直到今天都是全世界首屈一指的科普读物。

回到那场研讨会上，双螺旋和碱基互补配对的崭新模型让伽莫夫心驰神往，他在会后陷入了对一个新世界的沉思：双螺旋的模型毫无疑问地表明了是"碱基序列编码了遗传信息"，但这究竟是怎样一种编码方式，克里克与沃森却还没什么头绪。伽莫夫敏锐地把密码学用在了碱基序列上，提出碱基序列一定是 3 个一组地编码了氨基酸，他将这个想法连同他构想的一些细节上的编码机制，装在信封里寄给了克里克。

坦率地说，当时的伽莫夫虽然在物理学上成就斐然，在分子生物学上却还是个外行，他对 DNA 和 RNA 的大部分认识都是错误的，他提出的碱基编码机制也是错误的。但他把密码学引入遗传学的创想却极富启发性，克里克正是在伽莫夫的信中找到了关键灵感，在几年之后证明了 RNA 上的碱基的确是 3 个一组地构成了密码子。

最初的失败不重要，伽莫夫早已被生命活动的无穷奥秘彻底折服，在克里克的帮助下，他将整个研究重点转移到了分子生物学上，并且立刻构想出了第一个版本的"立体化学假说"。

如图 4-35，伽莫夫眼中的 DNA 双螺旋是缠胶带式的，那些碱基对像胶带上的图案一样分布在双螺旋的表面上，这样，相邻的 4 个碱基就会组成一个扑克牌里"◆"形状的孔，而且每个孔的形状都与某种氨基酸的形状恰好相同。

在伽莫夫的设想里，细胞合成蛋白质的场面就像舞会后的姑娘们各自寻找自己的套鞋。氨基酸在双螺旋的小孔上到处试探，最后踩进了最适合自己的孔里，按照 DNA 上的碱基序列站成了一队。接着，它们只需彼此缩合，就能变成一个大分子的蛋白质了。

那么最妙的部分来了：4 种氨基酸分布在前后左右 4 个方向上，真的刚好形成 20 种不同形状的孔，与构成蛋白质的 20 种标准氨基酸在数字上完全匹配！这真是太惊人了，这美妙的契合让伽莫夫如同发现了灰姑娘的王子，迫不及待地把它发表在了 1954 年的《自然》杂志上[v]，那些设想中的"◆"形状的孔，就因此有了"伽莫夫钻石"这个名字。

结果，在短短几年之内，分子生物学的新发现证明，这套"伽莫夫钻石"美则

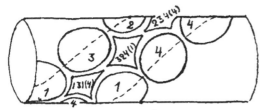

Fig. 1

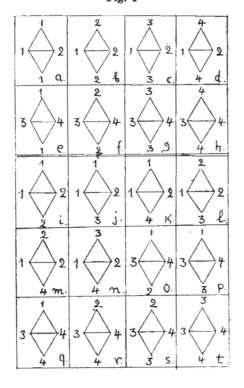

图 4-35　上方是伽莫夫设想的 DNA 双螺旋，下方是他构想的 20 种不同形状的孔。

美矣，实则没有一点儿是正确的。但是，碱基的立体结构与 20 种氨基酸相互吸引的想法，却并非全无道理，特别是当时的人们正在深入了解酶的催化原理，发现酶总是形成某种特定的三维形状，从而特异性地结合某种物质。所以标准遗传密码才刚刚破译，基于 RNA 的立体化学假说就应运而生了。

新版本的假说继续猜测 RNA 密码子上的 3 个碱基能形成特异的三维结构，能与对应的氨基酸相互吸引，而这种相互吸引就是遗传密码的起源。[VI] 在某些实验中，研究者把各种氨基酸与各种碱基序列混合在同一份溶液里，使它们随意组合，结果发现许多氨基酸都与标准密码子有更大的组合概率，这立刻吸引了许多人的目光。然而，遗憾的是，进一步的统计却发现，那种"更大的组合概率"更接近实验不足带来的统计偏差，就如同扔1元硬币连续五次"1"向上，并不代表"1"向上的概率就比"菊花"向上的概率大。

但是总的来说，立体化学假说到目前为止都还缺乏切实的证据支持，而且它实际上并不能解释上一节里发现的各种规律，并不像是我们期望的答案。

稍晚的第二个假说是"错误最小化假说"，故事里多次露面的卡尔·沃斯就是这个假说的重要创建者。这个假说认为，遗传密码最初在不同的元祖身上形成了许许多多的编码方案，但是不同的方案有着不同的适应性，一个方案把突变造成的错误降得越低，就越能在竞争中胜出，而我们目前的标准遗传密码，就是其中的佼佼者。[VII]

所谓"突变造成的错误"，很好理解：无论 DNA 还是 RNA，它们在任何一次复制、转录或翻译过程中都可能发生碱基突变，一个闪失，C 就变成了 U，U 就变成了 A，A 就变成了 G，这种突变在所难免。这样的突变一旦发生，这个密码子就变成了那个密码子，如果这两个密码子对应着性质悬殊的两种氨基酸，就很有可能合成出来一个存在严重缺陷的蛋白质。关于这种错误，一个最经典的例子是人类的"镰状细胞贫血"。[VIII]

人体的红细胞里装满了血红蛋白，用来给全身运输氧气。而镰状细胞贫血，就是患者的血红蛋白基因中有一个 A 变成了 U，把原本编码了谷氨酸的 GAG 变成了编码缬氨酸的 GUG——这就麻烦了：谷氨酸是非常亲水的氨基酸，折叠的时候本来位于蛋白质的表面，帮助血红蛋白溶解在红细胞的细胞质里；缬氨酸却是非常疏水的氨基酸，非常讨厌暴露在水溶液里。

这种突变了的血红蛋白在氧气充裕的时候还好，一旦人体因为剧烈运动或者情绪紧张进入缺氧状态，它们的三维形态就会扭曲起来，然后一个个首尾相接地粘连成一长串。我们的红细胞原本是中间略扁的圆饼形，这下却被又长又硬的突变血红蛋白凝聚物撑成了镰刀形，不但运输氧气的能力大幅下降，还会卡在毛细血管的拐弯处，形成大范围的栓塞，肝脏、脾脏、红骨髓等毛细血管丰富的组织都将受到严重的损伤。所以，那些从父母双方继承的基因都有这个突变的"纯合"患者，常常会有生命危险。

回到错误最小化假说上，这个假说的研究者用复杂的统计学模型评估了标准遗传密码在一切可能的遗传密码中表现如何，然后发现只有万分之一甚至百万分之一的遗传密码方案能比标准遗传密码更加出色[IX]。我们这套标准遗传密码的突变后果的确是惊人地小，即便一种氨基酸换成了另一种氨基酸，也大多是换成各种性质非常接近的氨基酸，而不给最终的蛋白质带来强烈的影响。

尤其显著的是，密码子三位碱基的突变概率并不相等，第二位的突变概率最小，所以我们看到，氨基酸亲水性这个最重要的特征就集中与这一位碱基关联。这样一来，即便其他两位碱基发生了突变，氨基酸的亲水性也大概没什么变化，最后的蛋白质不至于坏掉。

而密码子的第三位那样冗余，则与翻译的细节有关：转运 RNA 带着氨基酸在信使 RNA 上匹配密码子并非一蹴而就，是一位一位试探着踩出来的，其中最先试

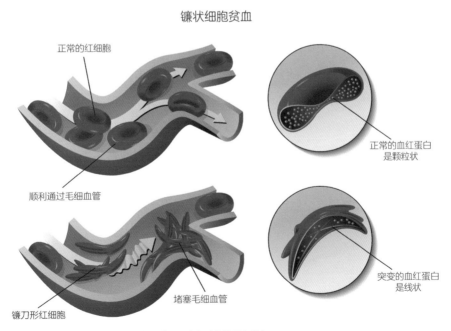

图 4-36　正常红细胞与镰刀状红细胞。(来自美国国家心肺血液研究所)

探的就是第三位密码子。而这贸然的试探出错率非常高，甚至不能保证符合那套"互补配对原则"。在第十五章我们说过，碱基C突变成U以后照样能与G配对（图4-25），这种事情在密码子的第三位上太平常了，只要一个是嘌呤，一个是嘧啶，差不离就能匹配上。所以，密码子的第三位占据的信息量越少越好，能分清嘌呤和嘧啶，也就差不多了。

当然，标准遗传密码虽然很出色，却还不是最出色的，即便人类都能设计出错误影响更小的遗传密码。对此，我们倒不难给出一个非常合理的解释：自然选择从来不追求完美，而只需够用。如果标准遗传密码对突变的抗性已经足够高，那就已经可以保证使用它的细胞不被淘汰，至于那些细胞能不能在竞争中脱颖而出，成为万世的元祖，那要看整个细胞的综合素质，并不只看密码质量一件事。

但是排除了这一点，这个假说也仍然有一些理论上的缺点：它实际上是在解释遗传密码起源之后的早期进化，而不是遗传密码本身的起源，对于密码子第一位碱基的规律，这个假说也缺乏解释力。所以，错误最小化假说目前更多地被看作一个"补充"，而不是真正的"解释"。

20世纪出现的第三种假说，是"协同进化假说"，这个假说并不认为遗传密码从一形成就会被"冻结"，而认为它与生命的一切特征一样，是在进化中变得复杂的。

这个假说进一步提出，遗传密码的进化与氨基酸的进化有着紧密的对应关系。也就是说，最初得到编码的氨基酸并没有20种这么多，而只有区区几种，所以每种氨基酸都对应着许许多多的密码子。而当细胞合成了一种新的氨基酸，就会把某种氨基酸的密码子腾出来一部分，重新分配给这个新的氨基酸。至于是哪种氨基酸的密码子被腾出来，研究人员推测通常是合成反应类似的氨基酸，尤其是作为新氨基酸原料的氨基酸。

第一个系统整理这个假说的，是本书正文提及的唯一一个中国生物学家，来自香港科技大学的生物化学家王子晖教授。图4-37就是他在1975年提出的密码子重新分配过程[X]：每一个箭头的两端，都只改变了一个碱基，同时，每一个箭头所指的氨基酸都能由前一种氨基酸合成出来。

比如说，王子晖教授推测，最初的谷氨酸不只有今天的GAA和GAG，还占据了CAA和CAG。后来，细胞用谷氨酸改造出了谷氨酰胺，就把这两个密码子重新划给了谷氨酰胺。再后来，细胞又以谷氨酸为原料合成了精氨酸和脯氨酸，就又把一字之差的 CGX 碱基全都划分给了精氨酸，CCX 碱基全都划给了脯氨酸。

就这样，随着细胞的生化反应越来越复杂，密码子的分配也越来越精细。这不但强有力地解释了密码子第一位的规律，而且新分配的密码子当然是不要招致灾祸的好，这又能与错误最小化假说完美地兼容，有效解释了其他两位密码子的规律。

于是，理论与现象的高度吻合让协同进化假说收获了广泛的认可。当然，同之前的三种假说一样，协同进化假说也有自己的缺点：那些箭头代表的并不都是现代细胞真实的生化反应，有许多是推测中的元祖生化反应，而这是存在争议的 [XI]。但这又或许是因为图 4-37 的注意力完全集中在了氨基酸的相互转化上，如果把氨基酸当作有机酸的产物，那种关联性也就增强了许多，更何况，那些生化反应虽然存在争议，但元祖与现代细胞有着不同的生化反应，却是完全合理的推测。

所以总的来说，协同进化假说是一个非常有希望的假说，将遗传密码的进化与生化反应的进化结合起来，这是高屋建瓴的见解。时至今日，绝大多数的研究者都认可"遗传密码最初只编码了少数几种氨基酸，然后才在进化中不断扩大到如今的20 种"。至于最先得到编码的是哪几种，G 开头的 4 种，即甘氨酸、丙氨酸、天冬氨酸和缬氨酸，又是最被认可的，因为它们的合成反应最简单，而且的确位于密码子扩充路线的起点上。甚至，也有假说认为这 4 种也有先来后到，结构最简单的甘氨酸曾经独占所有 G 开头的密码子 [XII]。

·密码倒过来·

在上一节的三个经典假说之外，时至 21 世纪，我们还有许许多多关于遗传密码起源的年轻假说，新兴的信息论和博弈论都曾给我们开启过新的视角。不过，我们没有那样多的纸面展开讨论，眼下，让我们针对上一节的遗憾，再介绍一个"密码子催化假说"。

这个假说是在 2005 年（这真是重要的一年，你可以找找看，本书里已经出现了多少个 2005 年）由科罗拉多大学博尔德分校的分子生物学家谢莉·科普利（Shelly Copley）、圣菲研究所的生物化学家埃里克·史密斯和乔治·梅森大学的生

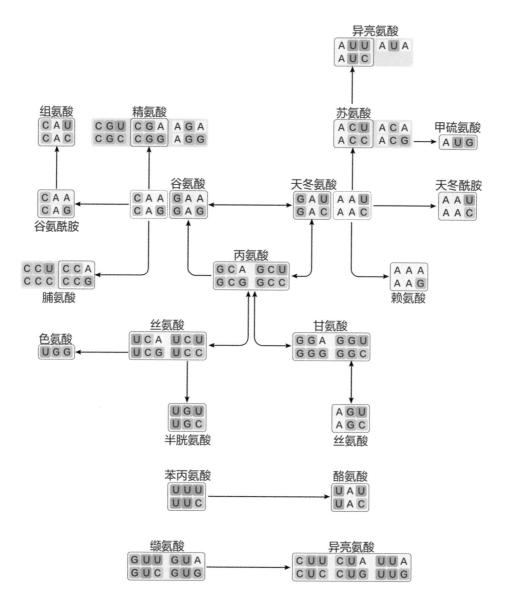

图 4-37 "协同进化假说"中的密码子重新分配关系图。箭头表示不同氨基酸的相互转化，同时，每一个箭头两端的一组密码子都只改变了一个碱基。另外，虚线框住的密码子可能原本属于谷氨酸和天冬氨酸，但转给了它们的酰胺。（作者绘）

物力学家哈罗德·莫罗维茨三人合作提出[XIII]，它针对的是一个最直接却迟迟未曾得到回答的问题：最开始的时候，氨基酸到底是怎么与密码子关联起来的？

而这个假说的答案也非常直接：氨基酸就是被RNA上的密码子直接催化出来的！

简单地说，这个假说的主角是两个核苷酸组成超短的RNA[1]，而其中第一个核苷酸的核糖，就能用那个特别活跃的2号羟基再去结合一个有机酸。这是非常合理的一步，直到今天，许多转运RNA也都是利用这个羟基去结合氨基酸的[2]。

但随后就发生了假说中最有趣的事情：这个超短RNA上的两个碱基会"前后夹攻"这个有机酸，真的把它催化成一个氨基酸。而4种碱基拥有各不相同的催化能力，它们组合起来，催化出来的氨基酸也会各不相同。

比如说，α-酮戊二酸如果夹在G和A之间，就会被催化成谷氨酸，如果夹在C和A之间，就会被催化成谷氨酰胺，如果夹在两个C之间，就会被催化成脯氨酸，如果夹在C和G之间，就会被催化成鸟氨酸——鸟氨酸不是标准氨基酸，但却是细胞制造精氨酸的直接原料。你看，这些催化产物，竟与第一位密码子的规律一模一样（参见图4-33）。

根据科普利三人的推演，这两个碱基可以催化出20种标准氨基酸中的15种，而且近乎完美地吻合了标准遗传密码的前两位。作为一种科学假说，这的确是令人振奋的构想。这个假说目前虽然没有获得足够扎实的实验证据，但在化学机制上是明晰的，很容易设计实验检验一番。如果氨基酸与密码子在化学上的直接联系最终得到了证明，哪怕只有一部分得到了证明，我们也几乎可以肯定那就是进化极早期的事情，然后以此为线索，我们可以串联起许多的事情。

首先，我们本来是在现代的生化反应里，从蛋白质催化的生化反应中总结出了第一位密码子的规律，如果这样的规律在RNA的催化反应中就已经出现，那么蛋白质的催化反应就很可能是接管并优化了RNA的催化反应，这与整个RNA世界假说非常的一致。

---

[1] 习惯上，含有大量碱基的RNA才叫RNA，像这样只有两个碱基的RNA会被叫作"二核苷酸"。同样，含有大量氨基酸的蛋白质才叫蛋白质，只有两个氨基酸的蛋白质会被叫作"二肽"。但为了减少正文中的术语，这里不强调这些区别。

[2] 我们会在下一章认识一种名叫"氨酰转运RNA合成酶"的蛋白质，它们专门负责把氨基酸连接在转运RNA末端的核糖的羟基上。这种酶分为两类，一类会把氨基酸连接在2号羟基上，另一类通常把氨基酸连接在3号羟基上。不过，氨基酸即便连接在2号羟基上，也总是自发地转移到3号羟基上。

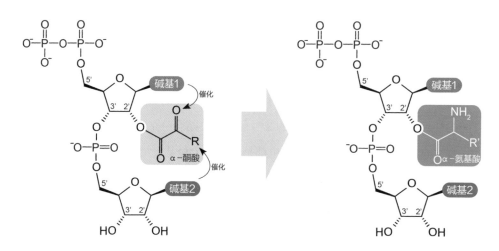

图 4-38　一种 α-酮酸结合在二核苷酸的第一个核糖的 2 号羟基上，然后被前后两个碱基共同催化成某种氨基酸。这个变化示意图省略了包括氨在内的其他反应物和生成物。这里出现了一个"α-酮酸"，本章之后的"延伸阅读"会介绍它。（作者绘）

其次，这个假说又能良好地兼容协同进化假说，因为两者都在构造一种发展变化的遗传密码。稍有不同的是，遗传密码在协同进化假说中是随着细胞的生化反应逐步发展起来的，而在密码子催化假说中是在密码子本身的催化反应中直接建立起来的。但考虑到上一点，这种区别并没有那么重要。

而且，这个假说甚至能与完全脱离了 RNA 世界假说的蛋白质世界假说呼应起来。在第六章结尾的时候，我们说过，在生命起源的图景中，还有一类代谢先行的主张认为，是蛋白质而不是 RNA 率先实现了自我催化复制，RNA 反而是这些蛋白质的催化产物。其中比较重要的，又一次是在 2005 年，日本奈良女子大学的池原健二提出了一个"GADV 蛋白质世界假说"[XIV]。这个假说注意到，最初的蛋白质不但不需要 20 种，连 15 种氨基酸都用不了，而只需甘氨酸、丙氨酸、天冬氨酸和缬氨酸 4 种最容易合成的氨基酸，就能折叠出形态丰富的蛋白质，满足一般的催化需求了。[1]咦，这不是上一节末尾，协同进化假说认可的最早的 4 种氨基酸吗？在这里，它们也是密码子催化假说里最先产生的一批氨基酸，因为碱基 G 是这个催化假说里首先发挥作用的，而这 4 种氨基酸的密码子全都是 G 开头的。

---

[1]　这个假说名字里的"GADV"就是甘氨酸、丙氨酸、天冬氨酸和缬氨酸这 4 种氨基酸的英文名称的首字母组成的缩写。

这些假说的分歧与印证让我们俨然面对着一场登临庐山的奇遇，不同的研究者沿着不同的道路去探索进化的源头，从各自的位置上看到了远近高低各不同的山景。奈何 40 亿年来的浮云尽遮望眼，谁也不能认识庐山的真面目。然而当我们哪一天抵达了最高层，一定会发现那些纷争的假说原来描述了同样的事情，明白RNA 与蛋白质如何编织出最复杂的耗散结构，"仰观势转雄，壮哉造化功"。

更妙的是，这个密码子催化假说不只关联起了许多已知的事情，还给另一个悬而未决的问题带来了启发：上面的一切假说都在讨论氨基酸与密码子是如何建立起的对应关系，但在真实的细胞内，氨基酸是由转运 RNA 携带的，而我们早就介绍过，转运 RNA 上的是反密码子，并不是密码子（参见图 2-48），既然如此，我们在这里讨论氨基酸与密码子的关系，又有什么意义呢？

然而，有了密码子催化假说，这个问题就有了无数的解决方案。比如就按科普利等人提出的，如图 4-39，只有两位的原始密码子催化出了氨基酸，然后就带着这个氨基酸去和原始的反密码子互补配对。这样一来，这个氨基酸就很容易通过一种简单的酯交换反应，转移到原始的反密码子上了。我们似乎还可以继续设想，当这些原始的反密码子又带着氨基酸去和原始基因互补配对，那些氨基酸也就按照基因的顺序排列了起来，有了翻译的机会。

哈，这像极了一种名叫"阿特巴希码"的加密法：第一步，信息用一套字母写成明文；第二步，所有字母通过一种互补配对的规则交换位置，明文就变成了密文，信息也被藏了起来；第三步，知道互补配对规则的人把字母还原回去，密文就又变成了明文，信息也就顺利地读出来了。唯一不同的是，密码中的信息是抽象的，而遗传密码携带的氨基酸却是具体的，而且直接连接在密码上。

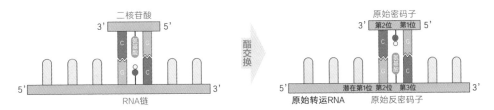

图 4-39　带着氨基酸的二核苷酸与某条 RNA 链互补配对，氨基酸就会与 RNA 链上对应的 2 号羟基交换位置，即"酯交换反应"，由此，出现了原始密码子和原始反密码子，它们都只有两位。其中，原始密码子相当于前两位，原始反密码子相当于后两位。（作者绘）

"还有一个更简便的方法。"索菲把笔从提彬的手里拿过来:"它对所有反射性的替换式密码,包括阿特巴希码都很管用。这是我在皇家霍洛威大学学到的小把戏。"她先从左到右写了前一半字母表,又在下面从右到左写了剩下的一半。"密码分析专家把它称作'对折',理解起来事半功倍。"

א	ב	ג	ד	ה	ו	ז	ח	ט	י	כ
ת	ש	ר	ק	צ	פ	ע	ס	נ	מ	ל

提彬看了一眼索菲写的东西,笑着说:"你说得对,霍洛威大学的后生们也能办点儿正事,我很欣慰。"

兰登看着索菲画的替换矩阵,不禁打了个寒战。遥想当年,学者们终于用阿特巴希码破译著名的"示沙克城之谜",恐怕也是这样振奋。多年来,宗教学者们一直对《圣经》上的"示沙克城"困惑不解。因为查遍所有的地图,翻遍所有的文献,也找不到这个城市,但它却多次被《圣经》中的《耶利米书》提及,如示沙克城的国王啦,示沙克城啦,以及示沙克城的臣民等。最后,有位学者把阿特巴希码用在这个单词上,结果让人大吃一惊。示沙克城原来就是另一座特别有名的城市的代名词,解码的过程也非常简单:

示沙克城,在希伯来语里拼作"ששך"[1];"ששך"用以上的密码矩阵替换,就变成了"לבב";"לבב",在希伯来语里,就是巴比伦。

所以神秘的"示沙克"就是通常所说的巴比伦。这引起了一场《圣经》考据热,几周之内,通过阿特巴希码的分析,《旧约》里好几个令人费解的词又相继找到了解释,使原先学者连想都没想过的许多隐藏的含义浮出了水面。

——丹·布朗,《达芬奇的密码》,2003 年

当然,这样的说法实在略过了太多的细节,乍听起来和转运 RNA 的工作原理完全对不上号,在之后的两章里,我们就将专门解决这个问题,从转运 RNA 中发现一些古老的秘密。

---

[1] 希伯来语从右向左书写,最末字母本是"כ",但在词尾应写作"ך",这里的对应关系用的是原字母。

α-酮酸简介

"α-酮酸"这个名号在这本书中才出现不久，但它所指的那些物质早就在我们的故事里扮演了重要的角色，只是长期以来隐姓埋名，没有走到台前罢了。为了更明白地讲述第一位碱基的规律，我们不妨再多了解一点有机化学的知识。

如图4-40，在有机化学里，碳原子总是被赋予各种编号和名称。比如紧邻主要官能团的那个碳原子就可以叫作"α-碳"，第二个碳原子就叫作"β-碳"，之后整条链上的碳原子都按照希腊字母依此类推。如果有机酸紧邻羧基的α-碳上有一个氨基，就叫"α-氨基酸"——遗传密码里的20种氨基酸，那些用来翻译蛋白质的氨基酸，全都是这样的α-氨基酸[1]，所以我们总是把这个"α"省略不提，难怪大多数人不曾听说过。

同理，如果羧酸的α-碳是个羰基，我们就叫它"α-酮酸"，就像图4-41那样。

α-酮酸与α-氨基酸在结构上这样像，所以细胞就常把前者当作后者的合成原料，只要把那个氧原子换成氨基，一个新的氨基

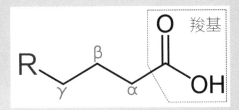

图4-40 一个简单的有机酸的键线式。从羧基开始的碳原子被依次命名为"α-碳""β-碳""γ-碳"等。"R"表示任意官能团，其中当然可以继续有"δ-碳""ε-碳"等，但是通常，我们只用前三个。(作者绘)

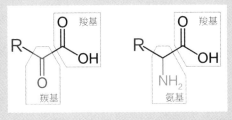

图4-41 左边是α-酮酸，右边是α-氨基酸，也就是平常说的氨基酸。(作者绘)

酸分子就诞生了。这就是为什么我们考虑食物营养价值的时候要区分"非必需氨基酸"和"必需氨基酸"：前者对应的α-酮酸可以被人体直接合成出来，也就不需要从食物里刻意补充，而后者不能，必须从肉蛋奶等营养丰富的食物里获取[2]。

---

[1] 但也并不是说生命活动中的氨基酸全都是α-氨基酸，比如辅酶A，如图3-22，它的结构中包含了一个泛酸，而泛酸就是β-氨基丙酸和泛解酸缩合而成的。再比如如今销售火爆，宣称具有减肥功能的"左旋肉碱"，就是一种γ-氨基酸。还有我们每个人的大脑中都会分泌的一种与冷静情绪有关的神经递质，叫作"γ-氨基丁酸"。

[2] 这里不妨提醒一句，作为一个代谢正常的人，如果你能保证瘦肉、蛋黄、鲜奶、谷物和绿叶蔬菜的充分摄入，那么原则上，你将不需要补充任何营养，一切所谓的"补品"对你来说都没有健康意义。

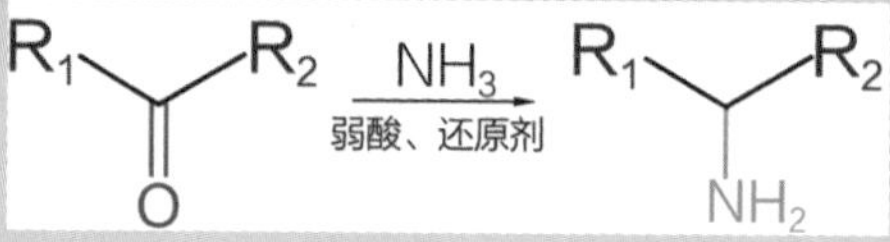

图 4-42 还原胺化反应可以把羰基上的氧原子换成氨基，把 α-酮酸变成 α-氨基酸。（作者绘）

图 4-43 转氨基作用则能把一种氨基酸与一种 α-酮酸变成另一种氨基酸与另一种 α-酮酸。比如谷丙转氨酶就负责催化丙氨酸和谷氨酸的互相转化，是重要的肝功能临床指标。（作者绘）

另外，前文提到过，碱基 G 开头的氨基酸都能从 α-酮酸的还原胺化反应中直接得到，而甘氨酸的原材料就是乙醛酸。这种物质之前并没有出现在三羧酸循环里，似乎是个例外，但实际上，三羧酸循环并不是一成不变的，也存在许多旁线和捷径，而乙醛酸就是其中最重要的一条捷径。如图 4-44，三羧酸循环中的异柠檬酸可以直接分裂成乙醛酸和琥珀酸，乙醛酸再直接与另一份乙酰辅酶 A 结合，变成

苹果酸，回归循环。

这条捷径可以少释放两分子二氧化碳，提高循环的效率，在微生物和植物中非常普遍。

同样，缬氨酸对应的 α-酮酸将是一种 α-酮异戊酸，这个酸虽然不来自三羧酸循环，却也能从两个丙酮酸的缩合反应中轻易得到，在许多细胞内，这正是从头合成缬氨酸的主要方法。

图 4-44 乙醛酸循环示意图。对照图 2-13，你会发现它走了一条捷径。那些半透明、颜色很淡的部分，是它略过的部分，那里原本将要释放的 2 分子二氧化碳因此节省了下来，也就节约了有机物，但那里原本将要产生的 2 分子辅酶 NADH 和 1 分子 ATP 也因此不会出现了。所以实际上，乙醛酸循环并不适合能量产出，而更适合物质转化，比如植物的种子可以通过乙醛酸循环，把脂肪分解产生的乙酰辅酶 A 大量转化为糖类和氨基酸。（作者绘）

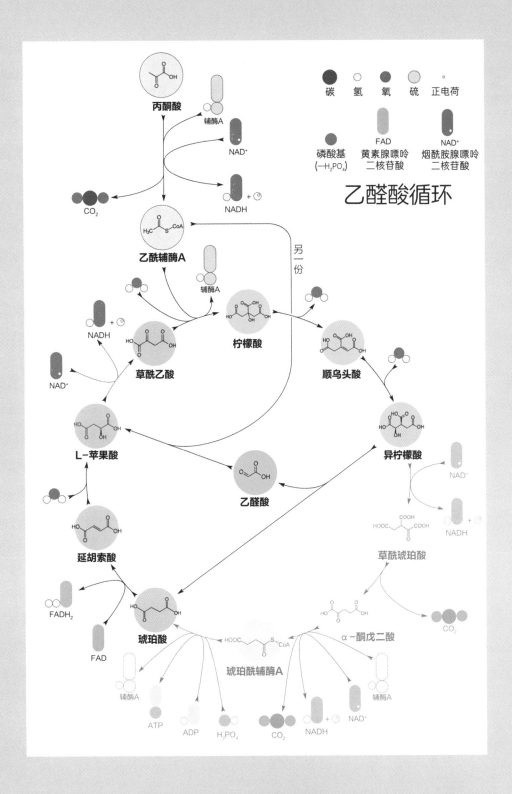

乙醛酸循环

丙酮酸

辅酶A

NAD⁺

NADH

CO₂

乙酰辅酶A

另一份

辅酶A

柠檬酸

NADH

草酰乙酸

顺乌头酸

NAD⁺

L-苹果酸

异柠檬酸

乙醛酸

NAD⁺

NADH

延胡索酸

草酰琥珀酸

FADH₂

CO₂

FAD

琥珀酸

α-酮戊二酸

琥珀酰辅酶A

辅酶A

ATP

ADP

H₃PO₄

CO₂

NADH

NAD⁺

辅酶A

碳　氢　氧　硫　正电荷

磷酸基
(—H₂PO₄)

FAD
黄素腺嘌呤
二核苷酸

NAD⁺
烟酰胺腺嘌呤
二核苷酸

第十七章

翻新忒修斯之船 | 关于转运 RNA 的起源

> 转运 RNA 一端携带了标准氨基酸，另一端具有反密码子，能够识别信使 RNA 上的碱基序列，在中心法则的翻译过程中占据着关键的位置。所以，我们现在又不得不面对转运 RNA 起源的问题了。
>
> 比较确定的事实是，今天的转运 RNA 可以用不同的方式分成两个部分：或者在一级结构上分成前后两段，一段的末尾是反密码子，另一段的末尾携带了氨基酸，或者在三级结构上分成上下两半，一半具有反密码子，另一半携带氨基酸。我们现在有较充分的理由认为，最初的转运 RNA 只有今天的一半。
>
> 但是，这两个一半是怎样结合起来的，却是个棘手的问题，我们又不得不面对众说纷纭的假说了。

在上一章里，我们讨论了遗传密码的起源，讨论了那些密码子是如何与氨基酸进化出了确定的对应关系。但在真实的细胞内，氨基酸与密码子根本没有接触的机会，反而是与带有反密码子的转运 RNA 直接相连的。那么，这种连接关系是如何建立的呢？上一章结尾处有一个非常简略的描述，但它仍然与细胞里的真实情况大相径庭。在真实的细胞内，转运 RNA 的作用至关重要，无可取代，要解释生命的起源，就必须先解释转运 RNA 的起源。

坦率地说，这一章是作者写得最犹豫的一章。一方面，它的意义极端重大，既向前收拢了整个 RNA 世界，又向后引导了 RNA-蛋白质的联合世界，是中心法则最关键的一次飞跃，在我们的故事里绝不可以回避。但是另一方面，到这本书写成的时候，这一章里涉及的大部分问题都还既前沿又生僻，研究者们莫衷一是，所有的假说都还处于奠基和构想的阶段，其中或许有一两个影响更大，却也远远谈不上主导。所以，这一章只能在所有假说里冒昧地寻求一些可能的共性，而忽略掉它们的冲突，整理出一条与整个故事最吻合的线索。

所以，在这一章正式讲述的内容之外，一切问题都还有更多的可能。在假说与假说之间，在偶然与规律面前，我们都需要时刻清醒，维持观念的平衡，对于这个问题的研究者、本书的作者以及认真的读者来说，这是一件"战战兢兢，如临深渊，如履薄冰"的事情。

就让我们从转运 RNA 引出的两个难题开始吧。

转运 RNA 的长度通常在 75 个碱基到 90 个碱基之间，正如我们第六章就说过的，如图 4-9，整个转运 RNA 的三维形态就像一只鸡大腿，反密码子长在大腿根的"反密码子臂"上，氨基酸结合在大腿尖的"CCA 尾"上。这立刻就引出了一个问题：在上一章结尾的构想里，氨基酸是通过简单的化学反应，直接从密码子转移到反密码子上的，但在真实的转运 RNA 上，氨基酸与反密码子距离之远，以至于根本不可能建立任何化学联系，这又该如何解释呢？

不仅如此，转运 RNA 毕竟是个 RNA，不可能先天地带有氨基酸。在今天的细胞内，这两种物质是通过一类"氨酰转运 RNA 合成酶"（aaRS）连接起来的。通常，一个细胞有 20 种标准氨基酸，就同样有 20 种 aaRS。然后，每种 aaRS 都能带着某种氨基酸，去寻找对应的转运 RNA 结合上去，给每只鸡大腿都蘸上正确口味的氨基酸，转运 RNA 和氨基酸的关系，也就确定了。

图 4-45　氨酰转运 RNA 合成酶的极简图示。aaRS 由 3 个域组成，C 端域结合在转运 RNA 的受体臂和 T 臂上，反密码子域结合在反密码子臂上，催化域预先结合了一个对应的氨基酸，负责把氨基酸结合到转运 RNA 的 CCA 尾上。本书并不打算讨论这种酶的催化机制，所以只需这样看个大概就可以了。（作者绘）

所以，对于遗传密码来说，这是绝对关键的一步。在细胞里，如果某种aaRS发生了关键的突变，氨基酸就很可能被安装到其他反密码子的转运RNA上，这种氨基酸与密码子也就有了新的对应关系，细胞的遗传密码也就跟着改变了。

在上一章，我们介绍过遗传密码的协同进化假说，讨论了密码子在进化中逐步扩充的事情。这个假说如果成立，那么毫无疑问就是通过这种机制实现的。作为一种可能的佐证，许多细菌和古菌并不拥有全部20种aaRS，它们尤其经常缺少谷氨酰胺的aaRS，但它们可以用谷氨酸的aaRS把谷氨酸加载给谷氨酰胺的转运RNA，再由别的酶来把这个谷氨酸改造成谷氨酰胺，如图4-46，这与谷氨酸到谷氨酰胺的密码子扩充方向完全一致。类似的，天冬氨酸到天冬酰胺，丝氨酸到半胱氨酸，丝氨酸到硒代半胱氨酸的扩充路径，都可以在如今的细胞里找到痕迹。[1]

甚至，说来有些自豪的是，人类如今的生物工程也同样能够直接修改这些aaRS，打破冰封了40亿年的标准遗传密码，让细胞有能力利用20种标准氨基酸之外的非天然氨基酸。比如哈佛大学的生化学家们曾在2015年把大肠杆菌原本用来终止转录的"UAG"密码子腾出来，去编码一种全新的"联苯丙氨酸"，然后合成自然界根本不可能存在的蛋白质。如果结合一些更加全面的改动，我们甚至能给细胞引入原本不存在的碱基，再用这些碱基编码原本不存在的氨基酸，合成更加奇幻的蛋白质。比如2017年，斯克里普斯研究所就成功地给大肠杆菌增添了一对新

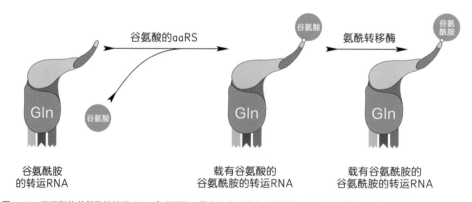

图4-46 不识别的谷氨酰胺转运RNA合成过程。图中略去了反应中消耗的ATP和氨基供体。（作者绘）

的碱基"X"和"Y",然后用它们成功编码了〔(2-丙炔氧基)羰基〕赖氨酸(N⁶-[(2-propynyloxy)carbonyl]-L-lysine),制造出了含有这种非天然氨基酸的绿色荧光蛋白。[II]

可见,aaRS与转运RNA的对应关系实在意义重大,所以在很多场合,各种aaRS与转运RNA的对应关系,就被称为"第二遗传密码"。结果,又一个问题出现了:那些aaRS就是纯粹的蛋白质,所以是蛋白质把氨基酸交给了带有反密码子的转运RNA;而在上一章结尾的构想里,氨基酸却是由RNA上的密码子直接交给反密码子的——这种矛盾又该做何解释呢?而且仔细想一想,一切蛋白质的合成都离不开转运RNA,这些aaRS当然也不例外,但是,在aaRS出现之前,转运RNA又该怎样结合那些氨基酸呢?

本以为"先有鸡还是先有蛋"的问题已经结束,没想到又冒出来了!

这两个问题,都关系到转运RNA的古老起源,万分重要,我们需要稍微耐些性子,一个一个地解决。

·迷你螺旋·

从第一个问题开始,我们的回答就是戏剧性的:转运RNA最初只有现在的一半,CCA尾的那个位置上本来也真是个反密码子,或者至少在那里紧邻着一个反密码子,所以氨基酸最初的确能与反密码子对应起来。

但是在后来的进化中,转运RNA发生了加倍事件,两个复本头尾相接,成了一个连体的怪胎。其中,前一个复本保留了末尾的反密码子,用来匹配信使RNA,后一个复本不但丢了脑袋,连反密码子也变成了CCA尾,专门负责连接氨基酸。

也就是说,转运RNA可以从中间竖着劈开,分成各自独立的两半。提前看一下图4-49的左边,转运RNA从5'端开始,直到反密码子结束,是一半;从反密码子结束再到CCA尾结束,是另一半。而且,这两半直到今天都没有愈合,还在衔接的地方留着一道刺眼的"缝合线"——内含子。

在第十三章,我们说过,细胞的基因组中未必全都是有用的信息,所以刚刚转录出来的RNA常常夹带着一些没有实际功能的序列,那就是它们的内含子,必须将这些内含子先行剪除，RNA 才能发挥功能。转运 RNA 也不例外，它们刚刚转录出来的时候可能在不同的位置拥有不同形式和不同数量的内含子，但大多数都是紧跟在反密码子之后。甚至还有一些转运 RNA，刚刚转录出来的时候本就是独立的两条，经过组装与裁剪，才在反密码子结束的位置上缝合起来。而且，这又是一个细菌、古菌与真核细胞都适用的普遍规律，跑不了又是从末祖那里继承下来的。[III]

所以，我们也大可以推测，转运 RNA 最初的时候就是前后两条，后来才因为某种原因头尾相接，连接成了一条。前面那一条为今天的转运 RNA 提供了反密码子，后面那一条负责为今天的转运 RNA 连接氨基酸，而内含子就是这两条 RNA 在连接时的冗余部分。

至于这是怎样的两条 RNA，如图 4-48，有两种直观的可能。一种可能是，这两条 RNA 是同一条 RNA 重复加倍的产物，原本拥有相同的反密码子，但后面那条的反密码子后来丢失了。另一种可能是，它们本来是两条无关的 RNA，只是偶然粘在了一起，只有前面那一条有反密码子。

这两种可能都有各自的支持者，但对于我们的整个故事，前一种更加可信一些。这是因为，在上一章里，我们刚刚强调过密码子的第一位与氨基酸的原料有着显著的对应关系。我们姑且不论那种对应关系究竟是怎样建立起来的，但那一定是某种化学关系，是分子之间的直接接触。那么，如果转运 RNA 的前后两半原本长得一模一样，氨基酸与后一半的反密码子直接接触，就等于同转运 RNA 的反密码子直接接触，这就在信使 RNA 与密码子之间建立了直接的对应关系；如果转运 RNA 的前后两半有着完全不同的来源，那就不会有这种"等效接触"，也就很难解释氨基酸与密码子第一位的对应关系了。而且就目前来看，我们也的确在转运 RNA 的前后两半序列中发现了诸多可疑的相似之处 [IV]，那或许就是 40 亿年的突变都无法掩盖的起源信息。

然而，一旦接受了这个设定，接受了转运 RNA 是同一条序列重复加倍的产物，我们就会不可避免地得到这样一个结论：转运 RNA 原本只有现在的半个。然后我们会面对一个新的问题：半个转运 RNA，还能发挥正常的功能吗？

不仅能，而且特别能。

首先，如果只看图 4-49 的左半边，你或许会以为把转运 RNA 剪成前后两段

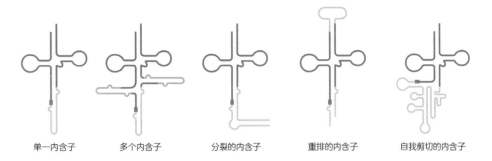

单一内含子　　　　多个内含子　　　　分裂的内含子　　　　重排的内含子　　　　自我剪切的内含子

图 4-47　转运 RNA 内含子分布的几种情况。浅色的部分就是内含子，红色标记了反密码子。当然，第一种是最常见的。（作者绘）

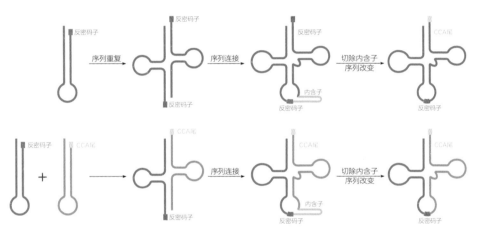

图 4-48　两种解释的比较。二级结构的变化只是示意，不代表理论必然性。（作者绘）

就像把一条鸡大腿竖着劈成了两半，好像要去片鸡柳似的，但事实并非如此，它是一根"琵琶腿"，也就是图 4-49 右半边绿色和紫色的那一部分，这在分子生物学上被称为"迷你螺旋"（minihelix）。

乍看起来，这和前面的讨论自相矛盾，因为对于转运 RNA 来说，这个迷你螺旋既不是前半个也不是后半个，而是"上半段"，但是对于千变万化的 RNA 来说，事情没有这么简单。

如果不是要严格表达转运 RNA 上的碱基序列，在分子生物学的其他场合里，转运 RNA 的二级结构还可以画成图 4-49 的左边那样。这种画法能让它的二级结

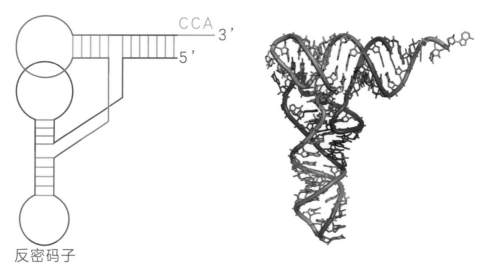

图 4-49　转运 RNA 二三级结构的另一种画法，绿色的环与红色的环也有一些碱基互补配对，但这里省略了。（来自 Yikrazuul | Wikicommons 及本书作者）

构与三级结构一目了然地对应起来，然后你会发现，连接迷你螺旋和反密码子的，就只是一个狭窄的"关节"——橙色、红色和紫色构成的那一点点。

　　继续观察这个迷你螺旋，你会发现它是由后半个的后半段（CCA 尾、受体臂的 3'端、整个 T 臂）和前半个的前半段（受体臂的 5'端）共同折叠出来的。那么仔细想想看：如果转运 RNA 的前半个与后半个是同一个序列的重复加倍，那么前半个的前半段就一定与后半个的前半段非常相近，所以前半个的前半段和后半个的后半段能形成的结构，单独的前半个或者单独的后半个也能形成，所以最初的半个转运 RNA，也理应是这个迷你螺旋的样子。[1]

　　当然，这个推测的依据不可能只有这么一段绕口令。2007 年，比较了不同生命体内多达 500 种转运 RNA 之后，科学家们发现这个迷你螺旋在进化中更加保守，更加古老，显然涉及了更加根本的生化反应，而迷你螺旋之外的部分，却在进化中积累了许多突变，更有可能是后来形成的。[v]

　　至于那个"更加根本的生化反应"，首屈一指的，当然就是与氨基酸特异性地

---

[1]　如果你想问为什么不是下面那半个的哑铃形的样子，那么除了下文的讨论，更显然的是，下面那个哑铃没有开头和结尾。

连接的反应，也就是由 aaRS 催化的那个反应。然而，早在 20 世纪末，人们就发现 aaRS 识别转运 RNA 的时候并不看重反密码子，而更看重迷你螺旋，甚至把迷你螺旋之外的部分全都彻底去掉，aaRS 也能给大部分的琵琶腿蘸上正确的氨基酸。这是因为不同的转运 RNA 并不只有反密码子不同，而是整个 RNA 序列都有所不同，所以迷你螺旋上带有关键的转运 RNA 识别信息也就不足为奇了。[VI]

aaRS 仅凭一个迷你螺旋就识别出转运 RNA 的种类，这似乎有些神奇，但转念一想，这又不是什么过分的事情。迷你螺旋是螺旋，DNA 的双螺旋也是螺旋，如果后者能够稳定存储各种遗传信息，迷你螺旋当中保存着转运 RNA 的身份信息，也没什么好惊讶的。而且，尤其值得注意的是，迷你螺旋中常常存在不符合碱基互补配对原则的碱基对，比如就在图 4-9 中，仔细看，从 5'端开始的第四个碱基 G，竟然是与 U 配对的。这很可能是蛋白质出现之前的特征，因为那个时代的碱基配对还没有专门的酶来校订，粗糙得多，难免出现一些异常的碱基对。然而就像密码子因为担负了重要的职责而有"冻结的偶然"，琵琶腿上的异常碱基对也会因为关系到 aaRS 的识别工作而在进化中"冷冻保鲜"直到今日，如果敲除那些异常的碱基对，那些转运 RNA 反而失去了自己的身份特征，不能被 aaRS 识别了。[VII]

更与这个猜想完美吻合的是，aaRS 也分两步来识别转运 RNA，"3'端域"负责识别迷你螺旋，"反密码子域"负责识别反密码子。而比较了不同生命的 aaRS 之后，人们发现 3'端域竟然也比反密码子域更加古老[VIII]。这强烈暗示了这样一幅进化图景：RNA 世界里起初只有迷你螺旋，只有 3'端域，后来，迷你螺旋发生了重复加倍，在正下方折叠出了另一个凸出的反密码子臂，aaRS 因势制宜也进化出了反密码子域。但反密码子臂和反密码子域的作用并没有前一对那样关键，在进化中也就没有那样冷冻，于是展现出了更多的变数，显得年轻了许多。

那么，让我们再次总结一下对第一个问题的回答：迷你螺旋的 3'端原先有一个反密码子，氨基酸就结合在那里，但是后来，琵琶腿加倍成了整鸡腿，一边是大腿根上有了新的反密码子，一边是 3'端的反密码子变成了 CCA 尾，转运 RNA 与氨基酸的关系就变成了今天这个样子。

可是，3'端的反密码子又为什么要变成 CCA 尾呢？

因为 CCA 尾另有妙用。

· 基因组标签 ·

20 世纪 90 年代，针对转运 RNA 的起源，尤其是 CCA 尾的起源，耶鲁大学的分子生物学和生物化学家阿兰·韦纳，和他的妻子，同样是耶鲁大学知名的分子生物学家，南希·梅泽尔斯，合力提出了一个相当大胆但又颇具潜力的"基因组标签假说"（Genomic Tag Hypothesis）。[IX] 在关于 CCA 起源的众多假说中，这个假说难能可贵地拥有较大的影响，在过去的 20 年中，几乎每一篇认真讨论转运 RNA 起源的论文都会提起这个假说。

他们的假说联结起了许多奇怪的现象，就像探险家在辽阔的世界里到处游历，然后在生病变黄的芜菁里，在发霉变成粉红色的面包里，在显微镜下的细菌里，在自己身上的细胞里……在许多相去甚远的角落里找到了许多拼图的碎片，却拼来拼去摸不着头脑。终于，他们自己的假说变成了最后一块关键的拼图，那许许多多摸不着头脑的碎片忽然有了眉目，连成了一大片，让那幅长期以来模糊不清的图景在我们面前展现出了依稀可辨的一角。[1]

对于那些好奇这是怎样一些拼图碎片的读者，这一章结束之后会有一篇"延伸阅读"介绍其中最重要的几块。在正文里，我们只讨论他们的假说本身，也就是最关键的那一块拼图。

韦纳夫妇在那些碎片中注意到，许多 RNA 病毒都在 3' 端拥有一个带着 CCA 尾的迷你螺旋类似物，各种逆转录酶也总是要从一个带着 CCA 尾的迷你螺旋开始逆转录。于是他们提出了这样一个假说：从 RNA 世界到逆转录世界，带着 CCA 尾的迷你螺旋起先并不用来翻译蛋白质，而用来给 RNA 序列提供复制起点和末端保护。

在之前的故事中，我们已经知道各种核酸聚合酶，包括 RNA 复制酶和逆转

---

[1] 本书的作者在上海结识了一个出色的漫画家，笔名"我是白"。当作者写完了这一节，回头再看这一段，发现这段描写竟然与我是白的一则漫画故事符通合契，那则漫画，几乎就是这段文字的配图。如果你想看到这则漫画故事，可以在微博上关注"@ 我是白 -"，在他的微博上搜"拼图"，或者买一本他的漫画集《游戏》（中信出版社，2019 ）。

录酶[1]，都能把核酸的单体聚合成一条新的核酸链。但这只是一个总反应，是我们作为有心智的人类对宏观现象的总结，而这几种酶作为化学物质，并不知道自己"要"干什么，它们所做的，都只是机械地找到每个核酸单体的磷酸基，把它连在已经形成的核酸链的 3'端的羟基上（图 4-3 里就清晰地标着一个 3，指示着 3'端的羟基）。

那么问题来了，第一个核酸单体到来的时候，根本还没有"已经形成的核酸链"，那要 RNA 复制酶或者逆转录酶把它连到哪里去呢？

那就只好等着哪段游离的 RNA，哪怕只是一个 RNA 单体，随机漂到模板链上互补配对结合住了，它们再结合上去，摸到 3'端的羟基，才开始那种机械的连接动作[2]。而基因组标签假说的关键，就是那个带着 CCA 尾的迷你螺旋原本就是促成这种结合的关键结构。它就像一个标签，出现在哪里，哪里就准备好了聚合的起点，这些酶只要能够识别这个标签，就能以最高的效率投入工作了。

至于这种标签的原理，又可以分成两种情况。

一种情况是，带着 CCA 的迷你螺旋长在 RNA 自己身上，此时的 CCA 负责招徕游离的 RNA 单体。因为我们已经知道，哪怕是一条单链 RNA，也会通过自我配对形成挺复杂的三维结构，这固然能让 RNA 的结构更加稳定，却也让游离的 RNA 没了立足之地。而迷你螺旋却独独在末端伸出了一个不配对的 CCA 尾，那些游离的 RNA 单体就有机会漂过来结合上了。

不仅如此，这个 CCA 尾有两个碱基 C，会与碱基 G 配对，而碱基对 CG 之间有 3 个氢键，要比 AU 对或者 GU 对多一个氢键（参见图 2-45 和图 4-25），更容易形成，也更不容易脱落，所以，如果 RNA 复制酶能够识别迷你螺旋，结合上去，就更有机会找到一个结实的聚合起点，开始顺利地工作了。

另一种情况是，RNA 自己没有 CCA 尾，但是预留了一段不配对的碱基，专门

---

[1] 核酸聚合酶根据产物类型分为 RNA 聚合酶和 DNA 聚合酶，根据模板类型分为 RNA 依赖性聚合酶和 DNA 依赖性聚合酶，如此组合起来，就是 4 种：RNA 依赖性 RNA 聚合酶就是 RNA 复制酶，DNA 依赖性 RNA 聚合酶就是负责翻译的 RNA 聚合酶，RNA 依赖性 DNA 聚合酶就是逆转录酶，DNA 依赖性 DNA 聚合酶就是复制 DNA 用的 DNA 聚合酶。

[2] 是的，逆转录酶虽然要把 RNA 逆转录成 DNA，但是通常都要用 RNA 做引物，启动聚合，聚合完成了，再设法把开头的这段 RNA 剪掉，换成 DNA。本章的第二篇"延伸阅读"也介绍了一些 RNA 复制酶，比如甲肝病毒和普通感冒病毒的 RNA 复制酶，自己就带了一个羟基，可以让第一个 RNA 单体挂上去，等聚合启动了，再把那个羟基解下来。

能与 CCA 尾结合。此时带着 CCA 尾的迷你螺旋就是那个被招徕的 RNA。它能以两个碱基 CG 对牢靠地结合在模板 RNA 上，所以，那些逆转录酶只要能够识别迷你螺旋，也能立刻从这个 A 开始启动聚合。

但是说起这个"A"，它在前一种情况里有些蹊跷，似乎很容易在启动时丢失。这种担心不是多余的，实际上，RNA 复制酶就是很容易弄丢开头的一两个碱基，如果不加弥补，那么只要多复制几次，RNA 就会被磨秃了。但是，碱基 A 却有些不同，它根本不需要模板就能连接在新聚合的核酸链末尾，然后在下一次聚合时恢复成完整的 CCA。

"下一次聚合"是个非常微妙的操作，很值得我们玩味。核酸的模板链和子链不但互补配对，而且头尾相反，所以，如果这一次聚合的模板是以"CCA"开头，又漏掉了开头的"A"，把"CCA"聚合成了"GG"，那么下一次聚合的模板就是以"GG"结尾，聚合出一个"CC"结束工作。但是，这些酶走到结尾的时候虽然已经用尽了模板，却还是会机械性地再拿一个 RNA 单体连接在 3'端末尾，然后才从模板上脱落——这有些像《猫和老鼠》里面，汤姆猛追一气追到悬崖边还不知不觉地凌空跑出去一大截，探探脚下已经没了地面，才唰地掉下去——而那个最常连接在末尾的 RNA 单体，就是碱基 A 的单体，也就是 ATP，细胞的能量通货，最愿意水解的物质。把这样一个单体挂在结尾，就算没有模板，稳定性也能达到有模板的情况的 65% 到 95%。

于是，通过这种"无模板"的补全，结尾的 CC 就重新恢复成了 CCA。而且任何模板链都是上一次复制的子链，所以 RNA 链如果以 GG 开头，以 CCA 结尾，就能保证每一次复制都是以 GG 开头，以 CCA 结尾，而整个 RNA 永远都不会在复制中损耗了，这也就是基因组标签假说的"末端保护"了。在第十四章，施皮格尔曼发现施皮格尔曼怪的时候，用的就是 Qβ 噬菌体的 RNA 复制酶，而 Qβ 噬菌体的 RNA，就是以 GG 开头，再以 CCA 结尾的。

总之，韦纳夫妇提出，只要有了这个带着 CCA 尾的迷你螺旋，RNA 复制和逆转录就都变得又快又准了，即便是在完全没有蛋白质翻译这回事的 RNA 世界早期，也具有足够的适应优势，可以进化出来。如果把这个假说放在我们的故事里，我们甚至可以大胆地推测，从元祖开始，这些带着 CCA 尾的迷你螺旋就是细胞专门制造出来的调控性 RNA。像这样只有几十个碱基的双股 RNA 直到今天都是细胞内 RNA 调控的关键成分，比如在第十四章里，我们提到过的 RNA 干扰机制，也往往都与小型的双股 RNA 有关。

但是，读到这里，你心头的迷惑恐怕并未减少，反而越发增多了。上一节才反复讨论过，迷你螺旋的 3'端本来有个反密码子，到这里又说带着 CCA 尾的迷你螺旋是多么古老，那么最初的迷你螺旋的 3'端，到底是反密码子，还是 CCA 尾？如果是反密码子，那么基因组标签假说岂不成了泡影？如果是 CCA 尾，那氨基酸岂不是无法与反密码子建立联系？如果先是反密码子，后来变成 CCA 尾，那么千篇一律的 CCA 尾又如何还能继续结合不同的氨基酸？而且更根本的，这些 CCA 尾为什么要结合氨基酸？……一旦追问下去，问题就会越来越多。

· 组件替换 ·

忒修斯与雅典青年从克里特岛归来时乘坐的 30 桨船被雅典人珍重地保存下来，直到法勒鲁姆的德米特里的时代。其间，他们会把朽掉的木板拆去，换成更新更结实的，于是，这船就成了哲学家们论道变化的活例子：有的说这船还是原来那艘，有的却坚称它不是原来那艘。

——《忒修斯》，普鲁塔克，公元 75 年左右

对于这些追问中的第一个，我们的回答是，最初的迷你螺旋能够切换反密码子和 CCA 这两种不同的结尾，因为那个 CCA 可以在迷你螺旋复制前后随时拆装，对此，最关键的依据就在今天的细胞里。

我们在上文说过，刚刚转录出来的转运 RNA 还不能立刻投入工作，而先要接受一系列的加工才能走向成熟。其中相当关键的一项，就是把原来的 3'端剪掉，再由 CCA 添加酶 [1] 结合在秃了尾巴的迷你螺旋上，一个碱基一个碱基地重新续出

---

[1] "CCA 添加酶" 是简称，这种酶的系统命名很复杂，是 "CTP,CTP,ATP:tRNA cytidylyl,cytidylyl,adenylyltransf erase"，中文直译是 "CTP、CTP、ATP——转运 RNA 胞苷酰胞苷酰腺苷酰转移酶"，但通常称作 "CCA tRNA nucleotidyltransferase"，直译为 "CCA 转运 RNA 转移酶"。

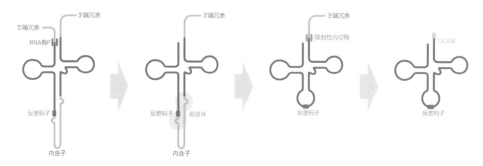

图 4-50 转运 RNA 的序列加工：第一步，刚刚转录出来的转运 RNA 被"RNA 酶 P"，也就是第十三章里人类最早发现的酶 RNA，剪掉 5'端冗余序列；第二步，被"剪接体"剪掉内含子；第三步，被"限制性内切酶"剪掉 3'端冗余序列，并由"CCA 添加酶"添加 CCA 尾；最后，经过了这些剪剪切切，还会有许多其他的酶来专门修饰转运 RNA 上的某些特定的碱基。（作者绘）

一个 CCA 尾，这是所有细胞都在做的事情，一定可以追溯到末祖那里。[X]

所以，韦纳夫妇提出，在 RNA 世界的原始细胞里，这个 CCA 添加酶的工作就是给意外磨秃了的迷你螺旋重建基因组标签，毕竟原始的 RNA 复制酶想必不太可靠，复制那么多的 RNA，行差踏错一定会出现，届时总得有谁来收拾局面。果然，人们在实验中发现，除了转运 RNA，如果病毒 3'端那个酷似迷你螺旋的结构秃了尾巴，这些 CCA 添加酶也能结合上去，给它们补足一个完整的 CCA 尾，把它们的末端保护得特别好。[XI]

但这又引出了新的问题：CCA 添加酶完全是由蛋白质构成的，又怎么出现在转运 RNA 都没有成型的 RNA 世界早期呢？——你看，这又是一个"先有鸡还是先有蛋"的问题。

更可疑的是，在今天的细胞里，CCA 添加酶有两种不同的版本 [XII]，古菌的是一种，细菌和真核细胞的是另一种，而且两者的氨基酸序列差异很大 [1]。按理说，这意味着两种 CCA 添加酶有不同的起源，是末祖分化成细菌和古菌之后，再由这两个类群分别进化出来的，那还怎么追溯到转运 RNA 的起源问题上去呢？这就好

---

[1] 在某些细菌细胞内，添加 CCA 尾的工作由两种酶负责，一种添加 CC，另一种添加 A，但这两种酶几乎一模一样，而且与其他细菌的 CCA 酶也几乎一模一样，显然是后来分化的产物，并不影响我们的讨论。但是，真核域的 CCA 添加酶与细菌的一样，却与古菌的不一样，这明显违背了第七章里三个域的进化关系。这类现象实际上并不罕见，与基因的横向转移有关，但讨论起来问题实在有些复杂，在本书里，我们只好忽略它。

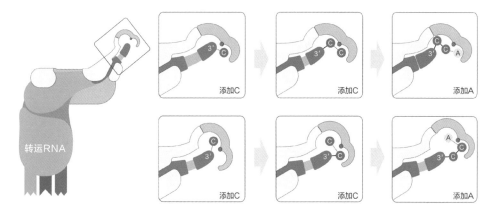

图 4-51　CCA 添加酶的工作原理，红色圆点表示催化中心。其中，右侧上方一行是古菌的 CCA 添加酶工作原理，转运 RNA 的 3′ 端具有弹性，不断被压缩，催化中心由此依次添加 3 个碱基；右侧下方一行是细菌和真核细胞的 CCA 添加酶的工作原理（推测中的），CCA 添加酶弹性更强，不断形变，催化中心一边移动，一边依次添加 3 个碱基。（更改自 Kozo Tomita 和 Seisuke Yamashita，2014）

比两个作家写了两篇文章，虽然题目一样，说的事情也一样，却看不出多少雷同的句子，那还怎么追究他们谁抄了谁呢？恐怕只能说是英雄所见略同了。

　　但是，再仔细比较这两种 CCA 添加酶，包括细菌的 CC 添加酶和 A 添加酶，我们又会发现事情没有这么简单：虽然氨基酸序列不一样，但它们的三维结构实在太像了。就好像你又仔细读了那两篇文章，发现所有对应的段落都在说同一件事，这篇在结尾写了首颂，"一切有为法，如梦幻泡影，如露亦如电，应作如是观"，那篇在最后占了段偈，"诸和合所为，如星翳灯幻，露泡梦电云，应作如是观"[1]——这就大有问题了。

　　对此，我们可以给出一个"忒修斯之船假说"[XIII]。这两篇文章虽然不是"抄写"自同一篇文章，却是"翻译"自同一篇文章。最初，在原始细胞内，原始的 CCA 添加酶就是 RNA 组成的，是个酶 RNA。但是当原始细胞进化成了核糖细胞，蛋白质就与 CCA 添加酶结合起来，增强它的功能。结果蛋白质后生可畏，在催化反应中的表现比 RNA 出色多了，在进化中更具优势，于是，CCA 添加酶中的 RNA 就一点一点地全都换成了蛋白质，恰似用钢材代替木材，翻新了忒修斯之船。

[1]　这两段引文取自《金刚经》的两种汉译本，前者取自后秦鸠摩罗什译《金刚般若波罗蜜经》，后者取自唐朝玄奘译《大般若波罗蜜经·第九会能断金刚分》。

这项翻新工作无疑持续了漫长的时间，到末祖分化成了细菌和古菌，才在这两个类群里分别完成，于是就变成了两种氨基酸序列不同，结构和功能却完全一样的CCA酶。

看起来，这是一种传奇的解释，但这样的传奇却并没有那么罕见。在第十二章的结尾，我们说到某些长链RNA的绝大部分都被蛋白质替换，只有活性的末端保留下来发展成了辅酶A之类的物质。很明显，那个假说同样是在翻新忒修斯之船。

更明显的例子已经出现在第十三章。人类最先发现了两种酶RNA。一种是RNA酶P，这种酶就已经把大部分结构都翻新成了蛋白质，而只保留了催化中心的RNA。另一种酶RNA是自剪接内含子，称得上原封不动，但是在我们真核细胞，尤其是动物细胞内，这样自剪接内含子却很少，大部分内含子都是由"剪接体"剪掉的。这些剪接体是一些超大型复合物，其中既包含了蛋白质，也包含了RNA，缺了谁都不能剪掉内含子。然而有趣的是，我们发现这些剪接体本身就是一种自剪接内含子进化来的 [1]XIV——看起来，忒修斯的这两艘船都只翻新了一半。

所以，对于这一章刚开始就留下的第二个问题——aaRS要怎样出现在RNA世界里，韦纳夫妇也直接沿用了忒修斯之船假说：aaRS也是一艘忒修斯之船，也曾经是RNA构成的酶，也在进化中完全被替换成了蛋白质。

的确，在那些CCA添加酶上出现过的事情，在aaRS上也同样出现过。如今的aaRS也完全由蛋白质组成，也在细胞内存在着两种不同的类型，这两种类型的aaRS也看起来很不一样，却在整体结构上非常类似，也不像是两次独立进化的产物，不同的只是两种类型的aaRS并不是出现在不同的细胞内，而是用来对应不同的氨基酸，比如谷氨酸对应II型aaRS，天冬氨酸对应I型aaRS，所以，这艘船应该在末祖分化成细菌和古菌之前就翻新完成了。

如果再多推敲一下，这个回答不只能解决鸡和蛋的问题，还隐约地勾连起了上一章的密码子催化假说。如果aaRS曾经由RNA构成，那或许当时的aaRS就带着原始的密码子，这些密码子一边催化形成了最初的几种标准氨基酸，一边识别迷你螺旋末端的反密码子，然后通过互补配对转移这个氨基酸。这个过程虽然与现代

---

[1]　内含子有很多类型，现在认为剪接体是第二型内含子进化来的。

aaRS 的工作机制非常不同，但那毕竟是 40 亿年前的事情，从 RNA 世界到联合世界，从原始细胞到核糖细胞……其间不知道发生过多少次生化革新，aaRS 发生一些意料之外的变革也是情理之中的事情。

可是，经历了如此多的变革，反密码子结尾的迷你螺旋变成了 CCA 结尾的转运 RNA，那些 aaRS 为什么能一直存在，还一直坚持不懈地要给迷你螺旋缀上一个氨基酸呢？是什么样的选择优势，促进了 aaRS 的持续进化？或者再说得明白一些：在中心法则的翻译机制确立起来之前，反密码子或者 CCA 尾上的氨基酸，究竟有什么用处呢？

不得不承认，这又是一个难以回答的问题，我们只能试着给出一个猜测性的解释：氨基酸具有种类丰富的侧链，它们与迷你螺旋的末端结合起来，可以发挥精细的调控作用。

比如说，原始的 RNA 复制酶如果是个酶 RNA，就可能因为磷酸基的酸性而带上微弱的负电荷，那么，给迷你螺旋增加一个碱性的氨基酸，就能让这个迷你螺旋带上微弱的正电荷，然后通过静电吸引，提高扩增的速度，反之，酸性的氨基酸就将减缓扩增的速度。不同种类的 aaRS 识别不同种类的反密码子，就能调控不同的 RNA 在细胞中的比例了。

又比如，RNA 的催化能力不只来源于它的三维形态，也与它的那个活跃的羟基有关。而当 aaRS 把这些氨基酸连接在那个羟基上，RNA 就可能获得新的催化能力，给不同的反密码子加载不同的氨基酸，也就给 RNA 赋予了丰富多变的催化能力。

总之，氨基酸的千变万化，搭配 RNA 的变化多端，很可能呈现出丰富的生化功能，未必只有翻译蛋白质这一条出路，任何一种可能的优势，都足以促进 aaRS 与迷你螺旋的协同进化。

而在这个协同进化的过程中，aaRS 与迷你螺旋的匹配越来越全面，越来越准确，当 CCA 添加酶给迷你螺旋续上了 CCA 尾，aaRS 也仍然能把对应的氨基酸连

接到 CCA 的末尾上，维持那种催化能力。[1]XV

就这样，氨基酸统一加给了 CCA 尾，而这种统一又给蛋白质的翻译工作创造了便利，迷你螺旋因此发展成了转运 RNA。

· 拼图谜题 ·

我们终于可以掉头回去，梳理出转运 RNA 的起源问题的进化图景了：

最初，转运 RNA 只有如今的一半，是个以反密码子结束的迷你螺旋，这个迷你螺旋与原始的 aaRS 建立了某种调控关系，可以加载对应的氨基酸。

同时基因组标签假说成立，这些迷你螺旋也能与 CCA 添加酶结合，周期性地获得一个额外的 CCA 尾，成为 RNA 的复制标签。

于是，我们提出了一个忒修斯之船假说，aaRS 把对应的氨基酸加载给 CCA 尾，并且逐渐分化出了越来越多的种类。

这样，我们就回到了本章较早的部分。其间的某个时候，迷你螺旋重复加倍，成了连体的怪胎，经过重新折叠，获得了现代转运 RNA 的基本形态。3'端末尾仍是迷你螺旋，会周期性地获得 CCA 尾，并获得氨基酸；在迷你螺旋下方则增加了一个反密码子臂，转运 RNA 就有了识别密码子的潜力。

这样一来，进化就可以开始下一个阶段，从 RNA 世界飞跃到联合世界中去了。

看起来，我们似乎解决了许多问题，真叫人松一口气。但是在真的进入下一个进化阶段之前，我们又不得不保持清醒和警惕，因为假说毕竟是假说，在有关生命起源的问题上，我们总要考虑有没有别的解释。忒修斯之船假说出现于上个世纪末，那时 RNA 世界假说在生物学界风头正盛，几乎是生命起源唯一的选择，所以这个假说也就理所当然地默认了"起初只有 RNA，没有蛋白质"。

可是到了这个世纪，分子生物学与生物化学开始愈加迅速地发展，RNA 世界

---

[1] 发生这种适应的时候，参与编码的氨基酸可能还非常少，少到不超过 4 种。因为我们说过，aaRS 有两类，而这两类的关键区别，就是把氨基酸加在了末尾那个 "A" 的不同的羟基上。对照图 4-6，I 型 aaRS 把氨基酸加在那个 "特别活跃" 的 2 号羟基上，II 型 aaRS 却把氨基酸加在用来连接磷酸的那个 3 号羟基上。如果这两类 aaRS 有相同的起源，那么这种分歧就可能发生在最初适应 CCA 尾的时候。有趣的是，根据本书刚刚写成时的一些研究，I 型 aaRS 的始祖最可能对应着缬氨酸，II 型 aaRS 的始祖最可能对应着甘氨酸，而前者又可能源自后者，同时，甘氨酸的 II 型 aaRS 还很早分化出了天冬氨酸和丙氨酸的 aaRS，而这四种 aaRS，恰好就是上一章里格外强调的 G 开头的 4 种氨基酸。

假说本身也遭遇了一些挑战。在第六章，我们介绍过 RNA 与蛋白质谁先问世的争论。后者的支持者认为，进化的起点并不是一个纯粹的 RNA 世界，而至少是一个 RNA 与肽[1]互相催化的世界。当时虽然没有中心法则里的翻译机制，氨基酸却能以其他方式聚合成肽，而在这些肽里，就存在着原始版本的 CCA 添加酶和 aaRS，所以要解释这两种酶的起源并不需要一艘忒修斯之船。XVI

但是，直到今天，我们都不曾发现把肽的氨基酸序列"逆翻译"成核酸的碱基序列的化学机制，也不曾发现有哪种蛋白质可以复制其他蛋白质[2]XVII，中心法则的右半边仍然只有一个单向的"翻译"箭头（图 2-42）。就目前来看，肽即便很早就出现在 RNA 世界里，也无法与今天的蛋白质建立什么遗传上的关系，RNA 与肽的相互催化即便真实存在，整个中心法则的起点也还是 RNA。所以 RNA 世界假说也不会受到什么根本性的颠覆，那个从原始细胞到核糖细胞，再到逆转录细胞的起源图景也仍然是我们追寻的答案。

可是这幅图景已经被岁月的洪流冲刷了 40 亿年之久，破碎成了无数的碎片，又与其他种种拼图混成一团，遍洒世界的每一个角落。在过去的半个世纪里，细胞生物学家、遗传学家、分子生物学家和生物化学家们探赜索隐，就着收集来的碎片，构造了数不清的假说。而当我们把这些假说也当作拼图摊在面前，我们就困惑地看到，即便只考虑 RNA 世界，这一章里的每个假说也都存在着各种各样的替代方案：

"双发卡假说"认为转运 RNA 从最初的琵琶腿到连体的琵琶腿再到整个鸡大腿，转运 RNA 的每个进化阶段都在翻译蛋白质，并没有基因组标签什么事。XVIII "三重迷你螺旋假说"认为转运 RNA 不是前后两半首尾相接，而是三个迷你螺旋首尾相接，每个迷你螺旋的反密码子都在螺旋的正中。XIX "手性选择氨酰化假说"认为最初的 aaRS 就是一段很短的 RNA，但这个 RNA 与反密码子没什么关系，它只是像桥一样，让迷你螺旋与那个带有氨基酸的 RNA 凑得足够近。XX "甘氨酸

---

[1] 那些一时想不起"多肽"与"蛋白质"的关系的读者请看下去，在讨论生命起源的时候，可以认为多肽是比较小的蛋白质，蛋白质是比较大的多肽。但是在不同的语境里，它们也可能有区别。比如在通常的生物化学里，多肽只强调氨基酸序列而不强调生物活性，蛋白质则必须具有明确的生物活性，而且含有多个亚基的蛋白质将包含多个多肽。

[2] 我们确实发现某些蛋白质可以把自己当作模板，引导氨基酸聚合成与自己一样的蛋白质，达到"自我复制"的效果，这也是支持蛋白质世界假说的一大论据。

起始假说"认为甘氨酸是第一个参与编码的氨基酸，而 CCA 尾的"CC"对应的"GG"就是它最初的密码子，其他所有密码子都是由此扩充出来的。[XXI]"受体臂折叠"假说认为反密码子曾与 CCA 尾直接相连，而 CCA 尾自己就能掉过头来，把反密码子上结合的氨基酸挪到自己的"A"上。[XXII]……

啊，我们面对着数也数不清的拼图，它们有的能拼成意义深远的图案 [1]，有的却方枘圆凿，抵牾扞格，不能兼容在同一个框架里，这就是为什么在本章刚开始的时候，这本书的作者就要说这是写得"最犹豫"的一章。我们刚刚拿到的这些拼图碎片牵涉了长达 40 亿年的进化史，因此，你刚才读过的这个故事，究竟是"吹尽狂沙始到金"，还是"错把梨花比太真"，作者自己也在寤寐辗转。

但这并不意味着这一章的讨论没有意义，科学假说不同于宗教神话，我们从来都不追求什么不刊之论，恰恰相反，让所有可能的假说悬诸日月，接受事实的拣选，在冲突与印证中逐渐完善，这是我们揭开生命起源的神秘面纱的真正方法。我们不该担忧这一章，即使本书中的想法在未来被证明是错误的。这是我们对未来的期冀，而非对异端的恐惧。

---

[1] 这本书的作者在客厅地上摆了一套 3 000 块的拼图，一直没有时间拼完它，搞得连地都没法扫。

阿兰·韦纳的拼图

正文里说过，耶鲁大学的阿兰·韦纳和南希·梅泽尔斯夫妇综合了许多拼图碎片般的分子生物学事实，提炼出了一个基因组标签假说。这里将要介绍其中最关键的几块碎片，它们不只与假说有关，也是展现生命活动精密调节的好例子。

这些碎片中的第一块藏在芜菁黄花叶病毒（Turnip yellow mosaic virus，TYMV）里。顾名思义，这种病毒会感染芜菁，也就是俗称蔓菁、盘菜、大头菜的那种根用蔬菜，使它的叶片出现黄色的斑。除此之外，它也会感染其他的芸薹属蔬菜，比如卷心菜、大白菜、小白菜、花椰菜。[1]

芜菁黄花叶病毒发现于 20 世纪 50 年代，是一种非常典型的 RNA 病毒。它的整个基因组就是一条长约 6 300 个碱基的单链 RNA 通过自我配对，这条 RNA 在三维空间中形成了非常复杂的结构。不过我们并不需要观察它的全部形态，如图 4-52，只集中观察它的 3' 端

末尾，就足够惊喜了。

看到了吗？这个病毒的 3' 端结构，竟然与转运 RNA 惊人地类似！

它不但有 3' 端的 CCA 尾，甚至还有缬氨酸的反密码子 "CAC"。只是转运 RNA 的迷你螺旋由 5' 端和 3' 端互相缠绕而成，但芜菁黄花叶病毒的 5' 端延抻出去编码基因了，所以只能靠 3' 端单枪匹地制造这个迷你螺旋。于是，这个 3' 端像小麻花似的扭了一圈，硬是凑出了酷似迷你螺旋的结构。这个结构乍看很像打结，却又没有彼此穿过，不能真的系紧，所以在 RNA 的形态研究中被叫作"假结"。

事实证明，这个"转运 RNA 样结构"和真的转运 RNA 一样好用。芜菁黄花叶病毒一旦在细胞内大量复制，缬氨酸的 aaRS 就会把病毒的转运 RNA 样结构当作真的转运 RNA，在它们的 CCA 尾上连接一个缬氨酸，结果真正的转运 RNA 就得不到足够的缬氨酸，正常的蛋白质翻译工作因此缺乏原料，于是，叶片就发黄了，斑斑驳驳的。[XXIII]

可是，芜菁黄花叶病毒为什么要在 3' 端长出这样一个转运 RNA 样结构，和细胞争夺缬氨酸呢？

因为只有给假结带上这个缬氨酸，芜菁

---

[1] 实际上，芜菁、大白菜、小白菜、油菜都是同一个物种，是芸薹（*Brassica rapa*）的栽培品种，而花椰菜、西蓝花、卷心菜、苤蓝、芥蓝也全都是同一个物种，是甘蓝（*Brassica oleracea*）的栽培品种，盖菜、榨菜、雪里蕻都是芥菜（*Brassica juncea*）的栽培品种。它们全都是十字花科芸薹属的植物，都有很高的营养价值，但是经过腌渍之后会有显著的致癌风险。

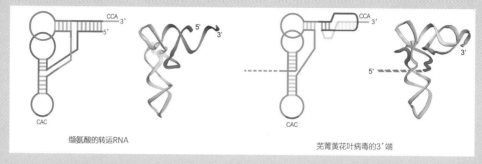

缬氨酸的转运RNA   芜菁黄花叶病毒的3'端

图 4-52　左侧是缬氨酸转运 RNA 的二三级结构，右侧是芜菁黄花叶病毒 3'端的二三级结构。(作者绘)

黄花叶病毒才能迅速地复制，扩大感染，否则，如果那个转运 RNA 样结构发生了什么突变，抢不到足够的缬氨酸，病毒的扩增速度就会大幅减缓，甚至无法形成感染。不过另一方面，人工编辑那个转运 RNA 样结构，把它们改成结合甲硫氨酸，新的芜菁黄花叶病毒也仍然能够感染大白菜，所以它们有可能只是必须结合一种氨基酸，而与具体是哪种氨基酸关系不大。[xxiv]

芜菁黄花叶病毒当然不是孤例，从 20 世纪 70 年代开始，人们陆续发现，一大批专门感染植物的 RNA 病毒都有这个转运 RNA 样结构，虽然未必都有完整的反密码子，但通过各种假结的堆叠，形状上都与真正的转运 RNA 非常类似，都能骗得细胞把氨基酸交给它们——除了缬氨酸，苏氨酸和组氨酸也是 RNA 病毒努力争夺的氨基酸。

而且，这些病毒的转运 RNA 样结构也往往与它们的复制能力有关。比如烟草花叶病毒，就是这一幕引文里的那种病毒，就必须要有这个结构才能顺利地结合 RNA 复制酶，如果把烟草花叶病毒的转运 RNA 样结构安装到一般的信使 RNA 上，这个信使 RNA 的表达效果竟然会增强 100 倍！[xxv]

不仅如此，细胞内部有很多 "RNA 外切酶"，它们会从两端开始，将所有来源不明的

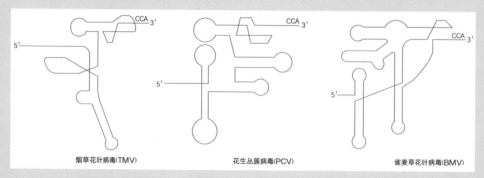

烟草花叶病毒(TMV)   花生丛簇病毒(PCV)   雀麦草花叶病毒(BMV)

图 4-53　另外 3 种单链 RNA 病毒的转运 RNA 样结构的二级结构示意图，它们在三维空间里折叠起来之后都能利用 aaRS，给自己的 CCA 尾增添氨基酸。(作者绘)

RNA 粉碎掉，而这个转运 RNA 样结构同样是破解之道。转运 RNA 样结构只要连接上氨基酸，另外一类被称为"延伸因子"的蛋白质就会结合上去，包住病毒仿造的迷你螺旋，它们的本职工作是协助完全成熟的转运 RNA 进入核糖体，加快翻译的速度，但在此时，它们成了病毒 3' 端的保护套，可以阻止细胞内的RNA 外切酶攻击这个病毒。

看到这里，读者或许会问：基因组标签假说谈论的是半个转运 RNA 可以引导复制，但这些病毒的转运 RNA 样结构却酷似一个完整的转运 RNA，这岂不是有些矛盾？这就引出了一个有趣的事实：早在 20 世纪 90 年代，我们就发现这些转运 RNA 样结构只需要假结那一半就能从 aaRS 那里骗来氨基酸，这与转运 RNA 只需迷你螺旋那一半就能与 aaRS 作用是一模一样的。[XXVI]

所以，如果说转运 RNA 样结构与转运 RNA 一样古老，经历过一样的进化，这并不是什么不可能的事情。毕竟我们早就说过，RNA 病毒是非常古老的病毒，保不齐就是 RNA 世界的孑遗。但是，这"一样的进化"究竟是怎样的进化呢？

直观地看，一种可能是"拟态"，就像眉兰的花朵进化得酷似雌蜂，可以诱骗雄蜂前来传粉那样，病毒的 3' 端本来与转运 RNA 没有任何关系，但是 3' 端长得越像转运 RNA，就越能诱骗 aaRS，捞到额外的复制优势。所以早在迷你螺旋刚刚出现的时候，这些病毒的 3' 端就进化成了假结来占便宜，后来迷你螺旋进化成了转运 RNA，这些假结也亦步亦趋，跟着进化成了转运 RNA 样结构。

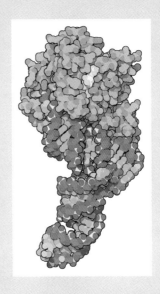

图 4-54　蓝色的就是延伸因子，红色的是转运 RNA。延伸因子包裹在迷你螺旋上，促进转运 RNA 进入核糖体。黄色的是 1 分子 GTP，是我们在前两幕里多次提及的另一种能量通货，它将在转运 RNA 进入核糖体的时候释放能量，保证转运 RNA 能与信使 RNA 精确匹配。这里涉及一些"能量"与"正确"的问题，本书的增章会讨论这类事情。（David Goodsell 绘）

相对的，另一种可能是"平行"，就像牛和马的祖先都有蹄子，它们一直都在同样的草原上奔跑，所以也一直都有类似的蹄子。或许，当初的 RNA 世界本来就既有迷你螺旋又有假结，它们从那时起就在共享原始的 aaRS。后来，迷你螺旋被细胞征用，进化成了转运 RNA，假结却成了病毒的工具，进化成了转运 RNA 样结构，但它们一直都在利用 aaRS，所以一直保持着形态上的高度一致。

如果只看这种现象本身，那么"拟态"的确是最合理的解释，因为拟态作为极致的伪装，的确是生存竞争中极其常用的伎俩，我们可以在今天的世界里找到数不清的案例。但我们又不能只看这种现象本身，还有其他密切联系的碎片同样正摆在我们面前。

第二块碎片，藏在发霉的面包里。

粉红面包霉菌（*Neurospora crassa*）是1843年在法国巴黎的一家面包店里发现的，被它们感染的面包会迅速蔓延起蓬松、粉嫩、好像猪肉松一样的菌丝，对于19世纪的欧洲人来说，这样的面包反正是不能吃了，得赶紧丢掉，免得污染了那些新鲜的面包。但是到了20世纪，这些霉菌却成了实验室里的宝贝。因为它们生长迅速，而且菌丝都是单倍体，没有显性基因遮盖隐性基因的麻烦，正是研究基因与性状的良好模型，所以直到今天，它们都是遗传学和细胞生物学上相当重要的模式生物。

不过，这种霉菌与基因组标签假说的联系和它们的单倍体特征一点儿关系都没有，因为是不是单倍体是细胞核里的事情，而我们关心的是这种霉菌的线粒体里的逆转录质粒。[XXVII] 质粒是我们在中学生物课上就很熟悉的东西，第十一章里还重温过。一般来说，它们是一些环状的小型双链DNA，自主地复制出许许多多份，分散在细胞的基质中。逆转录质粒也是如此，唯一不同的是，其他质粒都是通过DNA聚合酶直接复制自己，逆转录质粒却是先转录成RNA，再逆转录回DNA的。而这些质粒最令韦纳夫妇感到兴奋的是，它转录出来的RNA的3'端竟然也是一个带着CCA尾的迷你螺旋，它会展现出酶RNA的本领，在CCA尾的末端自我剪切，使每一个单体互相分开。[XXVIII]

不仅如此，这些RNA单体还可以发挥信

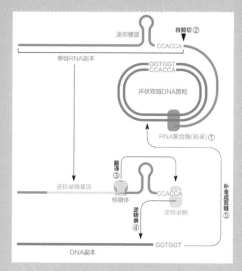

图4-55　逆转录质粒的复制过程。（作者绘）

使RNA的功能，在核糖体上翻译出一些蛋白质来，这其中又包括一个专门的逆转录酶，这个逆转录酶会专门识别这个迷你螺旋，结合上去，从CCA开始把整条RNA逆转录成许许多多环状的双链DNA，也就是许许多多新的逆转录质粒。

也就是说，逆转录质粒的RNA可以利用自身的迷你螺旋启动逆转录。如果你觉得这与转运RNA的迷你螺旋联系不够直接，还只是"像"而已，那么不妨往下看，在进一步的实验中，人们发现这两种质粒的逆转录酶真的可以结合转运RNA的迷你螺旋，然后从那里开始，把整个转运RNA都逆转录成DNA。[XXIX]

既然已经谈到了"逆转录"，韦纳夫妇的第三块碎片的确藏在逆转录病毒里。几乎所有的逆转录病毒，都要劫持宿主的转运RNA，用那个迷你螺旋上的CCA尾启动逆转录。

最大名鼎鼎的逆转录病毒当然就是HIV，

这是一种 RNA 逆转录病毒，基因组记录在一条单链 RNA 上。当它们嵌入人体的细胞，就要利用自身携带的逆转录酶，把这条单链 RNA 逆转录成一条双链 DNA，插进细胞自身的染色体中，从此再也无法被免疫系统清除。

其中，把单链 RNA 逆转录成双链 DNA 是一个非常复杂的过程，下一篇"延伸阅读"会简述这个过程。在这里，我们只需记住一件事：HIV 的逆转录酶不能凭空逆转录一条 RNA，而必须有个什么东西事先结合在 RNA 上，给它开个头，而那个"东西"，就是转运 RNA 的迷你螺旋，它们开的头，就是那个 CCA。

另外，逆转录病毒也不都是以 RNA 为遗传物质，比如乙肝病毒和花椰菜花叶病毒（CaMV），它们都是逆转录病毒，但遗传物质却是环状的双链 DNA。进入宿主的细胞后，它们会先把自己的 DNA 转录成单链的 RNA，再把单链的 RNA 逆转录成环状的双链 DNA，整个过程与逆转录质粒的复制过程非常类似。但不同的是，它们转录出来的 RNA 自己没有迷你螺旋，必须像 HIV 一样盗用宿主的转运 RNA，启动逆转录。[1]

第四块关键的拼图碎片，就藏在我们自己的身体内，它就是端粒酶。

人类以及真核域的一切成员最主要的遗传物质都是线状的双链 DNA，它们被封装在一条条的染色体里，通过一次次的细胞分裂世代传递。但是，细胞的 DNA 复制系统有一种先天缺陷：DNA 的头尾两端都会有一小截复制不下来，直接丢失掉，复制的次数多了，整个 DNA 就散架了。

对此，我们的细胞有一系列的对策。首先就是让 DNA 的两头更加"耐磨"：每条线状 DNA 的两头不安排任何基因，而是一大段无意义的重复序列。而且这段重复序列会与特殊的蛋白质结合起来，缠得紧紧的，好像鞋带两端的铁皮包头一样——这个结构，就是著名的"端粒"。在真核细胞中，只要端粒尚未耗竭，DNA 复制就不会伤及正经的基因。可惜这又只是缓兵之计。显然，一次次的细胞分裂总有耗尽端粒的一天，等那一天到了，DNA 不只有两端的基因会被破坏，整个染色体也会像拿掉了橡皮筋的发辫一样，在细胞的水环境中迅速解体，整个细胞也就不得不凋亡了。

所以，真核细胞还会合成一种端粒酶，专门用来延长端粒。

我们今天已经知道，"端粒酶"也是一种逆转录酶，而且是一种自带 RNA 模板的逆转录酶。DNA 复制之后，细胞只要能够激活端粒酶，就能利用那个内置模板，及时地恢复端粒长度了。[2]

那么，端粒酶究竟要怎样延长端粒呢？这个过程如图 4-57 所示，看着有些复杂，原理却是很简单的：端粒序列，就好比一个循环的故事，"从前有座山，山里有个庙，庙里有个老和尚，他在讲：从前有座山，山里有个庙，庙里有个老和尚，他在讲：从前有座山，山里

---

[1] 需要注意的是，乙肝病毒不必转运 RNA 来启动逆转录，因为它们的逆转录酶更加先进，能够直接提供一个游离的羟基作为逆转录的起点。

[2] 但并不是所有的细胞都能激活端粒酶，这件事的来龙去脉会在增章《我们为什么放弃永生？》里仔细讨论。

图 4-56　2009 年的诺贝尔生理学或医学奖颁给了伊丽莎白·布莱克本（左）、卡罗尔·格雷德（中）和杰克·绍斯塔克（右），因为他们"发现了端粒和端粒酶如何保护了染色体"。（来自 Science History Institute.Conrad Erb、Gerbil、Prolineserver）

有个庙，庙里有个……"奈何 DNA 聚合酶却是个傻子，完全参不透其中有什么规律，每次复制都只能死记硬背，还背不全，总会漏掉头几句，背来背去，就全忘光了，端粒也就耗尽了。

　　好在端粒酶内部携带了一条"端粒酶 RNA"，刚好蕴含了端粒的重复序列，它总能结合在端粒的开头处，把漏掉的那几句提醒出来。DNA 聚合酶再来依样画葫芦，补全整个端粒。就这样，端粒就恢复了长度，甚至，如果端粒酶足够活跃，提醒得够多，端粒还会比原先更长。

　　第四块碎片到此为止似乎都和前文没什么联系，既没有迷你螺旋，也没有 CCA 尾。但是追究起来，端粒酶 RNA 上的重复单元大多是 C，有少许 A，偶尔夹杂很少的 U，比如酿酒酵母是 CCCA，四膜虫是 CCCCAA，疟原虫是 CCCUAA，拟南芥是 AAAUCCCC，哺乳动物是 CCCUAA，粉红面包霉菌是

CCCUAA……[1] 这就不禁让人推测端粒酶 RNA 与 CCA 尾有什么渊源了。从现代细胞内的机制来看，DNA 上的端粒完全是端粒酶 RNA 逆转录的产物，将此倒回去，倒回到端粒最初起源的时候，那想必也同样是一次特殊的逆转录。所以，端粒酶 RNA 上的重复序列，应该比端粒本身的 DNA 序列更能说明问题。

　　所以，韦纳夫妇提出，最初的端粒是一个酶 RNA，这个酶 RNA 带有迷你螺旋，而且迷你螺旋挂着一串重复的 CCA 尾。它能以自己为模板，在 DNA 的断口上启动连续多次的

---

[1]　注意，这里给出的都是端粒酶 RNA 上的重复序列，也就是 DNA 末端构成端粒的那些重复序列的互补序列，而不是端粒酶 RNA 本身的序列。比如，哺乳动物的端粒是在 DNA 的 3'端把"TTAGGG"重复个几百几千次，所以我们说它的端粒酶 RNA 的重复序列是互补的"CCCUAA"，但在真实的哺乳动物端粒里，那个 RNA 上的序列是"CUAACCCUAAC"，跨过了 3 个重复单元。另外，也的确有一些比较叛逆的端粒，比如热带假丝酵母（Candida tropicalis），它的端粒 RNA 上的重复序列就是"AAUGAUCGUGACAUCCUUACACC"这样复杂的东西。

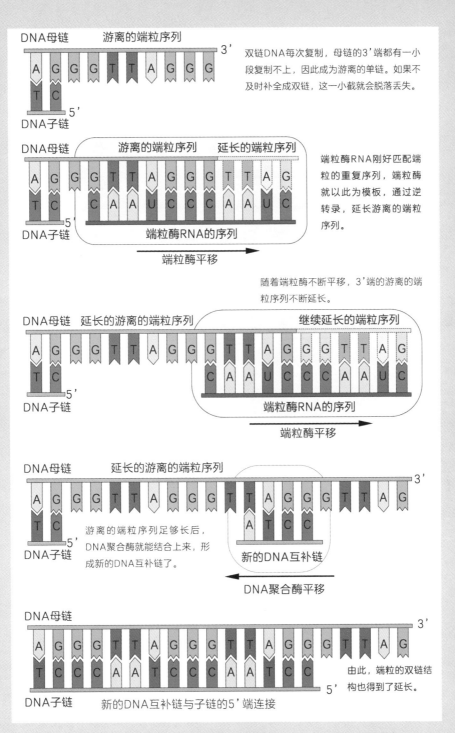

DNA母链　　　游离的端粒序列

双链DNA每次复制，母链的3'端都有一小段复制不上，因此成为游离的单链。如果不及时补全成双链，这一小截就会脱落丢失。

DNA母链　　游离的端粒序列　　延长的端粒序列

端粒酶RNA的序列

端粒酶平移

端粒酶RNA刚好匹配端粒的重复序列，端粒酶就以此为模板，通过逆转录，延长游离的端粒序列。

随着端粒酶不断平移，3'端的游离的端粒序列不断延长。

DNA母链　　延长的游离的端粒序列　　　　　继续延长的端粒序列

端粒酶RNA的序列

端粒酶平移

DNA母链　　　延长的游离的端粒序列

游离的端粒序列足够长后，DNA聚合酶就能结合上来，形成新的DNA互补链了。

新的DNA互补链

DNA聚合酶平移

DNA母链

DNA子链　　　新的DNA互补链与子链的5'端连接

由此，端粒的双链结构也得到了延长。

图4-57　端粒酶的工作原理示意图。注意，核酸链上的碱基序列要从5'端向3'端读。（作者绘）

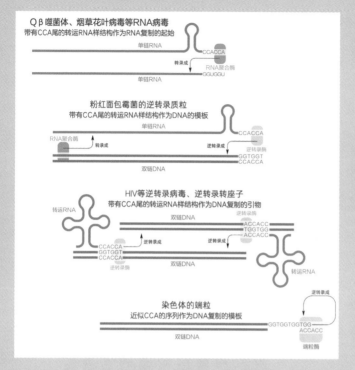

图 4-58　这些拼图碎片构成的线索。（作者绘）

逆转录，也就形成了最初的端粒，这个过程就像转运 RNA 的迷你螺旋启动了逆转录病毒的逆转录一样。但是在漫长的进化中，这个酶 RNA 的大部分序列都一点一点地退化，替换成了功能更加强大的蛋白质，恰似那艘忒修斯之船的木头一片片地坏掉，然后换上了新的、更好的硬木。最后，当初的酶 RNA 就只剩下一串重复的 CCA 了，而且由于 CCA 能够重复即可，具体序列并不重要，所以在不同的真核细胞里，端粒酶 RNA 中的 CCA 也突变成出了各异的版本。[1]

最后，这些拼图整合在一起，就是韦纳夫妇的基因组标签假说：带着 CCA 尾的迷你螺旋起先并不是用来翻译蛋白质，而是用来给 RNA 序列提供复制起点和末端保护的。

---

[1] 真核生物的基因组记录在线性的染色体上，但作为真核生物的祖先，古菌却使用环状的 DNA 分子，在那个过渡阶段，究竟发生了什么？这一直是细胞生物学和进化生物学上悬而未决的重大难题。但如果阿兰·韦纳夫妇的假说是对的，那么在 20 亿年前，真核细胞刚刚诞生的时候，就可能是发生了这样一件事：最初的真核细胞仍然与古菌一样，基因组记录在一些大型的环状 DNA 里面，这个 DNA 一旦遭遇了什么不测，断开了，就会变成一条线状的 DNA。这个线状的 DNA 虽然可以继续复制，但由于 DNA 聚合酶那种顾不得两头的天然缺陷，必然在一段时间之后彻底瓦解，所以以在今天的原核细胞内，几乎所有的 DNA 都是环状的。但是，所有真核细胞的共同祖先却意外地同时拥有一个端粒酶 RNA，它给那些断开的 DNA 加上了端粒，并且不断地延长着端粒，那么，这些变成了线状的 DNA 就避免了瓦解的宿命，而一直延续下来，并且因为某些好处，最终进化成了真核细胞的染色体了。可见，这个猜测进一步地关系到染色体起源和有丝分裂起源这样的重大问题，但值得遗憾与庆幸的是，真核生物起源已经是生命诞生 20 亿年后的事情了，并不在这本书的讨论范围之内。

HIV 的逆转录过程

HIV，即"人类免疫缺陷病毒"，是"获得性免疫缺陷综合征"，即"艾滋病"的传染病原体。它是一种逆转录病毒，全体基因组是一条单链线状 RNA，因此每一个病毒颗粒还同时包裹了一些"逆转录酶"，用来把病毒的单链 RNA 逆转录成双链 DNA。但核酸的聚合反应只能从模板链的 3'端逆推到 5'端，逆转录又必须有引物启动，所以这个逆转录酶的催化过程非常烦琐，包括了许多步骤。

第一步，HIV 的单链 RNA 上有一个"引物结合位点"，刚好与人体的转运 RNA 的 3'端序列，尤其是 CCA 尾互补配对，于是两者结合了起来。而结合产生的结构又将与病毒的逆转录酶结合起来。

图 4-59　HIV 逆转录的第一步，注意虚线框内的所有结构都属于人体的转运 RNA。不同色彩标记了不同功能的序列。（作者绘）

第二步，转运 RNA 将成为整个逆转录过程的引物。逆转录酶先以 CCA 尾为起点，把单链 RNA 的 5'端序列全部逆转录成 DNA，由此形成了一半是转运 RNA，一半是新形成的 DNA 的杂交链。

图 4-60　HIV 逆转录的第二步。胭脂红色或胭脂红色描边的序列是 RNA，紫色或者紫色描边的序列是 DNA。（作者绘）

第三步，HIV 的逆转录酶同时有 RNA 酶活性，可以把完成逆转录的 5′端序列剪掉。

图 4-61　HIV 逆转录的第三步。（作者绘）

第四步，这样的水解动作会解除互补配对，让杂交的互补链从引物结合位点上脱落下来，大幅度地漂移滑动，以 3′端的 R 序列与模板链 3′端的 R 序列重新匹配。

图 4-62　HIV 逆转录的第四步。（作者绘）

第五步，逆转录酶开始新一轮的聚合，再把杂交链 5′端的所有序列逆转录成 DNA。

图 4-63　HIV 逆转录的第五步。（作者绘）

第六步，逆转录酶再次发挥水解活性，把所有完成逆转录的 RNA 序列剪掉，但是中央的 "多嘌呤 RNA 序列"（PP 序列）含有超多的 CG 对。碱基对 CG 由 3 个氢键结合，要比两个氢键的碱基对 AT 更加结实。

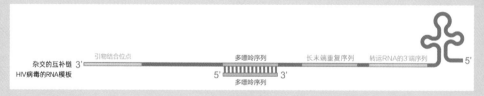

图 4-64　HIV 逆转录的第六步。（作者绘）

第七步，逆转录酶又将以剩余的 PP 序列为引物，根据杂交的互补链，把模板链的 3' 端补全成 DNA。这个过程既有 DNA 复制，也有 RNA 的逆转录，而且补全后的模板链也变成了杂交链。

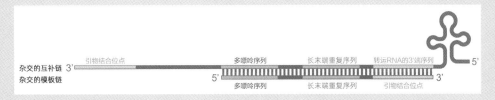

图 4-65　HIV 逆转录的第七步。（作者绘）

第八步，逆转录酶再次发挥水解活性，把模板链的 PP 序列和互补链的转运 RNA 序列全部切掉，模板链和互补链因此再次漂移滑动，模板链 3' 端的引物结合位点和互补链 3' 端的引物结合位点因此匹配结合。

图 4-66　HIV 逆转录的第八步。（作者绘）

第九步，逆转录酶继续补全模板链和互补链的 3' 端，终于，单链 RNA 彻底逆转录成了双链 DNA。

图 4-67　HIV 逆转录的第九步。（作者绘）

可见，在 HIV 逆转录的整个过程中，人体的转运 RNA 担任了最初的引物，起到了关键的启动作用。同时，HIV 的逆转录酶也表现出了逆转录酶、RNA 酶和 DNA 聚合酶的三重功能。

不过，读者可能会发现，如图 4-67，最后的双链 DNA 要比图 4-59 里病毒的单链 RNA 在两头多出来一点。这多出来的部分并不是什么误差，而是一组非常关键的序列：HIV 除了制造逆转录酶，还会制造一种"DNA 整合酶"。这种整合酶就能专门识别这两头多出来的序列，结合上去，然后把这个双链 DNA 走私到细胞核里面去，接着把染色体的 DNA 切断，再把这段双链 DNA 续进去，重新接好。从此以后，这段病毒 DNA 就成了 T 细胞基因组的一部分，永远也不可能被清除掉了。T 细胞将把执行这个病毒的指令当作自己的天职，不知疲倦地转录出更多的病毒 RNA，这些病毒 RNA 又会疯狂盗取细胞的物质和能量，制造几百万、上千万的病毒颗粒，释放到细胞之外，去感染更多的 T 细胞。

原本感染了 HIV 的 T 细胞，也终将耗竭而死。

当然，只要 HIV 的携带者积极配合治疗，按时按量服用抗病毒药物，逆转录酶的工作就会被全面抑制，使 HIV 在携带者体内减少到可以忽略不计的程度，不影响正常的生活，甚至不具有传染性。

第十八章

自我组装的螺旋 | 蛋白质翻译系统的起源

核糖体是世界上最复杂的分子机器，是翻译过程的实际执行者，要解答它的起源，绝非一件容易的事情。不过我们现在有了一些眉目。

2009 年诺贝尔化学奖的获得者，阿达·约纳特和她的团队发现，核糖体的核心结构是一些 L 形的 RNA 螺旋，它们与转运 RNA 存在着某些值得注意的相似性，因此提出了 "L 形螺旋组件装配假说"。

与此同时，信使 RNA 的起源看起来要简单很多，因为信使 RNA 本身的结构就要简单一些。不过，也有另外一些研究者注意到了另外一种独特的 "转运信使 RNA"，提出了一种更加精致的假说。

总之，在这一章结束的时候，我们已经在种种假说和事实之间，依稀看到了中心法则的落成。

这可真是叫人着急啊，整整说了两章，中心法则的右半部分还是没什么着落！

到现在，我们解释了遗传密码的起源，解释了转运 RNA 的起源，也推测了转运 RNA 与氨基酸是如何建立起了遗传密码里的对应关系。但是，以上解释与推测全都是在说"这些东西在翻译过程出现之前发挥过什么作用"，但是真正的翻译机制，又是如何由这些"本来与翻译无关"的东西组建起来的呢？

或者更具体一点，我们从高中就知道，翻译蛋白质需要转运 RNA、核糖体与信使 RNA 三者协同工作，那么，核糖体和信使 RNA 又是从哪里来的呢？

这一次，我们得从更复杂的那一个开始。

·螺旋与发卡·

早在第六章我们就说过，核糖体中既有 RNA，也有蛋白质，但 RNA 的地位更重要。又如第十三章强调过的，2000 年，我们确定了核糖体 RNA 也是一种酶 RNA，是它催化了从氨基酸到肽链的聚合反应，而蛋白质在此过程中只起强化结构的作用。这也是 RNA 世界假说的主要依据之一。

但核糖体 RNA 实在是太难观察，太难研究了，它一方面是已知最大的分子结构，复杂性超越一切蛋白质或核酸的复合物，另一方面它又仍然很微小：大亚基的直径只有 20 纳米到 30 纳米，放大三五十倍都能轻松穿过医用外科口罩的过滤层，其中的 RNA 与蛋白质更是纠缠不清，好像沙滩上拧成团的破渔网，而那个关键的聚合反应，却只发生在核心深处千分之几的体积内，一个被称为"肽基转移酶中心"的地方，难窥究竟。

为此，从 20 世纪 70 年代开始，以色列的晶体生物学家阿达·约纳特做了 30 多年的持续研究，终于弄明白了肽基转移酶中心的精确结构和催化原理[1]，荣膺 2009 年的诺贝尔化学奖，也成为有史以来第一个获得诺贝尔奖的亚洲女性。

约纳特的研究揭示了这样一个耐人寻味的事实：肽基转移酶中心是一对 180° 对称的螺旋，它们以不可思议的精度形成了一个对称的漏斗，迫使氨基酸在狭窄的空间里缩合成肽链。这个对称的漏斗就如图 4-70 所示，你不妨先花一些时间仔细看看它，找找其中的螺旋。

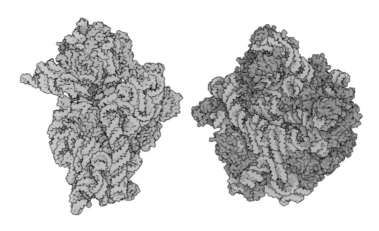

图 4-68　左侧的是细菌核糖体的小亚基，浅绿色的是 RNA，深绿色的是蛋白质，红色的是 1 分子四环素，它能强占信使 RNA 的结合位点，使细菌因无法制造蛋白质而死亡；右侧的是细菌核糖体的大亚基，浅蓝色的是 RNA，深蓝色的是蛋白质，红色的是 1 分子氯霉素，它能霸占氨基酸聚合反应的核心，使细菌因无法制造蛋白质而死亡。(David Goodsell 绘)

图 4-69　2009 年的诺贝尔化学奖颁给了文卡特拉曼·拉马克里希南（左）、托马斯·施泰茨（中）和阿达·约纳特（右），嘉奖他们"对核糖体结构与功能的研究"。（来自 Royal Society uploader、Prolineserver、Science History Institute）

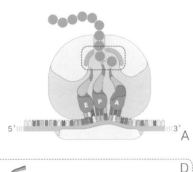
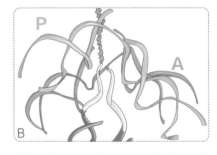
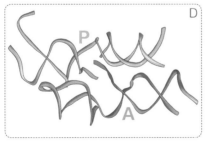

图 4-70　肽基转移酶中心的结构。A 图像就是第六章里，我们温习中心法则的翻译过程的图 2-51，这里额外标注了一段蓝色和绿色的弧线，那就是肽基转移酶中心在核糖体中的位置，它们约束了 P 位点和 A 位点两个转运 RNA 的末端，促成了肽键的形成。更真实的 B 图像来自阿达·约纳特在 2009 年的诺贝尔奖演讲稿中使用的插图，上方的蓝色螺旋和绿色螺旋就是那两段弧线的真实形态。这是两个高度相似的 RNA 螺旋，图中只画了它们的磷酸核糖骨架，省略了所有的碱基，可见二者共同围绕成了一个倒置的漏斗状，下方黄色的是两个转运 RNA 的 CCA 尾，它们伸进了漏斗的中心。如果你没有从这个角度看出两个螺旋的相似与对称，那么 C 图像是把 P 螺旋旋转 180°的结果，你会看到它与 A 螺旋有着惊人的重合。D 图像是从下方仰视这个漏斗的样子，你会看到这两个螺旋相似且对称。（作者绘）

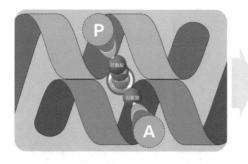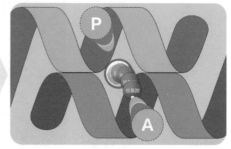

图 4-71　如果上面的讲述还是不太能让你理解这整个过程，那么把图 4-70 中的 D 图像抽象一下，就得到了这张图。蓝色和绿色的螺旋分别是肽基转移酶中心的 A 螺旋和 P 螺旋，标记着 "A" 和 "P" 的倒锥形复合物就是 A 位点和 P 位点的两个转运 RNA 的末端（因为是仰视图，所以它们都截断了，用虚线表示截面）。那么，你会看到 A 和 P 两个螺旋的凹槽刚好在一起，两个转运 RNA 的末端刚好沿着这个凹槽滑动。同时，凹槽底部正中央是漏斗的出口，P 位点的转运 RNA 携带的肽链就从这个出口顺出去，而 A 位点的转运 RNA 带着一个新的氨基酸从右下方滑进凹槽，当它足够靠近肽链的末端，整个肽链就会连接到这个新的氨基酸上面了，即所谓的 "肽基转移"——这整个过程对应的，就是图 2-51 里发生的变化。（作者绘）

　　结合第六章，我们会发现，在具体的翻译过程中，相继进入核糖体的两个转运 RNA 都会把 CCA 尾伸进漏斗，其中，先来的 CCA 尾上是已经形成的肽链，后到的 CCA 尾上是下一个氨基酸。而在漏斗收拢的中心，这个氨基酸就会与肽链靠得足够近，由此形成又一个肽键，让整条肽链延长一节。这个结构非常精密，两个螺旋稍微改变一个碱基都可能改变蛋白质的合成效率。

　　所以迄今为止，人类至少比较了三个域的 930 个物种，连同线粒体和叶绿体的这对螺旋，结果发现它们的肽基转移酶中心都惊人地一致，一致得可以重叠起来。循着我们在这一幕里的 "经验"，我们已经清晰地感觉到，这又是末祖的遗传。于是，约纳特在 2009 年的诺贝尔奖颁奖现场的演讲稿中提出：核糖体最初的形态就是这两个对称的螺旋，除此之外层层叠叠的 RNA 与蛋白质，全都是在进化中逐渐附加上去的。

·更多的螺旋·

　　如果这里不断提起的 "螺旋" 二字让你回想起上一章的某些内容，想到了转运 RNA 的迷你螺旋，那你的确想到关键地方去了：如图 4-72，肽基转移酶中心的两

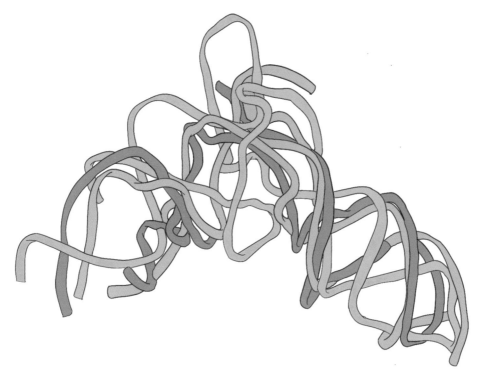

图 4-72　蓝色和绿色的是肽基转移酶中心的两个螺旋，橙色的是转运 RNA，它们的三维结构可以很近似地重叠起来。（作者绘）

个螺旋，竟然与转运 RNA 如此相像。[II]

最早注意到这种相似性的，是另一个优秀的以色列女性化学家伊拉纳·阿格蒙（Ilana Agmon）。她与阿达·约纳特一同在魏茨曼科学研究所[1] 工作，是阿达·约纳特的研究小组里的重要成员，许多关于核糖体结构的突破性成果都凝聚着她的夙寐辛劳。在过去的 10 余年里，阿格蒙不但发现了图 4-72 里那种微妙的相似性，还在核糖体里注意到了另外一些蹊跷之处。

想想看，我们已经有了转运 RNA，也有了肽基转移酶中心，但要真的实现翻译过程，这还远远不够。因为如果只有它们，肽基转移酶中心就只能随机结合转

---

[1]　以色列的魏茨曼科学研究所（Weizmann Institute of Science）是世界领先的多学科研究中心，1934 年创立，截至本书写成，共出现了 6 位诺贝尔奖得主，3 位图灵奖得主。

运 RNA，聚合出随机序列的肽链——当然，随机的肽链也未必完全无用，我们会在下一幕里看到一些关于它们的消息，但毕竟，我们期待的是真正的蛋白质翻译系统，所以还必须有别的东西能让信使 RNA 也参与进来，给转运 RNA 赋予次序，还要有什么东西能把这一切固定在恰到好处的空间位置上，这样才能成为一个实在的蛋白质翻译系统。

在今天的核糖体里，许多 RNA 或蛋白质部件都参与了这两项任务。不过追究起来，负责结合信使 RNA 的关键结构是小亚基的"3'端附近结构"，把这一切固定起来的关键结构是大亚基里的"桥元件"。[1] 在今天的细胞里，它们的位置关系就像如图 4-73 展示的那样。

而阿格蒙注意到的蹊跷之处就在这里了，这两个结构竟然也是鸡大腿形、酷似转运 RNA 的螺旋结构！

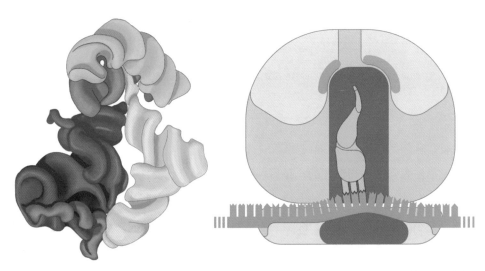

图 4-73　蛋白质翻译系统的核心组件由一系列的 L 形螺旋构成。如图左，上方蓝色和绿色部分是肽基转移酶中心的两个螺旋；红色部分是核糖体大亚基的桥元件；紫色部分是核糖体小亚基的 3'端附近结构，也就是图 2-51 中被比作"凳子"的小结构；黄色部分是 P 位点转运 RNA，当然，A 位点的转运 RNA 也是其中的主要成员，这张图出于方便没有画出来；青色的是一小段信使 RNA。图右是这些组件在之前图示中的对应位置，大致地说，从左侧看图右，得到的就是图左。（作者绘）

---

[1]　"桥元件"（bridging element）对应大亚基的 69 号与 70 号螺旋，"3'端附近结构"对应小亚基的 44 号与 45 号序列。

于是，在这些相似性的基础上，阿格蒙把约纳特的假说向前推进了一步，提出了一个精彩的蛋白质翻译系统起源图景——"L 形螺旋组件装配假说"[II]。

首先，在最初的 RNA 世界里，RNA 都比较短，只有区区二三十个碱基，很容易凑巧成为"发卡"。

在这里，所谓"发卡"是 RNA 最重要的基本二级结构。如图 4-74，它是某些特定序列的单链 RNA 从中间弯折 180°，与自己互补配对产生的二级结构。由于 RNA 的磷酸核糖骨架不能过度弯折，所以发夹拐弯处总有至少 3 个碱基不能配对，形成一个环，恰似老式的钢丝发卡，所以有了这个名字。另外，又由于这种结构配对的地方是个"茎"，不配对的地方是个"环"，所以又叫"茎环"。总之不管叫什么，那个配对的部分还会进一步的扭曲起来，形成螺旋状的三级结构，比如上一章里的迷你螺旋就是其中的代表。[1]

出于各种机制，这些单体的螺旋又进一步组装成了大约 70 个碱基的 L 形的螺旋。有的状似鸡大腿，就是后来的转运 RNA；有的可以拼成一个漏斗，就是肽基转移酶中心的那对螺旋；还有一些可以结合信使 RNA，奠定了小亚基 3'端附近结

---

[1] 发卡结构虽然是一个分子生物学上的概念，但是，我们却能在音乐上找到若合一契的结构。那些会弹钢琴的读者可以试试下图这个奇怪的乐谱。它是一段二声部卡农，两行音符要一起奏出。然而仔细看，你会发现这其实是一行乐谱，上面那行的后半段扭转 180° 倒过来，就变成了下面那行，或者反过来理解也可以，下面行的后半段扭转 180° 倒过来，就变成了上面的那行。

这样独特的谱曲技法被称为"对枰卡农"（table canon），莫扎特曾经用它谱写了非常精妙的谐谑曲——是的，这一章与第十二章一样，在作者原本的书稿里，交织地讨论了分子生物学、结构生物学和音乐上的对位法之间的映射关系。

但这并不是因为音乐上的知识能够让你更快地理解生物学的奥秘，恰恰相反，作者是想拖延你的阅读，让你读着更加困惑：这一章暗藏的未解之谜比任何一章都多，这令科学假说的构建，或者说我们想象未知的方式，在许多地方都非常接近"精致的艺术"。这本书的作者在整本书最不确定的、最充满未知的一章引入"对枰卡农"这样陌生的乐理概念，是企图让读者进入一种"精致的艺术"和"复杂的科学"重叠起来的古怪氛围，体验作者在学习这些假说时的情绪。因为他相信，一本书并不是只有故事的结局要交代给读者，而作者的思考也同样重要，甚至更加重要。

但遗憾的是，前面注释中提到的编辑的头发长势不甚乐观，所以这本书的作者不得不删除了那些讨论，只留下你现在看到的部分。同样，如果你想看到这一章完整的样子，可以查看下面的网页：

微博：https://weibo.com/ttarticle/p/show?id=2309404595445417509066
豆瓣：https://www.douban.com/note/805936236/

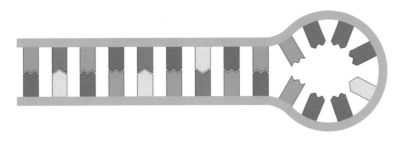

图 4-74　一个典型的 RNA "发夹" 或 "茎环"。(作者绘)

构的原型；又有一些可以把它们全都固定在一起，成为大亚基桥元件的雏形。

　　然后，通过某种随机过程，这几种关键的 L 形螺旋集结了起来，组装成了图 4-73 里那套精巧的原始蛋白质翻译系统：一端是留给信使 RNA 的滑槽，信使 RNA 可以搭上去轻松滑动；一端是肽基转移酶中心的漏斗，两个转运 RNA 的 CCA 尾可以伸进去让氨基酸聚合成肽链；中间是一座结实的桥，让两端保持了恰好的间距，转运 RNA 的反密码子刚好能与信使 RNA 的密码子配对，把信使 RNA 上的碱基序列与自己携带的氨基酸对应起来。

　　事儿就这样成了，核糖体的基本结构成形了，RNA 上的碱基序列被翻译成了蛋白质里的氨基酸序列！

　　但是，正如我们在这一幕里不断发起的那个追问，进化也并非万能的，它不受任何意志的干扰，绝没有任何远见，只能是随机过程恰好形成了什么结构，表现出了某种优势，再由自然选择放大扩增。那么，在最开始的时候，究竟是什么样的随机过程，竟能把这些 L 形螺旋装配得恰到好处呢？

· 自发地组装 ·

　　对此，阿格蒙的解释看起来有些惊人：最初，这些 L 形螺旋是出于热力学的稳定性而 "自发组装" 起来的。

　　这多少会让人有些不解。从第三章开始我们就在讨论，在热力学第二定律的支配下，无序的结构不可能自发变得有序。那么，本来散乱的 L 形 RNA，又何以自发组装成精巧的蛋白质翻译系统呢？

因为热力学第二定律的表现方式极端多样，在从地质化学作用向生物化学作用转变的早期，它带来了许多的障碍，但是当生物化学制造了足够复杂的大分子，它就会从另一面促进秩序的发展。对于第四章的后两节，下面的讨论将是又一个具体的例子。

讨论热力学第二定律时，一个最常见的误解是"引力会对抗热力学第二定律，所以浑浊的泥水静置之后会上下分层，水都在上面，泥沙都沉淀到下面，从无序变得有序了"。但事实不是这样的，泥水沉淀分层的过程，同样是整个体系变得混乱的过程，因为泥沙颗粒的质量不知要比水分子的质量大到哪里去，在它们减速下沉、堆积的过程中，会通过直接的碰撞，把自身的动能和重力势能统统转交给周围的水分子，结果使水分子变得更混乱了。如果定量计算这个泥水系统的熵，你会发现沉淀一定伴随着熵增，如果有足够好的温度计，你甚至能测出这个系统的温度升高了。[1]

同样，有机大分子的高浓度溶液也会像泥水一样"沉淀分层"，只不过这次的驱动力不再是万有引力，而是大分子之间的氢键、静电作用，疏水作用，分子间作用力等微观作用。我们不需要追究这些微观作用是怎样的，只需意识到，有机大分子在这些作用下聚在一起，同样能把势能和动能转移给更微小的水分子，带来整个系统的熵增。

当然，有机大分子聚在一起也不是真的像泥沙沉淀一样简单地聚集成一大堆。因为这些有机大分子有着复杂的三维形态，表面上的不同部位会展现出不同的微观作用，它们一个个地相互匹配起来，就会拼接成某种复杂的组合物。这本书里多次提到的各种"复合物"，如第五章的 ATP 合酶和电子传递链复合物，第六章和这一章的核糖体，第三幕里形形色色的各种酶，还有这一幕的剪接体与朊毒体，下一幕的复制体……统统都是这样形成的，还有我们结缔组织里的胶原纤维、肌肉里的肌

---

[1] 不过，如果一个系统受到的全部引力都来自自身，事情又会有些不同，但这终究不是一本物理学的读物，请不要在意这个细节。

纤维、皮肤上的毛发和指甲，蜘蛛分泌而凝结的丝，也都是这样的东西。[1]

在过去大部分时间里，我们都只注意到蛋白质形态多变，拥有这样精妙的自发装配能力，但是在最近的十几年中，我们渐渐发现 RNA 同样拥有这样的好本事。在实验室里，我们甚至找到了一些 RNA 的"通用模块"，可以自发地组装出方框、三角形、井字格、品字格等高度有序的形态 IV。而更加实际的，是我们发现 RNA 病毒在封装完毕后，其中的 RNA 就可以自组装成某些非常稳定的三维形态。比如一种实验室里常用的 Pariacoto 病毒，它们的 RNA 就会自组装成十二面体的框架。这种框架很接近球体，可以更加稳定地封装在病毒衣壳内。

所以阿格蒙推测，在 RNA 世界里，这些 L 形螺旋也是一种通用模块，它们能够自发地组装成许许多多的可能结构，而蛋白质的翻译系统就是其中之一 V。

当然，最初的蛋白质翻译系统不会像如今这样精确，翻译出来的多肽总会时常出错，甚至，它们只是偶尔翻译一点儿很小的蛋白质出来。但它总归是让蛋白质有了基本稳定的形态，让蛋白质加入了中心法则的信息流动，无疑有着巨大的进化意义。尽管原始的蛋白质翻译系统尺寸只有现代核糖体 RNA 的 6% 左右，但由此开始，自然选择的每一次修正都将使蛋白质的翻译更加精准和稳定。

于是，从这样一次随机的自发组装开始，进化在几千万年的时间里推敲打磨，RNA 世界由此跃入联合世界，原始细胞因此发展成核糖细胞。及至今天，哪怕是一个细菌，翻译的错误率只有万分之一，也就是链接 1 万个氨基酸才会错误 1 次。

有了这个假说，中心法则的右半边，也就是从 RNA 到蛋白质的翻译过程，就赫然建立起来了。当然，假说到底还是假说，它在这样一本通俗的科学读物里能像音乐一样优雅动人，乃是因为我们忽略了许许多多的细节，仔细推敲起来，这图景中同样萦绕着蔽目的云雾。但请那些较真的读者原谅我们无法像之前的章节那样将它铺陈开来细细讲述，在有限的篇幅里，我们恐怕只能继续讨论其中的一个细节了：信使 RNA 源自哪里？

---

[1] 当然，并非所有复合物都能自发组装起来，有些复合物需要其他酶蛋白质的协助才能如期地组装完成，这在第六章的第二篇"延伸阅读"里已经介绍过了。不过，一般来说，蛋白质一旦组装成型，就能互相结合得非常好，而不需要额外的化学键来塑性了。

·假说与图景·

在核糖体、转运 RNA 和信使 RNA 构成的蛋白质翻译系统里，信使 RNA 总是最少叫人好奇的。因为在大多数的场合里，它都被描述成磁带似的东西，上面极其单调地写满了密码子，远不像放音机似的核糖体那样耐人寻味。但也恰恰是因为它看起来如此简单，像磁带一样，就是一条"线"[1]，我们才不得不提出一个关键的问题：这条线要怎样把线头穿进针眼似的核糖体里面去？

虽然大多数科学读物的插图和科学节目的动画会把信使 RNA 呈现得像条黄鳝一样摇头摆尾游动着就钻进了核糖体，但实际情况并不是这样的。我们曾在第六章里讲述过，核糖体的大小亚基平时并不聚在一处，而是分开来随机漂散。其中，小亚基负责识别信使 RNA 上的翻译起点，结合上去；接着，起始密码子的转运 RNA 也会结合到小亚基和信使 RNA 上；最后才是大亚基覆盖一切，装配成完整的核糖体，启动真正的翻译工作。[2]

可见，在今天的细胞里，并不是信使 RNA 钻进了核糖体，而是核糖体在信使 RNA 上组装了起来，这依赖于信使 RNA 上一段标识性的碱基序列[3]，也依赖一大群辅助性的蛋白质。那么，在 RNA 世界里，既没有这些辅助性的蛋白质，也还没有进化出这些标识性的碱基序列，最初的蛋白质翻译系统凭什么认定一条 RNA 就是未来的信使 RNA，然后组装上去呢？

当然，我们可以说最初的信使 RNA 选择完全是随机的，那个原始的小亚基 3'端附近结构仅仅凭着自己未成对的序列，优先亲和某些特定的互补序列，久而久之，拥有这段互补序列的 RNA 就会发展成专门的信使 RNA，或者更准确地说，凡是需要翻译成蛋白质的 RNA 都会进化出这段序列，也就是那段标识性的碱基序列。至于那些辅助性的蛋白质，那就是水到渠成的事情了，在原则上并无难以理解的

---

[1] 当然，细胞内真实的信使 RNA 不会是一条线，而会像其他 RNA 一样通过广泛的自我配对构造出复杂的三维形态，许多时候，这些三维形态还能调节它们的翻译速度。

[2] 追究起来，真实的翻译过程还要复杂得多，在原核细胞与真核细胞里还有流程上的区别，请原谅我们没有那样多的篇幅详述所有的细节。

[3] 在原核细胞里，这段序列是"夏因-达尔加诺序列"（Shine-Dalgarno sequence），在真核细胞内，这段序列是"科扎克共有序列"（Kozak consensus sequence）。

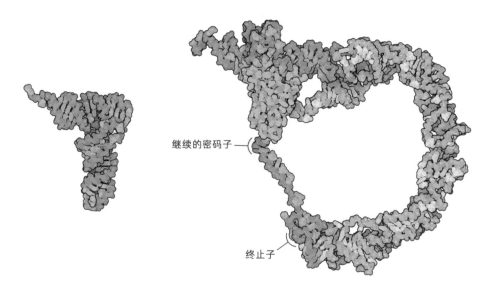

图 4-75　左侧是转运 RNA，右侧是转运信使 RNA，红色部分是迷你螺旋，粉色部分是密码子序列，橙色部分是一段结构性的 RNA，蓝色部分是一个协助转运信使 RNA 工作的蛋白质。(David Goodsell 绘)

图中标注：继续的密码子，终止子

地方。

　　但在这中规中矩的推测之外，还有一些有趣的新假说同样值得我们注意，比如在 2016 年，法国雷恩第一大学的分子生物学家雷纳尔德·吉莱针对信使 RNA 的起源问题提出了"转运信使 RNA 假说"，这个假说认为最初的信使 RNA 与转运 RNA 是同一个 RNA，实际上，信使 RNA 就是转运 RNA 的内含子。

　　同一个 RNA，既是转运 RNA，也是信使 RNA，这听起来有些离奇，但它却拥有真实存在的证据。

　　早在 1979 年，我们就在大肠杆菌的细胞内发现了这种奇怪的"转运信使 RNA"，它的上半部分是转运 RNA 的小螺旋和 CCA 尾，能够正常携带氨基酸，下半部分却不是反密码子臂，而是一张弓，绷直了一小段单股 RNA，而这段单股 RNA 就像信使 RNA 一样，是一串密码子序列。

　　而且，这种 RNA 也兼具转运和信使的双重功能，专门负责抢救意外中断的翻译工作。

　　因为蛋白质翻译系统像极了那种名叫"鲁班锁"的小玩具：信使 RNA、转运

RNA 与核糖体的大小亚基虽然是几个独立的构件，但只要组装起来就非常结实，不按照特定的顺序一块块地拆解根本不会解体。这就是为什么标准遗传密码会有一个"终止子"，核糖体只有读到了它，才能启动一系列按部就班的收尾工作，结束翻译，把肽链、转运 RNA 和信使 RNA 全都释放出去，自己同时解体成大亚基和小亚基。所以，如果翻译工作出现了某种意外，比如终止子突变丢失，甚至信使RNA 干脆断掉了，那核糖体就会在断口处不知所措，尴尬地悬置下去了。

遇到这种情况，转运信使 RNA 就要大显身手了 [VI]。如图 4-76，它首先以转运RNA 的身份进入核糖体，在那里把自身携带的氨基酸——通常是丙氨酸——连接在半途而废的肽链上，然后像正经的转运 RNA 那样向着核糖体内部移动，顺势把自己的密码子序列带进核糖体。这样一来，整个核糖体就可以根据这个密码子序列，给那个半途而废的肽链补上一个特殊的结尾了；而这个密码子序列以终止子结束，核糖体由此正常结束了翻译工作，解散成了大小亚基，释放了肽链和转运信使RNA。

至于那个半途而废的蛋白质，它已经成了严重的残次品，不能用了，所以转运信使 RNA 给它续上的"特殊结尾"就是一个"销毁标志"，细胞里的蛋白酶很容易就能结合上去，及时地把这个残次品水解掉，拆成氨基酸，重新制造有用的蛋白质。

雷纳尔德·吉莱注意到，转运 RNA 上那段密码子序列的位置，恰好与转运RNA 的内含子的位置非常一致。而这个内含子，就是第十七章里，转运 RNA 成熟时必须剪掉的那个内含子，那个关系到转运 RNA 起源的内含子，所以，他提出了这样一幅信使 RNA 的起源图景 [VII]。

最初，迷你螺旋在进化中重复加倍，发展成了原始的转运 RNA 和原始的肽基转移酶中心——这兼容我们此前的一切图景。

接着，原始的转运 RNA 与原始的肽基转移酶中心结合起来，开始聚合简单的肽链——大多数假说认为最初的相互作用只能制造一些随机的肽链。

不过，想想看，那次重复加倍很可能给原始的转运 RNA 留下了一串冗余序列，也就是今天被细胞当作内含子剪切掉的部分，但在当时，一些特别长的冗余序列却可能与其他转运 RNA 交互作用，与它们末端的反密码子互补配对，提供排序的模

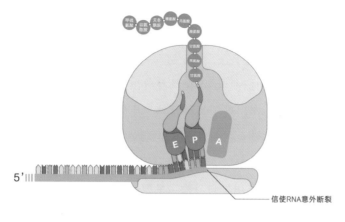

信使RNA意外断裂

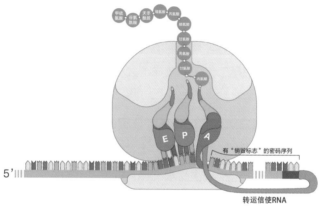

有"销毁标志"的密码序列

转运信使RNA

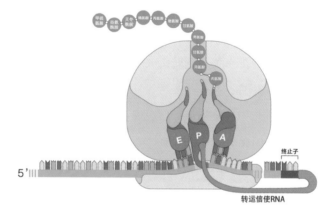

终止子

转运信使RNA

图 4-76　转运信使 RNA 工作原理：当信使 RNA 因为某种原因断裂了，最后一个转运 RNA 就会悬置在 P 位点上，残缺的肽链也无法移除，整个翻译系统因此卡死。此时，转运信使 RNA 就会填补到 A 位点上，用一段编码了"销毁标志"的序列接续在信使 RNA 后面。而这个有"销毁标志"的序列带有正常的终止子，翻译工作也就能够顺利结束了。你不妨与第六章里"三种工具"那一节对照一下。（作者绘）

板，就像今天在图 4-76 中发生的那样。

不同的，只是当时的"冗余序列"或者叫"密码子序列"要比今天丰富得多，核糖细胞所需的各种蛋白质，都可能写在上面，并不只有"销毁标志"而已。

所以，转运 RNA 和信使 RNA 都来自原始转运 RNA，前者在进化中剪除了内含子，专职运送氨基酸，后者在进化中失去了迷你螺旋，只管编码多肽链，而转运信使 RNA 就保留了原始转运 RNA 的基本面貌。雷纳尔德·吉莱还特别提及，今天的转运信使 RNA 全都携带着丙氨酸，而且它们编码的肽链也总是以丙氨酸开头和结尾，而丙氨酸恰恰是大多数假说里最早参与编码的 4 个氨基酸之一。

在这个假说获得充分的讨论之前，我们姑且只将它当作一种可能性，但这个假说又有一些特殊的美感，因为它实在吻合了太多的线索。而当这些相互吻合的假说交织在一起，我们也得到了一幅至少在这本书里堪称宏大的中心法则起源图景。

最初，地质化学作用产生了 RNA 的单体，它们被白烟囱里的热泳作用浓缩起来，产生了越来越长的 RNA。

在随机序列的 RNA 中逐渐涌现出了一些自我催化的酶 RNA，它们开始自我复制，相互竞争，开始了进化的第一个阶段——单纯的 RNA 世界。其中，一些 RNA 被脂肪酸的小泡包裹起来，成为第一批细胞，或者叫原始细胞。

之后，一些碱基序列与氨基酸的生成反应关联起来，奠定了遗传密码的雏形。3'端是反密码子的 RNA 发卡形成的迷你螺旋，在原始的 aaRS 和 CCA 添加酶的催化下，它们有了 CCA 尾，也有了与反密码子对应的氨基酸。随后，迷你螺旋经历了一次重复加倍，成为原始的转运 RNA。同时，另外一些 L 形螺旋出于热力学的稳定性，组成了多种结构，其中就包括蛋白质翻译系统，由此，RNA 上的碱基序列开始变成蛋白质中的氨基酸序列，原始细胞进化成了核糖细胞，RNA 世界由此发展成了联合世界。

再往后，我们知道更多的氨基酸加入了编码，蛋白质变得越来越复杂，很快发展成了真正的酶。它们反过来以更高的效率催化了核酸的复制与表达，让细胞向着精密和复杂大踏步前进。而其中一项最关键的变化，就是逆转录酶的出现，它们把原本储存在 RNA 里的基因转移到了 DNA 的双螺旋中，大幅提高了细胞的基因组容量和遗传的稳定性，从此，原始细胞进化成了逆转录细胞，联合世界进入了逆转录世界。

到此为止，三元组合的中心法则已经基本落成，唯独缺失的一个环节，就是复制 DNA 的酶系统还没有出现，逆转录细胞的基因组总要先转录成 RNA，再逆转录成 DNA，才能顺利扩增。然而如我们早在第七章就已经明确的，复制 DNA 的酶系统是在末祖分化成细菌和古菌的过程中逐渐形成的。

所以，要看到中心法则最终完工，我们就不得不结束这一幕的演出，前往下一幕去，看看生命要如何才能走向独立。

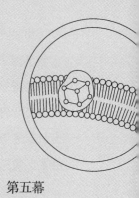

封装与会合

—

两美其必合兮，
孰信修而慕之。

——屈原，《离骚》

2020 年 5 月 29 日 13 点 24 分，就在这本书的作者写下这行字的时候，"旅行者"已经漂泊了 42 年 8 个月 23 天 16 个小时 30 分钟，距离故乡 22 226 464 715 千米，并且在以 17 千米 / 秒的惊人速度继续前进。[1]

故乡啊故乡，那已经是他永远的故乡了——2013 年 9 月 12 日，他几乎毫无觉察地穿透了一层稀薄的屏障。在那里，故乡的风迎面撞上异乡的空气，变得热闹又嘈杂。从那之后，除了电磁场的涟漪，他就再也得不到一点故乡的消息了。[2]

一切都是陌生的，也是乏味的。他在无尽的夜幕中航行在无限的星海之上，向任何一个方向看去都是无底的深渊。但是真的还有方向吗？曾经，人们把天空中的太阳看作至高无上的象征，然而在他的眼中，太阳也只是无数星辰中稍亮的一颗，就像一粒金沙遗落在熔化的沥青上，渐渐地深陷进去，越来越暗，最后被黑暗吞噬——无论如何，太阳所在的那个地方，再也不能叫作"天"，太阳所在的方向，再也不能称作"上"。

2017 年 11 月 28 日，他最后一次燃起了推进的火焰，调整了最终的航向，从那时起直到一切的终点，他将只凭着惯性航行在群星的引力场中——这次旅行永无返航，就在这本书的作者写下这行字的时候，他的钚-238 燃料已经只剩出发时的 71.34%，再过 5 到 10 年，他将没有能量启动任何仪器，无力在电磁场中掀起一点涟漪，断绝与故乡的最后一丝联系，逐渐散尽余温，冷却得逼近绝对零度，到那时，连时间也变得虚无了。

但他最后的任务，就是沉睡在这无尽的旅程中，直到另一种不可思议的智慧邂逅他，唤醒他，从他那里接过那张亮闪闪的唱片。

图 5-1 中有一张直径 30 厘米的黄铜镀金唱片，这稳定的元素搭配可以将其中的信息保存 10 亿年；铝制封套镀有高纯度的铀-238，这种同位素的半衰期长达 44.68 亿年，足以让金唱片的发现者计算出他的启航时间。

在这张唱片的封套上，超新星的遗骨化身航标，指明了他的故乡，氢原子的脉搏变作时计，解释了金唱片的用法——将他送上旅途的人们相信，哪怕跨越了千百

---

[1] 数据来自美国国家航天局 "旅行者号" 任务报告，见 https://voyager.jpl.nasa.gov/mission/status/#sfos。

[2] 经美国国家航天局确认，"旅行者 1 号" 已经穿透了日球层顶，成为第一个完全离开太阳系，进入普遍的星际空间里的人造物体。参见美国国家航天局 2013 年 9 月 12 日新闻，https://www.jpl.nasa.gov/news/news.php?release=2013-278。

图 5-1 "旅行者号"金唱片和封套，以及封套上的图案说明。（来自 NASA）

光年的距离，度过了亿万年的岁月，在一个遥远到连天上的星辰都面目全非的世界里，同一个宇宙里永恒普适的秩序仍能让那陌生的心智发现唱片里的问候。

那问候中有古往今来55种语言的祝福，有列国诸邦时长90分钟的音乐，有从山崩地裂到虫吟蛙鸣，从万壑松风到儿语呢哝，从惊涛拍岸到汽笛号角，从猿啼犬吠到轰炸爆破的万籁，还有展示了山川河泽、花鸟鱼虫、风土人情、科学技术的彩色图片。

可是，远隔着迢迢河汉，那异星的智慧，真的能够理解这份诚挚的问候吗？——恐怕，这已经不是我们真正关切的问题了。

在这浩瀚的宇宙中，有那样一个渺小的星球，悄然绽放了灿烂的生命之光，历经40亿年的进化，出现了一个辉煌的文明，它怀着近乎浪漫的热忱，将对未来与远方的希冀送入了无限的星海之中——"旅行者号"，就是这一切的证据。

在第三幕里，我们解释了元祖们代谢的起源，在第四幕里，我们阐述了共祖们是如何构建了可以传递至今的遗传信息，但在这两幕之间，我们还有一个巨大的缺口。

因为直到现在，我们讲述过的物质能量代谢全都是白烟囱里的地质化学反应，是碱性热液与酸性海水的物质梯度[1]制造了熵增的潜力；是铁硫矿物的晶体施展了丰富的催化作用，破除了熵增的障碍；是矿物管道的热泳作用浓缩了各种物质，逆转了化学平衡的方向。究其根本，是地质化学反应的产物变得越来越复杂，涌现出了原始细胞这样复杂的有机体，如果那些地质化学反应停止了，原始细胞转瞬之间就会因釜底抽薪而瓦解。就如同沸水冷却后气泡破灭，傀儡师撒手后木偶瘫痪。

但是今天没有任何一个细胞还过着这样的生活，哪怕是那些生活在黑烟囱和白烟囱上的细菌和古菌，也只是从喷口汲取所需的物质，自己制造所需的一切，哪怕是完全无法独立生存的寄生生物，也是从其他生命体内窃取现成的有机物，而不像原始细胞那样"寄生"在岩石里。

因为在RNA世界到联合世界的飞跃中，除了中心法则扩展出了翻译的机制，细胞代谢也完成了一次进化史上最关键的封装，分析与综合的道路将在这里会合，遗传与代谢的步伐也将在这里会合。生命的末祖将在这会合与封装中诞生，开辟出两条崭新的道路，离开深渊中的摇篮，开始永无终点的旅行。

---

[1] "梯度"在这一幕里的使用频率很高，如果要彻底追究，这其实是个挺复杂的微积分概念。仅在这本书里，你完全可以把"梯度"理解为"浓度差异"。

• 第十九章

泡沫包装 | 最初的细胞膜

> 要解释细胞的起源，必须要解释细胞膜的起源。
>
> 概括地说，这并不是难于解释的问题。只要浓度足够，链状的两亲分子就会在水中自发聚集成一些微小的胶束，进而形成更大的囊泡，如果时机恰当，它们就可能把一些大分子的 RNA 包裹进去，形成最初的细胞。
>
> 但仔细推敲起来，我们还有许多细节上的问题。比如这样的囊泡实际上非常脆弱，要如何在富含矿物质的碱性溶液里稳定存在？这样的囊泡又是否有足够的通透性，能够让外界的小分子有机物充分渗入，让内部的核酸与蛋白质持续生长？
>
> 对此，不同的研究者再次给出了不同的解释，他们也都在实验中获得了不错的成果。

40 亿年前，有机化学的耗散结构在进化中越来越复杂，最终发展成了生命。但如果要问，生命具体诞生在历史上的哪个瞬间，却不是个可以回答的问题。因为耗散结构的复杂程度不是财产收入，我们无法像收税一样制定一个武断的标准，说耗散结构只要复杂到了这个程度，就必须是生命，差一点，就不能是生命。

但是另一方面，生命又的确有一些关键的特征，使它们区别于一般的耗散结构，也就是第四幕里提出的三种控制功能。我们已经在第三幕里看到了物质能量代谢的起源，在第四幕里思考了中心法则的起源，但对生命而言，这还不完整。现在，是时候交代边界控制的起源了。

这就把"脂肪酸"这种物质推到了相当重要的位置上，事实也的确是这样：脂肪酸之所以叫作"脂肪酸"，就是因为它们与甘油一同构成了脂肪，而脂肪又与糖和蛋白质合称生命的三大营养物质。同时，脂肪酸、甘油和磷酸结合起来，又能构成磷脂，这是绝大多数现代细胞膜的主要成分。在今天的细胞里，脂肪酸通过一系列的生化反应逐步合成出来，乙酰辅酶 A 是最主要的原料，结合我们在第三幕里的讨论，这无疑会让我们燃起许多的希望。

· 亲水与疏水 ·

　　的确，我们在乙酰辅酶 A 路径里获得了充沛的乙酰，这与乙酸就是一回事儿，而乙酸是最简单的脂肪酸之一，至于其他更复杂的脂肪酸，主要就只是把天干排得更靠后一些[1]，丙酸、丁酸、戊酸……排到天干不够用了，再用数字和通称顶上来。比如我们用动物的脂肪做肥皂，其中的主要成分就是硬脂酸钠和软脂酸钠，也就是十八酸和十六酸的钠盐。

　　那么，如果乙酸能从氢气和二氧化碳的反应中制造出来，更复杂的脂肪酸也很有希望以类似的方式出现在白烟囱里。果然，我们在实验中发现，把氢气和一氧化碳溶解在水中加热到100℃以上，再加上铁和钴之类的催化剂[2]，就会有多种多样的脂肪酸产生出来，而且不只有甲乙丙丁这样的小字辈，排到十几的长链脂肪酸也同样能产生出来。[1]

　　对于这些长链脂肪酸来说，做成肥皂清洗油污，就与溶解在水中组建细胞膜是同一回事：脂肪酸那些用天干与数字表示的烃基具有很强的疏水性，数字越大，疏

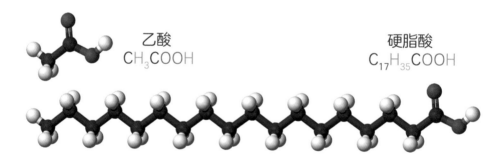

乙酸
CH_3COOH

硬脂酸
$C_{17}H_{35}COOH$

图 5-2　乙酸和硬脂酸的球棍分子模型。你看，硬脂酸就只是碳链长一些罢了。

---

[1]　当然，除了这个主要的变化，更复杂的脂肪酸也可能有不同的烃基侧链，这在细胞内非常罕见。比较常见的是出现不饱和键，成为不饱和脂肪酸，比如所谓的 DHA，就是二十二碳六烯酸，也就是在二十二酸的碳链中出现了 6 个双键。

[2]　在这里采用的是一氧化碳，而不是第三幕里的二氧化碳，是因为这些实验全都基于工业上用煤气和氢气合成脂肪烃的"费托合成反应"。但一氧化碳和二氧化碳的区别也不是太重要的事情，毕竟一氧化碳也同样是二氧化碳被氢气还原的产物，在乙酰辅酶 A 路径里，一氧化碳还是相当关键的中间产物。

水性越强，这也正是油不溶于水的根本原因。但脂肪酸的那个"酸"，也就是羧基，却是一种极其亲水的官能团。所以任何一种脂肪酸都处在亲水与疏水的自我矛盾中。那些烃基比较短的脂肪酸，羧基胜得毫无悬念，甲乙丙丁酸都具有无限大的溶解度，能够以任意比例与水混溶，但对于烃基更长，有八九个乃至十来个碳原子的脂肪酸来说，羧基固然还要亲水，却已不能阻止另一端的烃基疏水，结果，这些脂肪酸就成了所谓的"双极两亲分子"。

> 而"歧具"是一种有两个头的蛇，前头一个，尾巴那头是另一个。当它必须前进的时候，就有一个脑袋留在后面当作尾巴，另一个领头。反之要后退，两个头的用处就会完全倒过来。
>
> ——埃里亚努斯,《论动物的特性》, 2 世纪

双极两亲分子就像一条两端都是头，还脾气很不同的蛇：疏水的那一头讨厌水分子，总想钻进油脂之类的物质里，亲水的那一头当然就想溶解在水里。这样的矛盾要如何才能解决呢？

有两种办法。

一种是肥皂展现出来的，双极两亲分子会专门寻找油脂和水的交界面，把疏水的那一头扎进油脂，再把亲水的那一头留在水里。如果双极两亲分子足够多，可想而知，油脂的表面就会像插满了牙签的水果拼盘，表面到处伸出来亲水端。这样一来，油脂就再也不会聚在一起，形成明确的油水交界面，而会分散成微小的油滴，然后就被水分子轻轻松松地捡起来，洗掉了，这就是为什么我们会在许多场合把双极两亲分子称作"表面活性剂"。

但是油水界面这种东西可遇而不可求，如果溶液中的双极两亲分子足够多，它们还有别的办法解决矛盾。疏水端想要找油脂，而疏水端本身就是半个油脂啊！所以，这些双极两亲分子就会团聚起来，疏水的那头一致向内，互相纠缠；亲水的那头一致向外，与水结合，这就形成一种被称为"胶束"的球状小结构。而如果溶液里的两亲分子实在够多，这些胶束也会越聚越多，碰撞合并。那么，它们会合并成什么样子呢？

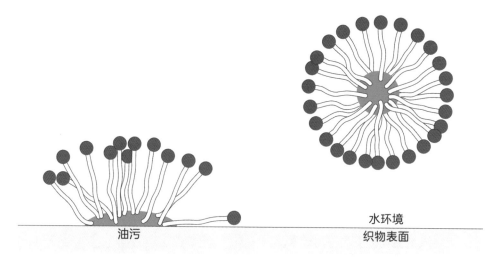

图 5-3　肥皂的主要成分是硬脂酸钠，这种物质会在水中迅速水解成硬脂酸。图中的硬脂酸被简化成了一根"火柴"，红色头表示亲水的羧基，白色尾表示疏水的烃基，那么用肥皂洗衣服的时候，疏水端就会扎进织物表面的油污中，逐渐把油污包裹起来，最终使其脱离织物。我们洗衣服的时候要不断揉搓，就是在促进这个过程。（作者绘）

水环境

织物表面

油污

　　当然不会是一个更大的球体，因为这些分子就那么长，还都要待在表面上，如果变成一个大球体，球体中央由谁来填充呢？所以，它们会合并成一张两层分子的薄膜——就像生物课上说的"双分子层"那样。

　　显然，单独一张薄薄的双分子层绝不是什么稳定的结构，它的边缘具有额外的能量，所以就像一块抹布揉搓揉搓就会拧成团，溶液里的双分子层会自发地缩小自己的边缘——泡泡，双分子层会进一步包裹成一个泡泡，泡泡的里外都是水，内表面和外表面也都是分子的亲水端，这就让一切都安定下来了。如果这个泡泡形成的时候，水溶液里还有许多自我复制的 RNA 团体，也被它顺势裹进去几个，一个原始细胞也就诞生了，就像图 1-3 那样。

　　到此为止，我们都只是把前几章就已经知道的事情说得更详细一些，但这实在是过于理想的细胞膜起源图景，从化学层面上稍微追究一下，我们就会发现上面的每一步都不那么简单，都需要更加详细的解释。

　　第一个问题就是，脂肪酸的胶束真的会聚成泡泡吗？

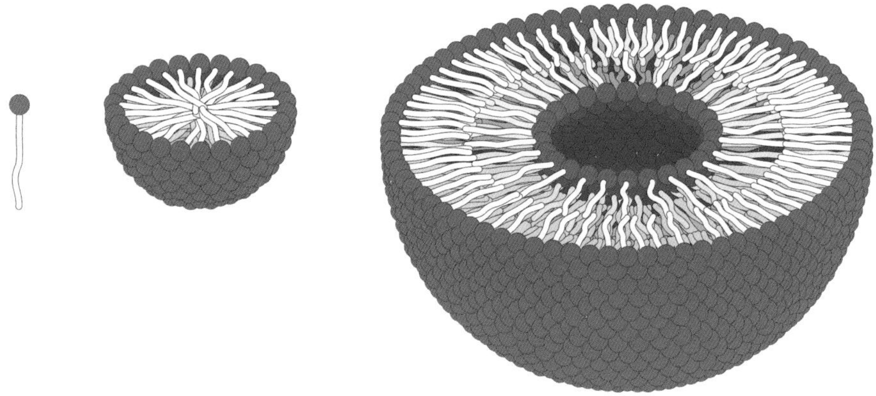

两亲分子　　　胶束　　　　　　　　　　　　　囊泡

图 5-4　最左端仍然是一个磷脂分子的图示。红色的圆球仍然代表亲水的羧基，白色的尾巴仍然代表疏水的烃基。那么当大量的脂肪酸分散在水中，它们就可能以各种方式团聚起来：在胶束中，许多磷脂分子聚成一团，亲水端朝向外部的水环境，疏水端在内部互相聚集；囊泡与胶束类似，但是中央也包裹了一些水，所以还有另一些磷脂分子出现在囊泡内部，亲水端指向内部包裹的水。你可以拿这幅图与图 1-3 比较一下。（作者绘）

　　脂肪酸在溶液中聚集成怎样的形态并不只看自身的浓度，还与溶液中的其他物质大有关系，其中最关键的就是酸碱性和矿物离子浓度。碱性越强，矿物离子浓度越高，脂肪酸就越容易形成难溶的沉淀物，就越难再在水里翻出花样来，这也是为什么过去用肥皂洗衣服总忌讳井水，而根本不能用海水。再比如用肥皂洗澡，洗完之后会觉得皮肤有一种特殊的涩感，那就是因为肥皂里的硬脂酸遇到皮肤表面的各种矿物离子就瞬间结合成了非常难溶的盐，粘在了皮肤上。

　　然而白烟囱不正是这样糟糕的环境吗？其中不但有喷涌而出的碱性热液，还有大量的钙离子、镁离子、亚铁离子，这些都是让脂肪酸凝固沉淀的利器。而且更糟糕的是，我们甚至不能设想有什么机制能驱除这些矿物阳离子：亚铁离子当然是我们整个故事里天字第一号重要的金属离子，它负责与硫离子结合成铁硫矿，少了它一切地质化学反应都会瘫痪；镁离子也同样不可或缺，因为 RNA 要复制，或者要发挥催化活性，环境中都必须有很高浓度的镁离子，无论在细胞内还是在试管里，都是这样的。

图 5-5　提起"最早"、"生命"和"泡影",会想起这幅画。这是收藏在大都会博物馆里的一幅《香遇浮华》,尼德兰画家雅克·德·戈恩二世(Jacques de Gheyn II)绘于 1603 年,常被认为是现存最早的香遇浮华静物作品(参见图 2-2)。中央的骷髅象征死亡,上方悬浮着一个巨大的、随时会破灭的肥皂泡,寓意生命是一场梦幻泡影,顶上用拉丁语写着"人生虚幻"(humana vana)的铭文 [1]。

---

[1]　这幅画除此之外还有其他符号,比如泡泡上的倒影是命运的车轮和麻风病人的摇铃,都是对宿命与死亡的恐惧;盛开的郁金香终将枯萎,燃尽的蜡烛只剩一缕青烟,都是伤逝的东西;金币和银币象征虚幻的财富;上方的两个人像分别是古希腊的德谟克里特和赫拉克利特,分别代表了古典哲学里的欢乐与痛苦,结合起来象征人类的愚昧徒劳。

这样一来，脂肪酸结成泡泡，形成最早的生命的起源图景，岂不是真的成了泡影？

· 混合的配方 ·

长期以来，这都是白烟囱假说，乃至各种生命起源假说普遍遇到的一大难题，但就在这本书写成的同时，一些最新的研究却发现脂肪酸的成分只要稍微复杂一些，事情就会惊人地好转起来。2019 年 8 月，华盛顿大学化学部发表的新研究表明[II]，只要在脂肪酸里混入少许氨基酸，就能在高浓度的盐溶液里形成稳定的泡泡。这可以称作情理之中、意料之外的事情，因为氨基酸的一端是羧基和氨基，都很亲水，而另一端是各种各样的侧链，像丙氨酸、缬氨酸、亮氨酸、甲硫氨酸等氨基酸，它们的侧链同样拥有非常强的疏水性，所以这些氨基酸本来也同样是双极两亲分子，它们与脂肪酸结合起来一同形成胶束，再一同构成泡泡，完全是"物以类聚"的事情。

氨基酸不只是参与形成了这个泡泡，不只是让泡泡能在海水浓度的盐溶液里稳定下来，它还赋予了泡泡对抗变化的能力。这样的混合泡泡一旦形成，即便溶液中的脂肪酸浓度显著降低，它们也不会重新瓦解成胶束，而是会继续稳定地存在着。虽然这个研究团队认为生命起源于海岸附近周期性干涸的浅池，认为这种稳定性能让原始细胞适应浅池中的物质浓度变化，但这种好处也同样适用于白烟囱假说，毕竟热液喷口里到处流窜的水流同样会让脂肪酸的浓度波动起来。

不仅如此，氨基酸与脂肪酸有如此好的天然亲和的能力，也将为蛋白质与细胞膜的牢固结合，包括第五章那种电子传递链，提供出现的可能——这在我们的下一章里有很大的意义。

稍晚，2019 年 11 月，支持白烟囱假说的尼克·莱恩，也发表了他们团队的新成果[III]：如果那些脂肪酸的烃基错乱一些，长长短短的，那么最终形成的泡泡就能在中性和碱性的溶液里稳定存在了。比如 10 到 15 个碳原子的脂肪酸混合起来形成泡泡，就能在 6.5 到 12 的 pH 值范围内稳定存在，也不惧怕海水那种浓度的钙离子和镁离子，足以适应白烟囱里的各种环境了。更有意义的是，尼克·莱恩所在的团队还在脂肪酸中加入了香叶醇和香叶酸，两种最简单的类异戊二烯，发现由此形成的泡泡同样可以在很浓的海水里稳定存在，即便加热到70℃也不破灭。

如果你完全忘了"类异戊二烯"是什么东西，那么，现在就翻到在第七章的图2-85，那是"类异戊二烯"在本书中第一次出现的地方。在那里我们说过，所有细胞的膜结构都由磷脂构成，但具体是哪种磷脂，在细菌和古菌的细胞膜上却截然不同：细菌和真核细胞一样，是用脂肪酸的甘油二酯构成磷脂，而古菌的细胞膜却完全不含脂肪酸，由类异戊二烯的甘油二醚构成磷脂。

所以，我们一直盯着脂肪酸不放，是因为我们最熟悉的那些细胞，尤其是自己的细胞膜富含脂肪酸，但如果眼光放得长远一些，既然细菌和古菌是末祖的孪生子，那我们还有什么理由只考虑脂肪酸这一种可能呢？

而且，"类异戊二烯"这个名字虽然晦涩得很，好像与脂肪酸没有一点儿瓜葛，但是古菌在制造它们时，却与细菌制造脂肪酸用的完全是同一种原料——是的，又是乙酰辅酶A。

如果要详细介绍今天的细胞如何分别制造了这两类物质，那无疑会令本书的作者、读者、校对者和出版商都感到万分头痛，但如果只是概括地说一下它们在方案上的区别，倒也容易得很——在这一章结束之后，又会有一篇"延伸阅读"用最简

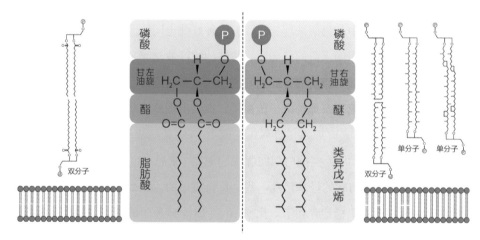

图5-6　右侧是构成古菌细胞膜的类异戊二烯的甘油二醚构成的磷脂的结构，左侧是构成细菌细胞膜的脂肪酸的甘油二酯构成的磷脂的结构。这张图与图2-85一模一样。（作者绘）

单的方式介绍脂肪酸与类异戊二烯的联系与区别。在这里，虽然相关的研究还很稀少，但我们仍然很有理由认为，类异戊二烯很可能与脂肪酸一同出现在生命起源的地方，都是原始细胞膜的主要成分，这也将是细菌和古菌产生细胞膜成分差异的地质化学基础。

当然，这两种方案并不冲突，毕竟脂肪酸、氨基酸和类异戊二烯可以也应该同时存在于生命起源的环境里，它们综合起来让原始细胞膜更加稳定，是顺理成章的事情。而更让局面明朗的是，我们还有一个出现得更早的解决方案，不但能与这两个方案相容，还同时解决了另一个挺重要的问题。

而这另一个挺重要的问题，或许有些敏锐的读者早已经惦记着了：那些自我复制的 RNA 团体一旦被这些泡泡包裹起来，还怎么扩增呢？毕竟，在最初的 RNA 世界里，包括 RNA 单体在内的各种有机物都是白烟囱里的地质化学反应的产物，如今却都被一张双分子膜挡在外面，岂不是要饿死了？

话说回 2009 年，就在阿达·约纳特因为对核糖体的研究获得诺贝尔化学奖的同时，哈佛大学医学院的遗传学教授杰克·绍斯塔克也因为对端粒酶的研究获得了当年的诺贝尔生理学或医学奖（参见图 4-56）。但是随后，绍斯塔克就全身心地投入到了对生命起源的研究中。他是一个不可思议的实验家，经过他与团队的通力协作，RNA 的无催化复制、原始细胞膜的化学性质、多肽的早期生化作用等生命起源的重大问题都有了新的突破。

比如，就这个包裹与扩增的冲突问题来说，我们应该注意到，虽然都是双分子层，但今天的细胞膜由磷酸甘油酯构成，而推想中的原始细胞膜却由脂肪酸或者其他同样简单的分子构成，它们的通透性或许非常不同。于是绍斯塔克在 2013 年专门设计了一套原始细胞的模拟实验，获得了令人喜出望外的结果 [IV]。

他在脂肪酸的溶液中加入了柠檬酸，这种物质是三羧酸循环里的关键节点（参见图 2-13 或图 3-2），在生命起源的环境里很可能广泛存在，而且与镁离子或钙离子有特殊的亲和能力。绍斯塔克希望它能让这些阳离子恰到好处地"克制"起来，让它们既不会流窜出来破坏原始细胞膜里的脂肪酸，又能在 RNA 需要的时候释放出来参加反应。

果然，有了柠檬酸以后，脂肪酸构成的原始细胞膜在碱性的盐溶液里稳定了

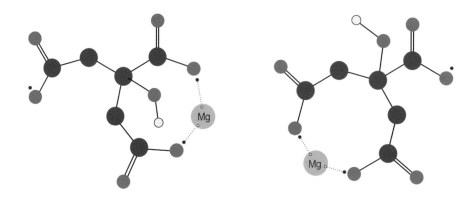

图 5-7　柠檬酸与镁离子的两种结合方式。图中的有机物都是柠檬酸,只是在空间中摆成了不同的形状。柠檬酸有三个羧基和一个羟基,这些带有氧原子的官能团能在空间中以多种方式,从不同的角度把一个二价阳离子,比如镁离子和钙离子,螯合起来。这让阳离子在水中保持了很大的溶解度,同时也"克制"起来,不轻易发生反应。(作者绘)

下来,这再次解决了上一个问题。更妙的是,脂肪酸的流动性也增强了,这让那些 RNA 单体,包括能量通货 ATP,甚至 4 个碱基构成的超短 RNA,都能顺利地穿透原始细胞膜,钻进原始细胞里面去了。

最终,在绍斯塔克的实验中,人类首次证明了只需在原始细胞外面补充 RNA 单体,就能让原始细胞里面的 RNA 模板复制扩增,这无疑是意义深远的事情。

· 生长与增殖 ·

只要 RNA 团体能够持续扩增,我们就自然而然地走向了一个密切相关的问题:原始细胞是怎样生长与增殖的呢?

在今天,这毫无疑问是细胞生活里最重大、最复杂的事情,数不清的酶参与其中,有的负责复制遗传物质,有的负责分配细胞物质,有的负责改变细胞形态,但对于原始细胞来说,这一切就简单了很多:反正 RNA 一直都在复制,随便什么力量把它弄成两半,每一半都将是一个新的细胞。

至于那种"随便什么力量"是怎样一种力量,绍斯塔克同样是重要的研究者。

在过去的 10 年中，他用一系列的实验揭示了原始细胞生长和分裂的许多细节，让细胞分裂的起源图景变得生动起来。

比如，他发现，如果脂肪酸生成于碱性较强的环境中，然后又被水流带进了碱性较弱的环境中，胶束就很容易添补到现成的双层膜上。结果，泡泡们的表面积就将迅速增大，很快就不再是个球形，而是延长成胶囊形。有些时候，这个胶囊会长得特别长，变成一根两头封口的细管，有些细管甚至还会分出枝杈，好像毛细血管一样。这样的结构显然很不稳定，任何水流的扰动都能把它打散，于是就瞬间分裂成了许许多多的小细胞[V]。

绍斯塔克本人并不是白烟囱假说的支持者，他更倾向于地表的火山温泉假说。所以在绍斯塔克的设想中，脂肪酸胶束从碱性较强的环境转移到碱性较弱的环境中依赖的是地表的降水冲刷，但如果要把这个结论放在白烟囱假说里，事情也同样融洽：如果脂肪酸在碱性热液中产生，并随着热液与酸性海水汇合，那就同样遭遇了碱性减弱的变化，同样可能促进原始细胞的生长与增殖。

细胞膜的扩大与 RNA 的复制并不是毫无瓜葛的两件事，当氨基酸结合成了肽，哪怕是随机形成的肽，也能在原始细胞膜和 RNA 之间建立起积极的联系。

因为有的肽可以把 RNA 吸附在原始细胞膜上[VI]，这很有希望提高酶 RNA 的催化效率，加快 RNA 的复制。而这只需在双极两亲的基础上增加一点儿静电作用就可以了：肽是一连串的氨基酸，每一个局部的性质都由那个位置上的氨基酸决定。那么，如果这一端的几个氨基酸侧链都比较疏水，肽的这一头就会疏水，另一端的几个氨基酸侧链都比较亲水，肽的另一头就会亲水。于是，这样的肽就会是一个双极两亲分子，就会和脂肪酸物以类聚，自然而然地镶嵌到原始细胞膜上去，只把亲水的一头露在内侧或者外侧。

不仅如此，同样是亲水的侧链，还有酸性和碱性的区别，比如精氨酸、组氨酸和赖氨酸，它们的侧链不但亲水，还带有碱性，而碱性大家都知道的，就是能与溶液中的氢离子结合，这将使它们带上正电荷。而 RNA 是一种核酸，那条"磷酸核糖骨架"上是整整一排的磷酸，又会往溶液里电离出许多的氢离子，带上可观的负电荷（参见图 4-3）。

后果就可想而知了，RNA 会在静电作用下纷纷吸附在原始细胞膜的内表面上，这将给 RNA 的相互作用带来一场"降维激励"。原本，各种 RNA 分子在三维空间里随机运动，偶然撞上了，才有可能发生反应。如今，RNA 分子吸附在了二维表面上，虽然还是要靠随机碰撞才能发生反应，但二维表面的碰撞概率可比三维空间的碰撞概率大太多了，各种可能的催化反应，尤其 RNA 的复制作用，也就大幅提高了。在绍斯塔克的实验里，由 3 个精氨酸和 3 个色氨酸聚合成的寡肽只需很少的剂量，就能把原始细胞里一半以上的 RNA 都吸附在细胞膜上。

绍斯塔克还在实验中发现，RNA 的自我复制又能促进原始细胞膜的扩增。[VII] 这是因为 RNA 自我复制得越快，大尺寸的 RNA 就越多，原始细胞内的渗透压就越大，就越会从周围吸水（参见图 5-8），就越会让这个原始细胞膜涨得紧绷绷的。此时，如果它接触了其他某个比较松懈的原始细胞，就会掠夺式地从那个细胞膜上吸取脂肪酸，使自己的体积增大，对方体积减小，直到二者拥有相同的渗透压。

毫无疑问，这又将带来一场激烈的生存竞争。地质化学作用提供的脂肪酸胶束不可能真的源源不断，所以就像第十四章里不同的 RNA 复制团体会争夺 RNA 的单体，如今，不同的原始细胞也会争夺这些增殖必需的胶束。显然，那些自我复制更快的 RNA 团体即便封闭在了原始细胞膜里，仍将拥有可观的适应优势，在生命

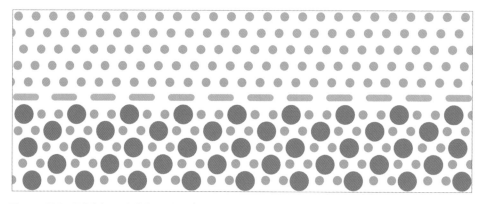

图 5-8 渗透压是非常容易理解的东西。如图，灰色虚线代表细胞膜这样的半透膜，蓝色圆点代表水分子，红色圆点代表大分子的溶质。那么，在半透膜附近，某一个具体的水分子是否会穿越到另一侧，完全是个随机事件，与它在哪一边无关。但是，由于溶质分子占据了许多空间，所以下方的水分子的密度就更低。所以，在相同时间内，从上方穿入下方的水分子就会远远多于从下方穿去上方的水分子，在统计上表现为上方的水渗透到下方。另外，RNA 是核酸，带有负电荷，会使许多原本能够穿透细胞膜的阳离子也被吸引住留下来，无法穿透过去，进一步增大渗透压。（作者绘）

起源之地欣欣向荣。

不仅如此，绍斯塔克还发现，脂肪酸构成的原始细胞膜哪怕只含有少许磷脂，也能与胶束更快地结合，也就能够更快地生长与增殖，繁衍更多的后代[VIII]。这又是一个最标准的选择压力，可以想象，经过一代代的进化，细胞膜里的磷脂会越来越多，直到像今天这样，整个细胞膜都由磷脂构成。

但是，在细胞膜中增添磷脂的过程又不是那样简单。因为磷脂有两条疏水端，由此构成的细胞膜通透性会变差很多，也就妨碍了 RNA 单体之类的有机物乃至一些重要离子的进出，这将在下一章里带来严重的平衡问题。所以，原始细胞膜并不能一往无前地进化成现代细胞膜，还必须发生一场影响深远的革命，才能真的走向成熟。

最后还应该再次说明的是，杰克·绍斯塔克并不是白烟囱假说的建设者，他的生命起源假说建立在热泉、浅池、湖泊等能在太阳紫外线的催动下发生化学反应的环境中，是与米歇尔·罗素、威廉·马丁和尼克·莱恩等人建立的白烟囱假说互相平行的体系。

如果一定要比较这两个体系，杰克·绍斯塔克的研究涉及了更广泛的问题，在核酸与多肽的相互作用，以及原始细胞的存在形式上有很多出色的成果，构成了更大幅面的图景。而白烟囱假说并没有在中心法则上多下功夫，所以在这本书的第四幕里几乎没有露面，但在物质能量代谢的起源问题上做出了具体、完整而精彩的研究，而这是其他起源假说普遍欠缺的，也是本书要将白烟囱假说作为最主要的线索的原因。

当然，这两个体系虽然不同，却不是矛盾与对抗的，因为它们追寻的是同一群末祖、共祖和元祖，它们的成果越可信，描绘出来的图景也就越相近。所以你看，我们在这一章里讨论的绍斯塔克的所有研究成果，果然都可以平滑地整合在白烟囱假说里。

脂肪酸合成与类异戊二烯合成的极简比较

脂肪酸的合成是"累加"。乙酸变丁酸，丁酸变己酸，己酸变辛酸，越来越长。

更具体地说，如图5-9，乙酸不会直接参加反应，而要作为"乙酰基"才足够活跃——这与第五章和第三幕并无区别。那么，乙酰辅酶A上的乙酰基首先会与碳酸氢根结合，变成丙二酰，加载到酰基载体蛋白质上，然后就成了一种名叫"丙二酰ACP"的活性物质。接着，这种活性物质就从乙酰基开始，不断地把碳原子添加在碳链的前端，那些天干和数字也就越长越大了。在这整个过程中，所有的酰基都会加载在酰基载体蛋白质上，什么时候酰基长得够大了，才会瓜熟蒂落，在水环境中变成对应的羧酸。

由于丙二酰ACP每次只给脂肪酸增加两个碳原子，起始的乙酸也只有两个碳原子，所以细胞合成的脂肪酸也总是有偶数个碳原子，比如硬脂酸有18个碳原子，软脂酸有16个碳原子，肉豆蔻酸有14个碳原子，月桂酸有12个碳原子。[1] 反过来，在脂肪酸的分解代谢中，比如剧烈运动消耗脂肪的时候，细胞里

的酶就会每次从这个碳链上剪下两个碳原子，变成乙酰辅酶A，送去三羧酸循环"燃烧"掉——真的就像香遇浮华画派描绘的燃烧的蜡烛一样。

另外，丙二酰既没有双键也没有侧链，所以细胞直接合成的脂肪酸都是直链的饱和脂肪酸，细胞如果需要所谓的"不饱和脂肪酸"，比如鱼油里的DHA和EPA（二十五碳五烯酸），还有植物油里的亚油酸和α-亚麻酸，就需要很多额外的加工了。[IX]

类异戊二烯的合成则是"倍增"。5个碳原子变成10个碳原子，10个碳原子再变成20个碳原子。

具体的如图5-10，在古菌细胞内，3个乙酰辅酶A结合成1个异戊二烯醇，[2] 它会连接在两个磷酸基上，成为"异戊二烯焦磷酸"，这就是倍增的单位了。接着，异戊二烯焦磷酸就与自己的同分异构体"二甲基烯丙基焦磷酸"结合起来，成为"香叶基焦磷酸"，两个香叶基焦磷酸又结合起来，就成了"香叶基香叶基焦磷酸"。

对于这个倍增的单位，异戊二烯醇有5

---

[1] 不过细胞也偶尔会用另一种叫"丙酰辅酶A"的物质作为脂肪酸合成的起点，那样合成出来的脂肪酸就会有奇数个碳原子，比如牛奶，含有微量的十五酸和十七酸，但是总的来说，自然界不存在高浓度的大奇数脂肪酸。

[2] 古菌的类异戊二烯合成途径被称为"甲羟戊酸途径"（Mevalonate pathway），除此之外，细菌和真核生物能够通过"磷酸甲基赤藓醇途径"（MEP pathway）用丙酮酸和甘油醛合成异戊二烯焦磷酸。

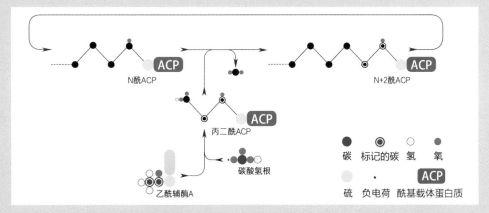

图 5-9 脂肪酸合成的极简图示。所有的箭头都省略了中间步骤，键线式省略了碳上的氢，虚线表示省略的碳链。注意那些被标记的碳原子，只有它们才会进入未来的脂肪酸，所以脂肪酸的碳原子实际上全部来自乙酰辅酶 A，碳酸氢根只是走个过场。（作者绘）

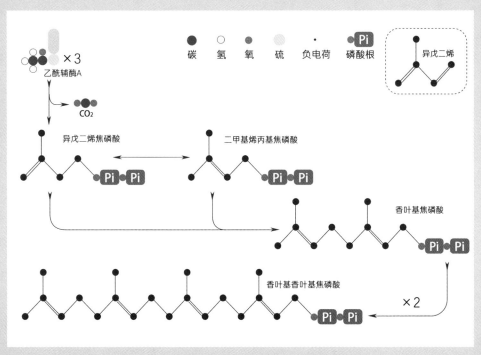

图 5-10 类异戊二烯合成的极简图示。所有的箭头都省略了中间步骤，键线式省略了碳上的氢，右上角的异戊二烯与此反应无关，只用作对照。（作者绘）

个碳原子，1个侧链，还有1个双键，所以倍增出来的类异戊二烯总是有5倍数的碳原子，还有大量的侧链和双键。不过双键会让碳链变硬，妨碍细胞膜的流动性，所以古菌又会把那些双键全都氢化掉，变成饱和的侧链烃基。[x]

对此，那些熟悉有机化学的读者可能会感到奇怪，这整个反应都不涉及任何"异戊二烯"，为什么要叫"类异戊二烯"呢？这是因为这两种单体都与异戊二烯有着相同的碳骨架，都能划分成一个个异戊二烯，所以我们在很长一段时间内都误以为它们是异戊二烯直接聚合出来的。

值得注意的是，古菌不能合成脂肪酸，细菌与真核细胞却都能合成类异戊二烯，类异戊二烯还是植物极其重要的次级代谢产物。所以在生物化学上，我们其实更多地把"类异戊二烯"称作"萜烯"，带着一个暗示其与植物有关的草字头。

而且，异戊二烯既有分支又有双键，所以倍增的产物也多种多样，不见得就是一条长链，也可以是环环套套各种千奇百怪的形状，产生各种独特的化学性质。松香、冰片、樟脑、薄荷醇和天然橡胶，都是萜烯，它们都是极其重要的化工原料。蓝细菌和叶绿体制造的各种类胡萝卜素也是萜烯的衍生物，它们不但负责光合作用，而且是自然界最重要的色素。各种动物呈现的红、橙、黄色几乎全部来自食物中的类胡萝卜素，其中，β-胡萝卜素拆成一半，就是维生素A——一种极重要的萜烯。序幕的第一篇"延伸阅读"提到过，我们能够看到东西，全是因为视网膜上的视紫红质里镶嵌了修饰过的维生素A。如果你还记得第七章里介绍过一种盐杆菌，它们也同样用菌视紫红质吸收光能。而自然界中最广泛存在的链状萜恐怕就是"植醇"了，我们在第八章的图3-4里见过它，那是各种叶绿素的关键组成，也是维生素E和K的合成前体，规范的名称是"叶绿醇"。还有，所谓的"类固醇"，也是萜烯衍生物，而脊椎动物有数不清的激素，包括各种性激素，都是类固醇。

总之，我们已经在各种生物身上发现了2万多种萜烯衍生物，负责了千变万化的生理职能，但由于题材和篇幅的关系，我们就只介绍这些。

第二十章

产业转移 | 细胞物质代谢的起源

迄今为止，共祖所需的各种有机物，都是由白烟囱里的地质化学反应制造的，但独立完整的生命必须拥有自己的物质能量代谢机制，所以，共祖需要将原本属于地质化学的固碳作用转化成生物化学的。

白烟囱假说注意到了一种相当关键的铁硫蛋白，即"能量转换氢化酶"。这种蛋白质能够借助跨膜的氢离子梯度，用氢气还原二氧化碳，制造有机物，占据了乙酰辅酶 A 路径的起点位置，很可能就是当初地质化学反应的接替者。

但是，这种蛋白质必须镶嵌在细胞膜上，然而这对细胞膜的通透性有着苛刻的要求，这在进化上陷入了一种两难的境地，对此，白烟囱假说提出，"逆向转运蛋白"正是打破僵局的关键。

在上一章里，原始细胞有了细胞膜，开始有模有样地生长与繁殖了。但多少有些遗憾的是，这些原始细胞还都是非常极端的"异养生物"，甚至不妨说是"寄生生物"，一切物质能量代谢都完全依赖环境中的地质化学作用，比如今天的衣原体和立克次体还缺乏独立性。所以早在第十五章里，我们就说过它们太简单了，如果放在今天恐怕没有几个生物学家会把它们当作完整的细胞。

但是既然结束了整个第四幕的故事，我们就知道有些原始细胞将会进化成核糖细胞，获得蛋白质翻译系统，制造千变万化的蛋白质，一切局面就全都打开了。

比如说，在第五章，我们很详细地介绍过，今天所有的细胞都是通过跨膜的氢离子梯度制造了能量通货 ATP，而从事这项工作的那一整套电子传递链，一定是从某个共祖开始就镶嵌在细胞膜上了（参见图 2-19）。核糖细胞就完全有能力进化出这样的共祖，然后结束那种仰赖外界能量供应的日子。同样在第三幕，我们讨论过末祖的固碳作用很可能是乙酰辅酶 A 路径，而催化这个路径的各种酶，也都是些非常古老的蛋白质，可见是某个共祖进化出了它们，从此不再依靠外界供应的有机物。

俗话说"爹有娘有，不如自己有"，生命虽然脱胎于地质化学作用，但地质化学作用的产物终归无法掌控，核糖细胞中的共祖们通过酶促反应接手这一切，自己掌握，一切就都变得主动起来了——我们似乎已经勾勒出了细胞物质能量代谢的起源图景。

在第三幕里，我们介绍过在地质化学作用中，镶嵌在矿物管道上的铁硫矿物晶体是如何催化了各种制造有机物的反应，那么，某些共祖制造的铁硫蛋白同样镶嵌在细胞膜上，就很可能像催化固碳作用那样成为物质代谢的起源。同时，如果某些铁硫蛋白还能把氢离子泵出细胞膜外，那就变成了原始的电子传递链，成为能量代谢的起源。

从此水到渠成，一通百通，从共祖到末祖的进化之路上再没有什么观念上的困惑。

在很大程度上，这个起源图景应当是正确的，但在具体细节上却远远没有这么简单，能量代谢中的固碳作用或许出现得容易一些，但是能量代谢的起源却暗藏玄机。上一章结尾的时候我们就说过，原始细胞膜要进化成现代细胞膜需要经历一些特殊的关键事件，而这些特殊的关键事件，就与能量代谢的起源紧紧捆在一起，这构成了整个白烟囱假说里最精彩的部分。

在这一章里，我们要从比较容易的固碳作用开始，做好了解这一切的准备。

·能量转换·

现在，你要翻到第八章去，再仔细看看图 3-6，那上面有一种名叫"铁氧还蛋白"的物质，我们在正文里一直没有提到它，只在第九章的"延伸阅读"里介绍了它的基本工作原理，但对于乙酰辅酶 A 路径来说，它实在是极其重要。因为乙酰辅酶 A 路径要用氢气还原二氧化碳，也就是要把氢气的电子转移给二氧化碳，但氢分子中的电子非常稳定，在一般的条件下绝不会心甘情愿地转移到二氧化碳身上。所以，我们才会在第三幕里大费周章地讨论铁硫矿物晶体如何催化了这个反应，而在今天的乙酰辅酶 A 路径中，铁氧还蛋白的核心任务也正是合伙抢劫氢分子的电子，把这对电子存储在自己内部的铁硫簇电容器里，转交给二氧化碳，间接地实现那个还原反应。

对此，我们可以提出两个很直接的问题：铁氧还蛋白，或者任何一种铁硫蛋白，是怎样出现的，铁硫簇又是怎样跑到蛋白质里面去的？以及，"合伙抢劫"——是谁和铁氧还蛋白一起夺走了氢分子的电子？

前一个问题更根本一些，回答起来也更简单一些：半胱氨酸，细胞在肽链里加入了半胱氨酸。

原始细胞膜不像今天的细胞膜，屏蔽离子的能力很差，来自酸性海水的亚铁离子和硫离子都能渗入原始细胞内部，在那里结合成铁硫簇，并且越长越大，最终成为铁硫矿的晶体——除非它们遇上了半胱氨酸。

半胱氨酸是最简单的含硫氨基酸，在结构上就是给丙氨酸的侧链加了个巯基。"巯"，一个混成词，就是"氢硫"，我们在第十章里也遇到过这个官能团，它与羟基非常类似，其实就是把羟基的氧换成了硫，但是硫的氧化性到底比氧弱了很多，所以并不能把那个氢原子抓得很牢固，在水溶液里经常把它电离出去，自己也就成了半个"硫离子"，在碱性溶液中，这个电离尤其充分。

于是，已经电离了的半胱氨酸遇到正在形成的铁硫簇，也能像正经的硫离子一样掺和进去，就像图 5-12 那样——把铁硫簇锁定了。

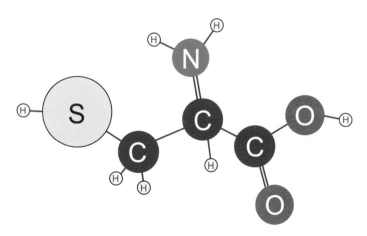

图 5-11　半胱氨酸的分子结构，左侧的硫原子和氢原子在有机化学中叫作"巯基"。（作者绘）

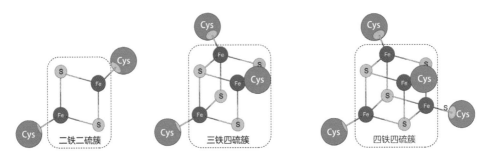

图 5-12　最常见的三种铁硫簇。虚线框里的铁和硫是铁硫簇，虚线框外面的蓝球表示半胱氨酸，残基上的黄色部分表示其中的硫原子。可见，半胱氨酸占据了一个硫原子本来应该占据的位置。你不妨对照一下图 3-8。（作者绘）

因为半胱氨酸毕竟只是半个硫离子，它占据了硫原子应有的位置，却不能继续结合其他的铁原子，这就让铁硫簇无法继续长大了。但是，半胱氨酸的另一半上有氨基和羧基，可以参与合成多肽，这就把铁硫簇也折叠到蛋白质里面去了。当然，转运 RNA 认不得这些结合了铁硫簇的半胱氨酸，也就无法用它们合成多肽，所以细胞内实际的生化反应要倒过来：如果肽链中带有足够的半胱氨酸侧链，就能从四面八方把现成的铁硫簇包裹进去，形成铁硫蛋白，铁氧还蛋白就是其中最简单的那一类。

果然，2019 年，美国罗格斯大学和莱斯大学的一项新研究成功制造了一些非常简单的铁氧还蛋白，其中最小的只含有 12 个氨基酸，而它们竟然能在大肠杆菌的生化反应中正常地运送电子。[1] 这或许意味着，在 40 亿年前，铁硫蛋白可能出现得非常顺利。

很容易想到的是，那个包裹铁硫簇的蛋白质如果在表面上有很多疏水的侧链，就不能自由自在地漂荡在细胞内部的水环境里，而更愿意与细胞膜里那些两亲分子的疏水端物以类聚，于是镶嵌到细胞膜上。如果那些蛋白质还把铁硫簇包裹在了恰到好处的位置上，彼此距离够近，近得电子可以相互跃迁，那就很可能形成某种电路元件了。正如第九章的"延伸阅读"里介绍的形形色色的铁硫蛋白，这些电路元件可以发挥一些精巧的催化作用，逐渐接手原本发生在毛细管道上的地质化学反应，使之成为细胞的生化反应。

在这场革命性的"产业转移"中，一种最关键的蛋白质恰好就是第二个问题的答案：无论是在产甲烷古菌还是在产乙酸细菌的细胞内，铁氧还蛋白都是与另一种名叫"能量转换氢化酶"的铁硫蛋白一起夺走了氢分子的电子。这种铁硫蛋白在白烟囱假说里意义重大，同时关系着细胞物质代谢和能量代谢的起源。

如图 5-13，能量转换氢化酶是一个镶嵌在细胞膜上的铁硫蛋白，从整体上看，它包括"底座"和"电路"两个部分。底座是图中深蓝色的部分，因为表面疏水，所以会自然而然地镶嵌在细胞膜里。电路是图中的浅蓝色部分，表面亲水，凸出在细胞膜内，其中镶嵌了 4 个铁硫簇，第一个铁硫簇中有一个镍原子，氢分子会结合在它附近，还有一个氧化态的铁氧还蛋白，就结合在最后一个铁硫簇附近。除此之外，还有一条通道贯穿了两个部分，氢离子可以由此穿越细胞膜 II。

但仅仅组装起来，这套设备还不能把氢分子中的电子抠出来，因为这是一个耗能反应，它还需要一种强大的外部动力——细胞膜两侧的氢离子梯度。

我们在第五章里说过，今天的细胞会通过电子传递链源源不断地把氢离子泵出细胞膜，使细胞膜外侧的氢离子浓度总比内侧的氢离子浓度高出好几个数量级。而对于白烟囱里的共祖来说，它们甚至根本不需要电子传递链就能获得膜两侧的氢离

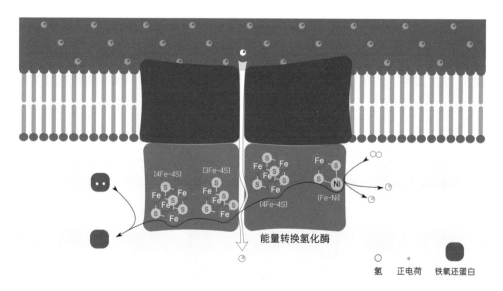

图 5-13　产甲烷古菌的能量转换氢化酶工作原理简图。粉色是细胞外，浅灰色是细胞内，栅栏似的图形是细胞膜。为了理解方便，并未严格描绘真实的蛋白质形态。（作者绘）

子梯度，因为碱性热液的 pH 值可以达到 9 到 11，而原始海水的 pH 值可以低至 6 以下，两者之间的氢离子浓度相差了 1 000 倍到 10 万倍，全被一层薄薄的矿物洞壁隔开，而这洞壁并不那么严密，存在着许多微小的孔洞，使得两侧的溶液能够缓慢渗透，相互反应。所以共祖只要紧紧贴合在这洞壁上，就能直接利用这种天然的氢离子梯度了。[III]

关于能量转换氢化酶的具体工作机制，现在还不是非常明白，但大致上是通道里的氢离子在微妙地影响那个"电路"。如图 5-13 所示，细胞膜外侧的氢离子会顺着能量转换氢化酶"底座"上的通道向细胞膜内侧流动，而氢离子带着正电荷，就像一个移动的微型正电极。当它们靠近电路中的铁硫簇，就会短暂接通与氢分子之间的电路，让氢分子中的电子有更大的概率跃迁到那个含镍的铁硫簇上。而跃迁一旦发生，氢分子就变成一对氢离子，漂走了。

而这对电子一旦进入电路，能量转换氢化酶就会把通道里的氢离子放走，此时，这对电子唯一的出路，就是顺着铁硫簇继续跃迁，一直跑到铁氧还蛋白那里，被它接走[IV]。就这样，氢离子涌入时产生的电能被能量转换氢化酶成功拦截了一部分，充进了铁氧还蛋白——我们在第九章里预告过的铁硫蛋白的"充电器"，说的就是它。[1]

而作为整个固碳作用的一部分，如图 5-14，这些铁氧还蛋白会投入到固碳作用中去，还原二氧化碳。至于那些涌入细胞的氢离子，由于共祖的细胞膜通透性很强，它们立刻就能与另一侧渗入的氢氧根离子中和成水，或者干脆也从另一边渗出细胞去。所以氢离子永远也不能把细胞灌满，膜两侧的氢离子梯度也就会永远存在，固碳反应也就会一直持续下去，源源不断地制造有机物出来。其中一部分有机物还可以继续转化成 ATP，启动能量代谢——还记得吗？第五章里我们说过的，如今所有的细胞都能通过发酵的方式，把有机物转化成 ATP，这想必也是从共祖这里继承下来的。

事儿就这样成了，共祖只要有了右半边中心法则，从最简单地铁硫蛋白开始进

---

[1] 另外，在第九章结尾的地方，我们说过，尼克·莱恩另外提出过一种二氧化碳和氢离子都顺着铁硫矿的缝隙钻过来的反应机制，如果这种反应机制成立，那么矿物洞壁上的原电池反应就会与能量转换氢化酶的工作机制如出一辙，但可惜，他很快又否定了这种机制。

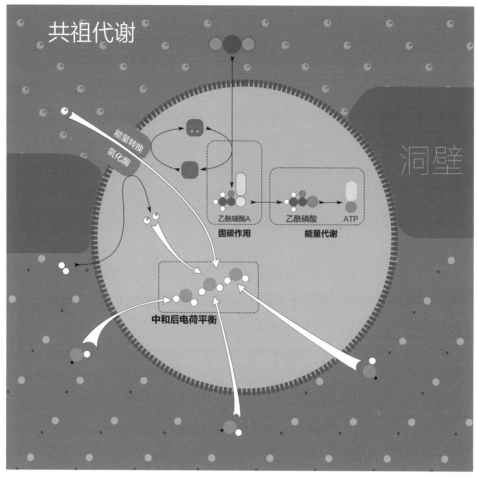

图 5-14　白烟囱假说构建的共祖代谢示意图，图中能量转换氢化酶正在发生图 5-13 中的反应，固碳作用的虚线框里正在发生图 3-6 中的反应，能量代谢的虚线框里省略了许多反应物和反应步骤。（作者绘）

化出一些精致的分子机器，包括第九章里的那些酶，就不再是什么困难的事情了，原本发生在矿物管道壁上的地质化学反应，也就重新包装成了细胞膜上的生物化学反应。不过，如果你对"铁硫蛋白这么精致的电路是怎么进化出来的"这个问题有理解上的困难，那么在第二十二章的"延伸阅读"里，在认识了最后一种铁硫蛋白之后，我们会试着回答这个问题。

　　但即便绕开了这个困惑，那些敏捷的读者仍然会立刻提出这样一个问题：既然共祖的细胞膜通透性很强，那氢离子为什么偏偏要从能量转换氢化酶或者 ATP 合酶的通道里走呢？

这个问题本身并不难于回答。"通透性很强"是相对今天的细胞膜而言，但哪怕就是脂肪酸构成的最简单的双层膜，带有电荷的氢离子也不能像夏天的熏风穿过纱窗那样畅通无阻，而更像倒进布口袋的水，要缓慢地渗透出去。所以如果我们不断地往口袋里灌水，布口袋就总会装满了水，而这也正是白烟囱的所作所为：地壳裂缝不断涌出新的碱性热液，海水的体积又近乎无限，共祖细胞只要待着不动，细胞两侧就会有永不平衡的氢离子梯度，也就是永不枯竭的熵增潜力。而能量转换氢化酶或者 ATP 合酶的通道就好比在布口袋上戳了一个洞，当然会引得氢离子鱼贯而过了——如果这段话还不能让你想起第四章里的讨论，那么这句话就是在提醒你了。

总之，经尼克·莱恩的研究小组的计算，共祖细胞膜两侧的 pH 值只需相差 3，也就是氢离子浓度相差几千倍，能量转换氢化酶和 ATP 合酶就能达到今天的工作效率了。

那么，共祖可不可以进化出密闭性更强的细胞膜，不让离子轻易透过，在细胞两侧积累更大的氢离子梯度，让能量转换氢化酶和 ATP 合酶工作得更起劲呢？

这就是上一章末尾的那个问题了——不能，共祖不能这样做。

起初，密闭性更强的细胞膜的确能够营造更大的氢离子梯度，这是有好处的。但是密闭性强到某种程度，那些从通道进入细胞的氢离子，还有氢分子被氧化后变成的氢离子，就无法渗出细胞了，而氢氧根离子也会被屏蔽在外，无法渗入细胞中和掉这些氢离子。很快，细胞就会被氢离子灌满，细胞膜两侧的氢离子梯度大幅降低，细胞内环境也会变成酸性，各种生化反应都要受到干扰了。

那么，共祖同时进化出原始的电子传递链，是不是就能解决这个问题了呢？

乍看起来，这真的是个不错的解决方案。第五章介绍过，电子传递链能够把细胞内部的氢离子泵到细胞外侧去，维持跨膜的氢离子梯度，这样不但解决了氢离子在细胞内部堆积的问题，还让细胞获得了化学渗透的能量收入，岂不是很好吗？

不好，可以说没有任何好处——因为这个问题根本就没有出现。

是啊，既然密闭性更强的细胞膜已经开始贻害，共祖又怎么会进化出这样的细胞膜呢？而共祖既然没有进化出这样的细胞膜，又何须一套电子传递链来多此一举，排放细胞内根本就不存在的氢离子堆积呢？至于说让电子传递链制造更大的氢离子梯度，那更是一件非常尴尬的事情：进化不是一蹴而就的事情，刚刚诞生的电子传递链不可能有多高的效率，它们制造的那点氢离子梯度在磅礴的地质化学反应面前根本就不值一提。更关键的是，共祖的细胞膜仍然具有比较高的通透性，电子传递链泵出的那点氢离子立刻就会渗漏回去，一点儿都不会积累下来。

根据尼克·莱恩的计算，如果共祖的细胞膜通透性足以维持细胞内的离子平衡，那么，哪怕是把现代细胞最成熟的电子传递链安在它们的细胞膜上，再把它的细胞膜密闭性增强 1 000 倍，都不会带来一点儿额外的能量收入，反而是制造电子传递链会消耗不少能量[1]，得不偿失。

归根结底，这都是因为天然氢离子梯度本身就是最充沛的能量之源，共祖只靠它们就可以活得很好，其他设备能不捣乱就已不错，锦上添花实在太难了。

就这样，共祖陷入了一个僵局：细胞膜要获得密闭性，除非电子传递链已经足够完善，能把细胞内部的氢离子全都泵出去；电子传递链要出现却要等细胞膜有了高度的密闭性，能把自己泵出的氢离子拦在外面。这件事在等那件事，那件事在等这件事，结果哪件事都没有选择优势，也就全都没有进化的动力了。

但事实是，这样的进化的确发生了，否则就不会有人思考此事，讨论此事了。

那么，谁来打破这个僵局呢？

·打破僵局·

钠离子。钠离子在某些关键的地方酷似氢离子，在另外一些关键的地方又不同于氢离子，白烟囱假说认为，就是这微妙的相似与差异打破了那个僵局。ᵛ

学过化学的读者都知道，氢离子实际上就是一个质子，这样的东西不能在水中孤立存在，总要与水分子结合成"水合氢离子"。水合氢离子与钠离子的尺寸很接近，前者的半径是 0.100 纳米，后者的半径是 0.116 纳米。当然，它们还带着等

---

[1] 电子传递链是非常大的蛋白质，由很长的肽链组成，而在蛋白质的翻译过程中——这一点我们在第五章和上一幕里完全省略没提——每形成一个肽键，就至少要消耗一个 GTP，也就是一个能量通货，所以对于一般的细胞来说，蛋白质合成是首屈一指的能耗大户。

量的电荷，前者能够钻过的通道，后者往往也能。所以，至少在产甲烷古菌和产乙酸细菌的细胞内，能量转换氢化酶和 ATP 合酶不但能用氢离子的梯度制造有机物、合成 ATP，也能用钠离子的梯度完成同样的工作 VI。

但是钠离子比氢离子更难通过细胞膜，对于一般的脂质膜来说，钠离子的通过速度大概只有氢离子的百万分之一。所以，共祖如果能把细胞内部的钠离子泵到细胞膜外，那么即便细胞膜仍然非常通透，也能在细胞膜两侧积累额外的钠离子梯度，为细胞制造更多的有机物，生产更多的能量通货，这样的性状一出现，就是货真价实的优势，哪怕优势不大，也一定会被自然选择相中，发扬光大。

更妙的是，共祖仍然可以利用细胞膜两侧的氢离子梯度泵出钠离子，这就成了一份白来的能量。

在细菌和古菌的细胞膜上，还镶嵌着一类古老的"逆向转运蛋白"VII，它也有许多穿透细胞膜的通道，但这些通道能够识别氢离子和钠离子，有些只能通过氢离子，而另外一些只能通过钠离子，而且，这两种通道紧紧地耦合在一起；有一个氢离子要到这面去，必须同时有一个钠离子到那面去。既然细胞膜外面有那么多氢离子抢着要进入细胞内部，逆向转运蛋白当然就会像商场的旋转门一样，一边持续地迎进氢离子，另一边不断地泵出钠离子了。

哈，这就太妙了！进进出出之际，细胞膜外侧的氢离子就替换成了钠离子，而钠离子比氢离子更难渗透细胞膜，也就更容易积累下来形成跨膜梯度，更容易变成有机物和能量通货——更加优质的资源。在尼克·莱恩的计算中，细胞可以因为这样的"资源升级"而额外收获 60% 的能量。而且，共祖原本需要细胞膜两侧的 pH 值相差 3 以上，而有了逆向转运蛋白，pH 值相差略小于 2 也无妨，这意味着氢离子梯度可以缩小到原先几十分之一。这样的共祖就能适应更多变的环境，而向周围扩张了。

有这样大的好处，当然会让逆向转运蛋白被自然选择青睐，很快就被共祖大量装备在细胞膜上，于是，一场影响深远的革命开始了。

氢离子就是氢离子，与来历无关，酸性海水带来的氢离子可以资源升级，细胞自身泵出去的氢离子同样可以。由于原始的细胞膜对氢离子有很强的渗透性，所以原始电子传递链泵出的氢离子有极大的概率直接渗透回来，什么都做不了。但是，

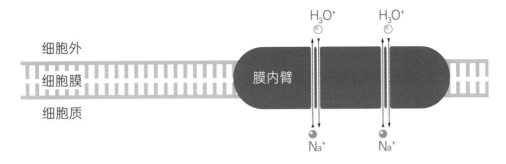

图 5-15　逆向转运蛋白的工作就是用细胞膜外侧的水合氢离子交换细胞膜内侧的钠离子。（作者绘）

原始细胞膜的渗透性再强也只是相对现代的细胞膜而言，氢离子更优先从原始细胞膜上的通道穿过去，当细胞膜表面装备了逆向转运蛋白，任何一个泵出细胞膜的氢离子都有可能在返回细胞内部的同时再泵出一个钠离子，而钠离子留存在细胞膜外侧的概率是氢离子的 100 万倍，从统计上看，这也就相当于把那些氢离子复制了100 万份。

　　这样一来，原始电子传递链的威力就被瞬间扩增了几万倍，那个僵局也就立刻被打破了。最直接的影响，当然是电子传递链的潜在价值提前兑现了出来，也就能够被自然选择相中，日渐成熟高效起来了。另一方面，细胞膜的密闭性每增强一点，氢离子就更难直接渗入细胞内，而会以更大的概率经过各种蛋白质的通道进入细胞。如果是通过了能量转换氢化酶的通道或者 ATP 合酶的通道，那就是当即推动了物质代谢和能量代谢。如果是通过了逆向转运蛋白的通道，那就又把这个氢离子的统计权重扩大了 100 万倍。而且，既然电子传递链已经踏上了持续进化的康庄大道，细胞膜就可以亦步亦趋，即便增强了密闭性也不会使细胞内堆积氢离子了。

　　但是，具体要用什么样的配方增强细胞膜的密闭性，共祖却分化成了两派：一派把细胞膜的主要成分逐渐替换成了磷酸甘油二酯，另一派却把细胞膜的主要成分替换成了磷酸甘油二醚——是的，这就是细菌细胞膜与古菌细胞膜的起源了。

　　这样看来，逆向转运蛋白一方面促成了细胞膜的密闭性和电子传递链的出现，另一方面也启动了细菌域和古菌域在进化上的分野。所以如果要在白烟囱假说里武断地选择一个标准，说在此之前的共祖就只是共祖，在此之后的共祖就可以称为末祖，那么，逆向转运蛋白的出现很可能是最好的选择。

这个现代细胞膜的起源图景似乎很传奇，但它却极好地破解了生命起源中的另一个难题：自然界的海水总是钠离子比钾离子多得多，而细胞的内环境却总是反过来的，钾离子比钠离子多得多。

生命起源于海洋，而海水中含量最多的金属阳离子就是钠离子了。按质量计算，每100克的海水就含有1.05克的钠。而其余的金属阳离子，镁只占0.14克，钙和钾更只占0.04克。考虑到单个的钾离子比钠离子更重，那么单位质量的海水中，钠离子的数量就将是钾离子的40多倍。

这是因为海洋中的盐分来自地表的岩石，岩石中的金属离子会被降水溶解出来，汇入大海，然后随着海水蒸发像熬盐一样富集起来。而岩石中的钠离子比钾离子更容易释出，所以即便是在河流湖泊这样的"淡水"中，钠离子的个数也是钾离子的10倍左右。另一方面，盐分离开海水的主要途径是重新形成岩石，而钾离子又比钠离子更容易形成岩石，所以总归起来，海水中的钠离子就比钾离子多得多了。

目前，根据沉积物中包裹的水，地质学家可以像第一章里调查40亿年前的大气成分一样直接测量生命起源那个年代的海水成分，发现那时海水的钠含量是现在的1.2倍到2.0倍，比今天还要咸些[VIII]。

但是，在今天的任何一个细胞内，其他金属离子的比例都与海水差不多，唯独钾离子与钠离子的比例却颠倒过来。哺乳动物神经细胞的钾浓度是150毫摩/升（即"mmol/L"），钠只有15毫摩/升；酿酒酵母细胞质的钾浓度是130毫摩/升，钠是79毫摩/升；即便是第七章里那些盐湖中的嗜盐古菌，也会在外界的钠浓度达到4摩/升的同时把细胞内的钾浓度同样增加到4摩/升，让细胞内的钾离子始终比钠离子更多。为此，细胞不惜消耗大量的ATP，持续不断地把细胞外面的钾离子吸进来，把细胞里面的钠离子泵出去，尤其是动物的神经细胞，直接用这种离子梯度在细胞膜上维持了被称为"静息电位"的电压，人类作为神经系统最发达动物，即便什么都不干呆坐在那里，全身10%以上的能量也会因此消耗掉。

这个奇怪的矛盾一直是生命起源里非常重要的线索，普遍意义可能不逊色于酶

RNA 的发现，但要解释其中的缘由，却是个长期困扰我们的难题。

直观地看，这个矛盾直指末祖。末祖的细胞内一定是钾比钠多，以至于那些最古老、最关键的生化反应适应了高钾低钠的反应条件，所以近 40 亿年来的进化都不得不迁就这个需求。

比如说，就在蛋白质翻译系统中，肽基转移酶中心要想发挥正常的活性，就必须有一些一价阳离子协助，铵根离子和钾离子都能胜任这份工作，但钠离子和氢离子就一点儿忙都帮不上。[IX] 类似的，那些协助转运 RNA 进入核糖体、协助蛋白质折叠、制造细胞膜所需的磷脂乃至修复 DNA 断裂的蛋白质，也有许多最古老的成员绝对依赖钾离子，而对钠离子没有反应，甚至会被钠离子抑制。

但要说末祖的细胞里为什么钾比钠多，大多数研究者的看法都是"末祖真的源自某个钾比钠多的环境"，包括白烟囱假说的重要启发者，第七章里的尤金·库宁，也试图在 40 亿年前寻找一个高钾低钠的环境，比如某些蒸汽冷凝的火山温泉就真的是钾比钠多，多出 60 多倍 [X]，而且那里富含硫、锌、锰之类的催化剂，似乎也能为有机物的起源提供条件。

而在威廉·马丁和尼克·莱恩的白烟囱假说中，事情就简单自然多了。生命的起源不需要苛求特殊的钠钾浓度，反正，逆向转运蛋白会把末祖细胞里的钠离子全都泵出去，到时候细胞内浓度最高的一价阳离子就是钾离子，今天的细胞维持这样颠倒的钠钾比例也就只是墨守成规而已。

于是，借着白烟囱里天然的氢离子梯度，又借着一次革命性的钠离子泵出，我们得到了一个融洽而圆满的解释，我们解释了共祖是如何接手了地质化学的固碳反应，在细胞里面用氢气还原了二氧化碳，又解释了细胞膜是如何走向了成熟，一边进化出了更加密闭的细胞膜，另一边也镶嵌上了最初的电子传递链。

或者，我们可以在更宏观的角度上看到，白烟囱里的耗散结构是如何在涨落中一步步地加速熵增。最初，碱性热液与酸性海水直接相遇并不能产生有机物，氢气与二氧化碳中的熵增潜力根本释放不出来，只能积累一些管道似的矿物。后来，矿物表面的地质化学作用催化了氢气和二氧化碳的反应，成功制造了有机物，那种熵增的障碍就被悄悄突破了。而当生命出现，共祖进化出了酶促的固碳反应，局面就彻底不同了——请不要忘了中学课本里的基本知识：酶的催化作用专一而高效，要比无机催化剂迅猛百万倍甚至数亿倍，所以同样是乙酰辅酶 A 路径，矿物管壁上的地质化学版本与共祖的生物化学版本，根本不能同日而语。

这让白烟囱里的熵增潜力就像打开了大坝的泄洪闸，喷涌而出。

第二十一章

能量之源 | 化学渗透的起源

在细胞的能量代谢中,电子传递链与 ATP 合酶无疑是最关键的,它们为大部分的细胞制造了绝大多数的 ATP。其中,ATP 合酶具有一种独特的水轮机式结构,所以长期以来,ATP 合酶的起源问题也吸引了许多研究者的注意。

通过与其他大量相关蛋白质的比较,我们现在推测,这种奇怪的酶极有可能源自一种核酸移位酶,而这种移位酶本来负责共祖的性行为。细菌和古菌的性菌毛与鞭毛,也都与此有着密切的联系。

与此同时,与 ATP 合酶配套工作的电子传递链,尤其是其中的复合物 I,也几乎可以确定源自能量转换氢化酶,它与 ATP 合酶的进化都涉及了一次关键的“方向调转”。

在这整本书里,第一种让你感到惊奇的“分子机器”,想必就是序幕第二篇“延伸阅读”里的细菌鞭毛,那是一种超巨型蛋白复合物,可以在跨膜氢离子梯度的催动下旋转扭动,让小小的细菌在溶液里游得比猎豹还快一倍多。在那之后,第二种让你感到惊奇的“分子机器”,恐怕是第五章里的“ATP 合酶”了,这种蛋白复合物同样利用了跨膜氢离子梯度,能在高速旋转中把 ADP 和磷酸研磨成 ATP。

对这两种复合物的起源之谜的最终解释全都留到了这一幕,因为它们都镶嵌细胞膜上,直接的动力都是跨膜氢离子梯度,都会旋转,都曾被我们比作水轮机——我们渐渐发现,细菌鞭毛与 ATP 合酶不只是“形似”而已,它们在进化上也颇有渊源,很可能来自同一个原型。

而这个原型或许能帮我们回答一个重要的问题:今天的大多数细胞都通过“化学渗透”获取能量,也就是利用“电子传递链”在细胞的膜结构两侧制造巨大的跨膜氢离子梯度,再用这种梯度驱动 ATP 合酶,制造 ATP。在第五章里,我们曾以线粒体为例,很认真地了解过它。

可是,ATP 合酶如同复杂的机械,而电子传递链又暗藏了一套“量子电路”,

这样精致的结构是怎样形成的呢？我们得一个一个分开讨论。

· 通道输出 ·

关于 ATP 合酶的基本结构和工作原理，我们已经在第五章的第三篇"延伸阅读"里很详细地介绍过。如图 2-25，ATP 合酶主要包括两个主要的部分：F_0 亚基作为水车的轮子，镶嵌在细胞膜上，里面有一个半环形的通道，细胞膜外侧的氢离子就从那个通道里流入细胞，它还有一个架子，固定了 F_1 亚基；F_1 亚基则是水车的碾子，它的中心是一根棍子，棍子一头插进 F_0 亚基正中，在氢离子的推动下不断旋转，另一头就插进一个六元环，每旋转一圈，就带动这个六元环研磨出 3 分子的 ATP。

这样看来，整个 ATP 合酶还可以继续拆成四个小块：F_0 亚基的"轮子"和"架子"，以及 F_1 亚基的"棍子"和"碾子"。在此基础上，尤金·库宁给出了一个惊人的"ATP 合酶起源图景"[1]：最先出现的轮子原本是个跨膜通道，提供物质进出细胞膜的出入口；六元环的碾子原本被用在中心法则里，负责把新转录的 RNA 剥离模板；后来碾子结合在了轮子上，成为共祖们展开性行为的"器官"，架子就负责让这套器官更牢固；再后来，某些性器官喷出的不是遗传物质，而是蛋白质，棍子也就形成了；最后，这一切倒了过来，一个消耗 ATP 的复合物就变成了制造 ATP 的复合物。这也将成为这一章的主要框架，不过，我们还会增加很多库宁没有讨论的细节。

所谓"跨膜通道"，就是一些表面疏水的蛋白质镶嵌在细胞膜上，利用自身的通道沟通了细胞膜的内外两侧。经过上一章的讨论之后，这是非常容易理解的东西：共祖的细胞膜密闭性越来越强，许多物质，比如各种离子，要进出细胞就不那么自由了。细胞因此进化出了丰富的通道蛋白，特许某些物质由此出入，这也是第四章里"边界控制"的具体表现。

而那个六元环的碾子与上一幕的中心法则有密切的关系，它的原型很可能是一种"解旋酶"。

解旋酶，顾名思义，就是解开螺旋的酶，这个螺旋当然就是指核酸的双螺旋。

两条互补的 DNA 可以构成双螺旋，两条互补的 RNA 也可以构成双螺旋，DNA 和互补的 RNA 还可以构成双螺旋，而核酸一旦组成了双螺旋，所有的碱基序列就都被互补配对"藏起来"了，这会在很多时候带来不便，解旋酶就专门负责把双螺旋拆开，把碱基重新暴露出来。至于解旋酶要如何把双螺旋拆开，这也是很容易理解的事情：想想看，你要把两根缠在一起的绳子迅速分开，会怎么做呢？当然是捏住一根绳子一路捋下去了。解旋酶的工作原理也是这样的，它们能吸附在双螺旋的一条链上，然后利用 ATP 的能量不断错动，顺着这条链一路捋下去，把双螺旋拆开。

今天的细胞里面存在着好几个超家族的解旋酶，它们拥有各不相同的结构，有些超家族的解旋酶只有一个单位，有些超家族的解旋酶就是几个单位抱在一起解旋。像 ATP 合酶的碾子那样，由 6 个单位拼成环的解旋酶就出现在 3 个超家族里，在所有细胞里参与了多种多样的核酸反应[II]。

在这些六元环状的解旋酶中，有两种吸引了库宁的格外关注。一种被称为"ρ 因子"，它们负责把刚刚转录出来的 RNA 解下来，早在 20 世纪，人们就发现它与 ATP 合酶的碾子长得很像，拥有高度同源的氨基酸序列，在进化上明显来自同一个原型[III]。另一种被称为"TrwB"，细菌的某些质粒通过它拆成两条 DNA，再把其中一条送给别的细胞，经过比对，它与 ATP 合酶的碾子有密切的进化关系。

为了理解 ρ 因子的工作内容，我们需要知道这样一件事情：细菌只有一种 RNA 聚合酶，它会不停地在 DNA 上扫荡，不管遇到什么都转录成 RNA——我们很有理由相信，共祖也会是这个德行。

那么，不同功能的 RNA，特别是制造不同蛋白质的信使 RNA，要怎样才能彼此分离开呢？

共祖和细菌可以采取两种行之有效的解决方案。一种是在 RNA 的末尾增添一小段特殊的 RNA 序列，这段序列一旦转录出来，就能折叠成一个特殊的发卡结构，把自己从末端剪断——这被称为"内部终止"。与之相对的"外部终止"就是制造一种专门的酶，识别 RNA 上的终止序列，在那附近把已经完成转录的 RNA 掐断——在今天的细菌细胞内，这个专门的酶就是 ρ 因子。

更具体的过程如图 5-16，这个 ρ 因子也是一个六聚物，不过平时并不是一个

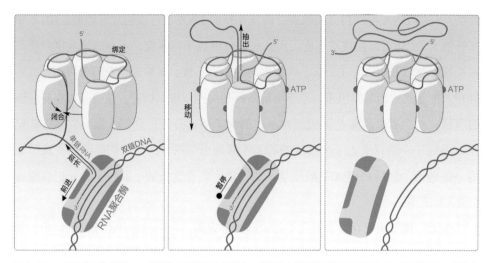

图 5-16 ρ 因子的工作原理。ρ 因子的六元环原本不闭合，能够套在刚刚转录出来的 RNA 上，并且把 RNA 绑定在自己的一端，然后闭合起来，把 RNA 套住。接着，ρ 因子的 6 个缝隙都会结合 ATP，利用这些能量沿着 RNA 前进，也就把 RNA 从中央抽出来了。最后，ρ 因子会把整条 RNA 抽出来，促成 RNA、DNA 和 RNA 聚合酶的相互分离，ρ 因子随后会与 RNA 自动脱离，重新打开，恢复原状。另外，RNA 聚合酶催化的反应，就是图 4-7 里的反应。（作者绘）

闭合的环，而是一个张开的半环，它们能套在 RNA 终止序列的上游，在那里闭合成一个圆环，把 RNA 套进去，同时张开 6 个亚基之间的缝隙，露出 ATP 的结合位点，然后就利用 ATP 水解释放的能量错动起来，顺着这条 RNA 不断前进，一直前进到这条 RNA 的终止序列附近，被 RNA 聚合酶挡住[1]。在那里，它虽然无法继续前进，却还会继续拽那根 RNA，结果就把转录完成的 RNA 从 RNA 聚合酶里拽出来，成功终止了转录。[IV]

你看，ρ 因子能够利用 ATP 提供的能量顺着 RNA 往前 "爬"，但如果被 RNA 聚合酶挡住了，这个动作就变成了把 RNA 往外 "抽"。想想看，这是非常容易理解的事情：在运动会的娱乐项目上，爬绳子和拔河其实是同一个动作，区别只在于是绳子被固定住，还是你被固定住。

---

[1] 聪明的读者或许会问，如果 RNA 聚合酶跑得很快，ρ 因子追不上，岂不是永远也无法 "外部终止" 了吗？而且，即便 RNA 聚合酶的速度没有那样快，也可能在 ρ 因子之前超越某条 RNA 正确的终点，开始转录下一段 RNA，到时候 ρ 因子即便追上了它也不能在正确的地方切分 RNA 了。这的确是个好问题，因为 RNA 聚合酶的转录速度真的要比 ρ 因子的爬行速度更快，但是，凡是需要 ρ 因子来分割的 RNA，都会在终止序列下游有一个特殊的暂停序列，能够大幅延缓 RNA 聚合酶的动作，使 ρ 因子及时地追上来。所以你看，图 5-16 里面中间那幅是有个 "暂停" 的。

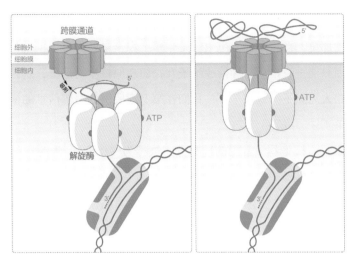

图 5-17 ρ 因子与跨膜通道结合，变成一个 RNA 移位酶，这将把一整条 RNA 都送到细胞外面去。（作者绘）

所以可以想见，如果 ρ 因子从一开始就被固定住了，那它的整套动作从一开始就是抓住一条 RNA，然后顺着自己中央的孔不停地送出去，进一步地，如果它是固定在了某个通道蛋白上，那它就会把整条 RNA 都送到细胞外面去了。

这个跨膜通道和解旋酶的组合具备了轮子和碾子的原型，我们可以根据功能把它称作"RNA 移位酶"。坦率地说，我们从来没有在今天的细胞膜上发现过这样的 RNA 移位酶，但这并不意味着这样的假设就不合理，因为只要把 RNA 换成 DNA，就与细菌用于性交的某些 DNA 移位酶一模一样了。

·性的诱惑·

"细菌会性交"，这多少让人觉得有些不可思议，毕竟在中学课本上，我们都只知道真核生物会有性生殖，而细菌就只会分裂生殖，一个变两个，两个变四个，四个变八个。[1] 但是要注意，性与生殖是完全不同的两件事：前者是指个体之间交换遗传信息，后者是指增加个体的数量。我们总是混淆这两件事，是因为我们真核生

---

[1] 当然，也有一些细菌能一次分裂成多个细胞，比如 L 型枯草芽孢杆菌（*Bacillus subtilis* L）就能一次发出好多个芽，每个芽都是一个新的细胞，但这同样是细胞分裂，只是分裂得不均等罢了。

物的性行为总是与生殖行为相伴发生，组成那种被称为"有性生殖"的复杂好事，但在原核生物那里，性就是性，生殖就是生殖，完全是两件事。也就是说，在真核生物中，基因只能垂直地从父母传递给子女，而在原核生物这里，基因却可以在亲朋好友甚至路人之间平等地赠送——我们在第七章所讲的遗传信息的横向转移，说的就是这回事了。

具体说来，原核生物最常用的性交方式被称为"接合"。为此，某些原核细胞会伸出一种名叫"性菌毛"的蛋白复合物。性菌毛像触手一样，"摸"到其他原核细胞就会粘住，缩回来，把两个细胞拉在一起，紧紧贴住。然后，伸出了性菌毛的细菌会顺着性菌毛内部的管道把一段 DNA 递出去，注入另一个细菌，然后重新分开，事儿就这样成了。

接合让原核生物可以把自己的基因到处传播出去，同时能到处收集自己没有的基因，大幅提高原核生物的适应性。比如让当代医学万分头痛的病菌耐药性问题就与原核生物的性行为关系密切：某个细菌突变出了抗药基因并不会独享这份优势，而会通过接合，把这个基因传递给自己遇到的其他细菌。而且比较惊人的是，与真核生物的有性生殖不同，原核生物的接合完全无视物种差异，不同物种的细菌之间，甚至细菌和古菌之间，都有可能欢畅地交换基因。那么，如果许多种抗药基因都通过性行为荟萃到了同一种致病细菌身上，一个天不怕地不怕，什么药也杀不死的"超级病菌"菌株就应劫而生了。

不仅如此，性行为带来的好处远非"互通有无"可以概括，因为基因的效果从来都不是孤立的，而是与其他基因的效果综合起来，共同决定生物的适应性。所以往往有一些突变单独出现时并不能带来什么适应优势，甚至会妨碍生存，但是组合起来却能带来巨大的适应优势。我们不妨用鸟类举一个简单的例子：双腿长得靠后，不利于保持平衡；趾间粘连成蹼，不利于抓握和攀缘；尾部皮脂腺格外旺盛，不利于脂肪储备；喙长得宽扁，不利于啄食——这些性状单独出现都没什么明显的好处，甚至有些累赘，但是组合起来，我们就有了地球上最成功的游禽——鸭子。

不难想见，要同一只鸭子的祖先单枪匹马突变出这么多性状的相关基因，那将比买体育彩票中奖的概率还要小得可怜。但只要有了性行为，一切就都不一样了，这些基因可以在整个种群的不同个体身上分散着突变出来，然后通过性行为组合成鸭子的祖先。也就是说，性行为能够化腐朽为神奇，把原本没有适应优势的突变重新组合成极具潜力的复杂性状，也将化零为整，把每个个体的基因组汇入一个更大尺度上的基因库，让个体缔结成种群。面对变幻莫测的外部环境，毫无疑问，种群的适应性要比个体的适应性强大到不知哪里去了。

时至今日，地球上绝少有哪个物种能够完全摆脱性行为的诱惑，包括那些所谓"孤雌生殖"和"无性生殖"的物种，也总会通过种种机制，偷偷地参与性行为。所以在第六章的第三篇"延伸阅读"中，当我们要解答"先有鸡还是先有蛋"这个简单的难题时，一定要大声强调进化的单位是"种群"，而不是"个体"。同样，从这一刻起，你要记住，末祖，现存生命的最后一个共同祖先，是一个"种群"，而不是一个"个体"。

说回细菌，它们要在接合的时候把 DNA 送出去，就需要某种 DNA 移位酶了。而这种移位酶，正是库宁注意到的第二类六元环——"TrwB"。

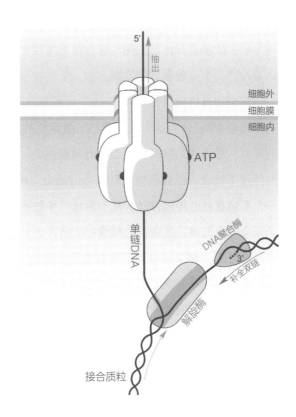

图 5-18　DNA 移位酶 TrwB 的工作原理。它会把接合质粒的一条单链 DNA 抽出来，送到细胞膜外面去。同时，在右下方，解旋酶负责把双链解开，DNA 聚合酶负责把另一条单链补全成双链。这张图与图 5-17 的最后一步有着显著的相似性。（作者绘）

TrwB 是目前被研究得最充分的移位酶，它的结构和工作方式，就与我们推测中的 RNA 移位酶完全一样。它也是一个碾子似的六元环，也是在碾子的缝隙里水解 ATP，也是像拔河一样拽一条单链 DNA，而且它自带一个跨膜通道，能直接把这条单链 DNA 拽到细胞膜的外侧去。[v]

我们很有理由认为这样的结构在共祖身上就已经大规模地出现了。接合这种行为同时出现在细菌和古菌身上，很可能源自末祖。而且从原理上看，基因的横向转移也能够大幅提高共祖的复杂程度，让它们获得更强的适应性。如果你在图 2-8 注意过共祖之间有很多互相连通的短线，使同一个末祖上溯出来好多个共祖，那就是在表现基因的横向转移了。

· 自私基因 ·

但是，我们仍然会遇到一个在这一幕里出现过多次的问题：这一切是怎么开始的？移位酶是在性菌毛的配合之下才把 DNA 注入了另一个细胞，但是在移位酶出现之前，性菌毛有什么用呢？在性菌毛出现之前，移位酶又有什么用呢？这本书会试着给出一个有些微妙的答案。

细菌通过接合送出去的 DNA，可不是随便一段什么 DNA，而通常是一个专门的"接合质粒"，而这个接合质粒上最重要的基因，就是制造这些移位酶和性菌毛的基因，然后才是抗药性之类的其他基因。[1][VI] 如图 5-19，原本不能发起接合的细菌经过了接合，也会获得发起接合的能力。所以从根本上看，"接合"这种行为是一个质粒在自己传播自己，在不断地"扩散感染"。它们是一伙"自私的基因"，除了不会酿成灾祸，各种行径都像极了病毒。

反过来，移位酶也并不是对整个细胞负责，而只需要传播那个质粒就可以了。这让我们推测最初的移位酶即便没有性菌毛，也可以随机地把 RNA 或者 DNA 送出去，这些遗传信息的载体只要以任何方式进入了其他细胞，这个质粒就成功地传播了自己。至于是不是浪费了所在细胞的核酸资源，那反而不是很重要的事情。

---

[1]　如果你想在这本书之外拓展一下，这种移位酶与质粒的对应关系包括 TrwB 和 R388 质粒、TraD 和 F 质粒、TraG 和 RP4 质粒。

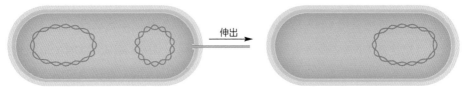

1.有"接合质粒"的细菌是阳性细菌，有性菌毛，否则是阴性细菌，没有性菌毛。

2.阳性细菌的性菌毛吸附到阴性细菌，随后缩短性菌毛。当然，性菌毛也可以吸附另一个阳性细菌，甚至一个古菌。

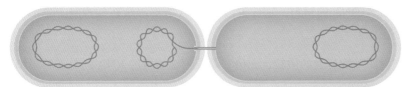

3.性菌毛缩回，两个细菌贴近，接合质粒的一股单链DNA顺着性菌毛进入阴性细菌。

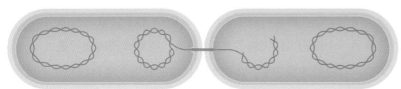

4.在阳性细菌那里，接合质粒不断补全送走的那股单链DNA，在阴性细菌那里，单链DNA也被补全成双链。

5.最后，阴性细菌也有了完整的接合质粒，因此变成了阳性细菌，也能制造性菌毛了。

图 5-19　细菌接合的过程。图中的细菌细胞内有两种双链环状 DNA，椭圆形、较大的是细菌的"拟核"，圆形、较小的是与接合关系密切的"接合质粒"，下一节会专门讲述它。需要注意的是，除了图中展示的主要过程，细菌的质粒常常与拟核整合起来，然后再重新脱离下来，这样一来一去，接合质粒就很容易携带上其他的基因，传递给其他的细菌了。（作者绘）

或许可以构成佐证的是，原核生物在横向转移基因的时候并不必然依赖接合，它们也可以单纯地就把 DNA 送出细胞膜去，而周围的其他细胞就有可能通过某种跨膜通道把这条 DNA "吸进去"，这被称为"转化"。1928 年证明 DNA 是细胞遗传物质的那个"格里菲斯实验"就是把带有致病基因的 DNA 直接"投喂"给本来不能致病的肺炎链球菌，结果把它们变成了能致病的肺炎链球菌。

在"转化"的启发下，我们似乎可以试着进一步地推想，在细胞膜密闭性增强的过程中，地质化学反应制造的 RNA 单体，包括一些天然形成的短 RNA，都会被挡在细胞外面，而这本来是很有价值的资源。所以，共祖如果可以制造一些跨膜通道，有选择地把这些 RNA 摄入细胞，就能节省不少物质和能量了。实际上，今天的细菌通过接合或者转化获取了外来的 DNA 之后，也往往会把那条 DNA 直接切碎，用作自己合成 DNA 的材料。这件事情的 RNA 版本出现在共祖身上恐怕也是很合理的。

而那个"发明"性行为的质粒，无论它是核糖细胞里的 RNA 还是逆转录细胞里的 DNA，都是利用了这套现成的机制：最初，它只是突变出了一种新式的解旋酶，专门用来复制它自己，然而这个解旋酶还能结合在跨膜通道上，立刻就变成一个临时的移位酶。结果，它在解旋时拆下来的那条 RNA 总是会被送到细胞外面去，侥幸的话，就会被另一个细胞当作天然的 RNA 资源，顺着跨膜通道吸进去。

这种侥幸哪怕只有极低的成功率，在指数级扩增的威力下也足以把这个质粒复制到绝大多数的细胞中去，然后像病毒那样进化得日渐精密。它们会编码出一个真正的移位酶，再编码出一根专用的性菌毛，彻底变成一件称手的性器官，日后末祖建立了复制 DNA 的酶系统，再做稍许修饰，改成运送 DNA，就与今天的接合毫无二致了。

而且，这个"日渐精密"的过程也比听上去容易很多，因为性菌毛也是一个特化的移位酶。

· 一通百通 ·

移位酶可以把核酸这样的大分子运送到细胞膜外面去，这是个极好的"原型"，只要稍微加工一下，共祖就能一通百通，把各种各样的蛋白质也送到细胞膜外面去，进化出千变万化的分泌功能了。

最开始，共祖可以分泌一些没什么规则，但是比较黏的蛋白质，把自己牢牢粘在最有利的生存环境，比如白烟囱里氢离子梯度非常显著的某处管壁上。直到今天，细菌和古菌仍然用类似的方式黏附在物体表面，使你不得不找牙医来定期清洁。

接着，共祖分泌出去的蛋白质如果形状规则，能够一个接一个地粘成一串，共祖就会像聚会上的罐装丝带一样喷出去一条绳索。绳索可是个好东西，它能以最少的材料连接空间中的两个物体，并且以简单的受力方式拉近这两个物体，或者说得通俗一些，共祖可以拽着这根喷出去的绳子，爬到别的地方去，或者把别的东西拉过来。

想想看，性菌毛不正是这样一条绳索吗？

我们在原核生物的细胞膜上发现了许许多多专门分泌大分子物质的蛋白复合物，它们被统称为"分泌系统"，其中被称为"Ⅲ型分泌系统"和"Ⅳ型分泌系统"的两种特别值得我们注意，因为它们的核心结构都是酷似"碾子"的六元环，库宁在他的论文里只讨论了前者，但这本书也很愿意介绍一下后者，因为这个Ⅳ型分泌系统与我们刚才所说的一切都有密切的关系，它就是细菌和古菌构造性菌毛的"原型"。

如图 5-20，Ⅳ型分泌系统包括了一整套跨膜通道，贯通了整个细胞膜和细胞壁，下方还有一对很关键的"蛋白质移位酶"，涂成了蓝色，也是六元环，被称为"TrwK"。在细菌准备接合的时候，这对 TrwK 会不断地转动，把很多蛋白质送到细胞膜外侧，堆积起来，组装成一条很长的管道，这条管道，就是性菌毛。

而性菌毛末端很黏，一旦粘住了其他细胞，又会发生一些形态上的变化。这种变化会像多米诺骨牌一样，从末端一直传回基部，基部的 TrwK 就开始倒转，从基部开始把那些蛋白颗粒全都拆下来送走，整根性菌毛就会因此不断缩短，把那个粘住了的细胞拽过来。

当两个细胞紧紧贴合住，前面提到的 TrwB 就会发挥作用了，它会把接合质粒中的一股抽出来，顺着性菌毛的管道送出去，一直送到另一个细胞那里去。

在这整个过程中，TrwK 不仅发挥了至关重要的作用，还给我们提供了许多关于起源的线索。

首先是 TrwK 在进化上与 TrwB 有着密切的联系，它们由同一个质粒编码，拥有非常酷似的基本结构，都是六个单位构成环，都是在环的缝隙里水解 ATP 作为

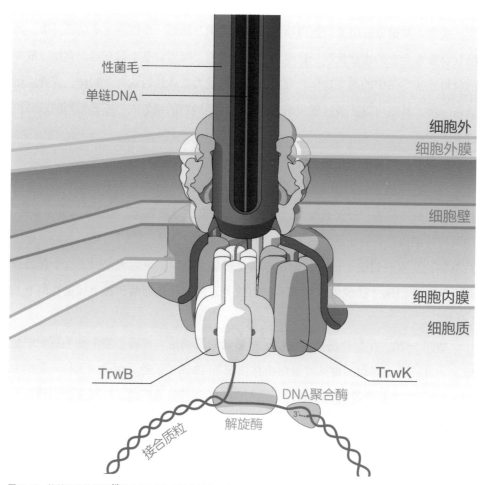

图 5-20 革兰氏阴性细菌[1] 的 IV 型分泌系统的结构示意图。图 5-19 实际上是这个图的一部分，而且为了表现清晰，这个图示省略了很多蛋白质。（作者绘）

[1] 细菌需要保持细胞内外的液压恒定，所以进化出了一层"细胞壁"，而根据细胞壁的具体结构，细菌可以总体分为两类：革兰氏阴性细菌在细胞膜外有一层肽聚糖构成的细胞壁，在细胞壁外面又盖了一层"细胞外膜"，整个结构就像奥利奥一样；革兰氏阳性细菌则没有细胞外膜，而是拥有很厚很厚的细胞壁。古菌的情况类似革兰氏阳性菌，但是不含肽聚糖，而由蛋白质构成，所以古菌的 IV 型分泌系统会省去好几个环。

运动的能量[VII]。

所以我们进一步发现 TrwB 和 TrwK 竟然相似到了可以"混用"的地步[VIII]。在图 5-19 中,我们看到 TrwB 需要固定在一个跨膜通道附近,才能把 DNA 送出细胞。那个跨膜通道当然就是Ⅳ型分泌系统的跨膜通道,但 TrwB 究竟固定在哪里,却在不同的细胞里有两种可能:一种是 1 个完整的 TrwB 六元环依靠在 2 个 TrwK 六元环的侧面,3 个六元环呈"品"字形排布;另一种则是 TrwB 只提供 4 个单元,2个 TrwK 各提供 1 个单元,在正中形成 1 个混合的六元环,3 个六元环的关系就像"目"字。

最后,这个Ⅳ型分泌系统即便不输出 DNA,也可以派上大用场:首先,那根性菌毛如果不是粘住了另一个细胞,而是粘住了什么固体的表面,那么撤回这根性菌毛就能让细胞像攀岩一样爬起来,这有助于它们转移到更好的地方去。或者,这根性菌毛也可以非常短,将将伸出细胞膜,但是末端能够粘住 DNA,那就可以俘

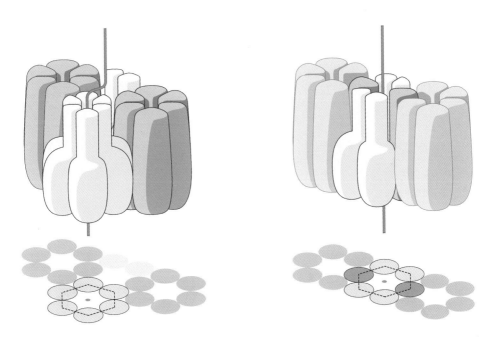

图 5-21 TrwB 和 TrwK 有两种可能的组合方式,左边那种"侧面输出"就是如图 5-20 里的局部结构,DNA 移位酶的六元环完全由 TrwB 构成;而在右边那种"中央输出"的组合方式里,DNA 移位酶由 4 个 TrwB 单元和 2 个 TrwK 单元构成。(作者绘)

获其他细胞释放的 DNA，供自己利用了。当然，Ⅳ型分泌系统既然叫作分泌系统，也可以直接分泌各种各样的蛋白质，去毒杀或者诱导其他细胞，比如百日咳和军团病发病就是因为人类的肺部细胞被致病菌的Ⅳ型分泌系统注射了协助感染的毒力蛋白。更加惊人的是，古菌能够用Ⅳ型分泌系统制造一根特别粗且长的性菌毛，然后让它从基部旋转起来，这根性菌毛也就立刻变成了古菌的鞭毛，可以推动古菌在液体环境里游泳了。我们现在已经相当确定古菌的鞭毛就像倒转的 ATP 合酶一样，是靠水解 ATP 驱动的。唯一遗憾的是，直到这本书写成的时候，古菌鞭毛的动力机制仍未被人类充分揭示。[ix]

这给我们的猜测提供了非常强力的佐证：基因的横向转移给共祖带来了显著的适应优势，那套六元环和跨膜通道构成的移位酶因此迅速被自然选择相中，为多种功能提供了突变的原型。TrwB 与 TrwK 极其类似，不但能共享一个跨膜通道，还能形成混合的六元环，但只要二者在不同的情况下切换工作，就能实现接合、运动和蛋白分泌等不同的功能——旧结构产生新功能，进化正是用这种绝活制造了无数的"奇迹"。

既然说到了鞭毛和运动，也说到了旧结构产生新功能，我们就立刻回到了序幕的第二篇"延伸阅读"。

大概的情况就如图 5-22 所示，细菌的鞭毛就是一个特化的Ⅲ型分泌系统。这

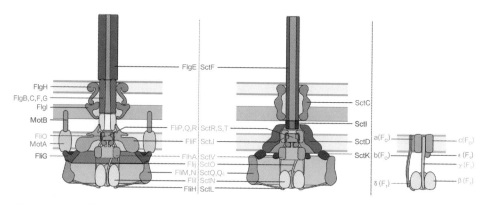

图 5-22　左侧是细菌的鞭毛，中间是Ⅲ型分泌系统，右侧是 ATP 合酶，相同的颜色代表了相同来源的蛋白质——图序-32 是这张图的一部分。（作者绘）

个分泌系统首先会分泌一些能够互相拼接的蛋白质，在细胞膜外的出口处组装成一根"针管"，然后就可以用这根针管刺入目标细胞，再把某些蛋白质顺着针管注射进去了。而在进化中，某些细菌的Ⅲ型分泌系统制造了很粗而且长得不得了的针管，这就形成了一根鞭毛；同时又在周围结合了一些离子通道，于是细胞膜外侧那些高浓度的氢离子或者钠离子就会顺着通道涌进来，推动整个鞭毛高速旋转起来了。

令我们感到亲切的是，重新回去看图序-32，你会注意到，在Ⅲ型分泌系统或者细菌鞭毛的核心部位有一个"ATP酶组合"，正是一个轮子、一个碾子，还搭配了架子和棍子，这整套组合与ATP合酶有着相同的进化来源，它们的功能也的确是给蛋白质提供穿过针管的动力。[X] 所以，在库宁的ATP合酶的起源图景中，Ⅲ型分泌系统就是ATP合酶的进化旁支。当然，在我们看来，Ⅳ型分泌系统也很可能有相似的进化历程。

·调转方向·

回到ATP合酶的进化主干上来。最初的移位酶只有ATP合酶的轮子和碾子，还差架子和棍子，而当移位酶开始运送蛋白质，进化成了最简单的分泌系统，这四件基本结构就可以悄悄集齐了。

架子当然是最早出现的。因为轮子和碾子要协同工作就需要对准位置，就需要一个另外的蛋白质辅助它们定位，这个另外的蛋白质可能就是未来的架子。至于这个架子要怎么辅助定位，那是第十八章里讲述过的内容：生物大分子的表面之间可以发生各种各样的相互作用，比如静电作用就是非常强大的一种，足以把不同的蛋白质牢牢粘在一起——请先记住这件事，我们马上就会提起它。

至于棍子，想想看，如果轮子中央的通道发生了一点儿突变，不那么"光滑"了，或者如果碾子分泌了一束不太顺溜的蛋白质，会怎样呢？那根蛋白质就很可能把那个通道堵住，然后就变成那根棍子了。

与此同时，碾子还什么都不知道，它毕竟只是一团蛋白质而已。它兀自水解着ATP，坚持要用这份能量扭动那根棍子，试图把棍子从通道输送出去。但棍子已经卡死在通道里，结果大力出奇迹，就像改锥扭动螺丝那样，整个轮子都被棍子带着转起来了。

啊，这就有趣了！

如果你看过第五章的第三篇"延伸阅读"，就会知道那个轮子能够被氢离子推动，诀窍就是轮子表面有一些带负电荷的"空穴"，与之对应的架子上又有一个带正电荷的"门控"（参见图 2-33）。库宁提出，这种电荷分布，本来是把架子与轮子结合起来的静电作用。

这就让我们遇到了又一件微妙的事情：那个轮子其实不是一个完整的蛋白质，而是同一个楔形的蛋白质重复了 10 来次，拼成了一个轮子，这也是轮子上的空穴能够分布得那样均匀的原因。但是架子就没有那么大，只能凭借正电荷固定住局部几个空穴，其他空穴就只能自己想办法平衡电荷了，而细胞膜附近的氢离子正是一个极好的选择。

看来，在原始的分泌系统成为 ATP 合酶之前，就已经拥有了图 2-33 的基本样貌了。那么，当整个轮子都被那根棍子强行推着转起来，事情又会变成什么样呢？

会变成图 2-33 的倒放。

是呀，在图 2-33 中，是氢离子推动轮子，带动棍子，搅动碾子，最后合成了 ATP，而如今是 ATP 水解，错动碾子，扭动棍子，转动轮子，的确是倒放。也就是说，ATP 合酶刚刚出现的时候，并不是在利用跨膜氢离子梯度生产 ATP，恰恰相反，它在消耗 ATP，泵出氢离子！

实际上，我们一直未曾谈到的，就是即便在今天的细胞里，都是既有一些 ATP 合酶负责合成 ATP，也有一些 ATP 合酶负责泵出氢离子。比如真核细胞就同时拥有这两种 ATP 合酶：前者存在于线粒体内，也就是第五章里讲述的那种 ATP 合酶，我们称它为 F 型 ATP 合酶；后者则存在于高尔基体、溶酶体、液泡等细胞质的膜系统上，被我们称为 V 型 ATP 合酶。[1]V 型 ATP 合酶能在这些膜结构的腔体内注入大量的氢离子，营造出极端的强酸环境，分解掉各种不需要的物质，包括入侵细

[1] 我们现在知道，细菌拥有 F 型 ATP 合酶，古菌拥有 A 型 ATP 合酶，而真核生物的 V 型 ATP 合酶更接近 A 型 ATP 合酶，这也是之前提到过的内共生假说的一个佐证，即线粒体本来是个细菌，所以线粒体的 ATP 合酶与细菌的 ATP 合酶一样；而真核细胞的主体源自古菌，所以细胞质里的 ATP 合酶与古菌的 ATP 合酶一样。至于 F 型 ATP 合酶与 A 型 ATP 合酶有什么区别，那主要是架子和棍子略有不同，尤其是棍子的差异比较大。

胞的细菌和病毒。甚至在某些细菌体内，还有一些 ATP 合酶不一定往哪边转，氢离子梯度大就合成 ATP，ATP 富余就泵出氢离子，像墙头草一样。

可见，一个原本消耗 ATP 的氢离子泵，只要调转方向，改成被动地受氢离子梯度驱动，就能立刻变成我们寻求的 ATP 合酶了。总体上讲，库宁构造的 ATP 合酶起源图景到这里就结束了，但这幅精致的图景却与上一章里现代细胞膜的起源图景有些对不上：威廉·马丁和尼克·莱恩都认为 ATP 合酶的成熟要早于逆向转运蛋白的出现，但如果 ATP 合酶的确如尤金·库宁推测的，最初负责泵出氢离子，那么最初的 ATP 合酶就不能给共祖带来适应优势，因为上一章刚刚说过，在逆向转运蛋白出现之前，共祖的细胞膜根本没有足够的密闭性，所以最初的 ATP 合酶即便能够泵出氢离子也会立刻漏回来，竹篮打水一场空。

所以，我们会在这里提出一种简单的解释，把这两幅图景折中地结合起来：ATP 合酶起源于末祖，但是在细菌和古菌分野后才进化成熟的。

更具体地说，ATP 合酶起源图景的前半部分，也就是轮子和碾子组成蛋白质分泌系统的部分，应该发生在逆向转运蛋白出现之前，因为这两部分在所有生命体内都一样，更可能是共祖的特征；后半部分，也就是架子和棍子出现，ATP 合酶开始泵出氢离子的事情就出现得晚一些，因为古菌和细菌的架子有很多差异，未必有相同的来源，尤其是棍子，它在细菌和古菌的细胞内差异非常大，明显对不上号。有了这个解释，我们就可以把 ATP 合酶调转方向的经过推测得更加清晰了。

起先，ATP 合酶能够进化成氢离子泵，正是逆向转运蛋白带来的间接结果。因为逆向转运蛋白用钠离子打破了僵局，细胞膜开始变得更加密闭，把细胞膜内侧的氢离子泵出到细胞膜外侧就既有需要也有必要了，而这个倒转的 ATP 合酶，刚好就能完成这项任务。

虽然我们看着会有一点儿可惜，但对于当初的末祖来说，这种消耗 ATP 的氢离子泵却用着很划算：因为跨膜氢离子梯度是白烟囱里的天然存在，白来的，由此驱动乙酰辅酶 A 路径，制造乙酰磷酸，也是白来的，而乙酰磷酸直到今天都可以在各种细胞里直接转化成 ATP，所以末祖的 ATP 仍是白来的。因此，使用一部分白来的 ATP，增强跨膜的氢离子梯度，制造更多的有机物，当然是项合理的花销。

随后，ATP 合酶进化得逐渐精致，也就有了调转方向的条件。

一方面，从"能力"上讲，ATP 合酶是最初作为氢离子泵而诞生的，当时的轮子和架子想必不会像今天这样配合得天衣无缝，氢离子与轮子的结合能力就会比较弱，跨膜氢离子梯度中蕴藏的巨大能量就会使不上劲。所以在这整个动力系统中，是早已相当成熟了的碾子占据了主导的地位，让它消耗 ATP，泵出氢离子。

但是，随着轮子与架子进化得越来越匹配，就可能有一些微小的突变让轮子与氢离子结合的能力大大增强，跨膜氢离子梯度也就爆发出巨大的潜力，开始像图 2-33 那样推动轮子转动，逆转一切，氢离子泵也就变成了真正的 ATP 合酶。

打个比方，作为氢离子泵的 ATP 合酶就像是在努力划桨，逆风行船，而真正的 ATP 合酶就像在这船上挂了一面大帆，当然就会顺着风掉头回去了 [1]。

> 把君诗卷灯前读，诗尽灯残天未明。
> 眼痛灭灯犹暗坐，逆风吹浪打船声。
>
> ——白居易，《舟中读元九诗》，
> 或许还有午夜埋在论文堆里的这本书的作者

对此构成佐证的，正是我们刚刚提到的，今天的细胞内有许多种不同功能的 ATP 合酶，有的负责泵出氢离子，有的负责合成 ATP，而比较了这些 ATP 合酶的差异后，我们果然发现轮子与氢离子的结合能力就是它们转动方向的决定因素。XI

另一方面与"需求"有关。如果 ATP 合酶负责泵出氢离子，那么末祖的 ATP 就主要来自底物水平的磷酸化，比如来自乙酰磷酸——这当然不是不可以，反正什么都是白来的。但是，乙酰磷酸把磷酸基交给 ADP 之后，自己就会变成乙酸，而乙酸不是什么活跃的物质，对进一步的生化反应来说很不利。所以，如果有什么别的东西能代替 ATP 合酶泵出氢离子，就能让 ATP 合酶专心合成 ATP，而把乙酰磷酸省下来制造有其他更重要的机物了。

而经过上一章的讨论，我们已经很有理由相信逆向转运蛋白还促成了电子传递链的诞生，而电子传递链正是一群可以代替 ATP 合酶泵出氢离子的"别的什么

---

[1] 当然当然，熟练的船员可以改变船帆的迎风角，让船沿着折线逆风前进，甚至还可以设计专门的风动力装置，让船在逆风时行得比顺风时还快，但我们这里只是打个比方而已，请不要太在意这些喻体的细节。

东西"。

于是，事儿就这样成了，从解旋酶和跨膜通道一路走来，移位酶变成了分泌系统，分泌系统变成了离子泵，离子泵终于变成了 ATP 合酶。在这一连串的"旧结构产生新功能"的变化中，我们看到了进化史上的又一个里程碑事件：化学渗透诞生了。

至于电子传递链最初是怎么诞生的，它们很可能是一个调转方向的能量转换氢化酶……哈，我们又回到了白烟囱假说上！

·再次调转·

那么，请再看一眼上一章的图 5-13，那个用氢离子梯度夺取氢分子的电子的反应，整个反应都是可逆的。外界的氢离子或者钠离子如果顺着通道涌入细胞，就会驱动能量转换氢化酶夺走氢分子的电子，给铁氧还蛋白充电；反过来，如果有别的反应以更高的效率给铁氧还蛋白充入电子，能量转换氢化酶也可以调转催化方向，给铁氧还蛋白放电，用这份能量把细胞膜内侧的氢离子或者钠离子泵到细胞膜外。这就好像某些发电站的"水库电池"：电力充裕的时候就从水库里抽水，送到很高的水塔上存起来，电力短缺时再从水塔里放水，水力发电——细胞内充满电子的铁氧还蛋白的浓度，就相当于电力的充裕程度。

这样一个调转方向的能量转换氢化酶很容易让人想起第五章里的复合物 I。复合物 I 是有氧呼吸电子传递链的入口，三羧酸循环或者其他生化反应制造了大量的辅酶 NADH，辅酶 NADH 把电子从膜内侧交给复合物 I，电子就在复合物 I 内部的铁硫簇上一路跃迁，被辅酶 Q 接走。在这个过程中，一些氢离子会被复合物 I 泵到细胞膜外，用来驱动 ATP 合酶。

如果你只是比较图 2-40 和图 5-13，当然看不出什么相似性，因为它们都是这本书的作者为方便起见画的极简图示。但是仔细想想看，除了铁氧还蛋白换成了辅酶 NADH，氢离子换成了辅酶 Q，复合物 I 的整个反应过程都像极了逆行的能量转换氢化酶。更别忘了复合物 I 的真名叫作"NADH 脱氢酶"，刚好就是"氢化酶"逆向酶。

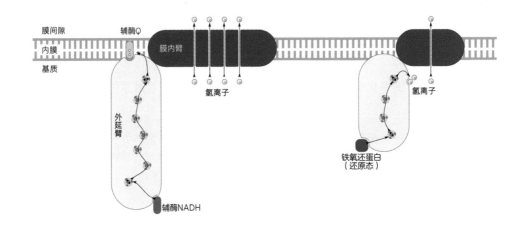

图 5-23　左边是复合物 I 的结构图示，它与图 2-40 一模一样，右边是调转了方向的能量转换氢化酶，它正在发生图 5-13 中的反应，虽然这里的画法与图 5-13 很不一样，但这个画法才更加接近它的真实结构。（作者绘）

膜间隙
内膜
基质
辅酶Q
膜内臂
外延臂
氢离子
辅酶NADH
氢离子
铁氧还蛋白
（还原态）

　　果然，我们在更精细的对比中发现，能量转换氢化酶与复合物 I 具有极高的同源性，能量转换氢化酶的每一个构件都能在复合物 I 上找到对应的构件。所以我们现在普遍认为，能量转换氢化酶就是复合物 I 的进化原型 [XII]，或者说得更大胆一些，整个电子传递链都源自能量转换氢化酶。因为电子传递链的功能就是利用电子传递时的能量把氢离子泵出细胞膜，形成跨膜的氢离子梯度，然后用这个氢离子梯度推动 ATP 合酶，而这个调转方向的能量转换氢化酶已经可以完成所有这些任务，在此后漫长的进化之路上，不同的细胞适应不同的代谢类型而给电子传递链增加各种各样的新成员，就是第五章的全部答案了，而在第六章里，当我们说复合物 I 在几十亿年的时间里维持了惊人的一致性，也是从这途中的某一刻开始的。

　　但是在将近 40 亿年前，这种变革却让末祖面临着一个很能挑起纠纷的问题：如果能量转换氢化酶调转了方向，变成了原始的电子传递链，谁来夺走氢分子的电子，启动固碳作用呢？

　　末祖因为对这个问题的不同回答分裂成了大相径庭的两派，这两派从此走上了截然不同的进化道路，再也没有回头 [1]。

---

[1]　它们只是分家而已，并没有绝交。

• 第二十二章

分道扬镳 | 细菌和古菌的分化

仅仅拥有乙酰辅酶 A 路径并不足以独立生存，末祖还需要主动营造跨膜的氢离子梯度，然而这要消耗一份额外的能量，这是之前介绍的能量转换机制不能胜任的。于是，末祖进化出了"电子分歧"这种能量转换机制，透支一部分未来产生的能量，推动现在急需的反应，而末祖的两群后代把它安排在了乙酰辅酶 A 路径的不同位置上。由此，白烟囱假说漂亮地解答了乙酰辅酶 A 路径拥有细菌和古菌两个不同版本的难题。

与此同时，细菌和古菌还拥有大相径庭的 DNA 复制系统，对此，福泰尔提出，它们的 DNA 复制系统很可能是在独立生存的过程中，各自从病毒那里俘获的。

就这样，末祖分化成了独立生活的细菌和古菌，我们那幅宏大的图景就此落成。

不知不觉间，我们的末祖已经达到了相当完备的程度：它有了很好的细胞膜，可以保护自己内环境稳定；有了化学渗透，可以给自己制造能量通货；有了乙酰辅酶 A 路径，可以给自己制造有机物；有了蛋白质翻译系统，可以制造出一切可能的蛋白质；虽然还没有复制 DNA 的酶系统，但它至少有了逆转录机制。凭着白烟囱里的天然氢离子梯度，它们可以世世代代地繁衍生息下去了。

但这个末祖的后代并不甘于深渊下的海底，"珍珠般的洞窟"，正如我们看到的，大约在 38 亿年前，生命就离开了孕育它的地质化学子宫，奔向了自由的海洋。及至今日，我们已经占据了整个地球表面，构造出了已知宇宙中唯一的行星生物圈，并且跃跃欲试地仰望着浩瀚的星空，畅想着银河彼岸的未知世界了。

所以，38 亿年前的末祖身上究竟发生了什么，才使它们勇敢地离开了生命起源之地，开始了有无限可能的新生活？

在这一幕的故事里，我们已经把逆向转运蛋白的出现视作末祖诞生的标志，在那之后，会有三幅起源图景：已经介绍过的现代细胞膜起源图景、讨论到了一半的电子传递链起源图景，以及这一章即将介绍的 DNA 复制系统起源图景。这三幅起源图景在这本书里虽然是依次展开的，但在完整的白烟囱假说中却是重叠在一起的，或者说，这些进化是交织在一起同时发生的。而这重叠或交织的结果，就是细菌和古菌的起源图景，也就是生命脱离白烟囱的进化图景。

·电子分歧·

是啊，白烟囱只是深渊里一些逼仄的洞窟，那近乎无限的海洋里还有无限的可能，任何可以脱离白烟囱的生命都将前程似锦，而对于此时的末祖来说，要迈出这一步几乎就只需解决一个难题了：怎样才能不再依赖白烟囱里的天然氢离子梯度？

的确，白烟囱里的天然氢离子梯度是末祖一切代谢的能量之源，但自由的海洋里并没有这样的氢离子梯度，所以末祖必须自己想办法制造跨膜氢离子梯度。

乍看起来，这个大难题已经有了解决的眉目。有了逆向转运蛋白后，末祖进化出了更加密闭的细胞膜，也进化出了原始的电子传递链。那么，如果电子传递链进化得足够强劲，往细胞膜外侧泵出足够多的氢离子，末祖不就可以自力更生地维持氢离子梯度了吗？

乍看起来好像是这样，但是稍微多想一步，我们就会发现这个解决方案是在"拆东墙补西墙"。上一章说过，最初的电子传递链就是调转方向的能量转换氢化酶。可是能量转换氢化酶肩负着重要的职责，它要把氢气的电子夺走，用来还原二氧化碳，启动整个固碳作用。如果能量转换氢化酶都调转了方向，改行去做能量代谢的电子传递链了，固碳作用岂不是釜底抽薪地停止了？

当然，对于上一段那个"都"字，一定会有人提出这样的建议：能量转换氢化酶为什么不能分工合作，一部分负责启动固碳作用，另一部分变成电子传递链呢？对此，我们不妨讲个老套的笑话。这一天，兄弟俩合伙去集市上摆摊，哥哥负责进货，弟弟负责卖货。但哥哥是个傻小子，几步没走远，就觉得反正都是买，买别人的不如买自己的，就调回头来拿钱买自己摊上的东西。没想到弟弟也一样傻，觉得卖给谁不是卖，就真的拿了哥哥的钱，还把东西给了哥哥。于是，哥哥左手从弟弟那里买来，右手就拿给弟弟去卖，弟弟左手从哥哥那里接来，右手又立刻卖给哥哥，兄弟俩你来我往折腾了一天，忙得不亦乐乎。晚上收摊回家的时候，一分钱没挣上，还亏了午饭两碗面钱，他们的父母愤愤地说：这样的傻儿子有还不如没有！

也就是说，能量转换氢化酶调转方向之后是在催化一个完完全全的逆反应，毫无疑问会与等量的没有调转方向的能量转换氢化酶"抵消"掉，没有任何生化价值，纯属浪费蛋白质资源。要知道，对原核细胞来说，合成蛋白质可以消耗 75% 的 ATP，而合成核酸就只消耗 12% 的 ATP，所以浪费蛋白质在任何条件下都是严重的犯罪，同一个细胞内的能量转换氢化酶只能集体做一件事。

于是，随着末祖分化成细菌和古菌，能量转换氢化酶也有了两种不同的进化方案：细菌身上的情况就和上一章最后一节讨论的一样，能量转换氢化酶调转过来，给铁氧还蛋白放电，用这份能量泵出氢离子，制造氢离子梯度 [1]，所以它们必须用别的蛋白质夺取氢气的电子，给铁氧还蛋白充电。而在产甲烷的古菌身上，能量转换氢化酶继续利用氢离子梯度夺取氢分子的电子，给铁氧还蛋白充电，因此，它们进化出了别的蛋白质泵出氢离子，制造氢离子梯度。

显然，那种"别的蛋白质"一定不能是另一个傻小子，不能是在倒腾同一笔"钱"。如果要给铁氧还蛋白充电，就不能还用氢离子梯度中的能量；要泵出氢离子，就不能用铁氧还蛋白放电时的能量。这两份能量归根结底是同一份能量，无论细菌还是古菌，都必须从别的地方找能量来。

可是，离开了白烟囱里的天然氢离子梯度，细菌和古菌又是从什么地方挣来了能量呢？这个问题的答案恐怕称得上是 21 世纪初生物化学领域关于"能量转换"最引人注目的发现了。

在之前的整本书里，我们遇到过两种基本的能量转换机制：最先是 20 世纪初发现的底物水平磷酸化，也就是一种物质把磷酸基直接"嫁接"到另一种物质上（参见图 2-18）；然后是 1961 年左右发现的化学渗透，它利用电子传递链制造跨膜氢离子梯度，再催动能量转换。我们一度以为这就是生物能量转换的全部机制了，但时隔半个世纪，2008 年，德国微生物学家鲁道夫·陶尔和沃尔夫冈·尼奇克却发现了第三种，"电子分歧"。[1]

有了这种新的能量转换机制，产甲烷古菌和产乙酸细菌就能从别的"地方"搞

---

[1] 如果你奇怪为什么我们的复合物 I 是从细菌的能量转换氢化酶进化来的，那么答案早已经蕴含在这本书里了：我们的复合物 I 存在于线粒体内，而线粒体是一种内共生的细菌。

来能量。只是这个"地方"实在叫人吃惊：电子分歧能把氢分子中的一对电子拆开，一个用来还原某种"高能物质"，一个用来还原铁氧还蛋白，等铁氧还蛋白驱动了物质能量代谢，再抽取一部分能量，用来补充已经消耗掉的"高能物质"。所以，电子分歧是一种"能量借贷"，它透支"未来要合成的有机物中的能量"，驱动"现在需要转移的电子"。

因为我们在第九章一开头就说过了，氢气如果能充分地还原二氧化碳，就将是个热力学上有利的反应，能够释放出很多的能量来，可惜这个反应的前几步有很多障碍，尤其是氢分子中的电子非常稳定，如果没有额外的手段，那么整个反应就都无法发生。这就是为什么威廉·马丁和尼克·莱恩要推演铁硫簇催化了怎样的地质化学反应，也是为什么能量转换氢化酶要借助天然氢离子梯度才能夺取氢分子的电子。

但细胞的生化反应是一个整体，有很多灵活变通的余地。就像我们做买卖没有进货的本钱，也可以先把值钱的家当抵押出去，借来一笔钱，进货，卖货，赚了钱，再把家当赎回来。同样，细菌和古菌取不出氢分子中的电子，也可以先在电子分歧中消耗一些高能物质，把氢分子中的电子取出来，给铁氧还蛋白充电，拿去参与物质能量代谢，再把消耗掉的高能物质循环回来。

电子分歧的具体过程涉及一些非常独特的铁硫蛋白，我们会在这一章结束后的"延伸阅读"里介绍得更加详细一些。我们眼下只需知道，具体要抵押哪件值钱的家当，充了电的铁氧还蛋白具体要参与物质代谢还是能量代谢，细菌和古菌的电子分歧进化出了两种不同的组合方案。

这就把我们带回了第八章，那里有许多个问题说好了要在这一幕里解决。乙酰辅酶 A 路径很可能是进化史上最早出现的固碳作用，因为它们同时广泛出现在细菌域和古菌域的古老类群里，很有可能就是末祖留下的遗产。但如图 3-6，你会看到乙酰辅酶 A 路径在古菌域和细菌域又有许多差异，尤其是长分支刚开头的部分，二者差异之大完全不能平行起来，大多数的图示都会把它们画成两个半圆对在一起——可这是为什么？如果乙酰辅酶 A 路径是末祖留给细菌和古菌的共同遗产，为什么它们一开头就那么不同？而且，为什么古菌的乙酰辅酶 A 路径产出了甲烷，细菌的乙酰辅酶 A 路径却产出了乙酸？

大约在 2013 年，威廉·马丁和尼克·莱恩把电子分歧的两种方案与能量转换氢化酶的两种方案结合起来，出色地回答了这些问题，同时构造了一幅精彩的电子传递链起源图景[II]。

·代谢分野·

为了理解产乙酸细菌和产甲烷古菌在代谢上的不同，让我们先来了解它们的相同之处。如图 5-24，这些共同之处组合起来恰好就是白烟囱里的末祖代谢方式。相比图 5-14，它们只是脱离了那些天然氢离子梯度，获得了密闭的细胞膜，还多了一个"电子分歧酶"。除此之外，就是它们分野的岔路了：能量转换氢化酶虽然还在催化同样的反应，但反应的方向却不一样。

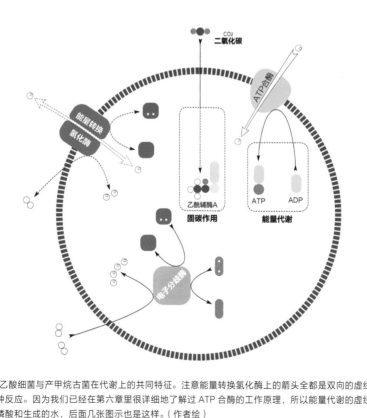

图 5-24　产乙酸细菌与产甲烷古菌在代谢上的共同特征。注意能量转换氢化酶上的箭头全都是双向的虚线箭头，那表示可逆的两种反应。因为我们已经在第六章里很详细地了解过 ATP 合酶的工作原理，所以能量代谢的虚线框里省略了参与反应的磷酸和生成的水，后面几张图示也是这样。（作者绘）

那么，补充了二者差异，图 5-25 就是古菌产甲烷代谢的示意图。马丁和莱恩提出，在产甲烷古菌身上，能量转换氢化酶的工作方式完全沿袭自末祖，是利用氢离子梯度中的能量夺取氢分子的电子，制造铁氧还蛋白，用来还原二氧化碳。在电子分歧中充了电的铁氧还蛋白也只需同样投入固碳作用，用来还原二氧化碳。

但是别忘了，电子分歧是要抵押一件值钱家当的——在产甲烷古菌那里，这件值钱的家当是一个"二硫键"（-S-S-），要合成这种化学键需要不少的能量，而如今经过电子分歧，这个二硫键当场就被切成了两段。那么古菌要想恢复这件家当，就必须制造另一种放能反应，才能把这个二硫键重新拼起来。

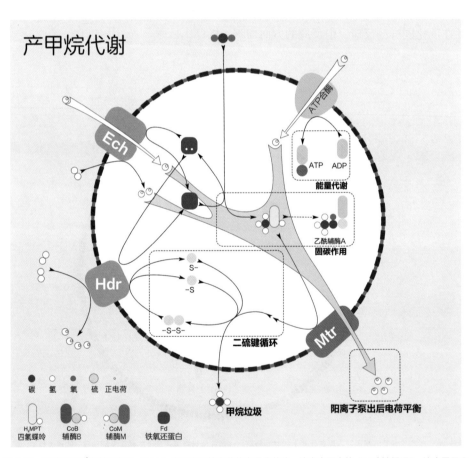

图 5-25　古菌产甲烷代谢示意图，"Hdr"表示产甲烷古菌的电子分歧酶。注意中下方的"二硫键循环"，这个图示省略了许多东西，这一章结束后的第一篇"延伸阅读"会讲述更多的细节。（作者绘）

幸好幸好，那些铁氧还蛋白已经还原了二氧化碳，在乙酰辅酶 A 路径的长分支制造了很多"甲基"，如今只要再给甲基一个氢原子，把它变成甲烷，就能放出来一大笔能量。只要善加利用，这笔能量不但能赎回二硫键，还能把许多氢离子泵出细胞膜外，制造充足的氢离子梯度。

事儿就这样成了！产甲烷古菌有了独立自主的跨膜氢离子梯度，能驱动固碳作用和能量代谢，自然选择对此青睐有加，由此成为末祖的一个分支。

用另一种方案补充差异，图 5-26 是细菌产乙酸代谢的示意图。它们的能量转换氢化酶完全调转了过去，成为电子传递链的起点，这会消耗很多的铁氧还蛋白，

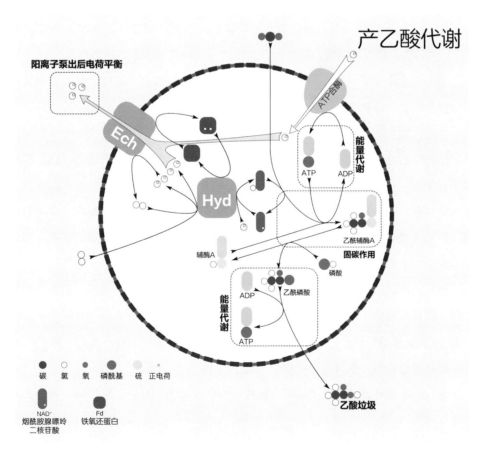

图 5-26　细菌产乙酸代谢示意图，"Hyd"表示产乙酸细菌的电子分歧酶，注意其中有两个"能量代谢"的过程。（作者绘）

所以它们电子分歧制造的铁氧还蛋白全都用在了能量代谢上。

这样一来，产乙酸细菌的固碳作用就没有铁氧还蛋白可用了，所以在细菌的乙酰辅酶 A 路径开头，是辅酶 NADH 还原了二氧化碳。而辅酶 NADH 因此变成了辅酶 NAD⁺，又刚好可以用作电子分歧的抵押，在那里重新变成 NADH。[1][III]

不要以为细菌赎回抵押就一点儿利息都不用给。在乙酰辅酶 A 路径的起点，细菌改用 NADH 还原二氧化碳，但 NADH 有些"不够劲"，要想让乙酰辅酶 A 路径顺利走下去，还需要补充一些能量，所以，细菌的乙酰辅酶 A 路径还要额外消耗一份 ATP。

但是这样一来，细菌就把好不容易合成出来的 ATP 给消耗掉了，遇上了能量亏空，所以，它们会把一部分乙酰辅酶 A 转化成乙酰磷酸。这种物质蕴含的能量比 ATP 还高，所以很容易通过底物水平的磷酸化，把磷酸基交给 ADP，重新产生 ATP，然后变成难以利用的乙酸垃圾释放出去——就像第十章讲述的那样。

事儿就这样成了！产乙酸细菌有了独立自主的跨膜氢离子梯度，能驱动固碳作用和能量代谢，自然选择对其青睐有加，由此成为末祖的另一个分支。

但是，我们刚才是不是提过"利息"二字？利息，是热力学第二定律在一切延迟偿还中的必然体现，细菌和古菌的电子分歧也不能例外。古菌那些赎回二硫键的甲基变成了甲烷，甲烷就是利息；细菌那些补偿 ATP 的乙酰基变成了乙酸，乙酸就是利息。这些利息本来也是古菌和细菌通过固碳作用辛辛苦苦制造出来的有机物，但是这些有机物已经放空了能量，变得过于稳定，再也不能被细胞利用，因此成了废物，不得不被细胞抛弃。

可见，所谓的"产甲烷作用"或者"产乙酸作用"，"产"根本是"浪费"的同义词，而且这浪费无疑是惊人的，古菌的产烷作用每制造 1 份有用的有机物，就会释放 40 倍重量的甲烷——这个星球上绝大多数的甲烷都是这样产生的；而产乙酸作用收获的总能量，更只有产甲烷作用的 80% 而已。

所以毫不意外，这些微生物都会抓住一切机会减免利息。如果环境中有什么富含甲基的物质，比如甲醇、甲醛、甲酸甚至乙酸，产甲烷古菌都会毫不犹豫地把那

---

[1] 一般来说，辅酶 NADH 的还原性还不足以还原二氧化碳，但是电子分歧让辅酶 NADH 的浓度达到了 NAD⁺ 的 40 多倍，这种浓度的差异会显著增强辅酶 NADH 的还原性，使它足以还原二氧化碳。

个甲基切下来，其中大多数都直接送去电子分歧里赎回抵押，让电子分歧以更高的效率给铁氧还蛋白充电；还有一小部分拿去乙酰辅酶 A 路径里制造有机物，这又减少了固碳作用对铁氧还蛋白的需求。这不但制造了更多的有机物，就连能量转换氢化酶也可以在充裕的能量供应下暂时调转方向，像产乙酸细菌的能量转换氢化酶那样成为电子传递链的入口了。实际上，今天的这个世界已经被形形色色的生命活动堆满了有机物，在河流湖泊的淤泥里，在反刍动物的胃里，在城市的下水道里，就已经到处都是甲基。所以如果你去搜索关于它们电子传递链的文献，就会发现产甲烷古菌的能量转换氢化酶在绝大多数的时候都像产乙酸细菌那样调转了方向，只有在深海热液或者火山湖底那些只有氢气和二氧化碳的地方，它们才会像图 5-25 那样过得拮据。

不过，那些眼尖的读者或许会看出一点儿问题：既然产甲烷古菌能够利用乙酸，那它们何不直接利用产乙酸细菌释放的乙酸？

当然可以！这样的事情时时刻刻都在发生。在数不清的微生态里，都存在着产甲烷古菌与产乙酸细菌的互利共生关系。产乙酸细菌释放出的乙酸如果不能及时清除就会干扰代谢，而产甲烷古菌却能把这些乙酸及时收走，当作养分榨出最后一点儿价值 [IV]——记得吗？第七章里初次邂逅古菌的时候，我们就在牛肚子里遇到过这样的例子了。

这样的代谢联盟有着深远的意义，同样是在第七章，我们曾经提起过内共生理论：最初的真核生物大约出现在 20 亿年前，是细菌定居在古菌细胞里的产物，那个细菌后来就进化成了我们的线粒体——那么，当初那个细菌是怎样的细菌，古菌是怎样的古菌呢？

不同的假说给出了不同的备选答案，而在威廉·马丁的假说里，那个细菌就是一个能够利用氧气分解有机物，但是仍然会产出乙酸的细菌；那个古菌则与产甲烷古菌很像，能够继续利用这些乙酸，二者在互利共生之中距离越来越小，小成了负数，内共生也就发生了。[V] 当然，这就是另外一个漫长的传奇故事了，如果你手中的这本书意外地销量很好，这本书的作者或许会拿出另外一年的光阴去写一本《复杂生命的起源》，但是在这不可预期的未来到来之前，你可以买来一本尼克·莱恩写的《复杂生命的起源》看一看，那里面介绍了白烟囱假说和它的后续故事。

写到这个自然段，我们已经介绍了白烟囱假说关于生命起源的整幅图景。40亿年前，大地之父与海洋之母的结合之处，耸立着碱性热液喷口，在那错综复杂的毛细管道内，氢气与二氧化碳，还有硫、铁、氮、磷等元素，在氢离子梯度的驱动下结合成了数不清的有机物。在那脉搏般起伏的热泳效应中，它们凝聚出了自我复制的 RNA 团体，又被封装成了原始细胞，生命的元祖——最初的进化就这样开始了。在那之后历经三个世界的变迁，末祖渐渐获得了脱离天然氢离子梯度的能力，进入了自由的海洋，也因此分野出了细菌和古菌这两个有无限可能的谱系。它们最初只是围绕着白烟囱继续利用氢气和二氧化碳收获能量。但是从洋中脊的深渊到浅海的水面，原始海洋不同的深度中还存在着各种各样极富熵增潜力的氧化还原对，氢气与硫酸根、硫化氢与亚硫酸、二价铁与硝酸根……乃至阳光本身，细菌和古菌给自己的电子传递链不断引入新的成员，就能像第五章结尾处说的那样，适应各种各样的环境了。

当然，它们也在此过程中进化成了各种各样的物种，各从其类，直到今天，事儿就这样成了。

但是等一等，生命起源的故事还没有最后完成——说好的 DNA 复制系统的起源图景，我们还一点儿都没讲！

· 双链分拆 ·

这件"说好的"事情可以追溯到第七章。尤金·库宁在细菌和古菌身上发现了一个重大的悬疑：复制 DNA 的酶系统在细菌域和古菌域非常不一样，明显不是来自共同的祖先。库宁因此提出了这样一个推测：复制 DNA 的酶系统，也是细菌和古菌在进化中分别获得的。

很快，这个推测吸引了许多生命起源研究者的注意，其中包括白烟囱假说的创立者威廉·马丁和米歇尔·罗素，这启发他们在细菌和古菌身上发现了更多的不同，在尼克·莱恩加入研究后，我们最终得到了上一节里的电子传递链起源图景。

同时，杰出的病毒学家、法国巴斯德研究所的帕特里克·福泰尔也注意到了这个推测，结合 RNA 世界假说和自己对病毒的丰富研究，最终得到了一幅同样引人注目的 DNA 复制系统起源图景。

为了弄明白这是怎样一幅图景，我们得从那种"非常不一样"开始了解一切，而要了解这种不一样，我们又得先来理解它们的"共同难题"。

第十三章整整一章都在讨论 RNA 的复制，从具体的原理上看，倒也没有任何难度，就像图 4-7 那样，一个 RNA 聚合酶沿着 RNA 的模板链走上一遭就成了。但要复制 DNA 的双螺旋就不是这么简单了，细胞如果同样只拿 DNA 聚合酶上去将一遍就会出现一些非常别扭的事情：如图 2-46，我们在第五章复习中心法则的时候提过，双链 DNA 的两条子链有着不一样的延长方向，一条朝向岔口，一条远离岔口。

"方向"，这就是问题的关键。我们在第四幕里反复强调过，核酸链有方向，5'端是头，3' 端是尾，像双螺旋这样碱基互补配对的两条链就必然有相反的方向，恰似紧紧贴着的"6"和"9"，所以它们复制起来就不可能朝着一个方向同步延长，这就是那个难题了。

如果这么说还体现不出问题的严重性，那么如图 5-27，细胞要复制 DNA，必须先派一个解旋酶来，从一端把双螺旋解开[1]。其中，上面那条链露出了3' 端，这很好，DNA 聚合酶可以立刻结合上去制造子链[2]，解旋酶解开多长，聚合酶就可以聚合多长，两个酶亦步亦趋，非常顺利。

但是下面那条链露出的是 5' 端，这就很讨厌了：DNA 聚合酶只能从模板链的3' 端开始工作，所以无论解旋酶解出多长的子链，另一个DNA 聚合酶都没处下手，它就算跟在解旋酶后面，也是眼巴巴地白跟着，除非上面那条链彻底忙完了，解旋酶解到了另一头，它才能开始工作。

所以在分子生物学里，上面那条随着解旋酶不断前进的单链，就叫作"前导链"，而下面那条苦等的单链，就叫作"后随链"。

---

[1] 需要澄清的是，在细胞内，解旋酶并不必须从双链的"一段"开始解旋。实际上，细菌和古菌绝大多数的 DNA 都是环状的，无头无尾，解旋酶是在 DNA 上一种专门的"复制起点"附近开始解旋，所以你应该想象把图 5-27 复制一份，旋转 180°，拼到右边去，看起来大致就像"一〇一"，两个解旋酶一个向左，一个向右，分头前进。

[2] 严格地说，DNA 聚合酶也不能立刻开始制造子链。在第十七章，我们介绍基因组标签假说的时候提过，聚合酶只能把核酸的单体连接到一个已经存在的羟基上。所以细胞的 DNA 聚合酶要开始工作，就需要一种引发酶先用特殊手段合成一个 RNA 的开头，再跟在这段 RNA 后面复制后续的 DNA。最后，那段 RNA 开头会被降解，于是，我们就遇到了图 4-57 里的大麻烦。

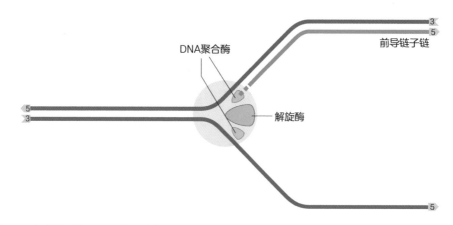

DNA聚合酶

前导链子链

解旋酶

图 5-27　复制体极简图示，深紫色和浅紫色的是 DNA 的两条互补链。（作者绘）

这显然不是什么好事，该怎么办呢？

细菌和古菌都进化出了一种被我们称为"冈崎片段"的机制，成功解决了这个难题。

如图 5-28，困扰下面那个 DNA 聚合酶的是从头到尾这个"方向"，而不是头或尾的本身，所以它并不需要等着解旋酶解出整条链的 3' 端。于是，在许多种蛋白质的帮助下，每当解旋酶解出一个单链片段，这个 DNA 聚合酶就会从这个片段局部的 3' 端开始，先把这个片段的子链聚合出来[1]。这段聚合完了，解旋酶也该解出下一个单链片段了。就这样重复操作，下面那个 DNA 聚合酶就会聚合出许多首尾相连的片段，这些片段就是冈崎片段。最后，一个在 DNA 上到处巡逻、负责修复 DNA 损伤的 DNA 链接酶会及时追上来，把所有冈崎片段全都连接成一条完好的子链，下面那条链的复制工作也就大功告成了。

在这个过程里，解旋酶、聚合酶还有其他许多种没有画出来的蛋白质，就会组成一个专门复制 DNA 的分子机器，我们把它叫作"复制体"，是复制 DNA 的酶系统的核心部分。

然后，我们就遇到了在细菌和古菌身上发现的巨大差异：它们的复制体虽然有

---

[1]　与前导链一样，这实际上需要引发酶先在局部的 3' 端制造一个 RNA 的开头——细胞的 DNA 聚合酶要工作都需要这个 RNA 的开头，实际上，这也是 RNA 世界假说的另一个佐证。

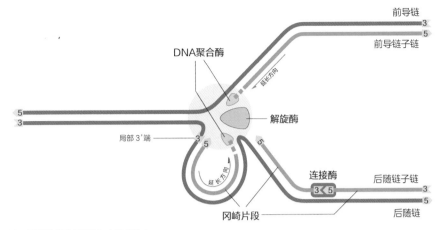

图 5-28 冈崎片段的示意图。（作者绘）

相同的原理，但其中许多功能对应的成员却是完全不同的蛋白质。最刺眼的是那个解旋酶，它的细菌版本和古菌版本在进化上有些亲缘，却又在装配上制造了更加巨大的鸿沟。虽然上面的两个图示把它画成了一个楔形，好像要顺着双链的缝隙将其劈开似的，但我们已经在第二十一章大致说过它的原理，它实际上是一个六元环，要套在双螺旋的一条单链上捋下去。细菌的解旋酶套在后随链上，而古菌的解旋酶却套在前导链上，这种根本性的差异非常不可能来自同一个进化原型。[VI]

对此，如果只盯着这两种复制体发呆，那一定会百思不得其解，一生都参不透这道难题：复制体复制 DNA 的速度接近航空发动机喷气的速度，而误差率却低到几亿分之一，如此精密复杂的大型分子机器究竟是怎样进化出来的，以及，细菌和古菌是怎样获得不同的复制体的？

这就是早在第七章就已经说好了要讲的，帕特里克·福泰尔的 DNA 复制系统起源图景。[VII]

·步骤分解·

上一次遇到福泰尔的理论还是在第十五章，讨论联合世界向逆转录世界的过渡的时候。在那里，他提出了一个很引人注目的假说：逆转录酶原本来自病毒，是它们突破细胞防御的手段，后来却在感染时把制造这种酶的基因遗留在了细胞内，结果赋予了共祖逆转录的能力，核糖细胞因此进化成了逆转录细胞，共祖从此开始把DNA用作遗传物质。

那么，当时的共祖要怎样复制 DNA 呢？

严格地说，作为逆转录细胞的共祖还不能复制 DNA，它们只是先把 DNA 转录成 RNA，再把 RNA 逆转录成 DNA，整个过程中都不存在中心法则最左边那个从 DNA 到 DNA 的箭头。它们甚至还不能自主地解开 DNA 的双螺旋，因为白烟囱里的温度波动已经足以解开双链，而且效率可能非常高，共祖没有足够的选择压力进化出一套专门的解旋酶。

但是随着末祖逐渐分化成细菌和古菌，拥有了越来越独立自主的物质能量代谢，就会试探着向白烟囱里的"偏远地区"扩散，那里的氢离子梯度更小，温度波动也更不明显，所以细菌和古菌还必须各自进化出一套 DNA 复制系统，让中心法则也独立自主起来。这就是第七章里尤金·库宁的推测了。

福泰尔是一个非常杰出的病毒学家，在他的眼中，这个推测很好，但是远远不够充分。[1] 他认为随着末祖一同探索"偏远地区"的，必然还有那些感染末祖的病毒，病毒虽然没有独立的新陈代谢，但它们传递遗传信息的需求恐怕会比末祖更加迫切。毕竟那就是它们唯一的生存之道，只有以最快的速度复制自己，才有可能继续感染更多的细胞。

所以病毒面临着同样的选择压力，同样需要进化出一套独立复制 DNA 的酶系统。当然，病毒只是进化这套酶系统的基因出来，真正把这套基因变成酶系统的，还是那些受感染的细胞。这种"殖民关系"让病毒的进化成果随时可能转移到细胞的基因组里。所以，我们既然要揭开 DNA 复制系统起源之谜，如果只关注细胞而不考虑病毒，那就未免有些狭隘了。

那么，就让我们像第四幕里那样，让视野开阔一些，看看形形色色的病毒要怎样复制 DNA 吧！

我们虽然在第四幕里总说病毒自己没有新陈代谢的能力，全靠"劫持"细胞的

---

[1] 实际上，福泰尔在尤金·库宁的推测之后总结了另外两种推测，这两种推测都与病毒带来的基因转移有关，这里为了表述方便，就不再详细展开讨论，而直接融入下文的起源图景里。

酶系统才能复制自己，但这并不意味着病毒就完全没有自己的酶系统，恰恰相反，专门编码一些最适合自己，能够大幅提高感染后的复制效率的酶，所以复制 DNA 的酶系统在病毒的基因组里非常多见。

病毒的 DNA 基因组有单链的，也有双链的。单链 DNA 复制起来与单链 RNA 完全一样，就连使用的聚合酶都非常类似，没什么可讨论的。而双链 DNA 就有不同的情况了。

如图 5-29，双链 RNA 病毒和某些双链 DNA 病毒，比如经常造成上呼吸道感染的腺病毒 [VIII]，根本就没有解决上一节的难题，它们真的是先等解旋酶把双链彻底解开，才从整个后随链的 3' 端开始另一次 DNA 聚合。这样做的确很简单，它们使用的 DNA 聚合酶也都与 RNA 聚合酶像极了，但是后随链的复制也延迟得太多了：在解旋酶解旋的时候，前导链已经复制了一条，等后随链终于开始复制的时候，那个前导链也可以开始第二轮复制了。而且前导链每复制一次，都意味着同时产生了又一条后随链，结果就是一轮一轮地复制下来，数不清的后随链都堆积在那里来不及复制，这是非常糟糕的事情。

于是如图 5-30，另外一些双链 DNA 病毒就开始缩短后随链的延迟，它们不等

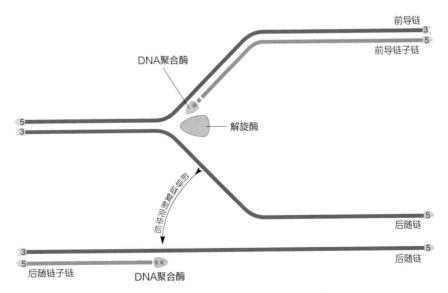

图 5-29 双链 RNA 病毒、部分双链 DNA 病毒、线形质粒的双链复制方式。（作者绘）

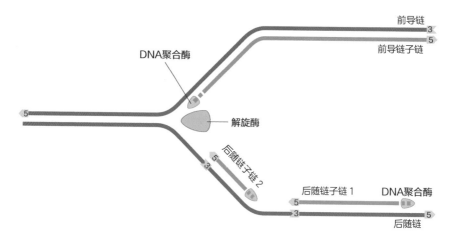

图 5-30　部分双链 DNA 病毒、线粒体和细菌的接合质粒的 DNA 双链复制方式。(作者绘)

后随链的 3' 端完全解开，就能选择一个局部的 3' 端开始复制了。这很像细胞的解决之道，不过，这些后随链上的聚合酶没有加入复制体，随着工作的推进，它们会顺着后随链，远离解旋酶，扬长而去。所以，这条后随链需要好多个 DNA 聚合酶前赴后继地结合上去，每一个都只聚合一个冈崎片段。

　　特别值得注意的是，细胞内有大量的环状质粒也用这种方式自我复制，尤其是上一章里提过的与性行为有关的"接合质粒"。我们在上一章里认识了一个 DNA 移位酶 TrwB，说过它的工作就是在接合的时候把接合质粒的 DNA 复本送出细胞膜，交给另一个细胞，但实际上，那个"复本"并不是一条复制好了的双螺旋，而是 TrwB 从接合质粒上拆下来的后随链，目标细胞拿到后随链的单链之后才把它补全成双链——是的，TrwB 就是一个复制 DNA 的解旋酶，你仔细看图 5-18，那上面其实已经清楚地画出了前导链和后随链。

　　想想看，原核细胞的接合质粒是一组自私的基因，这种行径很像病毒，它们复制 DNA 的方式也酷似病毒，甚至，许多病毒要把复制好的 DNA 装进衣壳粒，用的也是 TrwB 那样六元环的 DNA 移位酶[IX]。这背后究竟是怎样一种进化关系，很值得我们在未来投入精力研究一下。

　　最后是某些比较复杂的 DNA 病毒，比如著名的 T4 噬菌体和 T7 噬菌体，它们复制 DNA 的方式就与细胞一样了，都是图 5-28 那样，把许多个相关的酶组合在一起，形成一个"复制体"，每一个正在复制的冈崎片段都像图 5-28 那样弯曲回来 [X]，灵活又紧凑。更重要的是，比较这些酶的氨基酸序列与基因序列，我们发现病毒与细胞用来复制 DNA 的各种酶都存在着非常广泛的亲缘关系。[XI]

介绍到这里，似乎不用再介绍什么，我们就已经看到了一幅从无到有、从简单到复杂的 DNA 复制系统的起源图景，也就是那幅说好了的起源图景。

不过，事情也没有这样的简单纯粹，科学假说必须考虑所有可能的情况，比如上面这一整幅图景，我们是不是同样可以把它颠倒过来，认为是各种各样的病毒从细胞这里"偷"走了 DNA 复制系统，只是有的病毒偷得多而完整，因此更像细胞，而有的病毒只偷了一点儿皮毛，所以问题重重呢？

这虽然的确称得上是一种解释，但福泰尔对此抱有明确的否定意见，理由也很多。

从可能性上看，在细胞内，复制 DNA 的各种各样的酶会编码在整个基因组不同的位置上，但病毒偷基因完全是随机事件，没有任何选择的能力，要说什么病毒能恰好偷来一整套，概率实在太低了。但是反过来，病毒的基因组非常精简，所有的酶全都编码在很小一串基因序列上，它们只要棋差一着没能杀死宿主，这一整套酶系统的基因就会全都留在宿主细胞内了，概率要大得多。

更直接的，当然还是要比较各种酶的氨基酸序列或者基因序列，梳理它们的亲缘关系，看看是否吻合这幅从病毒到细胞的起源图景。果然，我们发现了病毒的酶的多样性要远远高于细胞的酶的多样性，而且非常明显，细胞使用的几种酶是从病毒的酶那里衍生出来的，如果要给这些酶编写家谱，细胞使用的版本只是分散在几个大家族里的晚辈而已。尤其是 DNA 聚合酶本身，我们已经发现了七个大家族，我们真核细胞主要使用 B 家族的 α、δ 和 ε [1]，如果只盯着细胞看，它们是兄弟，然而以那种开阔的眼界来看，古菌的 DNA 聚合酶、T4 噬菌体的 DNA 聚合酶、疱疹病毒的 DNA 聚合酶、痘病毒的 DNA 聚合酶、彩虹病毒的 DNA 聚合酶……都分散在这三种聚合酶之间，它们其实只是些叔伯兄弟，甚至堂叔侄。

---

[1] 在真核细胞内，DNA 聚合酶 α 负责紧跟在引发酶制造的 RNA 开头之后，再聚合一小段 DNA 开头，然后把工作转交给 DNA 聚合酶 δ 和 DNA 聚合酶 ε；DNA 聚合酶 ε 主要负责聚合前导链；DNA 聚合酶 δ 主要负责聚合后随链，同时负责补全 DNA 上的缺口。

这样，我们终于可以总结这幅 DNA 复制系统的起源图景了：末祖很可能是一个逆转录细胞，但也可能已经有了简单的解旋酶和 DNA 聚合酶，只是效率都不高。而在它们渐渐获得独立生存的能力，分化成细菌和古菌的过程中，一些病毒另外进化出了更加完备的复制 DNA 的酶系统，然后把这些基因横向转移到了细胞的基因组内，全盘取代了原来那套低效的酶系统。

事儿就这样成了，细菌和古菌因此获得了 DNA 的复制能力，获得了那个从 DNA 指向 DNA 的箭头，也就拥有了完完整整的中心法则，从此可以奔向自由的海洋。

·图景回想·

当我们说到细菌和古菌奔向了自由的海洋，那么，我们的整个生命起源图景也就构造完成了。如果从第三幕开始计算，你已经阅读了差不多 20 万字——那可是挺难读的 20 万字。

你或许想要回想一下这 20 万字究竟讲述了哪些故事，那么，图 5-31 是一幅概览的图示。

在第三幕里，我们讨论了一切的开端，介绍了新兴的白烟囱假说，它用跨膜的氢离子梯度和铁硫矿催化反应很好地解释了原始海洋里，那些构成生命的有机物是如何由最简单的无机物转化而来的。这些最初的有机物非常简单，但是很快转化成了一些更加复杂，也更加重要的有机物，尤其是核苷酸、氨基酸、脂肪酸（或类异戊二烯），以及乙酰磷酸。这开启了最初的物质代谢和能量代谢，不过，这样的代谢还谈不上什么控制。

在第四幕里，第十一章到十四章讲述了核苷酸是如何在白烟囱里浓缩起来，通过自我催化发展出了一个精彩的 "RNA 世界"，这也是 60 年来相当闪耀的生命起源假说。而后，第十五章讲述了这个 RNA 世界催化了氨基酸的缩合反应，制造了编码的蛋白质，转变成了联合世界，乃至绵延至今的 DNA 世界。至于 RNA 是如何催化了氨基酸的缩合反应，那占去了第十六章到十八章的漫长篇幅。在第四幕结束的时候，中心法则的控制功能也初步落成了。

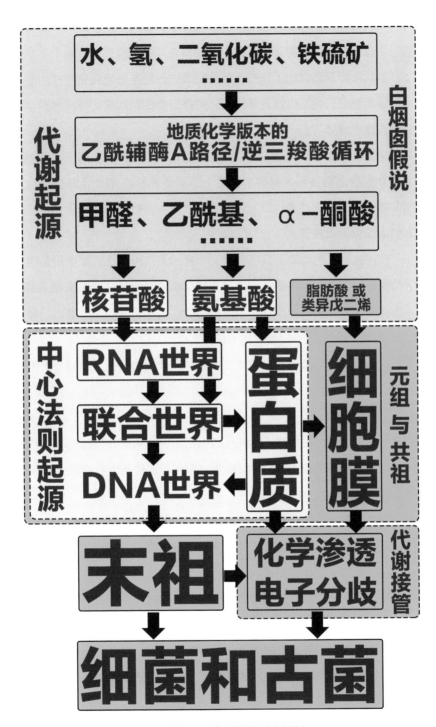

图 5-31 从第三幕到第五幕，我们描绘的生命起源图景的大致模样。（作者绘）

与此同时，脂肪酸，或者类异戊二烯，也因为疏水作用组装成了最初的膜结构，在那三个世界的变换中封装出了我们的元祖与共祖，这件事在第十五章有过整体的描述，然后在第五幕讨论了一些关键的细节——原本由地质化学作用实现的物质能量代谢逐渐被细胞内的生物化学接管，被严密地控制起来，与此同时，细胞膜的边界控制也臻于成熟。

更具体地，从第二十章到这一章，我们分别讨论了跨膜的氢离子梯度要如何从白烟囱的矿物洞壁上转移到末祖的细胞膜上，那个著名的 ATP 合酶要如何从负责核酸复制的螺旋酶上转化过来，以及最精细的，原本由铁硫矿物催化的乙酰辅酶 A 路径要如何由铁硫蛋白接管。

这场"代谢接管"的运动不只需要种类丰富的蛋白质，还需要细胞膜阻止绝大部分离子的通行。于是，末祖的两支后代在细胞膜紧密化的过程中采用了两种不同的材料，因此分化成了两个相似却又不同的类群。最后，它们又发展出了两套相当不同的复制 DNA 的酶系统，完善了中心法则。

就这样，我们抵达了整个图景的终点：生命离开了白烟囱，开始自由生存，细菌域和古菌域也从此诞生了。

当然，这不是一切困惑的终结，甚至还引出了一些新问题。比如细胞很可能分好多次从病毒那里获得复制 DNA 的酶系统，那么，这些基因转移都发生在什么时候，又是否取代了细胞固有的酶系统呢？啊，这就是一个目前还没有研究清楚，所以这本书也暂时回答不了的问题了。

但是，这样的问题又何止这一个呢？

这本书里所有的故事环环相扣，拼合在一起，构成了一幅空前完整的生命起源图景。可这"空前完整"也只是相对而言，在书中的每一幕、每一章、每一节、每一段甚至每一个脚注里，都埋藏着现代科学尚未探索明白的难题，这宏大的拼图上，还有数不清的缺口，等待未来的科学家们倾注心血，在这广阔的世界里找到遗失的碎片。而且可以预见的是，我们找到的碎片越多，就会在那碎片上看到越多的谜题。在科学的征途上，我们回答的问题越多，萌生的困惑也就越多，这是一场永无止境的分形之旅。

但请不要把科学上的"谜题"与什么信仰上的"神秘"混为一谈。的确，自有生民以来，人类作为已知世界里仅有的心智，每当思虑起无穷的未知，就如同驾着一叶扁舟漂浮在无垠的海面之上，海面之下却是一个巨大的黑影在逡巡徘徊。相信"神迹"或其他"神秘"，只是这个心智在软弱无助的时候转移了视线，不看那个黑影，又给自己编造了一个彼岸世界的安慰故事。但这安慰无论多么圆满，听上去多么高尚，黑影兀自还是黑影。一个强大起来的心智必然会勇敢地跃入水中，竭尽所能地看清一切。

　　而这本书的作者相信，一个读者如果已经读到了这里，那就已经毫无疑问地拥有了这样勇敢的心智——以及，那些看完第十五章的结尾就跳过来先读第五幕的读者，现在是时候返回第十六章了。

　　因为下一章是整本书正文的结尾，还是留在最后看为好。

核黄素依赖型电子分歧

从宏观上看，电子分歧是在用未来的能量转移现在的电子，而从微观上看，电子分歧又是在用可能的反应推动不可能的反应。

比如说，细菌和古菌要让氢分子自发地把电子交给铁氧还蛋白[1]，就是一个不可能的反应。因为氢分子一旦交出电子就会变成氢离子，而氢离子比铁氧还蛋白的氧化性更强，也就是结合电子的能量更强，所以那对电子即便交出去也是放鸽子，立刻就会返回来，与氢离子重新结合成氢分子——在第八章中我们讲过，这种"不可能"与氢气直接还原"二氧化碳"的不可能是同一种"不可能"。

当然，这种不可能是指自发的不可能，如果能给那对电子强塞一笔额外的能量，这个反应当然还是会发生的。比如矿物管壁上的铁硫矿晶体，或者能量转换氢化酶，都是利用天然氢离子梯度中蕴含的能量办成了这件事。可是，生命既然要离开天然的氢离子梯度，又要去哪里找来这笔能量呢？——就从可能发生的反应里出吧！

---

[1] 严格地说，这里应该表述成"氧化态的铁氧还蛋白"，也就是失去了电子的铁氧还蛋白，具有氧化性。与之相对应，将来拿到电子的铁氧还蛋白就是"还原态的铁氧还蛋白"，具有还原性。但是为了表述方便，这里没有区分两种状态的铁氧还蛋白。同样，我们可以把氢分子看作还原态的氢，具有还原性，把氢离子看作氧化态的氢，具有氧化性。

再让我们说得具体些。细菌和古菌用来催化电子分歧的酶大多需要核黄素，也就是磷酸化的维生素 B_2，所以统称"核黄素依赖型电子分歧酶"。它们普遍都有类图 5-32 那样看起来很简单的铁硫簇电路。[XII]

这个电路的最右端是氢分子，是整个反应的"供体"。供体结合在一个铁镍簇上，通过一条铁硫簇主线抵达了一个核黄素，那是电路的"门控"。门控又发出了两条岔路：下方的岔路通往等待还原的铁氧还蛋白，那是整个反应的"目标"；而上方的岔路就通往某种氧化性辅酶，我们可以沿用正文的比喻，叫它"抵押"。

在电子分歧酶的具体催化过程中，开头的部分没什么好奇怪的，和我们之前的许多例子都是一个原理：右边那一串铁硫簇的间距都在1.4 纳米以下，这足以引发一种诡异的量子跃迁效应，电子可以像跨过哆啦 A 梦的任意门那样，从一个铁硫簇上消失，同一个瞬间又在相邻的铁硫簇上出现，而氢分子的那对电子，就能以这种方式转移到核黄素上。

所以铁氧还蛋白原来需要拿走氢分子的电子，现在就变成了要拿走核黄素的电子。但这仍是同一种不可能，毕竟铁氧还蛋白连氢分子

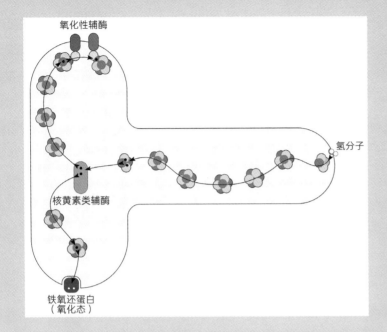

氧化性辅酶

氢分子

核黄素类辅酶

铁氧还蛋白
（氧化态）

图 5-32　一种产甲烷古菌，热自养甲烷嗜热球菌（*Methanothermococcus thermolithotrophicus*）的"异二硫还原酶/铁镍氢化酶复合物"反应原理简图。（作者绘）

的电子都抢不走，又何德何能抢走核黄素[1]的电子呢？

　　这就多亏了核黄素作为"门控"的独特性质了。

　　一般的物质如果失去了一个电子，就更难失去第二个电子，这就好像挖坑总是越深越难挖。反过来也一样，如果得到了一个电子，就更难得到第二个电子，这就好像堆土总是越高越难堆。

　　但核黄素不太一般，它能接受两个电子，而且接受第二个电子比接受第一个电子还容易，也就是说，它只要拿到了一个电子，立刻就会疯狂地再去抢夺另一个电子，这使它拥有了挺强的氧化性。反过来也一样，得到了两个电子的核黄素要失去第一个电子需要不少的能量，但要继续失去第二个电子就只需追加一丁点的能量，恨不得立刻把另一个电子送走。

　　既然如此，那个"抵押"就能派上用场了：它们具有不错的氧化性，有本事抢来第一个电子，这将是一个自发的反应，一个释放能量的反应，而这份能量就足以使核黄素的第二个电子变得非常烫手，核黄素会按捺不住地想要把它送走。奈何那个抵押一次只能接受一个电子，于是，核黄素就会一反常态地大发善心，顺着下方的通路，硬把第二个电子塞给了铁氧还蛋白。而抵押一共能够接受两个电子，

---

[1]　这句话里的"核黄素"是指"得到了电子的核黄素"，也就是还原态的核黄素。与上一个脚注一样，不做这些区分是为了避免出现这样一段绕口令：如果氧化态的铁氧还蛋白夺走了还原态核黄素的电子，还原态的核黄素就会重新变成氧化态的核黄素，而氧化态的核黄素的氧化性要比氧化态的铁氧还蛋白更高，更能吸引电子，所以氧化态的铁氧还蛋白不能氧化还原态的核黄素。

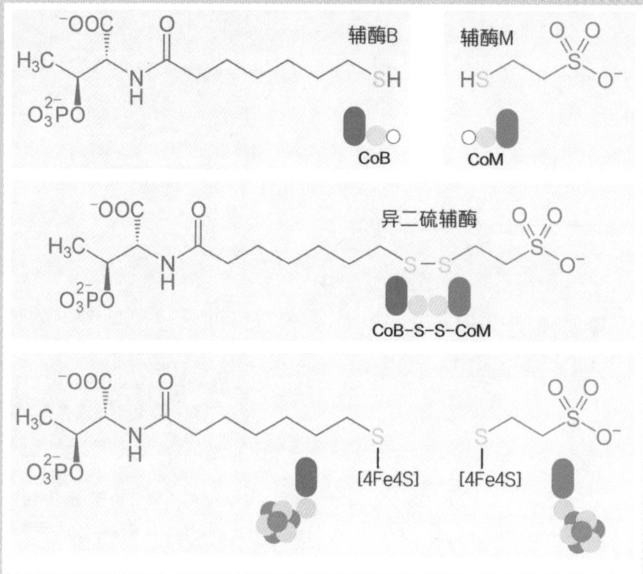

图 5-33 第一行的两个矩形里是辅酶 B（7-巯基庚酰苏氨酸磷酸酯）和辅酶 M（2-巯基乙烷磺酸）的分子式和图示。第二行是它们结合成的异二硫辅酶的分子式和图示。第三行是异二硫辅酶与铁硫簇结合时的形态，也就图 5-32 里的"氧化性辅酶"，它实际上会重新拆分成两个辅酶，分别结合一个四铁四硫簇，然后两个辅酶分别接受一个电子。（作者绘）

所以这整个过程会发生两次，每次都把第一个电子交给抵押，再把第二个电子交给铁氧还蛋白。

事儿就这样成了！通过电子分歧，氢分子交出了两个电子，变成了氢离子。这对电子又走上了两条不同的岔路，一个参与了热力学上可能的反应，释放了许多能量；另一个则直接利用了这份能量，投入了原本不可能的反应，制造了原本不该出现的产物，即充满了电子的铁氧还蛋白。当然，那个抵押也被消耗掉了，所以在之后的代谢里，细菌和古菌都要挪用细胞代谢的能量，把它们循环回来。

至于这个抵押具体是什么，在产乙酸细菌那里，正文已经说得很清楚了，那是我们非常熟悉的辅酶 NAD+ 和 H+；但在产甲烷古菌那里，正文却只是概括地说了个"二硫键"。但实际上，那是由两种辅酶，辅酶 B 和辅酶 M，

以二硫键联合起来的"异二硫辅酶"——所以古菌的电子分歧酶会更具体地叫作"异二硫还原酶"。

我们说过，在蓝细菌出现以前，地球上几乎没有游离的氧元素，地热活动释放的硫元素已经是最接近的替代物了，所以那时候的过硫化物恐怕就好比今天的过氧化物，已经是非常强的氧化剂了。在电子分歧的过程中，异二硫辅酶作为"抵押"夺取核黄素的第一个电子可以释放出 274 单位的能量，而把核黄素的第二个电子塞给铁氧还蛋白只需 86 单位的能量[1]，的确是绰绰有余。

但是反过来，异二硫还原酶经过抵押就重

---

[1] 有些熟悉有机化学的读者会发现异二硫辅酶需要接受两个电子才能被还原，事实也的确如此。不过，古菌的异二硫还原酶每次只还原其中一个硫原子，所以 1 分子异二硫还原酶能接受两轮电子分歧，这里的 274 单位能量和 86 单位能量都是两轮电子分歧的总和。

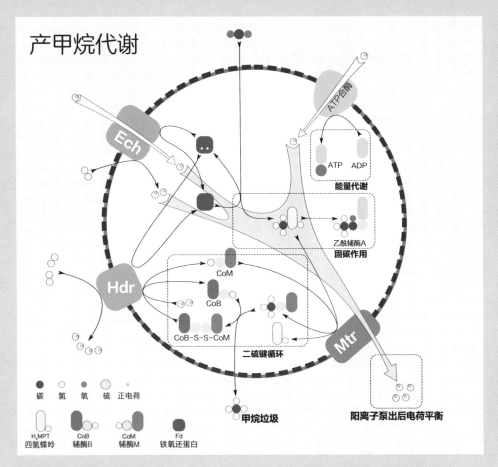

图 5-34　更加详细的产甲烷代谢图示。在图 5-25 的基础上补充了"二硫键循环"的细节。（作者绘）

新变成了辅酶 M 和辅酶 B，它们要怎么重新结合成异二硫辅酶呢？

　　这件事要分两步走。首先，如图 3-6，在乙酰辅酶 A 路径的长分支末端，二氧化碳已经被还原成了甲基，携带在辅酶四氢蝶呤上，这个甲基本来应该继续与一氧化碳结合成乙酰，但是为了赎回抵押物，一种甲基转移酶就会把一部分辅酶四氢蝶呤拦截下来，把它的甲基转移给辅酶 M，成为甲基辅酶 M——而这个过程就会释放很多能量，如正文所说，甲基转移酶可以借此把氢离子泵出细胞膜去。[XIII]

　　接着，这个甲基辅酶 M 仍然带着一些额外的能量，它再与辅酶 B 相遇，就能恢复成异二硫辅酶，同时释放出一份垃圾甲烷了。

　　事儿就这样成了，异二硫辅酶以甲基为代价，完成了循环。

铁硫蛋白的起源与进化

作为整本书最后一篇"延伸阅读",我们恐怕还是得多回答一个问题:从第九章到这一章,我们已经见过了林林总总好多种奇妙的铁硫蛋白,它们是怎么进化出来的?的确,第二十章说过,含有半胱氨酸的肽链很容易在折叠成蛋白质的时候把正在形成的铁硫原子簇包裹进去,但是,它们怎么就能包裹得如此恰到好处,形成那些惊人的"电路"呢?

模块化,答案是模块化。

在之前所有的插图里,为了表述简单,我们把各种复杂的铁硫蛋白都画成了团块状,许多个铁硫簇被"巧妙"地安排在里面,构成了精致的电路。但实际上,除了铁氧还蛋白这个最简单的例子,其他所有铁硫蛋白都是蛋白复合物,都像 ATP 合酶一样,由一个个原本独立的蛋白质组装而成。而这些独立的蛋白质,就是细胞的"电路模块",它们当中的每一个通常只有不超过 4 个铁硫簇,只能形成"储存两个电子""沟通上方和下方""沟通左上角和右下角""上面进来,可以从左边出去也可以从右边出去"这样最简单的电路功能。然而请回忆第十八章,我们说过,蛋白质这样的生物大分子能在表面形成各种各样的相互作用,然后就会根据各自的三维形态,像鲁班锁一样组装起来。而对于铁硫蛋白,这样的组装就会使那些电路模块一个个地沟通起来,形成规模更大、功能更复杂的电路。而不同的组装方式又会产生不同的功能电路。

比如说,我们最近在伍氏乙酸杆菌的细胞内发现了一种"氢依赖型二氧化碳还原酶"(hydrogen dependent CO_2 reductase, HDCR),它能够在氢气浓度非常高,达到产甲烷作用所需下限 250 倍以上的时候直接用氢气还原二氧化碳,而不需要辅酶 NADH 的协助。

而研究了它们的蛋白质结构之后,我们发现,这个二氧化碳还原酶包括了三种铁硫蛋白模块:HydA 模块用来结合氢分子,两个 HycB 模块用来传导电子,还有一个 FdhF 模块用来结合二氧化碳。这三种模块我们一点儿都不陌生,它们在别的蛋白质,甚至别的细菌里都能派上用场:那个 HydA 模块就是伍氏乙酸杆菌的电子分歧酶用来结合氢分子的模块,而 FdhF 模块和 HycB 模块是氢化酶的标配,比如在大肠杆菌的电子传递链上,这两个模块就会结合起来从甲酸那里拿走电子,去还原氢离子。[xiv]

这整个过程让我们想起集成电路出现之前,电气工程师要用标准化的电容、电阻、电感、开关、导线等零件尝试组装各种各样的电

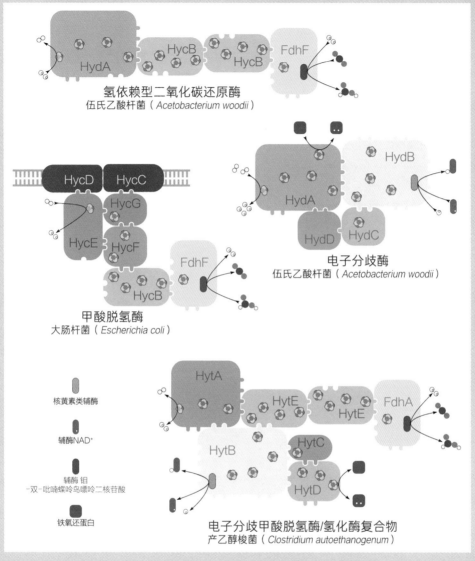

图 5-35 四种在进化上关联的氢化酶或脱氢酶，你会注意到它们都像乐高积木一样是模块化的，同一个模块在不同的蛋白质中可以起到不同的作用。（作者绘）

路。但在进化的历史上，组装铁硫蛋白的不是任何电气工程师，当然更不是其他任何"设计师"，而是随机突变和自然选择：前者产生了各种各样的电路模块，它们内部的铁硫簇有纳米尺度的位置差异，它们外部的作用力有埃米尺度的分布差异，这样一来，不同的电路模块就会因为不同的内外属性，自发地组合出各种各样的功能电路。而自然选择就只需在这琳琅满目，数以亿甚至千亿计的功能电路当中，找到性能最佳的那一小撮，而让其他糟糕的突变在竞争中淘汰掉，就可以了。

所以毫不奇怪，2018 年，比较了已知的 12 种核黄素依赖型电子分歧酶之后，我们发现它们并不是由某个共同原型发展来的，而是在细菌和古菌的进化中，各种现成的铁硫蛋白招募了含有核黄素的新模块变化来的 [xv]。而这也不仅仅出现在铁硫蛋白的进化历程中，生命的任何蛋白复合物，乃至任何复杂性状，都可以化整为零，化繁为简，经过最基本的随机突变和自然选择出现在这个世界上，我想，对于这本书的读者来说，这已经再也不是难于理解的事情了。

• 终章

梦境与星空

> 格列佛·跃升是我的名字，
>
> 大地是我的故乡，
>
> 深渊是我的寓所，
>
> 死亡是我的归宿。
>
> ——阿尔弗雷德·贝斯特，《群星，我的归宿》，1956 年 [1]

如果不是对死亡充满畏惧，人类就不会对生命充满期冀。

在过去的几天中，这本书的作者一直想要把自己变成一个哲人或者诗人，他想要写出形式上戛然而止，内容上隽永悠远的句子，好结束他出版的第一本书，但是他似乎做不到。倒是这种殚精竭虑让他每天睡醒前都会做一些光怪陆离的梦，似乎有五光十色的核酸分子在眼前飞舞，又或者是千奇百怪的拼图整理不完。但也可能是他记错了，梦里是一个全然陌生的世界，到处都是前所未见的秘境，只是每当他想要踏入其中一个秘境一探究竟的时候，他的"梦境制造者"就不得不承认自己只是一个平凡的人类的大脑，即便是做梦也只能营造出"神秘"的感觉，却不能真的杜撰出任何一种感官不曾体验过的事物。于是，编不下去的梦境轰然崩塌，南风与鸟鸣，天光与人声，一切感官体验就像银河冲垮了穹窿，倾泻而下，一刹那灌满了作者的胸腔。

---

[1] 这是《群星，我的归宿》的第一章里出现的四行诗，原诗是 "Gully Foyle is my name. And Terra is my nation. Deep space is my dwelling place. And death's my destination." ——这本书的作者在翻译的时候没有选择通常的字面直译，故意使用了一些更加符合这本书的词汇。比如 "Gully Foyle" 这个名字并没有直接音译成 "格利·弗伊尔"。"格列佛"（Gulliver）是 "格利"（Gully）的全名，这样可以让你想起那个著名的关于冒险的小说《格列佛游记》。"Foyle" 是爱尔兰一条河的名字演变来的姓氏，这个词在爱尔兰语里是 "feabhas"，本意是 "出色、提高"，所以在此处意译成 "跃升"，或许有的读者知道，尼克·莱恩有一本出色的科学读物荣获了 2010 年的 "皇家学会科学图书奖"，这本书就是《生命的跃升》（Life Ascending）。

他醒来，看见窗外是仲夏季节湛蓝的天空，上面粘着丝丝缕缕的层云或者卷云，当云被罡风吹散，那些光怪陆离的梦也就被忘却了——大脑刚刚结束睡眠的时候，边缘系统的海马体还没有完全恢复工作，那些发生在新皮层里的梦境无法转化成记忆，于是就像内存里没有保存的临时数据，永远地消失了。

·从梦境里醒来吧！·

的确，我们的一切心智都是大脑中的神经活动，那是已知最复杂的信息处理活动，但大脑所能处理的一切信息归根结底都源自感官的输入，所以人类永远都不能想象自己没有见过的东西，哪怕是做梦也不可以。所以既有人把感官看作心智与现实的唯一接口，认为任何知识只有追溯到"感官体验"才有可信度可言，才值得拿来讨论，也有人把感官看作禁锢精神的囚牢，相信感官带给我们的只是香遇浮华，唯有冲破了感官的束缚，获得了某种形式的"心灵体验"，才能触及至高无上的智慧真理。

如果把人类视为一种刚刚降世的动物，我们会遗憾地发现他们的感官粗糙而迟钝，远远不能满足那发达心智的旺盛需求。所以毫不奇怪，一切古老的信仰都会把后一种看法视为正当，区别仅在于要如何获得那种沟通神圣的"心灵体验"：通过致幻药物的神经干扰，通过集体狂欢时的意识游离，通过天马行空的通感联觉，通过打坐入定后的深度冥想，通过自圆其说的天人交感，通过世传典籍的微言大义，通过虔诚投入的祝祷弥撒，通过神职祭司的中介传达……总之是一种神秘而不可直见的东西。

这样的殚精竭虑耗尽了古往今来不知多少人的毕生心血，然而当我们静下心来打量这些心灵体验的成果，不先入为主地把任何一个当作正道或者异端，那些被古老信仰视为终极奥义的东西就都与一场光怪陆离的大梦毫无区别了。神祇与恶魔总的来说是个长老、英雄或者君王，但是那些最叫人印象深刻的动物也都可能被先民撷取一些标志性的结构，比如翅膀、犄角、蹄子、尾巴、爪牙，甚至整个脑袋和躯干，一起拼凑在神魔身上。神魔所做的一切，也无非是喜、怒、哀、乐、怜悯、作弄、好奇、猜疑、欢爱、征伐，顺带创造了宇宙、生命、人类乃至先民最在乎的一切东西，并且出于同样的原因操纵着人们心心念念的事务——起先是气象和生殖、狩猎和耕种、战争和疾病，然后就有商业和工匠、智慧和艺术、财富和繁荣，终于发展成了抽象概念上的苦难与罪恶、福音与极乐。

梦境中的一切都能在清醒时找到原型，古老信仰里的一切也无外乎扭曲的现实，梦境的主题总是做梦人最关心的事情，古老信仰的终极任务同样是回答人类最深重的困惑。

人生的意义是什么？

在一切古老的信仰中，那些只有心灵体验才能沟通的存在既然塑造了生命的起源，必然同样安排了死亡的归宿。至于那归宿，当然也不是什么超出日常经验的东西：遵从某种行为守则，就可以得到幸福、满足与荣耀，做不到，就将陷入痛苦、饥馑与罪孽的深渊。因此，接受了那种起源，就认同了那种归宿，也就界定了人生的意义。

正如我们所见，古老的信仰最初的确可以被称为"认知"，然而在漫长的蒙昧之夜里，认知变成了解释，解释变成了控制，此时人们沉于梦境，已经变成不愿醒来。

序幕里的威廉·佩利就是这种"不愿醒来"的好例子。他是一个自然神学家，"自然"的那一部分让他重视观察，让他把生物的解剖结构当作不容置疑的证据，但是"神学"的那一部分又让他笃信一个来自"心灵体验"的真理，让他咬定这个宇宙的一切秘密都在几千年前由一群感应到了上帝的古人写在了《圣经》里，所以他观察得到的一切新知识都被用来维护教条，而不是探索未知的世界。

当然，这不是要站在现代的高度上挖苦一个古人。在那之前的一千多年里，生命的起源、死亡的归宿、人生的意义，都被那种教条牢牢地捆在人们的喉咙上：如果生命的起源并不是教条宣称的那个样子，死亡的归宿就变得格外可疑，曾经努力过的整个人生是否还有意义，反省起来真叫人不寒而栗。

但是编不下去的梦境终会崩塌，汹涌的感官体验由不得人们不愿醒来。在人类如此浩漫的历史中，我们可以理出数不清的跃升的箭头，工具和仪器对感官的延拓绝对是其中最值得赞叹的那支：公元前 4 世纪，亚里士多德敲开孵化中的鸡蛋，用肉眼观察到了跳动中的胚胎心脏；17 世纪，列文虎克把玻璃丝在烧熔时凝聚成的玻璃珠当作显微透镜，发现了单细胞生物；2013 年，伯克利大学的化学家们用原子力显微镜看到了有机化学反应中化学键的变化[1]；公元前 240 年，秦始皇的御用天文学家用肉眼看到了距离太阳 8 700 万千米的哈雷彗星；1610 年，伽利略用自制的望远镜看到了 7.4 亿千米之外的木星卫星；2016 年，哈勃空间望远镜和斯皮策空间望远镜联合观察到了 134 亿光年之外的星系，那里的宇宙才刚刚形成了 4 亿年左右[II]。

心灵体验从未给我们带来任何不曾见过的东西，感官的延拓却像爆破了天河的大堤，未知世界的新鲜事物呼啸而至，醒来的人被这浪潮迎面冲击，立刻就忘记了那些光怪陆离的梦中秘境。

19 世纪末以来的现代科学代表了用技术拓展感官体验，并且将此贯彻到底的最高成就。在现代科学的实践中，哪怕是草创的假说也必须建立在可观测的现象上，必须能被进一步观察检验。除此之外，任何不可观测的东西都不足以说明问题。而且，就连这些可观测数据，现代科学也要不遗余力地找到其中可能混杂的一切心灵体验，设法筛除，追求那种被称为"中立客观"的艰难目标。

不得不说，现代科学拒斥心灵体验的作风就像撕破美梦的刺耳闹钟，让那些继承了古老信仰的现代人感到怀疑甚至反感，不愿与它亲近，给闹钟静音之后翻身重睡。他们在梦境中仍然掌握着真理，或者至少真理就在彼岸，而那种追求心灵体验的不懈努力就是带着他们登临彼岸的舟楫。但有趣的是，现代科学的建设者虽然依赖观察，却从来不认为观察就等于现实本身，也不认为自己掌握的任何东西毋庸置疑，他们会认为自己是在无限宽广的海面上毫无目的地漂流，但要幸存下去，唯有越来越深地潜入深渊，认识那里的事物，收集可以利用的资源。

好在这不是一本科学哲学的读物，这本书的作者与读者都不需要亲自投入这场旷世的论战，我们作为旁观者，只需要从结果上信任给自己带来实在好处的那一个：自有生民一万多年，古老的信仰更仆难数，然而这些信仰真的唤来了什么吗？现代科学广泛投入实践只是最近一百多年的事情，我们又过上了怎样的现代生活呢？

所以，如果要把这本书的名字当作一个问题，我们的候选范围就只是现代科学给出的种种起源图景，至于古老信仰构造的种种传说，我们没有理由认为其中任何一个有资格算作可能。

但在所有最重要的基础自然科学中，生物学是最晚成熟起来的那一个，这当然是因为生命现象实在是比其他一切现象都更加复杂：经典力学在 1687 年就树立起来，到 1925 年，相对论和量子论都已经落成，再到 1974 年左右，粒子物理学的标准模型也基本完工了；相比之下，到 1858 年，我们才弄明白细胞是构成一切生命的砖石，又过了一个多世纪，我们才获得了完整的中心法则，知道了遗传的基本原理，而从那时到这本书写成，才刚刚过了 60 年。

面对各自的终极问题，物理学在"宇宙本源"的问题上给出了"大爆炸"这个轰动世界的流行学说，生物学却至今未在"生命起源"的问题上有过什么笃定的回答。不同的研究者用不同的假说组合了不同的观察结果，得到了为数众多、大大小小的"局部图景"，它们就像成百上千块乱堆在一起的拼图碎片，我们既没见过完整图景是什么样子，也不知道哪些碎片属于完整的图景，哪些碎片只是一个错觉。

进入 21 世纪之后，我们在生物学内部看到了越来越多的希望。正如这本书里展现的，不同的局部图景正在弥合起来，组成更大的片段，虽然在许多边界问题上还有广泛的争议，但是在越来越充分的实验证据的支持下，这些争议或早或晚，终究都会得到解决。

这样一来，公众科学领域的现状就更加让人焦虑了。直到今天，谈起生命起源的科学解释，就只有"米勒-尤里实验"稍知名些，然而这只是一片最陈旧、最不可能正确的碎片。为此，人们又要用类似"猴子在键盘上乱跳也可能打出《莎士比亚全集》"的说辞把这块碎片拉扯出全景图的尺寸来。毫不客气地说，这样粗糙的东西经不起一点推敲，非但说服不了谁，还叫公众觉得现代科学没本事回答这个问题。

但在这个时代，一个人不知道科学的解释是什么，那通常不是因为科学无法解释，而是因为科学前沿与公众舆论之间有着广阔的真空地带。

在很大程度上，这也是本书作者写这本书的目的：他想知道这些局部图景在多大程度上可以融洽地整合起来，构成一张宏大而精细的生命起源图景，把现代科学那种无与伦比的解释能力展现在包括他自己在内的公众面前。最终，他选择了白烟囱假说，用它组织了整个图景的框架，然后用 RNA 世界假说让这个框架丰满，也用其他研究者提出的更具细节性的图景填充缺口。总的来说，他得到了令自己满意，甚至有些感动的结果。

当然，这样一幅图景远远不能称为任何意义上的"标准答案"——如果这本书的作者敢于这样声称，那就未免太狂妄了——但他又的确认为自己给出的图景是一幅很好的图景，否则他也不会煞费苦心地铺展这幅图景了。

首先，这幅图景中的每一个细节，都是科学的假说，都能用具体的实验和数据来论证。尼克·莱恩正在伦敦大学的实验室里设计白烟囱的模拟装置，一步步地检验假说中的物质能量产出；哈佛大学医学院的诺贝尔奖得主杰克·绍斯塔克是一个更优秀的实验家，它在关于原始细胞的模拟实验中收获了许许多多激动人心的成果；尤金·库宁向来以严谨的计算著称，他在当代遗传学的研究中享有很高的名望；帕特里克·福泰尔是巴斯德研究所微生物学部的主任，他对 DNA 起源的思考非常全面地综合了当代病毒学的研究结论……这一切，都与那种退变成教条的解释毫无相同之处。

其次，不无感情因素地，即便对于作者本人而言，这也的确是一幅摄人心魄的壮美图景。我们在第一章里就曾说过，从陨石、彗星、小行星甚至星际气体中发现有机物的成分，一度唤起了一种非常浪漫的生命起源假说。这些天体饱含着构造生命的基本物质，像蒲公英的种子一样把生命播种到它邂逅的每一个宜居星球上去，数不清的科幻作品受此启发，虚构了这样那样的"星际播种"的设定，获得了艺术上的巨大成功。

这样的假说虽然没有多少可信之处，却真实地反映了在我们心中萦绕已久的巨大困惑。

· 我们是孤独的吗？ ·

在这个无限广阔的宇宙中，已知的生命全都来自一粒最不起眼的纤尘——地球。300 年来，我们制造了越来越大的望远镜，无数次扫描着星空，发现了种种诡谲绚烂的天文奇观，从数十万成员的星团到几十万光年外的星系，最巨大的恒星足以吞下整个土星轨道，而垂死的恒星将在无可匹敌的爆发中释放出比一个星系更加耀眼的光芒，它们在星云中掀起无边的涟漪，催生出不知凡几的新恒星，那恣肆抛撒的金属元素还将凝聚成厚重的岩石，吸聚成千奇百怪的行星，它们中的每一个，都是未知的新世界——可我们从来没有发现其他生命的踪迹。

生命出现在地球上，难道就只是一个纯粹的偶然吗？

如果听信了猴子与键盘的说辞，我们很可能会认为这真的就只是个偶然，并且相信这个偶然的概率低得近似于无，在广袤的宇宙里都不可复现。

但是我们的整个故事已经否认了这种观点：生命绝不是一个纯粹的偶然，而只是一种实现了自我控制的耗散结构。而构成这种耗散结构的，又只是一些最平庸的岩石与海水。

尤其橄榄石，是它与海水的反应产生了碱性热液，碱性热液又与酸性海水共同沉淀出了白烟囱，白烟囱那错综复杂的矿物管道又成了生命诞生的理想环境。而橄榄石不仅是地球深处最常见的矿物，同时也是整个太阳系最常见的矿物，其他行星

图 5-36　大约在 1951 年，人们在阿根廷的埃斯克尔地区发现了一块重达 755 千克的巨型陨石。照片里的样本就是这块"埃斯克尔石铁陨石"的切片，清楚展现了铁基质中镶嵌了大量的高纯度橄榄石晶体。（来自 Doug Bowman|Flickr）

与卫星的岩石内核，还有四处飘散的小行星，甚至弥漫轨道之间的矿物尘埃，主要成分也都是橄榄石。这并不是什么奇怪的事情，橄榄石的主要成分就是硅酸镁和硅酸亚铁。其中，硅是宇宙丰度第八的元素，岩石总体丰度第二高的元素；氧是宇宙丰度第三的元素，岩石丰度第一的元素，宇宙中丰度最高的强氧化性元素；铁是宇宙丰度第一的金属元素；镁是宇宙丰度第二的金属元素。由最常见的元素组成最常见的物质，这是顺理成章的事情。

是啊，这本书从头到尾一直强调的，不就是"这乍看起来有些神奇，却是平常的反应"吗？所以，如果在宇宙的其他角落，同样有橄榄石构成的深层地壳，同样有活跃的地质运动，也有同样充沛的原始海水，那是否同样可以喷发出一座座活跃的白烟囱，进而孕育出像我们这样的细胞生命呢？

是的，这就是我们搜寻地外生命的纲领：橄榄石并不棘手，有岩石的地方就有它；但是液态水却只能存在于 0℃以上的狭窄温度区间里，所以，寻找岩石星球上的液态水，就是我们寻找地外生命的最佳方案。

随着技术的进步，我们发现这样的搜寻很可能远比想象的容易。就在太阳系内部，木卫二"欧罗巴"和土卫二"恩克拉多斯"不但拥有巨大的橄榄石岩体，还有可匹敌地球的水储量，同时，木星和土星的巨大潮汐力也足以在它们的岩体上撕开深刻的裂缝，让那海水像在洋中脊那样渗透下去——我们很有理由猜测那里同样会有白烟囱，同样可能孕育出产甲烷古菌或者产乙酸细菌那样的生命。

其中，木卫二是一颗非常巨大的天然卫星，直径约是地球的 24.5%，只比月球略小一点，是 1610 年伽利略用望远镜发现的四颗卫星之一。但在那之后的 300 多年里，人类都只以为那是一个遥远而平庸的寒狱，毕竟那里已经非常远离太阳的光辉，木卫二的引力又是那样小，无法吸引一层蓄热的大气，根据计算，这个星球表面最热的地方也只有 –133℃。

但是 1979 年前后，"旅行者 1 号"和"2 号"先后掠过木卫二，揭开了它的神秘面纱，顿时震惊了所有的人。那是整个太阳系最光滑的星球，起伏最大不超过几百米，除了一些纵横交错的裂纹显得颜色深一些，连撞击坑都非常罕见——那竟然是一个巨厚的冰壳！

我们现在知道，木卫二的冰层厚达 10 千米到 30 千米，而冰层之下还有一个深

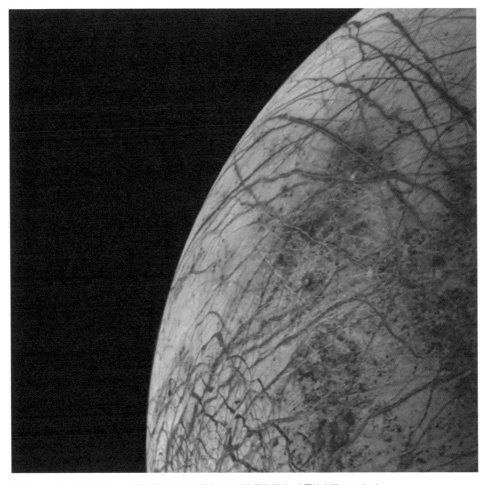

图 5-37　1979 年 7 月 9 日，"旅行者 2 号" 飞掠木卫二时拍摄的照片。（图片来源：NASA）

达 100 千米的液态水海洋。要知道，地球海洋的平均深度还不到 3.7 千米，这意味着木卫二的液态水储量将近地球海水的 2 倍。这就不免让人们感到非常困惑：在如此寒冷的冰层下面，是什么能量融化出了如此巨大的海洋？

　　岩石中放射性元素衰变放热和木星磁场加热都不足以释放如此多的热量。但我们很快发现，轨道共振带来的潮汐力就是那个答案。伽利略发现的四颗木星卫星都非常巨大，其中，木卫一、木卫二和木卫三在公转中形成了 4 : 2 : 1 的轨道共振，也就是木卫一公转 4 周的同时，木卫二公转 2 周，木卫三公转 1 周。这让它们的轨道不怎么圆，时而靠近木星，被强大的引力拉扁，时而远离木星，恢复原样[III]。木卫一距离木星最近，这种潮汐变化也最显著。地球海洋的高潮和低潮最大落差只有18米，但在木卫一那里，岩石的高低起伏竟能高达100多米，这巨大的能量让木卫一成了太阳系火山运动最活跃的星球，400余座大大小小的活火山用硫黄和硫化铁把整个星球涂成了金黄色。

木卫二距离木星远一些，没有在撕扯中爆发如此大规模的火山运动，但也同样足以获得巨额的能量收入，那冰层上错动的裂纹就是明证。它的海底也一定有丰富的构造运动——既有黑烟囱，也有白烟囱。

那么，在地球上造就了生命的那种"必然"，也会发生在木卫二上吗？

这恐怕就要设法调查一下木卫二的海洋里究竟有些什么物质，尤其是有没有复杂的有机物了。

对此，一种想法是直接发射一台核动力的钻机到木卫二上去，利用热量钻透整个冰层，然后释放一个水下机器人去探索那异星的深渊[IV]。显然，这个想法近乎疯狂，那背后涉及的技术难度和资金缺口恐怕这整整一代人都不能解决。

幸好，2014年，哈勃空间望远镜拍摄到木卫二上还有活跃的"水汽冰羽"活动，冰层下的水分会在南极附近顺着裂缝像刚开瓶的香槟一样喷薄而出，升腾起高达200千米。所以，只要派一艘探测器飞掠甚至着陆在那裂缝附近，就能知道木卫二的海洋中究竟有没有，或者有多少复杂的有机物了。

2017年，美国国家航天局宣布启动"欧罗巴快船"计划，预计在2024年发射一艘无人探测器前往木卫二，直接搜集那些冰羽中的成分数据。这是我们有生之年拭目以待的事情。

相比之下，土卫二就小得多，但它带给我们的希望却大得多。

土卫二的平均直径只有504千米左右，四川盆地都能放得下，但它与木卫二一样，也与其他卫星达成了轨道共振——它每公转1周，土卫四就公转2周。于是在它30千米厚的冰层下面，竟然有一个深达26千米到31千米的全球性的海洋[V]，那同样意味着储量惊人的海水。

土卫二的构造运动比木卫二更加活跃，南极地区甚至有一些年轻的蓝色的冰。而在全球的冰面上，还散布着数不清的"冰火山"，土卫二的海水和冰从这里喷涌

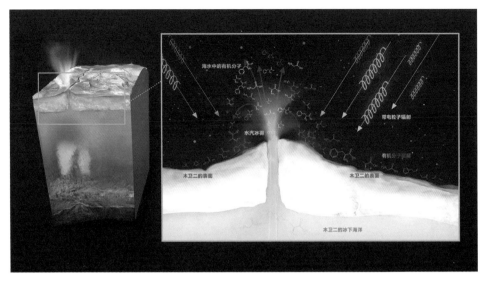

图 5-38　木卫二的海底很可能有着活跃的地质运动，那里的热液喷口很可能制造了种类丰富的有机物，并且随着水汽冰羽活动喷发到木卫二表面上来。（图片来源：NASA）

而出，逃离土卫二那微弱的引力，散布在它的公转轨道上——土星那草帽似的光环可以细分成更多层同心环，其中的 E 环就是土卫二喷冰的产物。

这些冰火山是 2005 年土星探测器"卡西尼号"首次飞掠土卫二时发现的，给我们带来了强烈的惊喜。在那之后的十余年里，卡西尼号飞掠土卫二许许多多次，甚至穿过了它的某些喷出物，还检测了 E 环的内容物，它的收获真的让我们喜出望外：我们发现它的喷出物中含有甲烷、丙烷、甲醛之类的有机物，还含有许多的氢气，而氢气正是碱性热液里的关键成分。所以，我们现在很有理由相信，土卫二的海洋里也有活跃的白烟囱[VI]。

显然，这给生命的起源带来了巨大的希望。于是，在 2017 年 9 月，为了避免"卡西尼号"上的地球细菌污染土卫二的海洋，干扰那里潜在的生命，它受命驶向土星，在那浓密的大气中焚毁了自己。但它发回地球的数据已经足够让全人类继续研究 10 年之久了。

果然，2018 年，我们分析了土卫二喷出物的数据之后发现，其中竟然含有一些非常复杂的有机物，这些有机物由十几个碳原子组成，甚至还有氮和氧构成的官

图 5-39　2005 年 3 月 9 日，"卡西尼号"拍摄到的土卫二照片，南极附近可以看到大量的蓝色冰纹，一般认为那是比较年轻的冰。（来自 NASA/JPL-Caltech/SSI/Kevin M. Gill）

能团——即便最复杂的标准氨基酸也不过如此了。再考虑到有机物离开海洋的保护就会暴露在狂暴的宇宙射线中，这些有机物也很可能只是更复杂的有机物的碎片，而那些更复杂的有机物可能达到上千的原子量[VII]，这毫无疑问给坚信"地外生命"存在的研究者以极大的鼓舞。

　　是的，我们再也无法回到 40 亿年前观察生命的起源，但我们可以根据生命起源的假说在无限的宇宙中搜寻适合酝酿生命的天体，在那里真实地检验自己的认知。像太阳这样明媚而温和的恒星在银河系里数不胜数，它们周围的岩石行星就更加多见了。根据开普勒空间望远镜的观测数据，银河系内有多达 400 亿颗岩石行星的表面可能存在着液态水，其中 110 亿颗围绕着类似太阳的恒星公转。[VIII] 比如格利泽 832c 距离我们仅仅 16 光年，它就是一颗质量达到地球 5.4 倍的岩石行星。有了这样大的质量，它可以比地球维持更多的水分和更加浓密的大气，形成温暖而稳定的气候。[IX] 甚至就在距离太阳系最近的恒星，4.2 光年外的比邻星的周围，也有一颗编号"比邻星 b"的岩石行星，它的质量是地球的 1.27 倍，表面温度很可能近似地球，非常有利于海洋形成。

在这个广袤而年轻的宇宙里，我们的探索才刚刚开始。

然而我们的探索如果一直都没有结果呢？如果光年的尺度太大，我们苦苦搜寻了一两百年都没有在地球之外找到生命存在的迹象，如果 40 亿年的光阴实在太长，生命起源的谜题永远也不能完全解开呢？我们这一切艰苦卓绝的探索，是否就没有了意义？

抑或，我们真的发现了地球之外的生命，也得到了生命起源的真相，可是，这个真相能像古老信仰一样，给人生赋予意义吗？或者说得更直白一些，如果没有神造万物，如果没有灵魂飞升，如果死亡就是生命的终结……如果一切永恒都不存在，我们的人生又有什么意义呢？

如果你认为人生的意义就是永恒，那就给人生赋予永恒。

用卓绝的探索与不懈的创造改变这个世界，为了自己热爱的事业释放所有的能量，能做事的做事，能发声的发声。有一分能量，就发一分光，不必等候未来的火把：如果此后没有火把，自己就是唯一的光；有了火把，甚至出了太阳，我们更要赞美这火把与太阳，要把自己的光芒也融进去。因为那光芒将劈开蒙昧的黑夜，在人类身上留下不可磨灭的痕迹，随着文明的延续而持存不息。这便是唯一真正的永恒，属于勇敢者的永恒，正是因为这些勇敢者，人类面对死亡的宿命却仍然敢于期冀永恒。

这本书的作者写到这里的时候，"旅行者 1 号"已经抵达了距离地球 23 949 613 616 千米的远方，仍在以 17 千米 / 秒的速度远离故乡。这是一场永无返航的旅程，人类交托给它的金唱片还能将信息存留 10 亿年，但坦率地说，邂逅另一个文明从来不是它必须完成的使命，"旅行者 1 号"和"2 号"，只是这个年轻文明步向永恒的一对里程碑。在那之后，人类这个善于创造奇迹的物种，也一定会像 40 亿年前的末祖一样，离开孕育它的摇篮，奔向自由而无限的星空。

格列佛·跃升是我的名字，

地球是我的故乡，

深空是我的寓所，

群星是我的归宿。

——阿尔弗雷德·贝斯特，《群星，我的归宿》，1956 年 [1]

---

[1] 这是《群星，我的归宿》的最后一章里出现的四行诗，原诗是 "Gully Foyle is my name. And Terra is my nation. Deep space is my dwelling place. The stars my destination"，除了第四行，与第一章的四行诗完全一样，但这本书的作者更换了第一行之外每一行的开头译法。

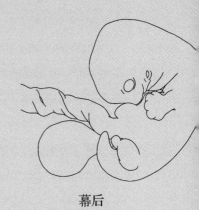

幕后

死亡与永恒

—

亦余心之所善兮，
虽九死其犹未悔。

——屈原，《离骚》

2020 年 7 月 1 日，中国呼和浩特市的市郊，一个僻静的老旧小区里有一座四层楼房，一楼开着向阳的窗户，清凉的晚风拂过院子里的花红果子树，叶浪翻滚的声音好像遥远的潮水，绵绵不绝地涌入窗内。

夏日里，这棵树展开了茂盛的枝叶，如同定格的爆炸，翠绿色的蘑菇云升腾而起，有三四丈高。青涩的果实累累地缀在枝头，还不甚打眼，但到了秋天，它们定会像爆炸的礼花一样夺目，引得左邻右舍所有孩子跳起来去摘——20 年来，年年如此。

20 年的时间足够让一个天真的孩子变成一个劳碌的中年人。这棵花红果子树刚刚栽下的时候，这本书的作者还在上小学，他放学之后并不与别的孩子玩耍，却会径直地走到种着树的荒地上。那荒地足有一亩多，原本就是茫茫大草地的一部分，只是小区建成之后才被一道砖墙围在楼前。夏日里，葳蕤的野草遍地蔓延，蒲公英、苦荬菜、大蓟、苦马豆、马兰花、打碗碗花……就像乔治·修拉的画布一样铺满了荒地，蝴蝶、蜜蜂、豆娘、蚂蚱、蟋蟀、瓢虫、食蚜蝇……也都疯狂地钻进去品尝这幅杰作。

但最让这本书的作者心驰神往的，是荒地正中一片十几平方米的洼地，夏日里丰沛的雨水会把那个水坑灌得满满的，于是就有蓝细菌和绿藻在暴晒下蓬勃地生长起来，然后有蚌虫、鲎虫和卤虫不知从哪里孵化出来，在水里摇摇摆摆地游来游去，这是一些居住在市区里的孩子从来没有见过的淡水节肢动物。蚌虫看上去就像一个几毫米大的微型河蚌，它们翕动着一对壳在水中一跳一跳地游动；鲎虫很像海洋里的鲎，但也同样微缩到了一两厘米的尺寸，它们肚皮朝上在水中遨游，书页一样的附肢透出暗红的颜色，不住地划动着；而那卤虫最可爱，它们像透明的小虾一样游来游去，有的还在身后拖着一粒欧珀似的小珠子，在午后的阳光下流光溢彩——然而潜伏在坑底的水蚤会突然伸出钳子似的下颚，眨眼间就把那曼妙的卤虫吃掉了。

这些热闹又可爱的夏季生灵像草叶上的露珠转瞬即逝。呼和浩特的雨季只有两个多月，水坑很快就会枯竭干涸，所有的蚌虫、鲎虫和卤虫都在淤泥中干死了，水蚤会在龟裂的缝隙里躲避几天，但最后还是化成了尘埃。接着，那些葳蕤的野草纷纷枯萎，在嘹唳的西北风袭来之前，整片荒地已经只剩灰色、褐色、棕色与苍黄色——最后，一尺来厚的皑皑白雪将给所有死去的生灵入殓，超过6个月的漫长寒冬要到来年4月才肯结束。但在雪水的滋养下，野花到5月份就又像彩色的冲击波，几天之内重新铺满了荒地，6月的几场大雨之后，水洼里的小动物又摇曳生姿了。

但这生生不息的童年景象终究没能延续下去。13年前，这本书的作者远去北京上学，读的是计算机科学专业。连同他的父亲在内，一楼的各户居民紧锣密鼓地把整片荒地开辟成了菜园子，种上了番茄、青椒、大葱、玉米、莴苣、西蓝花、四季豆、卷心菜。去年，当他开始写这本书的时候，那片荒地终于被市政府完全铲除，铺上了一尺厚的水泥，像那寒冬的积雪一样平整，却是一具永不开启的灵柩，闷死了地上所有的生命——只有那花红果子树被当作绿化的一部分，留在了窗前，还围上了刷着土黄色油漆的栅栏。偶尔有虫咬的落果"铿"的一声在水泥地上摔碎了，深夜里听得清清楚楚。

为此，他给那些夏季生灵写下了这篇悼词。

Ade（别了），他的野花们！ Ade，他的卤虫和水蚤们！

在正文里，我们讨论了无数关于生命的起源的问题，然而如果不讨论死亡，生命就总是有那么一些空洞——早在第四章，我们就许诺了两则增章，死亡，以及关于生和死的困惑，正是这两则增章的主题。在这幕后的故事里，我们就以它们结束这一切吧。

以及，这本书的作者在这本书的原稿里写下了34万字，没有用过一个"进行"，可见，汉语根本不需要这个动词。

• 增章一

我们为什么放弃永生？

在第四章里，我们知悉了一件非常颠覆的事情：

衰老导致的死亡并不是生命固有的归宿。绝大多数生命，包括所有单细胞生物、所有真菌，还有几乎所有的木本植物，等等，排除损伤和疾病等外在致死因素之后，都会拥有无限的预期寿命。只是如今最繁荣的两群宏观生命，也就是几乎所有的动物和一二年生的草本植物，都因为一个特殊的原因放弃了永生，而进化出了死亡的能力。

现在，我们要分六步走，用最快的速度了解一下这件事情。

·第一步 一个规律·

首先，我们应该明确"衰老"是什么。这实际上是一件非常困难的事情，因为在当前的宇宙中，任何物体都会随着时间的流逝而发生一些变化，在不同的视角上很可能会有不同的认识。比如大多数树木的树皮都会越来越厚，越来越粗糙，甚至粗糙得裂开、剥落。这对于构成树皮的细胞来说的确是在衰老死亡，但是对于树木本身来说，这却是健康生长的一部分，就像人类的指甲会越长越长，最后不得不剪掉。然而话又说回来了，树皮越来越厚，越来越粗糙，又有可能滋生更多真菌和寄生虫，它们会增加树木损伤的概率，当这些损伤积累的速度超过树木修复的速度，这棵树同样会枯萎死亡。

为了节省讨论的篇幅，我们只给出一个比较理想的、内在的衰老的定义：衰老是指生命自身产生的有害变化不断累积，使得新陈代谢不可逆地趋于迟滞，正常的生理功能因此衰退的过程，而这个过程具体到生命体的每一个细胞上，它的极致就是死亡。

对此，我们先来记住一个规律：负责制造新个体的细胞有机会不老死，其他细胞必然会老死。¹

而且，这个免于老死的赦免不只能让细胞本身免于衰老，更能让细胞一代一代无限地分裂下去，每一代都会有子细胞继承赦免资格。而那些得不到赦免的细胞哪怕能分裂，也只能分裂有限的若干代，而最后一代的子细胞全都会老死。

·第二步 两种细胞·

第二步就是看看那件"非常颠覆的事情"是如何具体印证了第一步的规律。

对于单细胞生物来说，它们唯一的那个细胞就相当于生殖细胞[1]，也就都得到赦免，都不会老死。毕竟，单细胞生物如果会老死就意味着就地灭绝，这是非常"显然"的事情，所以这一步的讨论也将略过单细胞生物不谈。但是，这"显然"的背后还是有一些违反直觉的事情，我们留到下一步里再说。

而对于多细胞生物，我们首先要知道，所谓"多细胞"并不是随便一堆什么细胞聚在一起就可以了，而必须是一个细胞分裂出来的众多细胞集合在一起，并且分化成不同的形态分工合作。这就让多细胞生物身上的细胞分成了两种：

一种不负责制造新个体，这些细胞都会老死；

另一种负责制造新个体，这些细胞会得到赦免，不会老死，还将拥有无限的分裂能力。

可想而知，一个多细胞生物要从整体上免于老死，就只能寄望于后一种细胞了。这些得到赦免的细胞如果还能发展出其他各种细胞，替补所有老死的细胞，就能使整个多细胞生物得到永恒的修复，从而免于老死。

反过来，多细胞生物如果存在着"生殖专权"的约束，也就是只有一部分细胞负责制造多细胞的新个体，并且只负责制造多细胞的新个体，而其他所有细胞一律无权制造这样的新个体，那这个多细胞生物就只能等着老死了。

有了上面这一组推论，我们就可以逐个讨论多细胞生物的各种情况了。在 40

---

[1] 单细胞生物都可以通过各种形式的细胞分裂直接产生后代，此时，每个细胞都是无性生殖的生殖细胞；真核的单细胞生物还能先与其他细胞融合再分裂，此时它们又成了有性生殖的生殖细胞。

亿年的进化史上，多细胞生物只出现在五个类群当中：红藻、植物、褐藻、真菌、动物。我们要花些篇幅逐个分情况讨论，这让第二步有些复杂，但在理解上已经没有难度了。

最简单的情况是真菌型。这个类型首先包括了多细胞的真菌，比如霉菌和伞菌，它们的生殖细胞被称作"孢子"，那些毛茸茸的霉斑，还有蘑菇、木耳之类可以采集的块状部分就是专门释放孢子的"气生菌丝"，而气生菌丝是从"营养菌丝"分化来的。这些"营养菌丝"细到肉眼看不见，在营养环境中到处蔓延，我们为了做小鸡炖蘑菇而去林中采了一小丛榛蘑，它的营养菌丝就很有可能在森林地下蔓延了几千平方米甚至上百公顷。

这些营养菌丝中的任何一个细胞都可以分裂分化出气生菌丝，进而结出繁殖用的孢子，哪怕脱落下来也能直接发展成另一个真菌网络。营养菌丝中的每一个细胞都负责制造新个体，都得到了赦免。所以从原则上讲，只要营养永远充沛，真菌就永远不死。

除了真菌，其他类群也有属于这种情况的：在植物界，绿藻门的多细胞物种，比如团藻和石莼，红藻门的一些多细胞物种，比如紫菜，轮藻门除了轮藻纲的多细胞物种，比如水绵；在动物界，扁盘动物门唯一的物种丝盘虫（*Trichoplax adhaerens*）[1]。它们的情况都与多细胞的真菌类似，结构非常简单，几乎每一个细胞都能通过有性或无性的方法制造新个体出来，所以全都得到了赦免，不会衰老死亡，并且拥有了无限的再生能力。它们没有要害部位，哪怕只剩一个细胞，那个细胞也能在适宜的环境里重新长成完整的一个。

植物界其他的多细胞生物，就要稍复杂一些了。

首先，植物身上已经高度分化的细胞将不再分裂，它们固然会老死，但浑身各处还保存着许多"分生组织"。这种组织里的每一个细胞都能持续不断地分裂分化，既负责替换老死的细胞，也负责制造新的生理结构。

而"新的生理结构"就包括新的芽，芽有机会长成枝，枝有机会长出"孢子

---

[1] 不要与扁形动物门混淆，扁盘动物门是一个极端罕见也极端小的门，唯一的物种丝盘虫只有薄薄的两层细胞，贴在富有营养的海底表面生活，没有固定形状也没有明确的运动方向，就像洒了一摊黏液——它们甚至能从孔径只容单个细胞的筛网里渗过去。

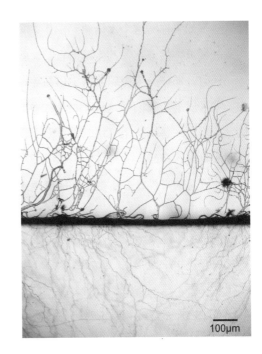

图增-1 在显微镜下观察一丛黑霉的营养菌丝，你可以看到这些菌丝像毛细血管一样在培养基上蔓延，更仔细看的话，你会看到它由一个个的柱状的细胞接续而成。（图片来源 Y_tambe）

图增-2 这是一丛榛蘑的子实体，由非常发达的气生菌丝团聚而成，它们可以在针叶林中大量生长，营养菌丝往往占据广袤的森林，很难人工培育。（图片来源：Stu's Images）

叶"——如果你对这个术语感到陌生，只需知道被子植物的孢子叶会高度特化，聚集成一种被称为"花"的生殖器官[1]，就知道这意味着什么了。

同时，那些分生组织能再生出新芽，也能再生出新根，这就凑成了一株新的植物。[2] 习惯上，我们把这种无性生殖称作"营养生殖"，园艺和农业上用柳条、姜块、蒜瓣、红薯块、土豆块、甘蔗茎、秋海棠叶、草莓匍匐茎等营养器官繁殖分栽的办法就是这样的。

所以总的来说，多年生植物的分生组织一方面负责以有性或无性的方式制造新个体，并因此得到赦免，另一方面又负责替补那些老死的细胞，让整个植物得到无限的再生。所以原则上讲，植物只要拥有足够的分生组织，就永远不会老死。绝大多数的"多年生植物"，也就是常说的"树木"，还有一大批宿根植物和宿茎植物，比如葱、姜、蒜、韭菜、水仙、郁金香[3]，都是这样。

除此之外，苔藓[4]、轮藻门的轮藻纲、红藻门一些多细胞物种，比如江蓠，也可以归入这种情况。褐藻甚至不属于植物，但它的多细胞物种，比如海带和裙带菜，也属于这种情况。只是这些类群没有"芽"和"孢子叶"的说法，而是用其他结构完成了相同的功能，这里就不加赘述了。

当然，它们在现实中还是会死亡。因为只要活得足够长，早晚有一天会遭遇动物啃咬、病原体感染、自然灾害甚至人为砍伐等致命事件，甚至有些原本能够多年生的植物，仅仅因为季节变化就会冻死、干死、晒死。要排除这些外因，一个简单而有效的鉴别特征就是植物一生中有性生殖的次数：可以不限次有性生殖，就都可以永生。

但也有许多植物一生中只能有性生殖一次，在如今的地质时代，这也可以直

---

[1] 严格地说，只有雌蕊和雄蕊才是特化的孢子叶，花瓣、花萼等只是特化的叶——当然，孢子叶本身也是特化的叶。

[2] 叶发育成新植株的情形比较罕见，这一方面是因为叶中保留的分生组织比较少，分布零星，另一方面是因为叶中存储的营养也比较少，不足以维持分生组织的旺盛代谢。所以在自然环境下，只有少数叶片肥厚，或者生活在水中的植物才把叶当作营养繁殖的器官。但如果是在实验室的培养基上，叶片就很容易发育成新的植株，甚至某些已经高度分化的植物细胞也能脱分化（去分化），重新发展成分生组织，进而发展成新的植株。

[3] 种子植物和蕨类植物合称"维管植物"，维管植物和苔藓合称"有胚植物"，有胚植物和轮藻合称"链型植物"，链型植物和绿藻统称"绿色植物"，也就是狭义的植物界，植物界与红藻、灰藻等几个小类群合称"泛植物"，也就是广义的植物界。

[4] 苔藓的再生能力非常强，园艺上如果要种植苔藓，可以把苔藓用搅拌机打成糊糊，与尿之类的营养液混合均匀，一泼就行。

图增-3　注意那一片金黄灿烂的颤杨（*Populus tremuloides*）林，那其实是一棵树，它不断从根系上发芽抽枝，占据了 43.6 公顷的土地，而它恐怕已经有 8 万岁，是已知最长寿的宏观生物。（图片来源：Coconino National Forest）

接说是一生只开一次花。这样的情况涵盖了所有一二年生植物，以及少数的多年生植物。

　　这些植物的整个生命可以划分成两个阶段：第一个阶段是营养生长，各处的分生组织尽可能多地制造根、茎、叶，在体内储备大量的营养，偶尔也可以无性生殖；第二个阶段是生殖生长，此时的植物集中展开有性生殖，花朵之外所有的分生组织迅速结束分化，失去分裂能力，当然也就不再负责制造新个体了。

　　所以到生殖生长的末期，整个植物除了发育中的果实和种子，浑身上下就再也没有得到赦免的细胞了。当果实和种子进一步抽空了植物全身的营养，整株植物就只有凋零死亡了。

　　这种情况的植物所需的营养生长时间各不相同，所以寿命也各不相同。一年生植物的营养生长只需几个月，甚至只有几个星期，它们的寿命也就只有这么短，比如大部分的谷类作物就是这样。二年生植物还需要休眠一次才能攒够营养，所以可以活到第二年，相当多的茎叶类蔬菜，比如白菜、萝卜、芹菜、香菜就是这样。除此之外，还有一些多年生植物需要积累多年的营养才能供应一次爆发性的大规模有性生殖。大王花（*Rafflesia arnoldii*）能开出已知最大的单朵花，直径可达 1 米以上，在此之前，它们要在爬崖藤（*Tetrastigma*）的根系上寄生 4 年左右才能攒够营养；贝叶棕（*Corypha umbraculifera*）能开出世界上最大的花序，整个花序高达四五米，比一般的灌木还大，一下就能耗竭三五十年积累的养分；龙舌兰科的营养生长也可以达到 10 年以上，然后开出世界上最高，可达 14 米的花序；而大多数种类的竹子会积累几十、上百年的营养，然后占地上百公顷的竹子刹那间一起开花，一起结实，一起枯死。

当然，我们最关心的还是动物界。不过动物界的物种多样性实在太高了，远远超过了其他一切生命形态的总和，讨论起来情况也就比较多了。

首先总的来说，与植物的分生组织相对应，动物身上那些保留着分裂和分化能力的细胞叫作"干细胞"。但动物普遍存在着生殖专权，所以长生不老在植物界非常普遍，在动物界就只出现在极少数的类群里。

但类群少并不意味着数量少。除了上文提到的丝盘虫，已经明确知道的不会衰老的动物在海洋生态系统中占据着至关重要的位置，如今凡能接触现代媒体的人都会知道它们：海绵和珊瑚。

海绵是对多孔动物门物种的统称，它们通过体内数不清的网孔拦截水流中的有机微粒，以此为生，除此之外再没有显著的解剖结构，以至于常被看作一类"材料"。海绵体内分布着大量的原细胞（archaeocytes），这是一种全能的干细胞，负责分化成任意一种细胞，当然也包括生殖细胞，同时还能通过出芽这种无性生殖方式长成新个体。所以海绵不仅顺利实现了长生不老，而且有了动物界首屈一指的再生能力，即便用搅拌机把它碎成渣，那些原细胞也能一个个地重新长成完整的海绵。虽然很多底栖动物都会吃海绵，但我们已经发现，一些海绵在南极地区的冰冷海域里悄悄活了 1.5 万年到 2.3 万年。[II]

图增-4 这是世界上最大的凤梨，莴氏普亚凤梨（*Puya raimondii*），它常常要生长 80 多年才开花，但一个花序就能高达 7 米，包含 8 000 到 20 000 朵花，最终结出几百万、上千万粒种子——然后就死掉了。（图片来源：Pepe Roque）

图增-5　龟甲桶海绵（*Xestospongia testudinaria*）。经过漫长的生长，它们的直径可以长到 20 厘米。（图片来源：Albert Kok）

　　刺胞动物门[1]的珊瑚[2]也不遑多让。珊瑚虫的细胞分化程度要比海绵高，甚至有神经细胞和肌肉细胞，但浑身上下同样充满了干细胞。这些干细胞同样负责分化成包括生殖细胞在内的任何一种细胞，也同样能分裂分化，出芽长成新的个体。所以它们也是从不衰老的，某些独居的大型珊瑚虫，或者叫海葵，也已经被观察到可

---

[1]　刺胞动物门原本叫作"腔肠动物门"。但我们后来发现栉水母只是长得像水母，实际上根本不是水母，也不属于这个门，所以把栉水母拆分出来，成立了一个"栉水母动物门"，剩余的腔肠动物就该叫"刺胞动物门"了。

[2]　刺胞动物门并不是只有珊瑚能够永生，它们的"水螅体"普遍不会衰老，珊瑚只是水螅体最著名的代表。在这里，所谓"水螅体"，是刺胞动物门的一个"生活世代"，它与"水母体"的循环就是刺胞动物门的完整生活史：水螅体可以无性生殖（出芽生殖）出更多的水螅体，也可以无性生殖（断裂生殖）出水母体；水母体只能有性生殖，它们制造的受精卵会孵化水螅体。但并不是所有的刺胞动物都有这个完整的循环，比如珊瑚就没有水母体世代，它们可以直接有性生殖，制造更多的水螅体，也就是珊瑚；而大型的钵水母没有水螅体世代，它们有性生殖的产物就是新的水母。

以在天敌较少的深海存活 2 000 年以上。

群居的珊瑚虫会构成珊瑚，这就是更值得一提的事情了。我们说珊瑚是珊瑚虫的群落，由不计其数的微小珊瑚虫"构成"，但这并不意味着那一个个珊瑚虫就是一个个分别独立的生命。因为在这个群落中，除了最初几只珊瑚虫是从受精卵发育来的，之后其他的珊瑚虫几乎都是从第一只珊瑚虫身体侧面"发芽"长出来的。而且，每一只新长出来的珊瑚虫都不会与原来的珊瑚虫分离，而是像连体婴儿一样长在一起，再与周围所有同种的珊瑚虫继续缔结更大规模的"连体婴儿"。

我们可以把珊瑚称为"模块化动物"，因为每一只珊瑚虫都是珊瑚这个整体生命的单元模块，各自行使着相同的功能。可以说，珊瑚虫与珊瑚的关系就如同树枝与树的关系：单个的珊瑚虫非常脆弱，它们生在海洋就像嫩枝生在陆地，无数天敌都在啃咬它们，但珊瑚群落作为一个生命整体却有了参天大树那样近乎无限的寿命，从它们分泌的堆积物形成的珊瑚礁来看，几千岁的珊瑚并不稀奇。[III]

在动物界，模块化动物不只出现在刺胞动物门。比如外肛动物和内肛动物门的大多数物种，还有帚虫动物门的卵圆帚虫（*Phoronis ovalis*），就都是模块化的动物。它们嘴周围都长着一圈冠冕似的触手[1]，用这个结构拦截水流中的有机碎屑为食，然后以各种方式不断出芽，扩展成群落——怎么看都像极了珊瑚。

甚至我们脊索动物门也有一大批模块化的动物。尾索动物亚门的各种海鞘[2]在发育中退化掉了脊索和大部分神经系统，也变成珊瑚虫的样子。它们中的绝大部分物种都能以种种方式不断出芽，长出许许多多新的海鞘，形成基因相同的群体，有些海鞘还会彼此血肉相连，彻底变得像珊瑚一样。

长期以来，我们推测这些模块化的动物都能像珊瑚一样拥有无限的生命，但目前还没有掌握充分的观察证据：它们的野生群落也远不如珊瑚那样长寿，通常只有几个月到几年[IV]，海鞘的群落长寿一些，也多不过几十年。这种短寿固然与它们众多的天敌和无能的防御脱不开关系，但它们的个体也有可能真的没有得到赦免，比如苔藓虫往往在几次出芽之后就会死掉[V]，海鞘也常会在有性生殖之后死掉[VI]。

---

[1]　所以这三个门都属于一个被称为"触手冠动物"的类群。

[2]　脊索动物门的尾索动物亚门是与脊椎动物关系最近的一个类群，包括海鞘纲、樽海鞘纲、尾海鞘纲三个纲。本文所说的海鞘包括了海鞘纲和樽海鞘纲的物种，它们个体发育早期酷似蝌蚪，有带脊索的摆动的尾巴，但会在变态发育中丢失脊索，变成酷似珊瑚虫的样子。

图增-6 一只底栖的小鱼躲在缝隙里，小心地观察着外面的世界——仔细看周围那些木耳似的东西，那就是苔藓虫的群落，它们属于内肛动物门，那上面的每一个小格子，还有每一个羽毛球似的触手冠，都是一只单独的苔藓虫，但这些苔藓虫又是从同一只苔藓虫萌发来的"连体婴儿"。（来自 J.R. Sosky）

图增-7 马蹄帚虫（*Phoronis hippocrepia*）的群落，它们更倾向于分散生活，但其中仍有一些个体原本是"连体婴儿"。（来自 LABETAA Andre）

于是人类在实验室中观察了一些模块化动物细胞内部的活动，发现至少对于海鞘来说，每个个体身上都同时存在着衰老的迹象和对抗衰老的强大机制，它们的干细胞非常活跃，几个细胞的血管组织就能重新长成完整的海鞘。而那些负责出芽的干细胞还存在着重置寿命的机制[VII]，这也就是说，即便海鞘的个体没有摆脱衰老，但海鞘的群落永远都有崭新的模块，很有可能像珊瑚那样得到了无限的生命。

类似地，另外一些"全身再生型"的动物也或许挣脱了衰老的束缚，只是同样缺乏直接的证据而已。

"全身再生"，就是全身上下任何组织器官失去之后都能再生出来，头剁了、心挖了、肠子全掏了，都能再长出来，极致的案例甚至能倒过来，仅凭少量的组织器官就再生出全身。比如扁形动物门的涡虫和棘皮动物门的许多种海星，它们被外力撕碎后的每一块碎片都能长成一个新个体，某些涡虫可以在被切成279块之后全部再生成功。而纽形动物门的血红线纽虫（*Lineus sanguineus*）更是厉害百倍，它们体长只有15厘米，能在碎尸两万段之后长成两万只纽虫。

图增-8　在菲律宾附近海域，一处浅海礁石上长满了各种各样的海鞘。其中最醒目的是金黄多果海鞘（*Polycarpa aurata*），它们看上去就像人类的胃，上面开有两个大孔，一个出水，一个进水。此外，周围橙色、绿色、蓝色、紫红色的，也大多是各式各样的小型海鞘。它们都能从一头海鞘开始不断出芽，最后长成一大群。（来自 Mike Workman）

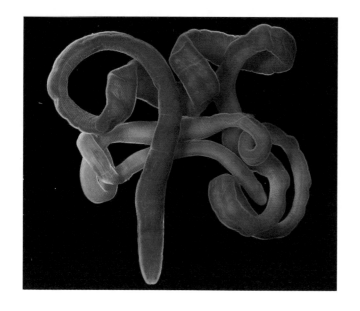

图增-9 血红线纽虫，一种海底的破碎者，它们的习性很像蚯蚓，但再生能力比蚯蚓强大得多——很多人以为蚯蚓切成两段之后可以长成两条蚯蚓，但实际上，绝大多数的蚯蚓只是能够愈合伤口而已，后半段往往会死掉。（图片来源：Juan Junoy）

于是，这些全身再生型动物的干细胞通过再生受损的机体，直接达成了"无性生殖"的效果。实际上，一些海盘车科和海燕科的海星真的把这当作了常态，不用外力帮忙，自己就会把自己撕裂，直接长成两只海星。

看起来，它们应该能像海绵和珊瑚一样拥有无限的寿命。但在实践上，我们又遇到了证据上的问题：这些动物都很脆弱，涡虫通常只能活几个月，海星要长一些，平均可以活30多年，而纽虫的寿命极限直到现在还不为人知。但同样在实验室里，我们找到了一些细胞层面的间接证据：涡虫和海星都有强大的抗衰老机制，能在每次再生之后获得细胞层面的返老还童，尤其是涡虫，它们可能凭借这种机制实现永生。[VIII]

在上面的例子里，我们看到所有缺乏生殖专权的动物都获得了无限的寿命，至少在细胞层面拥有了这样的潜质，但不得不提到，环节动物门多毛纲的裂虫科（Syllidae）有些特殊，它们生存在这个规律的边缘地带。

大部分多毛纲的环节动物大部分时间都是在海床上寻找食物，性腺不发育，看不出性别来，因此被称作"无性体"（atoke）。但当它们积累了足够的营养，进入了繁殖的季节，就会经历一种惊人的"生殖变形"：身体两侧长出用于游泳的刚毛，眼睛变得大而发达，消化系统退化消失，体腔内的干细胞分裂分化出巨量的卵细胞或精子，把整个身体涨得满满的，这被称为"生殖体"（epitoke）。当繁殖季节的大潮来临，无数雌性和雄性的生殖体就会纷纷游上海面，在那里释放卵细胞和精子，完成壮丽的有性生殖，随后就力竭而死了。

但裂虫科的物种不会这么悲壮，它们的生殖体是无性体无性生殖的产物。在异形化的发育中，裂虫科的无性体并不是全身变成生殖体，而是从身上长出许许多多个生殖体。这些生殖体都有强健的肌肉、完整的神经系统、发达的视觉，以及满肚子的生殖细胞。这些生殖体长成之后就会断裂下来，游上海面，投入那辉煌的群体交配，原先的无性体就继续过它底栖的安稳日子了。

有趣的是，裂虫科不同物种制造生殖体的方法非常多样。多链虫属是无性体的后半段直接发展成一连串头尾相接的生殖体，再从后往前依次脱落。裂虫属有的是在身体两侧像蜈蚣腿似的长出许许多多平行的生殖体，有的是在身体末端像韭菜似的长出一丛生殖体。多尾分支裂虫（*Ramisyllis multicaudata*）最有趣，它们栖身在海绵里面，并不怎么运动，所以身体后半段多级分支，长得像树枝似的，出现了只有一张嘴，却有好几个肛门的离奇局面，到繁殖季节，大部分分支就会变成生殖体，断裂下来游去生殖，本体就只留一个肛门继续过日子了。

看起来，裂虫科无性体的干细胞不但负责修复自身，还负责以无性生殖的方式制造生殖体，也负责直接制造有性生殖的卵细胞和精子，理应名正言顺地获得赦免。但它们生活在神秘的海底，我们就连它们的习性也不是非常了解，无性体究竟

图增-10 一条性成熟的锥裂虫（*Trypanosyllis* sp.），右端是无性体的头部，它的后半段变形成了一条雌性生殖体，怀满了卵。注意衔接处有一双很大的眼睛，那属于生殖体，而且生殖体的足也更发达。（图片来源：Arne Nygren）

图增-11 厚多链虫（*Myrianida pachycera*）靠后的体节发育成了连串的生殖体，从后向前逐个成熟脱落，在脱落前，所有个体共用一条消化道，技术上讲，前一个生殖体的肛门同时是后一个生殖体的口。（图片来源：Dr. Greg Rouse. Professor Marine Biology Research Division）

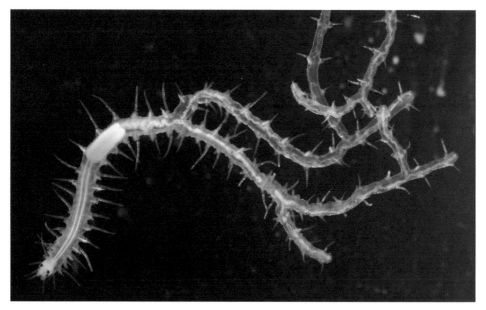

图增-12 多尾分支裂虫有一张嘴和数不清的肛门 ——这个物种在 2012 年才被人类发现，是当年的全球 10 大新物种之一。（图片来源：Chris Glasby）

有多长的野外寿命，目前还是个谜团。如果仅从理论上推想，裂虫科用来制造生殖体的干细胞大多都集中在身体局部，即便得到了赦免，也未必能够替补所有老死的细胞，要获得永生恐怕是有些困难。

除却上面讨论过的例子，剩余的所有动物就很好办了——生殖专权非常严格，个个必死无疑。

就拿我们人类来说，我们的骨髓中有造血干细胞，皮肤中有表皮干细胞，脂肪组织中有间充质干细胞，消化系统也分布着各种干细胞，浑身上下里里外外有各种干细胞，甚至某些体细胞虽然不能分化，却也能多次分裂。

但遗憾的是，所有这些干细胞和体细胞，都没有机会发展为新个体，因为我们所有的生殖细胞和候补生殖细胞早在胚胎发育的时候就已经注定了，其他任何干细胞、体细胞都不能越俎代庖。

比如人的卵母细胞早在胚胎发育第一个月就已经确定下来，然后进入漫长的休眠，从青春期开始，每个月激活一两个，那个绝经前排出的最后一个卵细胞，竟然可能休眠四五十年之久。而男性虽然在青春期之后时刻都在制造新的精子，但那些负责分裂出精子的精原细胞也同样是在胚胎发育第一个月就注定了的——所以别说阉掉睾丸的宦官了，哪怕仅仅是睾丸炎杀死了这些精原细胞，也绝不会有别的任何细胞临危受命、当仁不让，代替精原细胞发育成精子。

既然全身的干细胞全都得不到赦免，那么迟早有一天，我们的身体会再也没有新细胞生成，直到油尽灯枯——具体到某些器官和组织上，这一天实在来得很早：出生之后，哺乳动物几乎不再制造任何新的中枢神经细胞、骨骼肌细胞和心肌细胞了，这些重要的细胞一生中都在损耗减少。而昆虫更极端，它们常常在性成熟之后结束生殖系统之外的所有细胞分裂，总是繁殖完就死，给人留下非常短命的印象。

·第三步 完备修复·

让我们来回答一个我们困惑已久的问题：这个赦免到底是什么？

说穿了很简单，其实就是"完备的修复机制"。

在第四章，我们说过生命是一台控制系统，这个控制系统的控制对象就是自身，它的控制效果是令自身持存。在那之后，第二幕的正文与"延伸阅读"介绍了一些具体的控制机制，在下一则增章里，我们还会讨论一些更加微观、更加具体的控制细节。但眼下，我们先来关注这样一件事：世界上绝无完美的控制系统，何况生命何其精致，何其复杂，它对自身的控制难道就没有出错的时候吗？

当然会有。生命体内的任何一种生理过程，大到脊椎动物的一次肌肉运动，小到支原体合成一段 RNA，都有可能出现种种错误，给机体带来一些损伤。所以在进化中，生命这个控制系统还必须发展出各种各样的"修复机制"，消除这些错误。如果修复不及时，"生命自身产生的有害变化不断累积，使得新陈代谢不可逆地趋于迟滞，正常的生理功能因此衰退"，衰老也就发生了，所以"完备的修复机制"必须足够强大，让错误永远不会累积到影响新陈代谢与生理功能的地步。

那么，修复机制要怎样才能达到"完备"呢？

首先，既然衰老的进程会具体到生命的每一个细胞，完备的修复机制也得有能力清除细胞里的各种错误。比如某些酶失去了活性，不能继续发挥功能，需要分解回收；有些代谢产物浓度失常，影响了细胞里的化学平衡，需要调整产量；有些细胞结构被自由基氧化破坏，不能继续使用，需要拆解再造；等等，都需要细胞启动各种专门的修复机制。

专门的修复机制需要专门的物质，经过漫长的进化，每个物种的 DNA 都编码了大量的负责修复机制的 RNA 和蛋白质，就连 DNA 自己的损伤也有一套专门的 DNA 修复机制。我们在第十五章里说过 DNA 不用碱基 U 而只用碱基 T，那正是这套修复机制的一部分。

原则上，细胞的修复机制应该能让自己免于老死，否则那个物种也不会绵延下去了。但问题是，这是就物种而言的理想情形，一个现实中的细胞要真想免于老死，还要面对两个大难题。

在这一步，我们主要讨论第一个障碍：修复机制本身也是控制系统的一部分，同样不可能是完美的。它们只能把错误减少到可以接受的程度，却不能杜绝错误，某些难缠的错误仍然会缓慢地累积下来。比如细胞膜的磷脂氧化变性，蛋白质错误折叠之后堆积聚集，尤其是 DNA 有可能遇上一些很难修复的损伤，比如负责修复功能的关键基因被破坏了，比如 DNA 的两条链都出错了，比如 DNA 的整个结构扭曲了，甚至 DNA 双链一齐断掉了，等等。这些错误都有可能堆积下来，然后诱发新的错误，最终引发不可逆转的细胞衰老，直至死亡。

对于这些特别严重的错误，细胞需要一些特殊的修复机制。

比如说，性行为就在 DNA 的修复机制中占据了重要的位置，因为它给细胞提供了"抄答案"的机会。

简单地说，一切生命都有性行为，也就是与其他个体交换 DNA 的行为。对于原核细胞来说，它们的性行为很多样，除了第二十一章介绍过的"接合"，它们还能以种种方式从环境中摄取 DNA。而真核生物的性行为主要是"有性生殖"，也就是受精作用（或者细胞融合）与减数分裂周期更替，这能让细胞直接获得一整套 DNA，效率更高。那些二倍体甚至多倍体的真核生物还会在每个细胞里常驻好几套内容相同的 DNA。

DNA 损伤毕竟是概率很小的事件，同类的 DNA 与自己的 DNA 不可能有同样的损伤，那么，自己的 DNA 哪里缺了、断了、乱了，只要在同类的 DNA 上找到对应的序列，复制一遍，也就修复好了。[IX] 这就如同考场舞弊，自己哪道题不会做空下了，就抄别人的。

不过，DNA 的修复机制也不是随随便便就能"抄答案"的。因为 DNA 编码了那样多的内容，势必拥有惊人的长度。一个细菌的 DNA 可以长达几厘米，而真核细胞的 DNA 更可以长达几米，所以这些 DNA 总是以惊人的密度折叠成一团，蜷缩起来。要全面修复其中的错误，细胞往往需要一个"大修"的机会。

通常来说，这个机会就是细胞分裂。因为细胞分裂伴随着 DNA 的复制，细胞会从头到尾把 DNA 都捋一遍，趁机展开更加全面的检查和修复。同时，细胞内各种物质、各种结构，也都要清点一遍，还会根据需求合成一大批新的出来。经此一番大修，分裂出来的子细胞真可谓"焕然一新"。这就是为什么在之前的讲述里，细胞分裂在赦免中占据了重要的位置。

但是，正所谓"智者千虑，必有一失"，细胞分裂的全面大修也是控制系统的一部分，还是不能彻底解决第一个大难题，甚至可能带来新的错误。这些错误岂不是全都要随着分裂进入子细胞了吗？这的确是个尖锐的问题，而且是个现实的问题。实际上，我们已经明确地观察到，就连单细胞生物也会因为这样的错误展现出衰老的迹象，也就是上一步开头的时候，我们留待解决的"违反直觉的事情"。[X]

就拿我们最熟悉的大肠杆菌来说，它们的繁殖方式就是直截了当的二分裂，长期以来，我们一直认为这两个细胞就是两个均等的新个体，认为它们都绝对永生。但是如果我们像编写家谱一样仔细追踪这些细胞的分裂谱系，就会发现大肠杆菌每次分裂产生的两个子细胞的代谢速度并不相同，总有一个慢一些。而且在下一次分裂中，那个慢一些的细胞的后代也会先天地慢一些，其中还有一个更慢一些。于是以此类推，每一代分裂都会产生一个代谢更慢，看起来更"衰老"一些的大肠杆菌，它们的适应性也总是更差一些，有更高的死亡率。

类似的，粟酒裂殖酵母（*Schizosaccharomyces pombe*）是一种单细胞的真菌，一种真核生物。它们无性生殖的主要方式也是一分为二，如果追踪它们的分裂谱系，也同样会发现每一代分裂都会产生代谢更慢的个体。

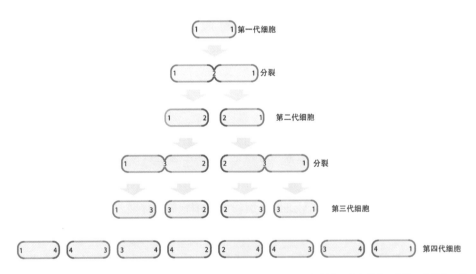

图增-13 大肠杆菌每次都从"杆"中央分裂成两个细胞，所以第二代的大肠杆菌有一端直接继承自第一代细胞，另一端是在分裂的过程中新形成的。那么就这样分裂下去，有的子细胞仍然保留着第一代细胞的一端，有的子细胞两端都很新。经过统计，我们发现那些保留着较早世代的某一端的细胞会代谢更慢、分裂更慢、更容易死亡，而两端都很新的就代谢旺盛、分裂迅速，适应性也比较强。另外请注意，现实中的任何一个大肠杆菌都是上一代细胞分裂的产物，所以并不存在"第一代细胞"，这里只是为了方便理解而画上了它。（作者绘）

看起来，如果这种衰老的趋势一直延续下去，经过足够多次的分裂，那些代谢最慢的个体就会彻底失去分裂能力，然后老死。但是迄今为止，即便持续观察几百代[1]，我们都没有在均等分裂的单细胞生物中观察到停止分裂的个体，所以这种分裂谱系中呈现出来的"衰老"是不是真正的衰老，仍然有些许模糊的地方。

但是对于那些细胞分裂不均等的单细胞生物来说，衰老就明确得多了。

酿酒酵母是实验室里最重要的真核细胞模式生物，它们既能有性生殖也能无性生殖，而它们无性生殖的主要方式被称为"出芽"，也就是从一个大细胞上分裂出去一个很小的细胞，这是一种不均等的有丝分裂。那个大细胞在分裂过程中只消耗了很少的物质和能量，所以能以非常快的速度不断出芽，制造大量的子细胞。但是，1993 年，我们发现每一个大细胞都不能无限地出芽，它们分裂出大约 40 个小细胞之后就会停止出芽，然后迅速地凋亡了。后来在 2008 年，我们发现这种凋亡其实是酵母细胞的"自杀行为"：它们会在分裂足够多次之后启动一些让自己死亡的基因，而如果敲除了这些"自杀基因"，那么酿酒酵母的寿命至少可以延长10 倍。[XI]

无独有偶，原核细胞模式生物新月柄杆菌（*Caulobacter crescentus*）也有不均等的分裂，也展现出了类似的衰老机制。这种细菌的生活史很有趣，它们刚刚分裂出来的时候拥有发达的鞭毛，活跃地游动着，而当发现了条件优越的环境就会长出一个柄，固定下来，然后充分利用那里的资源，从另一端不断地分裂出带有鞭毛的新个体，去占领更大的空间。

然而我们观察到，经过一段时间以后，固定的新月柄杆菌的出芽间隔会明显增加，显现出衰老的迹象，死亡率也大幅提高了，这与多细胞生物上了年纪而代谢衰退、变得脆弱易逝如出一辙。

那么，这是为什么呢？

一种比较直观的解释是，单细胞分裂出来的两个子细胞并不是全新的，而必然继承了原来那个细胞的一部分物质，也就继承了原来那个细胞的一部分错误。比如在均等的分裂中，细胞要从中间分裂，就要在中间新合成一些物质，这样分裂来的

---

[1]　当然，我们不可能真的统计这几百代以来的每一个细胞，因为 2^{100} 是个惊人的数字，就算把整个银河系都做成硬盘也存不下那么多细菌的统计数据。

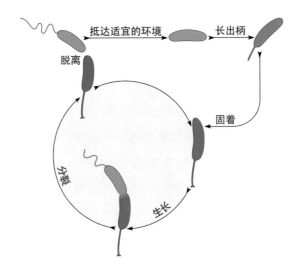

图增-14　新月柄杆菌的生活史。（作者绘）

子细胞就会有一端是新合成的，而另一端是从旧细胞那里继承来的。这样经过了许多代的复制，如图增-13，就会有一些细胞继承了历代沉疴，另外一些细胞却几乎是全新的，所以它们的衰老程度就会有所不同。

　　而在不均等的细胞分裂中，这种历代沉疴就更加显著。那个大细胞或者固定的细胞实际上一直保留着旧细胞的物质，这使它们积累了越来越多的错误，最终呈现出了衰老的迹象。至于酿酒酵母的自杀基因，首先，它不会有害，因为那个衰老的大细胞已经制造了大量的子细胞，圆满完成了扩增的目的，在出芽 40 多次之后启动自杀并不会损失什么。其次，耐人寻味的是，酵母的性行为是有性生殖，如果任由这个可能积累了大量错误的衰老细胞与其他细胞融合起来重组基因，那就如同上了考场与不知道底细的陌生人对答案，必然承担巨大的风险。所以让老细胞及时死掉，对于整个种群来说很有好处。

　　想想看，我们在正文里说过性行为把个体缔结成了种群，但这并不只意味着同富贵，也同时意味着共患难：在不可抗拒的威胁面前，常常需要某些个体主动牺牲自己。

　　总而言之，即便在单细胞生物的世界里，衰老死亡的阴影也仍然笼罩着每个生命的未来，这就是第一步里的规律要加上"有机会"三个字……的一半原因。但是为了节省一些拗口的措辞，我们在下文里仍要装作所有的单细胞生物都不会老死，那并不会带来什么分析上的变化。

至于加上"有机会"这三个字的另一半原因，当然就出在多细胞生物身上。那些负责制造新个体的细胞也不都能免于衰老。就拿人类来说，卵巢刚刚在胚胎体内长出来的时候拥有 200 多万个潜在的卵母细胞，但是到出生的时候就只剩 100 万个左右，再等到青春期，就只剩 30 万个，而在每个月的排卵期开始前，都会有 20 多颗卵母细胞苏醒过来，但是它们中的绝大多数都会迅速地衰老凋亡，只有表现最好的那一两个能从卵巢里成熟排出，准备受精——这个衰老凋亡的过程，就是我们在精密地检查卵母细胞的质量，只有错误最少的卵母细胞才有资格发育成新的生命。

至于这究竟是在检查什么样的错误，你在读完这一整则增章之后自然就会明白。眼下，我们先要弄明白多细胞生物负责制造新个体的细胞们还有什么特殊的地方。

·第四步 死亡基因·

所有实现了细胞分化的多细胞生物都是真核生物。而真核生物都有一个先天的麻烦：它们的 DNA 主要封装成染色质，是线状的，而细胞用来复制 DNA 的酶系统又有一些先天缺陷，不能复制模板链 3' 端的一小截。所以，细胞虽然可以在细胞分裂的时候趁着 DNA 复制修复很多基因错误，却又顾此失彼，修复了中间，磨损了两头。[1]

对此，真核细胞的办法首先是让 DNA 的两头更加"耐磨"。每条线状 DNA 的两头不安排任何基因，而是一大段无意义的重复序列。而且这段重复序列会与特殊的蛋白质结合起来，缠得紧紧的，好像鞋带两端的铁皮包头一样，这个结构就是著名的"端粒"，在真核细胞中，只要端粒尚未耗竭，DNA 复制就不会伤及正经的基因。

---

[1] 原核生物的 DNA 是环形的，无头无尾，当然就没有下文的一切问题了。

可惜这又只是缓兵之计，因为显然，一次次的细胞分裂总有耗尽端粒的一天，那一天到了，线状 DNA 不只两端的基因会被破坏，就连整个染色体也会像解开了橡皮筋的发辫一样，在细胞的水环境中迅速解体，整个细胞也就不得不凋亡了。

所以，真核细胞还会合成一种端粒酶，我们已经在图 4-57 里了解过它的工作原理，这是一种逆转录酶，由 RNA 和蛋白质组装而成。其中的 RNA 就是端粒那段重复序列的模板，蛋白质就在每次 DNA 复制之后根据这段 RNA 模板及时地恢复端粒长度。所以说，只要合成了端粒酶，真核细胞就可以无限地分裂，无限次修复，无限地绵延下去了。

显然，真核细胞要获得完整的赦免就必须有能力激活自己的端粒酶基因[1]，否则它迟早会停止分裂，进入程序性的衰老和死亡。

毫无疑问，端粒酶基因存在于任何一个真核细胞的 DNA 上，因为一个物种要延续下去，就必须有细胞能够无限地分裂细胞。但在多细胞生物身上，正如上一步讨论过的，只有负责制造新个体的细胞可以无限地分裂，因为只有它们可以激活这个基因，获得完整的赦免。

我们不得不继续追究下去：其他细胞的端粒酶基因为什么就不能激活了呢？

因为多细胞生物进化出了各种各样的"死亡基因"，它们以各种方式让细胞走向程序性的死亡，其中就有一类专门负责关闭细胞里的端粒酶基因。

要理解这个回答，我们首先要知道，多细胞生物体内任何两个细胞都有着完全相同的基因，所谓细胞分化，就是每个细胞都选择性地关闭大部分的基因，只在剩余基因的指挥下实现某些专门的功能[2]。至于每种分化类型的细胞究竟要关闭哪部分基因，这又是由另外一些基因决定的。

从第二步的讨论来看，那些没有生殖专权的多细胞生物并不会关闭细胞里的端粒酶基因，至少不会永久关闭那些有分裂能力的细胞的端粒酶基因。毕竟，它们每一个分裂的细胞既负责修复自身也负责制造新个体，如果这些细胞永久关闭了端粒

---

[1] 真核生物的端粒酶进化得非常复杂，由多个基因合作制造。比如人的端粒酶就包括了端粒酶 RNA（hTR）、端粒酶结合蛋白（hTP1）和端粒酶活性催化单位（hTERT）等，它们每一个都有各自的基因，并处于不同的染色体上。

[2] 生物学规律几乎必有例外。有些生物的有些细胞会在分化之后真的丢失那些已经关闭的基因，比如线虫的体细胞；有些生物存在局部的多倍体细胞，比如被子植物的胚乳是三倍体；还有些快速分裂的细胞会发生无丝分裂，这使得两个子细胞的染色体不能均等分配，比如蛙的红细胞。但请不要纠结这些细节，它们并不影响讨论。

酶基因，那它们就不会有后代了。

反过来，对于那些有生殖专权的多细胞生物，差不多就是对绝大多数的动物来说，从胚胎阶段开始，除了那几个预留的生殖细胞，所有的细胞就都激活了某种死亡基因，关闭了端粒酶基因，所以我们的每一个细胞都将不可避免地走向程序性死亡，我们的生命也必将衰老和死亡。

看起来，这真是非常不幸的事情。那么，有生殖专权的生物为什么要进化出死亡基因来呢？

从原则上讲，这种看起来的"不幸"一定只是"看起来"不幸，程序性的衰老和死亡本身也是一套极其复杂的代谢机制，而生命的任何复杂机制都必然是因为有某种显著的适应优势，才在自然选择下逐步进化出来。也就是说，任何一种死亡基因的实际表现都必然是有利而非有害，否则它们根本就不会出现。

那么说得具体一些，在自然环境下，即便没有死亡基因，我们也活不到端粒耗尽的那一天，所以除了那些负责制造新个体的细胞，所有细胞的端粒酶基因本来就是形同虚设的。

关于我们为什么活不到端粒耗尽的那一天，我们要留在下一步里认真讨论。在这里，我们先把它当作已知，然后意识到这样一件事：如果某种死亡基因是通过关闭端粒酶基因而使细胞注定死亡，但细胞本来就活不到端粒耗尽的时候，那么显然，这种死亡基因就不会是细胞死亡的原因。就好比有质量的物体的确不能以光速运动，但这显然不是你上学迟到的理由。

另一方面，任何基因的效果都是多方面的，如果某种死亡基因在关闭端粒酶基因的同时可以给细胞带来一些别的价值，比如一旦表达出来就能让细胞分化得更精细、更准确、更迅速，最终让多细胞生物在宏观上更加复杂，那么这种死亡基因的总效果就是有益的。

甚至更普遍一些：多细胞生物是一个群体，任何细胞的牺牲如果能够换来群体的利益，那么这样的牺牲就是值得的。所以除了关闭端粒酶的死亡基因，还有禁止细胞分裂的死亡基因，而分裂中的细胞不能行使任何生理功能，所以这样的死亡基因会在几乎所有分化完成的细胞里表达出来；还有关停一部分代谢功能，破坏一部分细胞结构的死亡基因，比如人类的红细胞一旦成熟就会拆除几乎所有细胞器，连细胞核都要解体，全面断绝有氧呼吸，只为了专门运输氧气；有的死亡基因一旦表达出来就命令细胞当场自杀，这在胚胎发育中尤其重要，比如第六章里让手指分开靠的就是这样的死亡基因。

总之，我们这些拥有生殖专权的生物在自然界本来就极其短命，哪怕不会衰老也只有非常有限的预期寿命，所以任何死亡基因只要能让我们在预期寿命之内生龙活虎，在繁殖之前更快、更高、更强，然后更多、更好地完成繁殖任务，那它就是好的，有适应优势的，会被自然选择相中的，至于达到预期寿命之后会不会有关节炎、糖尿病、高血压、高血脂、冠心病……那都是给鬼操心的事儿。

就这样，包括我们在内的绝大多数动物纷纷陷入了老死的宿命，在接下来的两步里，让我们把这件事说得更详细一些。

· 第五步　动的代价 ·

但是，为什么绝大多数动物还没等端粒丢尽，体细胞就已经死光了呢？

答案就是"动"。第二步昭示的规律实在太明显了：一切多细胞生物，凡是必然老死的，都是灵活运动的；凡是长生不老的，就算没有固定在一处，也是极其迟缓的。

那么，为什么会动，就"不需要活着"？

是的，那些红藻、植物、褐藻、真菌、海绵和珊瑚，还有所有那些模块化的动物，一辈子固定在一处，要么以光合作用为生[1]，要么以分解环境中的有机物为生，要么寄生在其他植物和真菌上[2]，要么就索性张大嘴等着有机碎屑漂进嘴里，收益寡淡却也没什么风险。它们生存竞争的根本之道就是单纯地扩大体积，单纯地生长而已：生长可以扩大生存空间，可以占据营养资源，可以修复机体损伤，可以挤走竞争对手，而无限的生长意味着无限次的细胞分裂，也就意味着端粒酶基因必须持续打开。

---

[1]　珊瑚大部分的营养来自组织间共生的虫黄藻的光合作用，其次来自水流带来的有机碎屑。海绵也一样，但是后者占的比例更大。

[2]　这里是指寄生性的植物或真菌。比如菟丝子（Cuscuta chinensis）是寄生在植物上的植物，天麻（Gastrodia elata）是寄生在真菌上的植物，茭白是菰黑粉菌（Ustilago esculenta）寄生在植物上的产物。

至于丝盘虫、涡虫、海星、纽虫什么的，情况也差不多。它们爬到哪儿就吃到哪儿，运动得那样缓慢，遇上危险逃也逃不掉，打也打不过，用强大的再生能力修复一切创伤是它们必需的防御措施，而修复就意味着持续的细胞分裂，也意味着端粒酶基因总有用武之地，会在自然选择中占据优势。

但我们这些活跃的动物就不同了。我们的生存竞争从不依赖单纯的扩大体积，而要依赖捕捉、撕咬、反击、防御、追击、逃跑、感知、伪装、求偶、交配、分娩、育幼……简单的生理结构绝不能胜任这些挑战，所以进化让我们的身体越来越复杂，每一个部位都长得越来越精密，也就出现了越来越多"不容替换"的细胞。

因为用新细胞代替旧细胞绝不是一蹴而就的事情，而干细胞、分裂中的细胞和尚未分化完毕的细胞不能行使任何生理功能，还要消耗大量的养分，挤占许多的空间，不仅如此，一个新上任的细胞能否及时发挥恰当的生理职能，也同样是个问题。

而活跃的运动带来了空前残酷的生存竞争，我们根本没有片刻喘息的余地。有许多非常关键的细胞如果保留了再生的能力，反而会给生存带来相当不利的影响。就拿哺乳动物为例，我们大脑里的神经元用错综复杂的突触网络储存所有的生活经验，协调着所有的神经活动，这些神经元如果替换了，突触网络就被破坏了，我们就"白活了"。再比如，我们耳蜗里负责感受声音的听觉毛细胞，每一个都负责一种特定的频率，如果这些细胞要更换，我们就将在几天之内失去几种频率的听觉。还有，我们要看见东西，眼球里的晶状体就必须纯洁透光，然而晶状体如果要存留更新用的干细胞，就会变得模糊浑浊，让我们失去视力。更不用说，心肌组织需要不断地高强度收缩，如果里面时时安插着一批分裂中的细胞，就会在剧烈运动中脆弱易断。

这些关键的细胞都在执行不能暂停的任务。要更新它们，就如同给行驶中的飞机更换控制元件，风险远远超过收益，然而这些零件又是如此重要，它们什么时候坏掉了，整个飞机就到了坠毁的时候。

所以就算别的体细胞都争取到了赦免，有这些不容替换的关键细胞拦在路上，我们也必将有老死的那一天。更何况在真实的大自然中，激烈的生存竞争让我们连这一天都活不到，那复杂的生理结构让我们时时刻刻承受着巨大的风险。一棵树哪怕被拦腰砍断，也能从残存的树桩、树根上萌出新芽，而哺乳动物哪怕只是龋坏了几颗牙都要面临感染和饥饿的死亡威胁，又或者只是崴了一只脚也会因为逃不过天敌、追不上猎物而死掉。在狂野的大自然里，我们这些活跃的动物从来活不到体细胞端粒耗竭的那一天。

讨论到这里，我们恐怕又会有新的疑惑：说来说去，活跃的下场就是生来等死，在进化上还有什么优势可言呢？

当然有的。我们可以更充分地传播自己的基因。

是的，长寿有机会多繁殖几次，多传播几次基因，这固然是好处，但如果活跃能够赢得更强的竞争力，就可以大大提高繁殖的成功率，更有效地传播基因，这同样是好处。

乍看起来，前者会在日积月累中占据优势，但绝大多数时候情况恰恰相反：环境的供养能力总是有限的，活跃者留下了更多的后代，就意味着长寿者留下了更少的后代。长寿者就算能熬到活跃者老死，可是新的活跃者又已经成长起来。就这样，长寿者在每一次繁殖中都占据了劣势，最后就很可能被进化淘汰了。

所以时至今日，所有长生不老的多细胞生物都处在食物链的最底层，仅作为生态系统的根基才得以繁荣昌盛。而活跃的动物已经在物种数量上超过了其他一切生命形式的总和。其中，昆虫独占了动物界 90% 左右的物种，它们甚至极端到了只争取一次繁殖：幼体一刻不停地积累营养，然后在最后一次蜕变中一次完成所有细胞分化，成长为最精致的生殖机器，爆发性地繁殖一波，繁殖完就死。比如蜉蝣，它们的稚虫可以在水中默默生存几个月甚至几年，然而在羽化当天，它们就会成群结队，壮丽地交配、产卵、死亡，给人留下"朝生暮死"的错误印象。

也就是说，对于我们这些活跃的动物来说，什么生存竞争、适者生存、自然选择，几乎都只集中在生命最初的一段时间，而随后就没什么意义了。于是在宏观层面上，如果某种基因突变要经过很长时间才能展现出不利的影响，比如在神经细胞里积累不可降解的蛋白碎片，但要 50 多年才足以破坏神经细胞，或者会让血脂的浓度缓慢上升，但要 60 多年才足以堵塞血管，那么这样的不利基因对野生动物来说就根本不会带来什么事实上的危害，不会被进化淘汰，因此在基因组中越积越多。又或者，某种基因突变能在年轻时带来好处，却又在长时间的积累之后带来危害，比如提高雄性激素的浓度，使个体表现出更强的雄性性征，却同时提高长期意义上的癌症发病率，那么这样的基因对活不到长期的野生动物来说就是单纯有利的，反而会被进化青睐，在种群中扩散开来。

这不免会让我们想起第二步里单次开花的植物。那些植物同样是先经历漫长的营养生长，然后在生殖生长中迅速结束所有细胞分化，爆发性地繁殖一波，繁殖完就死。因为绝大多数单次开花的植物是一二年生的草本植物，生活在季节变化非常剧烈的地方，年度性的严寒、酷暑、干旱让它们很难熬到来年。它们的体细胞即使保留了无限的分裂能力也只是虚妄。相反，如果有什么基因能大大提高整株植物的

图增-15 这种韬光养晦然后轰轰烈烈地爆发繁殖的现象也常出现在昆虫身上，比如在北美非常著名的十七年蝉（ *Magicicada septendecim* ），它们的幼体要在土壤中生活 17 年才铺天盖地地集体繁殖，有时给人带来末日先兆般的恐慌。17 是一个很大的质数，绝大多数天敌的生命周期都难以和它重叠，比如那些生命周期是 2 年的天敌就得相隔 34 年才有机会吃到它，生命周期是 3 年的天敌就要相隔 51 年才能吃到它。请注意，蝉要躲避的并不是天敌的偶然捕食，而是天敌的 "繁殖季"。繁殖季的食物充裕程度最强烈地影响了种群数量，如果蝉每次破土都赶上天敌的繁殖季，那么天敌就会在整个繁殖季都显著扩大种群规模，这是非常糟糕的事情。(图片来源：James St. John)

发育速度，让分生组织一次性彻底分化结束，倒能极大促进它们的初次繁殖，在天灾到来之前就留下坚忍的种子，是极大的好处。于是，它们就进化成了一二年生的草本植物。而在终年适宜的热带雨林中，一二年生的草本植物就非常罕见了。

所以，正如一切化石证据展现的，在进化史上，活跃而短寿的动物出现在固着而永生的动物之后，单次开花植物也出现在多次开花植物之后。

但是既然提到了单次开花的植物，一个新的问题就浮现了出来。我们在上一步里说过，单次开花植物的体细胞并没有失去赦免资格，仍然可以无限次地分裂，仍然可以再生出一株完整的植物。这是因为它们没有生殖专权，每一个分裂的细胞都有可能发展成新个体，都有无限次的分裂需求，也就不会进化出针对这些细胞的死亡基因。而活跃的动物都有生殖专权，体细胞不能分化成生殖细胞，不能进入新个体[1]，因此完全陷入了这一步的窘境，这才进化出了那种死亡基因。

是啊，生殖专权！如果活跃的动物没有生殖专权，我们就不会进化出那么多的死亡基因。因为如果没有生殖专权，我们就可以像珊瑚和海绵一样，让每个干细胞同时负责制造生殖细胞，那么我们的干细胞即便坚持不到端粒耗竭，也仍然有十足的理由在进化中维持端粒的长度，否则它们分化出来的卵细胞和精子就无法拥有足够的端粒，无法制造新的生命了。

· 第六步　性与死亡 ·

那么，我们为什么还要进化出生殖专权呢？

答案仍然是"动"！

因为动物会动，能量消耗得很快，需要非常活跃的有氧呼吸，也就需要非常强劲的线粒体，比如很多人都会遐想人类如果能够光合作用，事情会变成怎样。但是他们不知道，哺乳动物线粒体的能耗速度是植物线粒体的数百倍，一个成年人静止不动消耗的能量与一棵参天大树相当，所以植物那样的光合作用对我们来说毫无意义。

---

[1]　哺乳动物在胎生过程中，来自母体子宫内膜的细胞可能混入胚胎，并留在胚胎体内，但请不要纠缠这样的偶然细节。

然而线粒体是个很刁钻的细胞器，它自己有一部分 DNA，能合成一部分关键的蛋白质，却还要细胞核的 DNA 合成另一部分关键的蛋白质。所以这两处的 DNA 能不能密切配合，就直接关系到了有氧呼吸的效率，也就直接决定了动物的能量供应。

但糟糕的是，细胞核 DNA 与线粒体 DNA 并不能同时复制，前者在细胞分裂时复制一次，后者却在细胞旺盛的代谢中不停地复制，而细胞分裂本身就是细胞代谢最旺盛的时候，所以，细胞分裂的次数越多，线粒体 DNA 突变的次数就越多，与细胞核 DNA 不匹配的概率就越大，对生存就越不利。这样的细胞如果是个体细胞也就罢了，还有别的细胞替它干活，如果是个生殖细胞那就惨了，后代必成衰仔，一蟹不如一蟹。

那么怎么办呢？

生殖专权！

在进化中，绝大多数动物都从胚胎开始就命定了将来的生殖细胞。其中，卵细胞的产生会经历尽可能少的细胞分裂，然后就进入漫长的休眠，直到排卵的时候才重新激活，这就在最大程度上保住了核 DNA 与线粒体 DNA 的密切配合。有许多动物还有卵细胞竞争机制，也就是提前制造超量的卵细胞，然后在漫长的休眠里检查这些卵细胞，剔除两班 DNA 配合不牢的卵细胞。比如，人类女性胚胎会在发育时一口气生成数百万个卵母细胞，但一生中就只有几百个能够最终成熟。

至于精子，它们的线粒体在卵细胞受精之后通常都会全部死亡，所以生殖专权不用照顾它们，分裂次数再多也都无所谓。

这个用核 DNA 与线粒体 DNA 来解释生殖专权的假说，同样是由尼克·莱恩提出的。总之，运动的需求产生了生殖专权，活跃的动物们因此陷入了衰老的宿命，放弃了永生，呜呼哀哉。

生命的麦克斯韦妖

**建议没有生物化学基础的读者在读完正义之后阅读这则增章。

在正文的第四章，我们遇到了一个有些眉目，却又解决得没那么透彻的问题——生命因为汲取负熵而持存，不论这句话怎样表述，但是，生命是怎样汲取的负熵呢？

后来，我们又说生命是一个控制系统，它的控制对象是它的自身，那么，生命是怎样的控制系统，又是怎样控制了自身，怎样维持了自身的持存呢？

这两个看起来很不相同的问题，其实是同一个问题。在第四章里讨论控制系统的时候，我们已经简单透露了这则增章的结论，现在让我们把这个结论说得更详细一些，它包括了下面这样两个部分。

首先，生命作为一个控制系统，会控制构成自身的所有物质，使它们维持恰当的位置和状态，所以，只要生命的控制功能足够准确，构成它的物质就不会陷入混沌，生命就会持续存在。用薛定谔的话说，就是"维持在非平衡态上"。

但是，一个控制系统要在保证精度的同时持续运行，就必然向周围耗散能量，给环境带来熵增。考虑到这些控制行为削弱甚至扭转了自身的熵增趋势，维持了自身的低熵状态，那么它的控制效果就将会体现为持续不断的"汲取负熵"。

在接下来的故事里，我们会在上下半章中分头讲述这两个部分。不过，考虑到"控制系统"是一个既陌生又抽象的概念，这则增章余下的部分将会用"计算"这个更加熟悉的概念代替"控制"，用"计算机"这个更加具体的概念代替"控制系统"，问题会因此清晰很多——这就如同面对看不透的平面几何问题，数学老师往往会建议你画一个直角坐标系，把它转化成解析几何，用更加熟练的代数方法破解它。

·上半章 管住那颗疯台球·

现在，我正在检视人体腐烂的原因和过程，不得不日夜守在地窖和停尸房里。我专注的每一个细节，对人类那脆弱的神经来说都是最不能忍受的东西。我眼看着人体构造精密的组织如何分解、腐坏，眼看着原来充满生机的红润脸颊如何因死亡而逐渐腐败，眼看着蛆虫怎样侵入人类神奇的眼睛和大脑组织。

我暂停下来，钻研那些生生死死的变化究竟昭示了怎样精微的因果关系。终于，黑暗之中突然有光明照彻了我，那光明如此耀眼夺目，却又如此简洁明了。当我在它展现的宏大图景前头晕目眩的时候，又感到如此惊异：众多的天才都在同一门科学中搜奇探赜，独留我来揭示这旷世的秘密。

记住，我不是在痴人说梦。晴空朗日，也不比我说得更加真切。这或许来自某种奇迹，但这个发现的每个阶段都非常清晰，而且极具可能。焚膏继晷，殚精竭虑，我终于找到了繁衍和生命的根本原因，不，还有更惊人的，我还有能力给没有活力的物质注入生命。

——玛丽·雪莱，《弗兰肯斯坦》，1831 年版

一切关于生和死的困惑，都直接或间接地来自"生命不等于生命物质"这个经验观点。那些没有生命的事物，无论是简单的石头还是复杂的机械，无论小到一个原子还是大到一个星系，都可以拆解成零件和原料。反过来，只要拥有恰当的零件和原料，就能完好地组装出这些事物，使之具备一切应有的功能和属性。比如一块手表，无论它多么精密，都能打开后盖拆成最小的零件再装回去。

但生命完全不是这样。我们都知道动物是肉做的，却从来不能用尸体的碎片拼出一个活的动物，就连用有机物组装一个最简单的细胞也不能。尤其触动我们认知的是，一个生命死了，组成它的物质看起来都还好端端地留在那里，可它就是再也不能复活了，永远失去了生命的一切特征，很快就会腐败分解，最后涣散成一堆无机小分子，烟消云散。

这个巨大的差异让我们相信，生命是某种物质材料之外的东西，它借由某种方式注入物质，就会使物质活过来，可以生长、运动、繁殖，而当它脱离物质而去，

物质就将回归原本的状态，最终消亡、崩解、腐败。生与死之间存在着某种判然而不可逾越的界限，各种古老信仰里的创世神话每每少不了这样的情景。

但这个"经验观点"必然只是一种错觉：这是一个没有任何超自然力量的世界，生命与非生命必须服从同一套运动规律，当然都可以拆成零件和原料再组装起来。

说得更具体一点，所谓"腐败分解"，在微观上就是生物大分子解体成小分子：核酸断裂，蛋白质水解，脂质氧化，水解酶破坏周围的一切，自由基渗漏出来分解更多的分子……经过一场失了控的化学反应，那些细胞、组织、器官、系统，很快就荡然无存，变成了一团混沌。

然而任何一种物质能够发生怎样的化学反应都取决于它的自身属性，与它处于尸体内还是处于活体内没有关系，所以在微观上，那些招致腐败分解的化学反应也同样可以发生在你的体内。

但这样的反应从来不会在你的体内失控，从来不会使你腐败分解。你体内的大分子虽然不断分解成小分子，你体内的生命活动却能以更高的速度把那些小分子重新组装成各种各样的大分子，再把那些大分子全都安排在恰到好处的位置上，老老实实地组成各种细胞、组织、器官，催化正确的生化反应。

是的，生命无时无刻不在组装自己，在过去的 40 亿年里，这种组装活动从未断绝，而且越组装越精密，越组装越复杂，从区区一群末祖细胞开始，一路组装出了天上的飞鸟，海中的巨鲸，地上的鸣虫，还有这本书的作者和读者。

所谓"生命不等于生命物质"，仅仅是因为人类自身的工艺水平仍然粗糙低劣，才把生命活动那超级精密的自我组装能力看成了魔法。这就与从未见过现代文明的丛林原住民突然来到大都会看到汽车、霓虹灯、显示屏、计算机……而感觉自己进入了魔法世界，是完完全全的同一件事。

那么，这恍如魔法的组装，生命是如何做到的呢？计算，但不是抽象的数学计算，而是现实世界中的计算。

1. 生命与计算

我们通常会把"计算"看作一种高度抽象的思维活动，在这个星球上恐怕只有人类才有这个能力了。但是，我们又可以跳出数学的范畴，而给"计算"一个更普遍的定义：

计算就是规则明确的变化。

这个定义不仅仅适用于抽象的数学计算，也同样适用于具体的现实世界。比如一束可见光照射到平面镜上再反射，必然遵守明确的反射规律，那么"镜面反射"就是一种针对可见光的计算；一块铁进入硫酸铜溶液，必然生成铜单质和硫酸亚铁，那么"置换反应"就可以看作对铁单质和硫酸铜溶液的计算。把精度放得低一些，一个技艺娴熟、手法稳定的厨师能按照固定的流程把北京烤鸭片成大小均等的片，那么这种行为就可以看作针对烤鸭的计算；甚至一个上海市民把吃剩的骨头分门别类，猪骨头棒扔进干垃圾箱，鸡骨头渣扔进湿垃圾箱，也同样可以看作针对垃圾的计算。

在现实世界里，计算无处不在。更根本地说，计算本来就是这个世界的运行方式，是我们把这些运行方式抽象出来，创立了数学这门学科，而不是相反，先是我们的头脑里凭空出现了数学知识，然后在现实中碰巧遇上了相似的东西，否则我们也不可能用各种现实材料研制出计算机了。[1]

那么，说回生命。作为这个现实世界的一部分，生命活动当然也包含了很多计算过程，实际上比其他任何自然现象都包含了更多的计算过程。比如，正文的第六章连同那一章的第二篇"延伸阅读"介绍了 DNA 中的碱基序列要如何被精确地翻译成肽链中的氨基酸序列，肽链又如何根据自己的氨基酸序列在三维空间中折叠成具有生物活性的精确形态，有些蛋白质还得按照恰当的位置关系共同组装成各种复合物。如我们刚刚定义的，这些都是名副其实的计算。

但对于整个生命来说，这还只是计算的开始，因为那些蛋白质才是绝大多数计算的真正实施者。一个细胞要维持正常的新陈代谢，就需要在每立方微米，也就是一立方厘米的万亿分之一，在这样微小的空间中浓缩几十万个蛋白质分子，这意味着一个真核细胞可以拥有数千万个蛋白质分子，分起类来可能多达一两万种。

---

[1] 对此，应该留意的是，现实世界里并不存在绝对的"规则明确的变化"，任何变化都是主反应和副反应的综合结果，比如镜面反射必然有一部分光子被镜子吸收，置换反应必然有一部分铁单质会置换溶液里的氢离子而不是铜离子。这也就是为什么我们会有数学：数学，就是排除了一切副反应的形式化的变化。

图增-16　这个可爱的小东西是和尚蟹（*Mictyris* sp.），它们会在沙滩上组成群体，遵循某种特定的移动规则从沙子里寻找食物。于是在 2012 年，一些来自日本和英国的计算机科学家根据它们的运动模式设计了一种"螃蟹计算机"[注]，计算机的主体是个小迷宫，把小群的和尚蟹当作数据从不同的入口放进去，它们就会根据自己觅食模式走到不同的出口去，也就相当于完成了一次计算。原则上，只要设计合理，这些和尚蟹就能完成电子计算机所能完成的任何计算任务。奇妙的是，这种"螃蟹计算机"恰好就是我们将要介绍的"台球计算机"的一个实例。（来自 Inge Blessas | Dreamstime.com）

　　然而这么多的蛋白质并没有乱成一锅粥。限制性内切酶并没有随随便便就把细胞里的 RNA 全都切断，蛋白质水解酶也没有不分青红皂白就把细胞里的正常蛋白质粉碎成寡肽，电子传递链不会跑到内质网上去，ATP 合酶也不会组装到细胞核里去……细胞里的每一种蛋白质乃至每一种物质，都会被安排到恰当的位置上去，形成某种恰当的结构，催化某种恰当的反应。尤其对于多细胞生物，就像第六章的第一篇"延伸阅读"那样，受精卵分裂出来的每一个细胞还都要分化成恰当的形态，以恰当的方式组合起来，构成各种组织、器官和系统，最后才形成一个复杂到不可思议的生命体。

　　时刻保证这一连串的"恰当"，毫无疑问是一场规模宏大、细节复杂的计算，但是，这些计算是谁做的呢？

当然就是生命自己！实现中心法则的是生命自己，安排蛋白质位置的是生命自己，调节物质平衡的是生命自己，控制生长发育的还是生命自己——生命自己计算出全部的自己，这是其他任何计算系统都不具备的能力。哪怕是人类制造的最精密的机器，也只是根据确定的规则变化某种别的东西，实验室里或许有一些先锋的研究在探索自己制造自己的机器人，但那也只是把现成的零件组装起来而已，而从来没有能完完全全从分子级别的原材料开始组装自己的机器人。

啊，这种"自己计算出全部的自己"的能力，原来就是前文中被所有人视为魔法的"超级精密的自我组装能力"。

那么，生命是如何计算的呢？如果回避了这个问题，那我们之后所有的讨论都将沦为空中楼阁，但如果要回答这个问题包含的所有困惑，那就要囊括生物化学、分子生物学、细胞生物学、发育生物学、解剖学、生理学等等生物学分支的一切研究内容，任何一本书的作者都不可能完成这样的任务。

所以在接下来的几节里，我们只打算把目光集中在细胞内部，举几个方法性的例子，而把解决更多困惑的任务交给那些好奇的读者自行探索。

2. 确定与随机

要说每一个细胞都可以被视为一台计算机，大多数人都会觉得很困惑，因为人们见过的计算机都是干的、硬的，所有零件都整整齐齐地固定在某处，然后互相咬合起来、连接起来，构成非常明确的机械或者电路，要它怎么动就只能怎么动，但细胞是湿的、软的，大部分物质都在细胞内部的水环境中做着无规则的布朗运动，无法预测任何一个分子的运动轨迹。说细胞是计算机，感觉上就像是说一碗皮蛋瘦肉粥能够播放音频和视频，神经分分的。

的确，这是一个严峻的问题：计算要让变化体现出明确的规则，最直接的办法就是规定好每一步的动作。这在宏观世界里是非常容易的事情，因为这个世界在经典物理规律的普遍支配下体现出了强烈的"确定性"。或者说得直白一些，宏观物体都很老实，你让它们怎么动，它们就会怎么动，给它们一个明确的力，就会有明确的效果，你把齿轮穿在转轴上，齿轮就只会转动；你把活塞装进气缸里，活塞就只会抽动；导线这边的电势高，电流就只会从这里流出；二极管这边是 P 型半导

图增-17 英国数学家和工程师查尔斯·巴贝奇在 1824 年到 1832 年研发的"差分机一号",是一台蒸汽机驱动的机械计算机,也是公认的计算机先驱。完整的作品需要 2.5 万个零件,巴贝奇耗费了 8 年心血,但也如图所示,只做出了 1/7。(来自 Science Museum London / Science and Society Picture Library)

体,电流就只会从这边进入。

总之,人类生活在一个相当确定的世界里,所以我们制造的计算机也都设法规定了计算中的每一个步骤,由此得到了确定的计算结果,从算盘到手摇计算机,从台式计算器到超大型电子计算机,都是这样的。

但是微观世界就完全不是这个样子了:生命离不开水,作为绝大多数计算的实施者,蛋白质必须溶解[1]在水中才有生物活性,可蛋白质分子一旦溶解在水中就会陷入不可预测的布朗运动。想想看,人类这种精密仪器的每个零件都有精确的位置,轻轻颠一下都可能坏掉,但是生命的计算元件却谁也不挨着谁,还在永不停歇地疯狂颤动,这不是太不可思议了吗?

不可思议的还没完,一切生命活动都是化学反应,但在微观世界里从没有任何

---

[1] 严格地说,这里应该说"分散",因为溶解产生的是溶液,但生物大分子与水混合成的细胞内容物是胶体。

一个化学反应是确定的，哪怕"酸碱中和"这样看起来板上钉钉的事儿在这个世界里也纯粹是个概率问题：氢离子与氢氧根离子即便遇上了，也未必就会结合成水分子，就算结合成水分子了，也随时可能重新电离成氢离子和氢氧根离子——你能想象一个开关明明已经拨上去了，但它随时都可能自己跳下来吗？

生化反应充满了"随机性"，根本不能像宏观世界里的计算机元件那样规定好每一步的动作。可是，任何细胞活动归根结底都是生化反应，如果不能规定每一步的动作，还怎么实现上一节里那种了不起的计算呢？那就不规定动作，由着它去，自己摆下冲不破的阵法，圈定最后的结果！

> 他强由他强，清风拂山岗；他横由他横，明月照大江。
>
> ——金庸，《倚天屠龙记》

随机运动固然不可预测，但是可以被许多机制约束在有限的范围内，那么或迟或早，这些随机的过程也会得出正确的结果。打个比方，如果你在打台球，却发现台球发了疯，好似金色飞贼上了身，在台球桌上没头没脑地随机乱窜。如果不许用手抓，你该怎么让它乖乖进洞呢？

有两个办法：要么，在台球桌上挖条挺深的沟，直通球洞，台球一旦掉进去了就出不来，只能在沟里乱撞，那它迟早会掉进洞里——这条沟，就叫"势阱"；要么，在台球桌上砌堵墙，把台球和球洞包围在很小的范围内，那么台球撞来撞去，也会迟早掉进洞去——这堵墙，就叫"势垒"。

显然，势阱越深，阱底越窄，台球就越容易掉进球洞；势垒越高，包围范围越小，台球也越容易掉进球洞——这个"越"字，就是进化在过去40亿年里的一大主题了。

好了，铺垫了这么多，我们终于可以说些具体的东西了。不过，在阅读下面几节的时候，你要记得提醒自己，我们看似在讨论细胞里的生物化学反应，但我们其实是在讨论"细胞如何让随机运动的结果服从明确的规则"，是在讨论"细胞如何让每一种物质处于恰当的位置上"，是在讨论"生命是如何实现了计算"。

3. 反应的方向

生命活动究其根本都是生化反应，所以生命要计算自己，就是要让各种生化反应都遵从明确的规则。对此，首先要解决的就是生化反应的反应方向问题。

任何一个细胞内部都溶解着几千几万种物质，这些物质可以发生的反应无穷无尽，但只有一小部分才会在生命活动中真实发生，以至于每一个学过生物化学的人都能描绘出非常具体的代谢路径图来。不妨拿来一个现成的例子：这本书的正文里涉及了不知道多少种辅酶，但是在乙酰辅酶 A 路径中，把二氧化碳还原成甲基的每一步反应都要由不同的辅酶搬运氢原子；而且，虽然二氧化碳可以被还原成许多种不同的物质，这每一步反应也总是精确地还原成其中一种。在这些形形色色的生化反应中，生命活动把"规则明确的变化"展现得淋漓尽致，那么，这是怎么做到的呢？

酶促反应，当然是酶促反应。我们在高中就学过，酶通常是一些蛋白质，可以专一地催化某种化学反应，并且展现出惊人的效率，往往会比无机催化剂高效百万倍，甚至上亿倍，然而酶促反应为什么可以这样精确呢？或者问得具体一点，大家都溶解在水里，都在做疯狂的热运动，那么，每一种具体的酶该怎样从周围几千几万种物质里找到那种恰当的物质，再让它发生那种恰当的反应呢？

势阱，给反应物"量身定做"的势阱。

酶与目标分子结合的部位被称为"结合位点"，通常是一些凹陷。我们在正文中说过，组成蛋白质的肽链会反复地盘曲折叠，形成相当精致的三维结构，所以结合位点的凹陷形状总是与目标分子的三维形状高度吻合，并且能与目标分子形成一些氢键、静电、疏水之类的相互作用。这是一个再显著不过的势阱了，每当目标分子在随机运动中撞到一个酶，就很有机会掉进结合位点的坑里去，恰似那个乱窜的台球掉进了沟里。不要担心目标分子和结合位点有缘无分掉不进去，细胞里的酶可以达到惊人的浓度，这就好比台球桌虽大，却也到处挖满了沟，目标分子只要遇上其中一个就会掉进去，开始下一步的适配了。

所谓"适配"，是同时提高效率和精度的好办法：随机运动的碰撞角度很难把握，如果结合位点的形状从一开始就极端精密，那么目标分子即便撞上来也可能因为角度差了一点儿而无法结合，所以结合位点的形状必须有足够的容错能力。但是，这种容错能力又不能太强，否则酷似目标分子的其他分子也可能同样卡在结合位点上，然而其他分子未必就能接受这个酶的催化，很有可能卡在里面再也出不来，让整个酶都报废了。[1]

因此在进化中，目标分子与结合位点的结合并不是钥匙捅进锁眼里那样刚决严格地一步到位，而是一个动态的适配过程。起先，结合位点比较宽松，分子很容易掉进去，但二者还没有完成适配，酶还无法催化反应。但掉进结合位点的分子会继续在小范围内随机运动，这种振动会让结合位点轻微变形。那么，如果是其他的分子掉进结合位点，这些运动与变形就会使它们越来越不匹配，在进一步的随机运动中彼此分离；反过来，如果是目标分子掉进了结合位点，这些运动和变形就会让它们越来越匹配，最后就触发了那种催化反应。III

至于"那种催化反应"是如何发生的，不同的酶有着不同的具体机制，如果要仔细讨论就会占去巨大的篇幅。这里只是概括地说，完成适配的酶与目标分子会结合得更加紧密，两者之间会发生多种多样的相互作用，这些相互作用会使目标分子摆脱反应前的稳定状态，而被"活化"起来，更容易发生反应。而由于蛋白质的三维结构非常精致，目标分子被活化的位置也就可以非常确定，于是乖乖地发生那种催化反应了。

所以酶在哪里，那种催化反应就在哪里。所以细胞很容易做到这样一件事：在甲位置，甲酶催化了甲反应，产生了甲物质，而催化甲物质发生乙反应的乙酶却在细胞内的乙位置，所以甲物质只有经过随机运动，扩散到了乙位置，才能在乙位置上发生乙反应。

仍以正文出现过的反应为例，三羧酸循环大部分发生在线粒体的基质内，但是如图 2-13，从琥珀酸到延胡索酸的反应，那个由辅酶 FAD 拿走电子的反应，却是在线粒体内膜上发生的，因为催化这个反应的酶，就是镶嵌在线粒体内膜上的复合物 II，那对电子可以由此直接进入电子传递链。

可见，目标分子虽然到处随机运动，但如果能把某些酶固定在恰当的位置，就

---

[1] 实际上，绝大多数的"毒"和"药"，都以这种"仿冒目标分子卡在蛋白质里"的方式发挥作用。比如咖啡因能够提神，就是因为咖啡因的分子酷似 AMP（腺苷一磷酸），能够与神经细胞上掌管疲劳感的受体结合，然后卡进去不出来，使我们的疲劳感暂时瘫痪。有些人的这类受体特别容易被咖啡因卡住，比如这本书的作者，就先天性地对咖啡因特别敏感，下午一杯咖啡下肚，到次日凌晨 5 点就已经拼好了 1 000 块拼图。

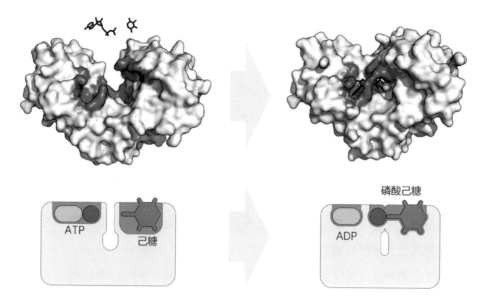

图增-18 六碳糖激酶专门负责葡萄糖、果糖、甘露糖等六碳糖的底物水平磷酸化。它的结合位点能同时嵌入一个六碳糖和一个 ATP，然后将 ATP 的磷酸基转移到六碳糖上。你可以看到，目标分子与结合位点起初结合得并不严丝合缝，而在它们动态的适配过程中，整个蛋白质的形态也发生了变化，最后，它们发生了恰当的反应。（来自 Thomas Shafee 及本书作者）

能让某些生化反应只发生在细胞内的特定部位上，这样一来，我们就自然而然地遇到了生化反应的"空间方向问题"。

4. 空间的方向

生命既然不是混沌均一的，就必然能区分空间的方向，也就是要在不同的位置上聚集不同的物质，发生不同的生化反应，这就是生命计算自己的又一项主要内容了。

第六章里涉及的多细胞生物的细胞分化当然是区分空间方向的极致，但哪怕一个细胞也同样拥有显著的方向差异，其中最关键的，当然就是从细胞核到细胞质再到细胞膜的内外方向，任何一个活着的细胞，都要在这三者之间定向运输物质。

继续用正文里的内容举例。对于一个真核细胞来说，细胞核里储存着几乎所有基因，DNA 在那里转录成 RNA，无论信使 RNA、转运 RNA 还是核糖体 RNA，都是在细胞核里转录出来的。但这些 RNA 必须运出细胞核，在细胞质里组装成蛋白质翻译系统。在细胞质里，蛋白质翻译系统制造了各种各样的蛋白质，其中大部分可以就地留在细胞质里，但像 RNA 聚合酶、DNA 聚合酶、DNA 解旋酶、染色体组蛋白这样的蛋白质，就大多要送进细胞核里发挥作用，而电子传递链这样的蛋白质，又必须镶嵌在线粒体内膜上才能发挥作用。类似地，细胞质糖酵解产生的丙酮酸，以及其他生化反应产生的有机酸，都必须进入线粒体才能成为有氧呼吸的原料，而线粒体制造的 ATP 又必须送出线粒体才能成为整个细胞的能量通货，其中还有很大一部分要专门送到细胞核里面去，用作聚合 RNA 的单体。当然，细胞质还必须合成足够的脂质和蛋白质，送到细胞膜上去，及时地更新整个细胞屏障。同时，有些细胞外面的物质又要设法穿过细胞膜，运送到细胞内部各不相同的部位上去。

你看，仅仅是正文提过的东西，就已经熙熙攘攘，好像一座最繁荣的商业城市了，可这一切物质不但既没有眼睛也没有腿，还都处在疯狂的随机运动中，这种定向运输就有些惊人了。细胞要怎样把各种物质送去恰当的地方呢？

答案还是势阱和势垒，它们总能使随机运动的物质最终跑到该去的地方去。

台球桌是一个二维平面，为了圈住那个鬼上身的台球，让它掉进洞里去，我们可以砌一"道"墙作为势垒。那么，细胞里的各种物质是在三维空间中随机运动，该用什么样的势垒限定运动范围呢？那当然是一"张"膜，也就是细胞的膜结构了。

现代的细胞膜的主要成分是磷脂双分子层，这种薄膜可以允许水、氧气、二氧化碳、甲烷、低级醇这样的小分子物质自由穿透，但对于稍大一些的分子，就成了不可逾越的障碍。这有效地划分了细胞里的空间，让不同的化学反应可以集中在不同的区域内。

比如说，真核细胞的基因里夹杂着大量的内含子，这些内含子没有编码蛋白质，但也能转录成 RNA，所以刚刚转录出来的 RNA 必须经过各种剪接拼合，去掉所有内含子，才能成为成熟的信使 RNA。反过来，如果核糖体不明就里地结合在某些尚未加工成熟的信使 RNA 上，那就一定会把内含子翻译成一串毫无意义的蛋白质，浪费掉许多的物质和能量。

但有了核膜，事情就不一样了：只有加工成熟的信使 RNA 才能离开细胞核，进入细胞质，遇到核糖体，那些内含子就不会被多此一举地翻译出来了。

而在线粒体中，膜结构的势垒作用更加显著。电子传递链能够制造"跨膜氢离子梯度"，就是因为线粒体内膜是氢离子难以穿透的势垒，氢离子即便堆积出了一场雷暴那样强大的电压，也不能从内膜的缝隙里硬挤过去，只能乖乖地驱动 ATP 合酶。

某种物质无法穿透细胞的膜结构，而在某个局部空间里高度堆积，以至于扭转了一般的化学平衡，成为某种特殊的生化反应的专门场地，这样的情形在细胞里比比皆是。比如内质网里囤积了种类丰富的有机物，还有许许多多催化这些有机物的酶，那些多糖、脂质、磷脂、固醇等的合成作用，大多要在这里才能发生。而溶酶体就浓缩了大量的氢离子和几十种水解酶，各种报废掉的细胞物质都能在这里重新拆解成原材料，细胞外面来的东西，也能在溶酶体里分解成细胞可以利用的营养。

总之，细胞里的膜结构作为一种强大的势垒，可以将不同物质的随机运动限定在不同的空间范围内，尤其是把不同的酶限定在不同的空间范围内。这样一来，不同的生化反应就被限定在了不同的空间范围内，而不会被随机运动破坏了。

但这仅仅是个开头，我们势必要追问，那些各种各样的物质，如何能准确地找到对应的膜结构？更根本的，这些不同的膜结构本身是哪儿来的？也就是说，细胞里的膜结构本来都是差不多的磷脂双分子层，它们又是怎样区分成了内质网、高尔基体、溶酶体等各种各样的细胞器？

5. 势阱的势垒和势阱的势阱

我们先来回答第一个问题：细胞的膜结构对某些物质来说是势垒，无论如何也过不去，对另外一些物质来说却是势阱，陷进去就出不来。

细胞的磷脂双分子膜恰似一块奥利奥，两面的饼干是非常亲水的磷酸基，中间的奶油夹心就是非常疏水的烃基。所以，如果某种蛋白质的表面非常疏水，就会与膜结构的疏水夹心非常亲和，而对膜外面的水环境非常排斥，因此牢牢陷在膜结构里，出不来。所以我们在正文里常说某种蛋白质镶嵌在了细胞的膜结构上，换一种措辞，也可以说它们都陷入了膜结构布下的"势阱"。而不同的膜结构在"成分"

上也有所差异，会陷入不同的蛋白质，不同的蛋白质上又有不同的结合位点，那是给不同物质量身定做的势阱。最后，不同的物质就陷入了不同的膜结构。

对此，那些敏捷的读者又会提出这样一个问题：既然膜结构的内外表面都亲水，只有里面的夹心才疏水，那么，蛋白质又怎么可能穿透那个亲水的表面，陷入疏水的夹心中去呢？显然，这是一个被势垒包围的势阱，就好比井虽深，却盖着结实的井盖，想要掉进去也并不容易。

这的确是个很好的问题：膜蛋白"镶嵌"在膜结构上的确是因为疏水性，但它们"进入"膜结构却不是因为疏水性，而是因为"井盖"上有专门针对膜蛋白的"编号势阱"。

简单地说，那些需要镶嵌在膜上的蛋白质早在折叠完成之前，就在刚刚合成的肽链上留了一段特殊的氨基酸序列，被称为"信号序列"。而在细胞的各种膜结构上，又有一些对应的"蛋白质移位酶"。这些移位酶上都有跨膜通道，通道入口的三维形状正是给信号序列量身定做的势阱，于是，那些带有信号序列的肽链就会在随机运动中陷入那些通道，就好像一颗糖掉在地上乱滚，最后掉进了井盖上的透气孔——就像图增-19那样。

而且这些通道的横截面不是透气孔那样的"O"形，而是个"C"形，在侧面留有明显的开口。所以那些肽链并不总是顺着那个通道完全穿过膜去，而可以中途横着滑出通道，顺势嵌入膜结构的疏水夹心里，然后就顺理成章地留在那里，折叠成一个成熟的膜蛋白了。[1]

内质网、细胞膜、线粒体膜，不同的膜结构上带有不同的蛋白质移位酶[2]，可以识别不同的信号序列，这就让不同的膜蛋白各从其类，陷到了不同的膜结构里。而这还只是一个开始，膜蛋白自己也有这样那样的结合位点，都是给另外一些物质

---

[1] 实际的肽移位过程有两种情况，一种是已经翻译结束的肽链，陷入肽移位子，这比较简单。而另一种是边翻译边移位。对于后一种情况，第六章的第二篇"延伸阅读"介绍过，肽链大多要一边翻译一边折叠，所以，信号序列往往刚被核糖体翻译出来，就在其他蛋白质的帮助下陷入了肽移位子的通道，连带工作中的核糖体也紧紧贴在了膜上，翻译出多少，就折叠多少——内质网常常因此密密麻麻吸附上大量的核糖体，成为中学生物课上所谓的"粗面内质网"，类似地，核膜外表面和线粒体外膜也常常与核糖体结合而显得粗糙。反过来说，核糖体是游离在细胞质中还是结合在膜结构上，仅仅取决于它翻译出来的肽链上有没有这个信号序列。

[2] 显然，移位酶也是一种膜蛋白，也是通过这种方式组装在各种膜结构上的。至于第一个移位酶是怎么来的，那要追溯到某个非常古老的共祖身上去。正如我们在正文第十九章讨论过的，早在细胞膜密闭性还很差的时候，氨基酸和寡肽就已经参与到细胞膜的形成中去了，而在细胞膜获得密闭性的过程中，这些膜蛋白也同步进化出现了，正文的第五幕实际上就是这种同步进化的产物。

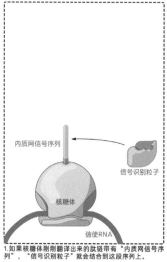

1.如果核糖体刚刚翻译出来的肽链带有"内质网信号序列"，"信号识别粒子"就会结合到这段序列上。

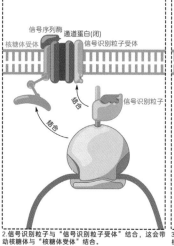

2.信号识别粒子与"信号识别粒子受体"结合，这会带动核糖体与"核糖体受体"结合。

3.通道蛋白因此打开，内质网信号序列进入通道蛋白，核糖体继续合成新的肽链。

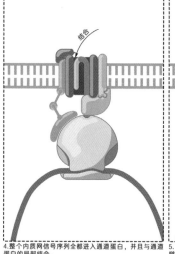

4.整个内质网信号序列全都进入通道蛋白，并且与通道蛋白的局部结合。

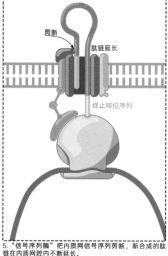

5."信号序列酶"把内质网信号序列剪断，新合成的肽链在内质网腔内不断延长。

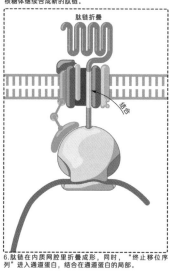

6.肽链在内质网腔里折叠成形，同时，"终止移位序列"进入通道蛋白，结合在通道蛋白的局部。

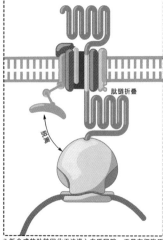

7.新合成的肽链因此无法进入内质网腔，于是在细胞质一侧折叠起来，核糖体逐渐脱离核糖体受体。

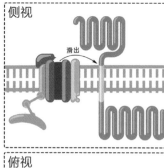

8.翻译结束，核糖体解体，内质网膜两侧的肽链初步折叠成形。

9.成形的肽链从通道蛋白侧面的缺口处滑出，成为镶嵌在内质网膜上的蛋白质。

图增-19 以内质网为例，展示信号序列的工作原理。图中，通道蛋白、信号识别
粒子受体、核糖体受体和信号序列酶共同构成了蛋白质移位酶的主体，它们可以
让一个新合成的蛋白质镶嵌在内质网膜上。另外，信号序列在肽链上的不同位置
可以让蛋白质以不同的形式进入蛋白质移位酶，然后以不同的方式镶嵌在内质网
膜上，或者直接进入内质网腔。（作者绘）

量身定做的势阱，如果这种"另外一些物质"又是另一种带有结合位点的蛋白质，
那这个势阱套势阱的过程还能层层递进下去。ATP 合酶、电子传递链里的复合物乃
至细菌的鞭毛，也就全都在不同的膜结构上组装出来，"各行其是"了。

像这样，给生物大分子编号，让它们在随机运动中落入与编号对应的势阱中
去，达到结果上的"定向运输"，正是细胞最常用的"寻址算法"。除了不同部位的
膜蛋白有不同的信号序列，去往各种细胞器的蛋白质也都有各种各样的"靶序列"，
相应地，各种细胞器上也存在着形形色色的"识别受体"，都是一些带有结合位点
的蛋白质。

比如细胞核的核膜上有许多核孔，核孔内外分别环绕着大量的识别受体。那些
需要送入细胞核的蛋白质，比如 DNA 聚合酶，就会带有一段"核定位序列"，一
旦碰到核孔外侧的识别受体就会陷入核孔，进入细胞核。[IV] 反过来，如果细胞核的
物质要出来，比如加工成熟的 RNA，就会先与一些带有"核输出序列"的蛋白质
结合，然后就能与核孔内侧的识别受体结合，顺利地被送出细胞核了。[V]

至于那些分子比较小的物质，比如糖、脂肪酸、核苷酸、各种辅酶，甚至各种
离子，它们本身就是鲜明的信号，对应的识别受体分布在细胞各处。比如线粒体的
内外膜上就都有送入 ADP 和送出 ATP 的移位酶，这是非常容易理解的事情。

理解了这些事情，我们就可以回答第二个问题了：各种不同的膜结构，本身又
是如何区别开的？

这个答案就有些微妙了：膜结构也会被势垒约束，同样也会掉进另一种势阱。

6. 势垒的势垒和势垒的势阱

细胞有许多不同的膜结构，但它们并不是孤立隔绝的，而是处于持续不断的动
态转换中。内质网膜向内包裹起来，闭合成了核膜，或者边缘分裂脱落，成为溶酶
体等囊泡，一些靠近细胞膜的囊泡重新组织起来，形成高尔基体，高尔基体又释放

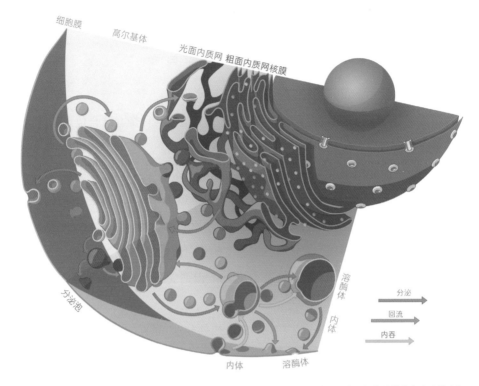

图增-20　细胞内膜结构的相互转换。不同的颜色标记了细胞内膜系统的不同结构，它们都会脱落大大小小的囊泡，然后按照箭头指示的方向转移并融合。至于那些箭头，你很快就会知道它们的意义了。（作者绘）

囊泡，继续向外运动，融入细胞膜。当然，这整个过程都是可逆的。

也就是说，各种膜结构本身并没有绝对的区别，只是它们所处的位置让它们承担了不同的职责。这就好像纯粹的自然人并没有什么本质的区别，但当他们组成了社会，走上不同的工作岗位，也就有了具体的职责分工。

那么，是什么决定了膜结构的位置，让它们在动态转换中被分配到了不同的细胞器上去呢？要知道，在上一节里，我们虽然只顾着说蛋白质是在疯狂地随机运动，好像膜结构就岿然不动似的，但实际情况恰恰相反，膜结构虽然叫"膜"，但不是手机贴膜那样的固体，而是一层薄薄的液体，就和排骨汤上漂着的油膜差不多，其中的每一个磷脂分子都同样在疯狂地随机运动，仅仅因为疏水作用才凝聚成了双分子层。要让它们定向运输，还要在运输中保持膜的基本形态，就必须要有更强大的约束机制。

这种约束机制就是膜结构上镶嵌的蛋白质，或者更根本地说，是某些膜蛋白能在细胞器之间定向运输，同时也作为势垒，胁迫了一部分膜结构在细胞器之间转移。

比如说，内质网里的某些蛋白质需要进入高尔基体继续加工，但是它已经不可能穿透任何膜结构，该怎么办呢？[VI]

首先，在内质网腔里，那些需要运往高尔基体的"货物"在三维结构上都带有某种"货运标识"。在图增-21 中，这些标识被画成了长短不同的三个凸起，这个标识可以结合到"货运受体"的膜内侧上。

于是，货运受体就被激活了，它们会打开膜外侧的结合位点，与一些结合蛋白结合起来，最终结合上一种名叫"Ⅱ型包被蛋白"（COPII）的蛋白质。

随着越来越多的货物结合到货运受体上，越来越多的Ⅱ型包被蛋白也就包裹在了内质网膜上，而这些Ⅱ型包被蛋白又会彼此组合，在三维空间中形成多面体框架。于是，内质网膜就像铆在龙骨上的船壳，在这个框架的约束中逐渐隆起，最终从内质网上脱离，成为一个游离的囊泡。

游离的囊泡一旦形成，那些包被蛋白很快就会解体，让囊泡上的货运受体重新暴露出来，而这些货运受体就能与高尔基体上的另外一些识别受体结合，这种结合又会强迫囊泡与高尔基体融合。而更根本的，是那些来自内质网的蛋白质虽然一直都在疯狂地随机运动，却也一直被囊泡膜这个势垒约束着运动的范围，最后如期转移到了高尔基体内。

而不同的细胞器上有不同的货运受体，不同的货运受体能够结合不同的包被蛋白。于是，在这些蛋白质的综合约束下，各种膜结构就都会有各种各样的囊泡脱离下来，一边包裹着内部的货物，一边转移到对应的地方去了。所以在图增-20 里，你会看到三种箭头：分泌表示细胞有什么物质需要送到细胞外面去；内吞表示细胞要把无法通过细胞膜的大型物质纳入细胞内；至于回流，前两步动作往往会有一些不该转移的物质被意外转移，回流可以让它们复位。你看，在这个过程中，包被蛋白和受体蛋白从两侧限制了膜结构的运动范围，而膜结构又限制了其中各种物质的运动范围，这就是围墙的围墙，势垒的势垒。

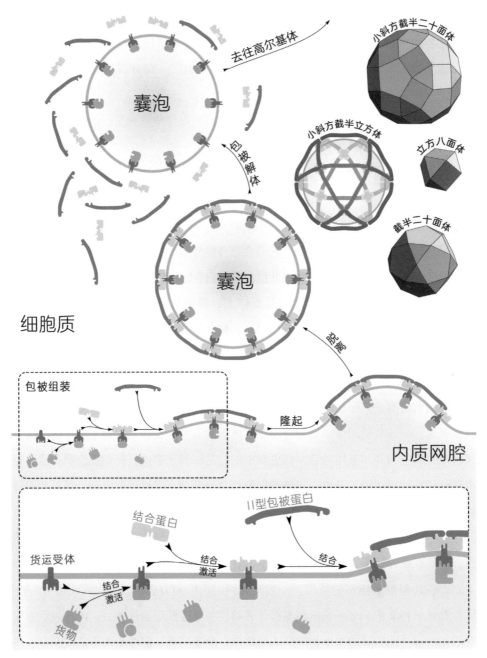

图增-21　在真核细胞内，从内质网到高尔基体的囊泡运输主要由"Ⅱ型包被蛋白"引导。这种蛋白质能在其他几种蛋白质的帮助下组装成多面体的框架，迫使内质网膜隆起囊泡。注意右上角的几个多面体，那是Ⅱ型包被蛋白最常形成的几种多面体。另外，这些囊泡里也装满了其他各种各样的"货物"，只是在这张图中被省略了。（作者绘）

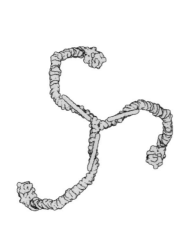
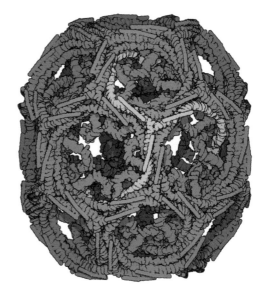

图增-22　这是"网格蛋白"（clathrin），另一种负责在细胞膜、高尔基体、内体和溶酶体等结构之间引导囊泡运输的包被蛋白。它是一种对称的三曲腿，能够组装成"足球体"等形态的框架。它的工作方式基本上与图增-21一样，当然，它运送的货物需要另外一些"标识"。（图片来源：David Goodsell）

　　不过，势垒的势垒不只有包被蛋白和受体蛋白而已，在真核细胞内，还有一大群生死攸关的蛋白质约束着多种膜结构的整体形态，那就是"细胞骨架"。

　　所谓细胞骨架，是许多种蛋白质组装成的显微结构，包括微管、微丝、中间纤维（中间丝）等。它们以惊人的密度在细胞内部构成了纵横交错的三维网络，维持了整个细胞的三维形态，也限定了各种有膜细胞器的三维形态和运动范围。

　　而且非常有趣的是，只要与另外一些分子机器结合起来，这些细胞骨架，尤其是其中最粗壮的微管，又能成为某些膜结构的势阱，迫使它们定向运动。我们刚才说各种细胞器分裂出来的囊泡会通过识别受体转移到目标细胞器上去，这"转移"二字就包含了许多这样的定向运动。

　　这种定向运动所需的分子机器，是一类被称为"马达蛋白质"的蛋白复合物，如图增-24，它们常常包括了3个部分：一端是一个"锚"，能够与囊泡上的货运受体等蛋白质结合；另一端是一双"脚"，能被微管上的结合位点吸引，踩上去，每当一只"脚"踩在微管上，都会把另一只"脚"拽得暂时抬起来，结果，这两只

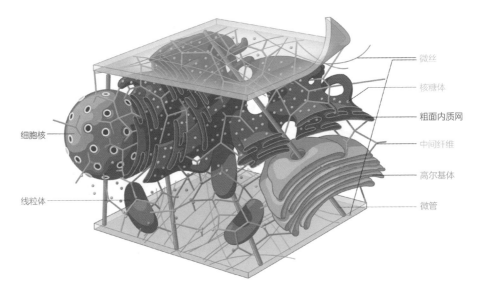

細胞核

線粒体

微丝

核糖体

粗面内质网

中间纤维

高尔基体

微管

图增-23　真核细胞内充满了纵横交错的细胞骨架，各种细胞器由此确定了位置和形状。其中，细胞骨架主要包括"微管"、"中间纤维"和"微丝"三种纤维状的蛋白复合物。（作者绘）

"脚"就真的像人类走路一样，左一"脚"右一"脚"地迈步前进了［如果这本书的文本和图片无法让你彻底弄明白这个过程，那不妨现在就拿起手机，在任何一个视频网站上搜索"驱动蛋白"（kinesin），你就会看到非常惊人的画面了］；最后，在锚和脚之间，是一组"链"，牢固地绑定了二者。[VII]

在这种迈步运动中，微管是细胞骨架的主梁，它们常常具有内外方向，一端深入细胞，另一端穿透所有的内质网和高尔基体，直达细胞膜。所以在马达蛋白质的搬运下，各种囊泡就能非常直接地在细胞核、内质网、高尔基体和细胞膜这4种最重要的膜结构之间定向地运输了。

乍看起来，这个过程似乎与我们一开始在疯台球比喻中说的"势阱"很不一样——台球桌上引导运动的势阱是一条沟，微管却是一条绳索，两者的差距似乎有些大。但是仔细想想，势阱的要义就是"陷进去"，在微观世界的三维运动中，我们不可能让任何物质因为重力而下陷，所以分子间的相互吸引才是这个世界里最主流的"陷入"。那么分子马达的两只"脚"被微管上的结合位点吸引而无法随意离开，也当然就是微观世界里名副其实的陷入了。

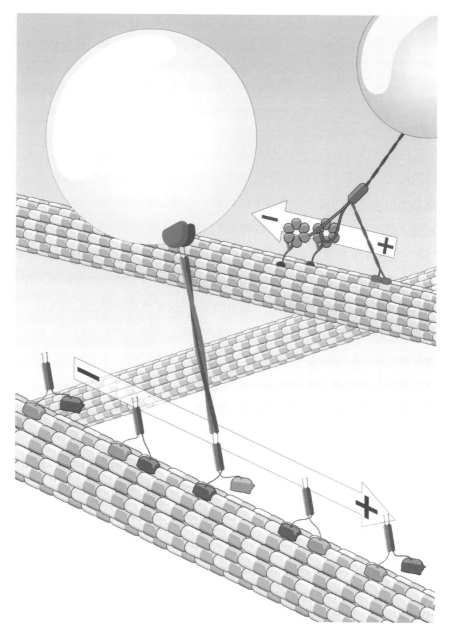

图增-24　近处这根微管上行走着的，是一个拖着囊泡的驱动蛋白。它的两只"脚"交替踩在微管的 β 亚基（深蓝色的颗粒）上，一步一步地往前走，这张图用一列动作分解展示了这一过程。它上方的箭头指示了它的前进方向，通常，它是从微管的负端走向正端，即向着细胞表面运动。比如此时此刻，你的大脑里一定发生着激烈的神经活动，那么神经递质要从神经细胞里释放出来，由这种驱动蛋白把装满递质的囊泡送到细胞表面去。背景上还有另外一个挺复杂的"动力蛋白"（dynein），它的功能刚好相反，负责把囊泡送去细胞深处，比如当你的淋巴细胞吞噬了病毒，就由动力蛋白把装着病毒的囊泡拖进细胞深处，把囊泡中的异物消化掉。（作者绘）

不过，这件事似乎还是在什么地方与前文不太一样。

在之前的所有例子中，物质都是在做毫无规则的随机运动，只是因为种种势阱和势垒的限制，在结果上达到了规则明确，但马达蛋白质是"左一脚右一脚"，如此确定地沿着微管运动，整个过程看起来都是高度确定的，这就与疯台球比喻很不一样了。

但事情没有这么简单。马达蛋白质的"脚"每次在抬起来之后都不是决定性地迈出去，而是在激烈地"思想斗争"中"犹豫不决"，一会朝前一会儿朝后，究竟是向前走还是向后走，充满了随机性，恰似沟里的疯台球，不一定是前进还是后退。然而，马达蛋白质之所以叫作"马达蛋白质"，就是因为它有动力：那两只"脚"上有 ATP 的结合位点，能够利用水解 ATP 的能量改变两只"脚"的三维关系，使每一"脚"都有更大的概率向前迈。而经过线粒体持之以恒的工作，细胞内总有充沛的 ATP（请留意这几个加粗的字），这才使马达蛋白质的两只"脚"虽然在这一过程中像醉汉似的犹豫不决，却在结果上表现成定向运动了。你看，这还是极好地吻合了疯台球比喻。

总之，在刚刚结束的这部分里，我们已经尽可能地了解了这样一件事：在水溶液的微观世界里，虽然一切都在疯狂地随机运动，但在势阱和势垒的种种约束之下，各种物质总能最终发生恰当的生化反应，也总能最终运动到恰当的位置上去。就这样，细胞，乃至复杂的多细胞生命，就在混沌中完成了世界上最精密、最复杂的计算。于是，对于开头的那个关键结论，我们已经解释了前一半：生命作为一台计算机，或者说一个控制系统，会控制构成自身的所有物质，使它们维持恰当的位置和状态。只要生命的计算持续而准确，它自身就能一直存在；只要生命的控制功能足够准确，构成它的物质就不会陷入混沌，生命就会持续存在。

·下半章 捉住那只小妖精·

一天早晨，他们蹚过了一条河，浅滩激流，浪花飞溅。远处的河岸陡峭而湿滑，当他们牵着小马驹登上河岸，他们看到那座大山已经迫在眼前了，仿佛只消一天的旅程就能轻松抵达山脚。它看起来黑暗而阴郁，却有斑驳的阳光抹在它棕色的侧面，山肩之上还露出闪烁微光的雪峰。

"就是那座山吗？"比尔博睁大了眼睛，郑重地问道。他之前从来没有见过这么巨大的东西。

"当然不是了！"巴林说，"那只是迷雾山脉的起点而已，咱们要么得穿过它，要么得翻过它，要么得钻过它，然后才能去到大荒原。就算走完了这些，也还要再走很远的路才能到东边的孤山，那才是史矛革霸占我们的宝藏的地方。"

"哦！"比尔博说，那一刻他感到了前所未有的疲倦。他又开始怀念夏尔的洞府，他最钟爱的起居室里有他最舒服的椅子，还有烧水壶的声音——没完没了地想。

现在是甘道夫在带路。"咱们绝不能离开大道，不然就死定了，"他说，"咱们需要食物，这是一方面，想穿过迷雾山脉要走对的路，也必须在安全的地方休息，否则你就会迷路，就得返回来从头开始——如果你还能回来的话。"

——J. R. R. 托尔金，《霍比特人》，1937 年

在下半章里，我们关心的是关键结论剩下的那一半：任何计算机要在保证精度的同时持续计算，就必须向周围耗散能量。

这则增章一开始就说过，"向周围耗散能量"就是"汲取负熵"，所以只要得到了这半个关键结论，上半章的一切讨论就会自动变成"生命是怎样汲取了负熵"的具体答案。

但要理解计算精度与能量耗散的内在联系，哪怕只是感性的理解，我们也必须先弄明白热力学与计算机科学的深刻渊源，不得不讨论许多看起来和生命没什么关系的事情，踏上另一段艰险而陌生的旅途。所以，为了让这本书的读者不在旅途中迷失方向，不在旅途中搞不清楚这本书的作者为什么写、自己为什么读，我们仍然会先把结论指出来，就像那座遥远的孤山一样，我们的道路虽然曲折，却要一直向它进发。

一切计算可以划分为两种，不可逆的计算和可逆的计算，前者会"擦除"一些信息，并因此造成不可避免的能量耗散，后者虽然没有这种不可避免的能量耗散，但要持续计算也必须额外耗散一些能量。总而言之，任何计算机都无法避免能量耗散。

7. 计算机的构型

到此为止，我们可以毫不夸张，也并无比喻地说，每一个细胞都是一台计算机，每一个多细胞的生命，都是一个计算机网络。如果这本书的作者还有许多的篇幅、许多的精力与许多的截稿日，他或许会更具体地比较一下生命与通用计算机究竟有多么相似。细胞作为计算机的潜力很可能不低于人类已经创造过的任何一种计算机，也就是说，凡是电子计算机能够完成的计算，细胞也同样能设法实现。比如我们可以设想把一个 MP4 文件还原成 1 和 0，据此合成一条核酸序列，注入某个基因改造过的细胞。这个细胞会把它解码成另一条核酸序列，设法分泌出来。我们拿到这条解码后的序列，把它还原成 1 和 0，恰好就是那个 MP4 文件里视频的每一帧画面，以及音频的采样数据。

但眼下，我们还是只关心它们深刻的差异：细胞作为计算机，其构型与人类发明过的所有计算机有着根本的不同。

计算机科学所谓的"构型"也是个挺复杂的概念，但在这则增章里，你可以把它简单地理解成"让计算元件实现计算功能 [1] 的组织方法"。比如现行的电子计算机大多是"冯·诺依曼构型"，凭借运算器、存储器和控制器三者之间的数据交换实现计算。人类还能通过输入设备给计算机提供数据，再借助输出设备获取计算的结果。[2]

除此之外，我们也在自然界和实验室里发现或者设计了许多种目前看来非常不实用，却在理论研究上很有趣的其他构型，比如元胞自动机、树自动机、随机存取机之类，这里我们都不展开讨论。

我们只关心细胞，它们作为计算机，采用的是一种非常独特的"布朗运动构型"。我们在 20 世纪 80 年代初从理论上提出这种构型以后从未真的造出一台这样的计算机，因为这样的计算机要求极高的加工精度，远超人类现在的工艺水平，只有细胞内的生命活动才天然地适合这种构型，并且历经 40 亿年的进化达到了不可

---

[1] 如果是在这本书之外，这里的"计算功能"更适合换成"逻辑功能"，因为在一般的概念里，计算是逻辑的一个子集，但在这本书里，当我们在第 2 节里把计算定义为"规则明确的变化"，就已经把计算和逻辑等同为一种东西了——这也仍然是为了读者们理解方便，否则在之前的几节里，我们的措辞会拗口到不像汉语的地步。

[2] 如果考虑到现代计算机的缓存往往被分成"数据缓存"和"指令缓存"，那么这些电子计算机其实是冯·诺依曼构型和哈佛构型的折中，但这毕竟不是一本关于计算机科学的书，所以请不要太在意这些细节。

思议的复杂程度。

而要理解这种布朗运动构型，我们还得从台球没有疯的时候说起。

不论多么复杂的计算，都可以不断地分解、化简，最后变成几种基本逻辑计算，比如"非""且""或"三种基本逻辑，它们都只接受"1"和"0"两种输入，也只有"1"和"0"两种输出，全部变化规则只需 3 张很小的表格就能明确概括。但是"三生万物"，只要层层递进地组合起来，它们可以满足几近无穷的计算需求。于是，人类用专门的电路元件实现了这样的基本逻辑计算[1]，然后在方寸之间集成了几亿个甚至十几亿个这样的计算元件，就制成了电子计算机的中央处理器，也就是通称的"CPU"——你我眼前这个辉煌的计算机时代，全是这样计算出来的。

表增-1 非计算的规则表

A=1	A=0
非 A=0	非 A=1

表增-2 且计算的规则表

	A=1	A=0
B=1	A 且 B=1	A 且 B=0
B=0	A 且 B=0	A 且 B=0

表增-3 或计算的规则表

	A=1	A=0
B=1	A 或 B=1	A 或 B=1
B=0	A 或 B=1	A 或 B=0

不过，这些基本计算元件也不是非得做成电路。正如第 2 节说过的，计算原本就是这个世界的运行规律，"1"和"0"不是两个数字，而是两极对立。开和关、有和无、高和低、满和空、直和弯、大和小、软和硬，都是对立。所以飞花摘叶，原则上什么东西都能做成基本计算元件，台球这样外观标致的东西，当然也不例外。

---

[1] 需要澄清的是，实际的集成电路未必只是集成了非、且、或三种基本逻辑计算，也常常集成其他几种非常有用的基本逻辑计算，比如"异或"，只有两个输入不同才输出"1"；比如"同或"，只有两个输入相同才输出"1"；等等。

1981 年，两位美国计算机科学先驱爱德华·弗里德金和托马索·托夫里，提出了用刚体球制造基本计算元件的"台球构型"[VIII]。我们暂时先不透露他们为什么会有这样的"奇思妙想"，先来看看这是怎样一种奇怪的设计。

如图增-25，那是台球构型的"且计算"元件，一个形状很特殊的台球桌，设计了 A 和 B 两个入口，A 和 B 两个出口，还有一个"且出口"。台球就是输入的数据，它从哪个入口打进台球桌，哪个入口就是"1"；反过来，哪个入口空着，就是"0"。

打上台球桌的台球会在桌沿上来回碰撞，也会彼此碰撞，最后从出口射出台球桌。如果"且出口"有台球打出来，计算的结果就是"1"，否则就是"0"。你看，只有 A 入口和 B 入口同时有台球打入，且出口才会有台球打出，这与表增-2 的且计算规则完全吻合。

但是，"台球且计算"又与一般的且计算稍有不同：一般的且计算只有 1 位输出，只区分"且出口"是"1"还是"0"；而台球且计算还多了 A 出口和 B 出口，在且出口同样是"0"的三种情况下，这两个出口会有不同的输出，就像表增-4 那样。

表增-4　台球且计算的规则表

	A=1	A=0
B=1	A 且 B=1 A=1 B=0	A 且 B=0 A=0 B=1
B=0	A 且 B=0 A=1 B=0	A 且 B=0 A=0 B=0

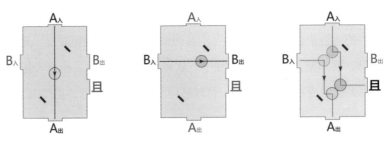

图增-25　台球构型的且计算元件示意图，分别计算了"1 且 0=0"、"0 且 1=0"和"1 且 1=1"。（作者绘）

也就是说，相比一般的且计算，台球的且计算可以逆推出所有的输入——它是完全可逆的。

请记住"可逆"这两个字，它在这则增章里占有至关重要的位置。

用这样的台球元件构造台球计算机，就只需要把许许多多的台球桌摆在一起，出入口对齐，然后把台球打进去到处碰撞，等着观察哪个出口有台球打出就可以了。但问题是，台球桌和台球不可能绝对光滑，也不可能绝对坚硬，所以台球最初的动能很快就会在摩擦和形变中转化成热能，到时候所有的台球都会停住不动，计算也就终止了。在宏观世界里，这是一切接触运动的必然归宿，所以只有把整个计算元件做得极端小，小到微米以下的微观世界里，摩擦和形变带来的动能损耗才会渐渐消失。

但是这样一来，台球也就疯了。

当我们规避了宏观世界里不可避免的热损耗，微观世界里毫无规则的热运动也不可避免地展现出来：微观台球对环境中的任何影响都极其敏感，环境中无数分子的踊跃碰撞一定会让它陷入永恒的布朗运动，让它在台球桌上不停地乱窜，好像金色飞贼上了身。

那么，如果要让发了疯的台球元件继续发挥计算功能，该怎么办呢？啊，我们一下子就回到了第 2 节的疯台球比喻：只要用沟和墙——势阱和势垒约束住那个疯台球的运动范围，就可以由着它做布朗运动了，迟早，它都要撞到正确的出口去。

像这样，把疯台球用势阱和势垒约束起来，使它只能在通往计算终点的有限范围内随机运动，就是"布朗运动构型"的基本原理了。这种计算机构型在 1982 年由苏联的计算机科学领军者 K. K. 利卡列夫在一篇讨论计算机能量耗散极限的论文里首先构想出来。[IX]

当然，我们已经在这一节的开头说过了，布朗运动构型在人类手中至今都只是个理论模型，但细胞早就悄悄地把这种构型进化到了极致。最先意识到这一点的，是 1982 年在 IBM（国际商业机器公司）从事计算机科学研究的物理学家查尔斯·班尼特。[X] 不过，他当初并没有像这本书的作者这样把整个细胞乃至整个生命归结为一台布朗运动计算机，而只是专门提出中心法则中负责转录的那个酶，即 RNA 聚合酶，是一个布朗运动的计算元件。

8. 赶时间的代价

RNA 聚合酶的功能就是以一条 DNA 单链为模板，根据碱基互补配对原则，转录出一条 RNA 链来。它的整个工作原理可以高度简化成图增-26。

RNA 聚合酶就像拉链头一样套在一条 DNA 模板链上，游离在周围的 4 种 RNA 单体将陆续进入聚合酶的沟槽，在那里与模板链上的碱基配对。聚合酶会把成功配对的 RNA 单体焊接在已经合成的 RNA 链上，然后向右移动一位，处理下一个配对成功的 RNA 单体。聚合酶不断右移，合成出来的 RNA 链也不断延长，什么时候 RNA 聚合酶达到了右边的终点，计算也就完成了。

但这个过程发生在细胞的水环境里，一切物质都发生着疯狂的随机运动，绝不会按部就班地完成计算：进入沟槽的 RNA 单体是随机的，未必就刚好能与模板配对。那些不能配对的单体按理说不能形成恰当的三维结构，也就不能触发聚合酶的催化反应，但在微观世界没有绝对的事情，RNA 聚合酶把一个错误的单体焊接在 RNA 链上并不是什么奇怪的事情。

这显然不是什么好事，计算如果失去了精度，也就称不上计算了。好在 RNA 聚合酶的催化作用是"可逆"的，一切错误都有"校正"的机会。RNA 聚合酶的活性中心既可以把 RNA 单体焊接在 RNA 链的末端，也可以把 RNA 链末端的单体切下来，而那些错误的单体因为不能互补配对，被切下来的概率就更大。也就是说，图增-26 里的"拉链头"实际上一会儿向左，一会儿向右，向左的时候更有可能拆掉一个错误的单体，向右的时候更有可能连接一个正确的单体[XI]，这就大大提高了 RNA 聚合酶的计算精度。实际上，如果没有任何时间压力，允许 RNA 聚合

图增-26　RNA 聚合酶工作原理示意图——我们已经在正文里见过它了。（作者绘）

酶无限次校正，那么它的计算精度就会无限逼近100%。

更美妙的是，RNA聚合酶的可逆是完全可逆，所以这种校正不会花费任何能量。我们在正文里说过，用于聚合RNA的四种单体，ATP、UTP、GTP、CTP，就是细胞的4种能量通货，它们连接在RNA上的时候会脱掉一个焦磷酸（连在一起的两个磷酸），释放许多能量，就是这些能量给RNA聚合酶提供了动力。而在RNA聚合酶切掉一个单体的时候，总会同时吸收一个焦磷酸，恢复那个单体的能量，如此一来一去，并不消耗任何能量通货。[XII]

再仔细想想看，这整个过程从根本上与疯台球计算元件完全就是一回事：RNA聚合酶卡在DNA的模板链上，就像疯台球被围墙困住，只能在有限的范围内随机运动——可能右移，靠近计算的终点，也可能左移，背离计算的终点。而且恰似疯台球做得足够小就能规避热损耗，RNA聚合酶的转录工作实际上也没有消耗能量——向右前进的RNA聚合酶虽然水解了许多能量通货，释放了很多能量，但它随时可以倒回去，再把那些能量全都收回到能量通货中去。

也就是说，"RNA聚合酶的校正不花费任何能量，并且能在无限次校正之后逼近100%的准确率"，就是"疯台球迟早会抵达计算终点"这个理论模型在现实世界，在细胞里的实例。

不过，既然说到了现实世界，说到了细胞的真实呈现，我们恐怕早就如鲠在喉了：RNA聚合酶哪里有"无限次校正"的机会，细胞还急等着转录出来的RNA去翻译蛋白质呢！所以正如我们观察到的，人体的RNA聚合酶每秒可以聚合6到70个RNA单体，平均每聚合几十万个RNA单体就会错误一次，大肠杆菌的聚合酶就要快很多，每秒可以聚合10到100个RNA单体，但错误率也升高到了几万分之一。[XIII]

至于那种折中了速度与精度的机制，一点儿也不神秘，就是影响一切化学反应速度的关键因素——反应物浓度。作为RNA聚合酶向右走的反应物，RNA单体被细胞源源不断地合成出来。同时，作为RNA聚合酶向左走的反应物，焦磷酸却被细胞以最快的速度分解回收。这就让RNA聚合酶向右走的概率远远超过了向左走的概率，从结果上看，就是定向地往右走了。

然而，无论合成RNA单体还是水解回收焦磷酸，那都是另外一大串挺复杂的化学反应，需要消耗不少的 ATP，或者说能量，因此，在持续计算的同时，细胞付出了计算精度和能量的双重代价。所以我们刚才说 RNA 聚合酶的校正工作"不花费任何能量"，其实是在讨论一种理想情况，这种理想情况在真实的细胞里并不存在。

班尼特对生化反应的速度和精度的讨论就到此为止了，但是我们可以继续前进很多步。比如，除了 RNA 聚合酶，细胞有没有别的计算方案呢？有的，DNA 聚合酶有更高的精度和速度：原核细胞的 DNA 聚合酶每秒钟可以聚合超过 1 000 个 DNA 单体，真核细胞要慢很多，每秒钟几十个到上百个，但 DNA 复制的错误率总能低至几亿分之一甚至几十亿分之一。[xiv]

当然，DNA 聚合酶也为速度和精度付出了更大的代价：DNA 聚合酶的催化原理和 RNA 聚合酶很像，如果末端的两个碱基不配对，它就有很大的概率回退，把那个带有错误碱基的 DNA 单体切掉。但它又与 RNA 聚合酶不同，DNA 聚合酶回退的时候并不同时召回 1 分子焦磷酸，并不会把切掉的单体恢复成"三磷酸"的"能量全满"状态。恰恰相反，它是直接把那个单体切掉，让它以"单磷酸"的"能量全空"状态离开，也就是说，DNA 聚合酶每向右移动一位，都意味着一个 DNA 单体中的能量再也无法追回了。

可见，DNA 聚合酶催化的反应不可逆，每一步计算都会把一部分能量永久地耗散掉，由此保证了计算的速度和精度。

所以，如果只看 RNA 聚合酶与 DNA 聚合酶，它们的计算方式的确符合我们正在眺望的结论：

RNA 聚合酶催化的是可逆反应，它们没有不可避免的能量耗散，但要持续地计算就必须额外耗散一些能量；DNA 聚合酶催化的是不可逆反应，所以每一步都伴随着不可逆的能量耗散，当然，这也保证了它们的速度和精度；总而言之，要在保证精度的同时持续计算，就必须耗散能量。

但这两种聚合酶也只是布朗运动计算机的两个实例而已，我们又如何知道所有布朗运动构型的计算机都符合这些关键结论，乃至所有的计算机都符合这些关键结论呢？

因为，如果有哪个计算机可以不耗散能量就持续地计算，热力学第二定律就会被当场推翻，物理学的大厦就会轰然倒塌。

这则增章读到这里，我们已经越过了迷雾山脉，将要抵达孤山脚下的长湖镇了。我们将要看到许多大有来头的物理学家激烈商议着如何抓住一只害人的小妖精——它的个头远远没有史矛革那样庞大，然而如果不能将其斩除，最后的危害却要可怕得多。

9. 测量的能耗

在过去的 150 年里，物理学家们一直都在围捕一只小妖精，力图保卫物理学最重要的基本定律，这个最重要的基本定律就是徘徊在这整本书中的热力学第二定律，而那个小妖精，其实是麦克斯韦在 1867 年提出的思想实验中的假想存在，我们把它称作"麦克斯韦妖"。

> 不可能把热量从低温物体传递到高温物体而不产生其他影响。
>
> ——《热的力学理论——及其在蒸汽机和物体物理特性上的应用》，
>
> 鲁道夫·克劳修斯，1850 年

> 如果我们假设有这么一个东西，它的感知非常敏锐，能够追踪每一个分子的运动。那么这个东西即便其他属性都与我们一样，也能做到一些我们做不到的事情。比如我们已经明白容器里的气体即便温度均匀也不会每个分子的速度都相等，而仅仅是随机选取的大量分子的平均速度都相等。

> 现在，让我们假设有一个容器分成了 A 和 B 两部分，相隔处有一个小洞，而那个能感知每个分子的小东西就负责开关这个洞：只有速度快的分子才能从 A 侧去往 B 侧，也只有速度慢的分子才能从 B 侧去往 A 侧。这样一来，它虽然没有做功，却升高了 B 侧的温度而降低了 A 侧的温度，违反了热力学第二定律。
>
> ——《给约翰·斯特拉特的一封信》，詹姆斯·麦克斯韦，1871 年 [1]

---

[1] 关于"麦克斯韦妖"的原始表述出现在 1867 年麦克斯韦写给热力学先驱彼得·泰特（Peter Tait，1831—1903）的信件中，之后又在 1871 年出现在这封写给约翰·斯特拉特（第三代瑞利男爵）的信中。这位约翰·斯特拉特也是当时相当重要的物理学家，光学上的瑞利散射和声学上的瑞利波都是这个瑞利发现的，他还因为发现氩元素获得了 1904 年的诺贝尔物理学奖。

图增-27 麦克斯韦妖还有这样一种故事化的表述：如图，麦克斯韦妖被困在这样一个连体烧瓶里，它没有足够的力气推开瓶塞，那要怎样逃走呢？它注意到 B 侧的烧瓶里装了一些酒精，所以它准备把守在中央的通道里，把运动更快的空气分子全都送到 B 侧，而把运动更慢的空气分子全都送到 A 侧，这样，B 侧的温度就会升高，使酒精大量挥发，瓶子里的压力也就不断升高，最后把瓶塞崩飞——那么，它能成功吗？（作者绘）

　　如果你还没有反应过来麦克斯韦妖是怎样违反热力学第二定律的，那么请记住，宏观上所谓的"温度"，就是微观上分子动能的平均值，平均动能越大，温度就越高。显然，麦克斯韦妖选择放行洞口附近的分子，就将使 A 侧气体分子的平均动能越来越小，也就是温度越来越低，B 侧则是相反地温度越来越高。而这个小妖精只是把守通道而已，并没有耗费任何能量，也就不会产生别的影响——或者说，麦克斯韦认为这个妖精不会耗散能量。

　　但是，等一下，这个麦克斯韦妖的一切行为都服从着最明确的规则，它不就是一台标准的"计算机"吗？甚至，它连功能复杂都算不上，一张最简单的表格就能概括它的计算规则。实际上，麦克斯韦妖就是一个基本逻辑计算的元件，和图增-25 里那张台球桌没有任何根本的不同。

表增-5　麦克斯韦妖的规则表

	分子来自 A 侧	分子来自 B 侧
速度快	放行	阻断
速度慢	阻断	放行

如果把 A 侧定义为"1"，B 侧定义为"0"，把快定义为"1"，把慢定义为"0"，把放行定义为"1"，把阻断定义为"0"，那么那些学习过基本逻辑运算的读者会发现它等价于一种名叫"同或"的基本逻辑计算，也就是两个输入相同，则输出"1"，反之输出"0"。当然，你也可以交换每一组定义，它就可能变成异或，就是两个输入不同，则输出"1"，反之输出"0"。

的确，这个妖精虽然是个妖精，但它的一切行为并没有使用什么魔法。原则上，它能办到的事情，现实世界里一定有什么东西同样可以办到。既然布朗运动构型这样刁钻的理论构想都能在细胞里找到精彩的实例，那未来的人类也应该能造出一台等价于麦克斯韦妖的计算机，叫它"分子速度筛选机"，然后真的把它放在那个瓶子里，过一会儿，瓶子两边就出现了显著的温差，我们再把这温差利用起来，就可以制成不需要外部能源的发动机了。这不就是多少古人梦寐以求的"永动机"吗？

更进一步，人类都能做到的事情，进化更是技高一筹，细胞如果把等价于麦克斯韦妖的"离子移位酶"镶嵌在膜结构上，就可以把氢离子放行到膜外侧，把氢氧根离子放行到膜内侧，那不就可以直接制造跨膜氢离子梯度，而不依赖任何电子传递链了吗？那不就可以不吃不喝不呼吸，再也没有"汲取负熵"这种麻烦事了吗？

150 年后的我们当然知道永动机只是痴人说梦，否则热力学第二定律早就被推翻了。生命也不可能不吃不喝不呼吸，否则我们也不用研究第一产业了。所以，必然是麦克斯韦妖的身上有什么"致命弱点"，让它无法进入现实世界，让人类无法造出一台等价于它的计算机，也让细胞无法进化出等价于它的酶。

但是这处"致命弱点"就像史矛革那脱落了鳞片的一小块地方一样，要射中它一点儿都不容易。

对麦克斯韦妖最广为人知的反驳出现在 1929 年。当时，匈牙利的犹太物理学家利奥·西拉德正与他的导师爱因斯坦一起研发"爱因斯坦冷却机"，兴趣使然地提出了这样的见解[xv]：麦克斯韦妖要比较气体分子运动的快慢，就必须测量分子

图增-28　爱因斯坦与利奥·西拉德在 1939 年联合写信给罗斯福总统警告纳粹可能在研发核武器，这封信最终促成了"曼哈顿计划"，使原子弹在反法西斯阵营中率先研发成功，扭转了人类历史的走向。（来自 NavioZuber）

的速度，测量必将消耗能量，而这些消耗掉的能量总得有个去向，一定会带来其他影响。所以那种构想中的"分子速度筛选机"会像其他任何机器一样在工作的时候发热，而不可能没有别的变化。

　　接着是在 1956 年，IBM 的美籍法裔物理学家莱昂·布里渊，一个雷达专家，更明确地表述了那番反驳的大意：瓶子既然与外界没有任何物质能量交换，里面就是一团漆黑。小妖精要测量气体分子的速度，就必须设法以某种方式与分子相互作用，比如像雷达用无线电波侦测飞机一样，向那些分子发射光子[1]，但与笨重的飞机不同，气体分子太小了，很容易被光子携带的能量改变状态，结果小妖精一边在

---

[1]　这个雷达的比喻是作者为了方便读者理解而作，并非布里渊自己的措辞。

辛辛苦苦地筛选分子，另一边却在打乱正在筛选的分子，这就像用脏水洗衣服一样糟糕。

但是，如果能保证脏水总比衣服更干净，那么反复多洗几次，也还是可以把衣服洗干净的。所以，小妖精究竟会把分子打乱到什么程度呢？如果它制造的混乱可以低于测量的精度，那么小妖精还是可以挑战热力学第二定律的。

于是，布里渊精确计算了麦克斯韦妖的工作，发现小妖精消耗能量时产生的混乱绝不低于它测量时制造的精度。[XVI] 没错，这正是"测不准原理"的具体展现，在微观尺度上测量单个分子的状态，任何测量者，不论是小妖精还是什么分子筛选机，都不可能同时确知分子的速度和位置。而这种微观上的测不准体现在宏观上，就是麦克斯韦妖的辛苦工作非但不能制造 A、B 两侧的温差，反而会均匀提高两侧的温度，这正是热力学第二定律最中意的结果。

图增-29　1927 年的索尔维会议与会者合影，莱昂·布里渊是最后一排最右边那个。

10. 可逆的计算

到此为止，麦克斯韦妖似乎已经束手就擒，但事情并没有这么简单。1961 年，IBM 的美籍德裔物理学家罗尔夫·兰道尔指出，之前的所有讨论都有这样一处破绽：消耗能量只是把能量花费出去而已，并不意味着那些能量就不能利用了，如果计算之后再把那些消耗掉的能量收回来，那不就避免了耗散吗？

所以，计算会耗散能量的真正原因并不是消耗能量，而是无法收回消耗掉的能量，是计算元件无法仅凭自己恢复到计算前的状态——计算不可逆！

于是在那一年，兰道尔初次总结了不可逆运算和能量耗散的关系 XVII，这被我们称为"兰道尔原理"：

> 任何不可逆的计算都会造成能量耗散，而且这种能量耗散有一个不可避免的最小值。[1]
>
> ——罗尔夫·兰道尔，《不可逆性与计算过程中产生的热》，1961 年

至于那个不可避免的最小值，兰道尔也明确地计算出来了，这被我们称为"兰道尔极限"：

$$1\text{bit} = k_\text{B}T\ln2$$

你完全不用在意这个公式里的任何具体符号 [2]，只需知道其中唯一的变量就是"T"——温度，而与任何计算机构型、任何计算机原理、任何计算机工艺都没有关系。比如 DNA 聚合酶催化的反应不可逆，每连接一个单体就要耗散一些能量，

---

[1] 这里的"兰道尔原理"经过了大幅的精炼，因为他 1961 年的原始表述要比这个冗长许多：对于计算机来说，具有信息意义的自由度会通过其他自由度与热源相互作用，而这种相互作用有两种效果。首先，计算消耗的能量会因此耗散。如果计算不可逆，这种能量耗散就会有一个不可避免的最小值。其次，这种影响也会产生噪声而使计算错误，尤其是热涨落可能让一个变换后的计算元件意外恢复初始状态。
另外，查尔斯·班尼特也曾在 1982 年用另一种措辞表述过这个原理：任何不可逆的计算，比如擦除信息或者合并计算路径，都将带来相应的熵增，这种熵增或者体现在没有信息意义的自由度上，或者体现在环境中。

[2] bit 是字节的单位，k_B 是玻尔兹曼常数，约为 1.38×10^{-23} J/K；T 是温度，单位 K；ln2 是 2 的自然对数，约为 0.693。所以这个极限的含义是"每发生 1 个字节的不可逆计算，计算元件会耗散多少能量"，或者按照更常见的说法，"每删除 1 个字节的信息需要多少能量"。

就同样受这个极限支配。只是 DNA 聚合酶耗散的能量要比兰道尔极限高得多，它们连接一个 DNA 单体耗散的能量是兰道尔极限的几十倍。至于人类制造的电子计算机，兰道尔极限就更加可以忽略不计了，哪怕是导线电阻产生的热量都远远超过兰道尔极限，它们每字节的计算可以耗散几百万甚至几千万倍的兰道尔极限。

也就是说，兰道尔极限只是规定了能量耗散的最小值，但在现实中，计算元件的尺寸越大，耗散的能量也总是越大。我们直到 2012 年才用实验证明了兰道尔极限是正确的，那需要用激光和磁场约束单个原子的不可逆变化。[XVIII]

但技术进步从来不会停滞。根据电子计算机硬件发展中的"库米定律"，从 20 世纪 40 年代至今，单位能量可以实现的计算量每过 1.57 年就增加 1 倍，那么到 2050 年前后，计算机的能量耗散就会达到兰道尔极限，那就意味着计算机的能量利用效率再也无法提高了。

对此，我们唯一的希望就是研制出某种新型计算机，它的每一个计算元件都是可逆的，由此从根源上突破兰道尔极限。

于是正如第 7 节已经讲述的，在 1981 年到 1982 年，作为对可能性的理论探索，台球构型和布朗运动构型被计算机科学的先驱们提了出来，我们也因此有了疯台球的比喻。至于这一切理论探索的终极目标，那就是传说中的"量子计算机"，它从原理上完全可逆，当然就不受兰道尔极限的约束，而能够以极低的能耗支持惊人的计算量了。

先不管量子计算机的研究现状怎么样，是不是说，如果我们有朝一日真的制成了量子计算机，突破了兰道尔极限，就能召唤一个真正的麦克斯韦妖，推翻热力学第二定律呢？

当然不是了！

查尔斯·班尼特是兰道尔在 IBM 的晚辈与同事，他因为关注可逆计算而成为量子计算研究的专家，早在 1982 年，在他比较台球构型和布朗运动构型的论文里，他就一箭射中了麦克斯韦妖的"致命弱点"。

麦克斯韦妖想要推翻热力学第二定律，造一个永动机出来，就必然持续处理无穷多的数据。如果它不删除这些数据，那么每一次计算的结果就都要存储在体内，那么迟早，它的每一个计算单元都会被数据占满，就再也不能计算了；而如果它删

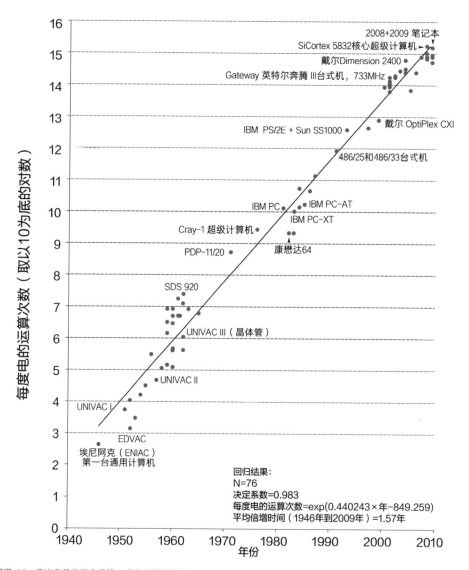

图增-30　库米定律的拟合曲线。库米定律很像摩尔定律，但后者指的是计算性能，不考虑能效。

除了任何数据，就意味着那一次计算再也无法回溯，变得不再可逆，而必须耗散出兰道尔极限标定的能量了。

　　也就是说，在无限的计算量面前，可逆计算机必须把一部分计算变成不可逆的，主动耗散一部分能量，才能持续不断地计算下去。所以在现实的世界里，绝对的可逆计算机就像绝对零度，我们只能不断逼近它，却不能最终抵达它 [1]，所以即便有了量子计算机，麦克斯韦妖也不可能推翻热力学第二定律，永动机不能实现，生命也不能不摄取养分。

终于，我们登上了孤山，得到了下半章一直在寻找的结论：无论可逆还是不可逆，持续不断的计算都会不可避免地耗散能量。

DNA 聚合酶已经明白无误地适用于不可逆的情形，RNA 聚合酶则毫无疑问地印证了可逆的情形：RNA 聚合酶虽然能催化可逆的反应，但它只有回退的时候才能实现这种可逆，如果要避免能量耗散而在前进和后退之间不断徘徊，那它就会停在模板链的某处，催化反应也就停止了。

但等待转录的 DNA 无穷无尽，需要合成的蛋白质也无穷无尽，所以 RNA 聚合酶必须不断向右前进，不再回退到左边去。这样一来，聚合左边那些 RNA 消耗的能量也就真的耗散了。

当然，这个结论也不只适用于两种聚合酶而已，我们在上半章里看到的一切酶促反应，一切定向运输，一切生命活动，也都是计算机，也都适用这个结论。生命要持存，就要持续不断地计算自己，就会不可避免地耗散能量，就必须"汲取负熵"。

就这样，我们回到了这则增章的开头，得到了后半个结论：

生命作为一个控制系统，要在保证精度的同时持续运行，就必然向周围耗散能量，给环境带来熵增。也正是这份熵增的贡献，才让这个控制系统既维持了自身的低熵状态，又不会违背热力学第二定律。

最后，作为整本书的增章，我们应该注意到组成生命的各种物质并没有多么稳定，随时都可能与环境中的物质反应，甚至自发地分解，所以生命不但要持续不断地计算自己，还要尽可能快地计算自己，对负熵的需求也就源源不断与日俱增。

这就是为什么在正文里，我们要在生命起源问题上把"熵增潜力"看得如此重要，因为这是让计算迅速而准确的前提，那些不能提供这种熵增潜力的生命起源假说，或许能够解释许多有机物的起源，却无法解释这些有机物是如何组装起来，发展出复杂的结构，在进一步的建设中遇到重重阻碍的。

---

[1] "绝对零度不可抵达"是热力学第三定律的内容。

参考文献

前言

I 2017 年找到的地球上最早的生命的证据：Dodd, M., Papineau, D., Grenne, T. et al. Evidence for early life in Earth's oldest hydrothermal vent precipitates. Nature 543, 60–64 (2017). https://doi.org/10.1038/nature21377。

序幕

I 关于果蝇的复眼解剖，参见：Tepass, U.; Harris, K. P. (2007). Adherens junctions in Drosophila retinal morphogenesis. *Trends in Cell Biology*, 17(1), 26–35; Cagan, R. (2009). Principles of Drosophila Eye Differentiation. *Current Topics in Developmental Biology*, 89:115–135。

第一幕

第一章

I Powner, M. W., Gerland, B.; Sutherland, J.D.(2009). Synthesis of activated pyrimidine ribonucleotides in prebiotically plausible conditions. *Nature*, 459(7244):239–242.

II 锆石中的原始大气成分，参见：Trail, D.; Watson, E. B.; Tailby, N. D. (2011). The oxidation state of Hadean magmas and implications for early Earth's atmosphere. *Nature*, 480 (7375): 79–82。

III 中性气体的米勒–尤里实验，参见：Bada, J. L. (2013). New insights into prebiotic chemistry from Stanley Miller's spark discharge experiments. *Chemical Society Reviews*, 42(5): 2186–2196。

IV Leman, L.; Orgel, L.; Ghadiri, M.R.(2004). Carbonyl Sulfide–Mediated Prebiotic Formation of Peptides. *Science*, 306(5694):283-6.

第二章

I Schenk, P.; O'Brien, D. P.; Marchi, S.;et al.(2012). The geologically recent giant impact basins at Vesta's south pole. *Science,* 336(6082): 694–697.

II Lonsdale, P.(1977). Clustering of suspension-feeding macrobenthos near abyssal hydrothermal vents at oceanic spreading centers. *Deep sea research part ii:Topical studies in oceanography (DEEP-SEA RES PT II)*, 24(9): 857–863.

III 关于这些微生物的化学自养类型，参见：Nakagawa, S.; Takai, K.(2008). Deep-sea vent chemoautotrophs: diversity, biochemistry and ecological significance. *FEMS Microbiology Ecology*, 65(1): 1–14。

IV Wächtershäuser, G.(1988). Before enzymes and templates: Theory of surface metabolism. *Microbiological Reviews*, 52(4): 452–84.

V Miller, S. L.; Bada, J. L.(1988). Submarine hot springs and the origin of life. *Nature*, 334(6183): 609–611.

第三章

I Larter, R.C.L.; Boyce, A. J.; Russell, M. J.(1981). Hydrothermal pyrite chimneys from the Ballynoe baryte deposit, Silvermines, County Tipperary, Ireland. *Mineralium Deposita*, 16(2):309-317.

II Hill, Jon; Davis, Katie (November 2007). "Precambrian History of England and Wales". GeologyRocks.com. Archived from the original on 7 December 2007. Retrieved 23 January 2008；
Plant, J. A.; Whittaker, A.; Demetriades, A.; et al. (2005). The geological and tectonic framework of Europe. *Geological survey of Finland*, 23-42.

III Ludwig, K. A.; Kelley, D. S.; Butterfield, D. A.; et al.(2006). Formation and evolution of carbonate chimneys at the Lost City Hydrothermal Field. *Geochimica et cosmochimica acta*, 70 (14): 3625–3645；Ludwig, K. A.; Shen, Chuan-Chou; Kelley, D. S.; et al.(2011). U-Th systematics and 230Th ages of carbonate chimneys at the Lost City Hydrothermal Field. *Geochimica et cosmochimica acta*. 75 (7): 1869–1888；
Denny, A. R.; Kelley, D. S.; Früh-Green, G. L.(2016). Geologic evolution of the Lost City Hydrothermal Field. *Geochemistry,*

geophysics, geosystems, 17 (2): 375–394；

Schrenk, M. O.; Brazelton, W. J.; Lang, S. Q.(2013). Serpentinization, carbon, and deep life. *Reviews in Mineralogy and Geochemistry*, 75 (1): 575–606.

IV Russell, M.; Hall, A. J.; Cairns-Smith, A. J.; et al.(1988). Submarine hot springs and the origin of life. *Nature*, 336(6195): 117.

V Martin, W.; Russell, M.(2003) On the origins of cells: a hypothesis for the evolutionary transitions from abiotic geochemistry to chemoautotrophic prokaryotes, and from prokaryotes to nucleated cells. *Philosophical transactions of The Royal Society B*, 358:59–85；Martin, W.; Russell, M.(2007). On the origin of biochemistry at an alkaline hydrothermal vent. *Philosophical transactions of The Royal Society B*, 362:1887–1926.

VI Lane, N.; Martin, W.(2012). The Origin of Membrane Bioenergetics. *Cell*, 151(7): 1406-16.

VII 已知最早的生命活动痕迹：Dodd, M. S., Papineau, D., Grenne, T., Slack, J. F., Rittner, M., Pirajno, F., ⋯ Little, C. T. S. (2017). Evidence for early life in Earth's oldest hydrothermal vent precipitates. Nature, 543(7643), 60–64. doi:10.1038/nature21377.

第二幕

I Priestley, J.(2012). *Experiments and Observations on Different Kinds of Air*（3 vols）. London: W. Bowyer and J. Nichols, 1774–77.（用汉语说明版本情况）There are several different editions of these volumes, each important.

第四章

I Arranz-Otaegui, A.; Carretero, L. G.; Ramsey, M. N.; et al.(2018). Archaeobotanical evidence reveals the origins of bread 14,400 years ago in northeastern Jordan. *Proceedings of the National Academy of Sciences*, 115(31): 7925-7930；Kühlbrandt, W.; Davies, K. M.(2015). Rotary ATPases: A new twist to an ancient machine. *Trends in biochemical sciences*, 41(1):106-116.

II 关于熵最大化的参考文献：Ziegler, H. Chemical reactions and the principle of maximal rate of entropy production. Z. angew. Math. Phys. 34, 832–844 (1983). https://doi.org/10.1007/BF00949059；

L.M. Martyushev, V.D. Seleznev,Maximum entropy production principle in physics, chemistry and biology,Physics Reports,Volume 426, Issue 1,2006,https://doi.org/10.1016/j.physrep.2005.12.001；

Kleidon Axel, Malhi Yadvinder and Cox Peter M. 2010Maximum entropy production in environmental and ecological systemsPhil. Trans. R. Soc. B3651297–1302 http://doi.org/10.1098/rstb.2010.0018。

III 发现 4000 年前的面包的参考文献：Amaia Arranz-Otaegui, Lara Gonzalez Carretero, Monica N. Ramsey, Dorian Q. Fuller, Tobias Richter. Archaeobotanical evidence reveals the origins of bread 14,400 years ago in northeastern Jordan. Proceedings of the National Academy of Sciences Jul 2018, 115 (31) 7925-7930; DOI: 10.1073/pnas.1801071115。

推荐阅读：

薛定谔：《生命是什么？》，罗来鸥、罗辽复译，湖南科学技术出版社，2007。
尼克·莱恩：《能量、性、死亡——线粒体与我们的生命》，林彦纶译，台北猫头鹰出版社，2013。

第五章

I Kühlbrandt, W.; Davies, K. M.(2015). Rotary ATPases: A new twist to an ancient machine. *Trends in biochemical sciences*, 41(1):106-116；

Pierson, H. E.; Kaler, M.; O'Grady, C.; et al.(2018) Engineered protein model of the ATP synthase H+-Channel shows no salt bridge at the rotor-stator interface. *Scientific reports*, 8:11361.

第六章

I Vinothkumar, K. R.; Zhu, Jiapeng; Hirst J.(2014). Architecture of mammalian respiratory complex I. *Nature*, 515(7525):80–84.

II 关于 nodal 基因，参见：Meno, C.; Shimono, A.; Saijoh, Y.; Yashiro, K.;et al.(1998). Lefty-1 is required for left-right determination as a regulator of lefty-2 and nodal. *Cell*, 94(3): 287–297。关于 pitx2 基因，参见：Yoshioka, H.; Meno, C.; Koshiba, K.; et al.(1998). Pitx2, a bicoid-type homeobox gene, is involved in a lefty-signaling pathway in determination of left-right asymmetry. *Cell*, 94(3): 299–305。

III Wagner, M. K.; Yost, H. J.(2000). Left–right development: The roles of nodal cilia. *Current biology*, 10(4): R149-51.

IV 关于海螺的左右轴向与 nodal 基因，参见：Grande, C.; Patel, N. H.(2009). Nodal signalling is involved in left-right asymmetry in snails. *Nature*, 457(7232):1007-1011。

推荐阅读：

关于刺猬索尼克因子与手指发育，参见：Tickle, C.; Towers, M.(2017). Sonic hedgehog signaling in limb development. *Frontiers in cell and developmental biology*, 5:14。
关于复合物 I，参见：Vinothkumar, K. R.; Zhu, Jiapeng; Hirst J.(2014). Architecture of mammalian respiratory complex I.

Nature, 515(7525):80–84。

关于第一篇"延伸阅读", 参见: 尤永隆、林丹军、张彦定 主编:《发育生物学》, 科学出版社, 2011 年; Ransky, B.(1982). *Review of medical embryology*. NY: Macmillan。

关于第二篇"延伸阅读", 参见: 杨荣武:《生物化学原理》, 高等教育出版社, 2006 年; Nelson, D. L.(2017). *Lehninger principles of biochemistry* (7th Edition). W. H. Freeman。

第七章

I Thermophilic bacteria, 美国黄石国家公园官方网站 , https://www.nps.gov/yell/learn/nature/thermophilic-bacteria.htm。

II Zeikus, J. G.; Ben-Bassat, A.; Hegge, P. W.(1980). Microbiology of methanogenesis in thermal, volcanic environments. *Journal of bacteriology*, 143(1):432–440.

III Fernández-Remolar, D. C.; Morris, R. V.; Gruener, J. E.; et al.(2005). The Río Tinto Basin, Spain: Mineralogy, sedimentary geobiology, and implications for interpretation of outcrop rocks at Meridiani Planum, Mars. *Earth and planetary science letters*, 240 (1): 149–167.

IV Sanz J. L.; Rodríguez, N.; Diaz, E.; et al.(2011). Methanogenesis in the sediments of Rio Tinto, an extreme acidic river. *Environmental microbiology*, 13(8):2336-41; Harmsen, H. J.; Van Kuijk, B. L.; Plugge, C. M.; et al.(1998). Syntrophobacter fumaroxidans sp. nov., a syntrophic propionate-degrading sulfate-reducing bacterium. *International journal of systematic bacteriology*, 48 Pt 4(4):1383-1387; Sánchez-Andrea, I.; Knittel, K.; Amann, R.; et al.(2012). Quantification of Tinto River sediment microbial communities: importance of sulfate-reducing bacteria and their role in attenuating acid mine drainage. *Applied and environmental microbiology*, 78(13):4638–4645.

V Borowitzka, L. J.; Kessly, D. S.; Brown, A. D.(1977). The salt relations of Dunaliella. *Archives of microbiology*. 113 (1–2): 131–138; Stryer, L.(1995). *Biochemistry* (4th ed.). New York - Basingstoke: W. H. Freeman and Company.

VI http://www.fao.org/news/story/en/item/197623/icode/.

VII Zuckerkandl, E.; Pauling, L.(1965). Molecules as documents of evolutionary history. *Journal of Theoretical Biology*, 8 (2): 357–366.

VIII Woese, C. R.; Kandler, O.; Wheelis, M. L.(1990). Towards a natural system of organisms: proposal for the domains Archaea, Bacteria, and Eucarya. *Proceedings of the National Academy of Sciences*, 87(12): 4576–4579.

IX Archibald, J. M.（2008）. The eocyte hypothesis and the origin of eukaryotic cells. *Proceedings of the national academy of sciences*, 105(51): 20049–20050.

X Leipe, D. D.; Aravind, L.; Koonin, E. V.(1999). Did DNA replication evolve twice independently? *Nucleic acids research*, 27 (17): 3389-3401.

XI Koonin, E. V.; Martin, W.(2005). On the origin of genomes and cells within inorganic compartments. *Trends in genetics*, 21(12): 647-654.

XII zhou, Qi; Jarvis, E.D.; Mirarab, S.; et al.(2014). Whole-genome analyses resolve early branches in the tree of life of modern birds. *Science*. 346(6215): 1320–1331.

XIII Margulis, L.(1981). *Symbiosis in cell evolution*. San Francisco, CA: W. H. Freeman.

XIV Gould, S.B.; Maier, Uwe-G; Martin, W. F.(2015). Protein import and the origin of red complex plastids. *Current biology*,25(12):R515-R521; McFadden, G. I.; van Dooren, G. G.(2004). Evolution: red algal genome affirms a common origin of all plastids. *Current biology*, 14(13): R514-6; Gould, S. B.; Waller, R. F.; McFadden, G. I.(2008). Plastid evolution. *Annual review of plant biology*, 59(1): 491–517.

XV Keeling, P. J.(2004). Diversity and evolutionary history of plastids and their hosts. *American journal of botany*, 91(10):1481-1493.

XVI Okamoto, N.; Inouye, Isao.(2005). A secondary symbiosis in progress?. *Science*. 310(5746): 287.

第三幕

第八章

I Berg, I. A.(2011). Ecological aspects of the distribution of different autotrophic CO2 fixation pathways. *Applied and environmental microbiology*, 77(6) 1925-1936.

II Ellis, R. J.(1979). Most abundant protein in the world. *Trends in biochemical sciences*, 4: 241–244.

III Fuchs, G.(2011). Alternative pathways of carbon dioxide fixation: Insights into the early evolution of life? *Annual review of microbiology*, 65(1): 631–658; Hu, Yajing; Holden, J. F.(2006). Citric acid cycle in the hyperthermophilic archaeon Pyrobaculum islandicum grown autotrophically, heterotrophically, and mixotrophically with acetate. *Journal of bacteriology*, 188(12):4350–4355;

Barbara, J.; Campbell, S.; Craig, C.(2004). Abundance of reverse tricarboxylic acid cycle genes in free-living microorganisms at deep-sea hydrothermal vents. *Applied and environmental microbiology*, 70(10): 6282-6289.

IV 关于奇异变形杆菌的三羧酸循环, 参见: Alteri, C. J.; Himpsl, S. D.; Engstrom, M. D.; et al.(2012). Anaerobic respiration using a complete oxidative TCA cycle drives multicellular swarming in proteus mirabilis. *Mbio*, 3(6): 17-17。

V 关于三羧酸循环在热力学和动力学上的优势，参见：Ebenhöh, O.; Heinrich, R.(2001). Evolutionary optimization of metabolic pathways. Theoretical reconstruction of the stoichiometry of ATP and NADH producing systems. *Bulletin of Mathematical Biology*, 63(1): 21–55。

VI 关于三羧酸循环和逆三羧酸循环的无机催化，参见：Zubarev, D. Y.; Rappoport, D.; Aspuru-Guzik, A.(2015). Uncertainty of prebiotic scenarios: The case of the non-enzymatic reverse tricarboxylic acid cycle. *Scientific reports*, 5(1):8009; Springsteen, G.; Yerabolu, J. R.; Nelson, J.; et al.(2018). Linked cycles of oxidative decarboxylation of glyoxylate as protometabolic analogs of the citric acid cycle. *Nature communications*, 9(91); Muchowska, K. B.; Varma, S. J.; Chevallot-Beroux, E.; et al.(2017). Metals promote sequences of the reverse Krebs cycle. *Nature ecology & evolution*, 1(11): 1716–1721。

VII 关于黑烟囱上的绿硫菌，参见：Beatty, J. T.; Overmann, J.; Lince, M. T.; et al.(2005). An obligately photosynthetic bacterial anaerobe from a deep-sea hydrothermal vent. *Proceedings of the National Academy of Sciences*, 102(26): 9306–9310; Martinez-Planells, A.; Arellano, J. B.; Borrego, C. M.; et al.(2002). Determination of the topography and biometry of chlorosomes by atomic force microscopy. *Photosynthesis research*, 71(1–2): 83–90。

VIII 关于光化学催化的逆三羧酸循环实验，参见：Zhang, Xiang V.; Martin, S. T.(2006). Driving parts of krebs cycle in reverse through mineral photochemistry. *Journal of the Americun Chemical Society*, 128(50). 16032-16033.

IX 金属单质催化还原二氧化碳生成乙酰辅酶 A 路径产物的论文，参见：Varma, S. J.; Muchowska, K. B.; Chatelain, P.; et al. Native iron reduces CO₂ to intermediates and end-products of the acetyl-CoA pathway. *Nature Ecology & Evolution*, 2: 1019–1024。

第九章

I 数据依据 CRC Handbook of Chemistry and Physics, 2009, pp.5-42, 90th ed., Lide。

II 二人合作提出白烟囱假说的论文，参见：Martin, W.; Russell, M.(2003). On the origins of cells: a hypothesis for the evolutionary transitions from abiotic geochemistry to chemoautotrophic prokaryotes, and from prokaryotes to nucleated cells. *Philosophical transactions of The Royal Society B Biological Sciences*, 58(1429):59-83。

III B. J. Skinner, R. C. Erd, and F. S. Grimaldi, American Mineralogist 49, 543 (1964).

IV Anthony, J. W.; Bideaux, R. A.; Bladh, K. W.; Nichols, M. C., eds. (1990). *Handbook of Mineralogy*(Vol I). Chantilly, VA, US: Mineralogical Society of America; Lefèvre, C. T.; Menguy, N.; Abreu, F.; et al.(2011). A cultured greigite-producing magnetotactic bacterium in a novel group of sulfate-reducing bacteria. *Science*, 334(6063): 1720-1723; Gorlas, A.; Jacquemot, P.; Guigner, J.-M.; Gill, S.; et al.(2018). Greigite nanocrystals produced by hyperthermophilic archaea of Thermococcales order. *PLoS ONE*, 13(8): e0201549.

V 关于鳞角腹足螺的"铁甲"，参见：Yao, Haimin; Dao, Ming; Imholt, T.; Huang, J.; et al.(2010). Protection mechanisms of the iron-plated armor of a deep-sea hydrothermal vent gastropod. *PNAS*, 107 (3): 987–992。

VI White, L. M.; Bhartia, R.; Stucky, G.; et al.(2015). Mackinawite and greigite in ancient alkaline hydrothermal chimneys: Identifying potential key catalysts for emergent life. *Earth and planetary science letters*, 430: 105-114.

VII 关于铁复硫矿催化乙酰辅酶 A 路径，参见：Roldan, J.; Hollingsworth, N.; Roffey, A.; et al.(2015). Bio-inspired CO2 conversion by iron sulfide catalysts under sustainable conditions, *Chemical communications*, 51(35):7501–7504。

VIII 实验论文参见：Preiner, M.; Igarashi, K.; Muchowska, K. B.; et al.(2020) A hydrogen-dependent geochemical analogue of primordial carbon and energy metabolism. Nature Ecology & Evolution, 4: 534–542。

IX Russell, M. J.; Nitschke, W.(2017). Methane: Fuel or exhaust at the emergence of life? *Astrobiology*, 17(10): 1053–1066.

X 二氧化碳被氢气还原成甲酸，参见：Moret, S.; Dyson, P. J.; Laurenczy, G.(2014). Direct synthesis of formic acid from carbon dioxide by hydrogenation in acidic media. *Nature communications*, 5: 4017。

XI Herschy, B.; Whicher, A.; Camprubi, E.; et al.(2014). An origin-of-life reactor to simulate alkaline hydrothermal vents. *Journal of molecular evolution*, 79(5-6): 213–227;Volbeda, A.; Fontecilla-Camps J. C.(2006). Catalytic nickel–iron–sulfur clusters: from minerals to enzymes. In: Simonneaux, G.(eds). *Bioorganometallic Chemistry. Topics in organometallic chemistry*, 17: 57–82. Berlin, Germany:Springer.

XII 实验论文，参见：Herschy, B.; Whicher, A.; Camprubi, E.; et al.(2014). An origin-of-life reactor to simulate alkaline hydrothermal vents. *Journal of molecular evolution*, 79(5-6): 213–227。

XIII 在这个实验最终发表后的论文：Vasiliadou, R.; Dimov, N.; Szita, N.; et al.(2019). Possible mechanisms of CO2 reduction by H2 via prebiotic vectorial electrochemistry. *Interface focus*, 9(6)。

XIV Hudson, R.; de Graaf, R.; Rodin, M. S.; et al.(2020). CO2 reduction driven by a pH gradient. *Proceedings of the National Academy of Sciences*, 117 (37): 22873-22879.

XV 关于甲酰甲烷呋喃脱氢酶的催化原理：Wagner, T.; Ermler, U.; Shima, S.(2016). The methanogenic CO2 reducing-and-fixing enzyme is bifunctional and contains 46[4Fe-4S] clusters. *Science*, 354(6308): 114–117.

XVI 关于甲酰甲烷呋喃脱氢酶，参见：Wagner, T.; Ermler, U.; Shima, S.(2016). The methanogenic CO2 reducing-and-fixing enzyme is bifunctional and contains 46[4Fe-4S] clusters. *Science*, 354(6308): 114–117。

XVII 关于钴咕啉铁硫蛋白的作用机理，参见：Svetlitchnaia, T.; Svetlitchnyi, V.; Meyer, O.; Dobbek, H.(2006). Structural insights into methyltransfer reactions of a corrinoid iron–sulfur protein involved in acetyl-CoA synthesis. *Proceedings of the National Academy of Sciences*, 103(39): 14331-14336; Stich, T. A.; Seravalli, J.; Venkateshrao, S.; et al.(2006). Spectroscopic studies of the corrinoid/iron-sulfur protein from Moorella thermoacetica. *Journal of the American Chemical Society*, 128(15):5010–5020。

XVIII 关于一氧化碳脱氢 / 乙酰辅酶 A 合成酶，参见：Dobbek, H.; Svetlitchnyi, V.; Gremer, L.; et al.(2001). Crystal struc-ture of a carbon monoxide dehydrogenase reveals a [Ni-4Fe-5S] cluster. *Science*, 293(5533): 1281–1285; Lindahl, P. A.(2009). Nickel-carbon bonds in acetyl-coenzyme a synthases/carbon monoxide dehydrogenases. *Metal ions in life sciences*, 6:133-150。
XIX 关于乙酰辅酶 A 合成酶的铁硫簇 A 催化机制，参见：Hegg, E. L.(2004). Unraveling the Structure and mechanism of acetyl-coenzyme a synthase. *Accounts of chemical research*, 37(10): 775–783。

第十章

I 关于白烟囱假说对甲硫醇和硫代乙酸甲酯的倾向，参见：Martin, W.; Russell, M. J.(2007). On the origin of biochemistry at an alkaline hydrothermal vent. *Philosophical transactions of The Royal Society B Biological Sciences*, 362(1486):1887–1925。
II Kitadai, N.; Maruyama, S.(2018). Origins of building blocks of life: A review. *Geoscience frontiers*, 9(4): 1117-1153.
III Camprubi, E.; Jordan, S. F.; Vasiliadou, R.; Lane, N.(2017). Iron catalysis at the origin of life. *IUBMB Life*, 69(6):373-381.
IV Whicher, A.; Camprubi, E.; Pinna, S.; et al.(2018) Acetyl phosphate as a primordial energy currency at the origin of life. *Origins of life and evolution of biospheres*,;48(2):159–179.

第四幕

第十一章

I 关于天花病毒的起源，参见：Hughes, A. L.; Irausquin, S.; Friedman, R.(2010). The evolutionary biology of pox viruses. *Infection, genetics and evolution*, 10 (1): 50–59。
II 关于最复杂的拟菌病毒基因组，参见：Abrahão, J.; Silva, L.; Silva, L. S.; et al.(2018). Tailed giant Tupanvirus possesses the most complete translational apparatus of the known virosphere. *Nature communications*, 9(749)。
III Judd, B. H. (2001). Nucleic acids as genetic material. In eLS, (Ed.). https://doi.org/10.1038/npg.els.0000807.
IV 库宁的论文，参见：Koonin, E.; Senkevich, T.; Dolja, V.(2006). The ancient Virus World and evolution of cells. *Biology direct*, 1(29)。

第十二章

I 关于甲醛聚糖反应产生生物活性的多种单糖，以及它对 RNA 世界假说的意义，参见：Cleaves H. J.(2011). Formose reaction. In: Gargaud M. et al.(eds). *Encyclopedia of Astrobiology*. Berlin, Heidelberg: Springer; Harrison, S.; Lane, N.(2018). *Life as a guide to prebiotic nucleotide synthesis. Nature communications*, 9(5176).
II Furukawa, Yoshihiro; Chikaraishi, Yoshio; Ohkouchi, Naohiko; et al. (2019). Extraterrestrial ribose and other sugars in primitive meteorites. *Proceedings of the National Academy of Sciences*, 116(49): 24440–24445.
III Powner, M. W.; Gerland, B.; Sutherland, J. D.(2009). Synthesis of activated pyrimidine ribonucleotides in prebiotically plausible conditions. *Nature*, 459(7244): 239–242.
IV Martin, W.; Russell, M. J.(2006). On the origin of biochemistry at an alkaline hydrothermal vent. *Philosophical transactions of The Royal Society B Biological Sciences*, 362(1486): 1887–1925；Harrison, S.; Lane, N.; Life as a guide to prebiotic nucleotide synthesis. *Nature communications*, 9(5176).
V Herschy, B.; Whicher, A.; Camprubi, E.; et al.(2014). An origin-of-life reactor to simulate alkaline hydrothermal vents. *Journal of molecular evolution*, 79(5-6):213–227.
VI Baaske, P.; Weinert, F. M.; Duhr, S.; et al.(2007). Extreme accumulation of nucleotides in simulated hydrothermal pore systems. *Proceedings of the National Academy of Sciences*, 104(22): 9346-9351; Mast, C. B.; Schink, S.; Gerland, U.; Braun, D.(2013). Escalation of polymerization in a thermal gradient. *Proceedings of the National Academy of Sciences*, 110(20):8030-8035.
VII White, H. B. 3rd.(1976). Coenzymes as fossils of an earlier metabolic state. *Journal of molecular evolution*, 7(2):101-104; Penny, D.(2005). An interpretative review of the origin of life research. *Biology & Philosophy*, 20:633–671.
VIII White, H. B. 3rd.(1976). Coenzymes as fossils of an earlier metabolic state. *Journal of molecular evolution*, 7(2):101-104; Graham, D. E.; White, R. H.(2002). Elucidation of methanogenic coenzyme biosyntheses: from spectroscopy to genomics. *Natural product reports*, 19(2):133-47.

第十三章

I 关于切赫发现内含子催化剪接，参见：Abelson, J.(2017). The discovery of catalytic RNA. Nature Reviews Molecular Cell Biology, 18: 653.
II Nissen, P.; Hansen, J.; Ban, N.; et al.(2000).The structural basis of ribosome activity in peptide bond synthesis. *Science*, 289(5481): 920–929.
III 关于最早提出 RNA 世界假说的三人的论文，参见：Woese, C. R.(1967). *The genetic code: The molecular basis for genetic expression*. Harper & Row, 186; Crick, F. H.(1968). The origin of the genetic code. *Journal of Molecular Biology*, 38(3): 367–379; Orgel, L. E.(1968). Evolution of the genetic apparatus. *Journal of Molecular Biology*, 38(3): 381–393.

IV 沃尔特·吉尔伯特提出 RNA 世界假说的论文，参见：Gilbert, W.(1986). Origin of life: The RNA world. *Nature*, 319(6055): 618–618.

V 关于连接小段 RNA 的酶 RNA，参见：Doudna, J. A.; Usman, N.; Szostak, J. W.(1993). Ribozyme-catalyzed primer extension by trinucleotides: A model for the RNA-catalyzed replication of RNA. *Biochemistry*, 32(8): 2111-2115.

VI Wochner, A.; Attwater, J.; Coulson, A.; et al.(2011). Ribozyme-catalyzed transcription of an active ribozyme. *Science*, 332(6026):209-212.

VII 关于 24-3 聚合酶，参见：Horning, D. P.; Joyce, G. F.(2016). Amplification of RNA by an RNA polymerase ribozyme. *Proceedings of the National Academy of Sciences*, 113(35): 9786-9791。

VIII 关于酶 RNA 自复制组合，参见：Lincoln, T. A.; Joyce, G. F.(2009). Self-sustained replication of an RNA enzyme. *Science*.;323(5918):1229–1232.

IX 关于自催化的酶 RNA 三元组合，参见：Vaidya, N.; Manapat, M. L.; Chen, I.A.; et al.(2012). Spontaneous network formation among cooperative RNA replicators. *Nature*, 491: 72–77.

第十四章

I 关于斯皮格曼怪的发现，参见：Spiegelman, S.; Haruna, I.; Holland, I. B.;et al.(1965). The synthesis of a self-propagating and infectious nucleic acid with a purified enzyme. *Proceedings of the National Academy of Sciences*, 54(3):919–927。

II 重现斯皮格曼怪的论文，参见：Oehlenschläger, F.; Eigen, M.(1997). 30 Years Later – a new approach to sol spiegelman's and leslie orgel's in vitro EVOLUTIONARY STUDIES dedicated to leslie orgel on the occasion of his 70th birthday. *Origins of life and evolution of the biosphere*, 27: 437–457。

III 关于 RNA 干扰机制的免疫功能，参见：Stram, Y.; Kuzntzova, L. (2006). Inhibition of viruses by RNA interference. *Virus Genes*, 32(3): 299–306; Blevins, T.; Rajeswaran, R.; Shivaprasad, P. V.; et al.(2006). Four plant Dicers mediate viral small RNA biogenesis and DNA virus induced silencing. *Nucleic acids research*, 34(21): 6233–46; Cerutti, H.; Casas-Mollano, J. A.(2006). On the origin and functions of RNA-mediated silencing: from protists to man. *Current genetics*, 50(2): 81–99.

IV 关于病毒抑制宿主的 RNA 干扰的参考文献：Lucy, A. P.; Guo, Hui-Shan.; Li, Wan-Xiang;et al.(2000). Suppression of post-transcriptional gene silencing by a plant viral protein localized in the nucleus. *The EMBO Journal*, 19(7): 1672–80。

V 迪纳的论文参见：Diener, T. O.(1989). Circular RNAs: relics of precellular evolution?. *Proceedings of the National Academy of Sciences*, 86(23):9370-9374。

VI 弗洛雷斯的论文，参见：Flores, R.; Gago-Zachert, S.; Serra, P.; et al.(2014). Viroids: survivors from the RNA world? *Annual review of microbiology*, 68:395-414。

VII 关于类病毒的单系群问题，参见：Elena, S. F.; Dopazo, J.; de la Peña, M.; et al.(2001). Phylogenetic analysis of viroid and viroid-like satellite RNAs from plants: A reassessment. *Journal of molecular evolution*, 53: 155–159。

VIII 沃森总结 RNA 世界假说发展状况的文献，参见：Gesteland, R. F.; Atkins, J. F.(eds.) (1993). *The RNA World*. NY: Cold Spring Harbor Laboratory Press.

IX 关于类病毒复制机制，参见：Flores, R.; Gas, M.-E.; Molina-Serrano, D.; et al.(2009). Viroid replication: rolling-circles, enzymes and ribozymes. *Viruses*,1(2):317–334; Flores, R.; Hernández, C.; Martínez de Alba, A. E.; et al.(2005). Viroids and viroid-host interactions. *Annual review of phytopathology*, 43:117-139.

X 关于转运 RNA 连接酶闭合类病毒，参见：Nohales, M.-A.; Molina-Serrano, D.; Flores, R.; et al.(2012). Involvement of the chloroplastic isoform of tRNA ligase in the replication of viroids belonging to the family avsunviroidae. *Journal of virology*, 86(15): 8269-8276。

第十五章

I 关于 RNA 基因组尺寸，参见：Burrell, C. J.; Howard, C. R.; Frederick A. Murphy, F. A.(2016). *Fenner and White's Medical Virology*(5th Edition). Academic Press。

II 关于基因组带有 RNA 的大肠杆菌，参见：Mehta, A. P.; Wang, Yiyang; Reed, S. A.; et al.(2018). Bacterial Genome Containing Chimeric DNA–RNA Sequences. *Journal of the American chemical society*, 140(36): 11464-11473。

III 关于逆转录酶与 RNA 聚合酶的相似性，参见：Gupta. S. P. (eds.)(2019).*Viral polymerases: Structures, functions and roles as antiviral drug targets*. Academic Press, 1-42。

IV 关于福泰尔的 DNA 酶系统起源假说，参见：Forterre, P.(2001). Genomics and early cellular evolution. The origin of the DNA world. *Comptes Rendus de l'Académie des Sciences-Series III-Sciences de la Vie*, 324(12): 1067–1076; Forterre, P.; Filée, J.; Myllykallio, H.(2000-2013) Origin and evolution of DNA and DNA replication machineries. In: *Madame curie bioscience database* [Internet]. Austin (TX): Landes Bioscience. https://www.ncbi.nlm.nih.gov/books/NBK6360/; Forterre, P.(2005). The two ages of the RNA world, and the transition to the DNA world: a story of viruses and cells. *Biochimie*, 87(9-10):793-803; Forterre, P.; Krupovic, M.(2012). The origin of virions and virocells: The escape hypothesis revisited. In: Witzany G. (eds) *Viruses: Essential agents of life*. Springer, Dordrecht. https://doi.org/10.1007/978-94-007-4899-6_3。

V 关于内源性逆转录病毒，参见：Voisset, C.; Blancher, A.; Perron, H.; et al.(1999). Phylogeny of a novel family of human endogenous retrovirus sequences, HERV-W, in humans and other primates. *AIDS research and human retroviruses*, 15(17): 1529–1533; Lavialle, C.; Cornelis, G.; Dupressoir, A.; et al.(2013). Paleovirology of 'syncytins', retroviral env genes exapted for a role in placentation. *Philosophical transactions of the Royal Society B Biological Sciences*, 368 (1626): 20120507;

Lander, E. S.; Linton, L. M.; Birren, B.; Nusbaum, C.(2001). International Human Genome Sequencing Consortium. Initial sequencing and analysis of the human genome. *Nature*, 409 (6822): 860–921。

VI 关于噬菌体使用 U 碱基 DNA，参见：Pérez‑Lago, L.; Serrano‑Heras, G.; Baños, B.; et al.(2011). Characterization of Bacillus subtilis uracil‑DNA glycosylase and its inhibition by phage φ29 protein p56. *Molecular microbiology*, 80(6):1657-66。

VII 关于合成 5- 羟甲基胞嘧啶的酶的结构，参见：Song, H. K.; Sohn, S. H.; Suh, S. W.(1999). Crystal structure of deoxycytidylate hydroxymethylase from bacteriophage T4, a component of the deoxyribonucleoside triphosphate-synthesizing complex. *The EMBO journal*, 18(5):1104‑1113。

VIII 关于 5- 羟甲基胞嘧啶出现在哺乳动物大脑中，参见：Kriaucionis, S.; Heintz, N.(2009). The nuclear DNA base 5-hydroxymethylcytosine is present in Purkinje neurons and the brain. *Science*, 324 (5929): 929–930。

IX 关于对流式 PCR，参见：Braun, D.; Goddard, N. L.; Libchaber, A.(2003). Exponential DNA replication by laminar convection. *Physical review letters*, 91(15):158103。

X 关于用乙醛等小分子从头合成 DNA 单体，参见：Teichert, J. S.; Kruse, F. M.; Trapp, O.(2019). Direct prebiotic pathway to DNA nucleosides. *Angewandte chemie*, 58(29)。

XI 关于真核细胞 RNA 催化机制，参见：Torrents, E.(2014). Ribonucleotide reductases: essential enzymes for bacterial life. *Frontiers in cellular and infection microbiology*, 4:52。

XII 关于 RNR 制造自由基，参见：Kang, G.; Taguchi, A. T.; Stubbe, J.; Drennan, C. L.(2020). Structure of a trapped radical transfer pathway within a ribonucleotide reductase holocomplex. Science, 368(6489): 424-427。

XIII 关于 RNR 自由基攻击核糖，参见：Cerqueira, N. M.; Fernandes, P. A.; Eriksson, L. A.; Ramos, M. J.(2006). Dehydration of ribonucleotides catalyzed by ribonucleotide reductase: the role of the enzyme. *Biophysical journal*, 90(6):2109‑2119。

XIV 关于 RNR 类型，参见：Tomtera, A. B.; Zoppellaroa, G.; Andersena, N. H.; et al.(2013). Ribonucleotide reductase class I with different radical generating clusters, *Coordination chemistry reviews*, 257(1): 3-26。

XV 关于 RNR 进化关系，参见：Poole, A. M.; Logan, D. T.; Sjöberg, B.-M.(2002). The evolution of ribonucleotide reductase: much ado about oxygen. *Journal of molecular evolution*, 55(2): 180–196。

XVI 福泰尔关于 RNR 的病毒起源，参见：Forterre, P.; Filée, J.; Myllykallio, H.(2000-2013) Origin and evolution of DNA and DNA replication machineries. In: *Madame curie bioscience database* [Internet]. Austin (TX): Landes Bioscience. https://www.ncbi.nlm.nih.gov/books/NBK6360/。

第十六章

I 克里克的论文文献：Crick F.H. The origin of the genetic code. J. Mol. Biol. 1968;38:367–379. doi: 10.1016/0022-2836(68)90392-6.

II 标准密码子第一位的规律，参见：Wong, J. T.(1975). A co-evolution theory of the genetic code. *Proceedings of the National Academy of Sciences*, 72 (5): 1909-1912; Taylor, F. J. R.; Coates, D. (1989). The code within the codons. *BioSystems*, 22(3): 177–187; Umbarger, H. E.(1978). Amino acid biosynthesis and its regulation. *Annual review of biochemistry*, 47: 533–606;
Danmaliki, G. I.; Liu, P. B.; Hwang, P. M.(2017). Stereoselective deuteration in aspartate, asparagine, lysine, and methionine amino acid residues using fumarate as a carbon source for Escherichia coli in D2O. *Biochemistry*, 56(45):6015-6029。

III 关于氨基酸侧链疏水性，参见：Wimley, W. C.; Creamer, T. P.; White, S. H.(1996). Solvation energies of amino acid side chains and backbone in a family of host-guest pentapeptides. *Biochemistry*, 35 (16): 5109–5124。

IV 库宁总结影响力最大的三个标准遗传密码起源假说，参见：Koonin, E. V.; Novozhilov, A. S.(2009). Origin and evolution of the genetic code: the universal enigma. *IUBMB Life*, 61(2):99‑111。

V 伽莫夫的论文，参见：GAMOW, G. (1954). Possible relation between deoxyribonucleic acid and protein structures. *Nature*, 173, 318。

VI 立体化学假说，参见：GAMOW, G. (1954). Possible relation between deoxyribonucleic acid and protein structures. *Nature*, 173, 318; Pelc, S.; Welton, M.(1966). Stereochemical relationship between coding triplets and amino-acids. *Nature*, 209: 868–870; Ellington, A. D.; Khrapov, M.; Shaw, C. A.(2006). The scene of a frozen accident. *RNA*, 6(4):485‑498。

VII 错误最小化假说，参见：Woese, C. R.(1965). On the evolution of the genetic code. *PNAS*, 54(6):1546-52; Sonneborn, T. M.(1965). Degeneracy of the genetic code: extent, nature, and genetic implications. *Evolving genes and proteins*, 377–397; Epstein, C. J.(1966). Role of the amino-acid "code" and of selection for conformation in the evolution of proteins. *Nature*, 210(5031):25-8。

VIII 关于突变参考文献：Suzanne Clancy (2008). Genetic mutation. *Nature education*, 1 (1): 187; Wellstein, A.; Pitschner, H. F.(1988). Complex dose-response curves of atropine in man explained by different functions of M1- and M2-cholinoceptors. *Naunyn-Schmiedeberg's Archives of Pharmacology*, 338 (1): 19–27。

IX 标准遗传密码优越性，参见：Woese, C. R.; Dugre, D. H.; Saxinger, W. C.; et al.(1966). The molecular basis for the genetic code. *Proceedings of the National Academy of Sciences*, 55(4): 966-74; Freeland, S. J.; Hurst, L. D.(1998). The genetic code is one in a million. *Journal of molecular evolution*, 47(3):238-48。

X 协同进化假说，参见：Wong, J. T.(1975). A co-evolution theory of the genetic code. *Proceedings of the National Academy of Sciences*, 72(5):1909‑1912; Wong, J. T.(2005). Coevolution theory of the genetic code at age thirty. *Bioessays*, 27(4):416-25。

XI 协同进化假说争议参见：Ronneberg, T. A.; Landweber, L. F.; Freeland, S. J.(2000). Testing a biosynthetic theory of the genetic code: fact or artifact? *Proceedings of the National Academy of Sciences*, 97(25): 13690-5。

XII 标准遗传密码始于甘氨酸，参见：Lei, L.; Burton, Z. F.(2020). Evolution of Life on Earth: tRNA, Aminoacyl-tRNA Synthetases and the Genetic Code. *Life*(Basel), 10(3):21。

XIII 密码子催化假说参见：Copley, S. D.; Smith, E.; Morowitz, H. J.(2005). A mechanism for the association of amino acids with their codons and the origin of the genetic code. *Proceedings of the National Academy of Sciences*, 102 (12): 4442-4447。

XIV GADV 蛋白质世界假说参见：Kenji, I.(2005). Possible steps to the emergence of life: The [GADV]‑protein world hypothesis. The Chemical Record, 5(2): 107-118; Kenji, I.(2014). [GADV]-protein world hypothesis on the origin of life. *Origins of life and evolution of biospheres*, 44(4):299‑302。

第十七章

I 缺少特定类型 aaRS 的氨酰转运 RNA 合成方式参见：Ibba, M.; Söll, D.(2001). The renaissance of aminoacyl-tRNA synthesis. *EMBO Reports*, 2(5): 382‑387; Bailly, M.; Blaise, M.; Lorber, B.;et al.(2007). The transamidosome: a dynamic ribonucleoprotein particle dedicated to prokaryotic tRNA-dependent asparagine biosynthesis. *Molecular cell*, 28(2): 228‑239; Yuan, J.; Palioura, S.; Salazar, J. C.; et al.(2006). RNA-dependent conversion of phosphoserine forms selenocysteine in eukaryotes and archaea. *Proceedings of the National Academy of Sciences*, 103(50):18923‑18927; Sauerwald, A.; Zhu, W.; Major, T. A.; et al.(2005). RNA-dependent cysteine biosynthesis in archaea. *Science*, 307(5717): 1969‑1972。

II 修改标准遗传密码，参见：Mandell, D. J.; Lajoie, M. J.; Mee, M. T.; et al.(2015). Biocontainment of genetically modified organisms by synthetic protein design. *Nature*, 518 (7537): 55–60; Zhang, Y.; Ptacin, J.; Fischer, E.; et al.(2017). A semi-synthetic organism that stores and retrieves increased genetic information. *Nature*, 551: 644–647。

III 转运 RNA 的内含子参见：Randau, L.; Söll, D.(2008). Transfer RNA genes in pieces. *EMBO Reports*, 9(7):623‑628; Fujishima, K.; Kanai, A.(2014). tRNA gene diversity in the three domains of life. *Frontiers in genetics*, 5:142。

IV 转运 RNA 内在相似性参见：Tang, T. H.; Rozhdestvensky, T. S.; d'Orval, B. C.; et al. (2002). RNomics in Archaea reveals a further link between splicing of archaeal introns and rRNA processing. *Nucleic acids research*, 30, 921–930; Widmann, J.; Giulio, M. D.; Yarus, M.; Knight, R.(2005). tRNA creation by hairpin duplication. *Journal of molecular evolution*, 61, 524–530。

V 迷你螺旋起源更早，参见：Sun, F.-J.; Caetano-Anollés, G. (2007). The origin and evolution of tRNA inferred from phylogenetic analysis of structure. *Journal of Molecular Evolution*, 66(1): 21–35; Fujishima, K.; Sugahara, J.; Tomita, M.; Kanai, A.(2008). Sequence evidence in the archaeal genomes that tRNAs emerged through the combination of ancestral genes as 5' and 3' tRNA halves. *PLoS ONE*, 3: e1622。

VI 迷你螺旋独立结合 aaRS 参见：Frugier, M.; Florentz, C.; Giegé, R.(1994). Efficient aminoacylation of resected RNA helices by class II aspartyl-tRNA synthetase dependent on a single nucleotide. *The EMBO Journal*, 13: 2218–2226; Saks, M.E.; Sampson, J.R.(1996). Variant minihelix RNAs reveal sequence-specific recognition of the helical tRNASer acceptor stem by E. coli seryl-tRNA synthetase. *The EMBO Journal*, 15: 2843–2849。

VII 迷你螺旋的非经典碱基对决定 aaRS 的结合能力参见：McClain, W. H.; Foss, K.(1988). Changing the identity of a tRNA by introducing a G-U wobble pair near the 3' acceptor end. *Science*, 240(4853): 793-6; Schimmel, P.; Ribas de Pouplana, L.(1995). Transfer RNA: from minihelix to genetic code. *Cell*, 81(7): 983-6。

VIII aaRS 的 3'端域比反密码子域更古老，参见：Shimizu, M.; Asahara, H.; Tamura, K.; Hasegawa, T.; Himeno, H.(1992). The role of anticodon bases and the discriminator nucleotide in the recognition of some E. coli tRNAs by their aminoacyl-tRNA synthetases. *Journal of molecular evolution*, 35(5): 436-43; Francklyn, C.; Schimmel, P.(1990). Enzymatic aminoacylation of an eight-base-pair microhelix with histidine. *Proceedings of the National Academy of Sciences*, 87(21): 8655–8659。

IX 基因组标签假说参见：Weiner, A. M.; Maizels, N.(1999). The genomic tag hypothesis: modern viruses as molecular fossils of ancient strategies for genomic replication, and clues regarding the origin of protein synthesis. *Biological Bulletin*, 196(3):327-8; discussion 329-30; 2, Phylogeny from Function: The Origin of tRNA Is in Replication, not Translation, In: National Academy of Sciences (US); Fitch, W. M.; Ayala, F. J.(editors)(1995). *Tempo And Mode In Evolution: Genetics And Paleontology 50 Years After Simpson*. Washington (DC): National Academies Press (US). Available from: https://www.ncbi.nlm.nih.gov/books/NBK232211/。

X 转运 RNA 在三域中的多样性参见：Fujishima, K.; Kanai, A.(2014). tRNA gene diversity in the three domains of life. *Frontiers in Genetics*, 5: 142.。

XI CCA 添加酶给病毒添加 CCA 尾，参见：Hema, M.; Gopinath, K.; Kao, C.(2005). Repair of the tRNA-like CCA sequence in a multipartite positive-strand RNA virus. *Journal of virology*, 79(3): 1417‑1427。

XII 两种 CCA 添加酶，参见：Neuenfeldt, A.; Just, A.; Betat, H.; Mörl, M.(2008). Evolution of tRNA nucleotidyltransferases: A small deletion generated CC-adding enzymes. *Proceedings of the National Academy of Sciences*, 105 (23): 7953-7958; Bralley, P.; Chang, S. A.; Jones, G. H.(2005). A phylogeny of bacterial RNA nucleotidyltransferases: bacillus halodurans contains Two tRNA nucleotidyltransferases. *Journal of bacteriology*, 187 (17): 5927-5936。

XIII 忒修斯的船假说参见：White, H. B. 3rd.(1976). Coenzymes as fossils of an earlier metabolic state. *Journal of molecular evolution*, 7(2):101‑104; Graham, D. E.; White, R. H.(2002). Elucidation of methanogenic coenzyme biosyntheses: from spectroscopy to genomics. *Natural product reports*, 19(2): 133-47。

XIV 剪接体进化自内含子参见：Seetharaman, M.; Eldho, N. V.; Padgett, R. A.; Dayie, K. T.(2006). Structure of a self-splicing group II intron catalytic effector domain 5: parallels with spliceosomal U6 RNA. *RNA*, 12 (2): 235–47; Valadkhan, S.(2010). Role of the snRNAs in spliceosomal active site. *RNA Biology*, 7 (3): 345–53。

XV aaRS 进化关系与协同进化假说的匹配参见：Kim, Y.; Opron, K.; Burton, Z.F.(2019). A tRNA- and Anticodon-Centric View of the Evolution of Aminoacyl-tRNA Synthetases, tRNAomes, and the Genetic Code. *Life*, 9(2): 37。

XVI 多肽催化氨基酸连接转运 RNA 假说参见：Chatterjee, S.; Yadav, S.(2019). The origin of prebiotic information system in the peptide/RNA world: a simulation model of the evolution of translation and the genetic code. *Life*, 9(1): 25; Kunnev, D.; Gospodinov, A.(2018). Possible emergence of sequence specific RNA aminoacylation via peptide intermediary to initiate darwinian evolution and code through origin of life. *Life*, 8(4):44。

XVII 蛋白质自我复制参见：Rout, S. K.; Friedmann, M. P.; Riek, R.; Greenwald. J.(2018). A prebiotic template-directed peptide synthesis based on amyloids. *Nature communications*, 9 (1)。

XVIII 双发夹假说参见：Di Giulio, M.(2004). The origin of the tRNA molecule: implications for the origin of protein synthesis. *Journal of theoretical biology*, 226(1): 89‑93; Chatterjee, S.; Yadav, S.(2019). The origin of prebiotic information system in the peptide/RNA world: a simulation model of the evolution of translation and the genetic code. *Life*, 9(1):25。

XIX 三重迷你螺旋假说参见：Burton, Z. F.(2020). The 3-Minihelix tRNA evolution theorem. *Journal of molecular evolution*, 88: 234–242。

XX 手性选择氨酰化假说参见：Tamura, K.; Schimmel, P.(2004). Chiral-selective aminoacylation of an RNA minihelix. *Science*, 305(5688): 1253。

XXI 甘氨酸起始假说参见：Bernhardt, H. S.; Tate, W. P.(2008). Evidence from glycine transfer RNA of a frozen accident at the dawn of the genetic code. *Biology direct*, 3:53; Bernhardt, H. S.; Tate, W. P.(2010). The transition from noncoded to coded protein synthesis: did coding mRNAs arise from stability-enhancing binding partners to tRNA? *Biology direct*, 5:16。

XXII 受体臂折叠假说参见：Puglisi, E. V.; Puglisi, J. D.; Williamson, J. R.; RajBhandary, U. L.(1994). NMR analysis of tRNA acceptor stem microhelices: discriminator base change affects tRNA conformation at the 3' end. *Proceedings of the National Academy of Sciences*, 91(24): 11467‑11471。

XXIII 芜菁黄花叶病毒争夺缬氨酸参见：Colussi, T. M.; Costantino, D. A.; Hammond, J. A.; Ruehle, G. M.; Nix, J. C.; Kieft, J. S.(2014). The structural basis of transfer RNA mimicry and conformational plasticity by a viral RNA. *Nature*, 511(7509): 366‑369。

XXIV 芜菁黄花叶病毒结合其他氨基酸参见：Dreher, T. W.(2009). Role of tRNA-like structures in controlling plant virus replication. *Virus research*, 139(2): 217‑229; Tsai, C. H.; Dreher, T. W.(1991). Turnip yellow mosaic virus RNAs with anticodon loop substitutions that result in decreased valylation fail to replicate efficiently. *Journal of virology*, 65(6): 3060‑3067; Wientges, J.; Putz, J.; Giege, R.; Florentz, C.; Schwienhorst, A.(2000). Selection of viral RNA-derived tRNA-like structures with improved valylation activities. *Biochemistry*, 39: 6207–18; Dreher, T. W.; Tsai, C. H.; Skuzeski, J. M.(1996). Aminoacylation identity switch of turnip yellow mosaic virus RNA from valine to methionine results in an infectious virus. *Proceedings of the National Academy of Sciences*, 93:12212–6。

XXV 转运 RNA 样结构加快翻译速度参见：Osman,T.; Hemenway, C. L.; Buck, K. W.(2000). Role of the 3'tRNA-Like Structure in Tobacco Mosaic Virus Minus-Strand RNA Synthesis by the Viral RNA-Dependent RNA Polymerase In Vitro. *Journal of virology*, 74(24): 11671-11680; Gallie, D. R.; Feder, J. N.; Schimke, R. T.; Walbot, V.(1991). Functional analysis of the tobacco mosaic virus tRNA-like structure in cytoplasmic gene regulation, *Nucleic acids research*, 19(18): 5031–5036。

XXVI 病毒转运 RNA 样结构只凭结就可以结合 aaRS，参见：Schimmel, P.; Alexander. R.(1998). Diverse RNA substrates for aminoacylation: Clues to origins? *Proceedings of the National Academy of Sciences*, 95(18): 10351-10353。

XXVII 粉红面包霉菌逆转录质粒参见：Kuiper，M. T.; Lambowitz, A. M.(1988). A novel reverse transcriptase activity associated with mitochondrial plasmids of neurospora. *Cell*, 55(4): 693-704; Chen, B.; Lambowitz, A. M.(1997). De novo and DNA primer-mediated initiation of cDNA synthesis by the mauriceville retroplasmid reverse transcriptase involve recognition of a 3' CCA sequence. *Journal of molecular biology*, 271(3): 311-32。

XXVIII 关于逆转录质粒的自我剪切参见：Saville, B. J.; Collins, R. A.(1990). A site-specific self-cleavage reaction performed by a novel RNA in Neurospora mitochondria. *Cell*, 61(4): 685-696。

XXIX 逆转录质粒的逆转录酶逆转录转运 RNA 参见：Chiang, C. C.; Lambowitz, A. M.(1997). The Mauriceville retroplasmid reverse transcriptase initiates cDNA synthesis de novo at the 3' end of tRNAs. *Molecular and cellular biology*, 17(8): 4526‑4535。

第十八章

I 肽基转移酶中心的精确结构和催化原理参见：Yonath, A.(2002). High-resolution structures of large ribosomal subunits from mesophilic eubacteria and halophilic archaea at various functional States. *Current protein and peptide science*, 3(1): 67‑78; Agmon, I.; Bashan, A.; Zarivach, R.; Yonath, A.(2005). Symmetry at the active site of the ribosome: structural and functional implications. *Biological chemistry*, 386(9): 833‑844。

II 肽基转移酶中心与转运 RNA 的相似性参见：Agmon, I.(2009). The dimeric proto-ribosome: Structural details and possible implications on the origin of life. *International journal of molecular sciences*, 10(7): 2921‑2934。

III 原始蛋白质翻译系统自发组织假说参见：Agmon, I.(2018). Hypothesis: spontaneous advent of the prebiotic translation system via the accumulation of L-shaped RNA elements. *International journal of molecular sciences*, 19(12): 4021。

IV RNA 自组织通用模块参见：Jaeger, L.; Chworos, A.(2006). The architectonics of programmable RNA and DNA nanostructures. *Current opinion in structural biology*, 16(4):531‑543。

V 阿格蒙的 L 形模块自发组织成蛋白质翻译系统假说参见：Agmon, I.(2009). The dimeric proto-ribosome: Structural details and possible implications on the origin of life. *International journal of molecular sciences*, 10(7): 2921‐2934; Agmon, I.(2018). Hypothesis: spontaneous advent of the prebiotic translation system via the accumulation of L-shaped RNA elements. *International journal of molecular sciences*, 19(12): 4021。

VI 转运信使 RNA 参见：Giudice, E.; Macé, K.; Gillet, R.(2014). Trans-translation exposed: understanding the structures and functions of tmRNA-SmpB. *Frontiers in Microbiology*, 5:113。

VII 雷纳尔德·吉莱的信使 RNA 起源假说参见：Macé, K.; Gillet, R.(2016). Origins of tmRNA: the missing link in the birth of protein synthesis? *Nucleic Acids Research*, 44(17): 8041–8051; Guyomar, C.; Gillet, R.(2019). When transfer‐messenger RNA scars reveal its ancient origins. *Annals of the New York Academy of Sciences*, 1447: 80-87。

第五幕

第十九章

I 费托合成反应制造脂肪酸参见：McCollom, T. M.; Seewald, J. S.(2007). Abiotic synthesis of organic compounds in deep-sea hydrothermal environments. *Chemical Reviews*, 107(2): 382–401; McCollom, T. M.; Seewald, J. S.(2006). Carbon isotope composition of organic compounds produced by abiotic synthesis under hydrothermal conditions. *Earth and planetary science letters*, 243(1–2): 74-84; McCollom, T.M.; Ritter, G.; Simoneit, B.R.T.(1999). Lipid Synthesis under hydrothermal conditions by Fischer-Tropsch-Type reactions. *Origins of life and evolution of biospheres*, 29(2): 153–166。

II 脂肪酸与氨基酸混合物的原始细胞膜参见：Cornell, C. E.; Black, R. A.; Xue, M.; et al.(2019). Prebiotic amino acids bind to and stabilize prebiotic fatty acid membranes. *Proceedings of the National Academy of Sciences*, 116(35): 17239-17244。

III 尼克·莱恩的脂肪酸与类异戊二烯混合物的原始细胞膜参见：Jordan, S.F.; Rammu, H.; Zheludev, I. N.; et al.(2019). Promotion of protocell self-assembly from mixed amphiphiles at the origin of life. *Nature ecology & evolution*, 3: 1705–1714。

IV 杰克·绍斯塔克用柠檬酸稳定原始细胞膜参见：O'Flaherty, D. K.; Kamat, N. P.; Mirza, F. N.; et al.(2018). Copying of Mixed-Sequence RNA Templates inside Model Protocells. *Journal of the American Chemical Society*, 140(15):5171‐5178; Adamala, K.; Szostak, J. W.(2013). Nonenzymatic template-directed RNA synthesis inside model protocells. *Science*, 342(6162): 1098‐1100。

V 杰克·绍斯塔克的原始细胞分裂实验参见：Hanczyc, M. M.; Fujikawa, S. M.; Szostak, J. W.(2003). Experimental models of primitive cellular compartments: encapsulation, growth, and division. *Science*, 302(5645): 618-622; Zhu, T. F.; Szostak, J. W.(2009). Coupled growth and division of model protocell membranes. *Journal of the American Chemical Society*, 131(15): 5705‐5713; Budin, I.; Debnath, A.; Szostak, J. W.(2012). Concentration-driven growth of model protocell membranes. *Journal of the American Chemical Society*, 134(51): 20812‐20819。

VI 杰克·绍斯塔克用肽把 RNA 吸附到原始细胞膜上的实验参见：Kamat, N.P.; Tobé, S.; Hill, I. T.; Szostak, J. W.(2015). Electrostatic Localization of RNA to Protocell Membranes by Cationic Hydrophobic Peptides. *Angewandte chemie international edition*, 54(40): 11735‐11739。

VII 杰克·绍斯塔克发现RNA自我复制能够促进原始细胞膜扩增，参见：Chen, I. A.; Roberts, R. W.; Szostak, J. W.(2004). The emergence of competition between model protocells. *Science*, 305(5689):1474‐1476。

VIII 杰克·绍斯塔克发现磷脂促进原始细胞膜吸收胶束，参见：Budin, I.; Szostak, J. W.(2011). Physical effects underlying the transition from primitive to modern cell membranes. *Proceedings of the National Academy of Sciences*, 108(13): 5249‐5254。

IX 脂肪酸合成参考文献：Dijkstra, Albert J., R. J. Hamilton, and Wolf Hamm. "Fatty Acid Biosynthesis." Trans Fatty Acids. Oxford: Blackwell Pub., 2008. 12. Print.

X 古菌合成类异戊二烯细胞膜，参见：Jain, S.; Caforio, A.; Driessen, A. J.(2014). Biosynthesis of archaeal membrane ether lipids. *Frontiers in microbiology*, 5: 641。

第二十章

I 人工合成铁硫蛋白参见：Mutter, A. C.; Tyryshkin, A. M.; Campbell, I. J.; et al.(2019). De novo design of symmetric ferredoxins that shuttle electrons in vivo. *Proceedings of the National Academy of Sciences*, 116(29): 14557-14562。

II 能量转换氢化酶结构参见：Schoelmerich, M. C.; Müller, V.(2019). Energy conservation by a hydrogenase-dependent chemiosmotic mechanism in an ancient metabolic pathway. *Proceedings of the National Academy of Sciences*, 116(13): 6329-6334; Shafaat, H. S.; Rüdiger, O.; Ogata, H.; Lubitz, W.(2013). [NiFe] hydrogenases: A common active site for hydrogen metabolism under diverse conditions. *Biochimica et Biophysica Acta (BBA)‐Bioenergetics*, 1827(8–9): 986-1002。

III 尼克·莱恩和威廉·马丁关于原始细胞膜的能量代谢，参见：Lane, N.; Martin, W. F.(2012). The origin of membrane bioenergetics. *Cell*, 151(7): 1406‐1416。

IV 能量转换氢化酶工作机制参考文献：Kurkin, S.; Meuer, J.; Koch, J.; et al.(2002). The membrane-bound [NiFe]-hydrogenase (Ech) from Methanosarcina barkeri: unusual properties of the iron–sulphur clusters. *European journal of biochemistry*, 269(24): 6101-6111; Forzi, L.; Koch, J.; Guss, A. M.; et al.(2005). Assignment of the [4Fe–4S] clusters of Ech hydrogenase from Methanosarcina barkeri to individual subunits via the characterization of site-directed mutants. *FEBS journal*, 272(18): 4741-4753。

V 白烟囱假说对钠离子参与能量代谢的研究参见：Martin, W. F.; Sousa, F. L.; Lane, N. (2014). Energy at life's origin. *Science*, 344(6188): 1092–1093。

VI 钠离子梯度驱动物质能量代谢参见：Pisa, K. Y.; Weidner, C.; Maischak, H.; Kavermann, H.; Müller, V.(2007). The coupling ion in the methanoarchaeal ATP synthases: H+ vs. Na+ in the A1Ao ATP synthase from the archaeon Methanosarcina mazei Gö1. *FEMS microbiology letters*, 277(1): 56–63; Schiel-Bengelsdorf, B. M.; Dürre, P.(2012). Pathway engineering and synthetic biology using acetogens. *FEBS letters*, 586(15): 2191–2198。

VII 逆向转运蛋白参见：Swartz, T. H.; Ikewada, S.; Ishikawa, O.; et al.(2005). The Mrp system: a giant among monovalent cation/proton antiporters? *Extremophiles*, 9(5): 345–354; Efremov, R. G.; Sazanov, L. A.(2012). The coupling mechanism of respiratory complex I--a structural and evolutionary perspective. *Biochimica et biophysica acta*, 1817(10):1785－1795。

VIII 原始海洋盐度参见：Knauth, L. P.(2005). Temperature and salinity history of the Precambrian ocean: implications for the course of microbial evolution. *Palaeogeography, Palaeoclimatology, Palaeoecology*, 219(1-2): 53–69; Marty, B.; Avice, G.; Bekaert, D. V.; Broadley, M. W.(2018). Salinity of the Archaean oceans from analysis of fluid inclusions in quartz. *Comptes Rendus Geoscience*, 350(4): 154–163。

IX Maden, B. E. H.; Monro, R. E.(1968). Ribosome-Catalyzed peptidyl transfer: effects of cations and pH value. *European Journal of Biochemistry*, 6(2): 309–316.

X Mulkidjanian, A. Y.; Bychkov, A. Y.; Dibrova, D. V.; et al.(2012). Origin of first cells at terrestrial, anoxic geothermal fields. *Proceedings of the National Academy of Sciences*, 109 (14) E821-E830.

第二十一章

I 尤金·库宁的 ATP 合酶起源图景参见：Mulkidjanian, A.; Makarova, K.; Galperin, M.; et al.(2007). Inventing the dynamo machine: the evolution of the F-type and V-type ATPases. Nature Reviews Microbiology, 5(11): 892–899。

II 六元环解旋酶的结构和作用参见：Patel, S. S.; Picha, K. M.(2000). Structure and Function of Hexameric Helicases. *Annual review of biochemistry*, 69(1): 651–697。

III ρ 因子与 ATP 合酶进化同源，参见：Dombroski, A. J.; Platt, T.(1988). Structure of rho factor: an RNA-binding domain and a separate region with strong similarity to proven ATP-binding domains. *Proceedings of the National Academy of Sciences*, 85(8): 2538－2542。

IV ρ 因子工作机制参见：Adelman, J. L.; Jeong, Y. J.; Liao, J. C.; et al.(2006). Mechanochemistry of transcription termination factor Rho. *Molecular cell*, 22(5): 611－621。

V TrwB 参：Tato, I.; Zunzunegui, S.; de la Cruz, F.; et al.(2005). TrwB, the coupling protein involved in DNA transport during bacterial conjugation, is a DNA-dependent ATPase. *Proceedings of the National Academy of Sciences*, 102(23):8156－8161; Cabezon, E.; de la Cruz, F.(2006). TrwB: An F1-ATPase-like molecular motor involved in DNA transport during bacterial conjugation. *Research in microbiology*, 157(4); 299–305。

VI DNA 移位酶与接合质粒参见：Lawley, T. D.; Klimke, W. A.; Gubbins, M. J.; Frost, L. S.(2003). F factor conjugation is a true type IV secretion system, *FEMS microbiology letters*, 224(1): 1–15; Arutyunov, D.; Frost, L. S.(2013). F conjugation: Back to the beginning. *Plasmid*, 70 (1): 18–32; Klümper, U.; Droumpali, A.; Dechesne, A.; Smets, B. F.(2014). Novel assay to measure the plasmid mobilizing potential of mixed microbial communities. *Frontiers in microbiology*, 5:730; Gonzalez-Perez, B.; Lucas, M.; Cooke, L.; et al.(2007). Analysis of DNA processing reactions in bacterial conjugation by using suicide oligonucleotides. *The EMBO journal*, 26(16): 3847-57; Fernández-González, E.; de Paz, H. D.; Alperi, A.; et al.(2011). Transfer of R388 derivatives by a pathogenesis-associated type IV secretion system into both bacteria and human cells. *Journal of bacteriology*, 193(22): 6257－6265。

VII TrwK 与 TrwB 进化同源参见：Arechaga, I.; Peña, A.; Zunzunegui, S.; et al.(2008). ATPase Activity and Oligomeric State of TrwK, the VirB4 Homologue of the Plasmid R388 Type IV Secretion System. *Journal of bacteriology*, 190(15): 5472-9; Peña, A.; Ripoll-Rozada, J.; Zunzunegui, S.; et al.(2011). Autoinhibitory Regulation of TrwK, an Essential VirB4 ATPase in Type IV Secretion Systems. *The journal of biological chemistry*, 286(19): 17376-82。

VIII TrwB 与 TrwK 可以混用参见：Waksman, G.(2019). From conjugation to T4S systems in Gram－negative bacteria: a mechanistic biology perspective. *EMBO Reports*, 20(2): e47012; Christie, P.(2017). Structural biology: Loading T4SS substrates. *Nature microbiology*, 2(9): 17125。

IX 古菌鞭毛参见：Wallden, K.; Rivera-Calzada, A.; Waksman, G.(2010). Type IV secretion systems: versatility and diversity in function. *Cellular Microbiology*, 12(9): 1203–12; Ghosh, A.; Albers, S. V.(2011). Assembly and function of the archaeal flagellum. *Biochemical society transactions*, 39(1):64－69; Ng, S. Y. M.; Chaban, B.; Jarrell, K. F.(2006). Archaeal flagella, bacterial flagella and type IV pili: a comparison of genes and posttranslational modifications. *Journal of molecular microbiology and biotechnology*, 11(3–5): 167–91; Thomas, N. A.; Bardy, S. L.; Jarrell, K. F.(2001). The archaeal flagellum: a different kind of prokaryotic motility structure, *FEMS microbiology reviews*, 25(2): 147–174.

X III 型分泌系统与 ATP 合酶同源参见：Diepold, A.; Armitage, J. P.(2015). Type III secretion systems: the bacterial flagellum and the injectisome. *Philosophical transactions of the royal society b biological sciences*, 370(1679):20150020; Erhardt, M.; Namba, K.; Hughes, K. T.(2010). Bacterial nanomachines: the flagellum and type III injectisome. *Cold Spring Harbor perspectives in biology*, 2(11):a000299。

XI 与氢离子结合能力是 ATP 合酶转动方向的决定因素参见：Cross, R. L.; Müller, V.(2004). The evolution of A-, F-, and V-type ATP synthases and ATPases: reversals in function and changes in the H+/ATP coupling ratio. *FEBS let-*

ters, 576(1-2):1‐4。

XII 能量转换氢化酶就是复合物 I 的进化原型，参见：Efremov, R. G.; Sazanov, L. A.(2012). The coupling mechanism of respiratory complex I--a structural and evolutionary perspective. *Biochimica et Biophysica Acta*, 1817(10):1785‐1795; Hedderich R.(2004). Energy-converting [NiFe] hydrogenases from archaea and extremophiles: ancestors of complex I. *Journal of bioenergetics and biomembranes*, 36(1): 65‐75; Schoelmerich, M. C.; Müller, V.(2020). Energy-converting hydrogenases: the link between H2 metabolism and energy conservation. *Cellular and molecular life sciences*, 77, 1461–1481; Moparthi, V. K.; Hägerhäll, C.(2011). The evolution of respiratory chain complex I from a smaller last common ancestor consisting of 11 protein subunits. *Journal of molecular evolution*, 72(5-6):484‐497。

第二十二章

I 发现电子分歧参见：Li, F.; Hinderberger, J.; Seedorf, H.; et al.(2008). Coupled ferredoxin and crotonyl coenzyme A (CoA) reduction with NADH catalyzed by the Butyryl-CoA Dehydrogenase/Etf Complex from clostridium kluyveri. *Journal of Bacteriology*, 190(3): 843-850; Kaster, A.-k.; Moll, J.; Parey, K.; Thauer. R. K.(2011).Coupling of ferredoxin and heterodisulfide reduction via electron bifurcation in hydrogenotrophic methanogenic archaea. *Proceedings of the National Academy of Sciences*, 108(7): 2981-2986。

II 威廉·马丁与尼克·莱恩的电子传递链起源图景参见：Lane, N.; Martin, W. F.(2012). The origin of membrane bioenergetics. *Cell*, 151(7):1406-1416; Kulkarni, G.; Mand, T. D.; William W. Metcalf, W. W.(2009). Energy conservation via hydrogen cycling in the methanogenic archaeon methanosarcina barkeri. *Proceedings of the National Academy of Sciences*, 106(37): 15915-15920; Sousa, F. L.; Thiergart, T.; Landan, G.; et al.(2013). Early bioenergetic evolution. *Philosophical transactions of The Royal Society B Biological Sciences*, 368(1622): 20130088; Sojo, V.; Pomiankowski, A.; Lane, N.(2014). A bioenergetic basis for membrane divergence in archaea and bacteria [published correction appears in *PLoS Biol*, 2015 Mar, 13(3): e1002102]. *PLoS Biology*, 12(8): e1001926; Sojo, V.; Herschy, B.; Whicher, A.; Camprubí, E.; Lane, N.(2016). The Origin of Life in Alkaline Hydrothermal Vents. *Astrobiology*, 16(2): 181-97。

III Sauer, U.; Canonaco, F.; Heri, S.; Perrenoud, A.; Fischer, E.(2004). The soluble and membrane-bound transhydrogenases UdhA and PntAB have divergent functions in NADPH metabolism of Escherichia coli. *Journal of biological chemistry*, 279(8): 6613-6619. D; Bennett, B.; Kimball, E.; Gao, M.; et al.(2009). Absolute metabolite concentrations and implied enzyme active site occupancy in Escherichia coli. *Nature chemical biology*, 5(8): 593–599。

IV 产甲烷古菌与产乙酸细菌共生吗，参见：Schuchmann, K.; Müller, V.(2016). Energetics and Application of Heterotrophy in Acetogenic Bacteria. *Applied and environmental microbiology*, 82(14): 4056-4069。

V 威廉·马丁提出的产甲烷古菌与产乙酸细菌内共生成为真核生物祖先的假说，参见：Martin, W. F.; Garg, S.; Zimorski, V.(2015). Endosymbiotic theories for eukaryote origin. *Philosophical transactions of The Royal Society B Biological Sciences*, 370(1678):20140330。

VI 细菌和古菌的复制体的差异参见：Leipe, D. D.; Aravind, L.; Koonin, E. V.(1999). Did DNA replication evolve twice independently?. *Nucleic Acids Research*, 27(17): 3389-3401; Bleichert, F.; Botchan, M. R.; Berger, J. M.(2017). Mechanisms for initiating cellular DNA replication. *Science*, 355(6327): eaah6317。

VII 帕特里克·福泰尔的DNA复制系统起源图景参见：Forterre P, Filée J, Myllykallio H. Origin and Evolution of DNA and DNA Replication Machineries. In: Madame Curie Bioscience Database [Internet]. Austin (TX): Landes Bioscience; 2000-2013. Available from: https://www.ncbi.nlm.nih.gov/books/NBK6360/; Forterre, P.; Gadelle, D.(2009). Phylogenomics of DNA topoisomerases: their origin and putative roles in the emergence of modern organisms. *Nucleic acids research*, 37(3): 679-692。

VIII 腺病毒的DNA复制机制参见：Pacesa, M.(2016). Purification of Recombinant Adenoviral Hexon Proteins for Generation of Virus-specific Antibodies & Next-generation Sequencing of Adenoviral Genomes. 10.13140/RG.2.2.20211.53282; Salas, M.; Holguera, I.; Redrejo-Rodríguez, M.; De Vega, M.(2016). DNA-Binding Proteins Essential for Protein-Primed Bacteriophage Φ29 DNA Replication. *Frontiers in molecular biosciences*, 3. https://doi.org/10.3389/fmolb.2016.00037。

IX 病毒用六元环的移位酶把DNA装入衣壳粒，参见：Patel, S. S.; Picha, K. M.(2000). Structure and Function of Hexameric Helicases. *Annual review of biochemistry*, 69(1): 651–697; Happonen, L. J.; Oksanen, E.; Liljeroos, L.;et al.(2013). The Structure of the NTPase that powers DNA packaging into sulfolobus turreted icosahedral Virus 2. *Journal of Virology*, 87(15): 8388-8398。

X 病毒的冈崎片段参见：Miller, E.; Kutter, E.; Mosig, G.; et al.(2003). Bacteriophage T4 Genome. *Microbiology and molecular biology reviews*, 67(1): 86-156; Nelson, S.; Kumar, R.; Benkovic, S.(2008). RNA primer handoff in bacteriophage T4 DNA replication: The role of single-stranded DNA-binding protein and polymerase accessory proteins. *The Journal of biological chemistry*, 283(33): 22838-46。

XI 病毒与细胞间用来复制DNA的酶的亲缘关系参见：Filée, J.; Forterre, P.; Sen-Lin, T.; Laurent, J.(2002). Evolution of DNA polymerase families: evidences for multiple gene exchange between cellular and viral proteins. *Journal of molecular evolution*, 54(6):763-773; Villarreal, L. P.; DeFilippis, V. R.(2000). A hypothesis for DNA viruses as the origin of eukaryotic replication proteins. *Journal of virology*, 74(15): 7079-7084。

XII 核黄素依赖型电子分歧酶参见：Wagner, T.; Koch, J.; Ermler, U.; Shima, D.(2017). Methanogenic heterodisulfide reductase (HdrABC-MvhAGD) uses two noncubane [4Fe-4S] clusters for reduction. *Science*, 357(6352): 699-703; Kai, S.; Chowdhury, N. P.; Müller, V.(2018). Complex Multimeric [FeFe] Hydrogenases: biochemistry, physiology and new opportunities for the hydrogen economy. *Frontiers in microbiology*, 04 December , https://doi.org/10.3389/fmicb.2018.02911。

XIII 古菌的甲基转移酶参见：Deobald, D.; Adrian, L.; Schöne, C.; et al.(2018). Identification of a unique Radical SAM methyltransferase required for the sp3-C-methylation of an arginine residue of methyl-coenzyme M reductase. *Scientific reports*, 8(1): 7404。

XIV 几种铁硫蛋白的结构相似性参见：Poehlein, A.; Schmidt, S.; Kaster, A. K.; et al.(2012). An Ancient Pathway Combining Carbon Dioxide Fixation with the Generation and Utilization of a Sodium Ion Gradient for ATP Synthesis. *PLOS ONE*, 7(3): e33439; Schuchmann, K.; Chowdhury, N. P.; Müller, V.(2018). Complex Multimeric [FeFe] Hydrogenases: Biochemistry, Physiology and New Opportunities for the Hydrogen Economy. *Frontiers in microbiology*, 9: 2911; Schuchmann, K.; Vonck, J.; Müller, V.(2016), A bacterial hydrogen‐dependent CO2 reductase forms filamentous structures. *FEBS Journal*, 283(7): 1311-1322; Schwarz, F. M.; Schuchmann, K.; Müller, V.(2018). Hydrogenation of CO2 at ambient pressure catalyzed by a highly active thermostable biocatalyst. *Biotechnology for biofuels*, 11, 237。

XV 十二种核黄素依赖型电子分歧酶的进化关系参见：Poudel, S.; Dunham, E. C.; Lindsay, M. R.; et al.(2018). Origin and Evolution of Flavin-Based Electron Bifurcating Enzymes. *Frontiers in microbiology*, 9:1762。

终章

I 用原子力显微镜看到了有机化学反应中的化学键变化，参见：de Oteyza, D. G.; Gorman, P.; Chen, Y.-C.;et al.(2013). Direct imaging of covalent bond structure in single-molecule chemical reactions. *Science*, 340(6139):1434-7。

II 基金观察到的最远的天体，参见：Klotz, I.(March 3, 2016). "Hubble Spies Most Distant, Oldest Galaxy Ever". Seeker. Discovery, Inc. Retrieved February 5, 2020。

III 木星卫星的轨道共振产生了强烈的潮汐作用参见：Tyler, R. H.(2008). Strong ocean tidal flow and heating on moons of the outer planets. *Nature*, 456(7223): 770–772。

IV 钻探木卫二的计划参见：Powell, J.; Powell, J.; Maise, G.; Paniagua, J.(2005). NEMO: A mission to search for and return to Earth possible life forms on Europa. *Acta astronautica*, 57: 579–593; Weiss, P.; Yung, K. L.; Ng,T. C.; et al.(2008). Study of a thermal drill head for the exploration of subsurface planetary ice layers. *Planetary and space science*, 56: 1280–1292; Weiss, P.; Yung, K. L.; Kömle, N.; et al.(2011). Thermal drill sampling system onboard high-velocity impactors for exploring the subsurface of Europa. *Advances in space research*, 48(4): 743。

V 土卫二海洋参见：Platt, J.; Bell, B.(2014-04-03). NASA space assets detect ocean inside saturn moon. *NASA*。

VI 土卫二的白烟囱参见：Waite, J. H; Glein, C. R; Perryman, R. S; et al.(2017). Cassini finds molecular hydrogen in the Enceladus plume: Evidence for hydrothermal processes. *Science*, 356 (6334): 155–159。

VII 土卫二喷出物蕴含的有机物参见：Cassini Tastes Organic Material at Saturn's Geyser Moon. *NASA*, March 26, 2008. Retrieved March 26, 2008; Postberg, F.; Khawaja, N.; Abel, B.; et al.(2018). Macromolecular organic compounds from the depths of Enceladus. *Nature*, 558(7711): 564–568。

VIII 银河系中的类地行星参见：Overbye, D.(4 November 2013). Far-Off Planets Like the Earth Dot the Galaxy. *New York Times*; Petigura, Erik A.; Howard, A. W.; Marcy G. W.(2013). Prevalence of Earth-size planets orbiting Sun-like stars. *Proceedings of the National Academy of Sciences*, 110(48):19273-8; Khan, A. Milky Way may host billions of Earth-size planets. *Los Angeles Times*. 4 November 2013。

IV 格利泽 832c 参见：Wall, M.（June 25, 2014）. Nearby Alien Planet May Be Capable of Supporting Life. space.com, retrieved June 26, 2014。

幕后

增章一

I 一个规律参见：Nelson, P.; Masel, J.(2017). Intercellular competition and the inevitability of multicellular aging. *Proceedings of the National Academy of Sciences*, 114(49): 12982–87; Wagner, G. P.(2017). The power of negative [theoretical] results. *Proceedings of the National Academy of Sciences*, 114 (49): 12851–52。

II 超过 1 万岁的南极海绵：Susanne Gatti (2002) "The Role of Sponges in High-Antarctic Carbon and Silicon Cycling - a Modelling Approach". Ber. Polarforsch. Meeresforsch. 434. ISSN 1618-3193。

III 发现了四千岁的珊瑚：https://www.nature.com/news/2009/090323/full/news.2009.185.html

IV 关于外肛动物门的群落，参见：Ruppert, E. E.; Fox, R. S.; Barnes, R. D.(2004). Lophoporata. *Invertebrate Zoology* (7 ed.), 829–845。关于帚虫，参见：Emig, C. C. (2003). Phylum: Phoronida (PDF). In: Grzimek, B.; Kleiman, D. G.; Hutchins, M.(eds.) Grzimek's Animal Life Encyclopedia 2. Protostomes (2 ed.), Thompson Gale, 491–495, Retrieved 2011-03-01。

V 关于苔藓虫，参见：Ruppert, E. E.; Fox, R. S.; Barnes, R. D.(2004). Lophoporata. *Invertebrate Zoology* (7 ed.), 829–845。

VI 关于海鞘群落，参见：Munday, R.; Rodriguez, D.; Di Maio, A.; et al.(2015). Aging in the colonial chordate, Botryllus schlosseri. *Invertebrate reproduction and development*, 59(sup1):45–50。

VII 仅就海鞘的衰老而言，参见：Sköld, H. N.; Asplund, M. E.; Wood, C. A.; Bishop, J. D. D.(2011). Telomerase deficiency in a colonial ascidian after prolonged asexual propagation. *Journal of Experimental Zoology Part B Molecular and Developmental Evolution*, 316(4): 276-83; Brown, F. D.; Keeling, E. L.; Le, A. D.; Swalla, B. J.(2009). Whole body regeneration in a colonial ascidian, Botrylloides violaceus. *Journal of Experimental Zoology Part B Molecular and Developmental Evolu-*

tion, 312(8): 885-900; Sköld, H. N., Asplund, M. E.; Wood, C. A.; Bishop, J. D.(2011). Telomerase deficiency in a colonial ascidian after prolonged asexual propagation. *Journal of Experimental Zoology Part B Molecular and Developmental Evolution*, 316(4): 276-283; Rinkevich, B. (2017). Senescence in Modular Animals. In: Shefferson, R.; Jones, O.; Salguero-Gómez, R.(Eds.). *The Evolution of Senescence in the Tree of Life*. Cambridge: Cambridge University Press, 220-237; Laird, D. J.; Weissman, I.(2004). Telomerase maintained in self-renewing tissues during serial regeneration of the urochordate Botryllus schlosseri. *Developmental biology*, 273(2):185-94。

VIII 涡虫寿命重置参见：Tan, T. C. J.; Rahman, R.; Jaber-Hijazi, F.; et al.(2012). Telomere maintenance and telomerase activity are differentially regulated in asexual and sexual worms. *Proceedings of the National Academy of Sciences*, 109(11): 4209-14; Mouton, S.; Grudniewska, M.; Glazenburg, L.; et al.(2018). Resilience to aging in the regeneration‐capable flatworm Macrostomum lignano. *Aging Cell*. 17:e12739。

海星寿命重置参见：Garcia-Cisneros, A.; Pérez-Portela, R.; Almroth, B.; et al.(2015). Long telomeres are associated with clonality in wild populations of the fissiparous starfish Coscinasterias tenuispina. *Heredity*, 115: 437–443; Varney, R. M.; Pomory, C. M.; Janosik, A. M.(2017). Telomere elongation and telomerase expression in regenerating arms of the starfish Luidia clathrata (Asteroidea: Echinodermata). *Marine biology*, 164, 195. https://doi.org/10.1007/s00227-017-3230-x。

IX 细菌利用外来 DNA 修复自己的 DNA：Kowalczykowski SC, Dixon DA, Eggleston AK, Lauder SD, Rehrauer WM (September 1994). "Biochemistry of homologous recombination in Escherichia coli". Microbiological Reviews. 58 (3): 401–65. doi:10.1128/MMBR.58.3.401-465.1994. PMC 372975. PMID 7968921; Cromie GA (August 2009). "Phylogenetic ubiquity and shuffling of the bacterial RecBCD and AddAB recombination complexes". Journal of Bacteriology. 191 (16): 5076–84. doi:10.1128/JB.00254-09. PMC 2725590. PMID 19542287; Morimatsu K, Kowalczykowski SC (May 2003). "RecFOR proteins load RecA protein onto gapped DNA to accelerate DNA strand exchange: a universal step of recombinational repair". Molecular Cell. 11 (5): 1337–47. doi:10.1016/S1097-2765(03)00188-6. PMID 12769856。

X 关于细菌的衰老：Moseley, J. B. (2013). "Cellular Aging: Symmetry Evades Senescence". Current Biology. 23 (19): R871–R873. doi:10.1016/j.cub.2013.08.013; Stewart, E. J.; Madden, R.; Paul, G.; Taddei, F. (2005). "Aging and Death in an Organism That Reproduces by Morphologically Symmetric Division". PLoS Biology. 3 (2): e45. doi:10.1371/journal.pbio.0030045; Ackermann, M.; Stearns, S. C.; Jenal, U. (2003). "Senescence in a bacterium with asymmetric division". Science. 300 (5627): 1920. doi:10.1126/science.1083532; Watve, M., Parab, S., Jogdand, P., & Keni, S. (2006). Aging may be a conditional strategic choice and not an inevitable outcome for bacteria. Proceedings of the National Academy of Sciences, 103(40), 14831–14835. doi:10.1073/pnas.0606499103。关于酵母的衰老：Jazwinski SM. The genetics of aging in the yeast Saccharomyces cerevisiae. Genetica. 1993;91(1-3):35-51. doi:10.1007/BF01435986; Aguilaniu, H. (2003). Asymmetric Inheritance of Oxidatively Damaged Proteins During Cytokinesis. Science, 299(5613), 1751–1753. doi:10.1126/science.1080418。

XI 剔除基因使酵母的寿命延长 10 倍参见：Wei, M.; Fabrizio, P.; Hu, J.; et al.(2008). Life span extension by calorie restriction depends on Rim15 and transcription factors downstream of Ras/PKA, Tor, and Sch9. *PLoS genetics*, 4(1): e13。

增章二

Alberts, B.; Bray, D.; Hopkin, K.; Johnson, A.; et al.(2014). *Essential cell biology*(4th Edition), NY: Garland Science.
Alberts, B.; Johnson, A.; Lewis, J.; Morgan, D.; et al.(2014). *Molecular biology of the cell*(6th Edition), NY: Garland Science.

I 细胞内蛋白质浓度，参见：http://book.bionumbers.org/how-many-proteins-are-in-a-cell/; Ho, B.; Baryshnikova, A.; Brown, G. W.(2018). Unification of protein abundance datasets yields a quantitative saccharomyces cerevisiae proteome. *Cell systems*, https://doi.org/10.1016/j.cels.2017.12.004; Kim, M.; Pinto, S.; Getnet, D.; et al.(2014). A draft map of the human proteome. *Nature*, 509: 575–581; Wilhelm, M.; Schlegl, J.; Hahne, H.; et al.(2014). Mass-spectrometry-based draft of the human proteome. *Nature*, 509: 582–587。

II 螃蟹计算机参见：Gunji,Y.-P.; Nishiyama, Y.; Adamatzky, A.(2012). Robust Soldier Crab Ball Gate. arXiv:1204.1749[cs. ET]。

III 酶与底物的结合参见：Koshland, D. E.(1958). Application of a Theory of Enzyme Specificity to Protein Synthesis. *Proceedings of the National Academy of Sciences*, 44(2): 98–104。

IV 核定位序列参考文献：Kirby, T. W.; Gassman, N. R.; Smith, C.E.; et al.(2017). DNA polymerase β contains a functional nuclear localization signal at its N-terminus. *Nucleic acids research*, 45(4):1958-1970。

V 核数出序列参见：la Cour, T.; Kiemer, L.; Mølgaard, A.; et al.(2004). Analysis and prediction of leucine-rich nuclear export signals. *Protein engineering design and selection*, 17(6): 527–36。

VI 内质网向高尔基体的囊泡转移参见：D'Arcangelo, J. G.; Stahmer, K. R.; Miller, E. A.(2013). Vesicle-mediated export from the ER: COPII coat function and regulation. *Biochimica et biophysica acta*, 1833(11): 2464-2472。

VII 驱动蛋白参见：Woehlke, G.; Schliwa, M.(2000). Walking on two heads: the many talents of kinesin. *Nature reviews molecular cell biology*, 1(1): 50–58.。

VIII 台球构型参考文献：Fredkin, E.; Toffoli, T.(1982). Conservative logic, *International journal of theoretical physics*, 21(3–4): 219–253。

IX 布朗运动构型参考文献：Likharev, K. K.(1982). Classical and quantum limitations on energy consumption in computation. *International journal of theoretical physics*, 21(3): 311–326。

X 查尔斯·班尼特对可逆计算的研究参见：Bennett, C. H.(1982). The thermodynamics of computation—a review. *International journal of theoretical physics*, 21(12): 905–940。

XI RNA 聚合酶催化可逆反应参见：Sydow, J. F.; Cramer, P.(2009). RNA polymerase fidelity and transcriptional proofreading(PDF). *Current opinion in structural biology*, 19(6): 732–9。

XII RNA 聚合酶校正机制参见：Mishanina, T. V.; Palo, M. Z.; Nayak, D.; et al.(2017). Trigger loop of RNA polymerase is a positional, not acid–base, catalyst for both transcription and proofreading. *Proceedings of the National Academy of Sciences*, 114 (26) E5103-E5112。

XIII RNA 聚合酶速度和精度参见：Maiuri, P.; Knezevich, A.; De Marco, A.; et al.(2011). Fast transcription rates of RNA polymerase II in human cells. *Embo reports*, 12(12):1280-1285; What is faster, transcription or translation?. *Cell biology by the numbers*. http://book.bionumbers.org/what-is-faster-transcription-or-translation/; What is the error rate in transcription and translation?. *Cell biology by the numbers*. http://book.bionumbers.org/what-is-the-error-rate-in-transcription-and-translation/。

XIV DNA 聚合酶速度和精度参见：Pray, L.(2008). Major molecular events of DNA replication. *Nature Education*, 1(1): 99; Pray, L.(2008). DNA replication and causes of mutation. *Nature Education*, 1(1): 214; What is the mutation rate during genome replication? *Cell biology by the numbers*. http://book.bionumbers.org/what-is-the-mutation-rate-during-genome-replication/。

XV 利奥·西拉德对麦克斯韦妖的反驳参见：Szilard, L.(1929). Über die Entropieverminderung in einem thermodynamischen System bei Eingriffen intelligenter Wesen (On the reduction of entropy in a thermodynamic system by the intervention of intelligent beings). *Zeitschrift für Physik*, 53(11–12): 840–856。

XVI 布里渊计算麦克斯韦妖的工作效率参见：Bennett, C. H.(1987). Demons, Engines, and the Second Law(PDF). *Scientific American*, 257(5): 108–116;

Sagawa, T.(2012). Thermodynamics of information processing in small systems. Springer science and business media, 9–14. ISBN 978-4431541677.

XVII 兰道尔关于不可逆计算的论文参见：Landauer, R. (1961). Irreversibility and Heat Generation in the Computing Process. *IBM journal of research and development*, 5(3): 183–191。

XVIII 用实验验证兰道尔原理，参见：Toyabe, S.; Sagawa, T.; Ueda, M.; et al.(2010). Experimental demonstration of information-to-energy conversion and validation of the generalized Jarzynski equality. *Nature physics*, 6: 988–992。

图片版权说明

感谢为本书提供图片的个人和组织，以及绘制大部分插图的本书作者，是你们让这本书更加精彩。此外，需要特别指出的是，很遗憾没能得到图序-31 的拍摄者 David Liittschwager 以及图增-9 的拍摄者 Juan Junoy 的邮件回复，也未能及时找到图序-19 和图 2-55 的原作者，期待拍摄者和图片所有者能在看到邮件或本书的第一时间联系我们。